河南省南水北调
年鉴2020

《河南省南水北调年鉴》编纂委员会 编著

黄河水利出版社

图书在版编目（CIP）数据

河南省南水北调年鉴. 2020 / 《河南省南水北调年鉴》
编纂委员会编著. —郑州：黄河水利出版社，2020. 12
ISBN 978-7-5509-2879-4

Ⅰ.①河… Ⅱ.①河… Ⅲ.①南水北调–水利工程–河
南–2020–年鉴 Ⅳ.①TV68-54

中国版本图书馆 CIP 数据核字（2020）第 239395 号

出 版 社：黄河水利出版社
　　　　　地址：河南省郑州市顺河路黄委会综合楼 14 层　邮政编码：450003
发行单位：黄河水利出版社
　　　　　发行部电话：0371-66026940、66020550、66028024、66022620（传真）
　　　　　E-mail：hhslcbs@126.com
承印单位：河南瑞之光印刷股份有限公司
开本：787 mm×1092 mm　1/16
印张：27.25　　　　　　　　　插页：10
字数：708 千字
版次：2020 年 12 月第 1 版　　印次：2020 年 12 月第 1 次印刷

定价：180.00 元

《河南省南水北调年鉴2020》
编纂委员会

主 任 委 员：王国栋

副主任委员：雷淮平

委　　　员：余　洋　　秦鸿飞　　胡国领　　徐庆河　　邹根中

　　　　　　王志文　　尹延飞　　靳铁拴　　曹宝柱　　雷卫华

　　　　　　何东华　　张建民　　李　峰　　刘少民　　马雨生

　　　　　　韩秀成　　孙传勇　　杜长明　　马荣洲　　陈志超

　　　　　　张　鹏

《河南省南水北调年鉴2020》
编纂委员会办公室

主　　任：余　洋

副 主 任：樊桦楠

《河南省南水北调年鉴2020》
编　辑　部

主　编：耿新建

编　辑：（按姓氏笔画排序）

马玉凤	马兆飞	马树军	王　冲	王　振
王庆庆	王笑寒	王淑芬	王跃宇	王朝朋
王道明	王蒙蒙	韦文聪	司占录	宁俊杰
石　帅	任　辉	任建伟	刘俊玲	刘晓英
刘素娟	孙　甲	孙玉萍	孙向鹏	庄春意
朱子奇	朱清帅	江怡桦	余培松	宋　迪
张　涛	张永兴	张伟伟	张茜茜	张轶钦
李万明	李申亭	李君炜	李沛炜	李海军
李新梅	杨宏哲	陈　杨	周　健	周延卫
周郎中	岳玉民	武文昭	范毅君	郑　军
姚林海	赵　南	秦水朝	高　攀	崔　堃
崔杨馨	龚莉丽	彭　潜	程晓亚	董世玉
董志刚	雷应国	樊国亮	樊桦楠	薛雅琳

2019年10月，水利部副部长蒋旭光到南水北调中线工程白河倒虹吸检查指导工作

（杨明哲　摄）

2019年4月，水利部南水北调工程管理司副司长袁其田检查叶县段防汛准备工作

（赵　发摄）

2019年6月，河南省委常委、省委统战部部长孙守刚检查南水北调穿漳河工程防汛工作

（周彦军 摄）

2019年7月1日，河南省副省长武国定观摩南水北调中线沁河倒虹吸工程防汛抢险应急演练并讲话

（赵良辉 摄）

2019年11月，河南省水利厅党组副书记、副厅长（正厅级）王国栋检查河南省南水北调建管局文明创建工作
（余培松 摄）

2019年4月，南水北调中线建管局局长于合群到渠首分局陶岔电厂检查指导工作
（许凯炳 摄）

2019年5月，航拍陶岔渠首枢纽工程 （许凯炳　摄）

2019年8月，南水北调中线工程方城贾河退水闸开闸 （李强胜　摄）

2019年4月，航拍南水北调中线工程沙河渡槽出口明渠　　　　　　　（张茜茜　摄）

2019年3月，航拍南水北调中线穿黄工程进口渠道　　　　　　　　　（胡靖宇　摄）

2019年8月，南水北调中线工程生态补水后的漯河市临颍黄龙湿地公园　　（董志刚　摄）

2019年5月，南水北调中线工程向许昌饮马河生态补水　　　　　　　（徐　展　摄）

2019年10月，南水北调中线工程焦作城区段绿化带政二街桥夜景　　　　　　（张沛沛　摄）

2019年12月，河南省南水北调建管局召开全体会议　　　　　　（余培松　摄）

2019年11月，河南省法学会南水北调政策法律研究会年会在南阳南水北调干部学院召开

（余培松　摄）

　　2019年9月，河南省南水北调建管局到鹤壁市调研南水北调配套工程建设及运行管理工作并召开座谈会

（王志国　摄）

2019年1月，渠首分局召开2019年工作会议暨廉政工作会议　　　　　　　　　（王朝朋　摄）

　　2019年6月，河南省南水北调建管局总工程师冯光亮带队到漯河市调研南水北调配套工程建设
　　　　　　　　　　　　　　　　　　　　　　　　　　　　　　　　（董志刚　摄）

2019年8月，渠首分局闸站值守人员观察大流量输水情况 （刘　鹏　摄）

2019年12月，滑县南水北调建管局巡线员检查配套工程输水线路阀井 （刘俊玲　摄）

2019年9月，验收专家组检查南水北调中线工程河南省文物整理基地　　　（王蒙蒙　摄）

2019年6月，北京市支援合作办、河南省发展改革委、中科院蜜蜂研究所为卢氏县共建村捐赠蜂箱

（崔杨馨　摄）

2019年10月，航拍河南省栾川县北京市昌平区南水北调水源区对口协作旅游小镇建设项目

（赵云飞　摄）

2019年6月，对口协作项目河南省卢氏县致富带头人培训班在北京市怀柔区开班

（王佳星　摄）

2019年6月，南水北调水源区对口协作项目北京市团城湖调节池湖心岛"南阳月季主题园"建成交接 （朱 震 摄）

2019年11月，水利部组织中国水利报社一行5人到许昌市进行南水北调通水5周年采访活动 （徐 展 摄）

2019年3月，河南分局开展"世界水日，中国水周"主题活动 　　　（杨莉莉　摄）

2019年9月，渠首分局南水北调公民大讲堂活动走进校园 　　　（李强胜　摄）

2019年10月，许昌市南水北调工程运行保障中心开展主题教育活动组织党员干部到长葛市参观"中央河南调查组"旧址

（徐　展　摄）

2019年10月，渠首分局开展南水北调工程开放日活动

（董玉增　摄）

2019年12月，南阳市南水北调工程运行保障中心邀请帮扶村村民参观南水北调工程

（宋　迪　摄）

2019年12月，河南省南水北调建管局举办通水5周年职工运动会　　　（余培松　摄）

编 辑 说 明

一、《河南省南水北调年鉴2020》记载河南南水北调年度工作信息，既是面向社会公开出版发行的连续性工具书，也是展示河南南水北调工作的窗口；河南省南水北调中线工程建设管理局主办、年鉴编纂委员会承办、河南南水北调有关单位供稿。

二、年鉴内容的选择以南水北调供水调度、供水效益、运行管理、生态带建设、配套工程建设和组织机构建设的信息及社会关注事项为基本原则，以存史价值和现实意义为基本标准。

三、年鉴供稿单位设2020卷组稿负责人和撰稿联系人，负责本单位年鉴供稿工作。年鉴内容全部经供稿单位审核。

四、年鉴2020卷力求全面、客观、翔实反映2019年工作。记述政务和业务工作重要事项、重要节点和成效；记述党务工作重要信息；描述年度工作特点和特色。

五、年鉴设置篇目、栏目、类目、条目，根据每一卷内容的主题和信息量划分。

六、年鉴规范遵循国家出版有关规定和约定俗成。

七、年鉴从2007卷编辑出版，2016卷开始公开出版发行。

《河南省南水北调年鉴2020》
供稿单位名单

省水利厅南水北调工程管理处、移民安置处，省南水北调建管局综合处、投资计划处、经济与财务处、环境与移民处、建设管理处、监督处、审计监察室、机关党委、质量监督站、南阳建管处、平顶山建管处、郑州建管处、新乡建管处、安阳建管处，省文物局南水北调办，中线建管局河南分局、渠首分局，南阳运行中心，平顶山运行中心，漯河维护中心，周口市南水北调办，许昌运行中心，郑州运行中心，焦作运行中心、焦作市南水北调城区办，新乡运行中心，濮阳市南水北调办，鹤壁市南水北调办，安阳运行中心，邓州服务中心，滑县南水北调办，栾川县南水北调办，卢氏县南水北调办。

目 录

壹　要事纪实

贰 规 章 制 度·重 要 文 件

叁 综 合 管 理

肆 中 线 工 程 运 行 管 理

伍 配 套 工 程 运 行 管 理

陆 水 质 保 护

柒 配 套 工 程 建 设 管 理

捌 政 府 信 息

玖 传 媒 信 息

拾 组 织 机 构

拾壹　统 计 资 料

拾贰 大 事 记

特载

国务院总理李克强主持召开南水北调后续工程工作会议

2019年11月18日　来源：新华网

李克强主持召开南水北调后续工程工作会议强调

推进南水北调后续工程等重大水利建设 拉动有效投资　促进发展造福人民

新华社北京11月18日电　11月18日，中共中央政治局常委、国务院总理李克强主持召开南水北调后续工程工作会议，研究部署后续工程和水利建设等工作。

会上，水利部、发展改革委负责人汇报了南水北调后续工程建设总体考虑。李克强说，南水北调东、中线一期工程建成以来，工程质量和水质都经受住了检验，实现了供水安全，对支撑沿线地区生产生活和生态用水发挥了重大作用，直接受益人口超过1亿人，经济、社会、生态效益显著，充分证明党中央、国务院的决策是完全正确的。同时要看到，水资源短缺且时空分布不均是我国经济社会发展主要瓶颈之一，华北、西北尤为突出。华北地下水严重超采和亏空，水生态修复任务很重，随着人口承载量增加，水资源供需矛盾将进一步加剧。今年南方部分省份持续干旱，也对加强水利建设、解决工程性缺水提出了紧迫要求。水资源格局决定着发展格局。必须坚持以习近平新时代中国特色社会主义思想为指导，遵循规律，以历

11月18日，中共中央政治局常委、国务院总理李克强在北京主持召开南水北调后续工程工作会议，研究部署后续工程和水利建设等工作。

新华社记者　饶爱民　摄

史视野、全局眼光谋划和推进南水北调后续工程等具有战略意义的补短板重大工程。这功在当代、利在千秋，也有利于应对当前经济下行压力、拉动有效投资，稳定经济增长和增加就业。

李克强说，推进南水北调后续工程建设，进一步打通长江流域向北方调水的通道，有助于提高我国水资源支撑经济社会发展能力，优化国家中长期发展战略格局。要按照南水北调工程总体规划，完善实施方案，抓紧前期工作，适时推进东、中线后续工程建设。要坚持先节水后调水，坚决压缩不合理用水，科学确定工程调水量和受水地区分配水量。要压实责任，确保工程质量，持续造福人民。同时，开展南水北调西线工程规划方案比选论证等前期工作。

李克强说，水利工程建设需求很大，很多项目已经过长期论证。当前扩大有效投资要把水利工程及配套设施建设作为突出重点，这有利于增强防灾减灾能力、巩固农业基础，也能带动相关产业和装备发展，为农民工等创造更多就业岗位。有关部门和地方要抓住原材料价格较低的时机，在保证质量前提下加快在建项目建设，协调好用地、环评等前期工作，抓紧启动和开工一批成熟的重大水利工程及管网、治污设施等配套建设，促进项目早建成早见效。

李克强说，推进南水北调后续工程等重大水利项目建设，要创新筹资、建设、运营、管理等机制。更多运用改革的办法解决建设资金问题，注重发挥财政资金引导带动作用，地方政府专项债资金要向这方面倾斜，用好开发性政策性金融等工具，引导金融机构加大中长期贷款支持。研究改革水价政策，完善差别化阶梯水价，既促进节约用水，又推动建立合理回报机制，吸引更多社会资本参与水利工程建设运营。对工程需要移民搬迁的，要完善机制，切实做好相关工作，使移民搬得出、稳得住、能致富。

胡春华、肖捷、巴特尔、何立峰参加会议。

责任编辑：王 頔

文章

弘扬新时代水利精神
汇聚水利改革发展精神力量

水利部党组书记、部长　鄂竟平
来源：学习时报

习近平总书记指出，"一个国家、一个民族不能没有灵魂""精神是一个民族赖以长久生存的灵魂"。国家和民族要有精神，行业同样也要有精神。行业精神如行业之灵魂，代表行业形象，彰显行业特色，引领行业未来。水利行业是一个具有悠久历史的古老行业，自大禹开始的历代治水人，不仅传承发展了丰富的治水经验和先进的治水技术，还孕育形成了独具特色的水利精神。

2018年机构改革后，原水利部、国务院三峡办、国务院南水北调办组建新水利部。为加强部风行风建设，水利部党组在全行业开展了新时代水利精神总结凝练工作，并在2019年1月召开的全国水利工作会议上，确定了"忠诚、干净、担当，科学、求实、创新"的新时代水利精神。"忠诚、干净、担当"是做人层面的倡导，水利人以忠诚为政治品格，以干净为道德底线，以担当为职责所在。"科学、求实、创新"是做事层面的倡导，水利事业以科学为本质特征，以求实为作风要求，以创新为动力源泉。

"忠诚、干净、担当"是新时代水利干部队伍建设的本质要求

"对党忠诚、个人干净、敢于担当"是新时代好干部标准的核心要素。机构改革后，水利部机构职能得到优化调整，水利事业开启了新的征程。建设一支忠诚、干净、担当的水利干部队伍，既是贯彻落实习近平总书记对干部队伍建设提出的重要要求，又是推动新时代水利改革发展的迫切需要，也是新时代水利干部队伍建设的重要目标。

当前，全党正在开展"不忘初心、牢记使命"主题教育，这次主题教育的根本任务是深入学习贯彻习近平新时代中国特色社会主义思想，锤炼忠诚干净担当的政治品格，确保思想意志统一、行动步调一致。在中央和国家机关党的建设工作会议上，习近平总书记特别强调，要大力加强对党忠诚教育，正确处理干净和担当的关系，践行新时代好干部标准，不做政治麻木、办事糊涂的昏官，不做饱食终日、无所用心的懒官，不做推诿扯皮、不思进取的庸官，不做以权谋私、蜕化变质的贪官。水利干部要自觉在思想上政治上行动上同以习近平同志为核心的党中央保持高度一致，牢记初心使命，推进自我革命，把忠诚干净担当的政治品格锤炼得更加坚强，以干事创业的实际行动践行好新时代水利精神，为实现"两个一百年"奋斗目标提供坚实的水利保障。

忠诚为本。忠诚，自古至今都被看作是最重要的道德规范。古人云："天下至德，莫大乎忠"。水利干部的忠诚，是一种更为无私、更为可贵的忠诚，是对党的信仰忠诚，对党组织忠诚，对党的路线方针政策忠诚，对党和国家事业忠诚，对人民忠诚。"忠"是永远跟党走，信党为党，与党同心；"诚"是表里如一，言行一致，不当两面人。水利干部将忠诚作为首要政治原则、首要政治本色、首要政治品质，增强"四个意识"、坚定"四个自信"、做到"两个维护"，时刻对标对表，经常校正偏差，真正做到信赖党中央、拥护党中央、紧跟党中央，不折不扣地贯彻好执行好落实好党中央的决策部署，确保水利事业始终沿着正确的政治方向前进。

干净为先。干净即廉洁，干净对水利干部来说是不可触碰的底线。水利系统相对封闭，资金比较密集，特别是水利工程建设领域，每年有近7000亿元的资金投入，重大项目多、资金量大、廉政风险高。此外，水行政许可、水行政执法、资金使用、干部人事管理等领域也都存在权钱交易风险，水利基层违法违纪问题呈多发频发态势，水利行业反腐败形势相当严峻。树立干净廉洁之风，对于水利干部个人，对于水利系统各级单位，对于整个水利行业来说都十分必要。水利干部将干净作为道德底线，正确看待名利得失，不掺私心杂念、不动非分之想，做到心底干净；严格按照党纪国法办事，不搞特权、不谋私利，做到用权干净；从小事做起、从自身做起，不贪图享受、不随波逐流，做到品行干净，树立清正廉洁、干净干事的良好形象。

担当为要。担当就是敢于承担责任、担负任务。当前，水利系统正在深入贯彻落实习近平总书记治水重要论述精神，水利改革发展面临的新情况、新问题、新挑战层出不穷。从改变自然、征服自然转向调整人的行为、纠正人的错误行为，特别是纠正人的错误行为，是非常困难且有风险的，不可能轻轻松松实现，是要啃硬骨头、破坚冰的。水利干部要以滚石上山、攻城拔寨的拼劲，履职尽责、勇于担当，攻坚克难、锐意进取，特别是在关键时刻豁得出来、顶得上去，全力推进水利改革发展迈上新台阶。同时，正确处理干净和担当的关系，绝不能把反腐败当成不担当、不作为的借口，通过约束激励机制，让想担当、会担当、敢担当的干部受到重用，让不思进取、"爱惜羽毛"、消极怠工的人在水利系统无立足之地。

"科学、求实、创新"是新时代水利事业改革发展的价值取向

中国特色社会主义进入新时代，我国社会主要矛盾已经转化为人民日益增长的美好生活需要和不平衡不充分的发展之间的矛盾。新时代标定了水利事业新方位，我国治水的主要矛盾也发生深刻变化，从人民群众对除水害兴水利的需求与水利工程能力不足的矛盾，转变为人民群众对水资源水生态水环境的需求与水利行业监管能力不足的矛盾。其中，前一矛盾尚未根本解决并将长期存在，而后一矛盾已上升为主要矛盾和矛盾的主要方面。

随着社会主要矛盾、治水主要矛盾、水利改革发展形势和任务的变化，治水思路也必须调整和转变。在习近平新时代中国特色社会主义思想的引领下，水利部积极践行"节水优先、空间均衡、系统治理、两手发力"的治水方针，把调整人的行为、纠正人的错误行为贯穿始终，提出了"水利工程补短板、水利行业强监管"的水利改革发展总基调。治水思路的调整和水利改革发展总基调的确立，充分体现了新时代水利精神在做事层面倡导"科学、求实、创新"的价值取向。

以科学严谨的态度治水。水是重要的自然资源，有其自身运行的自然规律、生态规律；水进入了人类社会，治水活动又需要遵循经济规律和社会规律。自古以来，人类治水实践就是不断发现规律、认识规律、遵循规律、利用规律的过程。由于人们长期以来对经济规律、社会规律、自然规律、生态规律认识不够，发展中没有充分考虑水资源、水生态水环境承载能力，造成水资源短缺、水生态损害、水环境污染的问题不断累积、日益突出，成为常态问题。解决这些问题，必须坚持实事求是、科学治水，坚持一切从客观实际出发，深入实际调查研究，搞清楚工作的全貌和真相，搞准确问题的本质和规律，准确把握局部和全局、普遍和特殊、主要与次要、偶然与必然、当下与趋势的关系，统筹处理干流与支流、上游与下游、左岸与右岸的关系，切实把准脉、问准症，为认识当下、规划未来、制定政策找到客观基点，不断提高水利工作的科学性。

以真抓实干的韧劲治水。我国自然地理和气候特征决定了水旱灾害长期存在，并伴有突发性、反常性、不确定性等特点。古往今来，治水兴水艰苦卓绝，古有大禹治水"三过家门而不入"，李冰父子"利济斯民""利济全川"，今有杨贵带领林县人民修建红旗渠自力更生、艰苦创业，中华民族抗击1998年特大洪涝灾害坚韧不拔、顽强拼搏。水利人的事业是奉献的事业，水利人的精神是实干的精神，这种真抓实干的精神在新的历史时期应继续发扬光大。特别是面对新老水问题复杂交织、水安全已亮起红灯的严峻形势，新时代水利工作更加需要下一番苦功夫真功夫硬功夫，不做表面文章、不搞花架子，以踏石留印、抓铁有痕的韧劲落实水利工程补短板，以刀刃向内、壮士断腕的决心落实水利行业强监管，将水利改革发展总基调变为实实在在的工作成效。

以开拓创新的精神治水。过去，人们对水的需求主要集中在防洪、饮水、灌溉。现阶段，人们对优质水资源、健康水生态、宜居水环境的需求更加迫切。从低层次上的"有没有"问题转向高层次上的"好不好"问题，人民群众对水利提出了新的更高需求，但水利事业的发展还存在着不平衡不充分的问题。问题是实践的先导，创新是发展的源泉。水利实践无止境，水利创新无止境。新时代水利工作需进一步解放思想、开拓进取，全面推进理念思路创新、体制机制创新、内容形式创新、方法手段创新，重点补好防洪工程、供水工程、生态修复工程、信息化工程方面的短板，重点加强江河湖泊、水资源、水利工程、水土保持、水利资金、政务行为方面的监管，建立完善水旱灾害防御体系、水资源配置体系、水资源保护和河湖健康保障体系、水利行业监管体系等四大水安全保障体系，走出一条有中国特色的水利现代化道路。

伟大事业需要伟大精神。新时代水利精神不是从天而降，不是简单口号，而是传承于五千年治水文化，立足于新时代水利实践，是社会主义核心价值体系在水利行业的具体体现，也是水利人践行初心使命的重要标尺。我们将弘扬"忠诚、干净、担当，科学、求实、创新"的新时代水利精神，汇聚水利改革发展的强大精神力量，创造水利事业更加美好的明天。

专记

追梦 筑梦 圆梦

河南省水利厅党组书记 刘正才

追 梦

第一步是兴趣，第二步是了解，第三步是认识，第四步是熟悉。有兴趣了，感兴趣了，有所了解了，那接下来就认识它。对南水北调工程的前期工作、库区移民、征地拆迁、工程建设中所遇到的重大技术、课题攻关、面临的难度，都要有个全方位的深入的认识。

我在大学求学时期，因为是学水利的，所以知道，南水北调工程和三峡工程一样，是水利专业广大师生普遍关注、梦寐以求参与的世界著名大型水利工程。

作为一个水利人，能参与这个工程的建设，应该是人生一个极为难得的机遇，体现了其价值追求和事业追求。

2003年10月，时任河南省委书记，与已经任职的41位公选干部座谈时说，作为公选干部，在南水北调这个岗位就要去了解南水北调，要主动谋划怎么在新岗位开展工作。省委书记给我们提了八个字要求，站稳脚跟，打开局面。

2003年12月5日，河南省南水北调办公室组建到位之后举行第一次岗前培训，这个岗前培训由我主讲，要给大家讲岗位上所需要的知识是什么，怎么干这个工程。在这之前，应该说我是做了大量功课，翻阅了世界著名调水工程的资料。世界五大调水国，有美国、俄罗斯、印度、巴基斯坦、澳大利亚，了解了这五大调水国的调水规模、调水渠道的长短、其发挥的效益。如何从世界调水工程看我国的南水北调工程，这个南水北调工程对中国以及河南的积极作用是什么，这些都要在这个岗前培训上与大家共同学习。

2004年初，我发表了一篇文章，写的是南水北调对河南的经济拉动作用。省委书记要求我们去了解，深入了解就得思考，所以说从岗前培训开始就参考国际上的跨流域的调水工程，思考这个工程在河南所起的作用、面临的问题和困难。

所以我第一步是兴趣，第二步是了解，第三步就是认识。有兴趣了，感兴趣了，有所了解了，那接下来就认识它。对南水北调工程的前期工作、库区移民、征地拆迁、工程建设中所遇到的重大技术、课题攻关、面临的难度等等，都要有个全方位的深入的认识。

那时候我和水利部调水局的领导和专家，深入中线工程沿线开展调研，进行一些前期工作、移民规划、征地拆迁的实物指标调查等。特别是焦作城区段的征迁，8.2公里，我徒步走了3个小时，边走边看边问，尽可能多了解，了解细一些。应该说对前期的工作深入了解，抓得比较实。

第四步就是熟悉。熟悉这个工程，知道南水北调工程是什么，为什么要建设，怎么建设，遇到的困难怎么克服，我们以什么样的工作态度去抓。

我认为这是我的第一个阶段，叫追梦。从学生时代的向往，到有幸来到这个工作岗位，到省委书记提出的希望和期待，使我到新岗位之后，从感兴趣到了解、到认识、到熟悉，这个过程，是我对南水北调追梦的开始。

筑 梦

有了梦想，把它筑起来。这个筑梦是一个艰难的过程，应该说有喜悦、兴奋，也有辛酸和泪水甚至委屈。现在回想起来，这个筑梦的过程确实不容易，充满了艰辛，充满了挑战。

—征地拆迁—

我分管的工作其中一个方面是工程沿线征地拆迁，之前做了大量的准备和调研工作。河南段渠道731公里，永久占地和临时占地61万亩，相当于一个中等规模县的耕地面积，占地很大。涉及征迁群众5.5万人，比较集中，尤其在焦作城区这个人口密集的地方，面对这么一个征迁群体，征迁任务重，工作难度大。

在征迁焦作市马村区时，遇到一个水彩社区，是焦煤集团的棚户区。焦煤集团的这个公寓没有产权，要对群众补偿，怎么补偿是个难题。虽然经过多次做工作，但还是没有得到很好的解决。有一天，我去这个社区调研，被上百名群众围堵，当时随我同去的还有马村区的区委副书记。她问我，群众都围过来了我们是不是该走。我说，群众都来了，你能走得掉吗，再者说了，这事躲不得，要破这个难题，就要与群众对话。我就站在一个比较高的地方和群众对话，听群众的呼声，面对面听他们的诉求，向他们讲国家和省委、省政府对征地拆迁的政策。面对面，不回避，最后赢得了征迁群众的理解和支持。说实话，当时有骂的，有推搡的。这种情况下，跟老百姓打交道，老百姓的理解源于干部的诚心。老百姓支持你，首先在于你对老百姓的诚意是什么，靠糊弄老百姓肯定不行。

当时我说，我是省南水北调办公室副主任刘正才，今天我来就是要解决大家的问

题，大家不要吵，有什么问题，有代表性地一个个说。人群顿时静下来，大家一个一个地提问题，我一一做了解答，最后问题得到妥善处理。

郑州市在城市拆迁中附属物补偿标准比南水北调标准高，郑州市政府投入9.81亿元，用于解决城区拆迁附属物补偿与国家批复补偿标准之间的差额。焦作市政府贷款22亿元用于城区征迁安置，补贴城区征迁群众安置房建设。针对南水北调征迁群众出台了46项优惠政策，研究决定了300余项关系征迁群众切身利益的事项，妥善解决群众就业、就医、就学、救助、养老等问题。一系列政策体恤民情、解除民忧，受到了征迁群众的称赞，得到了征迁群众的拥护。2009年7月10日，习近平同志作出批示："河南省焦作市在深入学习实践科学发展观活动中，坚持以人为本、和谐征迁，确保南水北调工程顺利实施的做法很有特点，很有成效。"

南水北调中线河南段工程战线长，情况复杂，一是征迁协调任务艰巨。总干渠穿越郑州市、南阳市边缘城区和焦作市中心城区。焦作市是南水北调总干渠唯一穿越中心城区的城市，涉及征迁群众3890户、15532人，拆迁房屋93.6万平方米，情况复杂，任务繁重，征迁难度前所未有。二是征迁时间要求紧迫。移交建设用地一般需要9个月时间，南水北调工程实际移交用地时间一般不足半年，个别用地移交期限不足1个月。三是补偿标准差异大。总干渠补偿标准由国家统一批复，与当地建设项目以及高速、高铁补偿标准差异较大。可以说，征迁工作涉及千家万户群众的利益。在工作中，我们始终坚持两个原则，就是既把政策执行好，又切实维护好群众利益。出发点对了，落脚点对了，得到了群众的理解，难题都得到了解决，没有出现一例因征迁引起的群体性越级上访事件。可以说，干线征迁整体是和谐的，为工程建设创造了很好的施工环境。

南水北调中线工程关键在移民。这次丹江口库区移民规模、移民强度和移民难度都史无前例。如何破解新时期移民迁安这一世界性难题，是摆在河南省各级各有关部门面前的一项重大政治任务。河南省委、省政府审时度势，作出了"四年任务、两年完成"的决策，也就是把丹江口库区移民搬迁完成时间，由原计划的2013年提前到2011年完成。这个决策不是拍脑袋做出的，而是从群众中来到群众中去，充分尊重移民群众意愿、集中移民群众智慧形成的。因为在库区这个地方，2003年国家就下达了停建令，在这七八年的时间里，移民群众房不能盖、路不能修、厂不能建，一直处于"待搬"状态。实践充分证明，这个决策是非常正确的，早搬比晚搬好、快搬比慢搬好。2011年底，河南省圆满完成了16.54万名移民的迁安任务。

这次史无前例的大移民之所以能够顺利搬迁、和谐搬迁，主要取决于4个方面，一是体制机制创新，二是坚持以人为本，三是移民干部呕心沥血、无私奉献，四是移民群众含小家、为大家。

在搬迁前、搬迁中、搬迁后，整个迁安过程始终坚持以人为本，切实维护移民群众利益。208个移民安置点都选在靠近主要道路边、主要城镇边和产业聚集区边的地方。这些地方交通方便，水土条件好，发展潜力大，方便移民生产生活，为致富发展创造了条件。移民新村的小学、幼儿园、超市、卫生所等公益设施也一应俱全。移民新村户型广泛征集设计方案，再进行专家论证，精选出了46个获奖设计方案编印成册，发放到每个移民村，让移民群众精挑细选、优中选优，充分尊重移民群众的意愿。

我们把移民搬迁分解为200个关键环节和规定动作。比如交通部门开辟绿色通道，免收路桥费；卫生部门提供全程医疗服务；公安部门一路保驾护航等等。安置地6个省辖市、25个县党委政府像接亲人一样派出车队和工作人员把移民群众接到新家，为他们准备了一个星期的米面油和全部生活用品，有的还为移民做好了第一顿饭，使移民群众时时刻刻感受到饱含深情、细致入微的人性化关怀。

移民迁安工作是对移民干部的一个大考验。700多个日日夜夜，他们呕心沥血、忍辱负重、无怨无悔、无私奉献。他们把移民迁安作为一种事业的选择、人生的追求、价值的体现和神圣的使命。他们把百姓当父母，视移民为亲人，用真心真情感化移民群众。有的人家在眼前，却翻山越岭，走村串户，长年累月难进家门；有的人累倒在迁安一线，紧急救治后，挂着输液瓶继续工作；有的人面对群众的一时误会和不冷静，做到了打不还手、骂不还口，甚至被围困在瓢泼大雨之下，全身被雨水淋得透湿，仍然耐心细致地给群众作解释工作；有的人儿女生病无法照看，父母去世无法尽孝，甚至妻子重病去世还丝毫不知；还有的累倒在自己为之奋斗的岗位上，再也没有醒来，先后有马有志、王玉敏、赵竹林等13位同志牺牲在移民工作第一线。这体现出广大移民干部对党和国家的忠诚、对移民群众的满腔热爱。16.54万移民群众在移民干部的感召下，为了国家重点工程建设，告别了世世代代耕耘的故土和祖祖辈辈居住的家园。

—工程建设—

河南段工程在整个中线工程中占多大分量呢？可以毫不夸张地说，河南是南水北调工程建设的主战场，关乎南水北调中线工程通水目标能否如期实现。

南水北调中线工程在河南境内731公里，占全线的57%，超过了河北段和北京段、天津段的总长度。再说工期，河北段、北京段工程从2003年底相继开工，2005年已经实现全线开工，河南省境内黄河以南段工程2011年才破土动工，比其他段开工整整晚了六七年，国家要求的完工时间、通水时间都是一样的，工期的紧张程度可想而知。

南水北调工程建设任务重、时间紧、难度大，按部就班工作不可能按期完成建设任务，必须打破常规，冲刺攻坚。

按照国务院确定的"2013年底主体工程完工、2014年汛后通水"的目标和省委省政府的安排部署，我们咬定目标不放松，实行目标管理，加压驱动，大力开展"破解难关战高峰、持续攻坚保通水""奋战一百天、全面完成目标任务""建功立业"等全线劳动竞赛和跨渠铁路公路、膨胀土换填、渠道衬砌等专项劳动竞赛。按照月、季度考核和年底评比相结合的办法进行考核评比，对先进单位大张旗鼓表彰奖励，形成了你追我赶的良好局面。建立督导检查机制，现场办公，我们各位主任经常深入基层、明察暗访，采取"一拖二"的方式，率领督导组和专家组深入工地，通过现场检查、询问、召开座谈会、仪器检测等方式，对各标段进度、质量、安全、环境营造及关键事项解决情况进行强力督导，认真排查梳理制约工程建设的突出问题，建立台账，明确责任和完成时限，采取针对性措施，逐一落实，逐一解决，逐一销号。在配套工程建设中，我们建立了配套工程建设督查机制，制订《河南省南水北调配套工程督查奖惩办法》和《河南省南水北调配套工程建设目标督查奖惩实施细则（试行）》，每月对配套工程建设进展进行督查，好的通报表扬给予重奖，差的通报批评。

在质量管理上，一是始终持续高压态势，以铁腕狠抓质量安全。对渠道高填方、水泥改性土换填、跨渠公路桥梁、铁路交叉、大型渡槽、PCCP管道生产和安装等开展质量专项排查活动和"回头看"集中整治活动，加强质量监管，对发现的质量缺陷立即整改，对质量违规行为立即纠正，对未整改或整改不到位的建立台账，逐项落实，限期整改到位。二是不间断进行质量巡查和飞检。重点实行"飞检、巡查、稽察"三位一体质量监管，成立了"质量飞检大队"和"质量巡查大队"，配备了检查人员和检测设备，对工程从原材料到工程实体质量进行不间断检查，对参建单位的质量行为进行全方位跟踪检查。三是严格进行责任追究。对历次检查中发现存在工程质量问题的施工及监理单位通报批评，情节严重的责令其现场主要管理人员退出南水北调中线工程建设市场。

我当时作为分管工程建设的副主任，始终感到肩上的压力很大、责任很重。从开工的那一天起，不知度过了多少个不眠之夜，更别说周末、节假日，几乎没休息过。工期最紧的时候，只要天气条件允许，都是24小时施工。我丝毫不敢放松，昼夜检查督导。

方城6标项目经理陈建国，2011年短短的一年时间，失去了母亲和哥哥两位亲人。他毅然决然地把已经75岁、病魔缠身的父亲陈孝忠接到工地，带着老父亲修干渠。陈建国说："家里事再大都是小事，工程的事再小都是大事。"陈建国的老父亲也经常嘱咐他，南水北调工程是大事，应该好好干，为国家多做点贡献。陈建国处处率先垂范，大胆创新，使方城6标历次评比中始终位于前列，其中第6次获得第一名，被国务院南水北调办树为标杆单位。2013年，陈建国获得了河南省"五一劳动奖章"，当选2013年度感动中原十大人物、全国十大三农人物。2014年，荣获全国"五一劳动奖章"。在如火如荼的南水北调建设工地上，无数像陈建国这样的共产党员撑起了世纪工程的脊梁，成为推动工程建设的中流砥柱。

圆　梦

南水北调工程通水那天，我无比喜悦、心潮澎湃。应该说，南水北调工程通水之日，也是我梦圆南水北调之时。但是，我更深深感到这只是圆了南水北调建设之梦，运行管理的梦想刚刚开始。所以，通水后，我没有一点喘口气的轻松，感到责任更大了。

没有规矩不成方圆。立规矩、建制度是根本。我们就从建立完善制度入手，把制度建设作为运行管理规范化的重要抓手。在国家层面，国务院颁布了《南水北调工程供用水管理条例》，在省级层面，河南省政府颁布了《河南省南水北调配套工程供用水管理办法》，为南水北调供用水管理提供了法律依据。为了用好这个法律武器，我们及时进行了大规模宣传，特别是对《办法》进行了全方位解读，确保得到认真贯彻落实。在省南水北调办层面，我们制订《关于加强南水北调配套工程供用水管理的意见》《河南省南水北调受水区供水配套工程供水调度暂行规定》《河南省南水北调工程水费征缴及使用管理办法》《河南省南水北调配套工程日常维修养护技术标准（试行）》等一系列规章制度和规程规范，建立了完善的制度体系。编制了《河南省南水北调工程水量调度应急预案》，建立了备用水源应急切换机制，明确了各地可切换的备用水源、启动程序、工作流程、切换时间、供水流量等，确保供水双保险。

我们积极探索切合实际的管理模式，加强供用水管理、安全巡查、维修养护，落实配套工程水量调度计划，建立联络协调机制和应急保障机制，切实做好运行管理各项工作。比如，我们在2017年开展了运行管理规范年活动，制定了实施方案，明确了完善制度、健全队伍、加强培训、创新管理、规范巡检、强化飞检、落实整改、严肃追责等8个方面的任务和要求，并派出督导组加强检查指导。以开展规范年活动为载体，制定了《河南省南水北调配套工程运行管理监督检查工作方案》，建立了"突袭式飞检、日常性巡检、专业化稽查"三位一体配套工程运行管理监督检查体系，明确巡查重点，加大巡查频次，定期实现配套工程巡查全覆盖。在全省南水北调系统开展了两轮运行管理"互学互督"活动，各省辖市南水北调办之间相互查找问题、相互学习借鉴管理经验、相互交流管理方法。面对工作难题和新的挑战，我们坚持问题导向，建立责任清单和问题清单，创新思路，打破常规方式方法，从有利于推动工作出发，大胆思考，积极谋划，勇于创新，在干线和配套工程调蓄工程、新增供水项目的前期工作、生态补水、管理处所及自动化系统建设调试等方面取得突破性进展。比如，积极推进配套工程市场化运维模式、开展实施配套工程信息化智能化试点等等，通过一系列创新和举措，提高了运行管理水平，充分发挥了工程的社会效益、经济效益和生态效益。

截至2019年9月20日，南水北调中线工程向河南省累计供水82.45亿立方米（其中生态补水15亿立方米），占全线供水总量的36.22%，受水区域、受益人口逐步提高，供水范围覆盖河南省11个省辖市市区和40个县（市）的80个水厂及引丹灌区、6个调蓄水库及20条河流，受益人口近2000万，农业有效灌溉面积115.4万亩。规划受水区已实现了通水全覆盖，有效保证了居民用水，改善了生态环境，缓解了受水区水资源短缺的困局。

南水北调水还置换出受水区超采的地下水和被挤占的生态用水，地下水位明显回升，漏斗区面积明显减少，全省20多座城市地下水水位得到不同程度提升。受水区生态环境明显修复改善，有效促进了河南省森林、湿地、流域、农田、城市五大生态系统建设，助力河南省以水润城、百城提质和乡村振兴，还给老百姓绿水青山、清水绿岸、鱼翔浅底的景象。

为充分发挥南水北调中线工程效益，我们正在积极推进新增供水配套工程建设和新增供水目标前期工作，让更多的河南人吃上优质甘甜的南水北调水。

（该文发表于《中国南水北调》2019年第385期，收录于中国水利水电出版社2019年12月出版的《回望——我亲历的南水北调》一书中）

南水北调

壹 要事纪实

重 要 讲 话

河南省水利厅党组书记刘正才在"不忘初心、牢记使命"动员大会上的讲话

2019年6月13日

同志们：

今天会议的主要任务是，学习贯彻中央、省委有关会议精神，安排部署我厅"不忘初心、牢记使命"主题教育工作。今年5月13日，中央政治局召开会议，决定从6月开始，在全党自上而下分两批开展"不忘初心、牢记使命"主题教育。5月31日，中央召开了主题教育工作会议，习近平总书记出席会议并发表重要讲话。6月6日，省委召开了全省"不忘初心、牢记使命"主题教育工作会议，对主题教育作了全面安排部署，王国生书记作了讲话，提出了明确具体要求。厅党组在认真传达学习中央、省委会议精神的基础上，研究制定了开展"不忘初心、牢记使命"主题教育实施方案，对我厅主题教育作出了具体安排。一会儿，省委第五巡回指导组组长李思杰同志，还要传达中央和省委有关精神，并对我厅主题教育提出要求。同志们要认真学习领会，抓好贯彻落实。

在全党开展"不忘初心、牢记使命"主题教育，是以习近平同志为核心的党中央统揽伟大斗争、伟大工程、伟大事业、伟大梦想作出的重大部署。习近平总书记在中央主题教育工作会议上的重要讲话，深刻阐明了开展主题教育的重大意义、目标要求和重点措施，彰显了我们党践行为人民服务的宗旨、勇于自我革命、全面从严治党的坚定决心，为开展主题教育提供了根本遵循，为党员干部守初心践使命指明了前进方向。今年是中华人民共和国成立

70周年，也是我们党执政第70个年头，开展主题教育正当其时、势所必需。初心和使命是我们党的政治灵魂所系、政治生命所在，开展主题教育是永葆党的先进性和纯洁性、永葆党的生机活力、不断巩固党的执政根基的垒石夯基工程。从新时代河南水利改革发展现实需要来看，开展主题教育就是为水利改革发展、党的建设再加油、再添力，用守初心和担使命汇聚起推进水利高质量发展的磅礴力量。全厅各级党组织和广大党员干部要切实把思想和行动高度统一到习近平总书记重要讲话精神和党中央决策部署上来，提高政治站位，把主题教育作为进一步树牢"四个意识"、坚定"四个自信"、做到"两个维护"的大课堂、大熔炉，确保取得实效。

下面，我讲三点意见。

一、聚焦目标任务，找准主题教育发力点

党中央对这次主题教育的总要求、目标任务、方法步骤作出了明确规定，省委印发的《实施意见》作了全面具体安排，我们一定要严格按照中央的统一部署，牢牢把握"守初心、担使命，找差距、抓落实"的总要求，全面落实省委的安排，抓细抓实主题教育各项任务，见底见效。

一要聚焦理论学习有收获，在学懂弄通做实习近平新时代中国特色社会主义思想上取得新成效。开展"不忘初心、牢记使命"主题教育，根本任务是深入学习贯彻习近平新时代中国特色社会主义思想，锤炼忠诚干净担当的政治品格，团结带领全国各族人民为实现伟大梦想共同奋斗。全厅广大党员干部要在原有学习的基础上取得新进步、达到新高度，要进一步深入学习党的十九大报告和党章，学习《习近平关于"不忘初心、牢记使命"重要论述摘编》《习近平新时代中国特色社会主义思想纲要》《习近平同志关于机关党建重要论述》，学

习习近平总书记视察指导河南时的重要讲话精神和在参加十三届全国人大二次会议河南代表团审议时的重要讲话精神，学习习近平总书记治水兴水重要论述和指示批示精神，跟进学习习近平总书记最新重要讲话文章，深刻理解其核心要义和实践要求，加深对习近平新时代中国特色社会主义思想重大意义、科学体系、丰富内涵的理解，学深悟透、融会贯通、真信笃行，增强贯彻落实的自觉性和坚定性，把学习效果真正体现到增强党性、提高能力、改进作风、推动工作的成效上来。

二要聚焦思想政治受洗礼，在坚持旗帜鲜明讲政治、坚决做到"两个维护"上取得新成效。在主题教育工作会议上，习近平总书记讲了南泥湾一位90多岁老红军的故事。这位老红军参加过长征，是一位连长，革命胜利后主动留下来当了一辈子农民。老人说，共产党员要始终牢记"三个守住"，守住红色江山、守住人民幸福、守住优良传统。这就是一名共产党员对忠诚的理解，诠释了共产党人崇高的政治品格。我们党作为马克思主义政党，如果政治上不强了，党的先进性和纯洁性就无从谈起。要坚定对马克思主义的信仰、对中国特色社会主义的信念，树牢"四个意识"、坚定"四个自信"、做到"两个维护"，自觉在思想上政治上行动上同党中央保持高度一致，始终忠诚于党、忠诚于人民、忠诚于马克思主义，自觉做政治上的明白人、老实人，经得起各种风浪考验，决不能在政治方向上走偏了、走歪了、走错了，更不能当面一套背后一套，搞"两面派"、做"两面人"、当"老好人"，任何时候任何情况下都要确保政治上坚定、思想上清醒、态度上鲜明、行动上自觉，带头贯彻执行党的路线方针政策，全面落实省委省政府决策部署，做到政治忠诚更加纯粹，政治定力更加坚强，政治纪律更加严格。

三要聚焦干事创业敢担当，在贯彻执行党中央决策部署、担当作为狠抓落实上取得新成效。习近平总书记强调，新时代是干出来的，

幸福是奋斗出来的。近年来，河南水利事业取得了长足发展，省委、省政府对新时代水利现代化建设寄予厚望，尤其在"四水同治"方面给予了极大的重视。但从全省水利发展现状看，我省面临着新老水问题并存、相互交织的严峻形势，不容乐观。一方面我省自然地理和气候特征，决定了水旱灾害将长期存在，严重危害着经济社会健康发展和中原人民安居乐业。另一方面治水的主要矛盾已经转变为人民群众对水资源水生态水环境的需求与水利现状不相适应的矛盾，水资源短缺、水生态损害、水环境污染等新问题日益突出。我们需要用不足全国1.47%的水资源量，承担全国7.6%的人口和6.5%的GDP用水任务，还要生产全国十分之一的粮食，保障国家粮食安全。这些都对新时期水利工作和广大水利党员干部职工提出了新的更高要求。开展这次主题教育，就是要教育引导广大党员干部牢记总书记嘱托，勇担历史使命，增强干的自觉、鼓起干的斗志，切实增强拼搏意识，凝心聚力，发扬求真务实作风，推动新时代河南水利实现高质量发展。

四要聚焦为民服务解难题，在坚定不移践行党的宗旨、密切党群干群关系上取得新成效。新华社记者穆青同志曾写道："走遍河南山和水，至今怀念仨书记"，这就是焦裕禄同志、杨贵同志和郑永和同志。三位书记都和水利有着很深的渊源。焦裕禄在兰考475天，一半时间都花在治盐碱和洪涝上。杨贵带领林县人民开山劈石修建人工天河红旗渠，所孕育的红旗渠精神，至今仍激励着一代又一代水利人。从1990年，以省委省政府名义开展的农田水利建设"红旗渠精神杯"竞赛活动，至今从未间断。郑永和带领十万民工扎进深山窝棚治山治水，一干就是十余年，至今"拿起白面馍，想起郑永和"还广为流传。水利是一项公益型、服务型的行业，要牢固树立人民利益至上的思想，坚决克服"官本位"，坚持"群众利益无小事"的理念，始终关注民生，把民生水利建设放到更加突出的位置。对群众关心和

反映强烈的问题，凡是有能力做到的，要落实责任，尽快解决；暂时办不到的，要拿出合理有效的措施，给人民群众一个明确的答复。要始终坚持服务基层，坚决整治"门难进、脸难看、事难办"的陋习和慵懒散的作风。要树立以人民为中心的发展理念，把群众观点、群众路线深深植根于思想中、具体落实到行动上，真正把好事办到群众心坎上，增强群众获得感、幸福感、安全感。

五要聚焦清正廉洁作表率，在深入推进全面从严治党、加强党风廉政建设上取得新成效。全厅党员干部要发扬革命传统和优良作风，始终坚守自己的政治生命线，自觉遵守党章，自觉按照党的组织原则和党内政治生活准则办事，经常检视自己的思想言行，自觉扫除思想上的灰尘，自觉同特权思想和特权现象作斗争，坚决预防和反对腐败。要严格遵守党的各项纪律，严格落实中央八项规定及其实施细则精神，自觉接受监督，做到慎独慎微慎初，明大德、守公德、严私德，从违纪案例中汲取教训、自省自警，永葆共产党人为民务实清廉的政治本色。要认真学习贯彻习近平总书记关于反对形式主义、官僚主义的重要论述和重要指示精神，弘扬勤勉尽责、求真务实的工作作风，把初心使命变成党员干部锐意进取、开拓创新的精气神和埋头苦干、真抓实干的自觉行动，力戒形式主义、官僚主义，以永远在路上的恒心和韧劲抓好作风建设，以好的作风维护水利机关的良好形象，切实增强斗争精神，集中整治突出问题，始终保持清正廉洁的政治本色，着力营造风清气正的政治生态。

二、紧密结合实际，牢牢抓住重点措施

按照中央和省委安排部署，这次主题教育不划阶段、不分环节，具体到每个单位，开展集中教育时间不少于3个月，重点措施是学习教育、调查研究、检视问题、整改落实。我们要准确把握中央精神，严格按照省委实施意见要求，结合水利实际创新载体抓手，把四项重点措施贯穿主题教育全过程，确保取得

预期效果。

一要抓实学习教育。在党的群众路线教育实践活动、"三严三实"专题教育、"两学一做"学习教育等集中教育和日常学习中，我厅有不少好的做法，要在这次主题教育中继续坚持不断完善。全厅广大党员干部要坚持全面系统学、深入思考学、联系实际学，灵活采取平时自学、以会代训、基层宣讲、交流互学等方式，加强理论武装，掌握看家本领。要读原著悟原理，学立场、学观点、学方法，深刻理解习近平新时代中国特色社会主义思想的核心要义和实践要求，自觉对标对表、及时校准偏差。处级以上干部每天学习不少于1小时，集中教育期间学习篇目不少于60篇。全厅各级领导班子各自结合工作职责和实际，开展不少于一周时间的集中研讨。

加强革命传统教育、形势政策教育、先进典型教育和警示教育。大力学习弘扬焦裕禄精神、红旗渠精神、愚公移山精神，新时代水利行业精神，组织参加省委"不忘初心、牢记使命"先进典型事迹报告团巡回报告会。组织参观"不忘初心、牢记使命"主题展览、红色教育基地、爱国主义教育基地。邀请专家举办专题辅导，加强形势政策教育。深入挖掘、积极选树新时代水利工作各方面先进典型，开展"最美水利人"评选活动，选树一批标杆党支部开展观摩交流活动，召开"七一"表彰会，推动形成学先进、当先进的良好风尚。

抓好党支部学习教育。以党支部为单位，依托"三会一课"、主题党日等，采取精读一批重要篇目、重温一次入党誓词、重读入党志愿书、参观主题教育档案文献展、观看教育专题片、聆听先进模范事迹报告会、到革命遗址旧址或纪念场馆接受红色洗礼、开展"谈初心、话使命、讲担当"学习交流活动等方式，用好"学习强国"、网络干部学院等在线平台，引导党员干部在学习中思考、感悟初心和使命。厅党组成员及各级领导干部要认真参加所在党支部活动，发挥好示范带动作用。

二要深入调查研究。厅领导班子成员要围绕贯彻落实中央部署和习近平总书记重要指示批示精神，围绕推进"四个着力"、打好"四张牌"，围绕打好"三大攻坚战"、应对化解各种风险挑战，围绕做好"三农"工作、实施乡村振兴战略，围绕推进"四水同治"，围绕解决党的建设面临的紧迫问题，围绕解决本部门本单位存在的突出问题和群众反映强烈的热点难点问题等，紧密结合正在做的事、需要解决的问题，选准调研题目。要紧扣调研课题，到水利基层一线，到扶贫联系点、党建联系点，访基层党员干部，访困难群众，听真话、察实情。调研要接地气，要轻车简从，不搞层层陪同，不增加基层负担，要统筹安排，不搞扎堆调研，切实掌握第一手材料。调研结束后，要认真梳理调研情况，厅领导班子成员带头撰写调研报告。厅机关各处室、厅属各单位至少提交一篇调研报告。报告形成后，召开专题会议交流调研成果。要通过调研，真正把情况摸清楚，把症结分析透，研究提出解决问题、改进工作的办法措施，进一步完善工作思路举措，推动全厅各项工作实现高质量发展。在学习调研的基础上，厅党组班子成员要讲好专题党课。厅党组书记带头讲，厅党组其他成员到分管部门或单位讲。要紧扣工作实际，讲出学习收获、讲出差距不足、讲出思路举措、讲出信心干劲、讲出使命担当。

三要检视反思问题。对照习近平新时代中国特色社会主义思想和党中央决策部署，对照党章党规，对照初心使命，对照人民群众新期待，对照先进典型身边榜样，坚持高标准、严要求查摆自身不足，查找工作短板，深刻检视剖析。要立足岗位特点和工作实际，结合学习交流、调查研究，采取征求意见、班子交流、召开座谈会、深入基层走访、发放调查问卷、设置意见箱等方式，充分征集上级领导、班子成员、工作服务对象、基层党员群众对厅领导班子和班子成员的意见建议。充分运用现代信息手段，利用河南水利网、机关党建微信群、电子邮箱等方式，畅通意见建议征求渠道。

党员领导干部要联系思想工作实际，结合调研发现的问题、群众反映强烈的问题、民主生活会查摆的问题，以及巡视巡察、脱贫攻坚督查、环保督察、扫黑除恶督导、宗教问题治理督查反馈的问题等，实事求是检视自身差距，深入开展"五查五找"，查学风，找在推动学习贯彻习近平新时代中国特色社会主义思想往深里走、往心里走、往实里走方面存在的差距；查党性，找在增强"四个意识"、坚定"四个自信"、做到"两个维护"方面存在的差距；查政绩观，找在群众观点、群众立场、群众感情、服务群众方面存在的差距；查权责观，找在为党尽责、为民用权、为事业担当清正廉洁方面存在的差距；查领导方式和工作方法，找在践行新发展理念，实践实干实效，有效克服形式主义、官僚主义方面存在的差距。要防止以上级指出的问题代替自身查找的问题，以班子问题代替个人问题，以他人问题代替自身问题，以工作业务问题代替思想政治问题，以旧问题代替新问题，真正以刀刃向内的自我革命精神，联系思想工作实际，实事求是检视自身差距，把问题找实、把根源找深，并明确努力方向。

四要狠抓整改落实。突出主题教育的实践性，把"改"字贯穿始终，坚持立查立改、即知即改，能够当下改的，明确时限和要求，按期整改到位；一时解决不了的，要盯住不放，明确阶段目标，持续整改，改好一个个具体问题，做好一件件具体工作。全厅党员干部都要结合自身实际，重点整治对贯彻落实习近平新时代中国特色社会主义思想和党中央决策部署置若罔闻、应付了事、弄虚作假、阳奉阴违的问题；整治干事创业精气神不够，患得患失，不担当不作为的问题；整治违反中央八项规定精神的突出问题；整治形式主义、官僚主义，层层加重基层负担，文山会海突出，督查检查考核过多过频的问题；整治领导干部配偶、子女及其配偶违规经商办企业，甚至利用职权或者职务影响为其经商办企业谋取非法利益的问题；整治对群众关心的利益问题漠然处之，空头承诺，推诿扯皮，以及办事不公、侵害群众利益的问题；整治基层党组织软弱涣散，党员教育管理宽松软，基层党建主体责任缺失的问题；整治对黄赌毒和黑恶势力听之任之、失职失责，甚至包庇纵容、充当保护伞的问题。对专项整治中发现的违纪违规问题，要严肃查处。同时要针对省委第四巡视提出的整改反馈意见、全厅"作风建设年"查找出来的问题及检视反思出的个性问题，建立整改台账，制定整改措施，坚持边学边查边改。主题教育结束前，厅党组将组织召开专题民主生活会，各党支部也要召开专题组织生活会，达到红脸出汗、排毒治病的效果。

五要开展总结评估。主题教育基本结束时，召开专题会议，对主题教育的成效和经验进行总结。要把开展主题教育同树立正确的用人导向结合起来，及时选拔使用忠诚干净担当的好干部，坚决调整对党不忠、从政不廉、为官不为的干部，形成优者上、庸者下、劣者汰的良好政治生态。要选树宣传先进典型，尤其要宣传那些秉持理想信念、保持崇高境界、坚守初心使命，敢于担当作为的先进典型，形成学先进、当先进的良好风尚。在整改落实基础上，要灵活运用会议测评、民意调查、第三方评估等方式，从领导干部自身素质提升、解决问题成效、群众满意度等方面，客观评估全厅主题教育效果。针对反映出的问题，及时采取有效措施予以解决。注重健全制度，把主题教育中形成的好经验好做法用制度形式运用好、坚持好。对经实践检验行之有效、群众认可的制度，长期坚持、抓好落实；对不适应新形势新任务的制度，抓紧修订完善。

三、加强组织领导，确保主题教育取得实效

开展"不忘初心、牢记使命"主题教育，是今年全党政治生活中的一件大事。我们要把这项工作摆上重要议事日程，思想上要高度重视、行动上要迅速跟进、措施上要务求实效，努力确保主题教育深入扎实推进，取得实实在在的效果。

一要强化责任落实。这次主题教育要在厅党组的统一领导下进行，厅主题教育领导小组及办公室负责组织实施。全厅成立四个巡回指导组，对厅机关及厅属各单位开展主题教育进行全程全覆盖指导。我作为党组书记，是主题教育的第一责任人，要以身作则、带头示范，为班子成员当好标杆，厅领导班子成员要履行"一岗双责"，对分管部门和单位要加强指导督促，层层传导责任和压力，同时要示范带动，为全体党员作好表率。厅机关各处室、厅属各单位要高度重视，切实把开展"不忘初心、牢记使命"主题教育作为一项重要政治任务摆上突出位置，结合工作实际，抓好组织实施，形成"一级抓一级、层层抓落实"的工作格局。

二要推动结合转化。主题教育的成效最终要体现在推进水利工作上。当前，正值汛期，防汛工作不能有半点松懈，同时，各项水利工作任务重、要求高，全厅广大党员干部要把这次主题教育当作推动工作的重要机遇和强大动力，统筹安排好时间和精力，正确处理好业务工作和主题教育的关系，把开展主题教育与贯彻落实中央、省委重大决策部署结合起来，与推进"四水同治"结合起来，与建设模范机关结合起来，真正把主题教育成果转化到围绕中心、服务大局上来，努力实现"两手抓、两不误、两促进"。

三要力戒形式主义。严格落实"五比五不比"要求，坚决防止形式主义。开展主题教育对写读书笔记、心得体会等不提出硬性要求；调查研究不搞"作秀式""盆景式"调研和不解决实际问题的调研；检视问题不大而化之、避重就轻、避实就虚，不以工作业务问题代替思想政治问题；整改落实不搞口号震天响、行动轻飘飘。严格控制简报数量，不将有没有领导批示、开会发文发简报、台账记录、工作笔记等作为主题教育各项工作是否落实的标准。

厅主题教育办公室要对全厅主题教育开展情况进行督促调研，准确掌握进展和动向，及时通报有关情况，确保主题教育各项任务落到实处。

四要坚持以上率下。领导干部要先学一步、学深一点，先改起来、改实一点，带头在深入学习贯彻习近平新时代中国特色社会主义思想上作表率，在始终同党中央保持高度一致上作表率，在坚决贯彻落实中央和省委省政府各项决策部署上作表率。党员领导干部要以更高的标准要求自己，勤于反思、善于反省，把自身摆进来，不仅要以党员的身份参加所在党支部的组织生活，而且要带头参加学习讨论、带头谈体会、讲党课、带头参加组织生活会、带头解决自身问题，带头立足岗位做贡献。

五要注重宣传引导。要充分利用好河南水利网、《河南水利与南水北调》杂志等载体，全方位、多渠道宣传主题教育的重大意义，宣传中央和省委的部署要求，宣传我厅主题教育开展情况，为主题教育营造良好的舆论氛围。要利用"两微一端"等新型传播手段，引导党员自主学习，扩大主题教育覆盖面。注意总结和提炼主题教育中的好经验、好做法，宣传正面典型，宣传身边的先进人物，以点带面、整体推进，引导党员干部自觉学在深处、做在实处、走在前列。

同志们，不忘初心，方得始终。牢记使命，方显本色。让我们以习近平新时代中国特色社会主义思想为指导，按照中央、省委的安排部署，扎扎实实开展好这次主题教育，努力实现理论学习有收获、思想政治受洗礼、干事创业敢担当、为民服务解难题、清正廉洁作表率的目标，推动新时代河南水利工作取得新成效，为奋力谱写中原更加出彩的绚丽篇章，做出新的更大贡献，以优异成绩迎接新中国成立70周年！

重 要 事 件

2019年全省水利工作会议在郑州召开

2019年1月24日，全省水利工作会议在郑州召开，水利厅党组书记刘正才作主题讲话，厅长孙运锋作总结讲话，厅党组副书记、副厅长（正厅级）王国栋主持会议。郑州市水务局等8个单位作交流发言，与会代表分6个组讨论。

刘正才指出，2018年"四水同治"成为全省战略，治水布局更加清晰合理，推动"四水同治"实施的10大水利工程已有2项开工，河南省实施"四水同治"加快水利现代化步伐的做法，受到国务院第五次大督查通报表扬，成为国务院办公厅向水利部推荐的两个典型经验之一。全省全口径水利投资规模达345亿元，纳入中央直报系统项目投资完成率98.8%，位居全国前列。

刘正才要求2019年要突出抓好9项重点工作：一要推进河长制湖长制，加快从"有名"向"有实"转变。二要加快实施"四水同治"。抓紧编制"四水同治"总体规划和专项规划，抓好十大水利工程建设、十条河流流域生态建设试点及其他水利工程建设。三要强化行政监督管理，持续加大暗查暗访、追责问责力度。四要增强灾害防御能力。汛前准备、监测预警、优化水工程调度，守住灾害防御底线。五要发展民生水利。打好水利扶贫攻坚战，继续实施农村饮水安全巩固提升工程，推进水生态文明建设，完成水、大气、土壤污染防治攻坚战年度任务。六要提高南水北调工程效益。加快推进新增供水工程建设，力争实现受益人口增加100万、总量突破2000万的目标。强化运行管理，确保工程安全平稳高效运行和供水安全。七要做好征地移民工作。继续抓好出山店、前坪等项目征地移民工作，开展移民后期扶持，壮大移民村集体经济，增加移民收入。八要加强行业能力建设，提高水文监测能力，健全完善水利政策法规体系，抓好新技术转化推广应用及科技人才培养引进，加快构建安全实用智慧高效的水利信息系统。九要激发水利发展活力。以水利投融资、水权水价水市场、"放管服"等改革事项为重点，持续深化水利改革，激发水利发展活力动力。

厅领导，各省辖市、直管县（市）水利（务）局和南水北调办主要负责人，厅机关副处级以上干部，厅属各单位党政主要负责人，省重点水利项目建设单位主要负责人，省水利投资集团有限公司、省水利勘测设计研究有限公司、省水利勘测有限公司主要负责人，厅老干部代表参加会议。

南水北调工程专家委员会座谈会召开

2019年3月，南水北调工程专家委员会座谈会在北京召开，水利部副部长蒋旭光出席会议并讲话。

蒋旭光首先代表部党组和鄂竟平部长向专家委全体委员、专家表达衷心感谢和亲切问候。他指出，从南水北调工程开工建设到通水运行十几年来，作为南水北调工程的高层次咨询机构，专家委充分发挥权威性强、客观公正、地位超脱的独特作用，以高度的责任感、使命感，在南水北调重大关键问题咨询把关、质量检查、专题调研等方面开展大量卓有成效的工作，为南水北调工程的建设质量、安全运行、移民征迁、水质保护等方面做出不可替代的突出贡献。2018年开展以"调水工程发挥生

态功能"为主题的系列调研，全年共完成各类咨询活动21项。

水利部办公厅、水库移民司、监督司、南水北调工程管理司、调水管理司、南水北调工程设计管理中心、南水北调工程建设监管中心、南水北调中线干线工程建设管理局、南水北调东线总公司、专家委秘书处负责人参加会议。

南水北调验收工作领导小组 2019年第一次全体会议召开

2019年3月14日，水利部副部长、南水北调东中线一期工程验收工作领导小组组长蒋旭光主持召开领导小组2019年第一次全体会议。

蒋旭光强调，2019年是机构改革后南水北调验收工作全面提速的关键之年，要坚持目标引领、问题导向，全力做好2019年南水北调验收各项工作。一是站位要高。南水北调工程举世瞩目，要牢固树立"四个意识"，把南水北调验收作为一项重大政治任务高效优质完成。二是目标要清。各单位要对标验收目标，以问题为导向，按职责分工主动担当，确保工作全覆盖，进度只能超前不能滞后。三是责任要明。要明确领导小组成员单位、省市水利（水务）厅（局）、项目法人各个层次的验收职责，逐级明确责任人，构建纵向到底、横向到边完整的责任体系网络。四是力度要大。各单位要主动对接、齐抓共管、形成合力，保障验收各项工作协同高效推进。五是重点要盯。要前移管理关口，对制约验收的风险点进行梳理布控，着力抓住、抓牢、盯紧重点、要点，重点突破。六是监管要严。要加强验收工作的过程控制，强化验收监管，明确纪律要求，加强考核奖惩，严肃问责。七是作风要实。各单位要积极主动、担当负责、不推诿不扯皮，认真践行"忠诚、干净、担当，科学、求实、创

新"新时代水利精神，坚决整治形式主义、官僚主义，树立务实工作作风，扎实推进验收工作。八是流程要优化。在严格执行国家有关法律法规和技术标准的前提下，进一步优化验收流程、保证质量、捋顺管理、提高效率、规范行为。

水利部南水北调东、中线一期工程验收工作领导小组全体成员参加会议。

水利部部长鄂竟平调研河南省"四水同治"工作

2019年3月27日，水利部党组书记、部长鄂竟平一行到河南省调研指导"四水同治"工作。副省长武国定，省水利厅、郑州市、焦作市领导陪同调研。

鄂竟平一行到人民胜利渠渠首工程、武陟县龙泽湖中水回用工程、大沙河焦作城区段水生态治理工程、南水北调焦作城区段生态保护工程和郑州市贾鲁河综合治理生态修复工程、北龙湖湿地工程现地调研，实地察看黄河水水质、含沙量，了解"四水同治"工作实施情况。

鄂竟平对"四水同治"工作、生态水系规划建设、河长制工作和生态修复工程建设给予充分肯定。希望进一步创新"高效利用水资源、系统修复水生态、综合治理水环境、科学防治水灾害"的"四水同治"治水思路，从节水、引水、调蓄、生态等方面谋划实施水资源系统调配和水生态治理修复工程，着力满足人民群众日益增长的优美水生态环境需要，为郑州国家中心城市建设提供可靠的水资源安全战略保障。

水利部召开南水北调工程验收工作推进会

2019年4月16日，水利部副部长、部南水

北调验收工作领导小组组长蒋旭光出席南水北调工程验收工作推进会并讲话。水利部总工程师、验收领导小组副组长刘伟平作会议总结，部总经济师、验收领导小组副组长张忠义主持会议。

蒋旭光强调，2019年南水北调验收工作要坚持"稳中快进，保质提效"，在完成28个设计单元完工验收、36个水保验收、37个环保验收、1个消防验收、21个征移验收、12个档案验收、30个完工决算的基础上，协调解决制约验收的突出问题，实现进一步突破。

水利部南水北调验收领导小组全体成员，南水北调沿线各省（直辖市）水利厅（局）负责人，南水北调各项目法人、项目管理单位负责人参加会议。

中国南水北调工程网站域名变更通知

按照政府网站管理工作有关要求，中国南水北调工程网站将于2019年4月30日起正式启用 nsbd.mwr.gov.cn 域名。原域名 www.nsbd.gov.cn 同时停止使用。敬请留意。

2019年4月22日

水利部副部长蒋旭光检查南水北调中线河南段防汛准备工作

2019年5月8～9日，水利部副部长蒋旭光一行检查南水北调中线河南段防汛准备工作情况。检查组采取飞检方式，先后检查叶县高填方渠段、鲁山沙河渡槽及防汛仓库、宝丰高填方渠段及白蚁活动区、禹州煤矿采空区渠段、新郑双洎河渡槽等项目。水利部南水北调工程管理司、水旱灾害防御司、河湖管理司、监督司、部督查办等单位负责人参加检查。

《中国南水北调工程》丛书出版座谈会在京召开

2019年5月28日，水利部在京召开《中国南水北调工程》丛书出版座谈会。受水利部部长、丛书编委会主任鄂竟平委托，水利部副部长、丛书主编蒋旭光出席会议并讲话。中宣部出版局、国家文物局负责人出席会议并讲话。

蒋旭光指出，书是时代的生命，作为"十二五""十三五"国家重点图书出版规划项目，《中国南水北调工程》丛书历时7年编纂完成，并由中国水利水电出版社出版发行。这既是南水北调事业中的一件盛事，也是文化和出版领域的一件大事。2019年是新中国成立70周年，是南水北调工程全面通水5周年，丛书的出版恰逢其时，意义重大。

蒋旭光充分肯定《中国南水北调工程》丛书的编纂工作。一是丛书内容翔实，是系统展示南水北调工程成果的精品力作。丛书不仅全方位反映东、中线一期工程各项成果、经验，也客观展现南水北调工作中遇到的各种困难和挫折，内容涵盖规划设计、经济财务、建设管理、科学技术、质量监督、工程移民、环保治污、文物保护、精神文明等工作的方方面面，共九卷。二是丛书科学权威，是全面总结南水北调工程成就的文化宝鼎。丛书由各司局直接参与南水北调工作的机关各司局，工程建设各项目法人、参建单位专家、相关技术人员等近700余人参与编纂工作，高水平顾问团队和专家组进行统筹把关，出版社专业编辑团队密切配合，保证丛书内容的准确、科学、权威。三是丛书规范实用，是进一步推进南水北调后续和运行管理工作的重要参考。丛书既如实反映工程在新理念、新技术、新设备、新工艺等方面取得的成果，也对相关实践经验成果进行总结与提炼。四是丛书凝聚正能量，是诠释新时

代水利精神的重要载体。丛书重点体现工程广大建设者和沿线广大干部群众、广大科技工作者的巨大付出和无私奉献，是全体南水北调人对新时代水利精神的最好诠释。

水利部有关司局和单位负责人，《中国南水北调工程》丛书各分支编纂机构代表、专家组专家代表、编委会办公室成员代表，南水北调工程沿线职工代表参加座谈会。

水利部召开南水北调工程管理工作会议

2019年6月4～5日，水利部在郑州召开南水北调工程管理工作会议。水利部副部长蒋旭光出席会议并讲话。水利部总工程师刘伟平主持会议，总经济师张忠义出席。

蒋旭光指出，2018年南水北调工作取得显著成效，东中线年度调水85.48亿 m³，超额完成调水任务。东线水质持续稳定保持地表水三类水质以上，中线水质一直优于二类。同时，加速推进工程验收，稳步做好财务决算，大力推动运行管理标准化和规范化建设，加快配套工程建设，各项工作稳步推进。东中线一期工程全面通水近5年来，调水量突破250亿 m³，惠及沿线1亿多人口，持续发挥着不可替代的社会、生态和经济效益。

蒋旭光指出，新时期给南水北调工作提出新任务、新要求。当前供水需求发生明显变化，生态效益提升任重道远，水价政策完善水费收缴还需努力，尾工建设和配套工程尚未完成，工程验收任务艰巨，工程监管体系仍需完善。蒋旭光要求，一是强基固本、严守底线，在保障工程安全和供水安全方面提档升级；二是多措并举、统筹推进，在充分发挥综合效益方面提档升级；三是强化管理、提质增效，在运行管理规范化和标准化方面提档升级；四是科技引领、协同创新，在信息化、智能化、现代化方面提档升级；五是强化责任，在完成验

收与决算、尾工建设、健全水价体系任务方面提档升级；六是改革创新、谋划长远，在激发企业活力，建立现代企业制度方面提档升级；七是依法行政、敢于问责，在强化南水北调运行监管方面提档升级；八是强化宣传、注重文化，在营造良好舆论环境和打造南水北调品牌方面提档升级。会议期间，与会代表考察中线干线穿黄工程和郑州市贾鲁河综合治理工程。

水利部有关司局，有关流域机构和直属单位，沿线各省（直辖市）水利（水务）厅（局），各项目法人和湖北省十堰市郧阳区负责人参加会议。

水利部调研河南省南水北调受水区地下水压采和地下水超采区综合治理试点工作

2019年5月31日～6月5日，水利部南水北调规划设计管理局副局长尹宏伟带队对河南省南水北调受水区地下水压采和地下水超采区综合治理试点工作进行调研。调研组分压采组和试点组分别到南水北调受水区鹤壁市、焦作市和地下水超采区综合治理试点兰考县、滑县、内黄县进行调研。调研组认为，河南省委省政府高度重视南水北调受水区地下水压采及地下水超采区综合治理试点工作，通过制定政策方案，完善相关制度，落实切实可行的措施，强化监督检查等综合施策，圆满完成受水区地下水压采总体任务，年度试点工作进展总体向好。但是还存在个别市县配套水厂进度缓慢、南水北调指标实际消纳能力不够、地下水监测不到位等问题。

调研组指出，要适度扩大供水范围，采取综合措施用足用好南水北调水，提高过境水、地表水利用量。要通过地下水超采治理、南水北调受水区水源置换、"城乡集中式饮用水地下水水源置换专项行动"、水资源税改革等工作，巩固和提升地下水超采区治理成效。

省水利厅党组副书记、副厅长（正厅级）王国栋、厅总规划师李建顺出席座谈会，厅水文水资源处相关负责人参加调研。

全国政协提案委员会到水利部就重点提案督办座谈

2019年6月6日，全国政协提案委员会副主任郭庚茂率队到水利部，就"充分发挥南水北调中线工程综合效益"开展重点提案督办座谈。水利部部长鄂竟平出席座谈会。

鄂竟平对全国政协长期以来给予水利工作的支持和指导表示衷心感谢。鄂竟平指出，南水北调工程是优化我国水资源配置，从根本上缓解我国北方严重缺水局面的重大战略性工程。中线工程自2014年通水以来，取得巨大的经济、社会和生态效益。为充分发挥中线工程综合效益，水利部将积极推动后续工程前期工作，进一步提高中线供水保障；抓紧研究制定南水北调工程生态补水有关规程规范，尽可能多地实施生态补水；继续配合有关部门，积极支持地方加快建立完善生态保护补偿机制；有序推进跨区域跨流域调水工程规划建设，逐步构建互联互通的水网体系。希望全国政协继续关心支持南水北调工程，给予水利改革发展更多指导和建议。

郭庚茂对水利部政协提案办理工作给予充分肯定。他指出，南水北调工程是一项利国利民的重大工程，中线工程发挥显著效益。要加快中线后续工程建设，更大发挥工程效益；要立足经济社会发展全局，坚持市场手段与政府作用相结合，完善水资源配置工程体系；要立足当前、着眼长远，努力构建流域智能化水网；要统筹考虑工程效益，把水利工程建成生态工程。郭庚茂表示，全国政协提案委员会将更多关注关心水利重点工作，努力推动水利改革发展。

全国政协常委、提案委员会副主任戚建

国，全国政协委员、提案委员会驻会副主任陈因，全国政协常委、提案委员会委员侯贺华，全国政协委员、提案委员会委员陈萌山，水利部副部长田学斌，总工程师刘伟平，全国政协提案委员会有关负责人，水利部有关司局和单位主要负责人参加座谈。

南水北调综合及科技管理工作座谈会在合肥召开

2019年6月26日，水利部南水北调司在安徽省合肥市召开南水北调综合及科技管理工作座谈会。围绕水利改革发展总基调，贯彻落实南水北调工程管理工作会议精神，做好新中国成立70周年和南水北调东中线一期工程全面通水五周年宣传工作，研究南水北调重大科技需求及整体报奖等工作开展座谈。

会议指出，南水北调综合管理要发挥党的建设引领作用、管理标准示范作用、行业发展的导向作用，全面提升政策法规水平，全面增强服务意识。南水北调宣传工作要主动融入水利宣传总体格局，宣传南水北调通水效益，讲好南水北调故事，塑造南水北调品牌。要统筹主流媒体和新媒体宣传，深层次全方位宣传南水北调工程作用和效益。通过公益广告、科普读物、纪录片、宣讲团等形式开展重点宣传，利用南水北调公民大讲堂、中小学研学实践教育基地、开放日等平台，发挥《南水北调工程丛书》作用。要大力宣传《南水北调工程供用水管理条例》，为工程安全运行提供法律保障。推动南水北调品牌建设，加强舆情监测。

会议指出，南水北调工程是大国重器，是实现北方水资源优化配置的战略性重大基础设施。要加快南水北调科技创新，开展重大科技问题研究，推广转化先进实用科技成果。加强中线水资源配置技术与规划战略研究、工程运行管理新技术应用研究、全面发挥工程生态效益及生态功能定位战略研究、重大技术经济问

题研究。要统筹协调申报国家科技进步奖工作，推动南水北调工程成果运用推广和行业科技进步，进一步提升工程形象及影响力。

水利部有关司局、直属单位，工程沿线流域管理机构、省（直辖市）水利（水务）厅（局），各项目法人及工程管理单位负责人参加会议。

省防汛抗旱指挥部举行南水北调防汛抢险应急演练

2019年7月1日，河南省防汛抗旱指挥部在南水北调中线沁河倒虹吸工程现场举行防汛抢险应急演练。省防指副指挥长、副省长武国定现场观摩并讲话。演练由省水利厅、省应急管理厅、南水北调中线建管局、河南黄河河务局、焦作市政府承办。省气象局、南水北调中线建管局、河南黄河河务局、焦作市政府组织所属有关单位参加演练。

武国定一行了解南水北调中线河南段、沁河防汛工作情况，观摩沁河白马沟险工段冲刷破坏抢险、沁河左岸河堤管涌抢险、沁河左岸河堤加高防护、沁河左岸河堤滑塌抢险、群众避险转移等科目演练。

武国定强调，南水北调担负着向首都和沿线群众供水的任务，政治意义特别重大，决不能出现任何安全问题。要强化风险意识，强化重点防范，强化各项准备，强化责任落实。要进一步贯彻落实习近平总书记提出的"两个坚持、三个转变"的防灾减灾救灾理念，实现省委省政府提出的"一个确保、三个不发生"的目标。

河南省水库移民后扶管理信息系统南水北调丹江口库区移民管理子系统开发项目通过合同验收

2019年8月22日，河南省移民办在郑州组

织召开"河南省水库移民后扶管理信息系统南水北调丹江口库区移民管理子系统开发项目"合同验收会。验收组认为项目完成合同内容达到合同指标，系统运行稳定，资料齐全，同意通过合同验收。

2019年河南省南水北调生态补水

序号	受益地市	退水闸名称	补水目标	补水量（m³）			备注
				合计	8月	9月	
1	邓州市	湍河退水闸	湍河	516.60	231.12	285.48	
2		严陵河退水闸	严陵河	75.60	75.60		
		小计		592.20	306.72	285.48	
3	南阳市	潦河退水闸	潦河	224.88		224.88	
4		白河退水闸	白河	1055.55	611.49	444.06	
5		清河退水闸	清河	803.73	477.75	325.98	
		小计		2084.16	1089.24	994.92	
6	漯河市	贾河退水闸	贾河、燕山水库	2452.80	1014.45	1438.35	
7	平顶山	沙河退水闸	沙河、白龟山水库	6449.55	1654.30	4795.25	
8	许昌市	颍河退水闸	颍河	611.37	515.79	95.58	
9	郑州市	沂水河退水闸	沂水河	204.83	204.83		
10		双洎河退水闸	双洎河	603.34	402.60	200.74	
11		十八里河退水闸	十八里河	185.16	185.16		
12		贾峪河退水闸	贾峪河、西流湖	660.89	513.90	146.99	
13		索河退水闸	索河	186.06	186.06		
		小计		1840.28	1492.55	347.73	
14	焦作市	闫河退水闸	闫河、龙源湖	191.29	44.23	147.06	
15	新乡市	香泉河退水闸	香泉河	258.33		258.33	
16	鹤壁市	淇河退水闸	淇河	147.42		147.42	
17	安阳市	汤河退水闸	汤河	116.64		116.64	
18		安阳河退水闸	安阳河	146.91		146.91	
		小计		263.55		263.55	
		总计		14890.95	6117.28	8773.67	

（庄春意）

南水北调工程高光亮相70周年成就展东中线工程全面通水入选"150个新中国第一"

2019年9月24日，"伟大历程　辉煌成就——庆祝中华人民共和国成立70周年大型成就展"在北京展览馆开展，南水北调亮相成就展。截至9月30日，近30万人参观南水北调展区，一睹南水北调工程沿线城市、市民的福祉和变化。

南水北调东中线工程全面通水被列入"150个新中国第一"，集中展示南水北调工程建设成就及通水运行效益，展现南水北调作为战略工程、民生工程、生态工程，在提升人民群众幸福感、获得感，缓解北方水资源紧缺局面，发挥国家重大战略性基础设施的重要作用。

展览分为序、屹立东方、改革开放、走向

复兴、人间正道五个部分。南水北调在第四部分"走向复兴"区域，从9月24日开始对外开放。

（来源：中国南水北调 2019年9月30日 作者 苟优良 闫智凯）

渠首分局举办2019年度工程开放日活动

2019年10月11日，渠首分局举办2019年度工程开放日活动。邀请人大代表、先进模范、社会知名人士、南水北调工程建设者、南水北调系统工作者、媒体记者等走进工程，亲身感受工程运行管理五年来的成果，提升南水北调工程的形象和社会影响力。中线建管局党组成员、副局长刘宪亮，南阳市委常委、副市长孙昊哲，十二届、十三届全国人大代表王馨，全国道德模范、时代楷模、最美奋斗者张玉滚，全国劳动模范陈建国等出席。受邀嘉宾共同见证南水北调中线工程通水五周年倒计时60天揭幕仪式；在"助力生态文明，建设美丽中国"旗帜上签名，品尝中线渠首水冲泡的绿茶；实地考察陶岔渠首枢纽大坝和白河倒虹吸工程，现场观摩无人机采样、水质检测演示以及水质移动实验车、应急电源车、工程巡查实时监管系统等一系列新设备新技术。现场活动结束后召开座谈会。中国经济网、央广网、河南日报、河南电视台、南阳电视台、南阳日报、淅川县电视台、南阳广播电视台、中线建管局网站、中国南水北调报等媒体报道了活动情况。

（王朝朋）

南水北调中线工程通水近5年受益人口超5859万

2019年11月16日

（来源：新华社 记者 刘茜 编制）

国务院总理李克强主持召开南水北调后续工程工作会议

2019年11月18日

11月18日，中共中央政治局常委、国务院总理李克强在北京主持召开南水北调后续工程工作会议，研究部署后续工程和水利建设等工作，水利部、发展改革委负责人汇报南水北调后续工程建设总体考虑。李克强说，南水北调东、中线一期工程建成以来，工程质量和水质都经受住检验，实现供水安全，对支撑沿线地区生产生活和生态用水发挥重大作用，直接受益人口超过1亿人，经济、社会、生态效益显著，充分证明党中央、国务院的决策是完全正确的。同时要看到，水资源短缺且时空分布不均是我国经济社会发展主要瓶颈之一，华北、西北尤为突出。华北地下水严重超采和亏空，水生态修复任务很重，随着人口承载量增加，水资源供需矛盾将进一步加剧。2019年南方部分省份持续干旱，也对加强水利建设、解决工程性缺水提出紧迫要求。水资源格局决定着发展格局。必须坚持以习近平新时代中国特色社会主义思想为指导，遵循规律，以历史视野、全局眼光谋划和推进南水北调后续工程等具有战略意义的补短板重大工程。这功在当代、利在千秋，也有利于应对当前经济下行压力、拉动有效投资，稳定经济增长和增加就业。

李克强说，水利工程建设需求很大，很多项目已经过长期论证。当前扩大有效投资要把水利工程及配套设施建设作为突出重点，这有利于增强防灾减灾能力、巩固农业基础，也能带动相关产业和装备发展，为农民工等创造更多就业岗位。有关部门和地方要抓住原材料价格较低的时机，在保证质量前提下加快在建项目建设，协调好用地、环评等前期工作，抓紧启动和开工一批成熟的重大水利工程及管网、治污设施等配套建设，促进项目早建成早见效。胡春华、肖捷、巴特尔、何立峰参加会议。

（新华网责任编辑：王　颐）

2019年河南省法学会南水北调政策法律研究会年会暨论坛在南阳召开

2019年11月21～23日，河南省法学会南水北调政策法律研究会2019年年会暨论坛在南水北调干部学院召开，会议由河南省法学会南水北调政策法律研究会副会长李国胜主持，省法学会南水北调政策法律研究会副会长、常务理事、理事及省南水北调建管局部分干部职工80余人参加年会暨论坛。南阳市南水北调工程运行中心主任靳铁拴致辞。增补南水北调政策法律研究会3名副会长、9名常务理事、10名理事，改选秘书长，河南省法学会南水北调政策法律研究会会长李颖作2019年度工作报告。

李颖在工作报告中要求发挥南水北调研究会人才智库优势开展新课题研究，发挥研究会学术资源优势开展政策研究、举办论坛、法治实践和南水北调文化交流。

论坛组织观看反映南水北调工程移民精神的情景剧《丹水情》，邀请河南财经政法大学、南水北调干部学院3位教授，分别以《"我"眼中的南水北调精神》《生态补偿制度创新——以南水北调中线工程沿线为例》《南水北调精神及时代价值》为主题进行交流讨论。

河南省南水北调网域名更改

2019年12月3日，河南省南水北调建管局主办的"河南省南水北调网"因原主管单位"河南省南水北调中线工程建设领导小组办公室"在机构改革中撤销，业务并入省水利厅，根据《国办发〔2017〕47号　国务院办公厅关于印发政府网站发展指引的通知》要求，hnnsbd.gov.cn域名不再使用，变更为www.hnnsbd.cn、www.hnnsbd.com、www.hnnsbd.com.cn三个域名继续发布南水北调信息。

南水北调中线建管局举办"中线通水五周年"系列活动

2019年12月6～9日，南水北调中线建管局、南阳市政府、北京市扶贫协作和支援合作工作领导小组办公室共同举办"中线通水五周年"纪念活动。6日，"水安全与绿色发展"高端论坛在南阳市举行。南水北调中线建管局局长于合群、副局长刘宪亮，南阳市市长霍好胜，北京市扶贫支援办副巡视员赵振业出席论坛。论坛由南阳市副市长孙昊哲主持。在为期4天的"中线工程通水五周年"活动中，还举办南水北调中线通水五周年成果展，集中展示通水五年来中线工程发挥的综合效益，南阳保水质护运行的政治担当，京宛协作的重要成果。6日举办的京宛协作工作座谈会，对接规划的7个重大京宛合作项目签约。7日举办的"丹水两地情"北京市民南阳行活动，邀请北京社会各界30名普通市民到南阳，亲睹水源地优质水源和保水质护运行的场景，亲身感受水源地南阳的风土人情、厚重文化，推动加深京宛两地友谊，巩固丹水情缘。8～9日举办的南水北调中线通水五周年媒体开放日，邀请中央、北京市和河南省媒体到陶岔渠首和南阳市采访报道。

（王朝朋）

贰 规章制度·重要文件

规 章 制 度

鹤壁市地下水保护条例

2019年1月10日
鹤壁市第十一届人民代表大会常务
委员会公告第4号

第一章　总则

第一条　为了加强地下水保护，科学合理开采地下水，防治地下水污染，促进地下水可持续利用，保障生态环境安全，根据有关法律、法规，结合本市实际，制定本条例。

第二条　本条例适用于本市行政区域内地下水保护、利用和监督管理等活动。

第三条　地下水保护应当遵循统筹规划、严格保护、生态治理、采补平衡和防止污染的原则。

第四条　市、县（区）水行政主管部门负责本行政区域内地下水的保护和监督工作。

发展改革、城乡规划、自然资源、生态环境、住房和城乡建设、财政、农业农村、工业和信息化等主管部门在各自职责范围内，负责与地下水相关的保护工作。

第五条　市人民政府应当建立地下水管理、监测、监督、保护责任制度和考核评价制度，并将考核结果作为对县（区）人民政府及其负责人考核评价的内容。

第六条　任何单位和个人都有依法保护地下水的义务，有权对违法开采地下水、损毁地下水取水工程设施、浪费和污染地下水等行为进行举报。

收到举报的行政主管部门应当及时调查处理，将查处结果告知举报人，并向社会公布。

第二章　规划与利用

第七条　市、县（区）人民政府水行政主管部门应当会同有关部门编制本行政区域地下水利用与保护规划，并报本级人民政府批准实施。

地下水利用与保护规划应当同国民经济和社会发展规划、国土空间利用规划、水资源综合规划以及其他与地下水相关的专项规划相协调。

编制地下水利用与保护规划应当征求专家和公众意见。

第八条　市、县（区）人民政府生态环境主管部门应当会同有关部门编制地下水污染防治规划，报本级人民政府批准实施，并向社会公布。

第九条　市、县（区）人民政府应当按照分级负责的原则，组织水行政主管部门等编制地下水监测站网建设规划，开展水位、水量、水质、水温等地下水利用与保护的动态监测，实现监测数据及时有效采集、传输、接收和处理，推进监测工作的现代化、信息化。

第十条　市、县（区）人民政府应当对地下水利用与保护规划、地下水污染防治规划、地下水监测站网建设规划的实施情况，定期组织监督检查和评估。

地下水利用与保护规划、地下水污染防治规划、地下水监测站网建设规划应当严格执行，不得擅自变更。确需变更的，按照规划编制程序报原审批机关批准。

市、县（区）人民政府应当通过专项工作报告，向本级人民代表大会常务委员会报告地下水相关规划的实施情况。

第十一条　严格执行建设项目水资源论证制度。建设项目需要取用地下水的，应当按照国家和省有关规定申请取水许可，并按照有关要求编制水资源论证报告，经有管辖权的人民政府水行政主管部门审查同意后，依法办理取水许可审批手续。

第十二条 地下水利用实行取用水总量控制和水位控制制度。

市人民政府水行政主管部门应当根据省人民政府下达的地下水取用水总量控制和水位控制指标，制定市、县（区）地下水取用水总量控制和水位控制指标，并在此基础上制定地下水年度取用水计划。

第十三条 地下水利用应当以浅层地下水为主，控制开采承压水。

取用地下水的单位和个人应当按照批准的用途使用地下水，不得转供或者擅自改变用途。

除必须的生活用水与突发事件应急取水外，承压水作为饮用水源、战略储备或者应急水源，应当控制开采。已经开采的，所在地人民政府应当建设替代水源，制定消减开采计划。

第十四条 下列区域禁止开采取用地下水：

（一）高速铁路鹤壁境内路基两侧各二百米范围；

（二）南水北调中线工程鹤壁境内保护范围；

（三）河道堤防和护堤地外侧五十米范围；

（四）盘石头水库主坝下游坡脚外二百米范围，夺丰水库主坝下游坡脚外一百米范围，红卫水库等小型水库主坝下游坡脚外五十米范围；

（五）法律、法规规定的其他情形。

在地下水禁采区内，除应急供水外禁止开凿新的取水井。对已有的取水井，应当限期封闭，并统一规划建设替代水源，调整取水布局，削减地下取水量。

第三章　保护与管理

第十五条 市、县（区）人民政府及其住房和城乡建设、水利、发展改革、工业和信息

化等主管部门应当加强再生水利用推广工作。

提高再生水利用，鼓励单位和个人优先使用再生水，减少地下水取用量。

第十六条 市、县（区）人民政府及其发展改革、工业和信息化、财政、水利、生态环境、住房和城乡建设、农业农村等主管部门应当加快推进产业结构调整和技术改造，加强城市污水处理工作，加大节约用水方面的投入，推广节约用水新技术、新工艺，发展节水型工业、农业和服务业，建设节水型社会。

第十七条 市、县（区）人民政府应当鼓励支持农业灌溉优先使用地表水，大力推广滴灌、喷灌等高效节水灌溉、农艺节水等农业综合节水技术，控制和减少地下水取用量。

第十八条 市、县（区）人民政府应当加强湿地保护和管理，发挥湿地净化水质、修复水生态、补给涵养地下水的功能和作用。

市、县（区）人民政府应当加强泉域水资源保护和管理，明确保护范围，制定保护措施，发挥泉域水资源改善水生态环境的作用。

第十九条 市、县（区）人民政府应当加强南水北调中线工程、引黄工程和其他重要地表水水源工程及其设施建设，建立多种水源、闸坝联合调度机制，合理配置、高效利用外调水、本地水和再生水，减少地下水开采，改善水生态环境。

第二十条 市、县（区）人民政府水行政主管部门应当制定自备地下水取水工程关闭计划和方案，限期关闭城市供水管网覆盖范围内的取水工程，并报本级人民政府批准实施。

第二十一条 市、县（区）人民政府生态环境等主管部门应当加强地下水污染防治工作，确保地下水饮用水水源环境安全，实施重点工业行业和城镇生活污染防治，严格控制农业面源污染，推进地下水生态修复。

禁止利用渗井、渗坑、裂隙、暗管等灌注、排放、倾倒工业废水、生活污水、含病原体的污水和其他废弃物。

市、县（区）人民政府生态环境等主管部

门应当制定农业面源污染综合防治方案，优先推广使用生物农药或者高效、低毒、低残留农药和病虫害综合防治技术，防止农业面源污染地下水。

第二十二条 地下水源热泵系统的建设和管理应当符合国家相关技术规范，地下水源热泵系统取水井与回灌井应当同层等量回灌，不得对地下水造成污染。

鼓励城市建成区集中清洁供热，制定消减计划，逐步减少地下水源热泵作为供热热源。

禁止在地下水饮用水水源保护区、地下水禁止开采区以及深层承压含水层建设地下水源热泵系统取用地下水。

第二十三条 地下水监测应当按照国家监测技术规范要求进行，保证监测数据真实、准确和及时传输。禁止毁损、隐匿、伪造、涂改地下水监测原始数据资料。

任何单位和个人不得侵占、损坏或者擅自使用、移动地下水监测设施和监测标志。

第二十四条 市、县（区）人民政府水行政主管部门应当会同自然资源、生态环境等部门建立地下水监测数据资料共享机制和通报制度，并定期向社会公开有关信息，为公众参与监督和节约、保护地下水提供便利。

第四章 法律责任

第二十五条 违反本条例，有关法律、法规已有法律责任规定的，从其规定。

第二十六条 市、县（区）人民政府水行政主管部门、有关部门及其工作人员有下列情形之一的，由本级人民政府或者监察机关责令改正；情节严重的，对直接负责的主管人员或者其他直接责任人员依法给予处分；构成犯罪的，依法追究刑事责任：

（一）未按照规定编制和执行地下水利用与保护规划、地下水污染防治规划、地下水监测站网建设规划或者未按照程序擅自变更以上规划的；

（二）擅自批准未通过水资源论证的建设项目取水许可的；

（三）未按照规定制定地下水取用水总量控制和水位控制指标或者地下水年度取用水计划的；

（四）毁损、隐匿、伪造、涂改地下水监测原始数据资料的；

（五）发现违法行为不依法调查处理或者其他不履行监督管理职责的；

（六）其他滥用职权、玩忽职守、徇私舞弊等违法行为的。

第二十七条 违反本条例第十三条第二款规定，转供水或者未经批准擅自改变取水用途的，由市、县（区）人民政府水行政主管部门责令改正，并处二万元以上十万元以下罚款。

第二十八条 违反本条例第十四条规定，在地下水禁止开采区开凿新的取水井的，由所在地人民政府水行政主管部门责令停止违法行为，拆除设施、恢复原状，并处二万元以上十万元以下罚款。

第二十九条 违反本条例第二十条规定，未在规定期限内关闭城市供水管网覆盖范围内取水工程的，由所在地人民政府水行政主管部门责令关闭，并处五千元以上二万元以下罚款。

第三十条 违反本条例第二十一条第二款、第二十二条第一款规定的，由所在地人民政府生态环境等主管部门责令停止违法行为，限期采取治理措施，并处十万元以上一百万元以下罚款。

违反本条例第二十二条第三款规定的，由所在地人民政府水行政主管部门责令停止违法行为，限期采取补救措施或者拆除设施、恢复原状，并处五万元以上十万元以下罚款。

第三十一条 违反本条例第二十三条第二款规定的，由所在地人民政府水行政主管部门责令限期改正、恢复原状或者采取其他补救措施，并按下列规定处以罚款：

（一）侵占、损坏或者擅自使用、移动地

下水监测设施的，处一万元以上五万元以下罚款；

（二）侵占、损坏或者擅自使用、移动地下水监测标志的，处五百元以上一千元以下罚款。

第五章 附则

第三十二条 本条例所称地下水，是指蕴藏于地表以下的水体（含地热水、矿泉水）。

本条例所指地下水取水工程，包括各类取水井、回灌井、地源热井等及其配套设施。

第三十三条 本条例自2019年5月1日起施行。

河南分局土建绿化项目供应商信用评价管理办法（试行）

2019年8月30日
中线建管局豫计〔2019〕179号

前 言

为进一步规范南水北调中线干线工程建设管理局河南分局采购活动和合同履约秩序，健全诚信体系，强化供应商合同履约意识，提高合同服务水平，根据《中华人民共和国招标投标法》《中华人民共和国合同法》《中华人民共和国建筑法》等国家相关法律法规，以及中线建管局和分局的相关规定，结合分局实际，制定本办法。

本细则由计划合同处起草并负责解释。

主要编写人员：

赵明勤　蒋成林　侯艳艳　张荣军

范运生　张黎明　郭智旭　熊　燕

杨淑芳　侯　锐　王茂欣

审核：孟兵锋

审查：杨胜祥

批准：于澎涛

第一章 总则

第一条 为进一步规范南水北调中线干线工程建设管理局河南分局（以下简称"河南分局"）采购活动和合同履约秩序，健全诚信体系，提高土建绿化项目供应商履约意识和服务水平，根据《中华人民共和国招标投标法》《中华人民共和国合同法》《中华人民共和国建筑法》等国家相关法律法规，以及中线建管局和分局的相关规定，结合分局实际，制定本办法。

第二条 本办法所称供应商信用评价是指对参与河南分局所辖范围内土建绿化项目采购活动的供应商在投标（报价）过程中的表现、成交供应商的合同履约情况等进行信用评价。

第三条 供应商信用评价遵循公平、公正、客观的原则。

第二章 职责与分工

第四条 分局采购领导小组负责领导供应商信用评价工作，其主要职责为：

（一）审议供应商信用评价办法及评价标准；

（二）审议供应商信用评价报告，批准供应商信用评价结果。

第五条 计划合同处是供应商信用评价归口管理部门，其主要职责为：

（一）负责建立和完善供应商信用评价管理办法，制定供应商投标（报价）、合同履约信用评价标准；

（二）组织建立供应商信用记录、评价体系；

（三）组织供应商信用评价，编制供应商信用评价报告，报采购领导小组决策；

（四）对合同履约管理部门、采购代理机构供应商信用评价情况进行监督、检查；

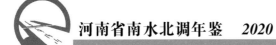

（五）对河南分局组织的采购项目供应商的投标（报价）信用进行记录和评价。

第六条 分局业务部门和现地管理处职责：

（一）负责对供应商合同履约信用进行记录和评价；

（二）配合分局供应商信用评价工作，并将评价结果汇总至计划合同处。

第七条 采购代理机构职责：对参与代理项目投标供应商进行投标（报价）信用记录和评价。

第三章 评价对象与评价方式

第八条 供应商信用评价对象为参与分局所辖土建绿化项目采购活动及合同履约的供应商。

第九条 供应商信用评价实行日常评价、年度评价和动态管理相结合的信用评价方式：

（一）日常评价：采购活动结束后，进行供应商投标（报价）信用评价；每季度或合同完工验收后，进行供应商合同履约信用评价。

（二）年度评价：对评价年度内参与采购活动、签订和履行合同的供应商进行信用评价。

（三）动态管理：对存在严重失信行为的供应商进行动态管理。

第十条 供应商信用评价的依据：

（一）水利部和中线建管局等上级部门的督查、检查结果或通报、决定等；

（二）分局业务部门、现地管理处、采购代理机构、监理单位等在管理工作中形成的文件；

（三）举报、投诉或质量、安全事故调查处理结果；

（四）审计稽察及司法判决、裁定、认定等；

（五）建设市场信用信息管理系统发布的信息；

（六）其他有关信用信息。

分局业务部门、现地管理处、采购代理机构应对评价对象的失信行为进行全过程的跟踪核查，负责收集、整理、归档和保全失信行为事实的证据和资料，及时、真实、完整建立供应商失信行为记录报表，作为考核评价的依据。

第十一条 供应商信用评价采用综合评分制，总分为100分。

供应商信用评价评分计算按照《供应商信用评价评分计算规则》（附件1）执行。

第十二条 供应商信用评价等级分为A、B、C、D四个等级，各信用等级对应的供应商综合评分X分别为：

A级：$90 \leqslant X \leqslant 100$ 分，好；

B级：$80 \leqslant X < 90$ 分，较好；

C级：$60 \leqslant X < 80$ 分，一般；

D级：$X < 60$ 分，差。

第四章 评价内容与评价程序

第十三条 供应商信用评价内容分为严重失信行为和一般失信行为。严重失信行为，直接确定为D级；一般失信行为，按评价标准扣减信用分。

（一）严重失信行为：

1.供应商发生串通投标、行贿谋取中标、中标后无正当理由放弃中标、转包的；

2.发生较大及以上质量事故或安全事故、隐瞒质量事故或安全事故、发生较大及以上突发环境事件等违背国家法律法规强制性规定的行为之一的；

3.根据《企业信息公示暂行条例》被列入严重违法企业名单的；

4.采购领导小组认定为严重失信的其他行为。

（二）一般失信行为：

1.供应商发生投标文件造假的；

2.不兑现合同承诺、不遵守质量安全规范、工期拖延的；

3.发生一般质量事故或安全事故、一般突

发环境事件等行为的；

4.其他一般失信行为。

第十四条 日常评价程序：

（一）投标（报价）信用评价，对从采购开始至合同签订期间是否存在失信行为进行评价。由采购代理机构（未委托代理的，由计划合同处）负责，在签订合同后的10日内对参与投标或报价的供应商进行评价。联合体参与方有投标（报价）失信行为的，其各方相互承担连带责任，投标（报价）信用评价得分一致。

（二）合同履约信用评价，对自合同签订至完工验收期间是否发生失信行为进行评价。由分局业务部门和（或）现地管理处负责，每季度对尚在履行的合同、合同完工验收后的10日内对供应商信用进行评价。联合体参与方有合同履约失信行为的，按各参与方承担的项目专业类别进行评价。

（三）评价结果按季度报计划合同处。

第十五条 年度评价程序：

（一）评价年度结束10日内，分局业务部门和现地管理处、采购代理机构对评价年度内供应商接受日常评价的情况进行汇总审核，并将年度评价结果、供应商失信行为记录报表、日常评价结果汇总表报计划合同处。

（二）计划合同处汇总评价结果，组织分局有关部门审核供应商信用评价情况，形成供应商信用评价年度报告，报分局采购领导小组审定。

第十六条 动态管理程序：

分局业务部门、现地管理处、采购代理机构发现供应商严重失信行为，应在情况核实后3日内将有关情况（含供应商处理建议）报计划合同处，计划合同处复核后上报分局采购领导小组审定。

第五章 评价结果应用

第十七条 供应商信用评价结果经分局采购领导小组审定后在河南分局范围内发布。

第十八条 供应商信用评价结果有效期1年。

对因受到行政处罚被确定为D级的供应商，在其行政处罚期满前均应维持D级。

第十九条 供应商备选库中信用评价等级为D级的供应商将移除出库，两年内不接受入库申请，不作为直接采购的供应商。

第二十条 在招标或公开采购中采用综合评估法等通过评分确定供应商推荐排序的，可在评分标准中设置"信用评价"附加分，信用评价分值：A等级得2分，B等级得1分，C等级不得分，D等级扣1分。

第二十一条 评为A级和连续两年评为B级的供应商，可在确定直接采购供应商时优先考虑。

第二十二条 对信用评价等级为C级及以下的供应商，应加强投标资格审查，并对其合同履约进行重点监管。

第二十三条 评价结果可应用于对合同履约者的年度综合评比，以激励供应商诚信履约。

第二十四条 供应商初次进入分局投标或报价，由评标委员会、谈判小组或者评审小组根据其以往业绩及在其他单位的合同履约情况合理确定信用评价附加分。

第六章 附则

第二十五条 本办法由计划合同处负责解释。

第二十六条 本办法自印发之日起施行。

附件（略）：

1.供应商信用评价评分计算规则

2.供应商信用行为评定标准

3.供应商信用行为评定表〔投标（报价）阶段〕

4.供应商信用行为评定表（合同履约阶段）

河南分局土建绿化专业运行维护项目供应商备选库管理办法

2019年12月6日
中线建管局豫计〔2019〕229号

前 言

为规范土建、绿化运行维护项目供应商备选库的管理，有效发挥供应商备选库作用，根据中线建管局《关于印发南水北调中线干线工程建设管理局运行维护项目供应商备选库管理规定的通知》（中线建管局计〔2019〕25号），结合分局实际情况，对已印发的《河南分局土建绿化专业运行维护项目供应商备选库管理办法（试行）》（中线建管局豫计〔2019〕111号）进行了修订。

本办法由计划合同处起草并负责解释。

主要编写人员：

蒋成林　侯艳艳　张荣军　范运生
刘晓艳　翟会朝　杨淑芳　辛贺艳
侯　锐

审核：孟兵锋

审查：杨胜祥　李明新

批准：于澎涛

第七章　总　则

第二十七条　为规范河南分局土建绿化专业运行维护项目供应商备选库（以下简称"备选库"）采购的管理，有效发挥备选库的作用，根据中线建管局《关于印发南水北调中线干线工程建设管理局运行维护项目供应商备选库管理规定的通知》（中线建管局计〔2019〕25号）规定和要求，结合分局实际情况，对已印发的《河南分局土建绿化专业运行维护项目供应商备选库管理办法（试行）》（中线建管

局豫计〔2019〕111号）进行了修订。

第二十八条　备选库的采购管理包括备选库的建立、使用、信用评价及考核、出入库管理等。

第二十九条　本办法适用于河南分局建立的土建绿化专业维护和监理供应商备选库。

第三十条　备选库管理遵循公开、公平、公正、动态管理的原则。

第八章　职责分工

第三十一条　河南分局采购领导小组是分局采购管理工作的决策机构，采购领导小组在备选库管理过程中的主要职责：

（一）审议备选库管理办法及供应商信用评价管理办法；

（二）审定备选库的入库条件、数量规模等建立原则；

（三）审定备选库的出入库名单；

（四）决策备选库管理工作中的其他重大事项。

第三十二条　计划合同处是采购管理工作的归口部门，在备选库采购管理过程中的主要职责：

（一）负责备选库归口管理，组织制定备选库管理办法；

（二）组织备选库采购活动；

（三）组织对备选库内供应商进行考核和信用评价；

（四）对备选库进行动态管理。

第三十三条　工程处（业务管理部门）主要职责：

（一）提出备选库组建需求及规模、资格要求；

（二）参与采购文件编制及采购评审；

（三）参与对供应商的考核和信用评价。

第三十四条　现地管理处主要职责：

（一）负责现场合同履约管理；

（二）参与采购文件编制及采购评审；

（三）参与对供应商的考核和信用评价。

（七）发布入库通知。

第九章　备选库建立

第三十五条　工程处（业务管理部门）结合管理需求提出备选库组建方案，经采购领导小组审定后由计划合同处组织建立备选库。

第三十六条　备选库原则上通过公开方式建立，主要评审内容：技术及管理是否满足维护项目需要；资质、业绩、信誉等是否符合国家法律法规及相关要求。

第三十七条　建立备选库时，应明确本专业涉及项目的各种技术标准和要求，入库供应商应具备相应能力并做出承诺或响应。

第三十八条　备选库的规模需充分考虑采购活动竞争因素，备选库内供应商数量应满足充分竞争的要求。

第三十九条　维护供应商入库主要资格条件：

（一）具备独立法人资格；

（二）具有水利水电工程或市政公用工程或公路工程或建筑工程施工总承包贰级及以上资质；

（三）具有企业安全生产许可证；

（四）具有类似项目业绩。

第四十条　监理供应商入库主要资格条件：

（一）具备独立法人资格；

（二）具备行政主管部门颁发的工程监理综合资质或水利工程施工（水利水电工程）或房屋建筑或公路或市政公用专业甲级资质；

（三）具有类似项目业绩。

第四十一条　备选库建立程序：

（一）发布采购公告；

（二）接受入库申请；

（三）对候选供应商基本信息、资格条件、信用情况、工程业绩等进行审查核实；

（四）综合评审，推荐入库供应商；

（五）采购领导小组审查确定入库供应商；

（六）入库公示；

第十章　备选库供应商权利与义务

第四十二条　供应商享有以下权利：

（一）参与分局范围内的备选库方式采购活动；

（二）可优先考虑作为直接采购的供应商；

（三）对采购工作有异议的，可提出咨询或投诉；

（四）对其他供应商参与采购活动中的欺诈行为或舞弊行为依法检举、揭发；

（五）国家法律、法规规定的其他权利。

第四十三条　供应商承担以下义务：

（一）遵守与采购活动有关的国家法律、法规要求；

（二）提供满足合同文件和国家标准、规范要求的服务；

（三）单位名称、资质等级、主要人员等重大事项发生变更时，及时报备；

（四）积极参与备选库方式的采购活动；

（五）接受分局相关部门的监督和管理；

（六）遵守中线建管局及分局相关的管理制度。

第十一章　备选库使用

第四十四条　采用维护供应商备选库方式采购的项目范围，主要指技术标准明确，技术方案成熟，不需要技术评审，未达到招标标准的工程维修养护项目。

第四十五条　采用监理供应商备选库方式采购的项目范围，是指未达到招标标准的土建绿化监理项目。

第四十六条　供应商备选库方式采购程序：

（一）采购方案报批。

（二）编制采购文件。

（三）发布采购邀请及采购文件。

采购邀请函主要内容应包括项目概况及采购内容、项目投资等，采购邀请函应发至备选库中相应专业所有供应商。有意向的供应商在3天内完成报名。供应商报名后，及时向报名的供应商发放采购文件。

（四）供应商递交响应文件，递交截止日为报名截止日后至少3个工作日。

（五）成立评审小组、评审。

评审小组原则上由5人及以上单数组成，由计划合同处组织，相关业务部门、相关现地管理处等人员组成，财务资产处派员监督。

评审包括响应性评审和价格评审两个环节。

响应性评审是指按照采购文件规定，对工程量清单报价、主要项目技术条款和其他商务条款进行的评审，通过响应性评审的方能进行价格评审。

价格评审一般使用最优评标价法和最低评标价法。最优评标价法是指算术值修正后根据采购文件明确的计算方法得出评标基准价，然后根据各供应商报价与评标基准价的偏离计算各供应商得分，并依照得分由高到低的顺序确定成交候选人；最低评标价法是指算术值修正后将各供应商报价由低到高排序确定成交候选人。

采购评审小组按照采购文件规定的评审办法进行评审，技术方案、实施条件和要求可进行一次或多次评审修正，技术评审过程中商务报价应予以保密或要求供应商进行最终报价。

最优评标价法的主要评审程序：

1. 评标基准价的计算方法。

$S=(a_1+a_2+\cdots a_i)/n$；

评标基准价$=S \times m$；根据项目特点m取0.97～1.0。

a_i为供应商的有效报价（$i=1, 2, \cdots, n$）。通过符合性审查的、实质性响应采购文件要求的、经算术修正后的有效供应商的报价，且在采购限价80%～100%的，n为有效报价的供应商个数。

2. 报价与评标基准价相比，以100分为基数，每高于1%扣2分，每低于1%扣1分。

3. 评审附加分：对维护供应商，根据信用评分情况和参与采购活动的活跃度确定。

（1）信用评价附加分：根据上一年度信用评价情况，"A"级加1分。

（2）备选库活动参与度附加分：年度内参加采购活动（未中标）连续三次后，再参加采购活动，加0.5分。本年度在供应商备选库采购活动中有中标的，不再加分。

4. 若有两家或两家以上供应商得分一致时，以报价低的优先，若报价也相等时，由评审小组综合确定第一成交候选人。

（六）提出成交候选人，确定成交供应商，编写评审报告。

（七）发成交通知书和成交结果通知书。

（八）编写采购情况报告。

第十二章 信用评价及考核

第四十七条 维护供应商信用评价及考核按照《河南分局土建绿化项目供应商信用评价管理办法（试行）》执行。

第四十八条 监理供应商信用评价与考核主要包括以下几个方面：

（一）供应商参与备选库采购邀请的响应情况；

（二）供应商参与采购活动中，是否存在围标、串标、弄虚作假等违法违规行为；

（三）合同履约期间，是否存在因监理原因造成重大质量、安全事故等或发生相应质量、安全事故隐瞒不报的；

（四）国家相关行业行政主管部门公布的企业信用评价情况。

第十三章 供应商出入库管理

第四十九条 备选库实行动态管理，根据实时评价情况和定期考核结果进行出入库管理。

第五十条　年度内未参加供应商备选库采购的,年度考核时移除出库。

第五十一条　对于在采购中弄虚作假或存在其他违法违规行为的,或被相关行业行政主管部门列入失信名单的,应随时将其移除出库。

第五十二条　合同履约过程中供应商如发生严重失信行为,实时移除出库。维护供应商年度信用评价等级为D级的,移除出库。监理供应商发生"第二十二条"(三)情形的,实时移除出库。

第五十三条　供应商的补充参照第三章备选库建立相关规定。

第十四章　附则

第五十四条　本办法由计划合同处负责解释。

第五十五条　本办法自印发之日起执行,原印发的《河南分局土建绿化专业运行维护项目供应商备选库管理办法(试行)》(中线建管局豫计〔2019〕111号)届时废止。

重 要 文 件

河南省南水北调建管局 主任办公会议纪要

〔2019〕1号

3月14日,省水利厅王国栋副厅长主持召开工作会议,研究部署南水北调近期重点工作。省水利厅副巡视员郭伟出席会议,省水利厅南水北调工程管理处负责同志、省南水北调建管局机关各处室负责同志参加会议。纪要如下:

一、做好精神文明单位创建工作。今年9月,原省南水北调办(建管局)省精神文明单位称号即将到期,需要重新申报。综合处要加强与厅机关党委的紧密联系,以独立创建为立足点,严格按照省文明委的标准要求,开展精神文明创建工作。以确保配套工程供水安全为重点,扎扎实实做好各项工作,为创建精神文明单位奠定基础。

二、严格控制聘用(借调)人员。综合处负责梳理清楚所有聘用(借调)人员情况,包括:聘用时间、聘用渠道以及聘用岗位等,并形成聘用(借调)人员情况明细。各处根据当前工作实际情况,提出聘用(借调)人员是否留用意见,需要留用人员,应明确留用原因和时限,进一步规范聘用(借调)人员管理。

三、完善机关行政经费审批程序。10000元以下支出由综合处负责人审批,经济与财务处负责人进行审核分类。凡符合财政支出相关规定的,可优先使用省财政经费支付。

四、做好原省南水北调办人员搬迁工作。水利厅南水北调处结合水利厅机关办公用房调整方案,积极协调搬迁人员确定搬迁时间,并与综合处沟通衔接,确保搬迁工作顺利完成。综合处负责搬迁车辆租赁,并做好固定资产、办公用品等交接登记工作。

五、加快工程完工财务决算报告编制进度。各项目建管处要按照中线局确定的时间节点,紧盯价差及剩余降排水变更项目,尽快完成工程造价收口工作,切实加快推进工程完工财务决算报告编制进度,为如期完成设计单元完工验收创造条件。经济与财务处尽快拟定配套工程竣工财务决算报告编制办法，按照设计单元分步推进，成熟一个、开展一个、验收一个。

六、做好运行管理费预算编制及报批工作。经济与财务处要按照《南水北调配套工程运行管理费使用管理与会计核算暂行办法》，组织编制2019年配套工程运行管理费预算，南水北调处审核并征求水利厅财务处意见，上报厅长办公会研究，经批准同意后，严格遵照执行。同时，经济与财务处要及早修订《南水北调配套工程运行管理费使用管理与会计核算暂行办法》。

七、进一步加大水费征收力度。经济与财务处要以武国定副省长3月4日在全省"三农"工作汇报会上的讲话精神为契机，督促各市县加强水费征收工作，及时缴纳水费。3月底将水费收缴情况上报省水利厅，由省水利厅上报省政府。

八、加快自动化建设进度。随着机构改革的推进，沿线各地市管理处所的建设将会发生变化，要转变思路，一切以工程实际需要为出发点，以满足工程管理需要为基础，对迟迟未能完成选址、征地的管理处所，可通过购买方式实现，及早为自动化建设提供条件。今年上半年争取实现自动化建设大头落地。

九、及早变更部分合同履约方。机构改革前，原南水北调办承担了一些管理及协调任务，签订了如配套工程维修养护等合同，并入水利厅后，作为合同签约一方继续履行合同义务已不可能，变更合同履约方十分必要。合同签订的主办处室要全面梳理，认真统计原南水北调办签订的合同类别、签订时间、到期时间等，由投资计划处负责汇总，就合同是否续签、新签、结束等提出处理意见，并建议由省南水北调建管局作为合同履约一方，接续履行原合同义务，报厅长办公会研究同意后执行。

十、明确职责，分工合作。机构改革后，原省南水北调办的行政职能已并入省水利厅。依据三定方案明确的职能，结合我省南水北调

工作实际，涉及行政审批的事项按三定方案执行（如南水北调新增供水目标等）由省水利厅负责，技术方案（如新增供水连接、穿越邻接配套工程等）等事项的审批由省建管局负责，省水利厅对重要技术方案的审批进行指导、监督。

十一、坚持配套工程运行管理例会制度。继续坚持配套工程运行管理例会制度，要坚持精简高效、以解决问题为重点的原则办会，原则上每两个月召开一次。会议由建设管理处负责组织、筹备，省水利厅分管领导及南水北调处负责同志参加会议。

十二、加强现场设代服务管理。针对设计单位以黄河南仓储中心位置及楼层高度变化增加勘测设计费未批复为由，不认真履行合同义务、未能做好现场设代服务的问题，省水利厅南水北调处、省建管局投资计划处要加强与设计单位沟通协调，督促设计单位尽快提交相关依据和报告，在符合程序和规定的前提下，提出解决方案；郑州建管处要履行好现场管理职责，依据合同约定，督促设计单位做好现场设代服务工作。

十三、确保完成本调水年度供水任务。2018—2019调水年度分配我省水量为21.96亿立方米，截止目前，实际用水量低于同期计划分配水量，水量计划执行总体滞后。建设管理处要分析原因，采取必要措施，确保年度计划如期完成。

十四、澄清配套工程征迁资金使用情况。2018年10月，各地市已对配套工程征迁资金使用情况进行了初步梳理。环境移民要依照征迁实施规划和征迁包干协议，进一步把征迁资金使用情况梳理清楚，先搞试点，然后全面推开，对征迁实施规划变化较大的地市，要查清原因，提出处理建议。

十五、加快配套工程压矿评估及水保、环保验收工作。环境移民处将压覆矿产评估工作开展情况形成专题报告，说明存在问题及一下步工作建议。原则上同意采购水土保持、环境

保护专项验收技术服务；要将服务内容及标准作为重点，进一步细化合同条款，确保技术服务成果满足验收要求。

十六、统筹安排原监督处人员工作。机构改革后，原省南水北调办监督处的行政监督职能已不存在，为加强环境移民处力量，充分发挥每位同志的工作积极性，监督处现有干部职工暂时并入环境移民处，统筹安排相关工作。

十七、保证工作的连续性。为保证工作的连续性，现阶段，省建管局涉及资金使用等方面的批文，暂由省水利厅南水北调处主要负责同志审核后，再报水利厅分管领导签发。

十八、调整理顺党员组织关系。目前，原南水北调办（局）机关党支部已撤销，按照对口管理范围，省建管局机关处室党员分别纳入五个项目建管处党支部统一管理，有序开展组织生活。综合处要加强与省水利厅机关党委的联系，并将调整情况上报水利厅机关党委。最后，会议强调，当前正处在机构改革的过渡期，全局上下要树立大局观，按照省水利厅党组的安排部署，做好各项工作。要加强政治理论学习，加强党的建设和党员管理，持续加强党风廉政建设，严格遵守中央八项规定，以及省委省政府、省水利厅的各类规定要求，确保过渡期间工程平稳运行，人员安定团结。

河南省南水北调中线工程建设管理局会议纪要

〔2019〕1号

2019年3月14日，河南省南水北调中线工程建设管理局在省建管局14楼召开会议，安阳市、鹤壁市、濮阳市、新乡市、焦作市征迁主管单位，黄河勘测规划设计研究院有限公司，有关征迁监理等单位代表参加了会议。

河南省南水北调受水区供水配套工程征迁安置工作从2012年底随工程建设启动开始实施，现在已历时6年多。因征迁安置工作任务重、投资大、时间长，实施过程中设计变更和错漏登情况复杂。为加快做好征迁资金财务决算，推进征迁安置专项验收，根据河南省南水北调办公室《关于开展配套工程征迁安置资金复核工作的通知》要求，2018年5月15日启动资金复核工作，7月底全面完成我省配套工程征迁资金复核工作。省南水北调建管局为确保各市征迁资金复核成果数据填报准确、兑付标准合理、兑付依据正确及兑付程序规范，特邀请专家组成工作组逐市逐县区开展了配套征迁资金审核工作，在各市资金复核基础上进行全面把关审核。根据专家组的审核意见，经反复研究讨论，解决意见如下。

一、总的原则

（一）河南省南水北调受水区供水配套工程征迁安置工作依据《河南省南水北调受水区供水配套工程建设征迁安置实施管理暂行办法》（简称《暂行办法》）执行。

（二）配套工程征迁安置具体实施应依据批复的实施规划、变更报告、设计通知、会议纪要、征迁安置任务与投资包干协议。

（三）配套工程征迁资金使用应遵循"客观、真实、依法、合规"的原则。

（四）预备费、边角地处理费、农村问题影响处理费、专项问题影响处理费的使用，要严格按照《暂行办法》第五章实施管理中第三十七条以及《关于建立南水北调受水区供水配套工程建设征迁安置工作机制的通知》中预备费使用管理的规定执行。

（五）《暂行办法》中第二章征迁安置实施规划第十三条"因扩大规模、提高标准和改变原功能增加的投资，由有关单位自行解决，不列入实施规划投资概算。"实施中，各类补偿标准不得高于实施规划的标准，如有超出标准的，本着"谁超标准谁承担"的原则。

（六）征迁资金出现挪用、挤占、截留、出借、投资、担保等情况，限期收回，否则要追究相关责任人的责任。

（七）实施中实物指标的错漏登问题，按《关于建立南水北调受水区供水配套工程建设征迁安置工作机制的通知》执行，必须经征迁设计、监理单位、市县区征迁机构签证，决不允许发生虚报冒领、套取补偿资金的现象。

（八）地方承诺投资的新增或变更的供水工程不得挤占、挪用征迁包干资金。

二、专家复核的共性问题处理意见

（一）农村安置补偿费

1.永久用地：永久用地补偿标准应严格按区片价执行，凡违规发放社会保障费的，应上缴社会保障局。

2.临时用地复垦实施按照《河南省南水北调配套工程建设临时用地复垦管理指导意见》执行。

3.完善临时用地延期补偿资金拨付手续，并对临时用地延期原因进行说明。完善临时用地返还签证手续。

（二）单位补偿费

完善补偿协议及相关手续。

（三）专项补偿费

1.规范专项迁复建协议，补充资金拨付的依据文件或明细清单。

2.完善迁建方案变更手续。

（四）预备费和影响费

补充预备费、农村问题处理费、专项影响处理费兑付明细表。

（五）有关税费

收回育林金。

三、要求

各省辖市南水北调办要严格按照会议纪要要求，明确职责，主动作为，精心组织，对照配套工程征迁安置资金专家审核意见提出的问题，认真整改，1个月内完成整改并上报省局。

四、各市征迁资金专家审核意见

见附件一（略）。

五、参会代表签字表

见附件二（略）。

河南省南水北调中线工程建设管理局会议纪要

〔2019〕2号

2019年4月8日，河南省南水北调建管局在郑州市组织召开河南省南水北调工程运行管理第三十九次例会，省水利厅副厅长（正厅级）王国栋出席会议并讲话。省水利厅副巡视员郭伟、水利厅南水北调工程管理处主要负责人，南水北调中线建管局河南分局、渠首分局负责人，省南水北调建管局总工程师、各项目建管处主要负责人，各省辖市、省直管县（市）南水北调办（中心）主要领导、分管领导，黄河设计公司、省水利设计公司、自动化代建单位、中州水务控股有限公司（联合体）、河南华北水电工程监理有限公司、省水利勘测有限公司负责同志及有关人员（名单附后）参加了会议。

会议通报了南水北调工程防汛检查情况和水费征缴情况，听取了各省辖市、省直管县（市）南水北调办（中心）关于配套工程管理设施建设、运行管理、水量计量、水费征缴等工作情况的汇报，各项目建管处关于干线工程主要工作进展情况的汇报，自动化代建单位关于配套工程自动化系统建设进展情况的汇报，中州水务控股有限公司（联合体）关于配套工程维修养护工作开展情况的汇报，以及省水利勘测有限公司关于配套工程基础信息系统及巡检智能管理系统建设进展情况的汇报，研究解决存在的问题，对下一阶段的工作进行了安排部署。会议纪要如下。

一、基本情况

在各市、县南水北调办的共同努力下，截至2019年3月31日，累计有36个口门及19个退水闸开闸分水，向引丹灌区、74个水厂供水、5个水库充库及南阳、漯河、平顶山、许昌、郑州、焦作、新乡、鹤壁、濮阳、安阳等10个省辖市及邓州市生态补水，供水累计702019.04万 m³（其中，引丹灌区累计用水204672.23万 m³）。2018—2019年度供水累计82110.01万 m³（其中，引丹灌区累计用水19557.50万 m³），供水目标涵盖南阳、漯河、周口、平顶山、许昌、郑州、焦作、新乡、鹤壁、濮阳、安阳等11个省辖市及邓州市、滑县2个省直管县（市）。2018—2019年度各地供水量分别为：南阳8713.39万 m³、漯河3094.37万 m³、周口2299.12万 m³、平顶山1223.77万 m³、许昌8114.88万 m³、郑州21629.46万 m³、焦作2075.70万 m³、新乡5367.00万 m³、鹤壁1896.98万 m³、濮阳2991.88万 m³、安阳2465.94万 m³、邓州1768.57万 m³、滑县911.45万 m³。按照水行政主管部门批复的水量调度计划，2018—2019年度计划供水21.96亿 m³，截至2019年3月31日，实际供水8.21亿 m³，完成年度同期计划8.17亿 m³的100%，完成年度计划的37%；2019年3月，实际供水1.94亿 m³，完成月计划1.78亿 m³的109%。

二、议定事项

（一）关于水量计量偏差。省水利厅南水北调工程管理处牵头，省南水北调建管局、中线建管局河南分局、渠首分局、各省辖市、省直管县（市）南水北调办（中心）、黄河设计公司、省水利设计公司参与，针对我省南水北调工程水量计量偏差问题开展调查研究，分析问题原因，提出解决方案。

（二）关于配套工程泵站供电保障。省水利厅南水北调工程管理处牵头，省南水北调建管局、各有关省辖市、省直管县（市）南水北调办（中心）、黄河设计公司、省水利设计公司、维修养护单位参与，根据初设批复和相关规定，结合工程实际，研究解决配套工程泵站外部供电系统是否建设双回路。

（三）关于配套工程进水池（泵站前池）

清污。省水利厅南水北调工程管理处牵头，省南水北调建管局、中线建管局河南分局、渠首分局、各省辖市、省直管县（市）南水北调办（中心）、黄河设计公司、省水利设计公司、维修养护单位参与，针对我省配套工程进水池（泵站前池）清污开展调查研究，深入分析原因，制定解决方案。

（四）关于配套工程静水压试验用水等水费。省水利厅南水北调工程管理处牵头，省南水北调建管局、中线建管局河南分局、渠首分局、各省辖市、省直管县（市）南水北调办（中心）、黄河设计公司、省水利设计公司参与，梳理统计全省配套工程试验用水情况，复核工程静水压试验用水计量水费。

（五）关于穿越邻接配套工程安全影响评价。省水利厅南水北调工程管理处牵头，省南水北调建管局、各省辖市、省直管县（市）南水北调办（中心）、黄河设计公司、省水利设计公司、维修养护单位参与，在保证配套工程安全运行的前提下，结合工程实际，研究确定邻接穿越配套工程安全影响评价简化审批程序和审批权限。

（六）关于南水北调水资源综合利用专项规划。省水利厅南水北调工程管理处负责，省南水北调建管局、各省辖市、省直管县（市）南水北调办（中心）配合，组织规划编制单位，根据我省南水北调受水区城市规划、水量指标分配等情况，结合南水北调水作为城市生活用水补充水源的定位，抓紧完成我省南水北调水资源利用规划编制工作。

（七）关于南水北调工作表彰。省南水北调建管局负责，各省辖市、省直管县（市）南水北调办（中心）配合，研究确定我省南水北调工作表彰有关事宜。

（八）关于配套工程档案资料。省南水北调建管局牵头，各省辖市南水北调建管局负责，督促各施工单位和设备厂家严格按要求提交工程竣工图、设备说明书等工程档案资料，确保准确、完整、符合归档和验收要求，满足工程运行管理需要。

（九）关于总干渠两侧渣场处理。中线建管局河南分局、渠首分局负责，全省南水北调系统积极响应，全力配合，按照中线建管局根据水利部要求制定的处理方案，落实好我省总干渠两侧渣场处理工作，避免安全事故发生，确保人民群众生命财产安全。

（十）关于工程保护区污染源处置。中线建管局河南分局、渠首分局负责，全省南水北调系统全力配合，协调生态环境部门强力推进工程保护区污染源解决进程，早日消除风险隐患，确保南水北调水质安全。

三、下一步工作安排

（一）统一思想，扎实工作。机构改革期间，全省南水北调配套工程运管人员要思想不能乱、工作不能断、队伍不能散、标准不能减。省水利厅将积极协调沟通，以本次机构改革为契机，争取尽快批复运管机构，理顺我省南水北调配套工程运行管理体制；各省辖市、省直管县（市）南水北调办（中心）也要进一步充实急需的专业运行管理人员，明确岗位职责，同时加强培训，提高运行管理人员素质，建立一支高效精干的运管队伍。

（二）未雨绸缪，做好防汛准备工作。我省南水北调工程已进入第五个供水运行年度，今年汛期将至，从工程运行情况看，影响南水北调工程安全运行的首要因素还是防汛风险。一要提高认识。各有关单位要高度重视，立足抓早、抓好、抓实，认真做好南水北调工程防汛准备工作。二要夯实责任。南水北调防汛工作要完善以行政首长负责制为核心的责任体系，各有关单位和部门要把防汛责任明确到人，完善责任体系。三要排查隐患。相关责任单位要认真组织排查，对已发现未完成治理和新发现的防汛安全隐患，要理清问题，建立台账，认真研究应对措施。四要落实措施。按照"防重于抢、抢重于救"的原则，提前落实好各项工程度汛方案、应急预案和超标准洪水应急预案，并按要求报审和报备。

（三）加快配套工程建设收尾工作进度。一是配套工程建设收尾，省水利厅南水北调工程管理处加强监督，省南水北调建管局加强督导，各有关省辖市南水北调建管局负责，要完善计划、建立台账、压实责任、问责问效，严防推诿扯皮耽误工期，确保本年内管理处所、尾工项目全部完工。二是配套工程自动化系统建设，省南水北调建管局投资计划处负责，自动化代建单位要与各有关省辖市、省直管县（市）南水北调办（建管局）密切对接，合力推进，本年度要争取实现自动化系统全部建成并投入运行的目标。三是加快工程验收和变更索赔处理进度。对滞后的配套工程变更索赔处理，省南水北调建管局投资计划处负责，各有关省辖市南水北调建管局要逐项落实责任，按照省南水北调建管局"豫调建投〔2019〕23号"文要求加速推进配套工程变更索赔审批。针对干线工程验收，省水利厅南水北调工程管理处负责，省南水北调建管局各项目建管处配合，深入贯彻落实全国南水北调工程验收管理工作会议精神，加快桥梁竣工、档案验收移交等工作。针对配套工程验收，省南水北调建管局加强督导，各省辖市南水北调建管局负责，密切沟通协调，采取强力措施，逐项落实责任，严格执行验收计划，完成年度验收计划任务。

（四）持续开展运行管理规范年活动。一是制度创新，苦练内功，推进运行管理制度化、标准化。在梳理原省南水北调办已出台的42项运行管理制度的基础上，省水利厅南水北调工程管理处、省南水北调建管局要按照各自职责分工，开展制度创新，抓好顶层设计，修订完善运行管理制度，从制度上为运行管理工作保驾护航；同时，督促南水北调受水区各市县狠抓《河南省南水北调受水区供水配套工程泵站管理规程》和《河南省南水北调受水区供水配套工程重力流输水线路管理规程》的落实，结合现场实际，制定运行管理各项工作、操作作业指导书，推进我省配套工程运行管理制度化、标准化。二是进一步提升工程维修养护水平。在按标准完成日常及专项维修养护工作的基础上，组织维修养护单位开展不同突发事件快速抢修工艺及设备选型研究，争取本年度形成部分抢险项目标准化作业工法，保障配套工程安全运行。三是加快推进配套工程基础信息系统及巡检智能管理系统建设，本年度完成省级平台建设及5个省辖市基础信息管理和巡检智能管理系统投入试运行，并按照水利部要求融入我省水利"一张网、一张图"，作为我省智慧水利的一项重要组成部分。四是加强配套工程运行监管。省水利厅南水北调工程管理处和省南水北调建管局要在已形成的领导带队飞检、巡查队伍日常巡查和专家稽察三位一体的配套工程运行管理监督检查格局的基础上，继续安排领导率队飞检、巡查队伍日常巡查，聘请专家开展稽察，对发现的问题，通过印发通报、约谈、复查等方式督促问题整改，消除安全隐患。

（五）合力做好配套工程保护范围划定工作。省水利厅南水北调工程管理处牵头，省南水北调建管局负责，各有关省辖市南水北调办（建管局）具体负责，督促参建单位认真做好工程竣工图编制、复核工作，在配套工程保护范围划定郑州试点工作基础上完善方案，制定计划，全省推进。

（六）用足用好南水北调水，及时足额收缴水费。用足用好南水北调水是我们的责任，是省委省政府的要求，也是满足老百姓幸福生活的基础。本次会议的核心问题是如何完成我省本年度供水计划。各省辖市、省直管县（市）南水北调办（中心）要深入分析所辖工程供水情况，充分发挥现有受水水厂供水能力，加快推进受水水厂建设，确保我省本年度供水计划顺利完成。水费收缴工作关系着南水北调工程的安全运行、我省供水目标的实现和生态用水指标的增加，也关系着受水区居民饮水安全、生态文明建设和社会稳定大局，武国定副省长在全省"三农"重点工作汇报会议上的讲话强调：我再强调一下南水北调水费清缴

工作，经陈润儿省长同意，省政府将对3月底水费清缴仍达不到80%的省辖市采取以下三条处罚措施：一是由省财政直接予以扣缴；二是今年不再新增供水量；三是暂停审批涉及南水北调的新增供水工程。为贯彻落实好武国定副省长指示要求，省水利厅南水北调工程管理处负责，省南水北调建管局配合，各省辖市、省直管县（市）南水北调办（中心）具体负责，完善水费收缴办法，形成督办、奖惩机制，久久为功，持续发力，做好我省水费收缴工作。

（七）加强作风建设，力戒形式主义、官僚主义。为认真贯彻落实习近平总书记关于坚决整治形式主义、官僚主义的一系列重要讲话和指示批示精神，按照中共中央办公厅《关于解决形式主义突出问题为基层减负的通知》和中央纪委办公厅《关于贯彻落实习近平总书记重要指示精神集中整治形式主义、官僚主义的工作意见》，省水利厅计划组织开展作风建设年活动，全省南水北调系统要认真贯彻落实，以问题为导向，以解决问题为目标，不搞形式，力戒官僚。河南省南水北调工程运行管理例会改为每两个月召开一次，省水利厅郭伟副巡视员、南水北调工程管理处参加，每次会议重点解决一至两个问题。中线建管局河南分局、渠首分局、各省辖市、省直管县（市）南水北调办（中心）要提前向省南水北调建管局报送需要协调解决的问题，同时提出解决建议，要避免重复报送已有明确处理意见的问题。

附件：会议签到表（略）

关于印发《河南省南水北调受水区供水配套工程2019年度工程验收计划》的通知

豫调建〔2019〕2号

各省辖市南水北调建管局、清丰县南水北调建管局：

2019年是我省南水北调受水区供水配套工程验收的关键年。为全面加快我省南水北调配套工程验收工作，满足配套工程建设目标及工程运行管理要求，省建管局组织制订了《河南省南水北调受水区供水配套工程2019年度工程验收计划》，现印发给你们，请相关单位高度重视，明确责任，采取措施，严格执行。

附件：《河南省南水北调受水区供水配套工程2019年度工程验收计划》

2019年2月18日

附件

河南省南水北调受水区供水配套工程2019年度工程验收计划

2019年是我省南水北调受水区供水配套工程验收的关键年，为全面加快我省南水北调配套工程验收工作，满足配套工程建设目标及工程运行管理要求，2019年度工程验收计划如下。

一、工程概况

我省南水北调受水区供水配套工程共有18个设计单元工程，输水线路总长1047.7km，主要建筑物共84座，其中泵站23座、管理处所61座。工程概算总投资155.9亿元。

输水线路（含泵站）工程施工合同项目150个。

二、工程项目划分情况

输水线路及泵站按照水利行业划分，管理处所按照建筑行业划分。

截至目前，配套工程共划分210个单位工程、1751个分部工程，其中输水线路（含泵站）划分为159个单位工程，1414个分部工程；49座管理处所共划分为51个单位工程，337个分部工程，尚有12座管理处尚未进行项目划分。

三、工程验收情况

截至2018年12月底，全省配套工程共验收单位工程130个，分部工程1530个，分别占总数的61.9%、87.4%。其中输水线路单位工程验收107个，分部工程验收1249个，合同项目完成验收98个，分别占总数的67.3%、88.3%、65.3%；泵站机组启动验收4座、单项工程通水验收19条，分别占总数的17.4%、30.6%；49座管理处所单位工程验收23个，分部工程验收281个，分别占总数的45.1%、83.4%。

除许昌、焦作、濮阳已进行工程建设档案预验收外，其余专项验收尚未开展。

四、验收计划总体安排

（一）施工合同验收

2019年度，计划完成所有剩余输水线路与管理处所的分部工程、单位工程及合同项目完成验收工作。其中，输水线路需完成分部工程验收138个［不含26个通信分部工程及周口东区管理站分部工程（拟并入周口管理处）］，单位工程验收52个，合同项目完成验收52个；49座管理处所需完成分部工程验收56个，单位工程验收28个。

（二）泵站机组启动验收、通水验收

2019年共计划完成泵站机组启动验收19座，除鹤壁金山水厂泵站因受水水厂未建成而计划于11月验收外，其余泵站机组启动验收工作于6月底前全部完成。尚未通水的单项工程应在通水前完成单项工程通水验收，2019年计划完成16条单项工程通水验收任务，其中已通水11条，尚未通水5条。

（三）专项验收

消防专项工程：各建管单位于6月底前完成所有建筑物的消防设计备案工作，12月底前完成消防工程竣工验收备案工作。

水保、环保、征迁及工程档案专项工程：南阳、平顶山、周口、许昌、焦作、濮阳、安阳7个省辖市和清丰县于2019年底前完成水土保持、环境保护、征地补偿与移民安置、工程建设档案验收工作。

漯河、郑州、新乡、鹤壁应做好专项验收工程验收的准备工作。

（四）管理处所验收

已完成项目划分的49座管理处所，上半年计划完成分部工程验收47个，单位工程验收24个；下半年完成分部工程验收9个，单位工程验收4个。尚处于前期阶段和已开工但未完成项目划分的12座管理处所，对已开工建设的管理处所要抓紧办理项目划分报批工作，随着工程进展及时进行工程验收。

（五）设计单元完工验收

平顶山、许昌、鄢陵、博爱、濮阳5个设计单元工程上半年基本完成设计单元完工验收准备工作，2019年10月底前提出验收申请，12月底前完成设计单元工程完工验收；其他设计单元工程在2019年底前基本具备设计单元完工验收申请条件。

五、拟采取的措施及要求

（一）拟采取的措施

一是成立考核组织。省南水北调建管局成立配套工程验收进度考核组，负责对配套工程验收计划完成情况进行考核评比。考核组由省建管局建设管理处牵头，相关处室参加。

二是实施考核奖惩。针对验收计划执行情况，每季度考核一次、排名一次、通报一次。下季度第一个月的15日前完成对上季度的考核、排名，并印发通报，对完成验收计划目标的进行表扬，对未完成验收计划的给予通报批评。

2019年底，在保证验收质量的前提下，对完成年度验收计划的项目建管单位，颁发"质量管理先进单位"奖状；对在工程验收工作中成绩显著的个人，颁发"质量管理先进个人"奖状。

（二）工作要求

一要加快工程验收进度。请各建管单位在机构改革的关键时期，进一步弘扬"南水北调精神"，提高政治站位，真正做到"思想不乱、队伍不散、工作不断、干劲不减"，深刻认识验收工作滞后给工程建设管理及运行管理带来的潜在危害，进一步增强大局意识、责任意识和主人翁意识，敢于负责，勇于担当，深入实际，狠抓落实，奋勇争先，切实抓紧抓好剩余工程验收任务，全面完成年度工程验收任务。

二要保证工程验收质量。各有关单位要认真学习工程验收有关法律法规、规范规程及《验收导则》等文件规定，严格执行验收标准，严把验收质量关。申请验收前，项目建管单位要充分发挥主导作用，质量监督机构、监理单位、勘测设计单位要各司其职，施工单位应密切配合，提前认真准备、集体核对《工作报告》和质量评定等验收资料，事前组织外业检查并处理质量缺陷，切实提高验收工作效率，保证工程验收质量。竣工图纸等工程验收资料必须全面真实反映工程客观实际，凡不具备验收条件的，坚决不能通过验收。

三要重视遗留问题的处理。每次验收工作结束后，对发现的遗留问题，要及时明确责任单位、责任人和工作计划，限时完成验收发现问题的处理工作。各项目建管单位要加大督导检查力度，并及时将处理情况随《验收工作月报》报送省建管局，并严把《验收鉴定书》印发关。

附表：河南省南水北调受水区供水配套工程2019年度工程验收计划表（略）

河南省南水北调中线工程建设管理局会议纪要

豫调建〔2019〕8号

2019年6月27~28日，河南省南水北调建管局在郑州市组织召开河南省南水北调工程运行管理第四十次例会，省水利厅党组副书记、副厅长（正厅级）王国栋出席会议并讲话。省水利厅南水北调工程管理处主要负责人，南水北调中线建管局河南分局、渠首分局负责人，省南水北调建管局总工程师、各项目建管处主要负责人，各省辖市南水北调建管局主要负责人及相关部门负责人，自动化代建单位负责同志以及有关人员（名单附后）参加了会议。

会议传达了水利部副部长蒋旭光在南水北调工程管理工作会上的讲话精神，通报了配套工程管理处所建设、验收及变更索赔处理情况，听取了各省辖市南水北调建管局关于配套工程尾工、验收、变更索赔等方面情况的汇报，研究解决存在的问题，对下一阶段的工作进行了安排部署。会议纪要如下。

一、基本情况

在各市县的共同努力下，截至2019年6月1日8时，累计有37个口门及19个退水闸开闸分水，向引丹灌区、77个水厂供水、5个水库充库及南阳、漯河、周口、平顶山、许昌、郑州、焦作、新乡、鹤壁、濮阳、安阳等11个省辖市及邓州市生态补水，供水累计739329.93万 m^3（其中，引丹灌区累计用水214771.23万 m^3）。2018—2019年度供水累计119420.90万 m^3（其中，引丹灌区累计用水29656.50万 m^3），供水目标涵盖南阳、漯河、周口、平顶山、许昌、郑州、焦作、新乡、鹤壁、濮阳、安阳等11个省辖市及邓州市、滑县2个省直管县（市）。2018—2019年度各地供水量分别为：南阳11357.96万 m^3、漯河4412.60万 m^3、周口3309.98万 m^3、平顶山1638.48万 m^3、许昌11142.55万 m^3、郑州31358.34万 m^3、焦作3126.99万 m^3、新乡7688.53万 m^3、鹤壁2740.39万 m^3、濮阳4264.87万 m^3、安阳3737.85万 m^3、邓州3707.19万 m^3、滑县1278.67万 m^3。按照批复的水量调度计划，2018—2019年度计划供水21.96亿 m^3，截至2019年5月31日，实际供水11.94亿 m^3，完成年度同期计划11.84亿 m^3 的101%，完成年度计划的54%；2019年5月，实际供水1.89亿 m^3，完成月计划1.85亿 m^3 的102%。

二、议定事项

（一）关于配套工程收尾。一是关于配套工程自动化系统和管理处所建设。各省辖市南水北调建管局要进一步加强组织领导，按照配套工程自动化系统年底前全部建成并投入使用的要求，逐个分析所辖工程管理处所建设、投用和验收情况，查清存在问题，7月10日前建立台账，明确存在问题、解决时限、责任人、建成时间、验收时间和投用时间，积极协调推进。年底前管理处所仍不具备自动化设备安装条件的，可以考虑采取租赁或合署办公的方式解决，影响工程验收和竣工决算的极个别需要建设的管理处所可作为遗留问题处理。省南水北调建管局投资计划处、建设管理处要加强督导。二是关于配套工程变更索赔。各省辖市南水北调建管局负责，进一步细化台账，强化责任落实，提高工作效率，严格审核把关，按照省南水北调建管局"豫调建投〔2019〕23号"文要求加速推进配套工程变更索赔处理。省南水北调建管局投资计划处要明确专人负责，紧盯目标，加强协调，建立变更索赔台账销号制度和半月报制度，确保10月底前完成全部变更索赔项目处理。

（二）关于部分地市（漯河、平顶山）流量计安装、调试、维修。省南水北调建管局投资计划处负责，各有关省辖市南水北调建管局配合，抓紧协调自动化相关标段研究解决。

（三）关于穿越邻接配套工程项目审查、审批手续简化。省南水北调建管局投资计划处负责，按照"放管服"改革相关要求和厅南水北调工程管理处调研建议，尽快印发通知，在保证配套工程安全运行的前提下，进一步明确省市两级审批权限和程序，提高工作效率。

（四）关于配套工程监理合同延期变更或补偿。省南水北调建管局投资计划处负责，各有关省辖市南水北调建管局配合，按照合同有关约定，本着实事求是、依法合规原则，7月20日前提出处理意见建议。

（五）关于管理处所工程变更、提升完善。省南水北调建管局负责，各省辖市南水北调建管局具体负责，对工程初步设计已批复建设内容，如管理处所室外工程等，属招标漏项或施工图变更增加的，按照合同变更程序处理；管理处所设施提升完善项目原则上应在完成原初步设计批复建设内容合同项目完工验收后开展，对建设阶段确需变更或新增的项目，按工程变更程序处理。

（六）关于配套工程征迁资金使用管理。省南水北调建管局环境与移民处牵头，各省辖市南水北调建管局负责，严格按照"客观、真实、依法、合规"的原则落实，对临时用地延期补偿资金、单位补偿资金、市控预备费、农村问题处理费、专项影响处理费等使用管理不规范的，要抓紧建立问题台账，限期整改到位。

（七）关于配套工程验收。省南水北调建管局建设管理处牵头，各省辖市南水北调建管局负责，7月10日前建立问题台账，采取强力措施，逐项落实责任，严格执行验收计划，确保年底前保质保量完成验收任务。

（八）关于年度供水计划执行。省水利厅南水北调工程管理处加强监督，省南水北调建管局建设管理处加强督导，各省辖市、省直管县（市）南水北调办（中心）负责，尤其是计划执行落后的，深入分析所辖工程供水情况，用足用好南水北调水，督促受水水厂按计划用水，确保年度供水计划顺利完成。

（九）关于水费收缴。省水利厅南水北调工程管理处加强监督协调，省南水北调建管局负责，各省辖市、省直管县（市）南水北调办（中心）具体负责，严格落实好武国定副省长指示要求，采取措施，持续发力，合力做好我省南水北调工程水费收缴工作。6月底前完成供水合同签订工作。

（十）关于配套工程保护区范围划定。省水利厅南水北调工程管理处牵头，省南水北调建管局负责，各有关省辖市南水北调办（建管局）配合，抓紧招标选择编制单位，及早完成划定工作。

（十一）关于跨渠公路桥梁竣工验收。中线建管局河南分局、渠首分局负责，全省南水北调系统积极响应，全力配合，按照河南省交通厅河南省水利厅《关于加快推进我省南水北调中线工程跨渠公路桥梁竣工验收工作的通知》（豫交文〔2019〕255号）要求，做好跨渠公路桥梁竣工验收工作。

（十二）关于新乡、鹤壁市部分现地管理房建在地方水厂院内。省南水北调建管局环境与移民处牵头，新乡、鹤壁市南水北调建管局负责，现地管理房建在地方水厂院内，无法办理土地征用相关手续的，原则同意以租代征处理类似问题。

附件：会议签到表（略）

关于编制《河南省南水北调受水区供水配套工程维修养护定额标准》的请示

豫调建〔2019〕5号

省水利厅：

我省南水北调受水区供水配套工程管线长达1000余公里，2014年12月建成通水以来，随着工程效益日益发挥，维修养护工作对保障工程安全运行、稳定发挥供水效益起到至关重要的作用。2017年，原省南水北调办公开招标选择了配套工程维修养护专业队伍，随着我省南水北调配套工程维修养护工作的全面展开，现行《水利工程维修养护定额标准（试行）》(2015)、《河南省水利工程维修养护定额标准及新增项目（试行）》等水利行业定额和我省地方定额尚缺乏适用于配套工程管道及闸阀维修养护的定额标准，造成配套工程日常维修养护、专项维修养护及应急抢险项目经费核算困难，因此，迫切需要结合我省实际，制定配套工程维修养护定额标准。

定额的编制方法一般采用技术测定法和经验类推比较法，考虑到我省南水北调配套工程投入运行时间短，原始资料积累较少，维修养护定额标准拟主要采用经验类推比较法编制，即在典型调研的基础上，对同类定额进行分析比较制定新定额；对配套工程维修养护经常发生却无适用定额的新编子目，则参考技术测定法实施调查、测定。按照省南水北调建管局11月14日会议纪要，计划在2020年3月底完成定额编制主要工作，编制程序主要包括确定定额章节子目、调研、典型调查及咨询、定额编制及测算、形成初步成果、专家初审、报省有关主管部门评审发布等，编制时间暂定4个月，初步估算编制费用约88.73万元人民币。为推进配套工程维修养护定额标准编制工作，现将《河南省南水北调受水区供水配套工程维修养护定额标准编制方案》（见附件）报省厅审批，并建议如下：

一、按照《河南省财政厅关于印发河南省2018—2019年政府集中采购目录及标准的通知》（豫财购〔2018〕1号）精神，本项定额编制服务项目初步估算费用低于我省政府采购必须公开招标的数额标准。为加快定额编制工作，节约经费，委托河南省水利科学研究院为定额编制单位，该院为省厅下属科研事业单位，在水利科学研究、定额编制方面具有优势。

二、本次定额编制费用经双方谈判确定后，建议在省南水北调建管局配套工程运管费中列支。

妥否，请批示。

附件：河南省南水北调配套工程维修养护定额标准编制方案

2019年11月25日

附件

河南省南水北调配套工程维修养护定额标准编制方案

一、项目概况

河南省南水北调配套工程是指中线总干渠分水口门至城市水厂和调节水库之间的输水工程，承担着将分配给我省的南水北调水量输送至相关省辖市和直管县（市）的任务，是南水北调中线工程的重要组成部分。南水北调中线一期工程分配我省水量37.69亿 m³，扣除引丹灌区分水量6亿 m³和总干渠输水损失，至分水口门的水量为29.94亿 m³，由南水北调总干渠39座分水口门引水，输水至11个省辖市、39个县（市、区）的95座水厂和6座水库。我省供水配套工程共布置输水线路总长约1050 km，共有泵站19处23座、各类阀井3300余座。目前39个口门线路已全部通水。

二、立项的必要性及项目意义

我省南水北调受水区供水配套工程自2014年12月建成通水以来，随着工程效益日益发挥，配套工程的维修养护任务日趋繁重，对保障工程安全运行、稳定发挥供水效益起到至关重要的作用。2017年，原省南水北调办公开招标选择了配套工程维修养护专业队伍，随着我省南水北调配套工程维修养护工作的全面展开，现行《水利工程维修养护定额标准（试行）》(2015)、《河南省水利工程维修养护定额标准及新增项目（试行）》等水利行业定额和我省地方定额尚缺乏适用于配套工程管道及闸阀维修养护的定额标准，造成配套工程日常维修养护、专项维修养护及应急抢险项目经费核算困难。因此，迫切需要结合我省实际，制定配套工程维修养护定额标准。

三、编制的方法

编制定额最基本的方法是技术测定法，是通过实地查定取得大量原始资料（如写实记录法，工作日写实法、施工实测法等），然后从施工定额、预算定额、概算定额逐级完成。此方法要经过长时期工作积累，取得大量资料，经分析计算而得，历时长、工作量大。没有原始资料地积累，编制定额难度很大。

另一种方法是经验类推比较法，是在典型调研的基础上，对同类定额进行分析比较制定新定额的方法。

考虑到我省南水北调配套工程投入运行时间短，维修养护原始资料积累较少，拟以经验类推比较法为主进行定额编制。

四、编制工作程序

1.向省水利厅地方标准委员会申请立项；

2.成立编制小组；

3.确定定额章节子目；

4.进行调查与调研；

5.整理分析资料并形成初步成果；

6.省水利厅组织评审；

7.形成地方定额成果；

8.报请省市场监督管理局审查发布。

五、编制实施方案

1.初步拟定定额章节目录

结合我省南水北调配套工程维修养护管理工作实际，初步拟定定额的章节及子目。

2.调研、咨询

通过调研、咨询，了解《河南省水利工程维修养护定额标准及新增项目（试行）》、水利部《水利工程维修养护定额标准（试行）》、其他类似水利工程以及市政供水工程已有相关定额的编制背景、思路和方法，收集相关资料，作为本定额编制的参考。

3.编制定额

（1）引用、测算。

与河南省的水利工程维修养护定额章节子目相同或相似的，根据情况可直接采用，或必要时进行适当调整采用；河南省水利工程维养定额没有的章节子目，水利部及其他类似水利工程维修养护定额标准或其他行业定额（如市政供水工程维修养护定额标准）已有的相同或相似的章节子目，可先引用，然后进行测试，比较在同等维养条件下，不同定额水平之间的差异，得出人工工时、机械台时与台班的折算系数，将拟采用定额的相关子目按此折算系数转换为新编定额。

（2）新编子目。

主要针对在我省南水北调配套工程实际工程维修养护中经常发生而现有维养定额中没有的子目。需要到施工现场进行典型调查或直接进行维养试验来获取实测资料，然后分析计算，完成定额子目编制。

六、时间进度安排

（1）2019年11月：提出定额编制方案及预算，完成合同立项、谈判及签订工作。

（2）2019年12月：成立编制小组，调研并收集相关资料，编制定额修订工作大纲，确定定额章节子目，召开定额编制咨询会议，全面启动定额编制工作。

（3）2020年1月~3月上旬：对各章各节的主要定额进行筛选，确定项目，到施工现场典型调查，进行定额编制、测算；整理分析相关资料，提出定额初步成果，并广泛征求有关专家意见，组织专家及有关人员进行初审。

（4）2020年3月中下旬：根据初审意见进行修改完善，并报省水利厅审查，完成定额终审、定稿工作。

（5）根据省市场监督管理局要求，及时履行定额发布程序。

七、定额编制经费预算

（一）费用组成

费用组成包括直接费、管理费、绩效、税金。其中直接费用包括办公费、差旅费、会议费、劳务费。

1.办公费。主要包括办公耗材、打印、复印、印刷装订等费用。

2.差旅费。定额编制人员前期调研及施工现场典型调查或直接进行维养试验发生的费用，包括住宿费、伙食费、公杂费等。

3.会务费。主要包括技术咨询会与成果审查会等费用。

4.劳务费。包括投入定额编制人员工资，专家咨询、审查与指导等费用。

（二）各项费用取费依据和单价

1.办公费

（1）办公耗材。根据经验，一台电脑、打印机的维护以及配件、碳粉等平均每月耗费100元，按10台电脑，4个月计（有效时间，定额完成估计得1年时间）；复印纸200元/箱，按消耗20箱计。

（2）资料与成果印刷装订费。调查咨询材料印刷装订1次30本，40元/本；定额编制资料印刷装订按每次30本，80元/本；初稿一次，中间成果印刷装订2次，最终成果印刷装

订1次，共4次。

2.差旅费

根据国家和我省差旅费管理办法，结合工作实际，差旅费540元/人·天，其中住宿费300元/人·天，综合补贴140元/人·天，交通费按100元/人·天。

3.会务费

计划召开专家咨询会2次，每次1天；成果审查会2次，每次1天。参会专家均按7人计，平均每人每天交通差旅及食宿费用按800元计；会议室租赁费4天按每天2000元计。

4.劳务费

（1）人工费。拟投入定额编制技术人员10人，人均费用标准按1万元/月计。

（2）专家咨询、审查费。计划召开专家咨询会2次，每次1天，成果审查会2次，每次1天，参会专家均按7人计，专家咨询费标准按2000元/天·人计。

（三）管理费

暂按直接费的11%计。

（四）绩效

按以上两项费用的8%计。参照省委办公厅、省人民政府办公厅《关于进一步完善省级财政科研项目资金管理等政策的若干意见》豫办（2007）7号文。

（五）税金

按以上三项合计的6.62%计。国家税费规定。

计算结果详见附表：定额编制经费预算表。（略）

关于南水北调中线一期工程南阳市段、白河倒虹吸设计单元工程档案专项验收所提问题整改完成及移交档案的报告

豫调建综〔2019〕1号

南水北调中线干线工程建设管理局：

2018年10月22~26日，水利部分别对南阳市段、白河倒虹吸设计单元工程档案进行了专项验收，并提出了整改意见。我局督促南阳段建管处组织各参建单位按照整改意见所提问题逐卷、逐项整改。目前，所提问题已按要求整改完成。

根据《南水北调东中线第一期档案管理规定》（国调办综〔2007〕7号）有关规定，南阳市段工程档案12146卷、竣工图纸5323张、照片1046张；白河倒虹吸工程档案949卷、竣工图纸402张、照片209张，已具备移交项目法人条件。由于我局现场管理处不具备长期保管档案条件，所有档案仍在各参建单位临时存放，为确保档案安全管理，请尽快安排档案接收工作。

特此报告。

附件（略）

1.《南阳段建设管理处关于南阳段工程档案移交的申请》（豫调建南建〔2018〕38号）

2.《南阳段建设管理处关于白河倒虹吸工程档案移交的申请》（豫调建南建〔2018〕39号）

3.南阳市段设计单元工程档案分类编号及数量统计表

4.白河倒虹吸设计单元工程档案分类编号及数量统计表

2019年1月8日

关于报送我省南水北调工程优秀新闻作品的通知

豫调建综〔2019〕15号

各省辖市、省直管县（市）南水北调办事机构：

2019年是南水北调工程全面通水五周年，为全面反映南水北调工程通水以来的综合效益，树立南水北调形象，水利部南水北调司拟编辑出版南水北调工程新闻作品集，下发了

《关于征集南水北调工程优秀新闻作品的通知》，现转发你们，请各单位按照文件要求，认真组织报送通水以来优秀新闻作品，于5月10日上午12时前报至省南水北调建管局。

　　附件：关于征集南水北调工程优秀新闻作品的通知（略）

2019年5月7日

关于报送河南省南水北调配套工程档案验收进展情况的通知

豫调建综〔2019〕25号

各省辖市南水北调办（局）：

　　为全面掌握南水北调配套工程各参建单位档案管理情况，进一步解决档案验收工作中存在的问题、难题，有效推进验收工作进展，我局编制了《河南省南水北调配套工程档案验收进展情况统计表》（见附件）。请各单位认真梳理有关情况并逐项填写，于8月16日之前书面（含电子版）报送省建管局。

　　附件：河南省南水北调配套工程档案验收进展情况统计表（略）

2019年8月13日

关于河南省南水北调网域名更改的通知

豫调建综〔2019〕32号

各有关单位：

　　我单位主办的"河南省南水北调网"因原主管单位"河南省南水北调中线工程建设领导小组办公室"在机构改革中撤销，业务并入省水利厅，根据《国务院办公厅关于印发政府网站发展指引的通知》（国办发〔2017〕47号）要求，hnnsbd.gov.cn域名不再使用。为进一步

做好我省南水北调宣传工作，我局备案www.hnnsbd.cn、www.hnnsbd.com、www.hnnsbd.com.cn三个域名，继续向社会各界传递南水北调人的信息。

　　请各单位更新所管理网站的友情链接，以便保证网络链接的通畅。特此通知。

2019年12月3日

关于印发《河南省南水北调建设管理局"不忘初心、牢记使命"主题教育实施方案》的通知

豫调建综〔2019〕40号

局机关各处室、各项目建管处：

　　现将《河南省南水北调建设管理局"不忘初心、牢记使命"主题教育实施方案》现印发你们，请认真抓好贯彻落实。

2019年6月20日

附件

河南省南水北调建设管理局"不忘初心、牢记使命"主题教育实施方案

　　根据中央要求和省委部署以及省水利厅党组的安排，按照《中共河南省委关于在全省党员中开展"不忘初心、牢记使命"主题教育的实施意见》，以县处级以上领导干部为重点，结合我省南水北调工作实际和机构改革期本单位现状，在全局开展"不忘初心、牢记使命"主题教育，制定如下实施方案。

　　一、目标任务

　　省南水北调建管局县处级以上干部是这次主题教育的重点对象，要充分发挥表率作用，坚定信仰、对党忠诚、扎根群众、奋斗实干，把学和做结合起来、把查和改贯通起来，大力弘扬焦裕禄精神、红旗渠精神、愚公移山精

神，新时代南水北调精神，进一步转学风、转政绩观、转权责观、转领导方式、转工作方法，带头把学习习近平新时代中国特色社会主义思想和党的十九大精神引向深入，带头树立正确政绩观，带头转变思维方式、工作方式，带头树立良好形象，带头为基层松绑减负。广大党员干部要比忠诚、比学习、比担当、比作风、比实绩，争当中原出彩先锋，持续营造学的氛围、严的氛围、干的氛围，为扎实推进新时代我省南水北调事业现代化建设，谱写中原更加出彩绚丽篇章做出更大贡献。

二、工作安排

按照省委统一安排，全局开展"不忘初心、牢记使命"主题教育时间从2019年6月开始，到8月底基本结束，以县处级以上领导干部为重点，全体党员干部参加。此次主题教育不划阶段、不分环节，全程统筹安排推进学习教育、调查研究、检视问题、整改落实。

（一）抓实学习教育

1.强化理论学习。领导干部要坚持全面系统学、深入思考学、联系实际学，灵活采取平时抓紧自学、以会代训领学、进党校高校讲课、沉到基层宣讲、在交流中互学等方式，加强理论武装，掌握看家本领。要以自学为主，读原著悟原理，学立场、学观点、学方法，深入学习党的十九大报告和党章，学习《习近平关于"不忘初心、牢记使命"重要论述摘编》《习近平新时代中国特色社会主义思想纲要》《习近平同志关于机关党建重要论述》，学习习近平总书记在"不忘初心、牢记使命"主题教育工作会议上的重要讲话，学习习近平总书记视察指导河南时的重要讲话精神和在参加十三届全国人大二次会议河南代表团审议时的重要讲话精神，学习习近平总书记治水兴水重要论述和指示批示精神，跟进学习习近平总书记最新重要讲话文章，深刻理解其核心要义和实践要求，自觉对表对标、及时校准偏差。处级以上干部每天学习不少于1小时，集中教育期间学习篇目不少于60篇。

2.开展集中研讨。各处室集中安排一周时间，采取集中理论学习、观看讲座视频、邀请专家辅导等形式，开展专题学习研讨。主要围绕三个专题进行：专题一，"守初心、担使命"；专题二，"找差距、抓落实"；专题三，"全面提高新时代我省南水北调事业发展质量"。每个处室专题研讨时，处室书记要带头发言，整个研讨期间处级干部至少发言1次。

3.加强革命传统教育、形势政策教育、先进典型教育和警示教育。大力学习弘扬焦裕禄精神、红旗渠精神、愚公移山精神，新时代南水北调行业精神，积极参加省委"不忘初心、牢记使命"先进典型事迹报告团巡回报告会。积极参加水利厅组织的参观"不忘初心、牢记使命"主题展览、红色教育基地、爱国主义教育基地等活动。组织党员观看专家专题辅导讲座视频，加强形势政策教育。深入挖掘、积极选树新时代水利工作各方面先进典型，积极参加水利厅组织开展的"最美水利人"评选活动和标杆党处室开展观摩交流活动。组织党员观看警示教育影视资料，深入推进以案促改，以反面典型为镜鉴正心修身。

4.抓好党处室学习教育。以党支部为单位，依托"三会一课"、主题党日等，采取精读一批重要篇目、重温一次入党誓词、重读入党志愿书、参观主题教育档案文献展、观看教育专题片、聆听先进模范事迹报告会、到革命遗址旧址或纪念场馆接受红色洗礼、开展"谈初心、话使命、讲担当"学习交流活动等方式，用好"学习强国"、网络干部学院等在线平台，引导党员干部在学习中思考、感悟初心和使命。

（二）深入调查研究

1.聚焦问题确定调研题目。各处室至少确定1个调研题目开展调研，要围绕贯彻落实中央部署和习近平总书记重要指示批示精神，围绕推进"四个着力"、打好"四张牌"，围绕打好"三大攻坚战"、应对化解各种风险挑战，围绕做好"三农"工作、实施乡村振兴战略，围绕推进"四水同治"，围绕解决党的建设面临的紧迫问题，围绕解决本部门存在的突出问题和群众反映强烈的热点难点问题等，紧密结合正在做的事、需要解决的问题，选准调研题目。

2.高质量开展调查研究。各处室围绕调研课题组建专题调研组，相关处级干部参与。要紧扣调研课题，到水利基层一线，到扶贫联系点、党建联系点，访基层党员干部，访困难群众，听真话、察实情。调研要接地气，要轻车简从，不搞陪同，不增加基层负担，要统筹安排，不搞扎堆调研，切实掌握第一手材料。

3.深化调研成果。调研结束后，各调研组要认真梳理调研情况，各处室负责人带头撰写调研报告。各处室至少提交一篇调研报告。报告形成后，召开专题会议交流调研成果。要通过调研，真正把情况摸清楚，把症结分析透，研究提出解决问题、改进工作的办法措施，进一步完善工作思路举措，推动各项工作实现高质量发展。

4.讲好专题党课。各支部书记在学习调研的基础上讲好专题党课，原则上每人在"七一"前后讲1次。要紧扣工作实际，讲出学习收获、讲出差距不足、讲出思路举措、讲出信心干劲、讲出使命担当。

（三）检视反思问题

1.广泛听取意见。立足岗位特点和工作实际，结合学习交流、调查研究，采取征求意见、班子交流、召开座谈会、深入基层走访、发放调查问卷、设置意见箱等方式，充分征集上级领导、班子成员、工作服务对象、基层党员群众对局领导班子和班子成员的意见建议。充分运用现代信息手段，利用河南水利网、河南省南水北调网、机关党建微信群、电子邮箱等方式，畅通意见建议征求渠道。

2.深入谈心谈话。各处室负责人与班子成员逐一谈心，班子成员之间互相谈心，班子成员与处室同志深入谈心。通过"面对面"的谈心谈话，引导干部职工紧扣中心大局，立足工作岗位真抓实干，做到心往一处想、劲往一处使，为开展好"不忘初心、牢记使命"主题教育提供思想保障。

3.全方位检视反思。各处室要联系思想工作实际，结合调研发现的问题、群众反映强烈的问题、组织生活会查摆的问题，以及巡视巡察反馈的问题等，实事求是检视自身差距，深入开展"五查五找"，查学风，找在推动学习贯彻习近平新时代中国特色社会主义思想往深里走、往心里走、往实里走方面存在的差距；查党性，找在增强"四个意识"、坚定"四个自信"、做到"两个维护"方面存在的差距；查政绩观，找在群众观点、群众立场、群众感情、服务群众方面存在的差距；查权责观，找在为党尽责、为民用权、为事业担当清正廉洁方面存在的差距；查领导方式和工作方法，找在践行新发展理念，实践实干实效，有效克服形式主义、官僚主义方面存在的差距，真正把问题找实、把根源找深。

4.制定检视剖析问题清单。各处室对照习近平新时代中国特色社会主义思想和党中央决策部署，对照党章党规，对照初心使命，对照省委重大部署要求等，结合调研和征求意见情况，明确努力方向和改进措施，检视反思存在的问题，形成处室问题清单。

（四）狠抓整改落实

1.开展共性问题专项整治。按照省委的部署和水利厅党组的要求，开展突出问题专项整治（重点整治对贯彻落实习近平新时代中国特色社会主义思想和党中央决策部署置若罔闻、应付了事、弄虚作假、阳奉阴违的问题；整治干事创业精气神不够，患得患失，不担当不作为的问题；整治违反中央八项规定精神的突出问题；整治形式主义、官僚主义，层层加重基层负担，文山会海突出，督查检查考核过多过频的问题；整治领导干部配偶、子女及其配偶违规经商办企业，甚至利用职权或者职务影响为其经商办企业谋取非法利益的问题；整治对群众关心的利益问题漠然处之，空头承诺，推诿扯皮，以及办事不公、侵害群众利益的问题；整治基层党组织软弱涣散，党员教育管理宽松软，基层党建主体责任缺失的问题整治对黄赌毒和黑恶势力听之任之、失职失责，甚至包庇纵容、充当保护伞的问题），并结合实际有针对性地列出需要整治的突出问题。建立专项整治台账，制定目标明确、措施具体、责任清晰的专项整改方案。按照时间节点扎实推进专项整治，及时向党员群众通报整治情况，主动接受党员群众监督。

2.抓好个性问题整改落实。针对省委第四巡视组提出的整改反馈意见、"作风建设年"查找出来的问题以及检视反思出的个性问题，建立整改台账，制定整改措施，坚持边学边查边改，列出清单，能改的立即改，短时间整改不了的盯住改、限期改，确保一件一件整改到位。

3.开好专题组织生活会。按照水利厅统一安排，以支部为单位，围绕牢记初心使命召开专题组织生活会。会前，要将专题组织生活会前期准备工作与学习教育、调查研究、检视反思结合起来统筹安排。会中，要深入开展批评和自我批评，不以班子问题代替个人问题、共性问题代替个性问题、工作问题代替思想问题，坚持红脸出汗、排毒治病。会后，对专题组织生活会情况进行认真总结整理，并在一定范围内通报。

（五）开展总结评估

1.开展效果评估。在整改落实基础上，灵活运用会议测评、民意调查、第三方评估等方式，从领导干部自身素质提升、解决问题成效、群众满意度等方面，客观评估全局主题教育效果。针对反映出的问题，及时采取有效措施予以解决。

2.健全制度。注重总结提炼好经验好做法，根据省委《关于加强和改进全省机关党的建设的若干意见》和水利厅相关要求，出台我局具体实施办法。对经实践检验行之有效、群众认可的制度，长期坚持、抓好落实；对不适

应新形势新任务的制度，抓紧修订完善。

3.及时总结。主题教育基本结束时，召开专题会议，对主题教育的成效和经验进行总结，并向水利厅报送总结报告。

三、有关要求

（一）高度重视。各处室要高度重视，切实把开展"不忘初心、牢记使命"主题教育作为一项重要政治任务摆上突出位置、抓好贯彻落实。

（二）营造良好氛围。统筹谋划好主题教育宣传工作，在《河南水利与南水北调》杂志、河南水利网、"水润中原微党建"微信公众号等设立专栏，用好新媒体平台，集中宣传主题教育的重大意义、部署要求等，及时反映全局主题教育的进展和实际成效，加强正面舆论引导，为专题教育营造良好氛围，引导党员干部自觉学在深处、做在实处、走在前列。

（三）力戒形式主义。严格落实"五比五不比"要求，坚决防止形式主义。学习教育对写读书笔记、心得体会等不提出硬性要求；调查研究不搞"作秀式""盆景式"调研和不解决实际问题的调研；检视问题不大而化之、避重就轻、避实就虚，不以工作业务问题代替思想政治问题；整改落实不口号震天响、行动轻飘飘。严格控制简报数量，不将有没有领导批示、开会发文发简报、台账记录、工作笔记等作为主题教育各项工作是否落实的标准。

（四）推动结合转化。把开展主题教育与贯彻落实中央、省委重大决策部署结合起来，与推进"两学一做"学习教育常态化制度化结合起来，与推进"四水同治"结合起来，与弘扬新时代南水北调精神结合起来，与建设模范机关结合起来，推动主题教育真抓实做，真正把教育成果转化到围绕中心、服务大局上来，转化到大抓基层、大抓基础上来，持续营造学的氛围、严的氛围、干的氛围，以党的建设高质量推动水利发展高质量，为谱写新时代中原更加出彩的绚丽新篇章提供坚强保证。

关于支持南水北调配套工程
黄河南仓储维护中心项目建设的函

豫调建综函〔2019〕2号

新郑市人民政府：

南水北调配套工程黄河南仓储维护中心项目，位于新郑市孟庄镇双湖大道北侧的京广铁路与水榭华城之间，占地20亩，由主楼、配楼和门卫室组成，总建筑面积7455.50m²。在贵政府的大力支持下，目前，项目规划选址、征地拆迁等前期工作已完成，建设用地已经河南省人民政府批复（豫政土〔2019〕312号），正在办理相关建设手续。

黄河南仓储维护中心是我省南水北调受水区供水配套工程的组成部分，对保障南水北调配套工程运行安全、充分发挥工程效益十分重要。目前，良好空气质量天数日趋增多，是一年中难得的工程施工黄金期。为较好地完成建设任务，确保项目早日建成投入使用，请贵政府进一步给予支持，在加快完善相关建设手续的同时，同意该项目正常施工。

2019年6月17日

关于加快河南省南水北调受水区供水
配套工程合同变更索赔处理工作的通知

豫调建投〔2019〕23号

各省辖市南水北调配套工程建管局、清丰县南水北调配套工程建管局：

2019年是我省南水北调受水区供水配套工程验收的关键年，省建管局印发了《河南省南水北调受水区供水配套工程2019年度工程验收计划》。按照要求，本年度要完成平顶山、许昌、濮阳、博爱、鄢陵5个设计单元工程的完工验收工作，其他设计单元工程具备完工验收条件。为推进验收进度，南水北调配套工程项目变更索赔处理工作需加快进行，现将有关要求通知如下。

一、进一步加强组织领导、提高工作效率

截至2018年12月底，我省南水北调配套工程变更索赔已处理项目占总数的85%，剩余的变更索赔项目牵涉问题较多且复杂，各建管单位要高度重视变更索赔处理工作，进一步加强组织领导、进一步充实变更索赔管理人员，深入研究变更索赔处理工作的各类问题，督促各参建单位落实合同主体责任，强力推进变更索赔处理工作，确保按期完成变更索赔处理工作。为优化审批程序，提高工作效率，经研究，自2019年4月1日起，对于未批复的变更索赔项目，各建管单位的批复限额由100万元调整至200万元，其他事项仍按《关于明确各省辖市南水北调配套工程建设管理单位变更处理限额的通知》（豫调建投〔2013〕219号）文件执行。

二、明确目标任务、强化责任落实

根据完工验收工作计划，平顶山、许昌、濮阳、博爱、鄢陵5个设计单元工作要在2019年6月底前全部完成变更索赔处理工作，其他设计单元工程2019年10月底前全部完成。各建管单位要根据目前变更索赔处理工作进展情况，对标工作目标，以问题为导向，制定工作计划，落实责任单位和责任人，主动担当，谋事干事。对于承包人逾期未完成的，视为主动放弃变更索赔主张，变更索赔项目予以销号。限额以上的变更索赔应分别于2019年4月底前（平顶山、许昌、濮阳、博爱4个设计单元工程）和2019年7月底前（其他设计单元工程，不含鄢陵）报送至省建管局，逾期不再受理，予以销号。

三、严格依法合规、严控工作质量

合同变更管理工作必须严格遵守有关法律法规和技术规程、规范。各建管单位要严格按照合同约定和《河南省南水北调配套工程变更索赔管理办法（试行）》的有关规定，严格审核项目变更及索赔的定性确认，定量定价做到精准无误，不留隐患。各单位要坚持以最大决心、最强力度、最实措施，攻坚克难，狠抓落实，全力做好我省南水北调配套工程变更索赔处理工作。特此通知。

2019 年 3 月 26 日

关于简化其他工程穿越邻接河南省南水北调受水区供水配套工程审批程序的通知

豫调建投〔2019〕43 号

各省辖市、省直管县（市）南水北调配套工程运行管理单位：

为贯彻落实河南省南水北调工程运行管理第四十次例会精神，简化穿越邻接配套工程项目（简称"项目"）审查、审批手续，提高工作效率，促进"项目"审批工作规范高效有序开展，保证我省南水北调配套工程安全运行，根据省水利厅调研情况和要求，现就有关事项通知如下。

一、总体要求

贯彻落实简政放权、放管结合、优化服务改革要求，坚持问题导向与目标导向相结合，以提高项目审批效率为目标，以保证南水北调配套工程运行安全为基础，以精简事项、缩短时限、协同监管、确保安全为核心，着力优化"项目"审批流程，着力创新"项目"审批管理制度，着力推进"项目"全过程有效监管，切实解决审批流程不合理、审批时效低、报告编制不规范、建设程序不规范、配套工程运行安全隐患增加等问题，为促进南水北调配套工程与其他工程协调发展，为我省经济社会高质量发展提供支撑。

二、审批权限及程序

在南水北调配套工程管理和保护范围内建设缆线（如光缆、电缆、通信管道等）、给水、排水管道（管径小于 50cm 且距离不小于 1m）、农村简易道路（非载重车辆通行）、既有设施的养护维修等对配套工程运行安全影响较小的工程设施，按照国家或省、市、县规定的基本建设程序报请审批、核准时，其业主单位（或主管单位）组织编制"项目"实施方案，由相关省辖市、直管县南水北调配套工程运行管理单位（简称配套运行管理单位）负责审批，实施方案具体内容由配套工程运行管理单位制定，实施方案不得影响配套工程设施安全和正常运行。"项目"实施完成后，配套工程运行管理单位将审批的实施方案和竣工图报省南水北调建管局备案。

其他对配套工程安全影响较大的穿越邻接工程，仍按原审批程序报批。各配套运行管理单位应严格按照设计技术要求和安全评价导则对专题设计报告和安全评价报告进行初审，并督促"项目"业主单位（或主管单位）按照省南水北调建管局的审查意见及时修改完善专题设计报告和安全影响评价报告，以利及早完成审批工作。

三、工程管理及监管

各配套工程运行管理单位负责对管理范围内的"项目"建设进行监管，要加强日常安全巡视检查，发现违法穿越或邻接配套工程及影响配套工程安全的行为，应立即制止，并主动与地方有关部门联系，商地方有关部门处理。

对于第二条所述配套工程运行管理单位审批的"项目"，可根据对配套工程的影响程度和影响时间，在《关于加强其他工程穿越邻接河南省南水北调受水区供水配套工程建设监管工作的通知》（豫调办投〔2017〕7 号）明确的安全保证金的基础上酌情减免安全保证金，具体金额由配套工程运行管理单位与穿越邻接工程业主单位（或主管单位）协商确定。

四、其他

本通知未明确的其他事项，仍按《河南省南水北调配套工程供用水和设施保护管理办法》（河南省人民政府令第 176 号）、《关于印发其他工程穿越邻接河南省南水北调受水区供水配套工程设计技术要求安全评价导则（试行）的通知》（豫调办〔2015〕43号）、《关于印发〈河南省南水北调受水区供水配套工程保护管理办法（试行）〉的通知》（豫调办〔2015〕65号）和《关于加强其他工程穿越邻接河南省南水北调受水区供水配套工程建设监管工作的通知》（豫调办投〔2017〕7号）执行。

特此通知。

2019年7月17日

关于开展河南省南水北调受水区供水配套工程结算工程量专项检查的通知

豫调建投〔2019〕79号

各省辖市南水北调配套工程建管局、清丰县南水北调配套工程建管局：

为检查我省南水北调配套工程结算工程量的真实性、准确性，对存在的问题及时发现和纠正，确保投资受控，经研究，决定开展全省南水北调配套工程结算工程量专项检查，有关要求通知如下。

一、检查范围

各省辖市及清丰县南水北调配套工程建管局建管范围内建安工程施工安装标段结算工程量。

二、检查内容

（一）结算工程量计量是否以竣工图为依据、是否符合规定程序、是否符合合同约定及工程量清单计价规范、计算规则等的要求。

（二）结算工程量是否真实、准确。

（三）对照结算工程量与合同工程量的变化情况，分析变化原因以及工程量变化对合同金额的影响。

三、检查方式和步骤

本次检查以施工安装合同标段为单位，采取各建管单位自查和省南水北调建管局检查相结合的方式进行。

（一）2019年11月25日至2019年12月31日为建管单位自查阶段。各建管单位组织监理、施工和勘测设计单位对所属各标段进行检查，对发现的问题及时纠正；各建管单位编写工程量专项检查报告报省建管局备案。

（二）2019年12月15日至2020年1月15日为省南水北调建管局检查阶段，由省建管局委托具有资质的咨询单位对各建管单位自查后的结算工程量进行复查。复查单位出具核查报告。根据实际情况和工作需要，省局复查与各建管单位自查过程压茬进行，先行抽取工程量和投资变化较大的典型标段进行核查，然后全面展开，检查中发现问题立行立改。

（三）2020年2月10日至2020年2月28日为整改核查阶段。省建管局督促各建管单位落实核查及整改情况，确保结算工程量真实准确。

四、工作分工及要求

（一）省建管局投资计划处具体负责本次工程量检查工作的统筹协调工作。负责协调各建管单位及时向咨询单位提供所需资料；督促、检查各建管单位整改情况；对检查中发现的重大问题及时提出处理意见。

（二）各建管单位负责组织施工、监理及勘测设计单位按要求进行自查，按要求认真填写检查表格并编写工程量专项检查报告报省建管局备案；负责提供复查所需的各项资料，同时组织并督促施工单位按期完成整改工作。

（三）勘测设计单位根据工作需要提供资料并积极做好各项配合工作。

（四）各参建单位要高度重视，认真开展自查或配合本次工程量检查工作，发现问题及时纠正。

五、工程量核查资料清单

1.施工合同（包括补充协议和有关会议纪要等）；

2.招标文件（含招标答疑文件）；

3.中标单位投标文件（含已标价工程量清

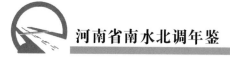
单电子版）；

4.招标图纸、施工图纸、竣工图纸；

5.经审定的工程量结算书（含电子版）；

6.结算工程量计算书（含电子版）；

7.土石方工程的原始地形测量记录、各类土石回填设计分界线、联合收方记录、开挖土石分界线记录等；

8.桩基工程的隐蔽工程验收记录等；

9.变更、索赔申报及审批资料；

10.地质单位的勘测报告；

11.其他需要的相关资料。

六、联系人

南阳、平顶山、漯河配套工程

李君炜　电话：0371-69156601

周口、许昌、郑州配套工程

王　鹏　电话：0371-65551311

黄河北各市（县）配套工程

张海峰　电话：0371-69156601

特此通知。

附件（略）

1.河南省南水北调受水区市（县）供水配套工程施工安装标段合同及结算工程量情况表（按标段填报）

2.河南省南水北调受水区市（县）供水配套工程施工安装标段工程量对比情况表（按标段填报）

3.河南省南水北调受水区市（县）供水配套工程施工安装标段结算工程量自查报告（提纲）

2019年11月22日

关于加快自动化设备安装
相关问题的复函

豫调建投函〔2019〕9号

自动化代建部：

你部《关于加快自动化设备安装的请示报告》（南自代建报告〔2019〕006号）收悉。经

研究，函复如下：

一、同意你部关于自动化设备安装基础环境完善及采购安装中控台的意见，请你部尽快组织实施，同时开展补充协议签订的前期工作。

二、为确保工程运行安全，统一管理、方便维护，共用自动化网络存储和传输系统，避免重复建设，满足工程运行管理急需的基本安防需求，原则同意由自动化项目采购安装管理设施的安防系统。请你部结合《许昌市南水北调办公室关于增布完善南水北调配套工程治安和远程联网监控设施的请示》（许调办〔2019〕72号）（见附件），组织设计单位提出设计方案，报我局审批后实施。请你部精心组织，采取措施加快自动化设备安装进度，同时确保工程质量，严格投资控制。

附件（略）

《许昌市南水北调办公室关于增布完善南水北调配套工程治安和远程联网监控设施的请示》（许调办〔2019〕72号）

2019年7月19日

河南省南水北调建管局
关于进一步加快南水北调
配套工程资金支付工作的通知

豫调建财〔2019〕42号

各省辖市、直管县（市）南水北调建管局、机关各处：

我省南水北调配套工程2011年4月开工建设，目前大部分主体工程完工并通水，实现了"与干线工程同步建成，同步达效"的目标。2019年7月16日全省水利财务工作会议在郑州召开，会议通报了2019年1~6月专项资金预算执行及基建资金支付情况（详见附件），南水北调配套工程建设资金支付比例偏低。各有关单位要高度重视资金支付工作，采取有力措施加快变更索赔审批，加快工程价款结算和征迁资金兑

付,确保工程建设与资金支付进度协同推进。

附件:《河南省水利厅办公室关于2019年1~6月专项预算执行及基建资金支付情况的通报》(豫水办财〔2019〕14号)(略)

2019年7月29日

关于交纳南水北调水费的通知

豫调建财〔2019〕81号

各有关省辖市、直管县(市)水利局、南水北调办公室(中心):

按照我局与各单位签订的《河南省南水北调配套工程2018—2019年度供水协议》,以及各市县分配水量、三方确认计量水量及相应的水价,各市县2018—2019供水年度应交纳的基本水费、计量水费已核定,详见附件。为保证我省南水北调工程正常运行,按时偿还银行贷款本息,及时交纳南水北调干线水费,请各市县及时足额交纳。

水费交纳采取银行转账方式,水费收缴专用账户信息如下:

账户名称:河南省南水北调中线工程建设管理局

开户银行:中信银行郑州经三路支行

银行账号:8111101011900888961

附件:各市县2018—2019供水年度水费明细表(略)

2019年12月16日

关于开展南水北调配套工程
水土保持验收和环境保护验收的通知

豫调建移〔2019〕9号

各省辖市南水北调建管局:

2017年9月,《国务院关于取消一批行政许可事项的决定》(国发〔2017〕46号)取消

了生产建设项目水土保持设施验收审批行政许可事项,转为生产建设单位按照有关要求自主开展水土保持设施验收。2017年8月,《国务院关于修改〈建设项目环境保护管理条例〉的决定》(国务院令第682号)规定建设项目竣工后建设单位自主开展环境保护验收。据此,你局是本辖区南水北调配套工程项目水土保持验收和环境保护验收的责任主体。

为加快水土保持验收和环境保护验收的进程,请你局尽快启动本市辖区内南水北调配套工程项目竣工水土保持验收和环境保护验收工作,同时组织相关人员认真学习《水利部关于加强事中事后监管规范生产项目水土保持设施自主验收的通知》(水保〔2017〕365号)和《生产建设项目水土保持监督管理办法》(办水保〔2019〕172号)等相关法律法规,严格对照验收合格需满足的条件和验收不合格存在的情形(见附件1),参照省局下发的《河南省南水北调受水区供水配套工程水土保持设施验收管理办法(试行)》(见附件2),省局将组织第三方机构协助指导。

有关南水北调配套工程环境保护验收的具体事宜,请你局及早准备,待省局同省生态环境厅沟通协调后另行通知。

特此通知。

附件(略)

1.水土保持验收标准(节选)

2.《河南省南水北调受水区供水配套工程水土保持设施验收管理办法(试行)》

2019年8月20日

关于进一步完善我省南水北调
受水区供水配套工程文物保护工作的函

豫调建移函〔2019〕1号

河南省文物局:

按照省政府"配套工程要和主体工程实现

同步建设、同步达效"的指示精神，我省南水北调受水区供水配套工程于2014年12月15日正式通水。在建设过程中，文物保护和发掘工作得到贵局的大力支持与配合，使我省配套工程工程得以顺利实施。

根据省发改委《关于河南省南水北调受水区供水配套工程文物保护工程初步设计的批复》（豫发改设计〔2011〕1727号）规定，结合河南省文物局与河南省中线建管局签订的《河南省南水北调受水区供水配套工程文物保护项目投资和任务包干协议书》、河南省文物局与河南省南水北调办公室（原）联合印发的《河南省南水北调受水区供水配套工程文物保护资金管理办法》等文件精神，请贵局提供以下材料：

一、按照双方签订协议书的相关内容，目前我省南水北调受水区供水配套工程文物保护项目的考古发掘工作实施及完成情况。

二、按照《河南省南水北调受水区供水配套工程文物保护资金管理办法》要求，目前我省南水北调受水区供水配套工程文物保护项目的财务管理及资金使用情况。

三、目前我省南水北调受水区供水配套工程文物保护项目中单个文物保护项目的组织验收工作开展及完成情况。

四、对我省南水北调受水区供水配套工程文物保护项目验收工作的计划及建议。

特此致函。

2019年3月18日

关于配合做好我省南水北调配套工程定位测量工作的通知

豫调建建〔2019〕34号

有关省辖市南水北调建管局：

根据《河南省南水北调受水区供水配套工程基础信息管理系统及巡检智能管理系统建设项目合同》约定，省水利勘测有限公司基本完成了我省南水北调配套工程阀井、管理房、泵站定位测量任务，但由于种种原因，仍有160座阀井、22座管理房、16座管理所、7座管理处未能完成定位测量（见附件）。请你们立即组织排查存在问题，抓紧采取措施进行整改，尽快具备测量条件，积极配合省水利勘测有限公司完成剩余工程定位测量任务；并及时与省水利勘测有限公司联系获取所辖工程定位测量成果，依据工程定位测量成果，组织各有关单位认真复核校正竣工图。

附件：河南省南阳、漯河、周口、平顶山、许昌、郑州、焦作、新乡、鹤壁、安阳市南水北调配套工程阀井未测量情况统计表（略）

2019年7月29日

关于进一步规范我省南水北调配套工程损毁破坏修复监管有关事宜的通知

豫调建建〔2019〕38号

各省辖市、省直管县（市）南水北调办公室（中心）：

我省南水北调配套工程点多线长，意外损毁破坏时有发生，处置不当，影响面大，后果严重。为进一步规范配套工程损毁破坏修复监管工作，根据2019年7月30日河南省南水北调中线工程建设管理局会议纪要（〔2019〕9号）要求，现将有关事宜通知如下：

一、本文所述非正常原因造成配套工程损毁破坏，是指《河南省南水北调配套工程供用水和设施保护管理办法》（河南省人民政府令第176号）第二十七、二十八、二十九条所列的影响工程运行、危害工程安全和供水安全行为，其他穿越邻接工程施工、维护、检修，造成的配套工程损毁破坏。

二、对非正常原因造成的配套工程损毁破坏，按照"谁损毁谁负责"的原则进行处置，省南水北调建管局履行监督职责,省辖市、直管县(市)南水北调工程运行管理单位履行主体职责,负责监管、协调责任方实施修复,并追回损失。

三、接到非正常原因造成的配套工程损毁破坏报告后,省辖市、直管县(市)南水北调工程运行管理单位应第一时间制止损毁破坏行为,查明损毁情况,保护现场,固定证据,落实责任方,并按照重大事项报告要求向省南水北调建管局报告,通报工程所在地县级以上人民政府。损毁破坏修复影响正常供水的,按照应急调度预案实施水量应急调度。

四、对损毁破坏配套工程,违反《河南省南水北调配套工程供用水和设施保护管理办法》(河南省人民政府令第176号)有关规定的行为,省辖市、直管县(市)南水北调工程运行管理单位应及时报案,由县级以上水行政主管部门执法责令其停止违法行为,限期恢复原状或者采取补救措施;造成损失的,依法承担赔偿责任;逾期不恢复原状或者未采取补救措施的,给予处罚。

五、损毁破坏事件发生后,省辖市、直管县(市)南水北调工程运行管理单位应协调组织责任方会商,制定限期修复计划,明确节点目标任务,报省南水北调建管局备案。

六、损毁破坏责任方负责选择修复单位,组织修复单位编制上报修复方案,并按照省辖市、直管县(市)南水北调工程运行管理单位批复的修复方案实施修复。修复单位宜优先选择配套工程现有维修单位,或者选择近五年以来具有类似工程施工经验且不低于损毁破坏工程原施工单位资质、资格要求的独立法人。

七、省辖市、直管县(市)南水北调工程运行管理单位应按照行业规范标准及配套工程有关规定,对损毁破坏工程修复全过程(包括组织验收)实施监管,并对修复监管产生的费用及修复工程缺陷责任期质量保证金,参照原省南水北调办《关于加强其他工程穿越邻接河南省南水北调受水区供水配套工程建设监管工作的通知》(豫调办投〔2017〕7号)和省南水北调建管局《关于简化和规范其他工程穿越邻接河南省南水北调受水区供水配套工程审批管理的通知》有关规定,与损毁破坏责任方协商确定。损毁破坏责任方对修复工程质量、安全、进度负责,并按照协议约定,向修复单位支付修复工程费用,赔偿损失。

八、损毁破坏工程修复完成并通过验收、相关费用已支付到位后,省辖市、直管县(市)南水北调工程运行管理单位应及时总结经验教训,向省南水北调建管局报送损毁破坏工程修复情况总结报告,包括但不限于损毁破坏事件发生及处置经过、实际修复方案、验收及监管、恢复运行情况等内容。

九、省南水北调建管局通过派出专家组、监督检查等方式对损毁破坏工程修复全过程履行监督职责。

2019年9月12日

关于向邓州市湍河供水的函

豫调建建函〔2019〕6号

南水北调中线干线工程建设管理局:

今年以来邓州市境内降雨量较往年明显偏少,境内几条主要河流径流量不断减少,为改善湍河水生态环境,邓州市南水北调办以《调度专用函》(邓调办水调〔2019〕3号)申请通过总干渠湍河退水闸向湍河供水,并承诺按照南水北调中线一期主体工程运行初期供水价格政策计量和支付。

鉴于向邓州市湍河供水条件已具备,各项保障措施已落实到位,我局同意通过湍河退水闸从即日起至2019年3月底向邓州市湍河供水,退水流量为5m³/s,计划退水总量为1000万m³。请贵局协助做好调度分水工作。

特此致函。

2019年3月8日

关于商请协调解决影响设计单元工程完工验收有关问题的函

豫调建建函〔2019〕19号

南水北调中线干线工程建设管理局：

根据《水利部办公厅关于印发南水北调东、中线一期工程设计单元工程完工验收计划图表的通知》要求，南水北调中线干线工程委托我省建设管理的16个设计单元工程的完工验收工作拟于2021年8月前完成，其中2019年计划完成4个设计单元工程（潞王坟试验段、石门河倒虹吸、白河倒虹吸、南阳试验段），2020年完成4个（安阳段、潮河段、郑州1段、宝丰至郏县段），2021年完成8个（新乡卫辉段、辉县段、焦作2段、郑州2段、新郑南段、禹州长葛段、方城段、南阳市段）。为加快设计单元工程完工验收准备，尽快具备验收条件，按时完成验收计划，现请贵局协调解决以下问题。

一、影响跨渠桥梁竣工验收问题

南水北调中线干线委托我省建设管理的16个设计单元工程中，共有跨渠桥梁465座。除去郑州段不需验收移交的43座（其中由地方全资建设新增15座、委托地方或行业部门建设28座），加上非跨渠桥梁11座，需竣工验收和移交桥梁共433座。其中：2019年计划完成完工验收任务的4个设计单元工程中共有跨渠桥梁3座（潞王坟膨胀岩试验段1座已完成竣工验收、南阳试验段2座尚未竣工验收）。目前，桥梁缺陷排查确认工作基本完成，但缺陷修复工作进展缓慢，直接影响跨总干渠桥梁竣工验收进度。建议贵局加大协调力度，加快缺陷修复进度，确保尽早完成桥梁竣工验收（尤其是南阳试验段2座桥梁的竣工验收）任务，以便按计划开展设计单元工程完工验收工作。

二、影响设计单元工程完工决算编制问题

一是投资管理方面。委托我省建设管理的16个设计单元工程累计下达投资控制指标317.86亿元，目前累计使用投资323.63亿元，预计还要使用投资约9.5亿元，投资缺口15.27亿元。

二是价差调整方面。委托段普遍存在施工标段调差金额超出贵局控制额度的问题，限额外价差如何处理，尚未有明确意见。另外，委托段部分标段（主要集中在黄河北）存在价差负扣问题，即按中线局计〔2013〕236号文计算价差，不足以抵扣按中线局计〔2012〕148号、中线局计〔2013〕47号文已支付的资金。

三是变更索赔方面。部分施工单位因已批复的降排水等变更未达其预期，意见较大，一直在申诉；工期类索赔情况复杂、涉及面广、延期责任难以界定；郑州1段、潮河段、新郑南段、禹州长葛段、宝丰至郏县段5个设计单元工程渠道边坡衬砌砂垫层和削坡单价补偿问题，省南水北调建管局于2019年1月以豫调建投〔2019〕10号文上报，目前尚无明确处理意见。

以上问题制约设计单元工程完工决算的编制进度，需要贵局给予政策支持，建议尽快解决为盼。

特此致函。

2019年5月15日

关于漯河市南水北调配套工程建设管理局名称变更的通知

漯调〔2019〕2号

各参建单位：

根据《漯河市机构编制委员会关于党政机构改革调整机关事业单位机构编制事项的通知》（漯编〔2019〕25号）有关精神，"市南水北调配套工程建设管理局"自2019年1月24日起更名为"漯河市南水北调中线工程维护中心"。

特此通知。

2019年10月24日

关于各县（区）南水北调征迁验收工作检查情况的通报

漯调〔2019〕10号

各县（区）水利局：

为保证我市南水北调配套工程征迁安置验收工作有序开展，2019年10月30日印发了《关于督促检查南水北调配套工程征迁安置资金核销及档案整理工作进度的通知》。根据《通知》要求，2019年11月4~8日对各县（区）南水北调征迁安置资金核销、档案整理工作情况及遗留问题的解决情况进行了检查。现根据检查结果通报如下。

一、征迁档案整理情况

舞阳县：文峰乡整理完成。保和乡、九街乡基本完成，还有部分基础资料待完善。辛安镇缺少部分基础资料，正在整理当中。吴城镇南水北调档案未整理。

临颍县：正在整理当中。

源汇区：全部档案按照相关规范整理完毕。

召陵区：档案整理不规范，基础兑付资料不完善。

二、征迁资金核销情况

舞阳县：辛安镇150万征迁资金未核销。吴城100万征迁资金未核销。文峰乡10万征迁资金未核销。保和乡20万征迁资金未核销。

临颍县：基本核销完毕。3万元育林金未核销。

源汇区：问十乡37043元未核销，其中1万多元因账户到期转入乡财政账户，建议追回。大刘镇全部核销完成。干河陈76910.5元

未核销（经费）。空冢郭乡25000元未核销。

召陵区：召陵镇未核销。青年镇未核销。邓襄镇还有20多万元征迁资金未核销。

三、遗留问题

舞阳县：吴城镇、文峰乡因施工及特大暴雨影响导致农作物减产，征迁资金先行垫付40万元的问题，待解决。文峰乡东梁村等村硅芯管理设预留的人手孔未回填的问题正在解决当中。

召陵区超规划问题至今没有得到妥善解决。

临颍县遗留问题基本解决完毕。

源汇区遗留问题基本解决完毕。

经开区因无人管理未能如期对其征迁验收工作进行检查。

各县（区）水利局领导要高度重视，安排专人根据本次检查结果抓紧时间整改到位。相关负责人员要尽职尽责，尽可能的完善各自的征迁档案，尽早将本县（区）南水北调征迁资金核销完毕，为漯河市南水北调征迁安置验收工作提供有力保障。

2019年12月3日

关于开展2019年汛前配套工程专项执法活动的通知

郑调办〔2019〕18号

各县（市、区）南水北调办公室：

根据《河南省水利厅办公室关于开展2019年汛前河湖专项执法检查活动的通知》（豫水办政监〔2019〕11号）文件精神，为维护配套工程正常管理秩序与安全稳定运行，确保全市供用水安全，市南水北调办水政监察大队近期将对全市南水北调配套工程进行执法检查。检查内容包括：

（一）配套工程管理范围内的土地是否转作其他用途、有无被侵占；管理范围内有无从

事与工程管理无关的活动。

（二）配套工程保护范围内有无实施影响工程运行、危害工程安全和供水安全的爆破、打井、采矿、取土、采石、采砂、钻探、建房、建坟、挖塘、挖沟等行为。

（三）在配套工程管理和保护范围内建设桥梁、公路、铁路、地铁、管道、缆线、取水、排水等工程设施，有无未征求配套工程管理单位对拟建工程设施建设方案的意见而擅自施工的行为。

（四）有无下列危害南水北调配套工程设施的行为：1.擅自开启、关闭闸（阀）门或者私开口门，拦截抢占水资源；2.擅自移动、切割、打孔、砸撬、拆卸输水管涵；3.侵占、损毁或者擅自使用、操作专用输电线路、专用通信线路等设施；4.移动、覆盖、涂改、损毁标志物；5.侵占、损毁交通、通信、水文水质监测等其他设施。

各县（市、区）调水部门要进一步加强巡查，及时发现和制止危害配套工程供水安全的行为。对于穿越相邻施工行为，巡查人员要向施工方强调南水北调供水工程的重要性与严肃性，要求其主动联系设计部门，及时完成安全评估，施工中做好配套工程的安全保护措施。

附件：河南省水利厅办公室关于开展2019年汛前河湖专项执法检查活动的通知（略）

2019年4月8日

2019年南水北调焦作城区段绿化带征迁安置建设工作要点

焦城指文〔2019〕1号

2019年是新中国成立70周年，是打造"精致城市、品质焦作"的重要一年，是南水北调城区段绿化带工程建设的关键一年。总体工作要求是：认真贯彻"起步就是冲刺，开局就是决战"的要求，精心组织，周密安排，实

现绿化施工首季"开门红"，为全年工作奠定坚实基础；充分发挥绿化带工程建设的统领作用，突出重点，带动全面，以绿化施工高效率倒逼问题处理高效率；树立和坚持问题导向，解放思想，创新工作，切实解决安置小区手续办理"瓶颈"问题，形成安置小区建设高潮，以实实在在的工作成效回应群众关切；提升站位和工作标准，提高效率，讲求质量，确保绿化带项目形象进度走在十大基础设施项目前列。主要工作目标是：2019年2月底前完成平光南厂生活区拆除和建筑垃圾清运工作；7月底前"枫林晚秋""诗画太行"、"锦绣四季"园区向公众开放；9月底前总干渠两侧丰收路至人民路、总干渠左岸人民路至普济路区域向公众开放；12月底前完成南水北调纪念馆、第一楼基础施工；绿化带剩余40.07万㎡安置房中9%达到分房条件，80%完成主体封顶，其余11%全面开工、快速推进。

一、全面实施绿化带工程建设

1.抓好年度开局工作。春节前后，加快市政大厦与总干渠之间政一街至政二街段的融合设计工作，组织建渣外运、地形整理和先期绿化工作，确保年度工作开好头、起好步。加强与南水北调中线建管局的沟通对接，尽快获取安全影响评价批复。抓好安全生产和环保施工，在施工区域全线开展安全、环保大检查活动。

2.做好项目基础工作。组建南水北调绿化带项目生态保护PPP项目公司。推进绿化带PPP项目绩效考核工作。完成跨渠景观桥梁初步设计、施工图设计和绿化带初步设计审批、环境影响评价审批、安全影响评价审批工作。加快绿化带范围内国有建设用地土地划拨、农用地转建设用地等手续办理工作，做好绿化带与城际铁路之间边角地的收储工作。积极协调，履行程序，及时将绿化带PPP项目可行性缺口补助纳入市政府年度财政预算及中长期财政规划。

3.开展绿化带园区建设工作。加快实施山

体堆筑及山体绿化种植工作，完成绿化带区域灌木及地被栽植工作、绿化带全线管线管道敷设等配套设施建设工作。"枫林晚秋""诗画太行""锦绣四季"园区和总干渠两侧丰收路至人民路、总干渠左岸人民路至普济路区域向公众开放。

4.完成道路工程建设。天河北路丰收路至人民路段、人民路至普济路段、塔南路至焦东路段、焦东路至山阳路段和天河南路丰收路至人民路段、南通路至民主路段机动车道9月底前建成通车，向建国"七十周年"献礼。天河北路南通路至民主路段、天河南路塔南路至焦东路段机动车道年底前具备通车条件。

5.推进主题建筑建设。完成南水北调纪念馆、第一楼基础施工，开展主体建筑施工。全面开展"城市阳台""水袖艺术长廊"及配套附属用房建设工作。

二、加快推进征迁安置后续工作

6.做好征迁后续工作。完成平光南厂生活区拆除和建筑垃圾清运工作，为绿化带工程建设创造条件。根据指挥部第三十三次工作例会要求，结合城市总体规划调整后绿化带征迁范围变化情况，核减山阳遗址公园范围内征迁费用及安置用地指标。全面排查和梳理绿化带征迁遗留问题，建立台账，压实责任，及时解决。关注在外过渡征迁群众生活问题，定期组织走访慰问，加强政策引导和思想疏导，确保城区段稳定大局。

7.做好安置房建设后续工作。全力推进安置小区建设各类手续办理工作，逐小区制定手续办理计划，紧扣节点，紧盯流程，切实提高工作效率。统筹推进安置房扫尾、在建、开工等各项工作，压茬作业，交叉施工，全面推进。对所有安置小区存在的问题进行再排查、再梳理，建立问题台账，专人跟踪督办，加快问题解决。加强安置小区建设质量监管，不定期开展质量安全检查活动，确保小区建设施工安全和质量安全。强化合作开发监管措施，实行保证金制度，保障农民工合法权益，调动合

作单位积极性、主动性。

三、进一步强化保障措施

8.完善会议制度。坚持指挥部工作例会制度，根据工作需要及时召开工作例会，听取汇报、部署工作、研究问题、推进工作，重大问题提交指挥部会议研究决定。实行专题会议制度，对复杂疑难问题提请指挥部工作例会研究前，由责任部门、单位提请市政府分管秘书长召开专题会议讨论，形成明确、具体的意见。实行工作推进会制度，市城区办每周召开工作推进会，了解情况、研究问题、安排任务，拟定提交指挥部工作例会、市政府专题会议的议题。实行工作调度会制度，由项目公司定期召开，参建各方参加，邀请质量监督、安全监督、评审审计部门相关人员参加，掌握施工进度，解决困难问题，做好生产调度安排。

9.进行责任分解。要根据《2019年南水北调焦作城区段绿化带征迁安置建设工作要点》，对有关工作事项进行责任分解。各责任单位要主动认领任务，细化工作，建立台账，制定措施，落实责任，明确时限，加快推进。具体工作进展情况向指挥部书面报告或例会汇报。

10.强化督导问责。市委市政府"五位一体"督导组全程跟进、严格督导，针对思想不重视、责任心不强、推进措施不力、工作进展缓慢等问题，严格按照有关规定予以问责。

11.落实问题处理机制。对影响施工进度的问题，实行市、区、办事处"三级联动"；对施工方反映的问题、周边居民反映的问题、基层单位反映的问题，随时反映随时处置，切实做到问题处置"三不过夜"；各级确定处理问题责任人，一旦出现阻工情况，市、区、施工单位、辖区公安第一时间"四方到位"、现场处置。

焦作市南水北调中线工程城区段建设指挥部

2019年2月11日

关于对南水北调焦作城区段绿化带项目建设相关工作任务进行责任分解的通知

焦城指文〔2019〕2号

解放区、山阳区南水北调指挥部，市直有关单位：

2019年是绿化带项目出规模、出形象、出成效的关键一年。为确保2019年绿化带项目建设有序实施、高效推进，根据《2019年南水北调焦作城区段绿化带征迁安置建设工作要点》，现就绿化带项目相关工作任务进行责任分解如下。

一、完成环境影响评价批复

责任单位：市生态环境局

配合单位：市城区办、市南水北调公司

完成时限：2月28日前

二、取得南水北调中线建管局安全影响评价批复

责任单位：市城区办

配合单位：市园林局、市南水北调公司

完成时限：2月28日前

三、组建绿化带PPP项目绩效考核小组

责任单位：市园林局

配合单位：市财政局、市发改委、市审计局、市税务局、市南水北调公司、南水北调绿化带PPP项目公司

完成时限：2月28日前

四、完成绿化带初步设计审批

责任单位：市发改委

配合单位：市园林局、市南水北调公司

完成时限：3月31日前

五、按照确定的"诗画怀川"人非景观桥和"鹤舞"人行景观桥设计方案，完成跨渠景观桥梁的可研、初步设计审批

责任单位：市发改委

配合单位：市园林局、市南水北调公司

完成时限：4月30日前

六、办理绿化带范围内国有建设用地土地划拨手续

责任单位：市自然资源和规划局

配合单位：市土地收购储备中心、解放区政府、山阳区政府、市南水北调公司

完成时限：5月31日前

七、办理绿化带范围内农用地转建设用地报批手续

责任单位：市自然资源和规划局

配合单位：市人社局、市土地收购储备中心、解放区政府、山阳区政府、市南水北调公司

完成时限：7月31日前

八、完成绿化带红线与城际铁路夹角形成的边角地收储

责任单位：市自然资源和规划局

配合单位：市土地收购储备中心、山阳区政府、市南水北调公司

完成时限：4月1日前

九、将绿化带PPP项目可行性缺口补助纳入市政府年度财政预算及中长期财政规划

责任单位：市财政局

配合单位：市园林局、市南水北调公司

完成时限：4月1日前

十、办理南水北调绿化带内建筑人防手续

责任单位：市人防办

配合单位：市园林局、市南水北调公司

完成时限：2月28日前

十一、完成南水北调绿化带内建筑消防设计审查

责任单位：市应急管理局、市住建局

配合单位：市园林局、市南水北调公司

完成时限：2月28日前

十二、有关事项和要求

（一）高度重视、抓好落实。以上工作时间紧、任务重、标准高、要求严，各牵头单位和责任单位要明确责任领导、责任人和时间节

点、强化工作措施、抓好工作落实。

（二）实行工作报告制度。每月15日前，各责任单位要将工作进展情况报市南水北调建设指挥部办公室，联系电话：2675000，邮箱：cqb2675000@126.com。

（三）严格责任追究。市委督查室、市政府督查室要把绿化带项目建设重要事项列入督导内容。对进展缓慢的事项，开展专项督查，要查明问题、查明原因、查明责任、严肃问责。

焦作市南水北调中线工程城区段建设指挥部
2019年2月11日

新乡市南水北调办公室关于2018年目标完成情况的报告

新调办〔2019〕3号

市政府：

根据《关于开展2018年度工作目标考核工作的通知》精神，结合南水北调工作实际，我们对2018年度工作目标完成情况进行了认真自查，现将自查情况报告如下。

2018年以来，市南水北调办领导班子以习近平新时代中国特色社会主义思想为指导，全面贯彻落实党的十九大精神及省委十届六次、七次全会、市委十一届七次、八次全会精神，牢牢锁定目标任务，狠抓各项工作落实，努力以党的建设高质量推动南水北调各项工作高质量发展，确保工程综合效益持续发挥。

一、配套工程运行工作水平稳步提升

一是城市供水量再创新高。2017—2018供水年度我市实际用水量11069.84万立方米，占计划的100.8%，圆满完成年度用水计划。凤泉区水厂于2018年6月9日通水，规划的9座受水水厂目前已经通水7座，市区、获嘉县、卫辉市、新乡县、凤泉区全部用上南水北调水，

我市累计受水量28382.08万立方米，居全省第三位，受益人口已达148.29万。

二是工程运行管理更加科学规范。进一步完善各类规章制度，2018年累计出台运管规章制度20余套，涵盖操作、巡查、水量调度、安全生产、突发事件应急处理等，在规范化、制度化上取得突破，坚持问题导向，扫除管理漏洞。2018年以来组织维修养护队伍保养阀井3612座次、保养电气设备1323台次、抽排阀井179次，对管道主体及阀件设备进行渗漏检查、除锈、防腐、涂漆及涂抹黄油作业有效防止了设备的老化，保障了配套工程安全有效运行。总之，通过加强线路巡查、处置突发事件、管道维护保养、管理房值班值守、穿越邻接审核、水量计划调度等工作，确保了管理有序、供水平稳。

二、"四县一区"前期工作积极推进

作为市委、市政府重点工作之一，目前，南线工程项目可行性研究报告已于11月15日经市发改委批复。南线工程涉及的原阳县、平原示范区3P项目所需的财政承受能力论证报告、物有所值评价报告、3P项目实施方案等"两评一案"已经市财政局初审，项目已入财政厅储备清单库。目前正在进行3P项目入库的前期工作。

东线工程勘察设计招标于10月2日完成，线路及水量调配方案初步确定后，10月29日市政府组织召开专题会议，对东线工程工作推进进行了部署并提出具体要求。会后，市南水北调办联系设计单位及有关各县区、市直单位现场查勘，确定最优线路。设计单位根据各单位意见调整后，市南水北调办于11月19日再次召开汇报会议，要求各有关县区、市直单位参加，并印发正式文件征求各单位意见。目前，东线工程管道布置方案已基本确定，各有关单位意见也基本收集完成，近期市南水北调办将组织再次向市政府汇报。

三、干线征迁验收工作圆满完成

按照省移民办统一安排部署，我办积极筹

备总干渠新乡段征迁安置验收工作,市、县均成立了以政府分管领导为组长的验收委员会,档案、资金、征迁三个组按计划逐步完成了县级、市级、省级验收,我市南水北调中线干线征迁验收工作圆满完成。

四、干渠防汛安保工作持续强化

按照市防指安排,汛期前制定度汛方案,完善应急预案,召开防汛专项会议进行安排部署,开展风险点排查处理,加强值班值守,确保度汛安全。配合水利部门顺利完成了6月25日上午在南水北调总干渠石门河倒虹吸进行大规模防汛应急演练。我市南水北调工程安全度汛;同时,持续加强红线外安保工作,做好预防未成年人溺亡工作。6月6日与卫辉运管处联合在卫辉市唐庄镇四合新村启动"关爱生命 预防溺水专项宣传活动",为预防溺亡事件发生构筑一道安全防护线。7月20日,联合南水北调中线辉县管理处举行"走近南水北调 远离溺水危险"防溺水专题讲座系列活动。全年没有溺水事故发生。

五、合同管理及资金管理工作扎实有序

一是集中处理合同变更。2018年以来,我办多次召集各参建单位召开合同变更问题推进会议,2次印发正式文件限期完成合同变更,还组织了各参建单位集中办公推进此项工作。目前,已完成了各参建单位全部合同变更审查工作,批复了合同变更89项,占变更台账的56%,已批复变更共增加投资7769.39万元,审减投资约1052万元。二是资金管理更加规范。2018年配合审计署国家重大建设项目审计工作,强化审计整改工作。对审计署交办的问题,我办高度重视,积极主动向市政府有关领导汇报,同时明确责任人,细化整改措施,及时堵塞漏洞,确保审计整改取得实效。

六、配套工程各类验收工作稳步推进

一是配套工程征迁验收工作按计划推进。在有关县区的配合下,我市配套工程征迁资金梳理复核工作在全省率先完成,10月底组织了配套工程征迁验收工作培训,目前档案、征

迁、财务各项验收工作正在抓紧准备。二是工程各类验收有序推进。我市配套工程共有21个单位工程,129个分部工程,其中14个通信管道工程并入自动化验收单元。我办督促施工单位加快验收工作步伐,截至目前,115个分部工程已验收合格106个,完成91.7%;单位工程验收完成10个,完成50%;合同工20个,已完成5个,完成25%。

七、水费征缴工作克难攻坚

按照市政府委托我办与省南水北调办签订的供水补充协议,我市2014—2018年四个供水年度应缴纳水费76384.3688万元(因2015—2016年度计量水量存在争议,暂按我市受水水厂确认水量计算我市应缴2015—2016年度计量水费),其中欠缴水费费54782.3820万元。为尽快完成水费征缴工作,我办多次向有关县(市、区)发送催缴函,同时向市政府分管领导、主管领导汇报,建议采取必要措施确保水费征缴工作完成。10月24日,市政府组织召开南水北调水费征缴推进会,要求各县(市、区)尽快上报各自水费上缴方案,会后又给各县(市、区)主要领导同志发送催缴函。截至目前,我市已征缴水费22101.9868万元,其中:基本水费17319.0419万元,计量水费4782.9449万元。

八、扩大用水范围工作成效显著

一是凤泉支线建成通水。2018年6月9日上午,配套工程32号线凤泉支线凤泉水厂联动试行前供水工艺调试预送水顺利完成,当日中午凤泉水厂正式承接南水北调水,凤泉区7万群众喝上了丹江水。二是新乡县配套调蓄工程具备通水条件。10月31日,新乡县配套调蓄工程建设完成,实现全线贯通并具备通水条件。该工程的完工,不仅为新乡市城市供水提供了有力保障,更对新乡市城区的发展拓展了空间。三是辉县市已具备通水条件。2018年10月底,我办协调相关单位处理了31号线水泵更换相关事宜后,辉县市南水北调配套工程已具备通水条件,待辉县市接水计划上报获批后

即可承接南水北调水。

九、工程安全维护工作落实有力

一是政策法规宣传到位。我办结合"3.22世界水日""中国水周""12.4宪法宣传日"等开展普法工作，加大法制宣传教育力度，通过在街道设置宣传点、悬挂宣传标语、摆放宣传展板、组织现场咨询，以及发送南水北调明白纸等方式，广泛开展南水北调法规制度宣传活动，引导群众学法用法、依法维护南水北调管道运行安全。二是水政执法工作落实到位。我办加强对南水北调管道沿线巡查，积极与沿线地方政府做好沟通协调工作，坚决杜绝未报批的违法建设项目开工建设，将危害配套工程安全运行的隐患消灭在萌芽状态。2018年全年我办水政执法大队共发现并解决各类问题37起，对所发现问题登记造册，确保上报一起，解决一起，确保配套工程管线保护范围内无新增违法建筑，为全市供水安全提供了保障。

十、干渠水质保护工作不断增强

一是严格督促关停污染源。2018年以来，根据新乡市环境污染攻坚办的工作安排，配合市农牧局和市环保局对二级保护区内违法建设项目和畜禽养殖场进行认真排查，督促沿线有关县（市、区）严格按照有关规定关停污染源。二是配合完成新的水源保护区划定工作，新的水源保护区划定方案已于2018年6月28日正式印发实施，为保障南水北调中线工程水质安全，有效规避总干渠水体水质污染风险，以及为总干渠沿线生态建设打下了基础。为了更有效的防治污染事件的发生，确保饮用水水源水质安全，根据相关规定将在新的水源保护区沿线建设新的标志标牌，警示过往行人及车辆。三是严格审核新建、改建、扩建项目，2018年累计审核市级立项建设项目1个，有效预防了总干渠两侧保护区范围内新增污染源。

十一、扶贫帮扶工作扎实稳妥

2018年以来，市南水北调办在市扶贫办精心指导下，认真贯彻落实市委、市政府精准扶贫统一部署。一是办党组高度重视精准扶贫工作。把帮扶工作列入重要议事日程，多次召开会议研究部署帮扶工作，制定领导带队每月定期进村入户帮扶制度，严格按制度每月由"一把手"带队入村扶贫，为精准扶贫工作提供强有力的组织保障。2018年6月明确将到户增收、光伏发电、带贫主体项目等列入产业扶贫政策范围，要求帮扶责任人宣讲到享受政策的贫困户。二是切实办好惠民实事。组织精神方面有问题的10位贫困人员参加精神病院组织的鉴定；积极为贫困户家庭中疑似残疾的人员办理残疾证，共办理5个，其中2人每月领取60元补助，减轻了负担；积极协调贫困户参加各项扶贫项目，协调种粮大户与贫困户7户10人签订用工协议、组织20户贫困户签订到户增收项目、组织20户贫困户签订金融扶贫项目、帮助家庭有学生的贫困户申请办理各项教育资助手续、筹集资金近4000元为村里植树共120棵、组织13户贫困户参加电商培训；组织节日慰问及村容户貌整治活动，逢年过节，组织单位党员干部、帮扶责任人进村入户，开展党员义工活动，征集贫困户"微心愿"，帮助贫困户解决实际困难并进行户容户貌整治工作。

2019年1月15日

新乡市南水北调办公室

关于尽快解决市南水北调配套工程管理处建设问题的请示

新调办〔2019〕28号

市政府：

南水北调配套工程管理处是配套工程自动化运行的终端管理设施，是保障工程安全运行的关键。全省11地市管理处（除新乡外）已全部开工建设，大部分地市管理处已投入使用。按照省南水北调2019年4月召开的全省南水北调办主任会议精神，全省管理处建设须在

2019年年底前全部建成，仍未开工建设的管理处，省里将收回建设资金，不再建设，自动化设施不再安装，管道安全运行责任由地方政府承担。

新乡市南水北调配套工程管理处（含市区管理所）项目选址意见于2015年9月市规划委员会第五次会议研究通过。项目设计方案已多次报市规划局，并做了大量沟通、修改工作，已具备上市规委会研究条件。目前，新乡市南水北调配套工程自动化运行线路已预留至管理处规划选址位置，按照上级部门要求，为确保省级建设资金充分利用，确保新乡市供水安全，为此，特恳请市政府同意新乡市南水北调配套工程管理处原规划选址位置，尽快上市规委会研究批复项目设计方案，争取早日开工建设。

妥否，请批示。

2019年4月22日

关于呈报《新乡市"四县一区"南水北调配套工程南线项目初步设计报告》的请示

新调办〔2019〕29号

市发改委：

我办委托省水利勘测设计研究有限公司编制完成了《新乡市"四县一区"南水北调配套工程南线项目初步设计报告》，项目规模及主要建设内容为：年调水量3285万 m³，铺设供水管道41.1km，调蓄池1座，阀井139座，项目概算总投资4.67亿元。现将有关材料随文报送，请予审查批复。

当否，请批示。

附件：新乡市"四县一区"南水北调配套工程南线项目初步设计报告（略）

2019年4月29日

新乡市南水北调办公室关于在新乡市南水北调配套工程输水管线上开设出水口的请示

新调办〔2019〕34号

省水利厅：

2018年12月，新乡县政府向市政府报送了《关于在南水北调输水管线上开设出水口的请示》（新政文〔2018〕408号），经市政府批转后，新乡市南水北调办公室以《关于新乡县在南水北调配套工程输水管线上开设出水口的意见函》（新调办函〔2019〕12号）进行了回复。2019年5月10日，新乡县政府经研究，再次来函要求在青龙路龙泉桥（32号线桩号GX32+500）附近配套管网上开设出水口，供水流量2.5万 m³/d。

新乡县分配水量为5300m³/年，市政府已协调新乡县水量转让给原阳县、平原示范区2500m³/年，调整后水量为2800万 m³/年。但由于新乡县城设置于小冀镇，分布不集中，集中供水基础薄弱。目前，新乡县年用水量仅为216万 m³，为扩大用水范围，确保南水北调水量发挥最大效益。我办协调黄河勘测规划设计研究有限公司对开口位置进行了论证，该输水管线位置水头高约为9m，满足自流要求，拟同意新乡县政府意见。

当否，请批示。

附件（略）1：关于在南水北调输水管线上开设出水口的请示（新政文〔2018〕408号）

附件2：关于新乡县在南水北调配套工程输水管线上开　设出水口的意见函（新调办函〔2019〕12号）

附件3：新乡县人民政府关于在南水北调配套工程输水管线上开设出水口的回复函

2019年6月17日

新乡市南水北调工程运行保障中心关于上报机构编制调整方案的请示

新调中心党组〔2019〕1号

市委编委：

根据《市直承担行政职能事业单位改革实施方案》（新办文〔2019〕80号）的有关要求，制定机构编制调整方案，现予以呈报。

妥否，请批示。

新乡市南水北调工程运行保障中心关于机构编制调整方案

根据《中共河南省委办公厅、河南省人民政府办公厅关于印发〈新乡市机构改革方案〉的通知》（厅文〔2018〕48号）和《中共新乡市委办公室、新乡市人民政府办公室关于印发〈市直承担行政职能事业单位改革实施方案〉的通知》（新办文〔2019〕80号）的有关要求，制订方案如下。

（一）机构设置

根据新办文〔2019〕80号文的通知要求，市南水北调中线工程领导小组办公室（市南水北调配套工程建设管理局）、市移民工作领导小组办公室承担的行政职能划入市水利局后，整合组建市南水北调工程运行保障中心，承担公益性职能，机构规格属于正处级，为市政府直属事业单位，享受参公待遇。

（二）主要职责

1.执行国家有关法律、法规、方针政策及上级主管部门的决定、指令。

2.配合做好全市南水北调工程供用水政策、水资源综合利用规划有关工作，配合做好南水北调中线干线工程有关协调工作。

3.承担全市南水北调配套工程建设管理的具体事务性工作。

4.承担全市南水北调配套工程运行保障，做好运行管理、自动化管理、水量调度等具体事务性工作。

5.承担南水北调中线干线征迁安置和南水北调配套工程征迁安置后续工作。

6.完成上级交办的其他工作。

（三）内设机构

根据上述职责，市南水北调工程运行保障中心设5个内设机构，规格相当于正科级。

1.综合科

负责机关党群、纪检、意识形态等工作；负责机关日常运转和机关事务管理工作；负责文秘、公文处理、综合信息、新闻宣传、保密、安全等工作；负责单位的干部人事、劳动工资、档案管理、教育培训；负责单位精神文明建设、文明单位创建、平安建设等工作；负责日常重要会议、活动的组织与协调；承办领导交办的其他工作。

2.财务审计科

全面负责本单位的财务管理工作；负责建立健全内部控制制度，定期编制财务报告；负责南水北调配套工程建设资金和运行经费的管理工作；负责南水北调总干渠和配套工程征迁安置资金的拨付、使用和监督工作；承担南水北调配套工程水费管理的事务性工作；负责各类资产的价值形态管理工作；具体办理工程价款的支付；负责本单位内部审计工作，配合做好上级和相关部门的资金审计、稽查、巡察工作；做好组织配套工程竣工财务决算；承办领导交办的其他工作。

3.规划计划科

负责落实国家法律、法规和政策；负责本单位合同管理和招标投标管理工作；负责南水北调后续工程的前期工作；负责后续配套工程设计变更、合同变更管理工作；负责我市南水北调配套工程扩大供水范围、增加供水效益等推进工作；承担配套工程穿越邻接工程手续的初审和上报等事务性工作；负责组织编制配套工程年度维修养护计划，参与编制维修养护备品备件采购计划；承办领导交办的其他工作。

4.工程管理科

负责配套工程的运行管理和设施维修维护和保养工作；负责配套工程提升改造的建设管理工作；承担配套工程穿越邻接工程的监督、管理等事务性工作；负责配套工程建设进度、质量及验收工作；承担南水北调中线干线征迁安置和南水北调配套工程征迁安置后续工作；负责做好配套工程安全保护工作；负责配套工程突发事件应急预案编制、演练和组织实施；负责对辖区内水质安全及工程安全等突发事件及一般事故进行调查处理，积极协助上级部门对重大事故的调查处理工作；负责配套工程的防汛工作；协助做好总干渠运行管理工作。

5.运行调度科

建立完善配套工程运行管理、自动化管理、水量调度、现地操作等相关制度；负责辖区内运行管理机构及人员的监督管理工作；负责辖区内配套工程运行安全管理工作；负责配套工程日常巡查、值班值守、现场操作等管理工作；负责监督、检查工程设施日常维护和运行情况；负责做好南水北调受水区供水量计量和供水运行调度工作；负责报送月水量调度方案并组织实施；负责对省运行管理机构下达的调度运行指令进行联动响应、同步操作；负责本辖区内南水北调配套工程水质检测管理工作；承办领导交办的其他工作。

（四）人员编制

市南水北调工程运行保障中心核定事业编制31名，其中：单位领导职数×正×副，总工1名，内设机构领导职数9名；经费仍实行财政全供。

新乡市南水北调工程运行保障中心党组
2019年12月18日

关于印发《新乡市南水北调配套工程运行管理工作补充规定》的通知

新调办运〔2019〕18号

机关各科（室）、各现地管理站：

根据河南省南水北调办公室关于配套工程运行管理工作规范有关要求，结合我市南水北调配套工程运行管理实际情况，在市办印发《新乡市南水北调配套工程运行管理制度》（新调办〔2017〕122号）及《2018年度新乡市南水北调运行管理工作平时考核办法》（新调办运〔2018〕59号）的基础上，现将有关补充规定通知如下。

一、职责分工

各现地管理站站长负责站内日常全面管理工作；副站长具体负责线路巡查及日常维养事宜；运管员（值守员）负责站内日常值班、水量计量、登统计等相关工作。

二、值班管理规定

1.各现地管理站运管人员（含站长、当班值班员、巡查员）必须于每日早8:30前到现地管理站进行签到。

2.每日早8:30前巡查人员需将与值班人员的签到合影（需将每日早8时流量计累计数据书写至A4纸上，手持合影）上传至"新乡配套巡查平台"微信群内；交接班时，所有交接班人员均需参与合影，并由接班人员将合影照片上传。照片上报时间超过规定时间15分钟的，按迟到处理；上报时间超过30分钟的，按旷工半天处理；照片内缺少当日值班人员的，该人员按旷工处理；当日未上报照片的，所有值班人员按旷工处理。

3.运管人员（含站长、当班值班员、巡查员）要坚守工作岗位，并及时接收运管办的在线视频抽查；严禁脱岗、漏岗，一经发现，严肃处理。

三、通信联络规定

运管人员（含站长、当班值班员、巡查员）出现手机拒接、无法接通者，发生1次的，给予全线通报批评；发生2次的，取消当事人当月绩效评选资格；出现3次及以上的，取消当月全勤考核及绩效评选资格。如因电话不通，造成运行事故的，视情节严重程度处理。

四、请销假及外出规定

1.运管人员每月累计请事假超过3天以上的，每超过一天扣发当日基本工资（80元/天），并取消当月全勤考核资格，当月不能再评定为优秀等次。

2.除婚、丧、嫁、娶（产假）及疾病（需县级以上医院证明）外，因其他原因全年内累计请假超过90日以上的，解除劳务派遣合同。

3.人员临时外出时须填写外出单，并向站长（值班长）报备，凡外出无外出单者按旷工处理；运管人员请假一天内由站长批准，请假后站长需立即向运管办备案；如站长未及时向运管办备案，对站长进行全线通报批评。

五、登统计填报规定

1.运管人员需按时、按质填写各类登统计表格。出现未按时填写或存在漏填、代填、补填、错填者，一月内出现1次，取消当班人员当月绩效考核评优资格；出现2次，取消当班人员当月绩效考核资格；出现3次（含3次）以上，取消当班人员当月全勤考核及绩效评选资格。

2.各现地管理站需认真组织站内线路巡查、学习培训、安全会议等集体活动，并对活动内容详细记录，活动照片统一存放。

六、水量计量规定

1.各现地管理站需每四小时（凌晨4点除外）将流量计累计流量、瞬时流量读数的照片及文字表述上报至"新乡水量调度平台"微信群内；未及时上报的，参照第五条第一款规定执行。

2.每月1日，各现地管理站站长需认真开展水量确认工作，并确保与中线局及受水水厂水量确认单数据准确无误，如因个人原因出现

计量错误，视情节严重程度处理。

七、线路巡查规定

1.副站长要对携带的巡查装备进行检查，并负责填写各类现场巡查记录；线路巡查任务完成后，需返回站内向站长汇报管线巡查情况，并及时将当日线路巡查登记、阀井检查记录、线路巡查轨迹、巡线人员站内汇报照片统一报送至"新乡配套巡查平台"微信群内。

2.巡查人员每日需对管辖范围内输水线路巡查1次，每周对输水管线构筑物及内部设备巡查不少于2次。

八、其他规定

省建管局在飞检、巡查、稽查通报中，属日常管理不到位原因导致的问题，取消该站当月优秀管理站评先资格，取消站长当月绩效评优资格。

2019年5月17日

安阳市南水北调办公室关于开展对我市南水北调配套工程违建项目排查整治工作的通知

安调办〔2019〕39号

各有关县（区）南水北调管理机构：

南水北调配套工程是我市重大民生工程，今年又是我国建国70周年和澳门回归20周年。为进一步加强我市南水北调配套工程安全运行管理，确保我市南水北调配套工程设施安全良好的供水秩序，根据省水利厅有关精神和《安阳市人民政府关于实施四水同治加快推进新时代水利现代化的意见》（安政〔2019〕3号）文件要求，安阳市南水北调办决定组织开展对全市南水北调配套工程违建项目进行排查整治活动，现将有关事项通知如下。

一、工作任务

此次排查整治活动由市南水北调办统一部署，由各县（区）南水北调管理机构具体实

施，按照"属地管理"原则，对各自管理范围内的南水北调配套工程设施进行拉网式检查，并对检查中发现的违建项目做好登记（见附表），并及时处理。对重大难以解决的问题及时报当地政府及行政执法部门进行处理。

二、时间安排

自文件下发之日起各县（区）南水北调管理机构组织进行排查，并于2019年5月30日前将排查结果报市南水北调办监督检查科。对排查出的问题于2019年6月15日前整治到位。市南水北调办将会同相关部门对各县（区）排查整治情况进行督导检查。

三、检查内容及范围

（一）配套工程管理范围内的土地是否转做其他用途、有无被侵占；管理范围内有无从事于工程管理无关的活动。

（二）配套工程保护范围内有无实施影响工程运行、危害工程安全和供水安全的爆破、打井、采矿、取土、采石、采砂、钻探、建房、建坟、挖塘、挖沟等行为。

（三）在配套工程管理和保护范围内建设桥梁、公路、铁路、地铁、管道、缆线、取水、排水等工程设施，有无未征求配套工程管理单位对拟建工程设施建设方案的意见而擅自施工的行为。

（四）有无下列危害南水北调配套工程设施的行为：1.擅自开启、关闭闸（阀）门或者私自开口门，拦截抢占水资源；2.擅自移动、切割、打孔、砸撬、拆卸输水管涵；3.侵占、损毁或者擅自使用、操作专用输电线路、专用通信线路等设施；4.移动、覆盖、涂改、损毁标志物；5.侵占、损毁交通、通信、水文水质监测等其他设施。

四、工作要求

各单位要高度重视，切实加强领导，精心组织，周密部署，明确责任，务求实效。对排查中发现的问题，要落实责任，明确要求，限期处理，确保此次活动取得实效。

附件：安阳市南水北调配套工程设施违建

项目基本情况登记表（略）

2019年5月17日

安阳市南水北调工程2019年防汛工作方案

安调防指〔2019〕1号

一、总体目标

南水北调工程防汛实行地方行政首长负责制，在各级防指的统一指挥下，各有关单位要坚持"安全第一、常备不懈、以防为主、全力抢险"的防汛工作方针，建立并完善防汛责任制，责任落实到人。工程沿线有关县（区）南水北调办事机构要做好县（区）防办、地方乡（镇、办事处）、干渠（配套）工程运管单位等相关部门的协调工作。各干渠（配套）工程运管单位要制定所辖区段工程度汛方案、应急预案，配备必要的防汛抢险器材设备和物资，组建和培训防汛抢险队伍，开展防汛抢险演练，汛前度汛方案和应急预案须报市（县、区）防办审批后送市南水北调工程防汛分指挥部办公室备案。工程沿线各级南水北调办要切实履行牵头协调的责任，协调地方政府及时疏通总干渠红线外堵塞的河道、沟渠，确保洪水过左排建筑物后畅通下泄；联合水行政主管部门加大对河道、沟渠违法建设、私采乱挖、阻水树木等违法行为的执法力度，消除河道沟渠防汛安全隐患；协调干渠运管单位加强与市、县、乡、村四级防汛责任人的联系，遇到汛情险情及时对接，共同防范；协调有关单位建立信息共享机制，及时沟通雨情、水情和工情，及时报告险情，根据需要及时开展防汛抢险工作；分类编制所辖工程范围内防汛风险项目的度汛方案和应急预案，并经当地县（区）防办审批。

二、保障措施

（一）认真落实防汛责任制

南水北调工程防汛分指挥部和工程沿线县区政府要按照有关法律、法规要求，进一步落实防汛工作行政首长负责制,逐级分解任务,全面落实工作责任,将责任落实到具体单位和个人。有关责任人要尽职尽责,发生汛情时,要立即赶赴现场指挥抗洪抢险和救灾;要坚决执行抗洪抢险指令和命令,真正做到组织到位、人员到位、措施到位、落实到位。

1.市南水北调工程防汛分指挥部职责:负责全市南水北调工程防汛工作,受市人民政府和市防指的共同领导,行使南水北调工程防汛指挥权,组织并监督南水北调工程防汛工作的实施。

2.工程沿线各有关县(区)南水北调工程防汛指挥机构职责:在市南水北调工程防汛分指挥部、本地区人民政府和防指的共同领导下,在做好基础工作的前提下,要排查清楚南水北调干渠及配套工程防汛风险隐患部位,特别是干渠工程左排倒虹吸等交叉建筑物出口行洪河道、沟渠的防洪标准,风险等级;要制定专项的应急预案,做到一口一预案、一口一班责任人,明确标准内洪水的抢护措施与超标准洪水的人员、财产的转移、撤离方案;要组织以青年民兵为骨干的抗洪抢险队伍,定领导、定任务、定人员、定工具,搞好必要的技术培训和演练;要组织人员值班巡逻,密切注视汛情变化,固定专人收听、收看汛情和警报,一旦发生险情,积极做好群众安全转移和抗洪抢险工作,保证关键时刻能拉得出、抢得上、守得住;要加强南水北调工程的管理工作,禁止乱采、乱挖、乱建、乱倒垃圾等任何影响干渠堤防、配套工程设施及各类交叉建筑物的破坏活动,确保南水北调工程和沿线人民生命财产安全。加强与总干渠管理单位的对接、联系,保证雨、水汛情信息畅通。

3.南水北调工程的运行管理单位职责:要切实做好南水北调工程的全面检查、防汛抢险队伍的组织以及防汛静态物料储备和动态物料的调查定验工作,制定切实可行的度汛方案和应急预案,严格执行防汛值班制度和纪律,密切注视雨、水、工情变化,主动防范;干渠运管单位要保证左排倒虹吸进出口处水流畅通,每个左排倒虹吸要固定专人负责巡查,与相关县(区)防汛机构加强联系,随时通报雨、水汛情。

(二)完善落实各项方案、预案

南水北调工程各运行管理单位、各相关县(区)要修订完善南水北调工程各类防汛预案、方案,按程序报批后实施。在方案、预案修订时各相关县(区)、工程运行管理单位要加强沟通对接,一是要提高方案、预案的针对性、时效性和可操作性;二是要充分考虑南水北调工程左岸上游地区水库对工程的影响,尤其是小型水库,防洪标准低、极易出现溃垮险情,要有分洪保堤措施;三是要认真落实防御超标准洪水预案,对重大险情抢护、下游群众安全避洪和安全转移等措施要落实到位。

(三)做好工程检查、整修,确保安全度汛措施落实到位

南水北调工程运管单位、沿线县(区)政府、各有关部门要认真开展汛前检查。工程运管单位要对工程实体进行全面排查,对发现的问题和薄弱环节,要分类建立台账,制定整改措施,限期整改,保证工程安全度汛。沿线县(区)政府、各有关部门要对南水北调工程左岸排水、渡槽、河道、水库进行排查,建立问题台账,进行整改,近期无法整改的,要有应对措施,保证工程沿线人民群众生命财产安全和干渠通水运行安全。

(四)抓紧清除河道、沟渠阻水障碍和违章建筑

南水北调工程沿线县(区)防汛指挥部对本辖区与工程交叉的河道、沟渠阻水障碍要制定清障方案、计划,落实到单位和责任人,按照"谁设障、谁清除"的原则,限期清除,确保行洪畅通。

(五)加强防汛抢险队伍建设

南水北调工程运管单位、沿线县(区)政府要制定有效的机制和办法,组织落实防汛抢险队伍,做到定领导、定任务、定人员,对可

能发生的险情种类和出险部位，要有针对性地进行抗洪抢险技术培训和演练，适应多种复杂情况下的抢险要求。当预报、预测极端天气、暴雨洪水将对工程形成威胁时，工程运管单位外委的防汛抢险队伍、机械设备要提前进驻现场，做好应急抢险准备。

（六）做好防汛抢险物资储备

南水北调工程运管单位要根据工程需要备足备齐防汛抢险、救护物资和设备。要保证质量，做到存放有序、调用灵活。沿线县（区）、有关部门要根据"分级负责、分级管理"的原则，按照防汛物资储备标准，落实经费、尽快达到足额储备，要按规定登记造册，实行专库、专人管理，明确调运管理办法，严格调运程序。有关部门储备的物资，要服从同级防汛指挥部紧急时调用。群众性储备的梢秸料、编织袋等，由县（区）、乡（镇）政府采取"号料登记、备而不集"的办法储备，并向群众讲清调用、结算办法，多层次、多渠道备足备好抗洪抢险物资。

（七）军民联防

解放军、武警部队防汛布防由安阳军分区统筹安排部署。南水北调工程干渠沿线县（区）防汛指挥部、工程运管单位要加强与当地驻军的主动联系，出现重大险情灾情确需解放军或武警部队支援时，要及时请示。

三、督查和责任追究

（一）加强督导检查

市南水北调工程防汛分指挥部办公室要依据《中华人民共和国防洪法》相关规定，对分指挥部各成员单位的防汛工作进行全面督察，对工作不力的单位和个人提出批评，限期整改，重大问题向市南水北调工程防汛分指挥部报告，同时通报至相关县（区）政府、市防汛指挥部或南水北调中线工程建管局河南分局。

（二）严肃责任追究

市南水北调工程防汛各级各部门必须强化大局意识，服从命令，听从指挥，依法依规防汛。凡因工作不力、责任不落实造成重大损失

的，要坚决追究有关责任人的责任。对违抗、拖延执行防汛抢险指令，聚众干扰工程管理和防汛抢险救灾工作，拒不清障或设新障，破坏或盗窃防汛工程设施或防汛物资、设备，滥用职权，玩忽职守等行为，要严肃追究有关当事人的责任，情节严重构成犯罪的，要依法追究刑事责任。

卢氏县环境污染防治攻坚战领导小组办公室关于印发《卢氏县2019年水污染防治攻坚战实施方案》的通知

卢环攻坚办〔2019〕65号

各乡镇人民政府、产业集聚区管理委员会、县环境污染防治攻坚战领导小组成员单位：

现将《卢氏县2019年水污染防治攻坚战实施方案》印发给你们，请认真贯彻执行。

2019年5月6日

卢氏县2019年水污染防治攻坚战实施方案

为深入学习贯彻习近平生态文明思想和党的十九大精神，按照省、市打好打赢水污染防治攻坚战工作部署，认真落实《中共卢氏县委卢氏县人民政府关于全面加强生态环境保护坚决打好污染防治攻坚战的实施意见》（卢发〔2018〕26号）和《卢氏县污染防治攻坚战三年行动计划（2018—2020年）》（卢政办〔2018〕95号）文件要求，决胜全面建成小康社会，全面加强生态环境保护，持续打好打赢水污染防治攻坚战，进一步改善全县水环境质量，制定2019年水污染防治攻坚战工作方案。

一、总体要求

按照党的十九大关于加快水污染防治的要求以及省委、省政府和市委、市政府2019年水污染防治攻坚战工作安排部署，以持续改善

全县水环境质量为核心，以标本兼治、减排治污为抓手，坚持节约优先、保护优先、自然恢复为主的方针，实施流域环境综合治理，着力解决突出水环境问题，确保完成县委、县政府《关于全面加强生态环境保护坚决打好污染防治攻坚战的实施意见》和《卢氏县污染防治攻坚战三年行动计划（2018—2020年）》中2019年度各项目标任务，努力实现清水绿岸、鱼翔浅底的美好愿景，让人民群众有更多的幸福感、获得感，不断满足人民日益增长的优美生态环境需要。

二、工作目标

到2019年底，洛河、老灌河和淇河三个控制单元水环境质量持续改善，水质优良比例达到100%。老灌河三道河断面氨氮、总磷达到Ⅱ类水质标准，其他指标达到Ⅲ类水质标准；洛河大桥断面达到Ⅲ类水质标准；淇河上河断面达到Ⅱ类水质标准。城市集中式饮用水水源地取水水质达标率保持100%；地下水质量考核点位水质级别保持稳定。

三、主要任务

（一）打好城市黑臭水体治理攻坚战役

通过提升城镇污水处理设施及配套管网建设水平，提高污水收集、处理率，治理黑臭水体，并建立长效机制。

1.全力推进城市建成区黑臭水体治理

（1）黑臭水体整治。开展黑臭水体整治环境保护专项行动，强化监督检查。按照"控源截污、内源治理、生态修复、活水保质"要求，系统推进城市黑臭水体治理。基本完成黑臭水体（含新排查的）整治工作，基本消除黑臭现象。（县住建局牵头，县发改委、生态环境局、水利局参与，各乡〔镇〕人民政府配合落实）

（2）截污纳源。控源截污是整治黑臭水体的基础性工作和根本性措施。要综合施策，同步开展点源、面源污染治理，彻底查明县城区内排放口的位置、排放量，通过雨污分流或敷设截流管，大幅度减少污水入河；同时要加强

雨污水管网问题诊断，整治雨污水错接、乱接，解决沿河污水管渗漏问题；严格排污许可、排水许可、入河排污口设置和扩大审核制度实施，整治非法排污行为。加快推进污水处理厂及配套管网建设，重点推进县城卢氏县富源污水处理有限公司主管网建设，及时处置截污污水和产业园区生活污水。（县住建局牵头，县水利局、生态环境局、产业集聚区管委会参与，城关镇、东明镇、文峪乡、横涧乡人民政府具体负责入户支管网落实）

2.强力推进城镇污水收集和处理设施建设。实施城镇污水处理"提质增效"三年行动，加快补齐城镇污水收集和处理设施短板，尽快实现污水管网全覆盖、全收集、全处理。全面调查核算城镇生活污水产生量、现有污水设施收集处理量、城镇现有生活污水直排量，对现有污水处理设施已经基本满足负荷或者处理能力不能满足城镇化发展需要的地方。年底前，县城第一生活污水处理厂要完成扩建工程；南水北调中线工程水源地安全保障区范围内6个乡镇污水处理厂必须正常稳定运行；推进污水处理配套管网建设和雨污分流系统改造，城中村、老旧城区和城乡结合部，要尽快实现管网全覆盖；对新建城区，管网和污水处理设施要与城市发展同步规划、同步建设，做到雨污分流。完成污水管网建设工程项目和11个乡镇污水处理及配套设施建设任务。具备条件的乡镇以上污水处理设施建设尾水人工湿地，进一步提升污水处理水平。2019年县城和乡镇污水处理率分别达到89.5%以上和65%以上。（县住建局、发改委、城管局牵头，县工业信息化和科技局、生态环境局参与，各乡〔镇〕人民政府配合落实）

3.完善雨污水收集管网建设与维护。结合全县改造、管网完善、截污纳管、雨污分流等工作，加快推进排水系统薄弱区的生活污水纳管，年底前，全县基本实现污水全收集、全处理。通过对排水管道的养护疏通，增加窨井、雨水口的清捞频次，保证排水管道的正常运

行。同时加大对排水管网的检查力度，及时修复错接管道和破损设施，确保纳管后市政管道的安全、畅通。（县住建局牵头，生态环境局参与，相关乡镇人民政府配合落实）

（二）打好水源地保护攻坚战役

排查整治集中式饮用水水源地，加强水源地环境管理，让老百姓喝上放心水。

4.加强保护区规范化建设。按照集中式饮用水水源保护区划定及有关工作要求，对全县县城和乡镇集中式饮用水水源保护区设标立界，标识保护区范围，设立饮用水水源保护区交通警示牌和宣传牌；在一级保护区周边区域设置隔离防护设施。年底前，完成乡镇饮用水水源保护区标识、标志和隔离防护工程建设。（县生态环境局牵头，县住建局配合，各乡〔镇〕人民政府配合落实）

5.加强保护区环境污染综合整治。依据《中华人民共和国水污染防治法》和《集中式饮用水水源地环境保护规范化建设技术要求》（HJ/T 773—2015），加强保护区的环境污染综合整治工作。取缔饮用水水源一级保护区和二级保护区内的排污口；关闭或拆除饮用水水源一级保护区内的工业企业；责令停止饮用水水源一级保护区内从事畜禽养殖、网箱等水产养殖及旅游等可能污染饮用水水体活动的违法行为；拆除地表水饮用水水源一级保护区内的违法建筑；关闭或拆除饮用水水源二级保护区内可能造成水体污染的工业企业；饮用水水源二级保护区内从事畜禽养殖、网箱等水产养殖及旅游等活动要采取严格措施，防止污染饮用水水体。2019年年底前，对一级保护区内的排污单位，由各乡镇政府责令拆除或者关闭；对二级保护区内可能导致保护区水体污染的排污单位制定综合整治计划，确需取缔、关闭、搬迁的，依法整治到位；取缔一级保护区网箱等水产养殖，整治二级保护区网箱等水产养殖；拆除地表水源地一级保护区内违法建筑。（县生态环境局牵头，县农业农村局、住建局、自然资源局、市场监管局、国网卢氏供电公司参与，各乡〔镇〕人民政府配合落实）

6.加强饮用水水源地监控能力建设。对饮用水水源开展预警监控，统筹配备区域常规和应急水质分析测试设备，提升水源地水质全指标分析和有毒有害污染物的监测分析能力，提高水源地环境监测预警和应急监测能力，饮用水水源地在取水口安装视频监控。同时要不断完善信息传输系统，建设信息系统数据库，及时、准确、全面地掌握实时数据，保障饮用水水源安全。

县城区集中式饮用水水源地每月上旬开展1次常规指标监测，每年6~7月进行1次水质全指标分析；各乡镇的集中式地表水饮用水水源地每季度开展1次常规指标监测，地下水饮用水水源地每半年开展1次常规指标监测，每2年开展1次水质全指标分析。有条件的乡镇每年可开展1次全指标监测分析。

各乡镇及供水单位要定期监测、检测和评估本行政区域内饮用水水源、供水厂出水和用户水龙头水质等饮水安全状况。每季度向社会公开饮水安全信息。（县卫健委牵头，县住建局、生态环境局参与，各乡〔镇〕人民政府配合落实）

7.加强环境风险防范和应急能力建设。各水源地管理单位要建立水源地风险源名录；编制饮用水水源突发环境事件应急预案，每年至少组织一次环境应急演练，并向生态环境局备案。制定危险化学品运输管理制度和饮用水水源风险防范措施、编制饮用水水源突发环境事件专项应急预案，定期或不定期开展饮用水水源地周边环境安全隐患排查及饮用水水源地环境风险评估，建立饮用水水源地污染来源预警、水质安全应急处理和水厂应急处理三位一体的饮用水水源地应急保障体系，切实提高环境风险防范能力。（县住建局牵头，县卫健委、生态环境局参与，各乡〔镇〕人民政府配合落实）

8.加强农村饮水安全保障。提升农村饮水工程水质检测设施装备水平和检测能力，满足农村饮水工程的常规水质检测需求。强化水质净化处理设施建设以及消毒设施设备安装、使用和运行管理。跨乡镇或规模较大的集中式供水工程应按标准要求安装和使用水质净化和消毒设施设备，配备检测设备和人员，按有关规定进行常规水质检测。未安装或使用水质净化和消毒设施设备的小型集中供水和分散供水工程，也要采取水质净化和消毒措施，加强人员培训和消毒剂投放管理到位。年底前，对日供水1000吨或服务人口1万人规模以上的供水工程开展排查整治工作，加强日常监管，做好水质检测工作。（县水利局牵头，县发改委、卫健委参与，各乡〔镇〕人民政府配合落实）

（三）打好全域清洁河流攻坚战役

全面贯彻落实"河长制"，保障河流生态流量，逐步恢复水生态。

9.深化河道综合整治。梳理全县较差水体清单，排摸水体污染严重的超标控制单元，编制、实施控制单元水质达标方案。制定分阶段目标，将达标任务分解落实到各乡（镇）、企业及治理维护单位，着力推进综合整治工程，杜绝新增污染严重水体。严格控制环境激素类化学品污染，开展生产使用情况调查。结合河道底泥疏浚，开展河道生态治理，消除重污染指标。加强运行维护，加大河道长效管理力度。按照河道保洁和设施养护"两个全覆盖"的要求，推进全县河道陆域、水域设施养护的一体化和综合化管理，提升河道水环境面貌。开展水域岸线管理范围内的垃圾（秸秆）、入河直排口、餐饮、网箱养殖、河道采砂、码头、旱厕和堤身岸坡滩地农作物施肥种植等排查整治；优先完成对国控、省控地表水政府责任目标断面上游5000米、下游500米及河道两侧500米左右范围问题的排查整治，并纳入"一河一策"长效管护机制。年底前基本完成全部入河排污口（沟渠）整治。（县水利局牵头，县住建局参与，各乡〔镇〕人民政府配合落实）

10.积极开展河道生态修复保护工作。因

地制宜选择岸带修复、植被恢复、水体生态净化等生态修复技术，恢复河道生态功能。严格城市水域空间管控，保护和恢复河道、湿地、沟渠、坑塘等水体自然形态，着力保持水体岸线自然化。有计划实施生态化改造，恢复岸线和水体的自然净化功能；因地制宜合理种植水生植物，提高水体溶解氧能力，促进水质提升；恢复、重建城市水体良性生态系统。（县水利局牵头，有关乡镇人民政府负责落实）

11.加快城市水系沟通和活水循环。加强城市规划管控，新居民住宅小区严禁随意填埋河道沟塘，严格控制河道水体被侵占，加大力度清理河道两岸的违法建设，恢复已经覆盖的河道水体，确保城市现状水面不减少。开展"活水工程"建设，加大城市河道生态用水的水源补给，提倡合理利用再生水和清洁雨水作为补充水源，结合水生态文明城市建设，推进城市河道综合整治及连通工程、水循环工程建设，通过"引水引流、循环利用"提升水体水环境承载能力和自净能力。（县水利局牵头，县发改委、住建局参与，城关镇、东明镇、文峪乡、横涧乡人民政府配合落实）

（四）打好农业农村污染治理攻坚战役

以建设美丽宜居村庄为导向，以农村垃圾、污水治理和村容村貌提升为主攻方向，持续开展农村人居环境整治行动，实施美丽乡村建设示范工程，着力解决农业面源污染、白色污染问题，大力推进畜禽养殖废弃物资源化利用。

12.加快农村环境综合整治。整乡镇推进农村生活污水、垃圾处理统一规划、统一建设、统一运行、统一管理。因地制宜采用低成本、低能耗、易维护、高效率的污水处理技术，优先推进饮用水水源保护区、河流两侧、乡镇政府所在地、交通干线沿线和市界县界周边乡镇的村庄生活污水治理。加大各级财政运维投入，确保已建成的农村污水处理设施稳定正常运行。采用"集中+分散处理"相结合的方式，处理农村生活污水，建设效果好、易养护、成本低的农村生活污水处理设施。依托农村垃圾治理专项规划，加快推进农村垃圾中转设施和末端处理项目建设，实现"扫干净、转运走、保持住、处理好"的目标。（县农业农村局、县城管局牵头，县生态环境局、财政局、水利局、住建局参与，各乡〔镇〕人民政府配合落实）

13.加大农村环境综合整治力度。以改善农村地区水环境质量为核心，以垃圾清理、河道整治为重点，强化问题导向，加强源头控制，突出重点，标本兼治，分阶段科学推进农村历史遗留环境问题集中整治，全面改善农村地区水生态环境，年底前，完成40个行政村的农村环境综合整治任务。（县农业农村局、县城管局牵头，县生态环境局、财政局、水利局、住建局参与，各乡〔镇〕人民政府配合落实）

14.防控农村改厕后粪污污染。农村改厕后的粪污必须得到有效收集处理或利用，坚决防止污染公共水体。改厕后，污水能进入管网及处理设施的，必须全收集、全处理并达标排放；不能进入污水处理设施的，应采取定期抽运等收集处置方式，予以综合利用，有效管控改厕之后产生的粪污。年底前，农村户用无害化卫生厕所普及率达到65%左右，农村污水乱排乱放现象得到有效管控。（县住建局、城管局牵头，县卫健委参与，各乡〔镇〕人民政府配合落实）

15.推进畜禽养殖粪污资源化利用。按照《关于印发卢氏县畜禽养殖禁养区限养区调整方案》（卢政办〔2016〕186号)的通知精神，摸清老灌河、淇河两侧400米，国道、省道、高速公路两侧100米和其他的禁养区、限养区内的规模化以下零、散、乱等小型畜禽养殖场（户），并对详细地址、规模、存栏数量逐一造册登记。分期分批对以上区域内历史遗留零、散、乱小型畜禽养殖场（户）实施全面关闭取缔，年底前全面关闭取缔。现有及新建规模化畜禽养殖场（小区）必须配套建设与养殖规模

相适宜的粪便污水防渗防溢流贮存设施，以及粪便污水收集、利用和无害化处理设施。积极引导散养密集区实行畜禽粪便污水分户收集、集中处理利用。支持养殖场或第三方机构建设有机肥生产线，做到种养结合，粪污资源、畜禽养殖废水不得直接排入水体，排放应达到国家和地方要求。巩固禁养区内畜禽养殖场整治成果，防止反弹。全县畜禽规模养殖场粪污设施配套率85%以上，大型规模养殖场粪污处理设施配套率达到100%，畜禽养殖粪污综合利用率达到70%以上。（县农业农村局牵头，县发改委、自然资源局、财政局、供电公司参与，相关乡〔镇〕人民政府配合落实）

（五）统筹推进其他各项水污染防治工作

16.把好产业政策和立项审批关。在老灌河、洛河、淇河区域内不得新建和审批不符合国家产业政策的高耗能、高污染、低产出建设项目和企业。（县工业信息化和科技局、科技局牵头，县发改委、生态环境局参与，各乡〔镇〕人民政府配合落实）

17.建立水质目标责任考核制度。依托本区环境保护和环境建设协调推进委员会工作机制和环保三年行动计划推进平台，按照市政府下达的目标责任书考核要求，建立分级水质目标考核体系。将目标任务分解落实到各部门、乡镇和相关企业，按照河道所在区域进行分段，落实街镇河长负责制，对分段河道负责。按照《党政干部生态环境损害责任追究办法（实行）》，落实"党政同责"和"一岗双责"，加大督查力度，确保水环境质量逐年提高。（县水利局牵头，县生态环境局参与，相关乡〔镇〕人民政府负责落实）

18.加强污染物总量控制制度。严格控制进入水功能区的排污总量，重点对总氮、总磷分别提出限制排污总量控制方案，通过排污许可证管理制度明确排污单位总量指标。将新建、改建、扩建、迁建的建设项目企事业单位排污总量作为环境影响评价重点，纳入建设项目环境管理，相关项目必须取得排放总量指

标，方可进行建设。（县生态环境局）

19.全面推进企业清洁生产。加强农副食品加工、有色金属、原料药制造、电镀等水污染物排放行业重点企业强制性清洁生产审核，全面推进其清洁生产改造或清洁化改造。（县生态环境局、工业信息化和科技局、科技局牵头，县发改委、住建局、自然资源局参与，相关乡镇配合落实，具体企业负责落实）

20.加强农业面源污染防治。按照"一控两减三基本"（控制农业用水总量和农业水环境污染，化肥、农药减量使用，畜禽粪污、农膜、农作物秸秆基本得到资源化，综合循环再利用和无害化处置）的基本原则，加强对区域内农业面源的污染防治，推进有机肥使用，降低化肥使用量，减少农业水环境污染。开展化肥、农药使用量零增长行动，指导、鼓励农民使用生物农药或高效、低毒、低残留农药，推行精准施药和科学用药，推广病虫害综合防治、生物防治等技术。采用秸秆覆盖、免耕法、少耕法等保护性耕作措施。畜禽粪污、农膜、农作物秸秆得到资源化、综合循环再利用和有效处理，依据高标准农田建设、土地开发整理等标准规范，明确环保要求，新建高标准农田要达到相关环保要求。加强农业、农村区域的河岸、堤坝、湿地等设施整治建设，防治秸秆、生活垃圾对水体造成污染。在饮用水源地保护区以及大型灌区内，要利用现有沟、塘、窖等，配置水生植物群落、格栅和透水坝，建设生态沟渠、污水净化塘、地表径流集蓄池等设施，净化农田排水及地表径流。年底前，测土配方施肥技术推广覆盖率达到85%以上，农作物病虫害统防统治覆盖率达到70%以上。（县农业农村局牵头，县发改委、工业信息化和科技局、自然资源局、生态环境局、水利局、市场监管局参与，各乡〔镇〕人民政府配合落实）

21.严厉查处各类环境违法行为。加强对南水北调中线工程卢氏水源地安全保障区老灌河和淇河的环境监管，按照职责分工，依法取

缔或关闭"八小"企业，加快淘汰落后产能，严格环境准入，加强化工、农副食品加工、有色金属采选冶炼等重点水污染物排放行业的清洁生产改造。开展入河排污口整治和河道内污染物治理。严厉查处各类环境违法行为，对偷排偷放或未达标排放的污染源要依法依规严厉惩处，涉嫌环境污染犯罪的，坚决追究有关责任人的刑事责任，始终保持对环境违法行为严厉打击的高压态势。（县生态环境局）

22.加强对重点污染源监督管理。所有企业外排废水要全因子达到国家和省确定的水污染物排放标准，并符合水环境质量和总量控制的要求。加强涉水企业污染物排放监督性监测频次，建立污染源基础信息档案和监督性监测数据库，逐步完善污染源自动监控设施。（县生态环境局牵头，县工业信息化和科技局、发改委参与，相关乡镇人民政府配合落实）

23.提升产业集聚区污水处理水平。现有产业集聚区建成区域必须实现管网全配套，污水集中处理设施必须做到稳定达标运行，同时安装自动在线监控装置；排污单位对污水进行预处理后向污水集中处理设施排放的，应当符合集中处理设施的接纳标准。（产业集聚区、住建局牵头，县生态环境局、发改委、工业信息化和科技局、自然资源局、商务局参与，产业集聚区负责落实）

24.开展交通运输业水污染防治。完善高速公路服务区污水、垃圾收集处理和利用设施建设；船舶应当按照国家有关规定配置相应的防污设备和器材，码头、水上服务区应当按照有关规定及标准建设船舶污染物接收、转运及处置设施，建立健全船舶污染物接收、转运、处置监管制度，加强内河船舶污染控制，防止水运污染。（县交通局牵头，县住建局、城管局、生态环境局参与，有关乡镇负责落实）

25.节约保护水资源。严格重点监控用水单位台账监管，建立重点监控用水单位名录，加快节水产业发展。进一步推进实施全市地下水利用与保护规划、地下水超采区治理规划及

南水北调中线工程受水区、地面沉降区地下水压采方案，着力抓好地下水严重超采区综合治理工作。（县水利局牵头，县发改委、工业信息化和科技局、自然资源局、生态环境局、住建局、农牧局参与，各乡〔镇〕人民政府配合落实）

26.实现水质自动监测全覆盖。进一步完善水质监测站点设置，提高自动监测能力，加强监测数据质量保证，确保监测数据真实、客观、准确。强化对已建成水质自动站的协调联络，实现数据联网，数据共享。（县生态环境局牵头，县财政局参与）

四、工作要求

（一）落实目标责任。各乡镇人民政府配合落实是实施本方案的责任主体，对本行政区域内水环境质量和各项工作任务负总责，实行目标管理。各乡镇人民政府要结合本方案和县委、县政府《关于全面加强生态环境保护坚决打好污染防治攻坚战的实施意见》《卢氏县污染防治攻坚战三年行动计划（2018—2020年）》文件要求抓好具体落实；县直各有关部门按照职责分工，抓好部门工作落实，指导和督促各乡镇人民政府落实各项工作；各乡镇、各本部门结合年度任务制定具体实施方案。河流上下游各乡镇人民政府、各部门之间要加强协调、各司其职、各负其责、齐抓共管，按照各自职责和工作任务抓好落实。

（二）完善各项保障。财政局要统筹安排水污染防治各类资金，加大资金投入力度，用好税收、价格、补偿、奖励等政策，推进第三方治理；住建局要做好已建成污水处理设施的运营管理，保障运营资金，确保已建成的城镇污水处理厂和产业集聚区污水处理厂稳定达标运行；要加大地方水污染防治力度，提高污染排放标准，强化排污者责任，试行生态环境损害赔偿制度，健全环保信用评价、信息强制性披露、严惩重罚等制度，强化科技支撑等基础保障工作。

（三）严格奖惩问责。对重点工作任务实施调度、分析，逐步完善水环境质量生态补偿机制，对污染严重、水质恶化、工作滞后的乡镇人民政府和县直有关部门采取致函、约谈、曝光、问责等措施。按照《卢氏县水污染防治攻坚战考核奖惩制度》（试行）要求，对各乡镇人民政府、各相关部门2019年度水污染防治攻坚战开展情况进行考核，考核结果向社会公开，作为对被考核单位领导班子和领导干部综合考核评价的重要参考依据。

（四）促进全民治污。县环保、住建、水利、卫健委要按照职责分工，及时按规定发布水环境质量有关信息；积极宣传《中华人民共和国水污染防治法》，开展普法活动；畅通群众投诉举报渠道，实行有奖举报，动员全民参与监督，努力构建政府为主导、企业为主体、社会组织和公众共同参与的环境治理体系。

附件（略）

1.2019年地表水环境质量目标

2.卢氏县2019年农村环境综合整治目标任务

3.各部门重点工作任务

重 要 文 件 篇 目 辑 览

中线干线工程建设管理费的请示　豫调建〔2019〕3号

关于南水北调总干渠郑州2段站马屯弃渣场水保变更工程延期的请示　豫调建〔2019〕4号

关于编制《河南省南水北调受水区供水配套工程维修养护定额标准》的请示　豫调建〔2019〕5号

关于河南省南水北调受水区供水配套工程2019年2月用水计划的函　豫调建函〔2019〕1号

河南省南水北调中线工程建设管理局关于不再承担原河南省南水北调办公室污染防治攻坚战暗访督导工作职能的函　豫调建函〔2019〕2号

关于做好南水北调受水区供水配套工程文物保护专项验收工作的函　豫调建函〔2019〕3号

关于站马屯弃渣场水保变更工程延期的函　豫调建函〔2019〕4号

关于安阳段中州路公路桥右岸引道设计变更工程作为尾工的函　豫调建函〔2019〕5号

关于对完工审核结果进行签认的函　豫调建函〔2019〕6号、7号、8号

关于南水北调中线一期工程南阳市段、白河倒虹吸设计单元工程档案专项验收所提问题整改完成及移交档案的报告　豫调建综〔2019〕1号

关于做好宣传报道工作的通知　豫调建综〔2019〕2号

关于做好全国"两会"期间信访稳定工作的通知　豫调建综〔2019〕3号

关于转发《河南省水利厅关于做好全国两会期间有关工作的通知》的通知　豫调建综〔2019〕4号

关于转发《关于做好河南省水利系统五一劳动奖状、五一劳动奖章和工人先锋号推荐评选工作的通知》的通知　豫调建综〔2019〕5号

关于做好河南省南水北调年鉴　2019卷组稿工作的通知　豫调建综〔2019〕6号

2018年度民主评议党员民主评议党支部工作报告　豫调建综〔2019〕7号

关于召开河南省南水北调工程运行管理第三十九次例会的通知　豫调建综〔2019〕8号

关于转发《关于开展工程档案质量检查的通知》的通知　豫调建综〔2019〕9号

关于转发《关于对郑州2段工程档案进行评定前检查的函》的通知　豫调建综〔2019〕10号

关于南水北调中线一期工程总干渠郑州1段设计单元工程档案检查评定意见整改情况的报告　豫调建综〔2019〕11号

关于转发《关于潮河段工程档案进行检查的函》的通知　豫调建综〔2019〕12号

关于申请进行濮阳市南水北调配套设计单元工程档案专项验收的报告　豫调建综〔2019〕13号

关于转发《关于加强档案安全保管工作的通知》的通知　豫调建综〔2019〕14号

关于报送我省南水北调工程优秀新闻作品的通知　豫调建综〔2019〕15号

关于转发《关于对郑州1段工程档案进行验收前检查的函》的通知　豫调建综〔2019〕16号

关于进一步开展好"作风建设年"活动的通知　豫调建综〔2019〕18号

关于进一步做好值班工作的通知　豫调建综〔2019〕19号

关于南水北调中线一期河南委托项目工程档案安全保管情况的报告　豫调建综〔2019〕20号

关于南水北调中线一期工程总干渠新乡和卫辉段设计单元工程档案检查评定意见整改情况的报告　豫调建综〔2019〕21号

关于南水北调中线一期工程总干渠　潮河段设计单元工程档案检查评定意见整改情况的函　豫调建综〔2019〕22号

关于对工程档案管理情况调研的通知　豫调建综〔2019〕23号

关于转发水利厅主题教育办公室《关于转发〈广泛开展向张富清同志学习的通知〉的通知》的通知　豫调建综〔2019〕24号

关于报送河南省南水北调配套工程档案验收进展情况的通知　豫调建综〔2019〕25号

关于启用河南省南水北调中线工程建设管理局印章的通知　豫调建综〔2019〕26号

关于移交原省南水北调办公务车辆的请示　豫调建综〔2019〕28号

河南省南水北调中线工程建设管理局关于申报省级文明单位的申请　豫调建综〔2019〕29号

河南省南水北调建管局关于印发《河南省南水北调建管局专业技术岗位内部等级晋升管理暂行办法（试行）》的通知　豫调建综〔2019〕30号

关于做好南水北调通水五周年宣传工作的通知　豫调建综〔2019〕31号

关于河南省南水北调网域名更改的通知　豫调建综〔2019〕32号

关于做好南水北调网络宣传工作的通知　豫调建综〔2019〕33号

关于hnnsbd.gov.cn域名不再使用的报备申请　豫调建综〔2019〕34号

关于"河南南水北调"网站域名变更的通知　豫调建综〔2019〕35号

关于印发《河南省南水北调中线工程建设管理局冬春火灾防控"百日安全"行动方案》的通知　豫调建综〔2019〕36号

河南省南水北调中线工程建设管理局关于印发《学习型单位建设学习书目》的通知　豫调建综〔2019〕37号

关于印发《河南省南水北调建设管理局"不忘初心、牢记使命"主题教育实施方案》的通知　豫调建综〔2019〕40号

关于转发水利厅主题教育领导小组《关于转发省委"不忘初心、牢记使命"主题教育领导小组办公室〈关于切实防止和克服形式主义以好的作风保证"不忘初心、牢记使命"主题教育取得实效的通知〉的通知》的通知　豫调建综〔2019〕44号

关于报送2019年南水北调中线干线　河南委托段设计单元工程档案验收计划的函　豫调建综函〔2019〕1号

关于支持南水北调配套工程黄河南仓储维护中心项目建设的函　豫调建综函〔2019〕2号

关于商请解决南水北调工程站马屯弃渣场水土保持工程扬尘污染防治管控期间土方施工的函　豫调建综函〔2019〕3号

关于站马屯弃渣场与郑州市渠南路交叉部位水保问题的函　豫调建综函〔2019〕4号

关于移交南水北调中线一期工程郑州1段设计单元工程档案的函　豫调建综函〔2019〕5号

关于移交南水北调中线一期工程辉县段设计单元工程档案的函　豫调建综函〔2019〕6号

关于南水北调中线一期工程总干渠郑州2段设计单元工程档案检查评定意见所提问题整改完成的函　豫调建综函〔2019〕7号

关于南水北调配套工程黄河南仓储、维护中心项目场地绿化设计的函　豫调建综函〔2019〕8号

关于南水北调中线工程郑州2段桥梁3标项目部工程档案的函　豫调建综函〔2019〕9号

关于邀请于自力同志参加河南省南水北调年鉴评审会的函　豫调建综函〔2019〕10号

关于邀请王长春同志参加河南省南水北调年鉴评审会的函　豫调建综函〔2019〕11号

关于南水北调中线一期工程总干渠郑州2段设计单元工程档案专项验收前检查整改情况的函　豫调建综函〔2019〕12号

关于移交南水北调中线一期工程潮河段设计单元工程档案的函　豫调建综函〔2019〕13号

关于移交南水北调中线一期工程新乡和卫辉段设计单元工程档案的函　豫调建综函〔2019〕14号

关于南水北调中线一期工程总干渠沙河南~黄河南（委托建管项目）潮河第七施工标段标尾降排水索赔的批复　豫调建投〔2019〕1号

关于印发《河南省南水北调受水区安阳供水配套工程5个监理标监理延期服务费用审查意见》的通知　豫调建投〔2019〕2号

关于南水北调中线干线工程新卫段塔干连接渠恢复工程有关事宜的回复　豫调建投〔2019〕3号

清单漏项引起合同变更复审意见》的通知 豫调建投〔2019〕28号

关于《郑州机场至许昌市域铁路工程（郑州段）穿越南水北调受水区郑州供水配套工程20号口门—港区一水厂管线专题设计及安全评价报告》的批复 豫调建投〔2019〕29号

关于《河南易凯针织有限公司供水工程连接河南省南水北调35号分水口门供水配套工程专题设计及安全影响评价报告》的回复 豫调建投〔2019〕30号

关于印发《河南省南水北调受水区郑州供水配套工程郑州管理处及新郑、荥阳、港区、上街、中牟管理所外电项目施工图和预算审查意见》的通知 豫调建投〔2019〕31号

关于河南省南水北调受水区清丰供水配套工程清丰管理所外接输配电工程变更有关事宜的回复 豫调建投〔2019〕32号

关于增加河南省南水北调受水区供水配套工程鹤壁管理机构海绵城市设计等相关内容的回复 豫调建投〔2019〕33号

关于南水北调中线工程郑州1段等3个设计单元工程量稽查整改意见及相关要求的通知 豫调建投〔2019〕34号

关于南水北调中线干线工程安阳段等12个设计单元工程基本预备费使用方案的请示 豫调建投〔2019〕35号

关于架设16号口门任坡泵站双回路电源有关问题的回复 豫调建投〔2019〕36号

关于调剂使用河南省南水北调受水区焦作供水配套工程建设资金的批复 豫调建投〔2019〕37号

关于河南省南水北调受水区郑州供水配套工程郑州管理处外墙装饰装修分部工程设计变更报告的批复 豫调建投〔2019〕38号

关于河南省南水北调受水区濮阳供水配套工程35号口门向清丰供水工程输水管线设计变更报告的批复 豫调建投〔2019〕39号

关于南水北调中线白河倒虹吸工程新增永久用地补偿有关问题的申请报告 豫调建投〔2019〕40号

关于印发《鹤壁金山水厂泵站、第三水厂泵站、34号分水口泵站压力表、压力变送器、压力真空表招标重复的调查报告》的通知 豫调建投〔2019〕41号

关于《贾鲁河综合治理工程高新区段（化工路-科学大道）穿越南水北调郑州供水配套工程23号口门至白庙水厂管线专题设计及安全评价报告》的批复 豫调建投〔2019〕42号

关于简化其他工程穿越邻接河南省南水北调受水区供水配套工程审批程序的通知 豫调建投〔2019〕43号

关于变更安阳管理处主楼外墙设计方案有关问题的回复 豫调建投〔2019〕44号

关于河南省南水北调南阳市配套工程施工十标兰营水库充库线路新增连接线工程变更的批复 豫调建投〔2019〕45号

关于南阳市2019年南水北调配套工程泵站代运行项目分标方案的批复 豫调建投〔2019〕46号

关于印发《南水北调中线工程郑州2段站马屯弃渣场水土保持变更受渠南路建设影响设计方案及投资调整报告审查意见》的通知 豫调建投〔2019〕47号

关于南水北调中线干线工程潮河段渠道边坡衬砌砂垫层单价补偿的批复 豫调建投〔2019〕48号

关于襄城县氾城大道改建工程跨越河南省南水北调受水区供水配套工程许昌15号分水口门供水管线专题设计及安全影响评价报告的批复 豫调建投〔2019〕49号

关于邓州市207国道污水主干管工程穿越河南省南水北调受水区南阳配套工程2号分水口门新野供水主管线（XY3+998）专题设计报告及安全影响评价报告的批复 豫调建投〔2019〕50号

关于河南省南水北调受水区安阳供水配套工程35号供水管线施工13标滑县第三水厂支线Kb10+100-Kb10+609.402段管道工程施工合

程郑州管理处外墙装饰装修分部工程合同变更的批复 豫调建投〔2019〕81号

关于自动化系统综合配线架设备单价的批复 豫调建投〔2019〕82号

关于河南省南水北调受水区供水配套工程自动化调度系统通信系统变更设计的批复 豫调建投〔2019〕83号

关于印发《河南省南水北调受水区焦作供水配套工程建设监理延期服务费用补偿审查意见》的通知 豫调建投〔2019〕84号

关于罗疃水厂调蓄池取水问题的回复 豫调建投〔2019〕85号

关于自动化9标视频安防系统敷设线缆保护管单价的批复 豫调建投〔2019〕86号

关于河南省南水北调受水区漯河供水配套工程施工九标穿沙河连接工程合同变更的批复 豫调建投〔2019〕87号

关于河南省南水北调受水区漯河供水配套工程施工九标穿沙河顶管工程新增沉井工程合同变更的批复 豫调建投〔2019〕88号

关于濮阳县富民路穿越南水北调濮阳供水配套工程35号门输水线路濮南引黄调节池支线专题设计报告和安全影响评价报告的批复 豫调建投〔2019〕89号

关于河南省南水北调受水区漯河供水配套工程管道采购7标合同变更的批复 豫调建投〔2019〕90号

关于印发《河南省南水北调受水区平顶山供水配套工程叶县等4个管理所室外工程施工图设计及预算审查意见》的通知 豫调建投〔2019〕91号

关于河南省南水北调受水区漯河供水配套工程管道采购4标合同变更的批复 豫调建投〔2019〕92号

关于河南省南水北调受水区许昌市供水配套鄢陵供水工程施工2标输水管线合同变更的批复 豫调建投〔2019〕93号

关于唐河县北辰公园占压南阳供水配套工程7号口门唐河老水厂输水管线改建工程设计及

安全评价报告的批复 豫调建投〔2019〕94号

关于拨付建设资金的函 豫调建投函〔2019〕1号

关于焦作供水配套工程27号输水线路沿焦武路、丰收路管线设计变更段增加JPCCP管材生产供应商问题的复函 豫调建投函〔2019〕2号

关于省建管局组织实施鄢陵供水工程自动化系统建设的复函 豫调建投函〔2019〕3号

关于27号分水口门供水工程设计变更项目钢管采购直接委托的复函 豫调建投函〔2019〕4号

关于濮阳市翰林世家项目临时道路穿越南水北调配套管线有关事宜的复函 豫调建投函〔2019〕5号

关于河南省南水北调受水区许昌供水配套工程16号分水口门任坡泵站机组和拦污栅改造有关事宜的复函 豫调建投函〔2019〕6号

关于拨付建设资金的函 豫调建投函〔2019〕7号

关于南阳自动化设备安装环境新增改造项目费用审核报告有关问题的复函 豫调建投函〔2019〕8号

关于加快自动化设备安装相关问题的复函 豫调建投函〔2019〕9号

关于河南省南水北调南阳市配套工程管材一标新增管材及铠装PCCP管道合同变更的复函 豫调建投函〔2019〕10号

关于南阳市南水北调配套工程管材六标合同变更的复函 豫调建投函〔2019〕11号

关于河南省南水北调受水区周口市供水配套工程施工9标交通路顶管合同变更的复函 豫调建投函〔2019〕12号

关于河南省南水北调受水区周口市供水配套工程施工八标道路恢复合同变更的复函 豫调建投函〔2019〕13号

关于河南省南水北调受水区许昌供水配套工程16号分水口门供水工程建安施工二标禹神快速路浆砌石排水沟拆除重建工程变更的复

函　豫调建投函〔2019〕14号

关于河南省南水北调受水区周口市供水配套工程西区水厂支线向二水厂供水工程管道采购十标管材规格变化合同变更的复函　豫调建投函〔2019〕15号

关于河南省南水北调受水区许昌供水配套工程16号分水口门供水工程建安施工二标向神垕供水输水管线末端石方开挖、线路变更及延长工程变更的复函　豫调建投函〔2019〕16号

关于新乡管理处自动化设备安装事宜的函　豫调建投函〔2019〕17号

关于改迁长葛市菜姚路至郑万高铁连接路段自动化通信线路的函　豫调建投函〔2019〕18号

关于安装郑州南水北调配套工程管理处职工餐厅厨房设备所需经费的复函　豫调建投函〔2019〕19号

关于商请尽快缴纳河南省南水北调受水区焦作市博爱县供水配套工程地方配套资金的函　豫调建投函〔2019〕20号

关于河南省南水北调受水区郑州市供水配套工程23号、24-1号供水管线穿越铁路工程增加人工费问题的复函　豫调建投函〔2019〕21号

关于申请拨付建设资金的函　豫调建投函〔2019〕22号

关于开展运行管理财务检查和经费核销工作的通知　豫调建财〔2019〕1号

关于拨付鹤壁市南水北调配套工程运行管理费的批复　豫调建财〔2019〕2号

关于拨付邓州市南水北调配套工程运行管理费的批复　豫调建财〔2019〕3号

关于拨付郑州市南水北调配套工程运行管理费的批复　豫调建财〔2019〕4号

关于拨付南阳市南水北调配套工程运行管理费的批复　豫调建财〔2019〕5号

关于拨付新乡市南水北调配套工程运行管理费的批复　豫调建财〔2019〕6号

关于《关于拨付南水北调配套工程　建设资金

的请示》的批复　豫调建财〔2019〕7号

关于对《许昌市南水北调配套工程建设管理局关于申请配套工程建设资金的请示》的批复　豫调建财〔2019〕8号

河南省南水北调建设管理局关于南阳段建管处固定资产报废处置请示的批复　豫调建财〔2019〕10号

河南省南水北调建设管理局关于新乡段建管处固定资产报废处置请示的批复　豫调建财〔2019〕11号

河南省南水北调建设管理局关于郑州段建管处固定资产报废处置请示的批复　豫调建财〔2019〕12号

河南省南水北调建设管理局关于平顶山段建管处固定资产报废处置请示的批复　豫调建财〔2019〕13号

河南省南水北调建设管理局关于安阳段建管处固定资产报废处置请示的批复　豫调建财〔2019〕14号

关于拨付漯河市南水北调配套工程运行管理费的批复　豫调建财〔2019〕15号

关于拨付安阳市南水北调配套工程运行管理费的批复　豫调建财〔2019〕16号

关于拨付平顶山市南水北调配套工程运行管理费的批复　豫调建财〔2019〕17号

关于转发《关于印发南水北调中线干线工程完工财务决算编报计划的通知》的通知　豫调建财〔2019〕18号

河南省南水北调建设管理局关于申请2019年度南水北调配套工程建设资金的请示　豫调建财〔2019〕19号

关于鹤壁市南水北调配套工程运行管理费请示的批复　豫调建财〔2019〕20号

关于南阳市南水北调配套工程运行管理费请示的批复　豫调建财〔2019〕21号

关于邓州市南水北调配套工程运行管理费请示的批复　豫调建财〔2019〕22号

关于周口市南水北调配套工程运行管理费请示的批复　豫调建财〔2019〕23号

关于南阳段建管处2019年度建管费支出预算
的批复　豫调建财〔2019〕24号

关于郑州段建管处2019年度建管费支出预算
的批复　豫调建财〔2019〕25号

关于新乡段建管处2019年度建管费支出预算
的批复　豫调建财〔2019〕26号

关于安阳建管处2019年度建管费支出预算的
批复　豫调建财〔2019〕27号

关于印发《局机关2019年度建管费支出预
算》的通知　豫调建财〔2019〕28号

关于平顶山段建管处2019年度建管费支出预
算的批复　豫调建财〔2019〕29号

关于新乡市南水北调配套工程运行管理费请示
的批复　豫调建财〔2019〕30号

关于许昌市南水北调配套工程运行管理费请示
的批复　豫调建财〔2019〕31号

关于预拨27号分水口门输水线路建设资金请
示的批复　豫调建财〔2019〕32号

关于缴纳南水北调2018—2019年度上半年供水
水费的通知　豫调建财〔2019〕33号

关于平顶山市南水北调配套工程运行管理费请
示的批复　豫调建财〔2019〕34号

关于郑州市南水北调配套工程运行管理费请示
的批复　豫调建财〔2019〕35号

关于南阳市南水北调配套工程运行管理费请示
的批复　豫调建财〔2019〕36号

关于焦作市南水北调配套工程运行管理费请示
的批复　豫调建财〔2019〕37号

关于濮阳市南水北调配套工程运行管理费请示
的批复　豫调建财〔2019〕39号

关于拨付鹤壁市南水北调配套工程运行管理费
请示的批复　豫调建财〔2019〕40号

关于邓州市南水北调完善现地管理站设施费用
请示的批复　豫调建财〔2019〕41号

河南省南水北调建管局关于进一步加快南水北
调配套工程资金支付工作的通知　豫调建财
〔2019〕42号

关于南阳市配套工程管理处（所）、泵站、
现地管理站自动化设备安装环境新增改造建

设项目建安费用的批复　豫调建财〔2019〕
43号

关于安阳市南水北调配套工程运行管理费请示
的批复　豫调建财〔2019〕44号

关于编报《南水北调配套工程2019年下半年建设
资金计划》的通知　豫调建财〔2019〕45号

关于举办南水北调配套工程财务管理及竣工财
务决算编制培训班的通知　豫调建财
〔2019〕46号

关于焦作市南水北调配套工程运行管理费请示
的批复　豫调建财〔2019〕47号

关于周口市南水北调配套工程运行管理费请示
的批复　豫调建财〔2019〕48号

关于郑州市南水北调配套工程运行管理费请示
的批复　豫调建财〔2019〕49号

关于许昌市南水北调配套工程运行管理费请示
的批复　豫调建财〔2019〕50号

关于新乡市南水北调配套工程2019年下半年
建设资金使用计划的批复　豫调建财
〔2019〕51号

关于鹤壁市南水北调配套工程2019年下半年
建设资金使用计划的批复　豫调建财
〔2019〕52号

关于安阳市南水北调配套工程2019年下半年
建设资金使用计划的批复　豫调建财
〔2019〕53号

关于清丰县南水北调配套工程2019年下半年
建设资金使用计划的批复　豫调建财
〔2019〕54号

关于平顶山市南水北调配套工程2019年下半
年建设资金使用计划的批复　豫调建财
〔2019〕55号

关于漯河市南水北调配套工程2019年下半年
建设资金使用计划的批复　豫调建财
〔2019〕56号

关于南阳市南水北调配套工程2019年下半年
建设资金使用计划的批复　豫调建财
〔2019〕57号

关于郑州市南水北调配套工程2019年下半

建设资金使用计划的批复 豫调建财〔2019〕58号

关于许昌市南水北调配套工程2019年下半年建设资金使用计划的批复 豫调建财〔2019〕59号

关于滑县南水北调配套工程运行管理费请示的批复 豫调建财〔2019〕60号

关于平顶山市南水北调配套工程运行管理费请示的批复 豫调建财〔2019〕61号

关于漯河市南水北调配套工程运行管理费请示的批复 豫调建财〔2019〕62号

河南省南水北调建管局关于变更水费收缴专用账户的通知 豫调建财〔2019〕63号

关于鹤壁市南水北调配套工程运行管理费请示的批复 豫调建财〔2019〕64号

关于南阳市南水北调配套工程运行管理费请示的批复 豫调建财〔2019〕65号

关于濮阳市南水北调配套工程 2019年下半年建设资金使用计划的批复 豫调建财〔2019〕66号

关于催缴南水北调供水水费的通知 豫调建财〔2019〕67号、68号、69号、70号、71号、72号、73号、74号、76号、77号、78号、79号

关于对南水北调配套工程建设项目完工结算进行审核的意见 豫调建财〔2019〕80号

关于交纳南水北调水费的通知 豫调建财〔2019〕81号

关于周口市南水北调配套工程2019年下半年建设资金使用计划的意见 豫调建财〔2019〕82号

关于对南水北调配套工程2019年下半年资金使用情况进行督查的通知 豫调建财〔2019〕83号

关于南阳市南水北调配套工程运行管理费请示的批复 豫调建财〔2019〕84号

关于拨付办公家具及生产生活设施资金缺口请示的意见 豫调建财〔2019〕85号

关于购置办公家具及办公设备请示的意见 豫

调建财〔2019〕86号

关于编报《2020年度运行管理费支出预算》的通知 豫调建财〔2019〕87号

关于鹤壁市35号口门第四水厂支线首段应急维修工程费用请示的批复 豫调建财〔2019〕88号

河南省南水北调中线工程建设管理局关于报送2018年度固定资产投资报表的函 豫调建财函〔2019〕1号

河南省南水北调中线工程建设管理局关于报送石门河设计单元工程完工财务决算的函 豫调建财函〔2019〕2号

河南省南水北调建设管理局关于报送潞王坟试验段设计单元工程完工财务决算的函 豫调建财函〔2019〕3号

河南省南水北调建设管理局关于报送南阳膨胀土试验段设计单元工程完工财务决算的函 豫调建财函〔2019〕4号

河南省南水北调建设管理局关于报送白河倒虹吸段设计单元工程完工财务决算的函 豫调建财函〔2019〕5号

河南省南水北调建设管理局关于报送郑州1段设计单元工程完工财务决算的函 豫调建财函〔2019〕6号

河南省南水北调建设管理局关于报送郑州2段设计单元工程完工财务决算的函 豫调建财函〔2019〕7号

河南省南水北调建设管理局关于报送安阳段设计单元工程完工财务决算的函 豫调建财函〔2019〕8号

河南省南水北调建设管理局关于报送辉县段设计单元工程完工财务决算的函 豫调建财函〔2019〕10号

关于南水北调计量水费结算存在问题的函 豫调建财函〔2019〕11号

关于支付南水北调总干渠宝郏段棫树园西、史营东公路桥35kV供电线路调整增加投资的函 豫调建财函〔2019〕12号

关于支付南水北调总干渠禹长段课张南公路桥

35kV 供电线路调整增加投资的函　豫调建财函〔2019〕13号

关于拨付濮阳市南水北调清丰供水配套工程征迁安置资金的通知　豫调建移〔2019〕1号

关于拨付焦作市配套工程27号分水口门输水线路征迁资金的通知　豫调建移〔2019〕2号

关于报送配套工程征迁安置投资完成情况及后续所需资金的通知　豫调建移〔2019〕3号

关于报送南水北调干线工程环境保护验收联系人的通知　豫调建移〔2019〕4号

关于拨付焦作市南水北调配套工程征迁安置预备费的通知　豫调建移〔2019〕5号

关于拨付鹤壁市配套工程征迁安置实施管理费的通知　豫调建移〔2019〕6号

关于拨付鹤壁市配套工程征迁安置永久用地补偿费用的通知　豫调建移〔2019〕7号

关于拨付焦作市配套工程征迁安置预备费的通知　豫调建移〔2019〕8号

关于开展南水北调配套工程水土保持验收和环境保护验收的通知　豫调建移〔2019〕9号

关于转发南水北调中线干线工程建设管理局《关于开展南水北调中线一期工程水保环保专项验收"决战一百天"协同攻坚活动的通知》的通知　豫调建移〔2019〕10号

关于报送配套工程征迁安置后续所需资金的通知　豫调建移〔2019〕11号

关于拨付许昌市配套工程征迁安置预备费的通知　豫调建移〔2019〕12号

关于平顶山市南水北调配套工程征迁资金调整的批复　豫调建移〔2019〕13号

关于拨付鹤壁市配套工程征迁安置资金的通知　豫调建移〔2019〕14号

关于拨付新乡市配套工程征迁安置资金的通知　豫调建移〔2019〕15号

关于拨付许昌市配套工程征迁安置资金的通知　豫调建移〔2019〕16号

关于拨付平顶山市配套工程征迁安置资金的通知　豫调建移〔2019〕17号

关于拨付郑州市配套工程征迁安置资金的通知　豫调建移〔2019〕18号

关于拨付安阳市配套工程耕地占用税的通知　豫调建移〔2019〕19号

关于南阳市南水北调配套工程征迁资金调整的批复　豫调建移〔2019〕20号

关于进一步完善我省南水北调受水区供水配套工程文物保护工作的函　豫调建移函〔2019〕1号

关于站马屯弃渣场水保变更项目临高铁侧需进行设计变更的函　豫调建移函〔2019〕2号

关于清理拖欠民营企业中小企业账款有关工作的报告　豫调建建〔2019〕1号

关于转发《省水利厅办公室关于转发省财政厅做好清理拖欠民营企业中小企业账款有关工作补充通知》的通知　豫调建建〔2019〕2号

关于编报我省南水北调受水区供水配套工程2019年度工程验收计划的通知　豫调建建〔2019〕3号

河南省南水北调中线工程建设管理局约谈通知书　豫调建建〔2019〕4号

关于印发《焦作市配套工程运行管理巡查报告》的通知　豫调建建〔2019〕5号

关于印发《周口市配套工程运行管理巡查报告》的通知　豫调建建〔2019〕6号

关于印发《南水北调中线一期工程总干渠　陶岔—沙河南段（委托建管项目）方城段工程安全监测第一标段合同项目完成验收鉴定书》的通知　豫调建建〔2019〕7号

关于印发《南水北调中线一期工程总干渠　陶岔—沙河南段（委托建管项目）方城段工程安全监测第二标段合同项目完成验收鉴定书》的通知　豫调建建〔2019〕8号

关于印发《南水北调中线一期工程总干渠　陶岔—沙河南段（委托建管项目）南阳段安全监测工程合同项目完成验收鉴定书》的通知　豫调建建〔2019〕9号

关于做好岁末年初水利安全生产和安全防范工作的通知　豫调建建〔2019〕10号

沟排水渡槽出口下游13号~20号涵洞工程合同项目完成验收鉴定书》的通知　豫调建建〔2019〕42号

关于举办河南省南水北调配套工程2019年度运行管理培训班的通知　豫调建建〔2019〕43号

关于郑州供水配套工程施工4标和11标个别非主体工程作为尾工的批复　豫调建建〔2019〕44号

关于邓州市南水北调配套工程3号分水口门彭家泵站代运行管理的批复　豫调建建〔2019〕45号

关于郑州供水配套工程管理处、所个别非主体工程作为尾工的批复　豫调建建〔2019〕46号

关于做好2020年元旦、春节期间我省南水北调工程供水运行和安全管理工作的通知　豫调建建〔2019〕47号

关于鹤壁市南水北调配套工程34号口门　豫调建建〔2019〕48号

关于许昌供水配套工程鄢陵供水工程运行管理工作的复函　豫调建建函〔2019〕1号

关于鹤壁市配套工程泵站代运行项目续签合同的复函　豫调建建函〔2019〕2号

关于鹤壁市配套工程34号泵站和36号泵站机组大修的复函　豫调建建函〔2019〕3号

关于办公场所搬迁相关费用的复函　豫调建建函〔2019〕4号

关于河南省南水北调受水区供水配套工程2019年3月用水计划的函　豫调建建函〔2019〕5号

关于向邓州市湍河供水的函　豫调建建函〔2019〕6号

关于2014—2016年度水量确认有关问题的复函　豫调建建函〔2019〕8号

关于河南省南水北调受水区供水配套工程2019年4月用水计划的函　豫调建建函〔2019〕9号

关于郑州市南水北调配套工程20号口门泵站1号机组大修费用的复函　豫调建建函〔2019〕10号

关于河南省南水北调受水区漯河供水配套工程施工9标项目划分调整的函　豫调建建函〔2019〕11号

关于河南省南水北调受水区供水配套工程2019年4月用水计划的函　豫调建建函〔2019〕12号

关于南阳市南水北调配套工程管理设施完善项目验收工作的复函　豫调建建函〔2019〕13号

关于郑州市南水北调配套工程20号口门供水管线三处漏水抢修费用的复函　豫调建建函〔2019〕14号

关于河南省南水北调受水区供水配套工程2019年5月用水计划的函　豫调建建函〔2019〕15号

关于许昌市南水北调配套工程现地管理站运行管理工作考核办法（试行）的复函　豫调建建函〔2019〕16号

关于河南省南水北调受水区周口供水配套工程施工8、10标项目划分调整的函　豫调建建函〔2019〕17号

关于对水利部南水北调司关于征求南水北调设计单元工程完工验收工作导则（修订）（征求意见稿）意见的函的复函　豫调建建函〔2019〕18号

关于商请协调解决影响设计单元工程完工验收有关问题的函　豫调建建函〔2019〕19号

关于河南省南水北调受水区供水配套工程2019年6月用水计划的函　豫调建建函〔2019〕20号

关于鹤壁市采购泵站机组水泵配件的复函　豫调建建函〔2019〕21号

关于协调解决渠南路工程穿越南水北调总干渠站马屯弃渣场有关问题的函　豫调建建函〔2019〕22号

关于河南易凯针织有限责任公司供水工程连接南水北调35号分水口门配套工程试通水运行调度方案的复函　豫调建建函〔2019〕23号

关于河南省南水北调受水区焦作供水配套工程27号分水口门施工2标项目划分调整的函　豫调建建函〔2019〕24号

况的通报　漯调〔2019〕10号

关于漯河市南水北调配套工程流量计等设备安装相关问题的报告　漯调建〔2019〕4号

关于拨付漯河市南水北调配套工程运行管理费的请示　漯调建〔2019〕8号

关于做好2019年漯河市南水北调配套工程度汛和防汛工作的通知　漯调建〔2019〕19号

关于做好2019年我市南水北调配套工程防汛工作的通知　漯调建〔2019〕27号

关于报送《漯河市南水北调配套工程剩余项目推进工作台账》的报告　漯调建〔2019〕34号

关于漯河市南水北调配套工程尾工建设资金的请示　漯调建〔2019〕43号

关于拨付征迁实施管理费的请示　漯调建〔2019〕44号

许昌市南水北调办公室落实2018年度民主生活会情况报告　许调办〔2019〕19号

许昌市南水北调办公室关于印发《许昌市南水北调办公室2019年党建工作要点》的通知　许调办〔2019〕34号

许昌市南水北调办公室关于印发《2019年市南水北调办公室履行全面从严治党主体责任清单》的通知　许调办〔2019〕35号

许昌市南水北调办公室关于进一步加强工作纪律的通知　许调办〔2019〕55号

许昌市南水北调办公室关于成立加强党的建设履行全面从严治党主体责任领导小组的通知　许调办〔2019〕66号

许昌市南水北调办公室关于印发《许昌市南水北调办公室加强党的建设履行全面从严治党主体责任领导小组工作规则》和《办公室工作细则》的通知　许调办〔2019〕68号

关于印发《许昌市南水北调办公室财务管理办法》的通知　许调办〔2019〕79号

关于印发《许昌市南水北调办公室差旅费管理办法》的通知　许调办〔2019〕81号

许昌市南水北调工程运行保障中心关于开展全市南水北调配套工程运行管理工作督查活动的通知　许调水运〔2019〕91号

关于印发《许昌市南水北调工程运行保障中心机关会务管理制度》和《许昌市南水北调工程运行保障中心公务用车使用管理规定》的通知　许调水运〔2019〕93号

许昌市南水北调工程运行保障中心关于深化"党建＋"行动的实施方案　许调水运〔2019〕95号

许昌市南水北调工程运行保障中心庆祝新中国成立70周年主题教育活动方案　许调水运〔2019〕96号

许昌市南水北调工程运行保障中心关于印发《2019年中共许昌市南水北调工程运行保障中心加强党的建设履行全面从严治党主体责任工作台账》的通知　许调水运〔2019〕103号

郑州市南水北调办公室（市移民局）2019年春节"送温暖"慰问方案　郑调办〔2019〕5号

郑州市南水北调办公室(市移民局)关于印发2019年度工作计划的通知　郑调办〔2019〕8号

郑州市南水北调办公室（市移民局）2019年度宣传工作意见　郑调办〔2019〕11号

关于印发《郑州市南水北调办公室2019年度精神文明建设工作实施意见》的通知　郑调办〔2019〕12号

关于加快郑州段南水北调干渠水源保护区标识标牌建设的通知　郑调办〔2019〕13号

关于将南水北调中线一期工程荥阳段结余资金调整到穿黄段使用的请示　郑调办〔2019〕16号

关于开展2019年汛前配套工程专项执法活动的通知　郑调办〔2019〕18号

郑州市南水北调办公室（移民局）关于举办全市水库移民后期扶持培训的请示　郑调办〔2019〕19号

关于印发《郑州市南水北调办公室2019年度领导干部学法计划》的通知　郑调办〔2019〕24号

关于印发《郑州市南水北调工程运行保障中心财务收支管理制度（试行）》的通知　郑调

构编制调整方案的请示　新调中心党组
〔2019〕1号

中共新乡市南水北调工程运行保障中心党组关
于2019年"不忘初心、牢记使命"专题民
主生活会情况报告　新调中心党组〔2019〕
2号

新乡市南水北调工程运行保障中心主题教育总
结报告　新调中心党组〔2019〕3号

中共新乡市南水北调办公室党组关于2018年
意识形态工作的专题报告　新调办党
〔2019〕1号

中共新乡市南水北调办公室党组2019年度党
组中心组学习计划　新调办党〔2019〕3号

市南水北调工程运行保障中心"不忘初心、牢
记使命"专题民主生活会方案　新调办党
〔2019〕9号

关于印发《新乡市南水北调配套工程运行管理
工作补充规定》的通知　新调办运〔2019〕
18号

安阳市防汛抗旱指挥部关于调整安阳市城市、

彰武南海水库、南水北调工程防汛分指挥部
领导的通知　安防指〔2019〕3号

安阳市防汛抗旱指挥部办公室关于南水北调中
线干线汤阴管理处2019年防洪应急预案及
度汛方案的批复　安防办〔2019〕2号

安阳市防汛抗旱指挥部办公室关于南水北调中
线干线安阳管理处2019年度汛方案与应急
预案的批复　安防办〔2019〕3号

安阳市南水北调办公室安全生产事故隐患大
暗访大排查大治理大执法攻坚行动实施方
案　安调办〔2019〕8号

安阳市南水北调办公室关于开展对我市南水北
调配套工程违建项目排查整治工作的通知
安调办〔2019〕39号

安阳市南水北调工程2019年防汛工作方案
安调防指〔2019〕1号

卢氏县环境污染防治攻坚战领导小组办公室
关于印发《卢氏县2019年水污染防治攻坚
战实施方案》的通知　卢环攻坚办〔2019〕
65号

叁 综合管理

行 政 管 理

【部门职能】

2019年3月河南省水利厅成立南水北调工程管理处，4月成立南水北调工程管理处党支部。协调落实南水北调工程有关重大政策和措施。组织南水北调工程竣工财务决算、审计和工程验收有关工作。负责河南省南水北调工程运行管理与后续工程建设的行政监督。拟定南水北调受水区年度水量调度计划并组织实施。负责南水北调配套工程水量调度、运行管理工作，并对南水北调配套工程供用水和设施保护工作进行监督、指导。负责南水北调配套工程水费收缴、管理和使用。作为新的职能部门，围绕全省水利工作会议和河南省水利厅党的工作暨党风廉政建设工作会议部署，开展"不忘初心，牢记使命"主题教育，推动全省南水北调工作适应新转变，履行新职责，主题教育取得明显成效。

【运行管理】

2019年，定期召开运行管理例会，举办运行管理培训班，委托第三方加大工程运行管理巡查力度，推进配套工程管理保护范围划定及标志标牌设立工作，开展"计量误差""前池清淤""泵站供电"等专题调研，加强协调，强化监管，确保河道、水库补水安全，发挥生态补水效益。截至2019年10月31日，全省累计供水86.22亿 m^3，占全线累计供水的36.05%。2018−2019调水年度供水24.23亿 m^3（其中生态补水1.49亿 m^3），占调水年度计划的110.3%。

【工程验收】

2019年，成立河南省水利厅南水北调工程验收工作领导小组，建立省南水北调工程验收专家库，修订《河南省南水北调配套工程验收工作导则》；发挥配套工程验收原有的工作机制优势，强化对配套工程验收工作的监督管理。机构改革后河南省南水北调工程验收的管理体系重新建立并更加完善。石门河倒虹吸于9月27日通过完工验收；白河倒虹吸完工验收技术性初验于10月23日完成；跨渠桥梁竣工验收成效明显。干线工程验收满足水利部计划要求，配套工程验收继续推进。

【防汛度汛】

2019年，成立检查组对南水北调工程防汛风险项目、渣场稳定加固项目及防洪影响处理工程未完工项目开展防汛准备工作检查，发现问题，督促整改；参加沁河倒虹吸防汛演练技术保障、信息发布与后勤保障工作，演练达到预期目的；采用"四不两直"方式到南阳市、许昌市核查安全度汛风险隐患清单整改落实情况。2019年，南水北调工程安全度汛。

【水费收缴】

2019年，河南省水利厅领导带队督导水费收缴工作，落实副省长武国定在全省"三农"工作会上讲话精神，印发《关于尽快收缴南水北调水费的通知》，对逾期上交水费不足80%的省辖市，采取财政扣缴、取消评先资格、暂停新增项目与新增供水量审批等措施。截至2019年11月1日，全省已收缴前四个调水年度水费40.95亿元，占应交水费54.39亿元的75.29%。

【供水效益】

2019年，督促指导开封、郑州、周口、安阳、新乡等地新增供水工程前期工作；协调推进方城贾河、禹州沙坨湖、新郑观音寺、焦作大沙河、新乡洪洲湖、新乡塔岗水库、鹤壁刘寨等干线调蓄工程前期工作；组织设计单位开展7座水库与干渠连通工程的研究论证工作。持续推进补齐供水工程短板，不断提高南水北调供水保障率，进一步扩大供水效益。

新增登封供水工程于2019年6月29日建成通水，实现南水北调水向白沙水库调蓄；驻马店4县和舞钢供水工程开工建设；内乡供水工程初设已批复，许昌市经开区供水工程正在招标。2019年全省南水北调受益人口总量首次突破2000万，达到2300万，实现全省水利工作会议确定的目标。

（雷应国）

投 资 计 划 管 理

【配套工程投资管控】

变更索赔审批　印发《关于加快河南省南水北调受水区供水配套工程合同变更索赔处理工作的通知》（豫调建投〔2019〕23号），将建管单位的批复限额由100万元调整至200万元，明确目标任务、责任主体和工作要求。8月，根据第40次运管例会要求，研究提出配套工程监理延期服务费补偿的原则、标准和计算方法，部分建管单位已组织监理单位完成材料的编报工作。全年完成变更索赔审批239项，累计完成1972项，占配套工程变更索赔台账2058项的96%，预计还有86项需审批。

管理设施完善预算审查　根据第40次运行管理例会要求，会同安阳市、平顶山市分别对汤阴、内黄管理所室外工程、阀井加设安全设施和叶县、鲁山、宝丰、郏县管理所室外工程施工图和预算进行联合审查，会同郑州市对郑州管理处外墙装饰工程设计变更和港区、中牟、荥阳、上街管理所室外工程及绿化项目施工图进行审查，并按照工程变更程序对变更项目组织实施。

结算工程量核查　2019年印发《关于开展河南省南水北调受水区供水配套工程结算工程量专项检查的通知》（豫调建投〔2019〕79号），要求各建管单位对施工安装标段已结算工程量进行全面检查，并由省南水北调建管局委托咨询单位进行全面核查，初步确定委托5家咨询单位承担核查工作并进行合同条款协商。

【穿越配套工程审批】

根据河南省南水北调工程运行管理第40次例会精神，2019年印发《关于简化和规范其他工程穿越邻接河南省南水北调受水区供水配套工程审批管理的通知》（豫调建投〔2019〕43号），简化部分后穿越项目的审批程序，提高审批工作效率，减轻建设单位的资金负担。2019年共组织审查穿越、邻接配套工程项目28项，批复13项。

【中线工程变更处理】

2019年与中线建管局沟通，妥善处理郑州2段等5个设计单元渠道衬砌砂垫层单价补偿、潮河段降排水变更。2019年底，干线工程变更索赔处理全部完成，累计处理7149项。对施工单位提出的争议复议项目，组织专家并会同中线建管局召开专题会进行讨论提出处理意见。2019年底，干线工程争议复议处理基本完成。配合中线建管局派驻工作组，依照价差调整政策开展测算工作，为价差调整处理原则的最终确定提供依据。开展河南省委托段16个设计单元工程价差复核工作，完成10个设计单元，剩余6个设计单元正在进行。

【自动化与运行管理决策支持系统建设】

通信线路工程　自动化调度系统通信线路总长803.76km（设计长度751.52km，新增供水项目长度52.24km）。2019年4月，委托自动化代建部负责自动化调度系统试运行管理，开始与南阳、许昌、濮阳联网运行。2019年度批复《自动化通信系统变更设计报告》。

自动化设备安装　自动化设备安装涉及省调度中心、11个管理处、43个管理所、143个现地管理房（含泵站）。2019年完成5个管理处、28个管理所、100个现地管理房（含泵站）的设备安装。截至12月31日，除因安阳、鹤壁管理处主体工程在建，焦作管理处正在建筑装修，临颍、舞阳管理所未建，淇县、浚县管理所主体工程未验收无法安装外，全省其他8个管理处、39个管理所、全部现地管理房（含泵站）的自动化设备安装完成。

流量计安装　流量计总计174套（合同168套，设计变更取消3套，新增线路增加9套），2019年完成流量计安装15套，截至12月31日累计整套安装完成161套，部分安装6套，未安装6套，备品备件1套（鹤壁金山水厂未建）。整套安装完成比例92.53%。

（王庆庆）

资金使用管理

【干线工程资金到位与使用】

截至2019年底，干线工程累计到位工程建设资金324.90亿元，2019年项目法人拨款1.60亿元。累计基本建设支出327.14亿元，其中建筑安装工程投资287.04亿元，设备投资5.66亿元，待摊投资34.44亿元。省南水北调建管局本级货币资金合计0.33亿元。

【配套工程资金到位与使用】

截至2019年底，配套工程累计到位资金144.46亿元，其中省、市级财政拨款资金56.95亿元，南水北调基金49.13亿元，中央财政补贴资金14亿元，银行贷款24.38亿元。2019年未拨入资金。全省南水北调配套工程累计完成基本建设投资126.03亿元。其中：完成工程建设投资94.32亿元、征迁补偿支出31.71亿元。省南水北调建管局本级货币资金10.95亿元。

【水费收缴】

截至2019年底，共收缴水费42.9亿元，其中2014-2015供水年度收缴8.25亿元，2015-2016供水年度收缴6.85亿元，2016-2017供水年度收缴1.08亿元，2017-2018供水年度收缴12.77亿元，2018-2019供水年度收缴13.95亿元。2019年累计上交中线建管局水费27.6亿元，其中2014-2015供水年度上交水费5.99亿元，2015-2016供水年度上交水费2.01亿元，2016-2017供水年度上交水费4亿元，2017-2018供水年度上交水费7亿元，2018-2019供水年度上交水费8.6亿元。

【干线工程完工财务决算】

截至2019年底，潞王坟试验段、白河倒虹吸段、南阳膨胀土试验段、石门河倒虹吸等4个设计单元的完工决算水利部已经核准；安阳段、郑州1段、郑州2段、辉县段、宝郏段、潮河段等6个单元的完工财务决算编制完成报中线建管局审核，较好完成水利部、中线建管局制定的工作目标。其余6个设计单元，焦作2段、新乡和卫辉段、方城段、南阳市段、禹州长葛段、新郑南段的完工财务决算编制工作正在进行。

【配套工程运行资金管理】

组织编制全省11个省辖市和2个直管县市2019年度运行管理费支出预算，报水利厅厅长办公会核准后执行。预算执行过程中，每季度对各省辖市、直管县市运行管理费收支情况进行监督审核，2019年运行管理支出预算16.99亿元，实际支出12.7亿元。

【审计与整改】

配合省审计厅开展省南水北调建管局2018年度预算执行和其他财政收支相关事项核查工作，审计未发现违反法律法规或政策规定问题。配合审计署河南审计组开展落实国家重大政策措施情况跟踪审计工作。截至2019年10月，涉及审计的河南省配套工程调度中心内装饰、幕墙和消防3个合同项目未完成工程款支付问题，除消防项目未完成财政评审，其他两个项目完成评审和整改。

【业务培训】

2019年组织财务人员参加中线建管局干线工程完工财务决算编制培训、水利厅基建项目竣工财务决算管理培训、行政事业单位全面预算绩效管理与新旧会计制度衔接培训。8月下旬举办南水北调配套工程财务管理及竣工财务决算编制培训班。

(李沛炜　王　冲)

运 行 管 理

河南省南水北调建管局

【概述】

印发《关于进一步规范我省南水北调配套工程损毁破坏修复监管有关事宜的通知》（豫调建建〔2019〕38号），进一步规范配套工程损毁破坏修复监管工作。2019年河南省南水北调配套工程运行平稳安全，全省共有38个口门及21个退水闸开闸分水。

【机构人员管理】

继续委托有关单位协助开展泵站运行管理，逐步补充运行管理专业技术人员和运行管理生产人员。2019年12月16～21日，省南水北调建管局委托河南水利与环境职业学院在郑州市举办河南省南水北调配套工程2019年度运行管理培训班，学习中线工程、万家寨引黄工程、河北省南水北调配套工程管理体制及运行管理标准化规范化建设经验。全省108名配套工程调度管理、运行管理、巡视检查、维修养护人员参加培训。按照"管养分离"的原则，通过公开招标选定的维修养护单位继续承担全省配套工程维修养护任务。

【计划管理】

水利部《南水北调中线一期工程2018-2019年度水量调度计划》（水南调函〔2018〕155号）和省水利厅、省住建厅、省南水北调办联合印发的《南水北调中线一期工程2018-2019年度水量调度计划》（豫水政资函〔2018〕152号），确定河南省2018-2019年度计划水量21.96亿 m³（含南阳引丹灌区6亿 m³）。省南水北调建管局制定全省月用水计划，报省水利厅并函告中线建管局作为每月水量调度依据。按照水利部部署，配合省水利厅编报2019年生态补水计划。2019年8月和9月累计生态补水1.49亿 m³。2018-2019年度，河南省供水24.23亿 m³，完成年度计划21.96亿 m³的110%；扣除2019年8月和9月生态补水，河南省2018-2019年度供水22.74亿 m³，完成年度计划的104%（其中南阳引丹灌区5.97亿 m³）。

【水量调度】

省南水北调建管局每月底向受水区各市、县下达下月水量调度计划，编制全省配套工程运行管理月报。月供水量较计划变化超出10%或供水流量变化超出20%的，通过调度函申请调整。2019年，向中线建管局发调度函87份、向相关市县发调度专用函109份。

【水量计量】

开展流量计比对工作，组织供用水各方每月1日开展水量计量观测，签字确认水量计量数据。省南水北调建管局汇总统计河南省南水北调工程2018-2019年度前6个月和全年度暂结计量水量，提交财务部门作为计量水费核算依据。

【维修养护】

河南省南水北调配套工程的日常维修养护、专项维修养护和应急抢修工作，由原省南水北调办通过公开招标选择，承担全省配套工程维修养护任务。省南水北调建管局按照原省南水北调办合同约定，组织维修养护单位开展维修养护工作。截至2019年12月31日，维修养护单位较好地完成日常维修养护任务，完成专项维修养护项目94项、应急抢险项目20项。

【供水效益】

截至2019年12月31日，河南省累计有38个口门及21个退水闸开闸分水，向引丹灌区、81座水厂供水、6个水库充库及南阳、漯河、周口、平顶山、许昌、郑州、焦作、新乡、鹤壁、濮阳和安阳等11个省辖市及邓州市生态补水，累计供水91.26亿 m^3，占中线工程供水总量的36.6%，日供水量最高达1673万 m^3，全省受益人口2300万人，农业有效灌溉面积115.4万亩。

2019年8月10~23日，干渠13个退水闸向南阳、漯河、平顶山、许昌、郑州、焦作等6个省辖市和邓州市生态补水0.61亿 m^3；9月13日~10月1日，干渠14个退水闸向南阳、漯河、平顶山、许昌、郑州、焦作、新乡、鹤壁、安阳等9个省辖市和邓州市生态补水0.88亿 m^3。

（庄春意）

渠首分局

【概况】

2019年是中线工程全线通水的第五年，也是工程管理提档升级、发展全速推进之年。渠首分局围绕水利部"水利工程补短板、水利行业强监管"的改革发展总基调和中线建管局"供水保障补短板、工程运行强监管"总体要求，坚持以党建为引领，以问题为导向，以"两个所有"为抓手，以规范化和信息化为手段，以安全运行为目标，推进党建与业务工作融合，实现工程平稳运行、水质持续达标、管理提档升级、效益显著发挥的目标。

截至2019年12月31日，渠首分局在编职工228人，其中男职工200人、女职工28人；汉族223人、满族1人、蒙古族4人。

2019年8~9月渠首分局进入大流量输水运行阶段，陶岔渠首入渠流量达到设计流量350 m^3/s 运行共计24天。2018-2019供水年度分调度中心完成调度指令3830条，其中执行远程调度指令2377条，下达和完成现地指令（因检修和动态巡视）1453条。全年未发生调度生产安全事件。

【机构改革】

2019年5月，中线建管局进行组织机构改革，根据新的机构和人员编制方案，渠首分局内设管理机构随即调整，编制人员由231人增加至299人。调整后机关职能部门设综合处、计划合同处、财务资产处、人力资源处、党群工作处（纪检监察处）、分调度中心、工程处、水质监测中心（水质实验室）和安全处9个处室；所辖三级管理机构共6个，其中新成立陶岔电厂，管辖范围为渠首电站、引水闸及相关配套设施设备；陶岔管理处管辖范围调整为渠首大坝上游2km引渠至刁河节制闸下游交通桥下游侧干渠（不含陶岔电厂管辖部分）；邓州管理处管辖范围调整为刁河节制闸下游交通桥下游侧至与镇平管理处交界处；镇平管理处、南阳管理处、方城管理处管辖范围不变。各三级管理机构负责管辖范围内运行调度、工程维护、水质保护、安全保卫和陶岔电厂等运行管理工作。

【制度体系健全】

2019年完成土建绿化维修养护及工程监理供应商备选库建立工作，分别与21家单位签订入库协议，部分项目已使用供应商备选库方式采购。制订《土建和绿化工程维护队伍考核办法》并按期考核通报，持续推进土建和绿化维修养护标准化作业。修订渠首分局合同管理实施细则并配合完成土建、绿化日常维修养护项目标准化工程量清单、预算定额现场测定。财务内控制度体系逐步优化完善，规范涉及个税专项附加扣除、专家咨询费、食堂核算、罚款、押金等制度。印发补充医疗费用报销规定，全体职工社会保险及补充医疗按期缴纳、严格报销。完成车队管理办法、会议管理办法、印章管理办法、职工宿舍管理办法等制度修订印发。

【运行管理短板提升】

2019年正式启用1+300流量监测断面，入渠水量计量更加精准；推进规范化标准化建设，5个现地管理处中控室均被授予"达标中控室（三星）"称号，生产环境标准化建设向"优秀中控室（四星）"推进。组织完成辖区26座闸站设施设备升级改造、视频监控盲区覆盖等一批重点项目，又有12座闸站通过标准化达标验收，闸控系统远程指令成功率提升到99.5%以上。完成陶岔和姜沟2个水质自动监测站标准化达标建设并通过验收，新配备无人采样机，完成分水口防淤堵自动拦藻装置布设。在方城段实施高地下水位渠段增设排水系统推广项目，综合应用扶壁式围堰、水下不扩散混凝土、衬砌板预制技术完成水下衬砌板修复任务，有效消除水下衬砌板安全隐患。利用小流量运行时机，开展黄金河倒虹吸等建筑物排空检查。完成镇平管理处和方城管理处合作造林项目，种植高杆红叶石楠树、高杆大叶女贞、高杆月季等苗木数量137878株，利用结余资金实施绿化补植，渠道沿线绿化带建设完成。

【尾工建设及工程验收】

2019年配合河南省南水北调建管局南阳建管处完成委托段4个设计单元工程档案专项验收发现问题整改及接管移交工作。跨渠桥梁191座完成竣工验收移交179座，完成率94%。提前组织完成辖区8个局部边坡不稳定渣场加固及7个基本稳定渣场、3个五级渣场整治处理。高效落实"决战一百天"协同攻坚任务，推进完成陶岔至沙河南段水土保持设施自主验收和陶岔至黄河南段竣工环境保护验收。完成湍河渡槽设计单元工程、白河倒虹吸设计单元工程、膨胀土试验段工程（南阳段）设计单元工程项目法人验收自查和完工验收。重点解决处理32项遗留问题、整改落实57项审计问题，完成镇平段、淅川段设计单元完工财务决算编报任务。

【风险项目安全监管】

2019年，渠首分局纳入水利部丹江口水利枢纽防汛指挥部和南阳市防汛指挥部成员单位，通过汛前排查与隐患整治、实施黄金河倒虹吸附近河道整治和渗水处理项目，实现度汛安全。"护网2019"攻防演练完成防护任务，对网络安全措施进行检验。完成对11个穿跨越及邻接干渠施工项目方案审查与现场监管，郑渝高铁和浩吉铁路跨越项目通过验收并通车，工程安全未受影响。加强风险源防控措施，借力水污染源防治攻坚战，污染源总数从2019年初的19处降至5处；合理优化应急物资储备，联合南阳市政府开展大型水污染应急演练1次，强化水污染应急监测及处置能力。理顺警务与安保协调管理机制，深化与地方部门联防互动，开发安全宣传短信平台，辖区治安形势稳定。

【安全生产标准化建设】

2019年成立水利安全生产标准化一级达标创建组织机构并印发实施方案，对照126项评审标准，从标准化体系建设、安全文化构建、现场风险防控、规章制度完善等方面全方位推进，标准化创建成果逐步显现。首次成立安全处和安全科，配备专职安全管理人员，安全管理体制更加有力。完成全国"两会"、汛期、大流量输水期、新中国成立70周年、中线通水五周年等重要时段的安全加固，未发生各类安全事故。强化渠道出入管理，对门禁、锁具统一更换，组织开展拦漂索、救生圈、防抛网改造，配发防溺水安全手环，利用测速仪、酒精检测仪强化交通检查，安全管理短板不断消除。

【科技创新】

渠首分局在中线建管局2019年科技创新优秀奖评比中获奖项目等级及数量均明显提升，扶坡廊道式钢结构装配围堰修复水下衬砌板技术研究项目提供不停水条件下进行衬砌板检修的新方案；完成十二里河渡槽槽身段水面异常波动研究与实验，有效解决十二里河渡槽大流量期间水面异常波动问题；通过高地下水位渠段防衬砌板隆起排水系统优化项目，对解决衬砌面板滑塌、凸起现象进行探索；通过刁河节制闸退出调度探索延长电厂发电时间，提高供水综合效益；渠首引水闸调度运行研究项目分析总结水头、水量之间水力学关系，开发应用软件为水调与电调联调提供指导。8篇论文入选中国水利学会2019学术年会南水北调分会场论文集。运行期膨胀土渠坡变形机理及系列处理措施研究、基于BIM技术的陶岔渠首枢纽工程运行维护管理系统研究等科研项目采购实施，2项发明专利正在申报。深化与河南大学、河南师范大学和南阳师范学院等单位合作，与南阳师范学院达成校企战略合作协议，水质保护科研工作取得新进展。

【文化建设】

2019年与澎湃新闻联合举办"世界水日""中国水周"主题宣传，得到广大网民的在线关注和评论。组织开展迎新中国70华诞"我和我的祖国共成长"系列活动，以摄影比赛、南水北调工程开放日、快闪合唱、我和国旗同框、歌唱祖国等形式，展现渠首风采。联合南阳市政府承办庆通水五周年纪念活动，举办"水安全与绿色发展高端论坛"、南水北调通水五周年成果展，进一步扩大南水北调影响力。南水北调公民大讲堂志愿服务项目广泛开展，协助中央电视台、北京电视台等多家媒体完成《一滴水的努力》《共和国脊梁——南水北调》《梦回渠首·我和南水北调》等多部南水北调宣传片及节目制作，中央、省、市数十家媒体宣传报道。

【党建与业务融合】

坚持党建与业务同谋划、同部署、同落实、同考核，突出党建引领，促进业务提升。2019年开展"两优一先""感动渠首"优秀员工和先进集体评选活动，持续开展"七一我在岗、我们在岗"活动，打造渠首分局创先争优品牌，激励干部职工立足岗位，争当先进，敬业奉献。组织完成渠首分局分工会、分团委换届选举工作，成立篮球、足球、羽毛球、乒乓球4个运动协会。开展文明创建活动，加强与地方的文明和谐共建，邓州、镇平、南阳、方城管理处先后被所在地方党委、政府授予文明单位称号，镇平管理处获南阳市团委"青年文明号"，南阳管理处团支部获南阳市直"五四红旗团支部"。投身志愿服务公益事业，开展南水北调公民大讲堂、向敬老院送温暖、向儿童福利院献爱心、祭扫烈士陵园等活动，向社会传递正能量。

【供水综合效益】

2018—2019调水年度，中线工程向河南省供水 15.92 亿 m^3、河北省 18.68 亿 m^3、天津市 11.02 亿 m^3、北京市 11.53 亿 m^3，合计 69.16 亿 m^3（含生态水 10.84 亿 m^3），占年度供水计划 59.11 亿 m^3 的 117%；调水年度累计入渠 71.32 亿 m^3，占年度入渠计划 60.82 亿 m^3 的 117%。

截至 2019 年 12 月 31 日，渠首分局向南阳市累计供水 33.34 亿 m^3（含生态补水 2.57 亿 m^3），其中 2018—2019 年度供水 8.81 亿 m^3，满足南阳市生活用水、生态用水和引丹灌区农业用水，南阳市中心城区和邓州、镇平、方城、社旗、唐河、新野城区供水实现全覆盖，惠及南阳市人口达 260 万。陶岔电厂财税体制基本理顺，购售电合同、并网协议手续变更，年度发电量 1.21 亿 kW·h，累计发电量 2.1 亿 kW·h，实现电费结算 6472.10 万元（含税）。

2019 年 1 月 1 日~12 月 31 日，辖区共开启分水口门 7 个、退水闸 6 个，其中肖楼分水口分水 60167.07 万 m^3，望成岗分水口分水 3163.44 万 m^3，湍河退水闸分水 2869.20 万 m^3，严陵河退水闸分水 75.60 万 m^3，谭寨分水口分水 1182.90 万 m^3，潦河退水闸分水 224.88 万 m^3，田洼分水口分水 3460.74 万 m^3，大寨分水口分水 2258.11 万 m^3，白河退水闸分水 1055.55 万 m^3，半坡店分水口分水 2957.45 万 m^3，清河退水闸分水 7104.51 万 m^3，十里庙分水口分水 1170.73 万 m^3，贾河退水闸分水 2452.80 万 m^3。

（王朝朋）

河南分局

【概述】

2019年，河南分局贯彻党的十九大精神和习近平总书记"3.14"重要讲话精神，围绕"供水保障补短板、工程运行强监管"要求，转变思想、创新发展，提高人员素质，扩大工程效益，完成中线建管局下达的各项工作任务。河南分局辖区全年接收总调度中心指令1960条，下发指令10014条，操作闸门20042门次。新增分水口2处。通水运行以来工程累计安全平稳运行1846天。

【"两个所有"与标准化创建】

2019年成立专门安全生产管理机构，安全管理部门职责和人员到位；完善安全生产责任制，分层次明确安全生产的直接责任、间接责任、管理责任、监督责任、领导责任等。完成"两个所有"问题查改工作机制建立。"谁来查""查什么""怎么查""查不出来怎么办"以及定期通报、考核指标管理等形成明确的工作指导意见，整改率和自主发现率逐步提高。落实加固措施，保障"少数民族运动会期间""建国70周年前后"生产安全。推进安全生产一级达标创建工作，河南分局和所辖18个现地管理处按照创建节点要求和制定的126个三级项目分项指导意见落实，19个创建主体进行安全生产资料归集，形成创建资料2000余份。举办知识竞赛活动，推进"两个所有"业务能力建设。开发安全行为教育平台，强化安全宣传。推进标准化规范化建设，完成标准化渠道建设219.3km，标准化闸（泵）站创建131座闸站，推荐54座闸站为生产环境标准化星级达标闸站，完成17个现地管理处中控室标准化建设和3座水质自动站标准化创建。

【科技创新与员工培训】

2019年开展年度科技项目创新、50大技术标兵评选工作。根据穿黄隧洞检查维护工作现场实施情况，组织开展隧洞PVC排水管淤堵检测、钢板脱空检测、隧洞三维扫描、排水垫层淤堵检测方案研究项目；开展运行期膨胀土渠坡土工袋快速修复技术研究；开展河南分局基于卫星雷达遥感技术的渠道边坡变形监测研究、基于BIM技术的穿黄工程数字管理系统建设研究等重点科研项目；开展水生态调控试验和鱼类洄游轨迹模拟系统项目研究；开展郑州十八里河全断面智能拦藻装置项目、渠道边坡除藻专用设备以及分水口拦漂导流装备研制项目；开展水质自动监测站标准化建设项目；验收通过地表水109项资质认定工作。围绕"两个所有"组织开展培训，持续提高业务水平；实行全员中控室值班；建立所有员工查找问题常态化工作机制；建立"一人多岗、一岗多人"工作机制；制定查找问题监督检查奖罚制度；强推工巡APP应用。

【工程验收】

2019年完成北汝河渠道倒虹吸等7个设计单元工程完工验收，超额完成年度计划；完成近百个渣场的加固整治和完善处理；累计完成502座跨渠桥梁竣工验收移交，占总量的88%；完成澧河渡槽等9个设计单元完工财务决算上报；组织完成河南境内所有单项工程的水环保专项验收并通过备案。组织完成补充安全评估工作和物资设备仓库基建项目验收。

【制度建设】

2019年修订《南水北调中线干线工程输水调度暂行规定》《中控室生产环境标准化建设标准》《输水调度管理标准》《中控室值班长岗位工作标准》和《中控室值班员岗位工作标准》，制定输水调度专业技术标兵评选要求及实施方案。组织现地管理处中控室标准化建设工作，4月底中控室标准化建设工作完成，8月通过各级验收。

【大流量输水】

河南分局辖区工程自2019年8月7日起进入年度第一次大流量输水，8月13日陶岔入渠流量达到设计流量350m³/s，8月26日结束；第二次大流量输水9月13日开始，9月14日陶岔入渠流量达到设计流量350m³/s，9月30日结束；第三次大流量输水 10 月 12 日开始，10 月 30 日结束，陶岔入渠流量维持在设计流量 350m³/s。期间干渠总体运行平稳，部分控制闸出现空爆现象，分调度中心及时组织进行处理。

【工程效益】

2019 年 8 月 10 日河南分局辖区开始年度第一次生态补水，8 月 20 日结束；9 月 13 日开始第二次生态补水，9 月 30 日结束。期间通过沙河、颍河、沂水河、双泊河、十八里河、贾峪河、索河、闫河、香泉河、淇河、汤河、安阳河 12 座退水闸向地方生态补水。

截至 2019 年 12 月 31 日，全线累计入渠水量 263.40 亿 m³，累计分水 249.65 亿 m³。河南分局辖区累计分水 57.90 亿 m³（按水量确认单统计），占全线供水总量的 23.2%，累计过流 157.47 亿 m³，其中 2019 年度过流 42.20 亿 m³。

2019 年，河南分局辖区分水 46 处，其中启用分水口 31 处，利用退水闸分水 15 处。分水 17.21 亿 m³，其中正常分水 16.23 亿 m³，生态补水 0.98 亿 m³。

（张茜茜　王志刚）

建 设 管 理

【概述】

2019 年，河南省南水北调工程的建设管理工作主要是干线工程跨渠桥梁竣工验收，设计单元工程完工验收；配套工程分部、单位和合同项目完工验收；配套工程尾工建设。11 月 5 日印发《河南省水利厅关于修订印发河南省南水北调配套工程验收工作导则的通知》（豫水调〔2019〕9 号），自 2019 年 12 月 1 日起实施。

【干线工程跨渠桥梁竣工验收】

省交通运输厅和省水利厅于 2019 年 6 月 28 日联合印发《关于加快推进我省南水北调中线工程跨渠公路桥梁竣工验收工作的通知》（豫交文〔2019〕255 号），省交通运输厅于 2019 年 10 月 14 日印发《关于进一步加快南水北调中线工程跨渠公路桥梁竣工验收工作的通知》（豫交建管函〔2019〕4 号），两次明确各单位在跨渠桥梁接收和竣工验收工作中的职责和任务：省交通运输厅公路管理局负责统筹协调全省普通干线公路、农村公路跨渠公路桥梁的接收及竣工验收，河南省高速公路联网管理中心负责统筹协调全省高速公路跨渠桥梁的接收及竣工验收，河南省收费还贷高速公路管理中心、河南交通投资集团负责所辖高速公路跨渠桥梁接收。省南水北调建管局 5 个项目建管处加快完成所辖范围内跨渠桥梁档案资料整理、桥梁缺陷处理等竣工验收准备。省南水北调建管局会同省水利厅于 2019 年 4 月上旬召开跨渠桥梁竣工验收协调会，实行"跨渠桥梁竣工验收工作周报"制度。

南水北调中线委托河南省建设管理 16 个设计单元工程，跨渠桥梁共 465 座。除去郑州段不需验收移交的 43 座（其中由地方全资建设新增 15 座、委托地方或行业部门建设 28 座），和非跨渠桥梁 11 座，需竣工验收和移交桥梁共 433 座。截至 2019 年底，累计完成竣工验收 391 座，占需验收总数的 90.3%，其中 2019 年完成竣工验收桥梁 278 座。

【干线工程设计单元完工验收】

根据水利部办公厅印发的《南水北调东、中线一期工程设计单元工程完工验收计划图表》安排，委托河南省建设管理的 16 个设计单元工程中，水利部负责潞王坟膨胀岩试验段、安阳段 2 个设计单元工程的完工验收；省水利厅负责其余 14 个设计单元工程的竣工验收。2019 年共完成潞王坟膨胀岩试验段、石门河倒虹吸段、白河倒虹吸段、南阳膨胀土试验段 4 个设计单元工程的完工验收。

【配套工程完工验收】

2019年2月18日，编制印发《河南省南水北调受水区供水配套工程2019年度工程验收计划》（豫调建〔2019〕2号），3月上旬与验收工作进展相对落后的漯河、周口、郑州、新乡分别座谈，7月下旬对郑州验收工作进展缓慢问题进行专题调研，并提出处理办法和对策建议。9月下旬分别与平顶山、郑州联合办公协调解决验收存在的问题。

截至2019年底，全省配套工程供水线路（含泵站）累计完成97.0%分部工程、91.3%单位工程、92.0%合同项目完工验收。2019年完成供水线路（含泵站）单元工程评定2021个，分部工程验收98个，单位工程验收40个，合同项目完工验收41个。配套工程管理处所和调度中心（含仓储中心及维护中心）累计完成89.5%分部工程验收、58.8%单位工程验收，其中调度中心分部工程和单位工程验收全部完成。2019年完成管理处所分部工程验收108个，单位工程验收9个。

【配套工程尾工建设】

2019年对郑州21号分水口门尖岗水库向刘湾水厂供水剩余尾工项目进展严重滞后问题，分别于1月25日、5月31日、7月19日三次约谈承建单位。截至2019年底，全省配套供水线路工程剩余尾工共3项：焦作27号分水口门府城输水线路设计变更项目基本完成，7月20日通水；郑州21号口门尖岗水库向刘湾水厂供水工程剩余穿南四环隧洞60m贯通；21号线尖岗水库出水口工程主体工程完成。全省配套工程61座管理处（所）中，建成35座、在建18座、未开工8座。2019年新增完工建设管理处（所）9座。

（刘晓英）

委 托 段 管 理

南阳建管处

【概述】

南水北调中线委托河南省建设管理的南阳段工程共分4个设计单元：方城段、白河倒虹吸、南阳膨胀土试验段和南阳市段，总长97.62km，布置各类建筑物181座。南阳段4个设计单元批复概算总投资95.26亿元，工程共分为18个土建施工标、4个安全监测标、5个金结机电标和5个监理标，合同总额51.39亿元。完成土石方开挖5269.1万m^3，土石方填筑2786.4万m^3（其中水泥改性土换填总量1020万m^3），混凝土196万m^3。

2019年管理人员6人，主要完成南阳段的工程投资控制管理与工程价款结算复核、工程建设档案资料收集管理及统计报表编报、配合完成对南阳段各标段的审计稽察及财务完工决算编制工作。完成南阳段的技术档案整理和验收、桥梁竣工验收准备及配合完成中线建管局组织的水保环保验收工作。完成南阳段的宣传、扶贫及信访稳定等工作。

【财务完工决算及预支付扣回】

2019年南阳试验段和白河倒虹吸工程完成完工财务决算的核查，水利部于7月11日以办南调〔2019〕156号核准白河倒虹吸工程的完工财务决算，于9月30日以办南调〔2019〕208号核准南阳试验段完工财务决算。

2019年，南阳段累计扣回预支付资金630.49万元，尚有329.91万元没有扣回，涉及方城7标的1个变更项目，已约谈施工单位总部负责人尽快办理。

【工程验收】

2019年6月，完成南阳试验段和白河倒虹吸2个设计单元工程的法人验收；11月完成南阳试验段和白河倒虹吸2个设计单元工程的技术性初验；12月省水利厅组织对南阳试验段和白河倒虹吸2个设计单元工程进行政府完工验收并通过验收。南阳段共有桥梁94座，9月通过方城段县道以上桥梁工程的竣工验收，截至2019年底累计完成87座桥梁的竣工验收。

（李君炜）

平顶山建管处

【概述】

平顶山段渠线全长94.469km，包括宝丰郏县段和禹州长葛段2个设计单元，沿线共布置各类建筑物183座。平顶山段共分19个施工标，2个安全监测标，8个设备采购标，3个监理标，合同总金额40.35亿元。2019年围绕工程财务完工决算、专项验收、变更索赔处理、预支付扣回及尾工建设等中心任务开展工作。

【工程专项验收】

2019年2月宝丰郏县段工程档案全部完成移交。宝丰郏县段和禹州长葛段工程于10月通过水土保持和环境保护专项验收。2019年41座桥梁通过竣工验收。禹州长葛段冀村东弃渣场水保工程于5月全部施工完成，并办理临时用地返还手续，完成临时用地移交。

【投资控制】

2019年累计办理工程价款共3040.74万元，其中宝丰郏县段工程价款2667.75万元，禹州长葛段工程价款372.99万元。处理变更项目22项，金额2091.04万元。其中宝丰郏县段处理变更项目14项，金额1318.46万元；禹州长葛段处理变更项目8项，金额772.58万元。清理预支付3项，清理金额774.75万元。截至2019年底，宝丰郏县段预支付价款全部扣回。

（周延卫）

郑州建管处

【概述】

南水北调工程郑州段委托建设管理4个设计单元，分别为新郑南段、潮河段、郑州2段和郑州1段，总长93.764km，沿线共布置各类建筑物231座，批复概算总投资107.98亿元，静态总投资105.96亿元。主要工程量：土石方开挖7913万m³，土石方填筑1799万m³，混凝土及钢筋混凝土182万m³，钢筋制安98613t。郑州段工程共划分16个渠道施工标、7个桥梁施工标、6个监理标、2个安全监测标、4个金结机电标，合同总额48.17亿元。

2019年，郑州建管处开展投资控制管理、黄河南仓储维护中心建设、专项验收、尾工建设工作，完成各项工作任务。

【尾工项目及新增项目建设】

郑州段4个设计单元主体工程完工后，按照省南水北调建管局安排郑州建管处负责实施潮河段解放北路排水变更项目和郑州2段站马屯弃渣场水土保持变更项目。

新郑市解放北路排水变更项目于2019年7月全部完工，完工结算报告编制完成；站马屯弃渣场水土保持变更项目是中线建管局重点督导项目之一，也是水土保持专项验收的难点项目，中线建管局专门召开"决战一百天、协同攻坚活动誓师运动大会"。施工过程经历全国少数民族运动会召开前后停工，扬尘管控数次预警停工及施工中后期渠南路穿越渣场和高铁周边绿化安全影响整治的困难，克难攻坚，11月8日基本完成施工任务。

【投资控制】

根据省南水北调建管局安排，郑州段4个设计单元完工财务决算编制与审核分别由希格玛会计师事务所负责潮河段及郑州1段审核工作，致同会计师事务所负责郑州2段及新郑南段工程审核工作。

2019年郑州1段及郑州2段完工财务结算报告完成并上报，潮河段及新郑南段报告初稿基本完成。根据完工财务审核结果，郑州段4个设计单元23个土建标段合同额46.19亿元，已支付62.24亿元，审计核定金额62.7亿元，投资基本可控。

【变更索赔处理】

按照中线建管局、省南水北调建管局关于加快变更处理等工作安排，加快推进变更索赔处理，2019年完成潮河段2、3、4、6标降排水申报及审批工作，完成潮河段水泥改性土及砂石挤密桩变更申诉处理，完成新增项目仓储维护中心及站马屯水保处理项目部分变更处理。郑州段4个设计单元主体工程变更索赔处理基本完成。

【工程验收】

2019年，新郑南段、郑州1段设计单元工程档案移交，郑州2段及潮河段工程档案通过专项验收，第2～6套正在复印装订，做移交前准备。郑州段4个设计单元共有30座建筑物需要进行消防备案，郑州段消防工程涉及的5个县区，设计备案及竣工验收备案全部完成，消防专项验收完成。郑州段水保环保工程专项验收完成，进入公示期。

【仓储及维护中心建设】

郑州建管处负责黄河南仓储维护中心项目的施工建设管理。项目用地前期工作程序繁杂，涉及行业部门及专业多，申请上报资料及批复程序过程长，内外沟通协调任务重，郑州建管处明确专人负责。先后获取省建设厅"项目选址意见书"、省林业厅"林地使用许可证"，通过新郑市、郑州市和省国土资源部门土地预审。完成项目控规、详规评审，图纸审查。5月省政府以豫政土〔2019〕312号文对仓储维护中心项目建设用地进行批复。协调新郑市政府及有关部门，以新政会纪〔2019〕26号会议纪要形式明确仓储维护中心建设项目"免除在办理国土、规划、住建等手续因未批先建造成的行政处罚"意见。黄河南仓储维护中心建设现场施工于2019年4月实质性开工建设，克服郑州市大气扬尘管控，全国少数民族运动会召开前后停工等困难，年底实现主体工程完工。

（岳玉民）

新乡建管处

【概述】

新乡建管处委托管理段工程自李河渠道倒虹吸出口起，到沧河渠道倒虹吸出口止，全长103.24km，划分为焦作2段、辉县段、石行河倒虹吸段、潞王坟试验段、新乡和卫辉段5个设计单元。干渠渠道设计流量250～260m³/s，加大流量300～310m³/s。

2019年主要工作有完工验收、工程档案验收、桥梁竣工验收和移交。新乡委托段开展实时防汛度汛值班工作，配合中线建管局对突发汛情险情迅速处理，沟通协调当地及有关防汛抢险单位，共同开展防汛度汛工作。

【完工验收】

2019年7月完成膨胀岩（土）试验段工程（潞王坟段）设计单元工程完工验收技术性初验，8月完成石门河渠道倒虹吸设计单元工程完工验收技术性初验，9月完成石门河渠道倒虹吸设计单元工程完工验收，10月完成膨胀岩（土）试验段工程（潞王坟段）设计单元工程完工验收。

【档案验收】

邀请专家对各参建单位的工程档案管理工作进行检查督导，组织内部培训和交流。与档案公司签订委托合同，参建单位配备专职档案管理人员，在场地、器材、人力等方面提供条件。2019年3月完成新乡和卫辉段设计单元工程档案检查评定，4月完成辉县段设计单元工程档案专项验收，8月完成新乡和卫辉段设计单元工程档案专项验收，12月底完成辉县段设计单元工程档案移交。

【桥梁竣工验收与移交】

2019年，与焦作市、新乡市政府、市南水北调办和交通、公路部门沟通，完成焦作29座桥梁中的21座县乡道跨渠桥梁的竣工验收和移交工作，完成新乡段78座中的68座县乡道跨渠桥梁的竣工验收和移交工作。

【投资控制】

新乡委托管理段5个设计单元工程总投资969723.14万元，静态投资（不包含征地移民投资）7000.080万元，其中建筑工程457093.22万元，机电设备及安装8137.14万元，金属结构设备及安装 10520.29 万元，临时工程23082.23 万元，独立费用 88756.03 万元，基本预备费 33362.61 万元，主材价差 43018.84 万元，水土保持 4715 万元，环境保护 1993 万元，其他部分投资 8273 万元，建设期贷款利息 50049.54 万元。委托管理段工程施工合同金额 511244.83 万元。截至 2019 年 12 月底，共完成工程结算 665878 万元。2019 年完成石门河段、潞王坟试验段的完工财务决算报告水利部核准。

【工程监理】

新乡委托段工程共有 3 家监理单位：黄河勘测规划设计有限公司（焦作 2 段监理），河南立信工程咨询监理有限公司（辉县前段监理），科光工程建设监理有限公司（辉县后段、石门河倒虹吸、试验段、新乡卫辉段）。2019 年监理单位派驻现场管理人员继续参与完工验收、工程档案验收以及配合审计稽查等工作。

（赵　南　马玉凤）

安阳建管处

【概述】

2019 年，开展"不忘初心、牢记使命"主题教育活动，推进安阳段设计单元完工验收桥梁竣工验收移交、价差审核、完工财务决算报告编制，实现年度工作目标。配合有关单位完成安阳段设计单元合同保修期满验收。完成安阳段 21 座（累计完成 43 座）跨渠桥梁竣工验收和移交。完成安阳段设计单元水保环保专项验收。

中线建管局以《关于安阳段等 9 个设计单元工程基本预备费使用的批复》（中线局计〔2019〕23 号）批准安阳段工程使用预备费 8043 万元。中线建管局以中线局计函〔2019〕27 号文，同意将中州路桥右岸引道设计变更工程纳入尾工，预留费用以水利部核准的完工财务决算为准。委托第三方完成安阳段人工和材料价差审核并出具审核报告。配合完成国务院南水北调办年度资金审计和中线建管局、水利部组织的安阳段完工财务决算审计审核。整改过程中对专家单位提出的问题，逐一分析制定整改方案并跟踪督促，按时完成整改任务。完成安阳建管处固定资产、低值易耗品清理处置及撤离相关工作，2019 年 3 月搬迁回省南水北调建管局办公。

（杨德峰　马树军）

移 民 与 征 迁

【丹江口库区移民】

2019 年对国家完工阶段总体验收技术性初步验收提出的问题进行整改。淅川县宋港码头坍岸整治工程 2 月开工建设 8 月完工，11 月通过省级验收。10 月全省移民安置、档案管理和文物保护整改任务全部完成，水利部组织专家对河南省整改情况进行复核检查。12 月 6 日水利部组织专家开展完工阶段国家终验行政验收现场检查，12 月 7 日在武汉召开完工阶段国家终验行政验收会议，经验收委员会全体表决，南水北调丹江口库区移民安置通过完工阶段总体验收国家终验。

2019 年 7 月，省政府移民工作领导小组印发《河南省美好移民村建设指导意见》。全省确定 16 个南水北调丹江口库区移民美好移民村建设示范村，下达移民奖补资金 5008 万元。

【干线工程征迁】

2019 年按照水利部要求，省水利厅移民安置处协调中线建管局和省南水北调建管局开展剩余建设用地手续办理、临时用地复垦返还工作。会同省文物局完成南水北调干渠河南段文物保护验收。按照水利厅党组要求，开展干渠压覆矿产资源补偿工作，涉及补偿资金 3.72 亿元。经协调，与中线建管局商签压矿补偿任务与投资包干协议，组织各矿业权人与地方征迁机构签订压覆矿产资源补偿协议，涉及15家采矿企业补偿到位13家。

（王跃宇）

【配套工程征迁】

征迁资金计划调整 2019年邀请相关专家成立资金复核审核组，对配套征迁安置资金复核成果开展审核，2月完成全省配套工程征迁资金梳理、复核、审核，形成资金复核报告、资金审核意见。对审核意见中提出的问题经各市整改完善，编制《配套工程征迁安置资金调整报告》。组织征迁设计、监理单位到配套工程沿线各市现场调研并召开专题会解决各项遗留问题。11月完成平顶山市和南阳市《配套工程征迁安置资金调整报告》批复。

征迁验收 全省配套征迁县级自验涉及78个县市区，11个市级初验，最终省级验收。平顶山市宝丰县、叶县作为试点组织完成县级自验，其余正在做验收准备。

征迁资金拨付 配套工程征迁安置工作已近尾声，不再发生大额征迁投资。吸取2018年各市存量资金较多、回收沉淀资金的经验教训，严格计划管理，明确兑付项目，细化兑付时间，及时拨付征迁资金，提高兑付效率，尽快完成相关税费缴纳，避免征迁资金沉淀再次发生。2019年拨付各市配套工程征迁安置资金7805.45万元。

水保环保专项验收 2019年为解决水保和环保资金使用不规范、水保和环保监理缺失及相关技术资料收集困难3个难点，7月10～12日到新乡、焦作调研，印发《关于开展南水北调配套工程水土保持验收和环境保护验收的通知》（豫调建移〔2019〕9号），各省辖市建管单位负责辖区内水保环保专项验收，委托第三方机构协助指导，根据相关法规，分别委托水保和环保验收报告编制单位、监测总结报告编制单位和监理总结报告编制单位等第三方组织机构编制验收报告。

（赵 南 马玉凤）

文 物 保 护

【概述】

2019年，河南省南水北调文物保护工作主要有南水北调干渠（河南段）文物保护项目验收、报告出版、档案整理等后续保护工作。

【干渠文物保护项目验收】

2019年，整理自2005年以来开展南水北调干渠文物保护工作出台的规章、制度、文件等材料，编制验收综合性资料；整理验收被抽查的13处地下文物保护项目的协议书、开工报告、中期报告、完工报告、验收报告、文物清单、发表成果等材料，1处地面文物保护项目的搬迁复建工程勘察设计方案及批复文件、施工资料、监理资料、竣工验收等材料，编制每个项目的验收汇报材料；完成干渠26个文物保护项目发掘资料的移交工作；完成干渠已

移交考古发掘资料的整理建档与集中存放工作；依据干渠文物保护项目验收会议安排，准备验收备用资料，统筹有关单位完成验收工作。

2019年9月河南省通过干渠文物保护项目最终验收，形成《南水北调中线工程总干渠河南段文物保护验收意见书》交国家文物局备案。开始收集整理受水区供水配套工程文物保护工作相关的规章制度和文件编辑综合性资料。

【南水北调文物保护项目管理】

2019年，维修维护淅川县地面文物搬迁复建后的古建筑，整治古建筑园区的绿化、道路等环境，修建停车场、卫生间等配套设施。对《南水北调工程丹江口水库移民总体验收——河

南省文物保护项目技术性验收报告》提出的问题进行整改，明确文物收藏单位、加快考古发掘报告出版、完善全家大院保护档案和相关手续。

2019年，丹江口库区文物保护项目淅川坑南旧石器遗址、受水区供水配套工程文物保护项目鹿台遗址、新野东岗遗址、鲁堡遗址、武陟万花遗址等5个项目田野考古发掘工作结束并通过专家组验收。干渠地面文物保护项目张家大院和王兰广故居通过验收。

2019年出版考古发掘报告《淅川泉眼沟》《宝丰廖旗营墓地》，课题成果《汉代空心砖墓研究》。《淅川沟湾遗址》《禹州崔张、酸枣杨墓地》《漯河临颍固厢墓地》报告完成校稿工作，预计2020年出版。聘请专业档案公司对南水北调2018年文书档案和2019年移交的文物保护项目发掘资料进行标准化整理，完成并存放档案室。

（王蒙蒙）

机 要 与 档 案 管 理

【机要管理】

省南水北调办撤销后省南水北调建管局机要室所承担的工作发生相应的变化，公文管理在机构改革前主要承担省委省政府和省直其他厅局的文件接收及机要交换工作，改革后交由省水利厅南水北调工程管理处承担。2019年省南水北调建管局共接收和办理文件1000余份，发文500余份。机要室在OA系统对收到文件扫描并上线运转。根据省委省政府机构改革相关要求，机要室整理原省南水北调办文件14000余份准备移交省水利厅。

（高攀）

【档案验收与移交】

2019年，南水北调干线河南省委托项目16个设计单元工程档案全部通过水利部组织的专项验收；移交13个设计单元工程档案至项目法人。向中线建管局项目法人移交南阳市段、白河倒虹吸、辉县段、郑州1段设计单元工程两套档案共计54082卷，图纸37964张，照片

4686张。

河南省南水北调配套工程输水线路总长1047.7km，主要建筑物84座，其中泵站23座、管理处所61座。配套工程中需要进行档案专项验收的17个设计单元工程分别是：南阳、平顶山、漯河、周口、许昌、郑州、焦作、新乡、鹤壁、濮阳、安阳、濮阳市清丰县、焦作市博爱县、鄢陵支线等14个供水配套工程，以及调度中心工程、自动化系统、仓储中心及维护中心工程。2019年焦作、许昌、濮阳配套工程档案通过预验收。

2019年整理完成2018年机关档案2691件；接收南阳市段、白河倒虹吸、辉县段、郑州1段设计单元工程一套档案共27042卷，图纸18982张，照片2343张。全年省南水北调建管局库房提供档案资料日常借阅291人/次，文书档案351件，工程档案2445卷。

（宁俊杰 张涛）

肆 中线工程运行管理

陶岔管理处

【概况】

陶岔渠首枢纽工程位于丹江口水库东岸的河南省淅川县九重镇陶岔村，由引水闸和电站等组成。一期工程渠首枢纽设计引水流量350m³/s，加大流量420m³/s，年均调水95亿m³，水闸上游为长2km的引渠与丹江口水库相连，水闸下游与干渠相连。闸坝顶高程176.6m（吴淞高程），轴线长265m，引水闸布置在渠道中部右侧，采用3孔闸，孔口尺寸3×7m×6.5m（孔数×宽×高）。电站为河床径流式，水轮发电机组型式为灯泡贯流式，安装2台25MW发电机组，水轮机直径5.00m，机组装机高程136.20m，最大工作水头22.66m，设计年发电量2.38亿kW·h。

陶岔渠首枢纽工程下游900m干渠右岸平台处设有陶岔渠首水质自动监测站，建筑面积825㎡，是丹江水进入干渠后流经的第一个水质自动监测站，陶岔水质自动站是一个可以实现自动取样、连续监测、数据传输的在线水质监测系统，共监测89项指标，涵盖地表水109项检测指标中的83项指标，主要监测水质基本项目、金属重金属、有毒有机物、生物综合毒性等项目，共有监测设备25台。陶岔水质自动站配置在国内处于较领先位置，以在线自动分析仪器为核心，每天进行4次监测分析，能够实现实时监测、实时传输，及时掌握水体水质状况及动态变化趋势，对输水水质安全提供实时监控预警。

【研学教育实践基地建设】

陶岔渠首枢纽工程于2018年12月被教育部命名为全国中小学生研学实践教育基地。渠首分局成立专门领导小组及办公室，及时召开协调工作会，制定工作计划及要点，边学习边总结边落实。建立与地方教育部门联络机制，研学基地纳入淅川县爱国教育研学路线，全年完成9项特色课程开发。2019年10月10日，

完成陶岔渠首枢纽工程标准化建设设计、监理和施工项目招标及合同签订工作。完成陶岔渠首枢纽工程研学实践教育基地建设工作。开展研学活动、公民大讲堂、"世界水日""中国水周""通水五周年"等宣传活动40余批次，受众群体4000余人，其中基地共接待研学活动32批次，接待学生3773人次。超额完成年度活动组织接待任务，为沿线中小学生课外研学教育增添新平台，成为弘扬南水北调精神文化的重要窗口。

【管理体制改革】

2019年5月，中线建管局进行组织机构改革，根据新的机构和人员编制方案，渠首分局成立陶岔电厂。重新划分陶岔电厂、陶岔管理处和邓州管理处管辖范围，调整相应管理职能。陶岔电厂管辖范围为渠首电站、渠首引水闸、110kV送出工程、坝顶门机、坝后门机；TS0+300至TS14+646.1渠段及沿线建筑物、电力线路、安防监控系统、信息机电等设施设备由邓州管理处划归陶岔管理处管理，陶岔管理处管辖范围为枢纽区工程（含管理处园区、大坝、引渠、消力池、总干渠、边坡、排水沟等）、大坝上游2km引渠、大坝下游至刁河节制闸下游交通桥下游侧干渠。陶岔电厂负责陶岔渠首枢纽工程水电站和引水闸的调度和运行管理，陶岔管理处负责肖楼分水口和刁河节制闸、退水闸的调度运行管理。陶岔电厂和陶岔管理处运行管理遵循"统一管理、资源共享""管养分离，委托运行""共同服务，分别核算"的原则，下设综合科、合同财务科、安全科、工程科、运行维护科、调度科6个科室。

【安全生产】

2019年按计划完成安全生产目标，重大事故和人员伤亡起数为零，安全隐患整改率100%，特种作业持证人数48人，持证上岗率100%，开展安全生产教育培训31次，参与626

人次。召开安全生产例会12次，与运维作业单位签订安全生产协议10份，组织对运维单位安全交底26次，安全生产问题整改率100%。进一步完善安全生产防控体系，全面排查工程区域各类危险源和风险点。组织陶岔警务室和陶岔安保分队完成2019年防恐应急演练工作。制订《陶岔管理处和陶岔电厂水利安全生产标准化一级达标创建实施方案》，开展水利安全生产标准化一级达标创建工作。

【工程管理】

2019年陶岔电厂和陶岔管理处开展"两个所有"工作（所有人查所有问题），编制《南水北调中线干线陶岔管理处和陶岔电厂"两个所有"问题查改工作手册》和《南水北调中线干线陶岔管理处和陶岔电厂"两个所有"问题查改实施细则》，将发现问题及时上传工程巡查维护实时监管系统，建立问题缺陷台账，并组织维护单位及时对工程巡查维护实时监管系统的问题进行消缺整改。加强北排河安全管理工作，对北排河进行系统治理修复，对防护网缺口进行封闭、损坏部位修复，内边坡进行除草，新增钢大门、安全警示牌、标识牌，在北排河坡顶进行树木补植，对渠道防护网顶部加装刺丝滚笼。

【防汛与应急】

成立防汛应急工作小组，建立与淅川县防汛抗旱办指挥部办公室联系机制，纳入淅川县防汛抗旱指挥部成员单位。编制2019年度汛方案和防洪度汛应急预案，开展汛前检查，完成防汛物资仓库进场道路建设，增设防汛物资仓库大门，完成防汛仓库改造、新采购防汛物资进场验收工作。为保障水质自动站浮桥安全，对浮桥钢缆进行更换加固，同时对防护柱进行除锈刷漆，对破损塑木板进行维修或更换。

【工程维护】

开展渠首分局陶岔大坝及上下游岸坡外观监测自动化建设项目，增设坝前后38座观测墩、4座观测房。按规定频次开展内观观测，累计完成观测8826点次。2019年3~7月，陶岔电厂利用丹江口水库水位较低，及时开展机组及公用系统C级检修、2号机组轮毂漏油检修、门机及台车专项检修、电厂电缆及桥架应急整治项目。同时实施主变压器及透平油油罐防腐刷漆项目、主变下部鹅卵石更换项目、引水闸柴油发电机自启动改造项目、400kW柴油发电机项目、柴油发电机及配电室增加消防风机项目、10kV专用线路升级改造等项目，完成电厂门机、桥机、安装起重机安全监控系统升级改造项目。完成管理处园区视频扩容项目，完成园区中线建管局WiFi全覆盖项目，完成电厂电力调度网络安全加固项目。完成并网发电协议和购售电合同主体变更、发电业务许可证办理、电厂特种设备登记注册主体变更工作。

【运行调度】

2019年陶岔管理处中控室共接收总调中心下发流量调度指令46条，实现水调指令和电调指令执行成功率100%。2019年上半年将渠首枢纽坝前水尺从起点标高160m扩展至150m。9月30日完成陶岔水文站建设相关工作，并与汉江水文局共同印发《陶岔水文站运行维护管理办法》。4月14日开始实施陶岔中控室规范化建设，10月30日完成标准化中控室达标验收工作。10月21日开展陶岔电厂《机组事故停机，紧急开启引水闸》应急预案演练。进行两批次值班长值班员持证上岗考试，增加调度持证上岗人员31人。2019年共开展日常培训工作14次，其中日常调度业务知识培训12次，专项培训2次。

【水质监测】

2019年陶岔渠首水质自动监测站采集监测数据1436组，其中有效数据102863个。完成渠首段面入渠水质89项监测参数的例行监测和预测预警工作，各项水质参数均稳定达标，干渠水质稳定在Ⅰ类水平。开展渠首断面水样采集、藻类及微生物生长情况等各项常规性监测，并配合长江水科院、北京大学、河南大学、南阳师范学院完成水中藻类采集、浮游生物采集、入渠水样采集、大气干湿沉降样品采集等科研性监测。对渠道周围沉淀池进行定期清理，保障外来水的有效沉淀和排水畅通。联合淅川县政府开展渠道周边污染源排查，查处并关停违规排放污水农家乐两家。完成渠首交通桥右岸沉淀池优化改造，降低雨污水入渠风险。

【管理自动化建设】

2019年4月9日渠首枢纽工程自动化尾工建设施工单位进场施工，有通信传输系统、程控交换系统、计算机网络系统、UPS电源系统、动力环境监控系统、管理处机房电源系统、机房工程、管道线路工程、中控室建设工程、视频监控系统工程、门禁系统工程、管理处综合布线工程、安全监测自动化系统工程及中控室LED大屏幕安装工程14项。12月6日完成渠首枢纽工程自动化尾工建设项目验收，实现陶岔管理处通信和监测数据采集功能。

【工程效益】

截至2019年12月31日，输水调度累计安全运行1847天，累计入渠水量263.24亿m³。2018-2019供水年度，陶岔渠首入渠水量71.32亿m³，向四省市计划供水59.11亿m³，实际供水69.16亿m³（含生态水10.84亿m³），完成计划的117%，入渠流量共有24天达到设计流量350m³/s。12月12~31日，2019-2020供水年度已入渠水量10.16亿m³。陶岔电厂两台灯泡贯流式发电机组，装机容量50MW，多年平均发电量2.378亿kW·h。2019年年度发电量（2019年1月1日~12月31日）12202万kW·h。2018年6月1日开始试运行，截至2019年12月31日，累计发电量21062万kW·h，电站安全运行579天，平均日发电量36.38万kW·h，最高日发电量110万kW·h，创造直接经济效益6739.84万元。

（许凯炳）

邓 州 管 理 处

【概况】

南水北调中线干线邓州管理处所辖工程位于河南省南阳市淅川县和邓州市境内，起点位于淅川县陶岔渠首，桩号0+300，终点位于邓州市和镇平县交界处，桩号52+100。总长度51.8km。其中，深挖方渠段累计长23.758km，挖深10~47m；高填方渠段累计长17.165km，填高6~17m；低填方渠段（填高<6m）累计长8.647km。膨胀土渠段长49.075km（中膨胀土渠段25.662km，强膨胀土渠段0.315km，其余为弱膨胀土渠段）。渠道为梯形断面，设计底宽10.5~23m，堤顶宽5m。设计流量350~340m³/s，加大流量420~410m³/s，设计水深7.5~8m，加大水深8.19~8.78m，渠底比降1/25000。共布置各类建筑物89座，其中河渠交叉建筑物8座，左岸排水建筑物16座，渠渠交叉建筑物3座，跨渠桥梁52座（公路桥32座，生产桥20座），下穿通道1座，分水口门3座，节制闸3座，退水闸3座。

【工程维护】

2019年工程维护项目主要完成邓州管理处三层露台封闭督办项目，完成王河北渗水项目设计的防渗墙和充填灌浆等主要工作，完成南排河桥涵治理项目、淅川段8+216~8+377右岸上下游增加排水设施项目、跨渠桥梁引道修复项目（大东营公路桥、袁庄西南桥生产桥）、邓州管理处2017-2019年度维护项目1、2、3标等7个项目验收。完成邓州管理处辖区重要的7座钢大门改造。

2019年召开工程维护会议11次，对维护单位考核11次，技术交底5次。截流沟拆除重建（浆砌石）410.94m³，截流沟拆除重建（混凝土）7.47m³，左排清淤3座，聚硫密封胶填筑处理13004.65m，围网更换3307.28m³，防水沥青油膏填缝处理1.026km，警示柱刷漆3742个，路面标线634.2m，完成钢大门改造10座，完成沥青路面14531.88m³，真石漆完成1597.77m³，完成截流沟找平1341.965m³。防护林带乔木维护18万株，除草面积120万m²，灌木维护27.56万株，绿篱、色块维护8000m²，新增色块1000m²。草坪及地被维护500m²；闸站场区及办公区、桥头三角区乔木维护1500株，灌木维护2万株，绿篱、色块维护6000m²。渠坡草体维护360万m²。利用土地资源提升景观效果，在管理处园区、闸站、桥头三角区重点部位栽植观赏性树木3000株，草坪铺设3000m²。对辖区3km渠段范围内安全防护网、截流沟、防护林带、一级马道以上内坡及外坡、一级马道、衬砌面板、渠道环境保洁等15个项目进行标准化建设。

【工程巡查】

2019年完成邓州管理处工程巡查工作手册编制和修订工作，完成工程巡查人员的日常管理周月考核工作，对工程巡查人员进行业务培训12次，累计培训350人次。对工程巡查日常安全检查30余次。完成邓州管理处"两个所有"问题排查工作手册及问题排查实施细则的编制。按照"网格化、立体化"工作方案将辖区51.8km干渠划分为33个责任区，每人一段，每周至少现场排查一次并对员工排查问题数量进行统计评比。检查发现问题11257个，其中管理处自查发现问题11204个，上级检查发现问题6个，稽查大队发现问题47个。管理处问题自主发现率99.53%，问题整改率98.50%。

【安全监测】

根据各监测部位所安装的渗压计、钢筋计、应变计、测斜管、测压管等监测仪器观测结果，2019年辖区工程渠道和建筑物运行性态良好。完成内观数据采集48期，编制初步分析月报12期，开展外观观测单位考核8次，开展自动化维护单位考核4次。完成风险渠段24+100−25+300右岸边坡安全监测仪器设施施工埋设。完成辖区工程沿线700余处垂直位移测点抬高改造工作。

2019年开展5次污染源专项巡查和跟踪处理，与地方调水机构、环保部门现场协调污染源处理7处。利用APP系统督促维护单位按要求进行水体保洁，对管理处沿线16座左排取样4次。大流量和国庆加固期间联合安全部门对5座重点桥梁安排专人24小时值守，加固期间对渠道水体每天监测1次。清理沿线藻类5km，对运维单位、工程巡查人员进行水质相关的专项培训11次；在望城岗分水口增设分水口集淤设施1套，对管理处辖区两座地下水井水位监测22次，完成管理处辖区退水闸和分水口净水扰动监测44次。

【防汛与应急】

2019年完成邓州管理处防洪度汛方案、邓州管理处防汛应急预案、邓州管理处工程突发事件现场应急处置方案修订，完成应急物资补充、应急设备维护、应急人员驻点管理工作。2019年汛期内降雨量较2017年同期减少5成，较2018年同期减少3成，未出现持续强降雨天气，辖区无水毁项目，辖区内左岸排水建筑物未发生洪水过流水情。5月组织对刁河渡槽下部河床影响过流区域进行紧急挖除和疏通。

2019年完成土建工程安全事故应急演练、湍河节制闸3号闸门卡阻应急演练、永久供配电系统停电应急演练、群体事件应急演练等4项应急演练。参加或者组织防汛应急培训8次，接受县级及以上防汛检查10次，参加县级及以上防汛应急会议8次。根据中线建管局预警通知在刁河渡槽和湍河渡槽布防2次。

【金结机电专项维护】

金结机电 2019年完成肖楼分水口、刁河节制闸、望城岗分水口、湍河节制闸、彭家分水口、严陵河节制闸站液压启闭机功能完善项目。完成刁河渡槽进口台车室、湍河渡槽出口台车室、严陵河渡槽出口台车室台车轨道临空面加装安全防护网。完成湍河进口节制闸3号弧门整体刷漆防腐。完成人手井及门库自动抽排系统线缆规整及功能提升。

高压输配电 2019年完成供电线路、供配电设备巡视维护，4月完成供配电设备春季检修，10月完成湍河节制闸、严陵河节制闸和管理处园区柴油发电机技改，节制闸发电机分别加装辅助启动电子油泵供油系统，管理处园区柴油发电机加装停电自动启动停机和市电发电机供电自动切换系统。通过技术改造，柴油发电机在停电时供电保障作用更加可靠。12月完成35kV线路杆塔接地改造及标识牌制作安装，完成严陵河中心站双回路电源线警示牌制作安装。对供电线路杆塔加装防鸟装置，大大减少鸟类活动对供电的影响。

【调度管理】

2019年对每一位员工工作终端外网、各类系统专网、内网安装天融信杀毒及网络准入软件，从技术上保障信息网络安全。按照上级统一部署开展"护网行动"。完成闸控系统功能完善项目、闸站消防功能完善项目施工，更换闸站通信电源蓄电池，延长通信传输、网络等自动化系统停电状态下的工作时间。按要求完成水利部督办的邓州管理处试点视频智能分析项目建设任务。邓州管理处2019年度日常调度数据采集上报复核16848次，水情工情复核上报702次，闸门操作指令执行与反馈共662条1437门次，闸门远程指令执行成功率99%以上。

【安全管理】

2019年，邓州管理处按照机构改革调整要求成立安全科，内设安全生产、安全保卫和消防管理3个专业岗位。编制安全生产年工作计划1份、安全生产季工作计划4份、安全生产月工作计划12份，与运维单位共签订安全生产协议23份；开展安全生产定期检查12次，共发现安全生产问题348项，均督促整改完成；组织召开安全生产专题会12次；组织安全生产教育培训共68次，累计受教育培训535人次；组织开展校园防溺水公民大讲堂宣传活动9次，开展社区安全教育宣传6次，受众人数约3万；与邓州市教体局、公安局和沿线乡镇、派出所工作联系沟通开展座谈5次；按照出入管理文件要求，发放进场人员临时通行证667本，发放钢大门钥匙268把；完成安全生产月专题活动；完成辖区救生圈支架安装专项工作；对缺陷类问题及时进行整改。邓州管理处开展安全标准化一级达标创建工作，在管理处园区、各闸站、各分水口、重点桥梁悬挂安全标准化条幅，制作专题宣传栏；编制印发《邓州管理处水利安全生产标准化一级达标创建实施方案》和《邓州管理处水利安全生产标准化一级达标创建任务分工表》。按照《消防设施设备巡查、检测及维护项目》合同文件和上级工作标准要求，督促消防维护单位每周对消防设施设备巡查及季度检测，每周开展一次消防安全检查，对维护单位季度考核；组织消防维护单位对管理处员工进行一次消防安全教育。

【工程效益】

截至2019年，累计入渠水量263.31亿 m^3，其中，向河南供水91.26亿 m^3，向河北供水59.86亿 m^3，向天津供水46.43亿 m^3，向北京供水52.11亿 m^3，肖楼分水口向南阳引丹灌区累计分水25.24亿 m^3；望城岗分水口累计向邓州、新野水厂累计分水1.8亿 m^3。

【开展"两个所有"活动】

2019年持续推进"两个所有"活动，"网格化管理，立体化管控"实施。加快工程巡查APP系统土建绿化问题的整改销号，保持整改率在95%以上。加大问题整改复核力度，严格管理整改销号周期，加大逾期整改和人为错误的追责力度。

2019年，邓州管理处以习近平新时代中国特色社会主义思想和党的十九大精神为指导，贯彻落实中线建管局"供水保障补短板，工程运行强监管"发展基调，坚持"两学一做"学习教育常态化制度化，持续推进"不忘初心、牢记使命"主题教育，促进党建与业务融合。以问题为导向开展"两个所有"活动，形成发现问题立即处理的良性机制，实现工程安全平稳、水质稳定达标的目标。

（翟晓平　李　丹　鲁芳菡）

镇平管理处

【概况】

镇平段工程位于河南省南阳市镇平县境内，起点在邓州市与镇平县交界处严陵河左岸马庄乡北许村桩号52+100；终点在潦河右岸的镇平县与南阳市卧龙区交界处，设计桩号87+925，全长35.825km，占河南段的4.9%。渠道总体呈西东向，穿越南阳盆地北部边缘区，起点设计水位144.375m，终点设计水位142.540m，总水头1.835m，其中建筑物分配水头0.43m，渠道分配水头1.405m。全渠段设计流量340m³/s，加大流量410m³/s。

镇平段共布置各类建筑物63座，其中河渠交叉建筑物5座、左岸排水建筑物18座、渠渠交叉建筑物1座、分水口门1座、跨渠桥梁38座。管理用房1座，共计64座建筑物。金结机电设备主要包括弧形钢闸门8扇，平板钢闸门6扇，叠梁钢闸门4扇，液压启闭机9台，电动葫芦5台，台车式启闭机2台。高压电气设备4面，低压配电柜6面，电容补偿柜4面，直流电源系统3面，柴油发电机2台，35kV供电线路总长35.5km（含2.91km电缆线路）。

根据中线建管局机构设置文件要求，镇平管理处设置综合科、安全科、工程科和调度科4个科室。编制39人，2019年到位29人。

【工程维护】

2019年完成渠道内外边坡、三角区及绿化带草体修剪98.6万m²，草体更换项目4177m²，草体补植项目11200m²，完成21300株乔木、灌木养护工作，完成各类乔木、灌木、花卉等绿化植物种植共20598株。完成植草砖坡面防护项目3000m²，沥青路面裂缝处理项目900m，混凝土路面破损处理项目300m²，泥结碎石路破损处理项目13000m²，混凝土路面标线修复项目2400m，沥青路面标线修复项目2800m，路缘石更换项目400个，路缘石与路面（压顶板）之间接缝处理项目14000m，路缘石警戒色修复项目4800m²，防浪墙与道路接缝处理项目2000m，警示柱刷漆项目12000个。完成混凝土截流沟拆除重建项目136m³，截流沟重建为预制块结构项目143m³，截流沟细石混凝土找平处理项目740m²，截流沟混凝土找平处理项目400m³，土工布铺筑项目3700m²。完成安全防护网新安装/更换−锚固法项目8400m²，刺丝滚龙更换项目700m，刺绳安装项目3400m。完成桥梁防抛网更换项目3700m²。完成屋顶防水项目2900m²。完成破损沥青路面拆除项目10067m²，破损沥青道路路基拆除项目9520m²，路基处理项目6016m²，沥青混凝土铺筑项目4390m²。

【安全生产】

2019年，镇平段开展水利安全生产标准化一级达标创建活动，落实岗位安全生产管理责任；对自有职工、外聘人员、新进场人员及维护单位进行安全教育培训共30余次；组织开展"渠道开放日"活动，邀请彭营镇部分小学走进镇平管理处，安全宣传进校园、进村庄、到集市、上电视，实现全年无生产性安全事故。根据辖区特点强化反恐维稳工作，发挥《南阳市反恐办关于反恐怖袭击重点目标示范单位》模范带头作用，加强安防监控和人防、物防、技防工作。协调镇平段警务室、保安公司镇平分队开展治安巡逻，联系市县公安部门，打击沿线各类破坏工程设施、危害水质安全等违法违规行为。

（张艳丽　刘　鹏）

【运行调度与供水效益】

2019年度共收到调度指令246条，操作闸门884门次，按照指令内容要求完成指令复核、反馈及闸门操作，全年调度指令执行无差错。完成干渠大流量输水工作。2019年集中开展输水调度应急桌面推演2次，提升调度值班人员应急处置能力。根据《中控室生产环境标准化建设技术标准（修订）》文件要求，从建筑设施、标识系统、日常环境等方面共完成标准化建设3大项，13小项相关内容，被中线建管局授予"达标中控室"称号。

谭寨分水口安全平稳运行无间断，截至2019年12月31日，全年向镇平县城供水1182.9万m³，全部用于城镇居民用水，受益人口16万以上。

【金结机电设备专项维护】

2019年，完成高压线路集中巡查整改和电力春检秋检工作；对降压站全部用电负荷进行统计；完成两会及大流量输水期间的电力保障工作，闸站标准化建设与验收工作；继续开展"两个所有"活动；按要求对电力设备重点部位进行检验检测。液压启闭机备品备件采购、验收工作。组织完成辖区内消防设施改造，实现消防设施更加智能化，增强设备设施稳定性，在标准化闸站建设过程中探索西赵河墙面防水、盖板改造。2019年完成西赵河控制闸、谭寨分水口闸站标准化建设，通过中线建管局验收并授牌，率先实现辖区内闸站全部达标。

【信息自动化系统】

镇平段自动化调度系统包括闸站监控子系统和视频监控子系统各4套，布置在中控室和镇平段3座（西赵河工作闸、谭寨分水口、淇河节制闸）现地站内；语音调度系统、门禁系统、安防系统、消防联网系统各1套，均布置在中控室；综合网管系统、动环监控系统、光缆监测系统、电话录音系统、程控监测系统、内网监测系统、外网监测系统、专网监测系统各1套，均布置在管理处网管中心；视频会议系统1套。2019年配合完成渠道安防系统盲区覆盖工作，实现渠道工程安防系统全覆盖，节制闸水位观测设施加装摄像头，对辖区内液压启闭机远程控制系统进行更新改造。按照上级要求完成2019年网络安全加固。

【水质保护】

2019年南水北调镇平管理处编制水污染事件应急预案在地方环保部门备案，组织水质应急演练1次，储备水污染应急物资；强化日常水质监测取样，修订镇平管理处闸站定点打捞工作管理办法，对闸站漂浮物垃圾打捞工作进行逐日检查；对辖区内可能存在水质污染风险的污染源和风险源进行排查，建立污染源、风险源台账，及时跟踪，动态更新，辖区内无污染源和新增污染源。

【维护项目完工验收】

2019年镇平段共参与采购工程维护类项目5个。根据南水北调工程验收管理的有关规定，组织工程维护项目实施。组织防洪堤整修项目、辽庄东生产桥至刁庄东公路桥左岸外水无出路处理项目、淇河倒虹吸出口防浪墙改造项目、维修养护项目1、2标和沥青路面维修项目共6个项目的验收。

（张青波　田俊梁）

南 阳 管 理 处

【调度管理】

2019 年，南阳管理处中控室值班执行"5+5"模式，5 个值班长+5 个值班员，调度值班"小轮岗"初步形成。实行 AB 岗制，加强信息机电与输水调度专业融合，开展输水调度"网格化管理、立体化管控"、输水调度知识竞赛活动。南阳管理处编写的《十二里河渡槽大流量输水期间水面超常波动现象调度应对策略及实践》一文被评为 2019 年南水北调中线输水调度技术交流与创新微论坛优秀论文。按要求落实"汛期百日安全"专项行动。

【金结机电和信息自动化】

2019 年 5 月完成中控室标准化建设，7 月通过中线建管局验收及授牌。闸站生产环境达标创建基本完成，其中十二里河、梅溪河、白河节制闸、白河退水闸于 12 月被授予"达标闸站"称号。管理处及闸站消防改造、建筑物防雷接地处理、十二里河新增值班用房等 5 个专项施工项目全部完成。控制闸、分水口液压启闭机与闸控系统功能完善项目 8 月 25 日全部按期完成。按计划开展金结机电设备静态、动态日常巡视；对信息机电维护单位服务情况进行监督检查；组织召开运行维护月度例会，及时通报维护过程中存在的问题。完成梅溪河 1 号、4 号油缸返厂处理，白河出口检修闸门滑触线。

"护网行动"期间，更换闸站门锁 172套；对非调度闸站内网、专网交换机、PLC 控制柜全部下线处理；电脑终端全部安装杀毒软件及网络准入管理系统；维护人员进入闸站全过程跟踪监控。"加固"期间，组织对金结机电专业管理人员及闸站值守人员进行培训，明确防控重点及加固措施具体要求。管理处及维护单位按照加密频次要求对设备设施进行巡视巡查和维护。

【工程维护】

2019 年，南阳管理处土建绿化日常维护按照维护标准实施，建设标准化渠段，完成标准渠段自验 7km。南阳段辖区曾楼段截流沟改造、丁洼桥右岸上游侧增设下渠道路、高填方坡脚增设排水沟、十二里河渡槽新增值班用房等 4 个项目全部完工并结算，小专项的实施有力推进工程补短板工作。开展沥青道路与防浪墙（路缘石）接缝封闭试验，斜切三角槽后采用沥青灌注，取得良好防渗效果；成丁洼公路桥、孙庄南公路桥等重点桥梁防抛网改造，有效消除安全隐患；完成物资设备仓库标准化试点。

南阳段工程巡查人员 20 人，分为 7 个组开展日常巡查，并根据实际情况组织多次专项排查。截至 12 月底，巡查共发现各类问题 4579项，占管理处自查问题总数量的 39.37%。

【防汛应急管理】

2019 年落实"防"胜于"抢"的指导思想，汛期对辖区内工程进行全面摸排，对重点部位提前采取工程措施，先后实施丁洼桥下渠路项目、曾楼截流沟整治项目和后田洼防洪堤项目，消除防汛隐患，提高应急抢险效率。作为物资仓库标准化试点，南阳管理处对仓库标识标牌及物资标牌进行更新，对所有物资和设备二维码的内容进行补充更新，物资管理更加精细化。建立防汛应急物资管理台账，管理处园区、白河倒虹吸进口及白条河倒虹吸出口等库房共存储各种防汛应急物资 89 种，其中土工布 4970m²、铅丝笼 405 个、木桩 10m³、钢管240m。

【安全监测】

2019 年姜沟水质自动监测站全年数据有效率 100%，水质稳定达标；全年共治理辖区污染源 6 处，剩余 2 处；水生态资源调查工作每月进行 2 次，共获取生物种类 10 余种；实施姜沟水质监测站标准化改造和田洼分水口自动拦藻设施项目。安全监测数据成果表明，各监测断面、输水建筑物、左排倒虹吸等监测物理量变化基本平稳，运行状态正常；配合完善监测自动化系统，优化业务流程，完善业务功能；对监测设施自动化改造，4孔测斜管完成自动化改造，提高数据采集效率。在白河倒虹吸进口和丁洼桥下游侧补充安装2处测斜管。

【开展"两个所有"活动】

2019年，南阳管理处开展"两个所有"问题查改工作，将全体员工分为8个组，分区划片各负其责，每月制定排查计划和重点开展排查。截至12月底，管理处自查问题共11630个，问题自主发现率99.3%，整改11603个，问题整改率99.1%。其中自有员工排查问题4941个，占问题总数的42.48%。

【安全运行管理】

安全生产 2019年加强对日常安全生产的监督管理，强化安全生产培训及安全技术交底，落实安全生产各项检查制度，严格制止各类违规行为，加大处罚力度，辖区全年未发生一起安全生产事故。与新进场单位签订安全生产管理协议45份，入场安全交底50次共373人次；安全教育培训12次共526人次；下发安全生产日常检查问题整改通知书64次共103个问题，下发安全生产定期检查问题整改通知书14次共27个问题，配合渠首分局安全生产检查9次共27个问题，2019年问题全部整改完成；组织维护单位对6座桥梁的防抛网进行加高处理。

安全保卫 按照合同要求加强对警务室及保安公司人员的日常管理，对巡逻过程中发现的问题及时处置并上报，加强入渠车辆及人员的准入管理，强化对外人入渠的日常检查，及时更换及维护沿线救生设施及隔离网防护设施，开展安全生产月活动，落实新中国成立70周年各项加固措施。

安全宣传 2019年到渠道沿线村庄开展安全宣传，加强中小学校、学生家长群体的防溺亡安全教育，印发致家长的一封信暑假防溺亡宣传1万余份，发放各类安全宣传传单2万余份，暑假利用广播电视台进行防溺亡安全宣传1次共40天，暑假联合地方教育等部门通过微信平台家校安全防溺亡宣传1次，节假日利用移动宣传车进行安全防溺亡宣传3次共15天。开展"开学第一课"走进学校1次，受益2百余人，"南水北调公民大讲堂"走进学校2次，受益5千余人，到渠道沿线村庄集镇进行防溺亡安全宣传10次，受益5千余人。

（孙天敏）

方 城 管 理 处

【概况】

方城段涉及方城县、宛城区两个县区，起点位于小清河支流东岸宛城区和方城县的分界处，桩号124+751，终点位于三里河北岸方城县和叶县交界处，桩号185+545，包括建筑物长度在内全长60.794km，其中输水建筑物7座，累计长度2.458km，渠道长58.336km。

方城段76%渠段为膨胀土渠段，累计长45.978km，其中强膨胀岩渠段2.584km，中膨胀土岩渠段19.774km，弱膨胀土岩渠段23.62km。方城段全挖方渠段19.096km，最大挖深18.6m，全填方渠段2.736km，最大填高15m；设计输水流量330m³/s，加大流量400m³/s，设计水位139.435～135.728m。

方城管理处辖区共3座节制闸、3座分水闸、3座控制闸、1座检修闸和2座退水闸。共有钢闸门56扇（弧形闸门22扇、平板闸门34扇），启闭设备52台（液压启闭机25台、固定卷扬启闭机2台、电动葫芦16台、移动式台车式启闭机9台）。

2019年，按照中线建管局机构改革方案要求，由原来下设的综合科、调度科、工程科、合同财务科调整为综合科、调度科、工程科、安全科，现有正式员工42名。

【工程维护】

2019年，对方城段高地下水位渠段采取工程措施和调度措施，全年未出现衬砌面板隆起现象。实施完成2019年高地下水位渠段增设排水系统推广项目。完成左岸管理道路改造项目、建设期电线杆拆除项目、双庙桥右岸上下游新建截流沟项目4个小专项。进行黄金河倒虹吸1号、2号孔排空检查。开展标准化渠段建设，完成土建绿化日常项目问题整改和工程维护工作。

【防汛与应急】

编制2019年防洪度汛应急预案与防洪度汛方案，在方城县防汛抗旱指挥部和南阳市宛城区防汛抗旱指挥部备案。与地方防汛部门建立有效联系机制，交叉河道、上游水库信息共享。调整2019年方城防汛应急组织机构，成立管理处应急抢险预备队，作为先期处置的应急保障机制。开展雨情汛情监测预警工作，加强防汛值班，汛期坚持开展雨前、雨中和雨后巡查。完成渠首分局2019年第一批应急物资设备采购项目验收、应急物资设备管养、2019年防汛应急抢险演练。加强防汛风险点管控，汛期无重大险情。

【工程巡查】

方城段划分为10个工程巡查责任区，2019年优化调整2次，辖区工程巡查人员26人。实行周考核与月考核相结合，对工程巡查人员加强日常管理。全年共开展业务培训12次，累计312人次。按照"补短板、强监管"总基调，以问题为导向，2019年编制方城管理处工程巡查网格化立体化实施方案，推行"两个所有"查改问题常态化，让所有员工成为渠道网格员，实现所有人查所有问题，促进运行管理精细化。2019年，利用中线工程巡查监管系统APP，自查发现上传各类问题13654条，问题

整改率100%。

【安全监测】

2019年完成振弦式仪器人工采集数据32162个，测压管采集数据2738次，沉降管采集数据1675个，测斜管采集数据46822个，外观测点采集数据6960个。完成大流量输水安全监测加密工作。完成雨季输水安全监测加密工作。完成安全监测测站接地电阻测量工作。编写安全监测月报12期。组织安全监测培训12次、60人次。完成安全监测仪器日常保养及仪器检定工作。安全监测类问题全部整改完成。

【水质保护】

2019年开展取样工作25次。协调方城县环保局、方城县调水机构完成9处污染源治理。在全国"两会"和国庆70周年期间，加固水质安全管理措施，对危化品车辆通过频次较高的桥梁安排专人24小时值守，补充应急物资，加强水质巡查。每月至少开展静水区域扰动1次，按时对退水闸底部淤积物进行清理。开展鱼类资源、水禽类资源等水生态调查24次，完成2019年度春季地栖藻类生长情况统计15次。举办"保水质、护运行"座谈会。开展水质保护宣传活动，在沿线乡镇村庄学校开展水质保护宣传10次。完成渠首分局2019年度水污染突发事件应急演练工作。

【安全生产】

2019年完善安全生产管理体系，落实安全生产责任。编制、修订安全生产制度7份，与运维单位签订安全生产协议25份，并与所有员工签订安全生产责任书。启动水利安全生产标准化一级达标创建工作。加强日常安全管理，召开安全管理专题会12期，开展安全检查51次。开展安全培训23期、621人次，开展防溺亡应急演练和防恐怖应急处置演练各1次。加强运维单位安全管理，对运维单位安全交底31期、289人次。购置测速仪对渠道运维车辆进行检测。对外持续开展安全宣传，举办公民大讲堂暨防溺水安全宣传进校园活动11

次，在县电视台投放安全广告267天，在城区户外电子屏投放防溺水宣传片60天，联合方城县教育局开展南水北调有奖征文活动，常态化开展寒暑假安全教育活动，完成南水北调"通水五周年"安全宣传工作。

【安全保卫】

2019年实施人防、物防、技防三位一体立体化安防管理体系，发挥保安公司、警务室及工程巡查人员作用，每天对隔离网、跨渠桥梁、钢大门、左排等关键部位进行巡防和视频监控。与方城县公安局、水利局、环保局联合开展打击破坏围网等违法行为专项行动。及时制止和处置违规入渠、外部火情处置、保护区内违规施工、破坏工程设施、取水、钓鱼、违规穿跨越等各类违规行为。2019年，方城段未发生安全生产事故和非生产性伤亡事件，工程保持安全平稳运行。

【金结机电设备维护】

2019年在金结机电维护工作中开展弧门动态巡查51次，退水闸动态巡查6次，检修门动态巡查60次，清河退水闸35kV断电应急演练1次。编制并下发金结机电设备运行维护管理、工作、技术标准，使用中线工程巡查监管系统APP进行设备巡查发现故障及时上传，并跟踪运维单位消缺。全年发现金结机电类缺陷2577项，按时整改完成整改率100%。完成闸站液压启闭机功能升级改造项目。金结机电设备整体运行情况良好。

【自动化系统维护】

2019年自动化运行维护人员13人（其中闸控系统维护4人，网络维护2人，通信系统维护7人）。在自动化系统维护工作中，各系统的集中监视、定期巡检、维护和故障处理工作正常开展。完成部分人手井增加自动抽排系统，开展光缆中断应急演练1次。自动化系统设备整体运行情况良好。

【输水调度】

脱脚河控制闸于5月17日参与调度，11月30日退出调度，完成高水位运行，与工程措施相结合，保障高地下水位渠段安全平稳运行。管理处中控室实行24小时值班制度，采用"五班两倒"值班方式，利用调度自动化系统开展运行调度值班工作。2019年中控室共执行远程指令2898门次，现地指令372门次。

【标准化中控室和闸站创建】

2019年全面推进中控室标准化建设，6月10日方城管理处中控室通过达标验收，被授予中线建管局"达标中控室"称号。完成东赵河节制闸、黄金河节制闸等10座闸站生产环境标准化建设。按比例推荐，12月13日方城段有三座闸站被授予中线建管局"达标闸（泵）站"称号。

【工程效益】

2019年方城段安全运行365天，累积安全运行1845天，向下游输水223.68亿 m³。方城段共有半坡店、大营、十里庙3座分水口门，设计分水流量分别为4.0m³/s、1.0m³/s、1.5m³/s。2019年，半坡店分水口为社旗、唐河分水2957.71万 m³；十里庙分水口为方城分水1168.27万 m³。2019年8月和9月，利用清河退水闸、贾河退水闸为河流生态补水，清河803.73万 m³、贾河2452.80万 m³。

【环境保护与水土保持】

方城管理处组织工程维护单位对闸站、园区、桥梁三角区绿植开展日常浇灌、防病虫害等养护工作。2019年10月～12月集中开展绿化造林项目，推进渠道空余土地有效利用，打造工程防护林带，在渠道两岸栽种高杆红叶石楠、高杆大叶女贞、高杆月季等苗木共65790株。

（李强胜）

叶县管理处

【概况】

叶县管理处工程线路全长30.266km，沿线布置各类建筑物61座，大型河渠交叉建筑物2座（府君庙河渠道倒虹吸，澧河渡槽），左岸排水建筑物17座，渠渠交叉建筑物8座，退水闸1座，分水口门1座，桥梁32座。流量规模分为两段，桩号K185+549—K195+477设计流量330m³/s，加大流量400m³/s；桩号K195+477—K215+815设计流量320m³/s，加大流量380m³/s。2019年，叶县管理处编制数39名，控制数33名，实际在岗27名，其中处级干部3名，科室负责人4名，员工21名。设综合科、安全科、工程科、调度科。

【合同管理】

2019年完成运行维护类项目采购8项，累计签约合同额1200万元，采购完成率100.29%。累计结算完成1400余万元，合同结算率100.11%。完成变更项目批复12项，无索赔事项发生。规范记账算账报账等日常会计处理工作，按月编制食堂月账，做到手续完备、数字准确、账目清晰。对所有物资分类管理、分块管理，责任划分明确、台账记录清晰，谁使用谁保管，统一进行维护；成立管理处废旧物资处置小组，明确废旧物资处置要求。按照年度预算，完成内冲洗机、净水设备采购；日常办公品、低值易耗品采购按要求完成报销、入库、保管；预算执行可控在控，全年管理性费用预算不超标，持续推进预算管理科学化、精细化水平，合理编制年度资金预算，严格履行财务监督审核程序。

【安全管理】

2019年调整安全生产工作小组、建立班前安全讲话制度、安全生产周例会、月生产专题会制度，全年开展安全周例会36次、月生产专题会12次，专题会形成会议纪要及时通报。参加上级组织的安全生产教育培训，对新入场人员开展安全综合知识、专业安全知识入职安全培训。全年与维护单位签订安全生产管理协议20份、开展安全生产教育培训428人次（含自有人员、新员工、工巡、外聘及外委单位人员）。

强化日查月查专项查过程督查的"三查一督"管理机制，严格执行警务室和安保单位巡逻值守制度。重点检查园区餐厅扩建、渗水点施工、水下衬砌面板修复、沥青道路施工等维护项目，全面排查工程防护区内污染源。全年开展各类检查50余次、制止非法穿越10次、修复钢大门及围网160次、制止钓鱼60次、制止无证入渠5次、制止违规施工15次、更换拦漂索35条、劝离外来人员20次、新增警示标牌200余个、更换刺丝滚笼616m、更换围网（3m）1800m³，对违规行为进行处罚和教育，问题及时上报并下发整改通知书限期整改，实现安全生产全年零事故发生、污染源零发现，工程安全、水质安全、人员安全。

（赵 发 许红伟）

【调度管理】

闸站形象明显提升 2019年组织编制《叶县管理处闸站生产环境标准化建设实施方案》，开展辖区内澧河渡槽节制闸、澧河退水闸、府君庙河倒虹吸控制闸、辛庄分水口4座闸站共4大项24小项的标准化建设实施工作，所有项目均按照任务分工和预定时间节点完成。澧河渡槽节制闸通过中线建管局标准化闸站验收并获"三星"达标闸站称号。

输水调度安全平稳 8~9月，干渠两次大流量输水，一度达到设计流量，叶县段输水调度安全平稳。在"调度（应急）值班规范月""汛期百日安全"专项行动、防汛（应急）值班期间高效完成各项工作任务。管理处中控室通过"三星中控室"达标验收。

【工程管理】

土建绿化合同执行 2019年土建日常维护项目主要是浆砌石勾缝修复、破损护坡拆除重建、新建排水沟、沥青路面沉陷处理、泥结碎石路破损处理、聚硫密封胶填缝处理、警示柱刷漆、截流沟砂浆找平处理、防护网片更换、刺丝滚笼安装。合同金额3972571.00元，全年实际完成合同金额为3039149.28元（不含设计变更项目），完成率76.5%。合作造林项目实施进入第二年度，3月底完成辖区新造林种植任务，共种植树木89569株，其中一般防护林带乔木62670株，桥梁节点乔木23334株，灌木3565株；4月完成第一年度养护项目验收，并完成树木补植。对沿线草体进行修剪拔除清理，按月度进行考核控制，依据现场维护状态进行补植，共补植草体13.7万 m²，现场草体养护形象良好。

渠道形象明显提升 2019年渠道边坡混凝土拱形骨架破损修复拱圈安装完成379.25m³、缺失拱圈基础修复完成400m³，导水更加通畅；右岸沥青道路维护清除面层14797.56m²，路面基层开挖16414.45m²，软基处理325.78m³，路缘石安装2350块，新铺沥青路面平整牢固；澧河渡槽出口段高填方加固后堤身牢固可靠、拱圈整齐、绿植有型，工程整体形象明显提升。

【开展"两个所有"活动】

2019年围绕"两个所有"目标要求，管理处建立所有员工查找问题常态化工作机制，明确责任人员，明确责任范围，明确奖惩措施；组织开展业务培训，提高员工自主发现问题能力；建立"一人多岗、一岗多人"工作机制；"两个所有"活动持续开展，问题查改率、问题自主发现率排名靠前。推行输水调度全员值班，通过岗前培训、理论学习、跟班实习，自有员工全部取得值班长岗位资格证书。组织职工到现场，与业务专员交流，与维护人员交流，及时掌握工程状态，推动职工由管理向操作的转型、由动口向动手的转型。

（刘威鹏 牛 岭）

鲁 山 管 理 处

【概况】

鲁山段全长42.919km，其中输水渠道长32.799km，建筑物长10.12km。沿线布置沙河渡槽、澎河渡槽、张村分水口等各类建筑物94座。输水渠道包括高填方7037.9m，半挖半填17851.6m，全挖方7903.4m。设计流量320m³/s，加大流量380m³/s。2019年，鲁山管理处负责鲁山段工程运行管理，以及平顶山直管项目的征迁退地、桥梁移交及验收等尾工建设任务。编制44名，控制数39名，实际在岗29名，设置综合科、安全科、工程科、调度科。

【安全管理】

安全生产管理体系 2019年机构调整增设安全科，明确岗位及人员职责，完善安全生产管理办法及标准化工作手册，细化安全生产标准化一级达标创建实施方案并印发。推进警务安保能力建设。

安全生产检查 2019年建立"三查一督"监管机制，加强寒暑假及护网行动、七十年国庆等特殊时期和关键时期的安全检查，集中开展隔离设施及人员、车辆出入管理等专项整治，加强值守及巡逻巡查，进行安全隐患排查治理，执行零报告和快报制度。

安全培训教育 2019年组织安全生产知识培训20次，现场安全交底32次，受训439人次，进行安全生产交底。

安全宣传 安全生产月开展"安全法规宣讲""防汛抢险宣教""防溺水宣传"活动，进公园、进学校、进村庄，发放宣传页、设置展板讲解南水北调工程特性、防溺水知识及节约用水知识。2019年鲁山管理处未发生安全事故，未发生群体事件，通水以来未发生溺亡事件。

"两个所有"能力建设　推动全员"两个所有"能力建设、工程巡查APP应用。制定查找问题监督检查奖罚制度，落实问题查改责任，全体员工参与隐患排查，变"要我安全"为"我要安全"。

【调度管理】

中控室标准化建设　中控室标准化建设是中线建管局2019年强推项目，建设工作分两个部分，河南分局采购项目和管理处自主实施的项目。标准化建设被授予"三星达标中控室"。

闸站标准化建设　2019年提高闸站运行管理水平，大力推进闸站运行规范化标准化建设，严格落实中线建管局提出的闸站标准化建设要求，澎河、沥河、沙河闸站被授予"三星达标闸站"。

推动"HW"行动　2019年6月，中线建管局作为水利部唯一推荐单位参与国家安全管理总局开展的"网络安全"行动。鲁山管理处严格落实各项制度，加强检查频次，电脑安装天融信杀毒软件、网址安全检查、屏幕保护设置、主机监控系统，完成"HW"行动任务。

推行全员调度值班　2019年中线建管局在河南分局做试点，全面推行全员值班工作，管理处3月开始组织全体职工理论培训、闸站轮训、值班设备操作培训。通过中线建管局的资格考试后，管理处已全面实行全员调度值班工作。

消防完善项目实施　2019年为彻底解决因原设计单位多导致消防标准不统一及"飞检"大队在检查过程中发现的消防问题，中线建管局委托长江委勘察规划设计院编写闸站消防设计，由河南省勘测规划设计院进行细化设计，对沿线各闸站消防设施进行标准化建设，管理处实施并完成消防设施标准化建设。

大流量输水及生态补水　从2019年8月开始，进入大流量输水阶段，从9月13日开始，沙河退水闸向平顶山市生态补水，从10月1日8时开始正常供水，截至12月31日，全年生态补水6449.5万 m³，正常供水21209.6万 m³。

【工程维护】

2019年修订《南水北调中线干线鲁山管理处工程维护分段管理责任制实施方案》。按照"经常养护、科学维修、养重于修、修重于抢"的原则，开展各项土建维护工作。日常维护项目金额997.27万元。土建日常维护养护消缺工程存在隐患问题3098个，除土建日常维护养护、绿化及合作造林2个跨年度项目正在实施外，鲁山南1段截流沟及一级马道维护分别在5月、6月实施完成，官店北大门改造项目5月开工，10月完成，工程形象稳步提升、功能逐步完善。坚持"三标"引领，2019年创建标准化渠道9.61km，累计创建标准化渠段33.49km，验收通过率在河南分局靠前。

【安全监测】

2019年组织开展安全监测专业培训4次，指导安全监测人员学习南水北调安全监测相关的专业技能和管理办法，掌握安全监测数据采集、整理、分析的方法和要求。安全监测原始数据严格按照相关要求记录，并及时整编上传自动化系统。2019年鲁山管理处安全监测采集整编内观监测数据130余万点次，其中人工数据225444点次，安全监测内外业行为规范。建立异常问题处置单，规范异常问题处置程序，按时上报安全监测台账、内外观整编数据库及月报等监测资料。以问题为导向开展问题整改，完成"两个所有"培训2次，发现处理整改安全监测问题843项，上级领导检查稽查自查发现的安全监测问题均能及时整改，问题整改率100%。完成沙河渡槽安全监测站维护项目，维修集线箱柜62台，整治测站环境26站，机柜位置优化78台。持续进行规范化建设，完成安全监测设施改造及修复65个、水平位移观测墩维护整修181个、沉降观测工作基点保护井整治9个、各类测点标志牌维护

138个，确保监测设施使用寿命和工程形象。完成鲁山管理处安全监测系统优化工作。完成左排渗压计监测自动化改造，消除仪器分布分散、人工观测消耗大的影响，汛期短时强降雨也可及时掌握左排过水时渠底渗透压力。加强安全监测自动化系统完善工作，对发现的安全监测自动化软硬件问题及时组织维护单位处理。

【水质保护】

2019年开展水质保护巡查、漂浮物打捞、水体监测、藻类捕捞、污染源防治、水生态调控试验，在3座有危化品通过的风险桥梁附近闸站设置应急物资箱，配备应急防化服、铁锹及编织袋等物资，并对桥面排水设施封堵、设置应急储沙池和集污池；在沙河进口储存围油栏、吸油毡、吸油拖栏。在沿线各跨渠桥梁桥头处设置水质保护宣传牌76块，进行水质培训2次，配合中线建管局及河南分局外协单位进行水体采样8次，全年打捞漂浮物500余kg；修编《水污染应急预案》并向河南分局水质监测中心报备。协调鲁山县相关责任单位取缔污染源2处，2019年污染源全部清除；制止外单位私自取水1次，大流量输水及国庆加固期间，制订《水质保护加固工作细化方案》，严格按照加固方案开展工作。

配合中国科学院水生生物研究所开展《中线总干渠贝类异常增殖成因及其多种途径防控体系》的研究工作；水生态调控试验作为河南分局的一项重要科研项目，管理处配合确保多批次鱼类放流及水生态调控原位试验的开展和7次月、季度生态水体采样。2019年未发生水污染事件。

【应急管理】

2019年贯彻"防重于抢"的防洪理念，汛前摸排防汛风险项目5处，明确风险等级，确定防汛重点项目；编制防汛应急预案、度汛方案并通过市防办专家评审和备案，与地方建立联动机制；召开专题会及培训会7次，对防汛应急工作进行培训和部署。汛期大雨以上降雨

共3次，开展雨中雨后专项巡查5次，其中7月28日降雨量达119.5mm（大暴雨），造成工程左排进口树木、垃圾淤堵，截留沟排水不畅、损毁，围网、隔离柱损毁等问题，管理处立即上报河南分局调用应急抢险队组织长臂反铲对左排进口树木、垃圾打捞清理，保证左排倒虹吸正常过流能力；安排土建维护队对损毁的围网进行修复，对截流沟排水不畅部位进行抽排。加强应急管理，主汛期配备抢险人员12名，设备9台，24小时值守待命；汛前及汛期上级检查4次，参加上级各类防汛会议10次；防汛应急物资全部到位，设施设备状态良好；严格落实24小时值班制度，全员参与防汛值班。辖区5处Ⅲ级防汛风险点实现平安度汛。

【综合管理】

2019年启动新的移动政务办公OA软件。完善组织机构，优化人员配置和职责分工，执行薪酬制度改革及职工休假制度调整，开展职工医疗费用报销、职称申报、标兵评比工作，保障职工利益。推进"两个所有"活动开展，加强培训管理，年初制定培训计划，逐月跟踪督促并进行资料搜集整理，全年组织培训58次。

全年共在中线建管局网站发表稿件56篇，南水北调报发表4篇，稿件数量较往年大幅增加。开展"中国水周、世界水日"、喜迎中线通水五周年"健步走"活动。全年组织接待各类考察调研150余次，开展全国中小学生研学实践教育活动，超额完成教育部批复24批次绩效考核目标，超3000名学生受益。

按照河南分局档案整理要求，初步完成2018年度运行档案整理工作。接受中线建管局2018年管理性费用审计，并按照审计要求及河南分局新的制度办法要求，进行食堂、租赁用房和车辆管理。完成新老物业单位交接，运行半年，物业单位管理更加规范有效，保洁护管水平及职工膳食质量显著提高。"文明园区"创建取得实效，办公区域干净整洁，园区形象明显提升，功能分区更加合理，办公室面积得

到有效利用。

【尾工建设】

2019年全部完成鲁山段4个设计单元档案移交保管工作。鲁山南1段2号弃渣场水土保持项目完成。鲁山段共40座跨渠桥梁，其中32座农村交通桥梁完成竣工验收和移交；5座县道公路桥梁完成竣工验收和移交；3座国省干道桥梁正在进行缺陷处理。

【党建工作】

鲁山管理处党支部坚持"党建与业务深度融合"，带领全体党员锤炼自身道德品质，履行岗位职责，全体党员政治思想及业务水平取得实质性提高。严格履行基层党建工作责任，通过看直播、学讲话、听讲座、结对帮学、联学联做、党建APP、学习强国等方式，开展"两学一做""不忘初心、牢记使命"主题教育活动，严格落实"三会一课"制度，严肃执行"三重一大"监督，推动普法学习，落实谈心谈话制度。开展党风廉政警示教育活动，参观豫西革命纪念馆，观看警示教育片，参与市文明创建。

创建"红旗基层党支部"，按时足额缴纳党费，选拔入党积极分子和发展对象后备人选。支部纪检委员负责廉政规定交底，全程监督抽查三重一大、工程量计量签证、日常物资采购等工作。"不忘初心、牢记使命"主题教育坚持"主题不变、标准不降、力度不减"坚持七个一贯穿全过程，开展多种形式的学习研讨，以问题为导向现场排查问题，以钉钉子的精神落实整改。

（李 志）

宝 丰 管 理 处

【概况】

宝丰管理处所辖工程位于宝丰县和郏县境内，南起宝丰县昭北干六支渡槽上游58m（桩号K258+730），北至郏县北汝河倒虹吸出口（桩号K280+683），全长21.953km，其中明渠长19.017km，建筑物长2.936km。明渠高填方渠段长3.921km，填高6～12m，深挖方渠段长0.663km，挖深20～28m，膨胀土（岩）渠段长10.9km（中膨胀土渠段3.4km，弱膨胀7.5km）。

渠道为梯形断面，设计底宽18.5～34.0m，堤顶宽5m。渠段起点设计流量320m³/s，加大流量380m³/s，终点设计流量315m³/s，加大流量375m³/s，设计水深7m，加大水深9m，渠道一级边坡系数0.4～3.0，二级边坡系数1.5～3.0，设计纵坡1/24000～1/26000。马庄、高庄分水口流量分别为3m/s、1.5m/s。

共布置各类建筑物65座，其中河渠交叉建筑物5座（2座节制闸、3座控制闸）、渠渠交叉建筑物7座、左排建筑物8座、跨渠桥梁21座（包括铁路桥2座）、分水闸2座、退水闸1座、铁路暗渠1座、抽排泵站8个、安全监测室12个。

2019年宝丰管理处开展"两个所有"问题查改活动，全年共发现整改土建类缺陷问题5589个。

【调度管理】

2019年输水调度及应急（防汛）值班情况正常，调度运行平稳。截至12月31日，宝丰管理处执行远程指令1441门次，执行成功1432门次，远程操作成功率99.38%。玉带河、北汝河节制闸过闸流量209亿m³，高庄分水口向宝丰地区分水6733万m³，马庄分水口向焦庄水厂分水114.10万m³，实现足额安全供水。

【金结机电与自动化系统维护】

2019年金结机电静态巡查执行2156次，并跟踪运维单位进行动态巡查；35kV高压共故障性停电9次，计划停电12次，电力执行供配电设备巡视及维护巡视4832台次；自动化巡视完成108站/次，巡视专业通信（视频、动环、传输、电源）、网络、闸控、安防系统，巡查设备3988台/次，平均每站点设备统计443台/次；安防视频监控盲区统计及河南分局安防及全填方视频监控系统供电改造24台摄像头；消防管理完成培训2次，更换灭火器箱128具、疏散图44块。

（张树志　陈嘉敏）

【合同管理】

宝丰管理处2019年度维修养护类预算970.17万元，年度合同金额918.39万元，累计完成金额883.03万元，共办理21次结算，累计结算金额830.45万元。采购完成率94.66%，统计完成率96.15%，合同结算率90.42%。完成超权限变更初审4项，金额110.16万元；完成权限内变更审批7项，金额40.26万元。完成宝丰管理处2019年消防日常维护服务项目采购和合同签订工作，完成2020年预算编制及上报。配合中线建管局组织的"2018年度管理性费用专项审计"和"2018年度运行维护项目全面审计"，提供有关备查资料。

【综合管理】

2019年车辆加油报销12次，安全行驶25.86万km；食堂接待各类来访人员706人次，为管理处各类大中小会议提供会议服务187场次，1521人次；OA累计收文935件，发文198件；组织物业公司考核4次；组织办公用品采购43次，在中线建管局网站、南水北调报，地方媒体发表文章59篇，组织到中原司令部旧址参观学习1次，叶县县衙警示教育参观学习1次，鲁山军用机场参观学习1次，鲁山烈士陵园祭扫1次，员工拓展训练1次，通水5周年、918纪念日、年度祝福语等活动视频素材拍摄。参加中线杯乒乓球比赛，组织参加河南分局党建演讲1次。

（姜　乾　张建宝）

郏 县 管 理 处

【概况】

南水北调中线一期工程郏县运行管理段自北汝河倒虹吸出口渐变段开始至兰河涵洞式渡槽出口渐变段止，渠线总长20.297km，其中建筑物长0.797km，渠道长19.500km。采用明渠输水，渠段始末端设计流量315m³/s，加大流量375m³/s，起止点渠底高程分别为121.254m和120.166m，起止点设计水位分别为128.254m和127.166m，加大水位分别为128.886m和127.789m，设计水深7.0m，加大水深7.632m，渠道纵坡1/26000、1/2400两种。

干渠与沿途河流、灌渠、公路的交叉工程全部采用立交布置。沿线布置各类建筑物39座，其中河渠交叉输水建筑物3座（青龙河倒虹吸、肖河涵洞式渡槽、兰河涵洞式渡槽）、渠渠交叉建筑物1座（广阔干渠渡槽）、左岸排水建筑物9座（排水涵洞1座，排水倒虹吸8座）、桥梁24座（公路桥13座、生产桥11座）、退水闸1座（兰河退水闸）、分水口1座（赵庄分水口）。

【工程管理】

安全生产　编制2019年度安全生产工作计划，按计划开展安全生产检查、安全宣传教育、安全生产会议和安全生产工作总结等管理工作。开展安全一级达标创建工作，实现安全生产目标。严格日常管理与季度考核，严格警务室管理，拓展警务室工作职能，完善与地方政府和公安机关联络机制。开展"防淹溺""安全生产月""南水北调大讲堂"宣传。2019年完成工巡接管，组织新入职工巡人员岗前培训。通过微信工作群、安防视频监控系统、巡查实时监管系统进行监控。监督指导工巡。

水质保护 2019年完成污染源专项巡查12次，保护区水质全面检查4次，修订水污染事件应急预案并备案，完成重点危化品运输桥梁桥面排水改造和桥下集污池建设及储备应急沙土工作，无发现围网外污染源，保护区内无养殖场。

应急管理 与地方部门联防联动，组织防汛安全隐患大排查，对渠道工程沿线上下游20km水域结构情况进行摸排，建立渠道防汛区域网络、水质风险网络、安全隐患网络。"防汛两案"经市县防办评审通过并报河南分局及地方备案。组织防汛应急演练、水污染应急演练、专网通信中断应急演练、群体性事件应急演练，开展各项应急培训，熟练掌握应急处置流程及措施，提高全员应急能力。

【运行调度】

调度管理 2019年金结机电设备设施运行安全，水质稳定达标，未发生影响输水调度的安全事故。中控室值班长和值班员、现地闸站值守人员能够熟练操作柴油发电机、液压启闭机、固卷启闭机等机电设备，具备一定的应急调度能力。全年总计执行完成远程调度指令2381门次，执行成功2358门次，远程操作成功率99%。

金结机电运行 按照中线建管局下发的《信息机电专业标准》，各专员按照技术标准和管理标准，加强对设备设施的定期巡检和对运维人员的管理。巡查执行"两票制"，对发现的设备设施渗漏油、设备卫生不达标、标识不清等问题，及时上传至中线巡查维护实时监管系统APP并组织整改。按时组织运维人员进行闸站动态巡视、设备设施消缺和维护。

自动化系统 2019年自动化系统进行渠道盲区摄像机安装，安防及全填方视频监控系统供电改造项目，中控室电视墙解码器更换，网络终端准入安装，启用专网终端安全防护系统，闸站自动化机房UPS电池更换，管理处机房空调外机移机，启闭机室内UPS柜更换。

工程效益 2019年赵庄分水口分水1109.01m³，实现足额安全供水，工程效益发挥明显。

（卢晓东　姬高升）

禹州管理处

【概况】

禹州段辖区总长42.24km，工程始于（桩号K300+648.7）郏县段兰河渡槽出口100m处，设计流量315~305m³/s，设计水深7m，渠底比降1/24000~1/26000。工程沿途与25条大小河流、46条不同等级道路交叉。布置各类建筑物80座，其中河渠交叉建筑物4座、渠渠交叉建筑物2座、左岸排水建筑物21座、退水闸1座、事故闸1座、分水闸3座、抽排泵站2座、路渠交公路桥梁45座、铁路桥梁1座。禹州段辖区内共有弧形钢闸门8扇、平板钢闸门21扇、叠梁钢闸门10套、液压启闭机11台、固定卷扬启闭机7台、电动葫芦8个、柴油发电机5台、高压环网柜7套、断路器柜1套、变压器9台。现地站自动化室共7个，网管中心、综合机房、电力电池室各1个，自动化机柜76套，安全监测仪器2567支。禹州管理处配置正式员工30名，其中正处长1名、副处长1名、主任工程师1名，自有管理人员27名（3名借调上级单位），设立综合科、安全科、调度科、工程科4个职能科室。2019年制定"两个所有"巡查方案，确定8个巡查责任大区、26个巡查责任段的巡查分工模式，基本做到巡查大区内专业互补人员互补。

【输水调度】

2019年，禹州管理处输水调度运行平稳。全面实行"全员调度值班"工作制度并取得良好效果；开展中控室生产环境标准化达标建设，实现三星级达标；严格执行"HW行动"期间各项安全措施，保障了输水调度网络安全；开展"汛期百日安全活动"、落实"大流量输水"各项要求、国庆70周年加固措施，保障特殊时期的输水调度安全。

全年颍河节制闸共收到远程调度指令233条，操作闸门790门次，成功785门次，成功率99%；颍河节制闸全年过水53.94亿 m^3。辖区内3个分水口全年分水1.5亿 m^3。颍河退水闸全年退水3948万 m^3，其中生态补水611.37万 m^3。

开展岗前培训、上岗证考试、跟班实习，4月1日正式开始全员调度值班。上岗前开展调度业务知识培训7次，接受培训150人次，以"师带徒"的跟班实习管理模式，将19名新任值班长分成五组分别跟班原5名值班长。

推进中控室生产环境标准化达标建设。成立领导小组专职负责中控室达标创建工作。达标创建改造项目主要有会商桌更换、调度工作台更换、地面重新刷漆、墙面安装壁布、中控室线缆标准化整治、防静电陶瓷地板砖安装、宣传标语规范、室内外标识系统统一改造。4月全面完成中控室生产环境达标创建工作，8月通过中线建管局组织的达标验收，并被授予三星级达标中控室荣誉牌。

【安全生产】

2019年安全生产"零事故"，年度安全生产目标基本实现。全年开展安全生产检查47次，签订安全生产协议书11份，组织安全生产教育培训18次，接受教育275人次，召开各类安全生产会议31次，警务室巡逻295次，出警15次，参加应急演练5次；安保公司禹州分队巡逻里程97000余km，劝离外来人员进入管理范围及钓鱼22次，扑灭失火34次，制止违规穿越及保护区违规施工23次，制止违章违规行为32次。

安全生产月以防风险、除隐患、遏事故为主题，防淹溺进村入校，张贴知识挂图、安放

展板，开展水上救生演练、突发事件应急处置演练、隐患排查及治理、HW行动，全员参加全国水利安全生产知识网络竞赛。

创新安全生产管理，为解决长距离多点通信问题及通信效率问题，购置不限传输距离公网对讲机17部，实现应急通信高效、信息共享；实现运维服务提供方准入和人员安全教育培训的电子化管理，组织开发安全运维管理系统。

【工程维护】

2019年完成主要维护项目有左排倒虹吸及左排渡槽清淤5116.18 m^3，左岸泥结碎石路路面修复26864.47 m^2，沥青路面标线修复9570.5m，路缘石更换7782.5m，轮廓标更换139个，桥头混凝土拆除重建1447.94 m^3，隔离网更换3354 m^2，屋面防水卷材修复1011 m^2，衬砌板聚硫密封胶更换42826.11m，防护网片维护2686.04 m^2，防抛网更换5392 m^2，错车平台新建171.59 m^2，警示柱刷漆14142个，横向排水管清淤4357.35m，防护网片维护2686 m^2，刺丝滚笼更换545.5m，场区沥青路面沉陷破损处理1961.62 m^3，钢大门刷1516.68 m^2，沥青路面裂缝处理833.16m，沥青路面拉毛修复23000 m^2，浆砌石勾缝577.25 m^2，混凝土修补325.21 m^3，沥青路面沉陷477.96 m^2，桥梁超载排查4296工时，截流沟、排水沟清淤，以及水面垃圾打捞，闸站保洁，渠道环境保洁。

全年完成全线苗木浇水114万株，刷白100000株，补植9000株，除草320万 m^2。绿化整改APP问题维护1942个，维护率99.7%，创建绿化标准化渠段9.15km。完成对绿化单位检查考核12次，完成绿化养护日志记录、绿化养护台账12个月，完成绿化计量结算12个月，绿化合作造林预算执行率100%，完成年度预算。

（郭亚娟 张国帅）

【安全监测】

2019年上报并整改工程巡查系统APP问题311个，在"举一反三"台账中，上报并整改

问题 255 个，编制安全监测专业培训材料 2 份，组织安全监测辅助人员培训 5 次。

为其他专业提供技术支持 8 次，组织河道断面过流能力测量、河西沟渡槽出口地形图测量、任坡分水口左岸地形图测量、颍河进口左岸场地清理土方测量、深挖方段截流沟纵坡测量、闸门维护验收检测、颍河出口闸墩监测仪器埋设。

在左排渗压计自动化改造项目实施过程中，及时提出建议 3 项（改进连接线接头、改进采集箱体、增设人工观测端子），并在河南分局全线推广；左排渗压计自动化改造项目完成后，增设集线箱仪器清单标识标牌，并在其他管理处学习实施；2019 年申报创新项目 2 个，申报创新项目成果 1 个，申请办理专利权 2 项。

【防汛与应急】

2019 年组织开展高填方渗水应急处置演练，参与处置汛期预警 2 次，汛期预警期间严格防汛值班制度，对应急抢险单位人员和机械开展不定期抽查、检查，确保人员和机械处于临战状态，发生汛情、险情能够快速反应。主动加强与地方防汛指挥机构沟通联系，建立紧密的工作协调机制，更新地方政府相关部门通讯录，及时消除 3 座左排建筑物出口洪障问题，确保左岸排水通畅。

【消防管理】

2019 年各类消防设备设施运行平稳，辖区内未发生火灾事故。共发现消防专业问题 282 个，整改 279 个，整改率 98.9%。

严格执行标准规范，组织运维单位每周巡检 1 次，每月检测 1 次，每年年检 1 次，发现问题及时整改。组织开展辖区内消防设备改造升级、消防设施完善项目。主要完成管理处自动报警系统、消防给水系统、图形显示装置；闸站增添烟感 40 个、新增 64 位告警主机 3 台、新增水基型灭火器 28 个、新增防爆烟感 2 个、敷设管路线缆 800 m、完善各闸站消防疏散图、完善消防各类标识标签、对新加装的消防配电箱加装安全防护挡板。

【党建工作】

2019 年，开展"不忘初心、牢记使命"主题教育，落实"三会一课"党内生活制度，定期开展党员大会、支部委员会、党小组会，按时上党课。2019 年组织召开支部委员会 12 次、专题集中学习教育 23 次、支部党员大会 4 次、组织生活会 1 次、党小组会 33 次、专题视频党课 2 次。开展支部换届、发展党员和党费收缴工作。建立"一岗一区 1+1"工作制度，明确 9 个党员示范岗、3 个"两个所有"党员责任区并立牌，发挥"一个党员一面旗帜、一个党员一盏明灯、一个岗位一份奉献"的示范带头作用。

2019 年，禹州管理处党支部作为中线建管局党建与业务融合试点处，先行先试，成立党建与业务融合工作小组，研究制定实施方案，总结基本案例，摸索提炼"助力"工作法，研究制定工作制度、工作手册，编制《禹州管理处党支部党建工作制度汇编》《基层党支部标准化工作手册》《基层党支部基础工作标准模板》。

【新闻宣传】

完成年度宣传任务，制订《禹州管理处 2019 年宣传工作计划》，发表新闻稿件 94 篇，其中在中线建管局网站发表 61 篇、南水北调报 5 篇、微信公众号 10 篇、地方媒体 18 篇。10 月组织开展南水北调中线工程开放日活动。12 月组织开展社会舆情事件处理应急桌面推演，增强对舆情事件信息报告和应急处置机制，规范应对舆情事件的程序和方法。

（谭 胥 刘帅鹏）

长 葛 管 理 处

【概况】

长葛管理处所辖工程起止桩号K342+937—K354+397，全长11.46km，其中明渠段长11.06km，建筑物长0.40km；榆林西北沟排水倒虹吸出口尾水渠长1.6km，实际管辖渠段长13.06km。长葛段沿线布置各类建筑物33座，其中渠道倒虹吸工程2座、左排倒虹吸工程4座、跨渠桥梁14座、陉山铁路桥1座、抽排泵站5座、降压站6座和分水闸1座。

长葛段渠道采用明渠输水，起点设计水位125.074m，终点设计水位124.528m，总设计水头差0.546m。沿线设计流量305m³/s，加大流量365m³/s，渠道设计水深7m，加大水深7.62～7.66m。渠道为梯形断面，设计底宽21.0～23.5m，一级边坡系数2.0～2.5，二级边坡系数1.5，渠道纵坡比降1/26000。渠道多为半挖半填断面，局部为全挖断面，最大挖深13m，最大填高5m。

【安全生产】

2019年，长葛管理处按照中线建管局和河南分局安全生产工作部署，贯彻"以人为本、安全第一、预防为主、综合治理"的安全生产方针，落实安全生产各项工作部署。开展"两个所有"推动安全生产标准化一级达标和安全生产集中整治，细化责任，修订细则、明确规程，加强隐患排查治理。组织安全生产培训14次，临水和高空作业及渠道交通安全专项培训1次，"两会"加固、"HW行动""国庆70周年"时期加固，开展安全生产活动月及节假日宣传，在辖区沿线14个村庄及7所中小学进行防溺水宣传。2019年长葛管理处实现安全生产目标。

【输水调度】

长葛管理处坚持"简单事情重复做、重复事情用心做"的输水调度工作理念，克服麻痹和侥幸心理，贯彻落实输水调度管理标准要

求，参与完成总调中心组织的输水调度"汛期百日安全"专项行动、"大流量输水运行"、输水调度"两个所有"活动。4月完成中控室标准化改造，评为三星达标中控室。5月按照《关于开展管理处中控室全员调度值班试点有关工作要求的通知》《关于中控室全员值班实施方案的批复》要求开展管理处全员中控室值班工作。

全年收到调度指令218条，共操作闸门796门次，远程操作786门次，远程操作成功781门次，远程成功率99%。小洪河节制闸累计过闸流量200亿m³，累计通过洼李分水口向长葛地区分水10247万m³，全年分水水量确认准确无误。在河南分局输水调度知识竞赛中获得三等奖。全年未发生擅自操作闸门或不按指令操作行为，未发生任何输水调度事故，完成安全输水调度目标。

【安全监测】

2019年开展安全监测数据的采集、整理整编、数据初步分析及月报编写上报、资料归档。完成对安全监测观测房、外观测点、保护盒、标识牌、工作基点等设施的问题排查和维修养护，定期进行鉴定和保养；完成左排倒虹吸渗压计自动化改造；配合中线建管局对安全监测自动化新系统进行升级改造；完成长葛渠段安全监测系统的优化；完成大流量输水期间水位数据的采集及外观监测加密；配合河南省地矿局对沉降段周边地下水进行监测物探；参加河南分局组织的《基于卫星雷达遥感技术的渠道边坡变形监测》科技项目；完成长葛沉降段角反射器的安装；完成水下机器人对沉降超限渠段对水下部位进行探测。

【土建维护及绿化】

2019年开展土建工程日常维修养护工作，按照合同要求对维护项目进行质量控制和项目验收；及时对3000多个APP缺陷问题进行整

改处理和销号。通过标准化渠道验收4km，累计通过16km，占长葛段管辖区域总长度的70%，在河南分局名列前茅。完成造林22.12km，种植乔木52517株、灌木41221株、地被植物养护2217m³、草体养护340729m³。日常加强树圈整理、草体控制、树木补植，提高养护成效和渠道内的整体绿化效果，被上级领导检查时予以肯定。

（陈 奇 胡朋朋）

【工程巡查】

2019年开展工程巡查人员培训，采用室内培训与现场培训相结合的方式，学习培训工程巡查基本知识、重点巡查项目和部位、工程巡查维护系统APP使用方法、突发事件处理方法，学习宣贯《工程巡查技术标准》《现地管理处工程巡查岗工作标准》《现地管理处工程巡查管理岗工作标准》，现场开展白蚁排查、输水建筑物相关知识集中学习培训。规范工程巡查人员考核，成立以主管处领导为组长的工程巡查工作考核小组，实行每周与每月考核相结合，现场检查和使用"巡查系统"及沿线监控视频对工程巡查人员的业务能力、劳动纪律、安全生产情况进行考核并赋分，与工程巡查人员工资收入挂钩。

【问题查改】

2019年按照河南分局"两个所有"问题查改工作要求，结合"一专多能""一岗多人"和全员调度值班的工作安排，明确"两个所有"问题查改工作目标，细化工作职责，依据"谁来查、查什么、如何查、查不出来怎么办"的工作思路，制订《长葛管理处"两个所有"问题查改工作机制（试行）》《长葛管理处"两个所有"问题查改工作手册》，学习上级"两个所有"问题检查与处置相关规定、"飞检"周报等各级检查问题文件，对比类似问题及时查改自身问题。2019年督促协调地方政府解决水源保护区内垃圾堆放场8处，多年未处理的污水进入截留沟问题得到彻底解决。

自有人员参加"两个所有"问题查改工作，熟悉辖区工程情况、设备运行状况、水质安全情况、具备基本专业常识，增强发现运行管理一般问题和常见问题的能力，熟练运用中线工程巡查维护实时监管系统（APP）录入问题、完善流程，做到"两个所有"。

【防汛度汛】

长葛管理处编制2019年度汛方案和防汛应急预案，成立安全度汛领导小组，对关键事项和薄弱环节组织汛前排查，提高全员防汛应急处置能力。加强与地方的沟通，建立联防联动机制，与长葛市防办、调水机构及后河镇政府联合组织开展防汛应急演练。

根据Ⅲ级防汛风险项目K351+782—K351+642左岸防洪堤工程及小洪河倒虹吸进出口裹头风险情况，长葛管理处及时按照批准的处理方案施工，对防洪堤和小洪河河道穿越干渠段的河床及边坡进行除险加固，消除防洪堤及裹头受洪水冲刷可能造成边坡滑塌或洪水漫顶的风险。

【党建工作】

长葛管理处党支部开展"两学一做""不忘初心 牢记使命"主题教育活动，制订《长葛管理处党支部2019年理论学习计划》《长葛管理处党支部"不忘初心 牢记使命"主题教育工作计划》，落实"三会一课"制度，召开党员大会4次，支部委员会12次，党小组会24次，党课5次，学习教育51次。开展主题党日、联学联做活动。到后河镇敬老院奉献爱心，到许昌市烈士陵园缅怀革命先烈，参观河南省廉政教育基地杨水材纪念馆、燕振昌纪念馆，组织"陉山地质公园捡垃圾"志愿服务活动，参观黄河博物馆，与荥阳管理处、禹州管理处、地方政府开展"联学联做"活动。发挥"红旗基层党支部"的引领功效，创新学习工作方法，立足岗位工作，不断向新时代合格共产党员靠近。

（史红雨 李腾飞）

新 郑 管 理 处

【概况】

南水北调中线工程新郑段总长 36.851 km，其中建筑物长 2.209km，明渠长 34.642km。沿线布置各类建筑物 78 座，其中渠道倒虹吸 4 座（含节制闸 1 座）、输水渡槽 2 座（含节制闸 1 座）、退水闸 2 座、左排建筑物 17 座、渠渠交叉建筑物 1 座、分水门口 1 座、排水泵站 7 座、各类跨渠桥梁 44 座、35kV 中心开关站 1 座。

【运行调度】

2019 年，共完成调度指令复核 501 条，涉及闸门操作 1770 门次；通过李垌分水口向新郑市分水 4363.88 万 m³；通过沂水河退水闸向新郑市生态补水 1 次，补水量 204.83 万 m³；通过双洎河退水闸生态补水 2 次，补水量 603.34 万 m³。截至 2019 年底，累计向新郑市供水 28916.22 万 m³（其中，李垌分水口分水 16575.05 万 m³；沂水河退水闸补水 1429.98 万 m³；双洎河退水闸补水 10911.19 万 m³。）

【工程管理】

2019 年，以实现"所有人员会查所有问题"和"一岗多人"、"一专多能"为目标，完善问题查改工作方式，优化责任分区，落实问题查改工作制度，建立自有人员查改问题长效机制，对问题自主发现率和问题整改率进行双指标控制。组织编制《典型问题清册》《"两个所有"应知应会手册》并组织培训。两个指标完成情况均在 95% 以上，初步实现问题能自主发现，发现问题能及时整改。

严格执行出入工程管理范围管理规定。规范开展日常巡查、监控和漂浮物打捞管理工作，加强管理范围和保护区范围内的污染源管理。8 月 28 日完成新郑市辖区 28 座农村公路跨渠桥梁竣工验收移交；完成 107 国道 I 公路桥、十里铺东南公路桥共 2 座国省干道跨渠桥梁病害治理；完成崔庄东、赵郭李、霹雳店等 3 处基本稳定渣场和碾卢、苟郑东北、苟庄东等 3 处局部不稳定弃渣场及沂水河 1 处小型弃渣场整治。

（瞿行亮　王珍凡）

【标准化建设】

2019 年，按照中线建管局和河南分局工作部署，管理处依据《中控室标准化建设达标及创优争先管理办法》《南水北调中线干线工程闸（泵）站生产环境标准化建设标准（修订）》《水利安全生产标准化一级达标创建工作手册》要求推进标准化建设。12 月 3 日新郑管理处中控室被中线建管局授予"达标中控室"称号，10 日双洎河节制闸、梅河节制闸、李垌分水口被中线建管局授予"达标闸（泵）站"称号。2019 年完成标准化渠道创建共 21.8km，累计长度 51.04km，辖区内标准化渠道率 74%。

【试点与创新】

2019 年，完成中线建管局职工值班用房建设试点项目、中线建管局党支部标准化规范化建设试点项目，配合河南分局完成工程应急抢险物资设备管理标准化和信息化试点项目。完成基于改善电缆沟内部环境的移动式通风除湿装置、桥下绿化 2 个创新项目。

【安全生产】

2019 年，完善安全管理体系，分解安全目标，落实安全责任，协调安保单位、警务室、工程巡查人员和运维单位，建立物防、技防、人防 3 方面 8 道安全保卫防线。"两会"期间及重要节假日在重点部位落实加固措施，安排专人值守。开展"安全生产月"活动和"三深入两联合一播一宣讲"安全生产教育及防溺亡专题宣传。对渠道沿线救生器材、安全防护设施、安全警示标牌进行排查补充。对运维人员进行安全技术交底并签订安全生产协议，编发《运维单位进场须知》。持续开展水利安全生产标准化达标创建。

【应急管理】

2019年，管理处与地方防指部门建立联动机制，及时了解管辖渠段周边雨情水情，按照上级要求积极开展应急知识和急救技能培训，储备应急物资，开展防汛风险排查，落实防汛应急值班，并组织防汛应急、供电故障、消防应急等实战演练3次，桌面演练2次。

【后穿越项目管理】

2019年对完工项目进行月度专项巡查，对在建项目加密检查频次，对拟建郑州15号地铁下穿项目、郑州港区梦泽（明港）220千伏输变电工程项目及武周—规划500千伏港区南变电站线路工程跨越项目进行管理制度宣传、办理流程答疑，配合上级完成新建项目方案审查，完成签订穿越项目监管协议、施工保证金缴纳及后续手续办理。

（赵智峰　刘二威）

航 空 港 管 理 处

【概况】

南水北调中线航空港区段是南水北调中线一期工程沙河南—黄河南的组成部分，起点位于郑州航空港区耿坡沟，干渠桩号 K391+533.31，终点位于郑州市潮河倒虹吸进口，干渠桩号K418+561.11，渠段总长 27.028km，其中明渠段长 26.774km，建筑物长 0.254km。K391+533.31—K405+521 段渠道设计流量305m³/s，加大流量 365m³/s；K405+521—K418+561.11 段渠道设计流量295m³/s，加大流量 355m³/s。航空港区管理处编制数 39 名，控制数 31 名，2019年实际在岗23名，其中处级干部2名，科室负责人4名，员工17名。设综合科、安全科、工程科、调度科。2019年推进"两个所有"活动开展，对"两个所有"问题信息台账实施"周周跟，月月新"，全年共发现各类问题8155个，问题自主发现率和问题整改率全部达到目标要求。

【安全管理】

2019年航空港区管理处调整安全生产领导小组成员，修订各类安全生产管理制度，全年共开展各类安全培训18次、1000多人次，组织各类安全生产交底26次，开展各类安全宣传6次。全年共开展安全生产检查40次，配合上级单位安全生产检查16次，开展冬季消防用电安全、现场各类施工项目等专项安全检查5次，共召开各类安全生产会议55次。

"国庆70周年""安全生产月""五一""十一"和寒暑假，采取增加安保和警务室巡查频次，延长单次巡逻时间，重点渠段、建筑物和桥梁部位增派驻点值守人员，通过安防视频监控进行巡防。开展水利安全生产标准化一级达标创建，成立达标创建工作小组，制定创建达标工作方案。

【水土保持】

2019年航空港区管理处根据河南分局的统一安排部署，进行基本稳定渣场和不稳定渣场的加固处理施工，其中基本稳定渣场3个，后吕坡弃渣场、生金李弃渣场和白庙弃渣场；不稳定渣场1个，谢庄南弃渣场。基本稳定渣场的施工，施工单位于3月初进场，由于受当地航空港区政府的规划建设影响，3个渣场均在3月、4月由国土资源局交易储备中心（预）征收，因此，施工单位进场后仅开展小范围的施工处理，随后停止施工。谢庄南弃渣场施工单位于2月进场，3月完成原始地形测量、现场施工准备和相关的协调工作，4月完成渣场顶部及边坡的土地平整和削坡及挡水土埂的施工，5月完成种草和栽树，6月底完成坡面坡脚排水沟、喇叭口的混凝土浇筑，9月完成合同验收。

【调度管理】

2019年完成252条调度指令，处置132条预警。2018–2019年度分水8172.59万 m^3，累计分水28250.94万 m^3，月度分水计量签认和上报按要求完成。

编制《航空港区管理处自有人员全员值班方案》报经河南分局批准后于4月开始实施，同时组织新增加值班人员的实操考试，加快实现"一专多能"。2019年组织调度业务培训24次。在中线大流量输水期间，对可能遇到的工况进行应对准备，排查运行风险，提前防范。优化设备维护检修计划，寻找最适宜进行设备维护的时间窗口，大流量输水运行安全稳定。根据"汛期百日安全"专项行动及建国70周年加固措施要求制定活动实施细则表，从6个方面全面落实。4月中控室生产环境标准化建设改造项目基本完成并投入使用，7月通过河南分局初验，8月完成中线建管局三星达标验收。

【工程维护】

2019年，安排专人负责信息自动化、金结机电及35kV线路运行维护管理工作，落实设备维护保养方案，每月监督考核，组织运维单位对发现的问题逐条消缺，严格落实"两票制"，辖区内未发生设备误操作和严重影响调度运行的事件。

航空港区管理处开展精细化管理、标准化施工，创建标准化渠段。土建日常维护消缺工程存在隐患问题6741个，完成小耿湖西北公路桥桥下一级马道贯通改造项目、后吕坡至龙中路段渠道左岸截流沟外坡水毁整治项目、管理处及丈八沟节制闸园区绿化形象提升项目、小河刘分水口下游渠段空白地绿化区域项目、管理处餐厅改建项目。开展"三标"建设，港区段总长54.056km，其中渠道部分总长53.54km，2019年通过22.13km，年度验收通过长度是河南分局第二名。累计通过长度41.97km。

【工程巡查】

工程巡查人员共10人，巡查人员以小组为单位，每天8:00～12:00，13:30～17:30在现场开展工程巡查，组员人数2～4人，分别巡视不同的区域，不得脱离相互视线范围，对疑似问题要近前观察。渠道工程高地下水位段K391+806.65—K392+806.65、K415+656.94—K417+688.31，共长3.031km，每天巡查1遍。其他渠段及建筑物每3天巡查1遍。2019年工程巡查人员共发现问题1896个，截至12月底整改率100%。

（李俊昌　王明恩）

【安全监测】

2019年组织召开安全监测月度例会6次，指导安全监测人员学习掌握安全监测数据采集、整理、分析的方法和要求。安全监测原始数据严格按照相关要求记录，并及时整编上传自动化系统，全年安全监测采集整编内观监测数据9.5万余点次，其中人工数据8562点次。制作异常问题处置单，规范异常问题处置程序，按时上报安全监测台账、内外观整编数据库及月报等监测资料。以问题为导向，持续开展"两个所有"，完成"两个所有"培训2次，发现处理整改安全监测问题320项，上级领导检查稽查自查发现的安全监测问题全部及时整改。推进规范化建设，完成安全监测设施新建沉降测点1个、水平位移观测墩维护整修69个、沉降观测工作基点保护井整治4个、沉降测点保护盒修复206个。进行安全监测系统优化，完成左排渗压计监测自动化改造，增设自动化采集箱17个，增加自动化数据职能采集器1台，消除仪器分布分散、人工观测消耗大的影响，汛期短时强降雨也可及时掌握左排过水时渠底渗透压力。

【水质保护】

2019年，开展水质保护巡查、漂浮物打捞、水体监测、藻类捕捞、污染源防治等。管理处在丈八沟节制闸设置临时物资仓库，存放水质物资柜，有应急防化服、防毒面罩、铁锹及编织袋；在丈八沟出口小河流分水口启闭机室设置应急物资箱，有吸油棉；对桥面排水设施封堵，在5座有危化品通过的风险桥梁附近设置应急储沙池；在管理处应急物资仓库储存围油栏、吸油毡、吸油拖栏。

在沿线各跨渠桥梁桥头处设置水质保护宣传牌76块，进行水质培训2次，配合中线建管局及河南分局外协单位进行水体采样8次，全年打捞漂浮物500余kg；修编《水污染应急预案》并向河南分局水质监测中心报备。

协调郑州市航空港区相关责任单位取缔污染源2处，还有1处污染源。每月至少进行两次巡视并记录；大流量输水及国庆加固期间，制定管理处《水质保护加固工作细化方案》，全年未发生水污染事件。

【应急管理】

2019年，排查红线内外的各种风险隐患，包括防汛风险、工程安全风险、火灾风险、货车超载桥梁风险、危化品运输桥梁风险、水污染风险、穿跨越工程风险、恐怖袭击风险、网络攻击风险、重大舆情风险等，并登记风险台账。3月对辖区范围内防汛重点部位进行排查。按照工程防汛风险项目5类3级划分标准，对航空港区管理处所辖工程进行排查，工程范围内防汛风险项目1个，Ⅲ级风险项目1个。航空港区段应急抢险队为河南分局应急抢险2标河南水建集团。受河南分局委托对在丈八沟渠倒虹吸驻点的现场应急人员进行管理。

【综合管理】

2019年，启动移动政务办公OA软件。完善组织机构，优化人员配置和职责分工，配合进行薪酬制度改革及职工休假制度调整。加强培训管理，年初制定培训计划，逐月跟踪督促培训开展情况，并进行资料搜集整理，全年组织培训62次。全年共在中线建管局网站发表稿件48篇，南水北调报发表8篇，稿件数量较往年大幅增加。开展"中国水周、世界水日"、喜迎中线通水五周年"健步走"活动，

扩大南水北调影响力。开展南水北调大讲堂进校园、进社区活动，开展安全防溺亡教育入课堂活动，开展节水护水教育活动，超2000名学生和居民受益。按照河南分局档案整理要求，初步完成2018年度运行档案整理工作。完成新老物业单位交接。接受中线建管局2018年管理性费用审计。

【合同管理】

2019年，航空港区管理处完成采购项目5次，其中3次公开招标采购，2次直接采购。严格按照《河南分局非招标项目采购管理实施细则》组织实施，采购权限符合上级单位授权，采购管理审查审核程序完备；采购文件完整、供应商资格达标、要求合理、合同文本规范；采购工程量清单项目特征描述清晰、列项合理；采购价格合理、定价计算准确。

【预算管理】

2019年度，港区管理处管理性费用中业务招待费预算数5.0万元，预算执行数4.7万元；会议费预算数2.0万元，执行数1.99万元；车辆使用费预算数28.8万元，预算执行数27.7万元。管理性费用支出总额147.1万元，预算费用总额118.2万元，在预算范围之内。

2019年下达航空港区管理处预算中，维修养护费用1132.67万元，采购完成1087.43万元，采购完成率96%；结算金额1060.00万元，结算完成率97%。

【党建工作】

2019年，航空港区管理处党支部学习贯彻党的十九大会议精神和习近平新时代中国特色社会主义思想，贯彻落实习近平新时代治水思路，按照"水利工程补短板、水利行业强监管"，南水北调中线工程"供水保障补短板，工程运行强监管"的总体思路，坚持以问题为导向，全面落实从严治党要求，推进"两学一做"学习教育常态化制度化，开展"不忘初心 牢记使命"主题教育，推进"党员一岗一区1+1"和"红旗基层党支部"创建，促进党建与业务深度融合。

制订《航空港区管理处党支部2019年理论学习计划》《航空港区管理处党支部"不忘初心 牢记使命"主题教育工作计划》，严格落实"三会一课"制度。开展主题党日、联学联做活动。走进冯唐敬老院奉献爱心，到豫西抗日根据地纪念馆缅怀革命先烈，与港区调水机构联合开展"捡垃圾"小红帽志愿服务活动，与叶县管理处，鲁山管理处开展"联学联做"活动。

（庄超 王珍）

郑 州 管 理 处

【概况】

郑州管理处辖区段起点位于航空港区和郑州市交界处安庄，终点位于郑州市中原区董岗附近（干渠桩号 SH（3）179+227.8—SH210+772.97），渠段总长31.743km，途径郑州市管城回族区、二七区、中原区36个行政村。渠段起始断面设计流量295m³/s，加大流量355m³/s；终止断面设计流量265m³/s，加大流量320m³/s。渠道挖方段、填方段、半挖半填段分别占渠段总长的89%、3%和8%，最大挖深33.8m，最大填高13.6m。渠道沿线布置各类建筑物79座，其中渠道倒虹吸5座（节制闸3个），河道倒虹吸2座，分水闸3座，退水闸2座，左岸排水建筑物9座，跨渠桥梁50座，强排泵站6座，35kV中心开关站1座，水质自动监测站1座。辖区内有3个节制闸参与运行调度，通过3个分水口向郑州市城区供水。

【安全生产】

2019年郑州管理处修订《郑州管理处安全管理实施细则》，开展安全培训23次、700余人，组织安全生产例会45次。按照河南分局要求，在跨渠桥梁左右岸及贾鲁河河道管理辖区增设50个"防溺亡警示牌"，在渠道出入口及运行路部位设置限速牌20个，在外部人员活动密集、邻近村庄部位更换新型围网20km。采购补充应急救援绳125条，气胀式救生圈80个，破窗锤48个。全年无安全责任事故。

郑州管理处按要求组织安全检查，查处的隐患全部按照定措施、定责任人、定整改时间的要求整改完毕。按照"两个所有"及隐患排查治理活动要求，管理处开展自有人员自查自纠，组织运维、工巡、安保开展排查活动，共自查问题8330项，整改完成8191项，整改完成率98.3%。

制订《郑州管理处庆祝新中国成立70周年期间运行安全加固方案》和《郑州管理处第十一届全国少数民族传统体育运动会期间加固措施方案》，细化各项要求，被郑州市公安局评为全国少数民族传统体育运动会安全保卫工作先进单位，被郑州市委市政府嘉奖。

【防汛度汛】

2019年汛前完成大型河渠交叉建筑物、高填方、深挖方、左排建筑物、防洪堤、防护堤、截流沟、排水沟、跨渠桥梁及渠道周边环境全面排查，列出风险点制定应对措施。汛前完成站马屯西公跨渠路桥至京广路跨渠公路桥右岸渠段防护堤加高加固。汛前将防汛"两案"报地方防办审批备案，与地方防办、南水北调办、气象部门、上游水库建立联动机制。制订"郑州管理处2019年防汛值班工作制度"，组织全体值班人员进行培训，严格24小时值班制度。汛前编制"2019年度雨中雨后巡查制度"，及时发现并处置嵩山路跨渠公路桥边坡桥下右岸水毁和陇海路跨渠公路桥左岸上游运维道路下部窑洞事件，处置得当，未造成严重影响，未影响正常通水。

【工程维护】

开展"两个所有"活动，在工程维护中做到精准维护，全面提升工程形象。按照责任段分段管理，以月度考核促进日常维护质量提升。制定标准化渠道创建方案并上报河南分局，2019年完成7.31km，累计完成8.41km。落实过程控制，全程参与和监管。已投入使用的穿跨越邻接项目每月巡视一遍，正在施工的穿跨越邻接项目每周巡视一遍，并进行记录。对检查发现的穿跨越工程施工违规行为或施工问题责令施工单位限期整改并进行追责。

按照运维合同和中线建管局金结机电相关维护标准和规范加强对维护单位进行日常管理，定期对设备进行动态和静态巡视，对维护过程进行旁站和视频跟踪，对维护质量进行现场验收，定期对维护人员进行考核并上报河南分局。全年未发生因设备操作、维护不到位而影响输水调度的事件。设备检修维护过程严格按照设备运行维护管理标准，严格执行"两票"制。

【输水调度】

2019年完成标准化中控室创建，8月开展全员调度值班试点工作，效果良好。按照南水北调中线干线输水调度各项技术、管理、工作标准，定期组织调度值班人员召开业务交流讨论会，学习各项输水调度有关的规章制度，进行理论考试、实操、课堂提问，定期进行业务能力测试，全年共组织各类输水调度业务培训12次。管理处安排专人负责水量计量，每月按时间要求上报水量数据，及时对上月水量进行确认，未发生晚报漏报错报。2019年通过十八里河退水闸与贾峪河退水闸对下游河道进行生态补水，总量846.05万m^3。

【水质保护】

2019年按照规定对水质风险源及污染源进行巡查，及时对渠道内边坡的漂浮垃圾物进行清理收集，并外运出渠道。在十八里河倒虹进口安装自动拦藻装置，在刘湾分水口、中原西路分水口安装栏漂导流装置。对刘湾自动监测站进行内外墙装饰改造。

【合同管理】

2019年郑州管理处完成采购项目11项，其中配合河南分局采购7项。严格按照《河南分局非招标项目采购管理实施细则》组织实施，采购权限符合上级单位授权，无越权采购；采购管理审查审核程序完备；采购文件完整、供应商资格达标、要求合理、合同文本规范；采购工程量清单项目特征描述清晰，列项合理；采购价格合理、定价计算准确；涉及河南分局组织实施的采购项目，管理处配合按期按质完成全部采购工作。郑州管理处规章制度健全，流程控制严谨，全年开展2次合同管理相关培训，培训效果到位。

【预算管理】

郑州管理处根据河南分局年度预算编制要求编制2019年度预算。编制内容完整、依据可靠、数据准确。郑州管理处2019年度预算总额3033.92万元，其中管理性费用112.78万元，维修养护费用1220.54万元，专项项目预算1700万元。2019年管理性费用支出84.79万元，维修养护费用年度合同金额1704.71万元（含变更），完成金额1669.85万元（含变更），结算金额1662.17万元（含变更），采购完成率92.2%，统计完成率97.69%，合同结算率97.5%。预算项目采购和执行到位，管理性费用预算总额、业务招待费、会议费和车辆使用费未超出当年批复额度。

（陈佰忠　赵鑫海　徐　超）

荥 阳 管 理 处

【概况】

荥阳段干渠线路总长23.973km，其中明渠长23.257km，建筑物长0.716km；明渠段分为全挖方段和半挖半填段，均为土质渠段，渠道最大挖深23m，其中膨胀土段长2.4km；渠道设计流量265m³/s，加大流量320m³/s。

干渠交叉建筑物工程有河渠交叉建筑物2座（枯河渠道倒虹吸和索河涵洞式渡槽）；左岸排水渡槽5座；渠渠交叉倒虹吸1座；分水口门2座；节制闸1座；退水闸1座；渗漏排水泵站26座；降压站9座（含5座集水井降压站）；跨渠铁路桥梁1座；跨渠公路桥梁29座（含后穿越桥梁3座）。荥阳管理处负责荥阳段工程运行管理，配置正式员工26名，其中正处长1名、副处长1名、主任工程师1名，自有管理人员23名（1名借调上级单位），设立综合科、安全科、调度科、工程科。

【安全生产】

2019年，荥阳管理处全年无生产安全事故发生，工程运行情况良好，实现年度安全生产目标。2019年，依据中线建管局文件要求，荥阳管理处设立安全科，进一步完善安全生产管理体系，修订规章制度9项，开展安全生产定期检查12次，日常检查40余次，参加上级安全生产检查7次；组织召开安全生产专题会议12次，周例会40次，印发纪要、记录52份；开展安全生产季度培训4次，专项培训4次，共计32学时，建立员工培训档案25份，实现自有人员全覆盖。

新中国成立70周年和少数民族运动会时期严格落实安全加固措施，重点部位安排人员24小时值守，安保加密巡逻频次，警务室利用安防视频监控对辖区进行不间断巡视。加固期间共计修复隔离网110余次，扑灭隔离网外火灾12起，处理跨渠桥梁交通事故6起，制止无通行证车辆进入管理范围36次，劝离无临时通行证人员进入管理范围65次。

组织开展以"防风险、除隐患、遏事故"为主题的"安全生产月"活动，活动期间共排查消除隔离网安全隐患20余处，修复钢大门2扇，更换不合格救生器材1个；组织到沿线4所学校、4个村庄进行防溺水宣传，发放南水北调安全宣传手册1000册、宣传画册100本、海报80张，涉及中小学生2600余人。

9月启动水利安全生产标准化一级达标创建，组织安全生产标准化达标创建专项培训3次，达标创建任务清单中的28项二级项目全部建立专项档案，126项三级项目完成89项，收集整理档案资料613份。

【输水调度】

截至2019年12月31日，荥阳段工程累计通过水量181.06亿m³，累计向荥阳市供水13902.59万m³，向上街区供水4124.68万m³，通过索河退水闸累计向索河生态补水2542.02万m³。开展"两个所有"活动，实现管理处"一人多岗、一专多能"工作目标，于4月10日正式实行管理处全员参与中控室输水调度值班。组织开展中控室生产环境标准化建设，按节点时间要求完成各项建设任务，于8月27日通过总调中心达标验收。索河退水闸、索河节制闸11月5日通过中线建管局组织的三星级达标闸站验收。参加河南分局组织的输水调度知识竞赛获得三等奖；作为河南分局代表队成员，获得中线建管局输水调度知识竞赛二等奖。2019年6月，作为水利部唯一推荐单位参与国家安全管理总局开展的"HW"行动，管理处严格落实方案要求，电脑安装天融信杀毒软件、网址安全检查、屏幕保护设置、安装主机监控系统。

【工程维护】

2019年土建维护项目合同额791.52万元，完成产值750万元（含变更），占合同额的95%；合作造林3标绿化养护项目合同额211.24万元，结算190万元，完成合同额的90%；树木养护20384株，新造林任务全部完成，草体补植完成20050.87m²。

制订《南水北调中线干线荥阳管理处土建及绿化项目养护施工管理办法（试行）》《荥阳管理处闸站保洁管理办法（试行）》、荥阳管理处"两个所有"实施细则；组织召开安全交底会、技术交底会、质量专题会、进度促进会；加强土建日常维护月度考核，加强现场管理，提高土建维护质量。

按照河南分局要求编制《荥阳管理处2019年标准化渠道创建方案》，2019年荥阳管理处计划标准化渠道创建10km，完成11.806km，累计完成17.043km。

（郭金萃　楚鹏程）

【开展"两个所有"活动】

荥阳管理处"两个所有"实施采用分段包干模式，将辖区分六个区段，每段由3名员工负责，每季度对责任区段进行轮换，保证每位员工都能全面了解荥阳段的工程运行情况。开展专业知识培训，按照《南水北调中线工程运行管理责任追究管理规定》和"典型问题清册"提高自有人员问题发现能力；落实问题发现责任，发挥典型问题清单和责任追究项目的引导作用，解决对标准不熟悉、查改不彻底问题，做到"应传尽传"。每周集中组织一次"两个所有"活动，对工程缺陷和违规行为进行排查，截至2019年12月24日自主发现问题共9009个，自主问题发现率100%。

编制《荥阳管理处"两个所有"问题查改工作机制》，荥阳段工程划分为7个巡查小组，每3人一组，其中处长机动，每个小组由各科室成员组成，且必须配备1名党员，每个自有人员每周现场巡查不少于1天。截至12月29日，荥阳段工程巡查共发现问题9580个，整改9555个，未整改25个，整改率99.7%，管理处问题查改多次在河南分局工巡系统APP中排名前三。

2019年度"两个所有"问题统计表

单位	问题来源	问题数量（项）	已整改（项）	整改率（%）	正在整改（项）
荥阳管理处	中线建管局监督队	23	23	100%	0
	中线建管局稽查队	21	21	100%	0
	管理处自查	9534	9511	99.7%	25
	合计	9580	9555	99.7%	25

【技术创新】

2019年荥阳管理处组建创新小组，开展六棱警示柱钢套筒项目创新。干渠索河渡槽下游渠段一级马道警示柱为六棱预制混凝土警示柱，警示柱外露部分涂刷红白色相间反光漆。因警示柱混凝土面凸凹不平，导致警示柱反光漆存在反光效果差、易褪色、使用周期短、每年至少需涂刷2次以上等缺点。创新小组以节省资金、施工便捷、安全实用、质量可靠为目标，采用在原六棱预制混凝土警示柱上安装粘贴有反光膜的钢套筒的方法取得良好效果。

索河渡槽出口至孙寨公路桥右岸渠道一级马道完成现场生产性试验，得到中线建管局及河南分局相关领导及部门的肯定，并提出改进意见。索河渡槽下游渠段全部警示柱钢套筒的安装效果明显。河南分局、河北分局派专人参观，具有较大的全线推广价值。

【党建工作】

2019年荥阳管理处党支部落实基层党支部党建工作责任制主体责任，围绕"供水保障补短板、工程运行强监管"的工作总要求，以安全生产为中心，以问题为导向，开展"两个所有"活动，落实全面从严治党要求，深入推进"不忘初心、牢记使命"主题教育，制订《荥阳管理处党支部开展"不忘初心、牢记使命"主题教育实施方案》，全年召开党员大会4次，支部委员会12次，党小组会24次，党课5次，学习教育45次。

集中学＋自主学　荥阳管理处党支部组织全体党员开展"向余元君同志学习及两会精神学习"专题研讨、观看警示教育纪录片《红色通缉》。在主题教育活动期间，对《习近平关于"不忘初心、牢记使命"论述摘编》《习近平新时代中国特色社会主义思想学习纲要》集中学习，党小组利用工作间隙分散开展自主学习。

联合式＋开放式　荥阳管理处党支部与长葛管理处党支部、焦作管理处党支部开展联学联做，共同开展主题活动、学习交流支部建设，实现取长补短、资源共享。主动"迎进来"当地社区党支部、荥阳移民局党支部开放式讲解，宣传南水北调知识，探索开放式主题党日活动新模式。

主题党日+红色教育　主题党日活动与开展红色教育相融合，到荥阳党建主题公园重温入党誓词、重走长征路；到荥阳博物馆参观"英烈碑刻拓片展"。

"党建+业务"融合　发挥党员的先锋模范作用，推动"两个所有""全员调度值班"开

展，引导员工在工作和生活中找差距、消短板、凝聚敬业爱岗正能量。

网站+公众号　利用中线建管局门户网站、学习强国学习平台、荥阳管理处微信公众号，运用管理处宣传专栏、LED屏幕载体，宣传习近平新时代特色社会主义思想，跟踪报道新时代水利精神以及党建和精神文明工作的进展和成效，引导党员利用网络自主学习、互动交流，扩大学习教育的覆盖面。

（程相洗　原帅虎）

穿 黄 管 理 处

【概况】

穿黄工程位于郑州市黄河京广铁路桥上游30km处，于孤柏山弯横穿黄河，上接荥阳，下连温博，总长19.305km。工程等别为Ⅰ等，主要建筑物级别为1级。由南岸连接明渠、进口建筑物、穿黄隧洞、出口建筑物、北岸河滩明渠、北岸连接明渠、新蟒河渠道倒虹吸组成。其中渠道长13.950km，建筑物长5.355km。另有退水洞工程、孤柏嘴控导工程和北岸防护堤工程。各类建筑物共23座，其中河渠交叉建筑物3座、渠渠交叉建筑物2座、左排建筑物1座、退水闸1座、节制闸2座、跨渠桥梁14座。穿黄工程段设计流量265m³/s，加大流量320m³/s。起点设计水位118m，终点设计水位108m。

【机构改革】

2019年根据中线建管局机构改革方案要求，进行穿黄管理处的组织机构改革，撤销合同财务科，成立安全科，将合同财务科全体人员及职能整体并入综合科；安全科接手原工程科安全管理职能，有日常监督、问题查改及责任追究职能。根据人员专业特长合理调配人员分工，在工作交接及下半年工资结构调整期间，关注员工思想动向，及时谈心谈话解决问题，在时间节点内机构改革完成。

【工程管理】

2019年，在水利部"水利工程补短板，水利行业强监管"的总基调下，贯彻落实中线建管局"供水能力补短板，工程运行强监管"的总体部署，在"四个年"形势下，严格落实河南分局"两个所有"和标准化建设要求，加强人员培训，推进"一岗多责、一专多能"、中控室全员值班和"三标"建设，开展研学实践教育工作，全力支持穿黄隧洞检查维护，保证穿黄工程运行安全平稳，穿黄辖区水质稳定达标。

【安全生产】

2019年成立安全科，调整安全生产小组，确定安全生产目标，制定安全生产工作计划，明确安全生产工作要点落实安全生产责任制，根据岗位分工层层签订安全生产责任书，个人签订安全生产承诺书。严格落实安全生产检查制度，定期召开月度安全生产工作专题会议，并形成会议记录。管理处安全生产专题会议由安全生产工作小组组织召开，成员包括运行维护、外协单位负责人。

建立定期教育培训机制，开展安全教育进班组活动。2019年先后5人次参加上级部门组织的脱产安全生产教育培训，管理处主要负责人和安全管理人员均参加相关培训，掌握安全

生产管理技能。通过培训，2人取得持有高压入网作业证，4人取得起重设备特种作业证。

【运行短板查漏补缺】

2019年是"两个所有"深化年，管理处落实河南分局"两个所有"能力建设，推进"两个所有"活动，发现问题总数8353个，完成维护8314个，维护率99.5%；自有人员查找问题7844个，自主发现率94%；组织巡查中发现穿黄隧洞北岸竖井排水泵运行故障隐患、老蟒河排水倒虹吸淤积严重等运行风险，全部消缺处理。标准化中控室和标准化闸站通过验收挂牌；标准化渠道建设验收累计通过16.63km，占全段渠道60.38%。完成辖区内14座桥梁移交。2019年水利部督办项目4项，协调推动项目实施，东邙山渣场加固、退水洞灌浆完成验收；退水渠出流综合治理和退水洞及南岸竖井顶部综合整治项目按期完工。

推进"两个所有"及"站长制"活动整改消缺，严格运维考核。完成对隧洞精准维护设备配合、闸站标准化达标创建、竖井大厅桥机改造、安防系统工程补盲、消防系统完善等专项处理。使用手持终端巡查系统APP，制定执行巡查巡视任务，缺陷问题处理流程更加规范及时。

【调度管理】

开展"汛期百日安全"活动，进行现场设备保养维护及改造。2019年10月18日穿黄隧洞达到最大过闸流量243.92m³/s，2019年度单孔最大开度5600mm，单日输水量最大2107.47万m³；最大流速2.26m/s；穿黄隧洞进口水位最高117.19m，最低117.00m。全年共接受远程调度指令746条，远程指令操作成功率99.33%。

【合同管理】

穿黄管理处2019的维修养护类总预算2171.37万元（年度预算金额805.87万元，预算调整增加1365.5万元），其中签订合同项目10个，合同总额1853.64万元；截至2019年12月底，完工验收并价款结清的项目4个，即将完工的项目2个，累计结算总金额1400.68万元，结算完成率75.56%。加强变更项目审核。经批复和已办理结算的变更项目（含计日工）金额59.10万元；经管理处初审上报河南分局的变更涉及5个合同共计15个项目。

【财务管理】

2019年共有3次审计：3月中旬2018年度运行资金审计，7月底2018年度管理性费用审计，12月的2019年度费用报销专项审计。财务报销顺应信息化要求，无纸化智能办公财务报销APP"友报账"于4月正式上线使用，经培训和操作示范，实现全员移动报销。"友报账"提高审批效率，加快报销流程，员工报销更加方便快捷。9月底印发《河南分局差旅伙食费及市内交通费收交管理实施方法（试行）的通知》，对伙食费和交通费的收交进行新的规定，并制定具体实施方式。

【网络安全】

2019年公安部联合多部委共同开展"HW"专项行动，穿黄工程作为南水北调中线重点工程，网络安全尤为重要，管理处升级网络设备安全防护、加强巡查和定点值守，推动网络安全防护常态化，全年未发生网络安全事件，穿黄管理处负责人获公安部"护网2019先进个人"称号。

【隧洞维护】

根据原设计要求南水北调工程每年都需要停水检查。通水后发现南水北调工程为沿线城镇带来的生产生活效益日益显著，停水检修必将影响沿线城镇的生产生活。根据河南分局工作安排，2019年11月～2020年2月，组织开展穿黄隧洞工程检查维护，这是南水北调工程运行5年以来首次进行检查维护。项目实施前进行技术及人员准备，进入工作组17人，占全处职工总人数的一半。在隧洞维护的同时进行穿黄工程运行管理。项目实施按要求完成，得到上级部门认可。第三、第四季度取得优秀管理处荣誉，年终取得河南分局优秀管理处荣誉。

【宣传教育】

2019年推进南水北调工程的宣传教育功能

实现，穿黄工程在滨黄河区域建成工程施工设备展示区，安装 10m×5m 的大型户外电子屏，播放宣传南水北调工程。3月中旬至4月下旬，在樱花盛开季节，穿黄工程部分区域对外开放，用电子大屏幕展播南水北调相关知识，扩大南水北调工程社会影响，全年接待游客 30 余万人次。

2019年接待参观考察团体 90 余次 2100 余人；组织参与河南分局竞赛活动，管理处先后获得"河南分局微党课宣讲"比赛季军，中线建管局"第一届南水北调公民大讲堂志愿服务项目大赛"铜奖及宣传工作优秀管理处荣誉。

穿黄工程是教育部批准的中小学生研学实践教育基地，2019年接待研学活动 22 批次近 2000 人，在年度研学基地绩效考核中获优秀基地称号。

（胡靖宇　杨卫）

温博管理处

【概况】

温博管理处管辖渠段起点位于焦作市温县北张羌村西干渠穿黄工程出口S点，终点焦作新区鹿村大沙河倒虹吸出口下游700m处，由温博段和沁河倒虹吸工程两个设计单元组成。渠段长 28.5km，其中明渠长 26.024km，建筑物长 2.476km。设计流量 265m³/s，加大流量 320m³/s。起点设计水位 108.0m，终点设计水位 105.916m，设计水头 2.084m，渠道纵比降 1/29000。共有建筑物 47 座，其中河渠交叉建筑物 7 座（含节制闸 1 座），左岸排水建筑物 4 座，渠渠交叉建筑物 2 座，跨渠桥梁 29 座，分水口 2 处，排水泵站 3 座。

温博管理处现有在岗职工 23 人，内设综合科、运行调度科、工程科和安全科。

【安全管理】

定期组织安全生产检查，召开例会部署安全生产工作。开展安全隐患排查，明确整改措施、责任及时限。力推安全管理关口前移、源头治理、科学预防。截至 2019 年 12 月 29 日 8:00，管理处工巡 APP 共发现问题 10755 项，自主发现率 99.5%，问题整改率 99.3%。问题自主发现率和问题整改率全部达到目标要求。

2019 年管理处共开展各类安全检查 12 次，发现各类问题 208 条，整改率 100%；组织召开安全生产会议 63 次；组织各类安全生产教育培训 15 次，培训人员 198 人次。

2019 年运行维护单位进场 12 家，签订安全生产协议 12 份、开展安全技术交底 12 次。特殊时段运行维护单位开展安全教育培训，签订安全承诺书 218 份；对服务单位进行定期安全检查和不定期抽查，发现安全违规行为 14 次，现场完成整改。

【土建绿化及工程维护】

2019 年土建绿化维护完成项目渠道合作造林，杂草清除，渠坡草体养护，截流沟、排水沟清淤，护网、钢大门维修，沥青路面修复等日常维修项目，共 6 类 94 项。温博管理处 2019 年通过评审标准化渠道 6km。

【应急抢险】

2019 年建立汛期 24 小时防汛值班制度，进行全年应急值班，及时收集和上报汛情、险情信息，储备和管理应急抢险物资，修筑应急抢险道路，快速处置各类突发事件。联合焦作市水利局、焦作市南水北调办、焦作市城乡一体化示范区在大沙河渠道倒虹吸进口组织开展防汛联合演练，地方防汛部门演练科目是大沙河堤防加固，管理处演练围网以内的险情处置科目。

【运行调度】

2019 年，温博管理处继续坚持"两个所有"的工作思路持续推进标准化规范化建设，辖区设备运行状况良好，输水调度安全平稳运行。完成大流量输水调度运行工作，峰值流量达到249m³/s。温博管理处中控室调度值班人员有2个岗位，分别是值班长岗和值班员岗，值班长岗全部为自有人员。推进"全员值班"方式实施中控室调度值班，调度值班每日设2个班次，每班次配备值班长1名、值班员1名。济河节制闸配备4名值守人员，每班2人24小时值班，分时段以1人为主，另1人为辅。2019年度中控室共计接收远程调度指令859门次，成功857门次，成功率99.77%。正式通水以来温博段工程安全平稳运行2210天，累计输水1757851.12万m³。2019年，马庄分水口向温县供水1339.99万m³，4万人受益；北石涧分水口向武陟、博爱供水4061.8万m³。温博管理处"两个所有"活动全员参与，全年共查改设备问题2268条，全部完成整改。

（张启勇 赵良辉 曹庆磊）

焦作管理处

【概况】

南水北调中线焦作段由焦作1段和焦作2段两个设计单元组成，是中线工程唯一穿越主城区的工程，涉及沿线4区1县，30个行政村。焦作段渠道起止桩号K522+083—K560+543，总长38.46km，其中建筑物长3.68km，明渠长34.78km。渠段始末端设计流量分别为265m³/s和260m³/s，加大流量分别为320m³/s和310m³/s，设计水头2.955m，设计水深7m。渠道工程为全挖方、半挖半填、全填方3种形式。干渠与沿途河流、灌渠、铁路、公路的交叉工程全部采用立交布置。沿线布置各类建筑物69座，其中节制闸2座、退水闸3座、分水口3座、河渠交叉建筑物8座（白马门河倒虹吸、普济河倒虹吸、闫河倒虹吸、翁涧河倒虹吸、李河倒虹吸、山门河暗渠、瓒城寨倒虹吸、纸坊河倒虹吸）、左岸排水建筑物3座、桥梁48座（公路桥27座、生产桥10座、铁路桥11座）、排污廊道2座。

焦作段机电金结设备设施共308台套，其中液压启闭机33套，固定卷扬式启闭机22套，弧形闸门28扇，平板闸门27扇，检修叠梁闸门25扇，电动葫芦21台，旋转式机械自动抓梁14套，柴油发电机组11台，高压环网柜40面，高压断路器柜10面，低压配电柜53面，直流电源系统控制柜24面。2019年，焦作管理处在岗员工33名，其中处长1名，副处长1名，主任工程师1名；设置综合科、安全科、调度科、工程科。其中综合科6人；安全科4人；调度科10人；工程科10人。管理处印发《关于上报焦作管理处机构职能及人员分工调整的报告》（中线建管局豫焦作〔2019〕52号），对人员和科室职责进行明确分工。

【机构改革】

2019年焦作管理处根据《关于印发〈南水北调中线干线工程建设管理局河南分局组织机构、职能配置及人员编制〉的通知》（中线建管局豫人〔2019〕20号）要求，在6月14日前完成合同财务科原职能转变与安全科人员、岗位统计上报工作。根据岗位和人员变动，调整管理处安全生产工作小组，明确成员组成和职责分工，制定安全管理责任分解表，明确管理处负责人、科室负责人和管理岗位的安全责任，同时明确各维护和协作单位负责人、总工、安全员、作业班长、作业人员的安全职责，构建"横向到边、纵向到底"的安全责任体系。推进"两个所有"落实，向APP上传问题270个，涉及各个专业。改进人力资源管理与保障，编制员工考核办法，加强考勤管理，提高工作效率，保障员工利益。根据河南分局2019年培训计划，焦作管理处组织各类培训28次。

【输水调度】

2019年，焦作管理处响应全员值班要求，开展全员参加的技能培训、跟班学习和资格考试，率先在3月16日实现全员值班。中控室全年共执行调度指令495条，1460门次，失败36门次，成功率97.5%。接收报警1321条，消警1321条，其中调度报警74条，设备报警1247条，消警率100%。下达操作指令902条，902门次，其中纠正51次，纠偏98次，临时配合操作39次，通水以来焦作管理处输水量3492061.75万 m^3，通过苏蔺分水7166.11万 m^3，通过府城分水391.49万 m^3，通过闫河退水闸分水5007.13万 m^3（含生态补水）。

【防汛与应急】

焦作管理处成立安全度汛工作小组，设置"三队八岗"应急处置体系，落实主体责任；开展对自有员工、协作人员全覆盖的度汛培训，严格按照制度要求进行汛期值班、巡查、事件会商、物资管理；进一步细化《焦作管理处2019年度汛方案》《焦作管理处2019年度汛应急预案》，完善"三断"保障措施，在防汛布置图中体现设备位置、人员驻点、抢险道路、上下游水库及水文站、附近村庄等重要信息，建立应急梯队的"20分钟应急圈"，实现全渠段无盲区全覆盖。组织焦作市各县区防办对"两案"进行审查，报焦作市各级防汛部门备案，互通"人员、电话、物资设备"，实现各有关单位之间信息及资源交换和共享。

【水质安全】

2019年焦作管理处加强水质巡查、藻类监测，加强对府城南水质自动监测站与水质应急物资仓库管理；完成水质综合应急平台安装；联合市、区环保局，区调水和水利部门，推动污水进截流沟等污染源处理。进行源头污水改道、排水口封堵、增加沉淀池，完成污水进截流沟处理6处，仍有污水进截流沟问题4处。

【运行安全】

2019年加强自有人员问题查找能力，提高

运维单位缺陷销号效率，明确巡查APP问题流转节点，推行"129622"工作机制，将安全隐患的排查落实到每一个人；1周至少去工地巡查2次，每天早上9点、晚上6点前完成问题流转；成立2个小组按照集中和分散的形式进行问题消缺，实现问题发现、流转、整改一体化。截至12月19日，焦作管理处自主发现问题10772项，其中自有人员共发现问题3740项，工巡人员发现问题5227项，维护人员发现问题1805项，问题整改率97%，问题自主发现率99.4%，各项指标达到河南分局要求。

【安全保卫】

焦作市城区段两侧绿化带施工对渠道安全保卫压力逐渐加大。焦作管理处加强现场巡视，加强与穿临接项目的沟通。2019年先后制止工程保护区违规行为14起，现场处理渠道围网、桥梁私拉电缆安全隐患10处，及时发现并制止普济河倒虹吸管身段在未经允许的情况下私自钻孔的重大违规行为。

开展安全保卫宣传工作，与地方政府和沿线街道办事处对接，向沿线50个村庄和社区、10个学校发放宣传页12400张、手摇扇3330把、笔记本1630本、文具盒190个、作业本50本、展板海报51张、书包90个、书签600张、横幅97条、受教学生和群众26500人。

【安全监测】

2019年，焦作管理处按照"四固定"原则，组织人员进行数据采集、整理和上传，严格按照各类规范要求保证数据采集的精度和准确性，对疑似问题第一时间复核、分析、上报。2019年自主检查发现异常测值48个，分析研究36个，跟踪研究12个。完成外观设施的1785个测点、79个基点的移交，拆除废弃监测点158个，采集改造108个渗压计自动化的工作；依据监测的历史数据情况，对焦作管理处安全监测系统进行优化，完成专项分析报告编写9篇。

【安全生产一级达标创建】

2019年完善安全生产责任体系，开展"安

全生产标准化一级达标"创建，实现责任事故死亡率"零"目标。按照段站制将所有人员划分到5个责任段，问题发现责任由段内人员负责，将38.46km渠道划分为100个小单元，由28名员工分工负责。2019年与维护单位签订安全生产协议10份，组织安全交底85批次，交底人员655名，发放车辆临时通行证279个，发放人员临时通行证540个，下发安全问题处罚通知单26起，罚款金额16700元。按照上级要求成立"焦作管理处水利安全生产标准化一级达标创建工作小组"，将创建任务126项工作对照评审标准逐项进行分工责任到人，各专业各岗位都参与标准化创建工作。

【标准化渠道星级达标创建】

焦作管理处持续推进标准化渠道创建工作，2019年完成标准化渠道验收45.33km，实现年度标准化渠道创建目标；在"三星级达标中控室"基础上，开展四星级中控室创建工作，制订《中控室工作清单》《四星级中控室创建方案》《中控室管理标准（初稿）》得到分调中心首肯；在白马门闸站标准化试点建设中探索"达标闸站"技术标准，得到上级的肯定和好评。2019年，焦作段已被授予"达标闸站"5座，走在标准化建设前列；焦作管理处继续完善水质自动站标准化设施，府城南水质自动监测站于1月11日获得"三星级达标水质自动监测站"称号。编制上报《翁涧河中心开关站标准化试点项目实施方案》，开展中心开关站标准化建设试点先期探索工作。

【规范化建设】

焦作管理处2019年继续开展规范化工作，完成辖区内16个裹头水尺规范化、叉车特种设备备案、液压和闸控系统功能完善、机房地面改造、机电金结专业专人负责辖区内设备编码、分水口门槽封堵及热管融冰系统加热器存放盒施工。截至2019年底，累计完成UPS电源柜更换10套、PLC改造站点10处、UPS增加空调10台（套），完成程序和闸门初步调

试6个站点；完成府城分水口、白马门河控制闸、普济河控制闸和闫河退水闸4个站点的机房地面改造；完成各类闸站、泵房内的设备设施编码，设备清册整理共5853条。

【重点项目攻坚】

2019年焦作管理处完成河南分局下达的重点项目现场管理任务：主动联系各单位进行现场勘查，应对涉及两区一县八个村委的协调问题，建立良性沟通机制，完成基本稳定弃渣场处理项目；开展消防完善项目现场管理，共安装防火门267.63m²，闭门器17套，门锁21套；根据河南分局统筹安排，对一部分站点蓄电池进行更换，分两批次累计更换7kVA UPS蓄电池16组；翁涧河光缆修复项目完成186m主管道顶管、进出口80m明（暗）管敷设和2个人手井的施工。

【渠道亮化】

完成渠道亮化融合施工，渠道夜间形象显著提升。2019年，焦作管理处完成民主路至闫河进口渠道内侧亮化工程，工程单侧长1023m，两侧总长2046m。夜幕降临，渠道灯点亮渠道，与焦作市南水北调绿化带交相辉映。

在沿线倒虹吸管身上方安装警示、提醒标识牌75块，明确工程管理范围及工程保护范围。

【合作造林】

2019年焦作管理处开展专项苗木成活率排查，全年度共补植各类苗木22931株。在3月中旬与8月中旬分别开展春季和雨季边坡草体补植试种，现场分别采用播种法和移栽法种植，采用播种法人均每日种植量150m²。全年共完成草体补植22万m²，10月补植的部位形成整体绿化效果。对纸坊河、聩城寨闸站园区进行整体规划，完成苗木种植海棠、月季等乔木5320株、灌木560株。

【工作创新】

2019年焦作管理处组织员工开展自主设计工作。开展检修门库防渗研究施工，形成防渗

方案。创新高边坡渠道灌溉设备，用于满足深挖方渠段两侧草体及防护林带养护。对石渠段边坡坡度大、行车安全风险大问题，创新设置防撞墩项目。创新渠道大门规范化编码，按照水流方向进行上下游ABCD牌的区分，设置入口及出口标识牌，焦作段共108座钢大门，完成制作208个标识牌，明确工作范围与个人责任，对问题发生位置进行高效定位快速执行。收回永久用地97.3亩，管理处自主设计，绘制施工图，规划退水渠土地利用方案，2019年完成Ⅰ类和Ⅱ类土地栽植乔木5240株、灌木500株，架设水管380m，埋设电缆900m，土地平整19850m²，导流沟土方开挖465m³。

【合同与财务管理】

合同管理项目立项手续齐全，采购项目过程依法合规，会签程序完备，资料保存完整，无违规事项及程序瑕疵，符合制度要求，监督执行到位。2019年度，焦作管理处自行组织采购项目5个，完成权限范围内11个项目合同的签订，完成审核结算30次，变更21次，管理性费用预算执行74%，维护费用采购完成率95.28%、统计完成率96.67%、合同结算率82.39%。

2019年焦作管理处完成1090份会计凭证的审核及会计凭证的编制。业务招待费执行率78.77%、会议费执行率23%、车辆使用费执行率39.05%、管理性费用总额执行率67.24%，预算执行情况良好。

【档案与桥梁验收移交】

焦作管理处按照河南分局进度要求，如期完成建管档案整体移交，开展运行期档案存档和管理工作。从10月开始向黄河档案馆移交焦作1段建设资料年底基本完成。配合开展"两全两简"收集。2019年运行期档案共存档交接291卷。

完成桥梁病害排查和农村公路桥移交。2019年3月河南省交通规划设计研究院股份有限公司联合焦作管理处对河南分局辖区焦作市4区27个农村公路管理所跨渠桥梁病害处理工程进行全面排查，病害处理设计图纸和预算完成，图纸相关问题整改完成。编制焦作1段农村公路跨渠桥梁竣工验收资料汇编，编写焦作Ⅰ段桥梁项目执行报告，编写25座农村桥竣工验收鉴定书；7月25～26日完成焦作Ⅰ段、焦作Ⅱ段25座农村公路跨渠桥梁竣工的验收移交。

【生态补水】

2019年每月通过闫河退水闸向焦作市生态补水，截至12月底，补水325.81万m³（累计补水5007.13万m³）。在生态补水期间中控室当班值班人员每日8时将日补水量上报分调中心，并与配套工程进行水量计量。

【党建工作】

2019年焦作管理处探索党建标准化，落实党建与中心业务深度融合。焦作管理处党支部全年开展集中学习教育32次，主题党日等活动13次，编写报送河南分局党建相关报告22份，党员示范岗覆盖全体党员，学习成果受到河南分局肯定。

党建与现场段站负责制融合，适时调整党小组、党员责任区与党员群众1+1人员分工。2019年选出先进典型人物7位、党建与业务融合案例4个，水利系统基层文明单位创建案例1个。完成中线建管局先进基层党组织创建工作。

组织开展"警示教育月"活动并形成活动总结。重点岗位廉政提醒、集体观看警示纪录片，邀请专家开展预防职务犯罪讲座，到陈廷敬廉政教育基地、焦作抗日革命政府旧址开展廉政教育。加强公车使用、三公经费报销、车费与餐费缴纳等工作的宣传贯彻和管理，把党风廉政落到实处。

（李　岩　刘　洋）

辉县管理处

【概况】

南水北调中线辉县段起点位于河南省辉县市纸坊河渠倒虹工程出口，终点位于新乡市孟坟河渠倒虹出口，渠段总长48.951km，其中明渠长43.631km，建筑物长5.320km。

南水北调中线干线工程辉县段工程线路图

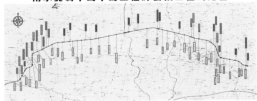

建筑物主要类型有节制闸、控制闸、分水闸、退水闸、左岸排水建筑物及跨渠桥梁等，其中参与运行调度的节制闸3座，控制闸9座，为中线建管局最多。通水以来辉县段工程累计向下游输水170.43亿m³。2019年郭屯分水口分水791.20万m³，路固分水口分水232.34万m³，辉县段全年共分水1023.54万m³，完成年度分水目标。

【安全生产】

按照"管业务必须管安全、管生产必须管安全"的工作要求，成立安全生产工作小组，建立健全安全生产管理体系，明确职责和分工。并制定印发管理处安全生产管理实施细则。完善安全生产责任制、安全生产会议制度、安全生产检查实施细则、安全生产考核实施细则、隐患排查与治理制度、安全教育培训制度、应急管理等制度。组织日常安全生产检查、月度安全生产综合检查；召开安全生产例会和安全生产专题会。2019年开展安全教育培训19次。对沿线防护网、钢大门老化破损的安全标识标牌进行完善更新400余m²；新增修复完善安全防护网15085m²，增设完善修复滚笼刺丝18101m。

【土建绿化与工程维护】

2019年，绿化项目实施完成草体养护、草体补植、闸站节点绿化养护及新造林带的养护等日常工作。草体养护169万m²、草体补植14.67万m²、新造林20万余株。完成警示柱刷漆、路缘石缺陷处理、沥青路面修复、闸站园区缺陷处理、警示牌更新及修复、增设闸站屋顶标识、闸站和渠道保洁等项目。

【应急抢险】

编制《南水北调中线干线辉县管理处2019年度汛方案》《辉县管理处防洪度汛应急预案》并在地方备案；汛前完成石门河管身及斜坡段铅丝石笼加固；汛期建立防汛值班制度，进行汛期24小时应急值班，收集、传达和上报水情汛情工情险情信息，对各类突发事件进行处置或先期处置；盘点块石、钢筋、复合土工膜、水泵、编织袋、钢管、投光灯等，按照河南分局物资管理办法和管养标准进行维护；按计划开展防汛演练。

【金结机电设备运行】

辉县段工程有闸站建筑物17座，液压启闭机设备45台套，液压启闭机现地操作柜90台，电动葫芦设备34台，闸门98扇，固定卷扬式启闭机8台套。2019年完成各类设备设施静态巡视11392台次。机电金结专业共发现问题1033个，其中上级检查发现问题9个，运维单位发现326个，管理处自有人员发现问题698个，自主发现率99.9%。机电金结APP发现问题数量河南分局排名第二，问题整改率99.3%。开展"建国70周年加固期间巡查"和"护网行动"期间设备静态巡视3860余次。

【永久供电系统运行】

辉县段工程有35kV降压站15座，箱式变电站1座，高低压电气设备134套，柴油发电机13套。2019年度，辖区内按计划执行停送电操作39次，35kV专业发现问题815个，其中上级检查发现问题7个，运维单位发现442

个，管理处自有人员发现问题366个，自主发现率99.2%。机电金结APP发现问题数量河南分局排名第一，问题整改率100%。

【信息自动化与消防】

辉县段工程有视频监控摄像头189套，安防摄像头110套，闸控系统水位计31个，流量计5个，通信站点16处，包含通信传输设备、程控交换设备、计算机网络设备、实体环境控制等。2019年，辉县管理处信息自动化和消防专业共发现问题1794个，其中上级检查发现问题14个，运维单位发现708个，管理处自有人员发现问题1072个，自主发现率99.2%。信息自动化和消防专业APP发现问题数量河南分局排名第一，问题整改率99.9%。

（郭志才　董永咏　詹贤周）

卫 辉 管 理 处

【概况】

卫辉管理处所辖工程范围为黄河北—姜河北段第7设计单元新乡和卫辉段及膨胀岩（土）试验段，是南水北调干渠第Ⅳ渠段（黄河北—漳河南段）的组成部分。起点位于河南省新乡市凤泉区孟坟河渠倒虹吸出口，干渠桩号K609+390.80，终点位于鹤壁市淇县沧河渠倒虹吸出口，干渠桩号K638+169.75，总长28.78km，其中明渠长26.992km，建筑物长1.788km。渠道主要为半挖半填和全开挖，设计流量250~260m³/s，加大流量300~310m³/s。渠段内共有各类建筑物51座，其中河渠交叉建筑物4座，左岸排水9座，渠渠交叉2座，公路桥21座，生产桥11座，节制闸、退水闸各1座，分水口门2座。

【标准化渠段建设】

因建设期原因，卫辉管理处所辖渠道不好的形象在河南分局里是有名的，为彻底改善渠道形象面貌，管理处和运维单位研究方案，制定措施，2019年完成标准化渠段8.44km，完成渠道硬质边坡水下土工膜铺设装置研制项目和利用渠道垃圾、废料修筑造型等创新项目，沿线修筑各种造型，形成一道靓丽的风景线。

【"两个所有"能力提升】

2019年卫辉管理处制定"两个所有"问题巡查工作机制，闸站设置站长、渠段设置段长，规定责任区，检查频次，检查内容，运维单位建立并上报问题发现责任制。加强培训学习，制定下发管理处培训计划，对所有人加大培训，建立管理处所有员工"一人多岗一岗多人"工作机制。开展全员中控室值班，建立查找问题监督检查和考核奖罚机制，与绩效工资挂钩。强化问题发现责任，第一时间找到问题，由发现人在问题处系上红丝带。

【安全生产】

2019年严格执行安全生产责任制，堵塞安全管理漏洞，编制安全生产计划，开展安全生产培训学习，在南水北调公民大讲堂、渠道开放日、寒暑假开展安全宣传。严格执行安保工作方案、管理办法和考核办法，创新安全管理形式，在渠道现场召开周例会，同时进行安全生产检查，对"两个所有"发现的问题进行现场点评，安全问题立查立改。在护网行动、国庆70周年安保加固期间完成各项工作任务。

【防汛与应急】

汛前组织防汛风险排查，汛期组织检查，编制度汛方案和防汛应急预案，开展防汛应急演练及培训，补充防汛应急物资及设备，修建防汛连接道路，对防汛工作进行充分准备，开展防汛应急值班，加强巡查巡视，2019年实现确保人民群众生命财产安全和南水北调工程运行供水安全"两个确保"目标。

【运行维护】

卫辉管理处渠段形象面貌差，运行维护工

作任务繁重。2019年的运行维护以合同管理为重点，制定施工计划，进行全过程质量监督和进度管理。创新运维管理模式，对日常发现的问题，以渠段段长为主责整改和销号，对工程量大且质量要求高的专项施工项目，安排专人负责。开展标准化闸站、标准化中控室、标准化渠道建设。用沿线遍布的建筑垃圾，修建各种造型，既美化渠道，又减少垃圾外运。

【桥梁移交】

桥梁移交是2019年的一项重点工作，刚开始地方交通部门有顾虑，不愿意接收，经过反复沟通解释，终于全面完成30座农村公路桥梁移交工作。因车流量大，载重大，致使运行6年的两座跨渠省道桥梁出现较大病害，经过招标投标，合同价款571万元，9月底施工单位进场。克服大气污染治理和阻工的困难完成维修任务。

【宣传信息】

贯彻新时代水利精神，全面展现南水北调中线品牌形象，发挥宣传工作在运行管理中的激励引导作用，服务运行管理工作，卫辉管理处成立宣传工作组，管理处负责人任组长，设立宣传专责，建立管理处微信公众号，开展重要活动、重点工作的宣传报道，2019年上半年获宣传工作优先管理称号。

【党建工作】

2019年开展"三会一课""三重一大"工作，与外单位开展联学联做活动，到获嘉县廉政教育基地、新乡县刘庄史来贺纪念馆、乡镇干部学院开展"不忘初心、牢记使命"主题教育。组织13次专题学习，13次主题活动。组织安鹤片区5个管理处的党员到卫辉市唐庄镇，用身边的事教育身边的人，学习吴金印同志扎根基层60载，一心一意为人民的无私奉献精神。

（宁守猛　茈培志）

鹤壁管理处

【概况】

南水北调中线鹤壁段工程全长30.833km，从南向北依次穿越鹤壁市淇县、淇滨区、安阳市汤阴县。沿线共有建筑物63座，其中河渠交叉建筑物4座，左岸排水建筑物14座，渠渠交叉建筑物4座，控制建筑物5座（节制闸1座，退水闸1座，分水口3座），跨渠公路桥21座，生产桥14座，铁路桥1座。承担向干渠下游输水及向鹤壁市、淇县、浚县、濮阳市、滑县供水的任务。

【运行管理】

2019年鹤壁段输水调度平稳，全年向鹤壁市、滑县、濮阳市供水15460万 m^3，供水量比上一供水年度增加4.3%；通过退水闸向淇河生态补水147.42万 m^3。严格贯彻执行输水调度管理制度，强推全员轮岗调度值班；获河南分局输水调度知识竞赛二等奖；率先完成"三星"标准化中控室、8个闸站生产环境标准化创建与验收，3个闸站通过中线建管局三星标准化闸站创建验收。参加输水调度月例会及论坛交流，在2019年度南水北调中线输水调度技术交流与创新微论坛上发表《明渠时差式超声波流量计数据采集异常原因浅析》（中线建管局优秀论文）和《浅谈中控室"模块化"管理》两篇论文；会同鹤壁市南水北调建管局开展50余人次运行调度业务交流活动。

【工程管理】

土建绿化维护　完成2019年土建日常维修养护合同内及合同外管理处出行路、赵家渠进出口堤顶防汛连接路、部分渠段截流沟干砌石变浆砌石改造项目。完成合作造林新造林节点验收和合作造林单位第一年度养护项目验收。

新造林累计 147020 棵，年植草面积 90000m²。

工程巡查　完成工程巡查人员离职、招聘管理工作，加强工巡人员日常业务培训考核。

防汛与应急　完成防汛两案的报备，应急物资采购，防汛风险隐患排查和整改。组织开展思德河倒虹吸进口左岸上游渠堤坡脚渗水管涌工程风险应急演练。工程安全度汛。

水质管理　定期进行污染源专项排查，建立污染源、风险源台账，并及时协调处理，水质稳定达标。配合完成鱼类生物调查取样、藻类、水生物、水样采集和干湿沉降采样工作。

安全监测管理　定期开展安全监测数据采集，编制安全监测内外观月报。对安全监测仪器进行维护，对安全监测自动化运维单位进行管理考核。

标准化渠段建设　全年完成标准化渠段 16.81km，累计完成标准化渠道创建单边 32.83km，占总长 58.68km 的 55.95%。

督办事项　全年完成基本稳定、不稳定、小型渣场整治，桥梁竣工验收及病害处理，水下衬砌面板修复，水环保验收等 14 个督办事项。

【安全生产】

2019 年，鹤壁管理处贯彻落实"安全第一、预防为主、综合治理"工作方针，成立安全生产管理部门，调整安全生产领导工作小组，健全安全生产责任体系和管理体系。开展水利安全生产标准化一级达标创建和安全生产集中整治，开展安全教育培训和安全风险管控及隐患排查治理。全年组织各类安全培训 41 次，安全文化专题活动 6 次，辖区未发生安全生产责任事故。

【"两个所有"与问题查改】

2019 年组织全处职工贯彻落实"两个所有"工作，开展全员集中教育培训，专门成立 4 支"两个所有"工作小组，建立区段分组检查机制、定期会商交流机制和统计分析督促整改机制。上传问题数量前 3 名奖励流动红旗。2019 年 APP 问题总数 8679 个，维护整改 8674 个，维护整改率 99.9%。

【宣传信息】

2019 年，全员参与宣传工作，10 月邀请各界人士参加鹤壁管理处举办的南水北调工程"开放日"活动，活动当天有 30 余家企事业单位，10 余家媒体，160 余名社会各界人士零距离感受南水北调国之重器的魅力。

宣传工作是鹤壁管理处工作亮点，在河南分局名列前茅。全年共发表宣传稿件 232 篇（其中南水北调内部宣传 109 篇，管理处公众号 65 篇，外界媒体宣传或转载 58 篇）。分别获河南分局 2019 年度和上半年度宣传工作优秀管理处；获中线建管局第一届南水北调公民大讲堂志愿服务项目大赛银奖。

【研学教育基地】

淇河倒虹吸 2018 年底被评为全国中小学研学实践教育基地，鹤壁管理处推进研学活动与鹤壁市教体局共商共建研学教育。2019 年研学实践教育基地接待学生 32 批受众 2511 人次。创新宣传工作方法，研学实践教育基地宣讲、公众开放日宣讲，大讲堂进学校、广场、企业。公民大讲堂累计受众近 10 万人次，涉及鹤壁、濮阳 30 余个村庄，50 多所学校。

（陈　丹）

汤 阴 管 理 处

【概况】

汤阴段工程是南水北调中线一期工程干渠 IV 渠段（黄河北—姜河北）的组成部分，地域上属于河南省安阳市汤阴县。汤阴县工程南起

自鹤壁与汤阴交界处，与干渠鹤壁段终点相连接，北接安阳段的起点，位于姜河渠道倒虹吸出口 10m 处。汤阴段全长 21.316km，明渠段长 19.996km，建筑物长 1.320km。共有各类建筑

物39座，其中河渠交叉3座，左岸排水9座，渠渠交叉4座，铁路交叉1座，公路交叉19座，控制建筑物3座（节制闸、退水闸和分水口门各1座）。设计水深均7.0m，设计流量245m³/s，加大流量280m³/s。

【水利安全生产化达标创建】

2019年汤阴管理处推进"水利安全生产化达标创建"工作，持续开展规范化建设，逐步完善管理制度、规范操作行为、提升员工素质，梳理各项管理制度及标准156项，其中2019年修订安全管理制度及标准13项，完善工程运行安全管理标准化体系，建立健全安全生产责任体系。2019年汤阴管理处对照水利工程管理单位安全生产标准化评审标准"8.28.126"三级标准，健全安全管理组织机构，明确安全生产目标，与运维单位进行安全交底并签订安全生产协议书，与每位职工签订安全生产责任书。组织安全教育培训，及时完善和更换工程安全设施和器材。在"安全生产月活动"中，在渠道沿线中小学组织开展防溺水专题宣传教育，覆盖沿线15座学校，发放传单5000份，签订2019年暑假安全温馨告知书2000份。

【"两个所有"与问题查改】

2019年汤阴管理处划分4个责任区、8个责任段及24个围网专区，持续开展"两个所有"问题查改。全年发现问题8523个，待处理10个，中线建管局问题数量排名第24名，问题维护率99.9%，问题自主发现率99.34%，上级检查问题整改率100%，实现人人都会查问题，人人都要查问题的目标。

【工程维护】

编制上报维修养护计划和维修养护实施方案，开展维修养护工作，对工程巡查及上级部门检查发现的问题及时整改。2019年完成汤河羑河闸站园区绿化、董庄西公路桥病害处置、鹤壁卫河至庞村110kV输电线路工程穿跨越项目及土建绿化日常维护项目，所有维护项目均按照计划工期实施，维护工作每月及时验收签

证，保证预算的及时执行。全年完成标准化渠道创建16.16km，累计完成创建20.507km，覆盖渠道长度48.1%。3月31日完成合作造林合同内全部新造林任务，共计种植79183株苗木，其中乔木70253株，灌木8930株。全年共补植各类乔灌木5200株，完成草体养护面积55.44万m²，草体补植5万m³。

【安全监测】

2019年汤阴管理处按要求准确完成观测数据采集、整理分析、数据导入自动化系统和编写安全监测月度分析报告工作，督促安全监测外观观测标段按期完成数据采集分析，及时将观测成果及分析报告提交管理处并进行检查考核。全年人工采集共36442点次，异常测点发现1处。

【水质保护】

汤阴管理处加强水质巡查、监控管理、漂浮物打捞和污染源处置，及时补充应急物资，不断提升应急处置能力。2019年共消除较重污染源3处，一般污染源2处。较重污染源有"二级水源保护区宜沟镇王军庄养鸡场问题""汤阴县4家单位生活污水进入汤阴西公路桥左岸截流沟问题"和"三里屯北沟倒虹吸左岸下游（K685+300）大量污水进入截流沟问题"。

【运行管理】

输水调度 2019年汤阴管理处输水调度工作平稳，率先执行全员调度值班，通过中线建管局"中控室标准化建设"达标验收，完成"HW行动""汛期百日安全专项行动"和"70周年国庆期间输水调度安全加固工作"任务。安全平稳完成2018-2019年度冰期输水及2019年汛期输水任务，提前完成年度输水总目标。2019年输水运行期间，汤阴管理处共接收调度指令231条，427门次。

金属结构机电设备 管理处持续开展提升"两个所有"能力建设，提升自有人员发现问题和应急处置能力，加强人员培训，完善工作机制和监督机制，机电设备问题随时出

现、随时发现、随时研判、随时处理。2019年管理处率先完成辖区5座闸站的10台液压启闭机液压系统及闸控系统功能完善项目，汤河节制闸、汤河退水闸通过标准化闸站达标验收，完成辖区两座强排泵站自动监测功能改造项目。

永久供电系统　按照规范要求对35kV供电系统开展运行维护管理，2019年完成供电系统春检、预防性试验、一级维护、日常消缺工作。组织实施汤阴段35kV永久供电线路4933号铁塔更换B腿项目，消除汤河中心站进线电缆隐患，更换上下游35kV线路105基杆塔设备线夹，处理降压站变压器高压侧电缆头故障事件。在计划性停电中处理设备线夹隐患130个，进线电缆头隐患4个，有效提高汤河中心站供电稳定性。

信息自动化系统　2019年信息自动化专业工程巡查系统自主发现700个问题，自主发现率90%以上，整改率100%。配合中线建管局完成汤阴管理处视频智能分析系统的安装与调试。

【工程验收与移交】

2019年汤阴管理处对4座弃渣场水毁修复项目进度、质量进行跟踪协调，完善水保环保项目验收基础资料，完成汤阴段水环保验收。沟通协调完成20座农村公路桥梁的竣工验收及移交，其中汤阴段设计单元17座、鹤壁段设计单元2座、安阳段设计单元1座。推进国道省干道跨渠公路桥梁竣工验收，与地方主管部门对董庄西公路桥病害进行共同确认，按照设计方案完成病害处治。

【工程效益】

通水以来汤阴段累计向下游输水164.0977亿 m³，其中2019年输水43.024438亿 m³。董庄分水口2019年向汤阴地区分水2068.13万 m³，累计分水5337.9万 m³。2019年汤河退水闸向汤阴县汤河补水392.74万 m³，其中生态补水116.64万 m³。南水北调工程成为汤阴县主要生活用水和生态补水水源。

（段　义　何　琦）

安阳管理处（穿漳管理处）

【概况】

安阳段　南水北调中线安阳段自姜河渠道倒虹吸出口始至穿漳工程止（安阳段累计起止桩号690+334—730+596）。途经驸马营、南田村、丁家村、二十里铺，经魏家营向西北过许张村跨洪河、王潘流、张北河暗渠、郭里东，通过南流寺向东北方向折向北流寺到达安阳河，通过安阳河倒虹吸，过南士旺、北士旺、赵庄、杜小屯和洪河屯后向北至施家河后继续北上，至穿漳工程到达终点。渠线总长40.262km，其中建筑物长0.965km，渠道长39.297km。采用明渠输水，与沿途河流、灌渠、公路的交叉工程采用平交、立交布置。渠段始末端设计流量分别为245m³/s和235m³/s，起止点设计水位分别为94.045m和92.192m，渠道渠底纵比降采用单一的1/28000。

渠道横断面全部为梯形断面。按不同地形条件，分全挖、全填、半挖半填三种构筑方式，长度分别为12.484km、1.396km和25.417km，分别占渠段总长的31.77%、3.55%和64.68%。渠道最大挖深27m，最大填高12.9m。挖深大于20m深挖方段长1.3km，填高大于6m的高填方段3.131km。设计水深均为7m，边坡系数土渠段1∶2～1∶3、底宽12～18.5m。渠道采用全断面现浇混凝土衬砌形式。在混凝土衬砌板下铺设二布一膜复合土工膜加强防渗。渠道在有冻胀渠段采用保温板或置换砂砾料两种防冻胀措施。

沿线布置各类建筑物77座，其中节制闸1座、退水闸1座、分水口2座、河渠交叉倒虹吸2座、暗渠1座、左岸排水建筑物16座、渠渠交叉建筑物9座、桥梁45座（交通桥26座、生产桥18座、铁路桥1座）。

穿漳段 南水北调中线穿漳工程位于干渠河南省安阳市安丰乡施家河村东漳河倒虹吸进口上游93m，桩号K730+595.92，止于河北省邯郸市讲武城镇漳河倒虹吸出口下游223m，桩号K731+677.73，途径安阳市、邯郸市的安阳县安丰乡、磁县讲武城镇。东距京广线漳河铁路桥及107国道2.5km，南距安阳市17km，北距邯郸市36km，上游11.4km处建有岳城水库。

主干渠渠道为梯形断面，设计底宽17～24.5m。设计流量235m³/s，加大流量265m³/s，设计水位92.19m，加大水位92.56m。共布置渠道倒虹吸1座、退水排冰闸1座、节制闸1座、水质自动监测站1座。

正式通水以来穿漳段工程安全运行1846天。2019年输水量422021.00万m³，共接收执行输水调度指令232次，水质持续达到Ⅱ类或优于Ⅱ类标准，工程运行安全平稳。

【工程管理】

根据中线建管局及河南分局组织机构调整方案，管理处于2019年6月成立安全科，负责安全生产日常管理、安全保卫管理、问题查改、责任追究、监督检查等工作，安全科配备人员4名。推进"两个所有"问题查改工作机制，印发《关于印发安阳管理处（穿漳管理处）"两个所有"问题查改责任方案的通知》，

要求自有人员能检查发现管辖范围内的工程养护缺陷、安全违规行为的所有问题，组织开展问题整改，推动职工由管理型向生产型职能转变。

【防汛与应急】

2019年汛前全面排查辖区内防汛风险，制定应急预案，并按时完成工程度汛方案和应急预案的审批备案。加强雨中雨后巡视检查，及时发现隐患。实施汛前项目保障工程，对工程进行全面排查，共完成左排倒虹吸清淤3500m³、排水沟疏通35000m、截流沟清淤39300m。

【安全监测】

2019年仪器操作规范，数据记录完整，整编分析及时。人工采集数据记录内容完整规范，数据修改采用杠改法修改并加盖名章，原始数据收集整理及时；观测数据及时导入自动化系统，并与自动化系统数据进行比对，共23期。月末对监测数据进行一次系统整编，统计特征值，并编写和提交当月监测月报，共12期。

【工程效益】

2019年准确执行并及时反馈调度指令437条，小营分水口向安阳市分水9688.65万m³，南流寺分水口向安阳市分水3275.36万m³；安阳河退水闸对安阳河生态补水146.91万m³，累计生态补水5055.49万m³。

（周 芳 周彦军 司凯凯）

南水北调

伍 配套工程运行管理

南阳市配套工程运行管理

【概述】

2019年，开展全市配套工程运行管理培训8次。邀请武汉大禹、索凌电气专家到现场讲解答疑。2019年依据《河南省南水北调受水区供水配套工程重力流输水线路管理规程》规范现场记录，制作调度管理类、运行管理类、巡视检查类、维修养护类、安全管理类、监督考核类6类52个表格，其中新增调度管理类2个、维修养护类1个、监督考核类2个。所有巡线人员严格按照工作标准和流程，开展日常巡查工作，记录填写准确齐全。加强与维修养护单位沟通协调、业务指导和监督落实，对发现的问题及时下发工作联系单，按程序开展工作。县南水北调办、泵站代运行单位对维修养护单位工作现场监督见证，建立工作台账。对运行管理、值班值守、安全生产、环境卫生及汛前准备督查检查12次，下发检查通报2次。自动化监控设施督查值班值守情况87次。2019年新增《南阳市南水北调配套工程一线运行管理人员绩效考核暂行办法》《南阳市南水北调配套工程现地管理站值班补充规定》《南阳市南水北调配套工程现地管理站请销假暂行规定》规章制度，推进运行管理规范化制度化建设。

【供水效益】

南阳市规划13座南水北调供水水厂，年分配水量3.994亿m³。2019年全市受水厂13座建成10座，未建3座。新野二水厂、镇平五里岗水厂及规划水厂、中心城区四水厂、龙升水厂及麒麟水厂、社旗水厂、唐河老水厂、方城新裕水厂等9座水厂接水。截至2019年12月31日，南阳市南水北调配套工程累计供水7.5亿m³，其中生活用水3.3亿m³，生态补水4.2亿m³。2019年用水2.11亿m³，其中向白河、清河、贾河、潘河、潦河生态补水1.09亿m³，生活用水1.03亿m³，超额完成1.55亿m³的年度用水任务，受益人口216万。

【工程防汛及应急抢险】

2019年，机构改革后调整充实安全度汛领导小组，明确专职人员负责。专题安排相关县区对南水北调工程防汛工作进行全面检查，共排查出隐患88处。其中城乡一体化示范区5处，宛城区3处，淅川县3处，镇平县29处，方城县29处，卧龙区19处，并由市防汛防旱指挥部下发通知责令各级政府分出类别进行整改。汛前编制方案，对防汛的重点部位，储备编织袋、铅丝、铁锹、雨衣等防汛抢险物资，并对车辆、挖掘机、发电机、水泵等防汛机械准备情况进行排查，定期组织应急演练。严格落实汛期应急值班和日报告制度，实行领导带班和24小时全天值班。

（贾德岭　赵　锐　陈　冲）

平顶山市配套工程运行管理

【概述】

2019年持续推进运行管理制度化、标准化建设，出台《配套工程管理所现地管理站运行管理工作考核办法》，开展培训，建立问题台账进行动态管理。对高庄泵站达到大修标准的水泵机组进行大修、对关闭有障碍的调流阀及时拆卸清理、组织有关单位联合对电气设备进行联合调试排除故障。

【供水效益】

2018-2019供水年度向平顶山市供水1.65

亿 m³，2019 年 8 月～2020 年 1 月，向白龟湖生态补水和充库补水 3.08 亿 m³，使白龟山水库水位持续上涨到 102.91m，较最低水位 98.82m 上涨 4.09m；水面积 63.44m²，较最低水位时的 32.36m² 增大 96%。10 月，焦庄水厂正式通水，日供水量 8 万～9 万 t；舞钢市供水工程建设正在实施。

【水费收缴】

2019 年 4 月省政府要求对前四年度水费加大收缴力度，向有关县区发函催缴，市政府督查室督促，最终通过扣缴相关县区财政经费，完成缴费 2.3 亿元，缴费比例由之前 61%，提高到 84.3%，完成省定 80% 以上的目标任务。

（张伟伟）

漯河市配套工程运行管理

【概述】

漯河市配套工程从南水北调干渠 10 号、17 号分水口向漯河市区、舞阳县和临颍县 8 个水厂供水，年均分配水量 1.06 亿 m³，其中市区 5670 万 m³，日供水 15.5 万 m³；临颍县 3930 万 m³，日供水 10.8 万 m³；舞阳县 1000 万 m³，日供水 2.7 万 m³。供水采用全管道方式输水，管线总长 120km，分 10 号、17 号两条输水线路。10 号线由平顶山市叶县南水北调干渠 10 号分水口向东经漯河市舞阳县、源汇区、召陵区进入周口市，总长 101km。17 号线由许昌市孟坡南水北调干渠 17 号分水口向南经许昌市进入漯河市临颍县，管线长度 17km。

【运管机构】

漯河市南水北调配套工程建有 1 个管理处 3 个管理所 12 座现地管理房。南水北调运行管理实行 24 小时不间断管理全天候值守。2019 年，参加业务培训 18 人次，组织技能培训 3 次，各种应急演练 3 次。截至 2019 年底，12 个现地管理房全部建成启用，共配备 43 名值守人员和 14 名巡线人员。

【规章制度建设】

2019 年，漯河维护中心编制修订供水调度、水量计量、巡查维护、岗位职责、现地操作、应急管理、信息报送等管理制度，汇编《漯河市南水北调配套工程运行管理手册》，制订《漯河市南水北调供水配套工程巡视检查方案》《值班日志表》《交接班记录表》《建（构）筑物巡视检查记录表》《输水管线、阀井或设备设施巡视检查记录表》集中装订成册。新增加安全生产制度，明确安全生产员的职责与管理。疫情发生后迅速编写《南水北调工作人员健康防护手册》，于 1 月 27 日内部发放所有运行管理人员。

【供水效益】

2018-2019 年度供水 8393.34 万 m³，完成年度用水计划的 105.5%，受益人口 85 万。供水目标涵盖市区、临颍县和舞阳县，南水北调水由原计划的辅助水源成为漯河市的主要供水水源。2019 年，10 号分水口门舞阳县供水线路平均日用水量 2.3 万 m³，漯河市二水厂供水线路平均日用水量 4.5 万 m³、三水厂供水线路平均日用水量 4 万 m³、四水厂供水线路平均日用水量 4.5 万 m³、市区五水厂平均日用水量 1 万 m³、市区八水厂平均日用水量 1 万 m³。17 号分水口门临颍县一水厂供水线路平均日用水量 3 万 m³、二水厂供水线路平均日用水量 0.4 万 m³。临颍县南水北调生态补水 150 万 m³，建成千亩湖湿地公园及五里河、黄龙渠等水系。通过方城贾河退水闸经燕山水库、干江河向漯河市澧河两次生态补水共 2452.8 万 m³。

【水费收缴】

漯河维护中心多次向市政府主要领导汇报，起草 2016-2017 供水年度、2017-2018 供水年度南水北调水费收缴意见，并以市政府办公室名义印发，推进水费收缴和历史欠费清理。2019年，前4个年度21145.32万元水费收缴全部完成，2018-2019年度水费收缴工作正在进行。

【工程防汛及应急抢险】

漯河维护中心成立防汛领导小组，明确责任、分工负责、措施到位，实行地方行政首长负责制。编制《漯河市2019年南水北调配套工程运行管理度汛方案》《漯河市南水北调配套工程防汛应急预案》，落实防汛值班制度和汛期24小时值班。与中州水务平顶山基站保持联系，信息畅通；与漯河市水利工程处共同组建防汛抢险突击队，保证抢险人员、抢险机械及时到位；与漯河市防汛物资储备站签订防汛物资使用协议，遇有紧急情况，快速调拨物资到达现场进行抢险作业。

（董志刚　陈　扬）

周口市配套工程运行管理

【机构建设与培训】

2019年，配套工程运行管理领导小组办公室负责配套工程运行管理工作。按照处、所、站三级管理体系进行机构建设，有周口市南水北调办管理处、周口管理所、商水县管理所、淮阳区管理所及各现地管理站。11月，周口市南水北调办委托人事代理公司公开招聘43名运行管理人员。开展业务培训，邀请有关技术人员开展业务培训；参加省南水北调建管局组织的运行维护培训；组织全体运行管理人员到武汉大禹阀门厂开展业务培训。

出台《周口市南水北调配套工程水量调度突发事件应急预案》《周口市南水北调配套工程运行管理制度》，以及现地管理房值班、操作、考勤、巡查等一系列工作制度，并统一印发值班记录、线路巡查记录、运管日志等各类记录本。截至2019年，共发现8起违法穿越事件，及时与周口市水政监察支队开展联合执法消除安全隐患。2019年未发生一起安全生产事故。

【水费收缴】

为尽快完成水费欠缴任务，制定长效缴费机制。2019年收缴水费8698.82万元（其中：周口市财政725.4万元、川汇区财政2311.83万元、经开区财政897.59万元、东新区财政1380.19万元、港区财政344.93万元、淮阳区315.36万元、商水县274.77万元、沈丘县273.75万元、周口银龙水务有限公司2100万元、商水县上善水务公司75万元）。

（孙玉萍　朱子奇）

许昌市配套工程运行管理

【概述】

许昌市南水北调配套工程全长约150km（包括鄢陵供水工程21.74km），全市年分配水量2.26亿m³，通过4座分水口门向许昌市区（1.0亿m³）、长葛市（5720万m³）、襄城县（1100万m³）、鄢陵县（2000万m³）、禹州市及神垕镇（3780万m³）供水。截至2019年底，累计供水7.19亿m³，供水面积174.5km²，受益人口218万。核定水价水量，基本水费纳入财政预算，累计上交水费4.7亿元。

【运管机构】

2019年，许昌运行中心成立许昌市南水北调配套工程管理处，设置综合部、经济与财务部、巡查维护部、运行监测部、计划调度部。明确部门岗位设置及主要职责划分。配套工程管理处开展中层正职竞聘上岗面试考核。持续开展运行管理规范年活动，按照《许昌市南水北调工程运行保障中心关于开展全市南水北调配套工程运行管理工作督查活动的通知》（许调水运〔2019〕91号）要求，开展月"督查""轮检""夜间突击检查"和月度考核，规范运管人员行为。配套工程管理处、县（市、区）南水北调办共聘用运行管理人员126名（其中管理处30人，襄城县11人，禹州市11人，建安区39人，长葛市11人，鄢陵县24人）。

【运管机制】

2019年，许昌市南水北调配套工程设三级调度运行管理：许昌运行中心（配套工程管理处）和襄城县、禹州市、建安区、长葛市、鄢陵县南水北调办（移民办）及各现地管理站。许昌运行中心（配套工程管理处）负责全市配套工程的供水调度运行管理工作，统一调度、统一管理。襄城县、禹州市、建安区、长葛市、鄢陵县南水北调办（移民办）负责分水口门供水工程的供水运行调度管理，其中15号分水口门供水工程由襄城县南水北调办负责管理，16号分水口门供水工程由禹州市南水北调办负责管理，17号分水口门供水工程由建安区南水北调办负责管理，17号分水口门鄢陵供水工程由鄢陵县南水北调办负责管理，18号分水口门供水工程由长葛市南水北调办负责管理。各现地管理站执行市、县两级下达的调度指令和操作任务。

【规章制度建设】

2019年完善规章制度：《关于做好许昌市南水北调配套工程2019年度汛方案和防洪抢险应急预案的函》（许调办函〔2019〕10号），《关于做好岁末年初水利安全生产和安全防范工作的通知》（许调办〔2019〕16号），《关于开展全市南水北调配套工程运行管理工作督查活动的通知》（许调水运〔2019〕91号），《关

于印发〈许昌市南水北调工程运行保障中心机关会务管理制度〉和〈许昌市南水北调工程运行保障中心公务用车使用管理规定〉的通知》（许调水运〔2019〕93号），《许昌市南水北调配套工程建设管理局工作制度》（许调建〔2019〕9号）。

【运行调度】

2019年，许昌运行中心负责统一调度，各县（市）南水北调办分级负责。许昌各县（市、区）南水北调办和有关用水单位于每年10月、每月15日前将下年度、月度用水计划表电子版及纸质版报送至许昌运行中心。其中水厂用水计划由水厂填报，水库充库调蓄用水计划由水库管理单位或其上级部门填报，生态用水计划由地方政府授权的部门或单位填报。许昌运行中心根据用水单位所报调度计划，委托相应县（市、区）南水北调办实施调度，由配套工程现地管理站工作人员与用水单位工作人员现场对接，进行水量日常调度和调节。颍河退水由许昌运行中心委托禹州市南水北调办与干渠禹州管理处现场对接。

【供水效益】

截至2019年12月31日，许昌市南水北调配套工程累计供水7.19亿 m^3，生活用水3.54亿 m^3。其中2019年供水1.99亿 m^3，生活用水9393.40万 m^3，生态用水1亿 m^3，生态供水面积174.5 km^2，受益人口218万。

【水费收缴】

2019年度，许昌市南水北调水费清缴取得较好成绩，前5个供水年度，许昌市应缴南水北调水费6.13亿元，累计上交水费4.7亿元，完成率76.67%。

【线路巡查防护】

2019年，处理穿越邻接南水北调供水管线工程1处，许昌运行中心及时与施工单位签订监管协议，年底，15号线《襄城县氾城大道（北常庄村—李吾庄）改建工程穿越南水北调受水区15号分水口门输水管道（桩号K24+165.5）》跨越段完工。许昌运行中心制定

2019年防汛应急预案，完善防汛物资管理台账，开展防汛演练，细化职责分工，责任到人。汛期24小时值班，与上下级防汛防旱指挥机构、各有关部门信息沟通，建立汛期安全隐患台账。

【维修养护】

2019年，加强对各县（市、区）电气设备设施、阀门阀件、建（构）筑物日常维护监督，在运行管理微信群中要求"日常维护"部位实施维护前、维护中、维护后发照片进行维护确认。许昌运行中心定期通过"轮检"方式对日常维修养护检查。2019年在各县（市、区）上报缺陷统计台账及中州水务日常维护确认单中，确认专项维护项目5项，完成4项，剩余1项待采购到位后安排处理消缺。

【现地值守管理】

2019年完成智能巡检系统前期方案、需求规划的研讨、智能巡检系统数据的采集及智能巡检系统的建设。智能巡检系统实施后，许昌运行中心配合智能巡检实施单位对各县（市、区）管理站值班人员进行培训，制定智能巡检系统现地值守电气设备巡查、建（构）筑物巡查计划、频次、巡查内容，安排专人负责实时监控现地管理站执行及完成情况；建立QQ群、微信群实时监管全市运行管理情况，上线现地管理站运管人员"钉钉"考勤制。

【自动化建设】

2019年配合自动化代建单位加快自动化决策系统实施。许昌市配套工程自动化累计完成光缆敷设92.54km（含17号线路鄢陵支线21.6km，沿南水北调干渠敷设32.4km），占总长的96.86%，自动化设备基本到位，并进行多次多层次调试，信号已与省南水北调建管局完成联通，初步具备试运行条件。9月，长葛市修建蔡姚路至郑万高铁连接道路，与自动化光缆传输线路交叉，影响光缆传输线路安全，许昌运行中心联系相关单位对自动化线路进行迁移。

（张永兴　程晓亚）

郑州市配套工程运行管理

【线路巡查防护】

2019年，对配套工程防汛物料进行全面摸排清查，开展防汛度汛专项巡查。及时处理各种突发险情，刘湾泵站外部供电电缆被施工挖断，迅速组织切换供电线路保障正常供水，同时对供电线路故障点组织抢修。加大执法力度，全年执法大队共巡查配套工程管线800余km，出动执法人员80余人次、执法车辆70余次，巡查监管对象15个，现场制止违法行为3次。

【供水效益】

郑州市2019年供水5.71亿m³，其中生活用水5.15亿m³，生态补水0.56亿m³。截至2019年底，累计供水21.15亿m³，其中生活供水19.15亿m³，生态供水2.0亿m³。截至2019年底，郑州7座口门泵站及线路全部投入运行，4座调蓄水库全部实现充库，10座受水水厂全部用上南水北调水，新增供水目标新密和登封实现供水，规划供水范围实现全覆盖，受益人口680万。

（刘素娟　周　健）

焦作市配套工程运行管理

【概述】

南水北调干渠在焦作共设5个分水口门，（25～29号），2019年使用4座，分别为25号温县马庄、26号博爱县北石涧、27号焦作府城、28号焦作苏蔺分水口门（29号修武县白庄口门暂未启用）；工程共布置分水口门进水池4座、输水管线6条。2013年开工建设，2018年完成25号、26号、26号、28号焦作苏蔺输水线路、28号修武输水线路，共5条输水线路建设任务；2019年7月，27号焦作府城输水线路主体工程施工完成，规划的焦作市6条输水线路全部建成通水。焦作市2018-2019年度计划用水总量8980.4万 m³，实际用水5186.88万 m³，完成计划用水量的57.76%。由于焦作市市区两个水厂投入使用时间短、城市管网改造未完成，不具备完成计划供水指标的条件。

（董保军）

【运管机构】

2019年焦作市供水配套工程运行管理继续由焦作运行中心代管，负责工程运行管理人员13人，由抽调人员和招聘人员组成。焦作市供水配套工程6条线路共组建7个现地管理站和2个泵站。其中温县、武陟、博爱、修武4条线路末端现地管理站由各县南水北调办（中心）管理，博爱线路北石涧泵站、府城线路府城泵站暂由施工单位代管。截至2019年底，共招聘现地管理人员29人，村民兼职护线员9人。

（姬国祥）

【供水效益】

2019年焦作市南水北调供水配套工程向6座规划水厂供水5391.53万 m³，累计向受水区安全供水1.15亿 m³。2019年新增受益人口40万，总受益人口121万。

2019年通过南水北调生态补水，先后对焦作市龙源湖水体进行3次置换，向群英河、黑河、瓮涧河补水，进一步改善新河、大沙河水体质量，沿线生态环境得到进一步提升。在3次对龙源湖补水中，2次是紧急补水。2019年受干旱少雨影响，进入夏季，龙源湖公园水位持续下降，相关部门提出用水诉求后进行补水。庆祝国庆和文明城市迎检，连续紧急补水18天，总量147万 m³。2018-2019年度南水北调中线工程共向焦作市生态补水325.81万 m³，其中通过闫河退水闸向龙源湖、群英河、黑河、瓮涧河、新河、大沙河生态补水201.86万 m³，向焦作市区闫河景观常态补水123.95万 m³。

【水费收缴】

2019年3月8日，焦作市政府办公室向市政府上报《关于省政府南水北调水费清缴工作要求及我市欠缴水费有关情况的报告》。3月20日，市南水北调中线领导小组向各受水县下发《关于尽快缴纳南水北调水费的通知》。4月19日省水利厅约谈焦作市。4月26日，市委市政府召集有关部门专题研究南水北调水费缴纳工作；4月26日、5月5日市政府分管领导先后到省水利厅、省政府对接汇报；5月6日，市委市政府再次召开会议研究水费欠缴问题，形成会议纪要（焦作市人民政府市长办公会议纪要〔2019〕5号）。会议决定，欠费单位要按照省定时间对所欠南水北调水费全额上缴，不及时缴纳要进行扣缴，市住建部门要按要求缴纳并负责督促水务公司及时缴纳欠费。5月7日，按照会议纪要要求，焦作运行中心向各欠缴单位发送缴费通知单。8月14日，市南水北调领导小组向各受水县下发《关于催缴南水北调工程供水水费的通知》。8月15日，焦作运行中心向市政府呈报《我市南水北调基本水费与水指标利用情况调查报告》，分析南水北调水指标利用率低主要原因，提出推动南水北调水资源利用建议，提出加快市区水厂及管网建设、坚决关闭自备井、推动南水北调全覆盖和南水北调城乡供水一体化及合理调整水价、科学调配南水北调水指标等建议。8月22日，向市政府上报《关于缴纳南水北调水费有关问题的请示》。9月2日，焦作运行中心约谈各受水县、市水务公司。2019年，焦作市共缴纳水费5042万元。

（樊国亮）

【线路巡查养护】

2019年继续进行"双巡一联防"线路保护机制落实。现地管理站人员每周对线路徒步巡查2次，重点查阀门井、查建筑物；在输水管道沿线村庄招聘村民兼职护线员。制订《线路保护方案》，对护线员进行区域划分，明确工作职责和工作制度，每天对所辖地段徒步巡看一次，查看管线保护区违法开挖、施工、堆积，标志牌及阀井。机构改革后，原水利部门委托的南水北调水政执法职能终止。

2019年，焦作市南水北调配套工程维修养护工作由中州水务控股有限公司（联合体）河南省南水北调配套工程维修养护鹤壁基站负责，完成26-2、28-2、28-3管理站调流阀室屋顶治漏，27号府城线路进水池清淤，26-1管理站与北石涧泵站生活用水管道连接等专项维修养护工作。

（姬国祥）

【应急预案与演练】

2019年编制工程建设与供水运行应急预案。工程建设应急预案是27号分水口门府城输水线路两个施工标段的度汛应急预案与安全施工应急预案；供水运行应急预案编制输水管线调度运行应急预案、管线故障应急处理预案、度汛预案、消防预案，并于4月开展消防预案演练。

（董保军）

新乡市配套工程运行管理

【概述】

2018-2019供水年度新乡市实际用水量11284.89万 m³，比2018年同期用水量增加200万 m³。全市累计受水量3.97亿 m³。辉县市第三水厂于2019年7月通水，标志全市配套工程受水目标全覆盖，新乡市区、新乡县、辉县市、卫辉市、获嘉县180万人受益。

【现地管理】

新乡市配套工程运管工作全部由新乡运行中心统一管理，负责对9个现地管理站的检查督导。运管人员61名，明确职责，理顺处置流程，出台问题处置方案。每月对各现地管理站及线路进行全面考核，考核结果与个人绩效及优秀现地管理站评选挂钩，对考核前三名现地管理站颁发标准化管理流动红旗。截至2019年累计出台运管规章制度20余套。

【接水工作】

2019年4月4日协调省南水北调建管局运管办、干渠辉县管理处提升31号口门闸门，组织对路固泵站相关供水设施设备进行调试，路固泵站于4月10日第一次调试运行，7月29日正式向辉县市供水，日均用水量3万 m³。

【生态补水】

新乡市南水北调中线工程共设置峪河退水渠（辉县）、黄水河支退水渠（辉县）、孟坟河退水渠（辉县）、香泉河退水渠（卫辉）4处退水闸门。2019年9月13～30日，新乡市通过卫辉香泉河退水闸生态补水，实际补水量258.33万 m³，香泉河流经的卫辉市安都乡大双村、西南庄及甘庄村的地下漏斗区水位明显提升，附近观测井水深由补水前的30m提高到25m。

【水费收缴】

截至2019年12月，新乡市应缴纳水费

9.78 亿元，实际完成 4.39 亿元。其中，2014-2018 年度应缴水费 7.64 亿元，完成 3.57 亿元（含税），欠缴 4.07 亿元；2018-2019 年度应缴水费 2.14 亿元，完成 0.82 亿元（含税），欠缴 1.32 亿元。为破解缴费难题，新乡运行中心向市政府建议将水费缴纳完成情况列入各县（市）、区政府目标管理，对不能按时完成基本水费缴纳任务的将取消评先资格，并进行通报问责。对欠缴水费数额特别大的县市区调减水量指标。

【线路巡查防护】

2019 年共接收现地管理站各类问题报告 6 起，建立问题处置台账，上报 1 起，解决 1 起。修改完善 2019 年度汛方案及应急抢险预案，组建防汛应急抢险队。汛期所有成员保持 24 小时待命，随时应对突发事故的发生。

【员工培训】

2019 年 5 月 6～8 日，开办新乡市南水北调配套工程运行管理 2019 年第一期培训班。对南水北调配套工程调度管理、运行管理、巡视检查、维修养护内容进行系统理论学习，现场问答及理论考试。12 月 13～14 日，根据省南水北调建管局安排，组织开展为期 2 天的自动化信息采集和巡检系统培训，培训内容为巡检智能管理系统、基础信息管理系统及巡检仪的使用操作。各科室有关人员、各现地管理站站长、副站长及 2～3 名运管人员参加培训。

【维修养护】

2019 年共组织维修养护阀井 3024 座次、抽排阀井 45 次、养护现地管理房 299 座、电气设备 1500 台次，对管道主体及阀件设备进行渗漏检查、除锈、防腐、涂漆及涂抹黄油作业防止设备老化，并进行 5 次抢险，7 次专项维修养护。

（新乡运行中心）

濮阳市配套工程运行管理

【概述】

2019 年，濮阳市南水北调办围绕年度工作目标，践行"水利工程补短板，水利行业强监管"水利改革发展总基调，开拓创新主动作为，进一步提升运行管理水平和供水保障能力。截至 12 月 31 日，累计供水 27245 万 m³，其中 2018-2019 供水年度供水 6948.66 万 m³，占年度计划 6360 万 m³ 的 109.26%；共收缴水费 6201.58 万元；清丰县管理所正式投入使用；变更索赔工作全部完成；配合推进清丰、南乐"城乡供水一体化"项目，全市又有 110 万农村居民用上南水北调水。

【规章制度】

2019 年重新调整濮阳市南水北调配套工程运行管理领导小组，修订《濮阳市南水北调配套工程运行管理工作奖惩办法（试行）》和《濮阳市南水北调配套工程巡查工作方案》。共印发运行管理通报 42 期，奖励 30 人次，处罚 23 人次，退回 3 人。

【员工培训】

根据年初制定的培训计划，采取以会代训、集中学习、参加上级举办的培训班对运管人员进行业务培训。2019 年组织常规业务培训 12 次，参加省南水北调建管局培训班 3 次，邀请建设单位技术人员授课全员培训 3 次。

【水费收缴】

2019 年按照河南省水利厅和省南水北调建管局关于水费收缴工作要求，依据与受水单位签订的供水协议，濮阳市南水北调办开展水费收缴工作。全年共向受水单位下达水费催缴函 19 份，向政府呈文请示 2 次，召开水费问题协调会 1 次，共收缴水费 6201.58 万元，累计完成上交水费 2.44 亿元。

【供水效益】

濮阳市南水北调办通过合理规划南水北调水资源、科学调度保供水，全力助推城乡供水一体化项目。截至2019年底，累计供水2.7亿m³，其中2018—2019供水年度供水6948.66万m³，占年度计划6360万m³的109.26%；城乡供水一体化项目实现新突破，清丰县、南乐县实现南水北调水村村通，新增受益人口110万。

【维修养护】

中州水务控股有限公司（联合体）根据《河南省南水北调配套工程日常维修养护技术标准（试行）》，制定2019年度服务方案，季度维修养护方案和月度维修养护方案，并按照计划完成2019年工程和设备维修养护工作。濮阳市南水北调办派专人对养护工作进行监督管理，对维修养护工效果进行现场确认。2019年濮阳市南水北调办向中州水务控股有限公司（联合体）发送工作联系单5次，维修养护单位对穿大广高速箱涵，绿城、西水坡调流调压阀室，西水坡支线延长段末端阀井进行修整并验收合格，运行平稳。

【线路巡查防护】

2019年，濮阳市南水北调办加强工程设施管理，采用新的智能巡检设备，提高巡检效率。重新印发《濮阳市南水北调配套工程巡查工作方案》，进一步规范巡视检查工作，消除事故隐患。濮阳市城区段工程沿线建设项目多，及时加密巡检频次，增设警示标识，并对输水管线附近的建设工地进行全天候监测，先后对工程沿线违规建设下达责令整改告知书5次，拆除清理违规建设3处。同时，按照管理权限和报批程序审批邻接工程6处。

【工程防汛及应急抢险】

濮阳市南水北调办5月初召开防汛工作会议，制订《濮阳市南水北调2019年度防汛工作方案》和《濮阳市南水北调配套工程防汛抢险应急预案》，6月初开展防汛抢险应急演练。严格执行24小时防汛值班制度，落实防汛值班责任制和领导带班责任制，汛期南水北调配套工程运行平稳没有出现任何险情。

（王道明　孙建军）

鹤壁市配套工程运行管理

【概述】

2019年，鹤壁市开展南水北调配套工程分水口门线路工程设施日常运行及维护保养、调度供水、水量计划落实、水量确认工作，推进水费收缴、防汛度汛、安全生产工作。落实安全生产责任制，加强安全生产检查，开展南水北调大气污染防治攻坚战，加强配套工程两侧水源保护区的监督管理，整改落实巡查问题，加强配套工程运行管理规章制度建设，持续推进运行管理规范化建设，加强员工培训，提高业务操作技能，提升安全管理能力。2019年鹤壁市配套工程规划6座水厂投入使用5座，累计向鹤壁市供水22206万m³，其中34号、35号、36号3条输水线路累计向鹤壁市水厂供水17223万m³，通过淇河退水闸累计向淇河生态补水4983万m³。

【运行调度】

2019年，鹤壁市南水北调办共接到省南水北调建管局调度专用函14次，印发调度专用函共34次。值班人员接到调度指令时，根据指令填写阀门操作票详细记录流量、阀门开启度、操作时间。接到电话指令还需填写电话指令记录表，记录下令人姓名、电话、命令内容、下令时间，执行完毕后及时向下令人反馈。濮阳市、滑县、鹤壁市各水厂用水量发生变化时，根据省南水北调建管局调度专用函或其他书面通知要求，各相关现地管理房及泵站加大管线巡视频率和流量计观察频率，流量计加密观察时间为调度开始后12小时，并据实填写《现地管理房运行记录表》。

【运行管理机制】

2019年，鹤壁市南水北调办以泵站委托管理和现地管理机构直接管理的模式开展工作。配套工程维修养护由省南水北调建管局招标确认的中州水务控股有限公司（联合体）鹤壁基站承担。正式在编人员13名。委托劳务公司向社会公开招聘人员，从事配套工程运行管理及巡线检查工作；与中标单位中通服建设有限公司续签2019年为期一年的泵站代运行合同，对34号分水口门铁西泵站和36号分水口门第三水厂泵站代为运行管理，承担配套工程两座泵站内所有建（构）筑物与机电、金属结构和自动化调度系统设备等的运行、巡视检查和日常管理工作，全年工程运行安全平稳。

【巡检智能管理系统】

2019年，省南水北调建管局进行配套工程巡检智能管理系统用户测试工作，6月10日鹤壁市南水北调办开始组织相关负责人员进行巡检智能系统后台管理及移动巡检APP端操作培训，并进行巡检系统业务数据准备；6月12～13日，组织现场运管人员召开巡检智能管理系统操作终端培训会。6月14日，正式启用巡检智能管理系统。基础信息管理系统鹤壁市基本建立。

【供水效益】

鹤壁市南水北调配套工程向淇县铁西水厂、淇县城北水厂、浚县城东水厂、鹤壁市第三水厂、鹤壁市第四水厂、鹤壁市开发区金山水厂（供水目标）供水。其中，淇县铁西水厂、淇县城北水厂、浚县城东水厂、鹤壁市第三水厂、鹤壁市第四水厂正常供水，金山水厂暂未建设。2019年，南水北调中线工程通过34号、35号、36号三条配套工程输水线路和淇河退水闸向鹤壁市供水4932.78万 m³，其中向淇县水厂供水1223.16万 m³，向浚县供水868.41万 m³，向新区供水2693.79万 m³，淇河退水闸向淇河生态补水147.42万 m³。南水北调工程向鹤壁市供水后提取淇河水减少，淇河重现生机。

【用水总量控制】

2019年，鹤壁市按时上报用水计划和水量确认单，严格控制用水量和供水流量，鹤壁市水量调度执行情况良好，与干渠和水厂水量确认率达到100%。2018—2019年度供水计划执行，截至11月1日完成供水量4897.46万 m³，其中城市水厂4750.04万 m³，淇河退水闸147.42万 m³，占2018—2019年度计划供水量5140万 m³的95.3%（含淇河退水闸）。

【水费收缴】

鹤壁市政府于2019年3月11日召开协调会，对南水北调水费征收工作进行协调，形成《关于南水北调配套工程水费征收问题协调会议纪要》。按照纪要要求，鹤壁市南水北调办定期向市财政局、各县区政府、市城市管理局发函按时上交水费，2018—2019年度收缴水费5315.17万元，累计收缴水费18593.42万元。

【线路巡查防护】

鹤壁市南水北调配套工程线路巡查防护工作共分34-2、35-1、35-2、35-3、35-3-3现地管理站及34号口门铁西泵站、36号口门第三水厂泵站7个巡查防护单元。5个现地管理站线路巡查防护责任区域划分为：34-2现地管理站负责34号城北水厂支线（不含泵站内）范围内的全部阀井及输水管线的巡视检查，输水管线全长5.03km，沿线各类阀井14座；35-1现地管理站负责35号分水口门进水池至VB15之间的全部阀井，进水池至VB16之间的输水管线及第四水厂支线范围内的全部阀井和输水管线的巡视检查，输水管线全长7.9km，沿线有进水池1座，各类阀井25座；35-2现地管理站负责35号主管线VB16至VB28之间的全部阀井和VB16至VB29阀井之间的输水管线，36号金山水厂支线（不含泵站内）范围内的全部阀井和输水管线的巡视检查，35号输水线路10.52km，36号金山支线4.9km，沿线有各类阀井34座，1座双向调压塔；35-3现地管理站负责35号主管线VB29至VB47之间的全部阀井和VB29至VB48阀井之间的输水管线的巡视检查，输水线路全长14.365km，沿线各类阀井20座；35-3-3现地管理站负责35号线VB48至VB59之间的全部阀井和输水管线，浚县支线和滑县支线全部阀井和输水管线的巡视检查，输水线路全长14.185km，沿线有各类阀井33座，单向调压塔1座；36号口门第三水厂泵站负责第三水厂泵站、金山泵站、36号线路第三水厂支线范围内的全部阀井及输水管线。36号线金山水厂支线巡查频次为1周2次，其他线路1天1次。截至2019年，严格按照相关制度开展配套工程巡视检查工作，填写各项巡视检查记录表1300余本，在日常巡线过程中共发现有危及工程运行安全的行为23起，向施工单位下发26个停工通知单，未造成管线破坏。2019年完成36号口门第三水厂泵站2号水泵机组解体大修、泵站进水前池清淤、35号线刘洼河处渗水应急维修工作。

【员工培训】

2019年组织鹤壁市南水北调配套工程员工进行工程运行管理、维护与设施保护相关知识培训学习。开展南水北调受水区供水配套工程巡检智能管理系统用户测试工作，6月11日，进行巡检智能系统后台管理及移动巡检APP端操作培训，并进行巡检系统业务数据准备；6月12~13日，组织召开巡检智能管理系统培训会，由河南省水利勘测有限公司对巡检系统功能原理进行培训，工程建设监督科全体人员及各泵站、现地管理站人员参加学习培训，对巡检智能管理系统的基本情况、后台管理、巡检仪终端操作及移动巡检APP端使用方法进行现场操作和演示讲解。12月23~27日，鹤壁市南水北调办举办配套工程运行管理业务培训班，50余人参加培训。12月24日，市南水北调办开展消防知识培训，鹤壁市消安防火技术中心宣传教官讲解灭火器的分类及使用方法。

【工程防汛及应急抢险】

2019年，对配套工程防汛物料进行全面摸排清查，汛前更新、补充并储备防汛物资；进行防汛知识培训，与市县（区）防汛办、干线管理处、气象水文部门沟通，建立联络机制，落实值班制度，汛期加大对配套工程管道沿线、现地管理房、泵站等巡视检查，遭遇强降雨时，派驻专人对泵站昼夜进行现场指挥。制订《鹤壁市南水北调配套工程水质保障应急预案（试行）》《鹤壁市南水北调配套工程突发事件应急预案》《鹤壁市南水北调受水区供水配套工程突发事件应急调度预案》《鹤壁市南水北调配套工程2019年防汛抢险应急预案》等4项应急预案。

2019年4月15日上午，鹤壁市配套工程35-2现地管理站巡线人员在巡视中发现35号口门线路23号阀井下游约60m处（桩号K12+766）有渗漏痕迹，经开挖疑似为管道接缝处漏水，立即组织维修养护单位、管道厂家进行紧急抢修，并按流程上报省南水北调建管局。4月22~24日，省南水北调建管局专家到鹤壁市调查并组织召开管道抢修施工方案审查会。在后续抢险过程中确定为地下水过高引起，配套工程管线无损坏。

（姚林海　冯　飞）

安阳市配套工程运行管理

【概述】

安阳南水北调配套工程共涉及4条（35号、37号、38号、39号）供水线路，其中由安阳市负责运行管理的输水管线约92km（滑县境内输水管线由其自行负责管理），每年向安阳分配水量28320万m³，其中安阳市区

13260万m³、汤阴县3600万m³、内黄县3000万m³、林州市4000万m³、龙安区1000万m³、殷都区2000万m³、安钢水厂1460万m³。2019年度供水7830.15万m³，其中生活供水7290.5万m³，生态用水539.65万m³。

【运管机构】

2019年，根据省南水北调建管局要求，在安阳中心建管科设运行管理办公室，暂代全市运行管理工作。安阳市设市区运管处、汤阴县运管处、内黄县运管处。其中，市区运管处承担38号、39号输水线路的运管工作（市区38号、39号线运管工作暂由滑县建管处代管）；汤阴县运管处承担37号输水线路汤阴县境内的运管工作；内黄县运管处承担35号和37号输水线路内黄县境内的运管工作。对有调流调压阀室的现地管理站按6人/站设置，其他现地管理站按3人/站设置，巡检组按10km/2人设置。运行管理人员93人，均以劳务派遣形式招聘，按照安阳中心制定的《安阳市南水北调配套工程运行管理工作考核管理办法》要求组成考核工作组每月进行检查考核。2019年参加省南水北调建管局举办的运维培训班，将每周五定为管理站所集中学习日、劳动日，定期进行运行管理知识测试，12月4~5日在林州市红旗渠精神培训中心举办运行管理培训班。

【运行调度】

河南省南水北调配套工程的供水实行3级调度管理。安阳运行中心负责辖区内年用水计划的编制，月用水计划的收集汇总，编制月调度方案，进行配套工程现场水量计量和供水突发事件的应急调度。每月15日前编制报送月供水计划和调度方案，并组织实施，全年共编报月调度方案和运行管理月报各12期；每月1日协调干渠管理处和受水水厂，现场进行供水水量计量确认，并将水量确认单按时报省南水北调建管局，全年共签认水量计量确认单12份。全年共向省南水北调建管局报送"调度专用函"37份（次）；向现场下达"操作任务单"55份（次）。

【生态补水】

南水北调干线工程在安阳市境内布设有汤河退水闸、安阳河退水闸和漳河退水闸。2019年向安阳市生态补水共263.55万m³，其中汤河116.64万m³，安阳河146.91万m³。

此外，汤阴县城缺水较严重，为改善汤河和永通河水质，完善汤河湿地公园功能，安阳市申请干渠汤河退水闸向汤阴县汤河生态供水，10月1~8日、16~21日两次生态供水共计276.1万m³。

截至2019年底，安阳市累计生态补（供）水8799.18万m³，其中安阳河5055.48万m³，汤河3743.7万m³。通过生态补（供）水，改善安阳河、汤河和永通河的水质，生态环境得到明显改善，在生态环境部公布的2019年全国地表水环境质量城市排名中，安阳市水环境质量改善幅度位居全国第十一名、全省第一名，创历史新高。

【供水效益】

2019年，接用南水北调水水厂6座：汤阴县一水厂、二水厂、内黄县第四水厂、市区新增第八水厂、市区第六水厂、市区第四水厂。38号线输水的安钢水厂已建成，具备接水条件。

汤阴县一水厂向汤阴县城区供水，为改扩建水厂，是将原日供水能力1.2万m³的地下水厂改扩建为接用南水北调水的地表水厂，设计日供水2万m³，受益人口10万；汤阴县二水厂向汤阴县东部区域供水，水厂位于汤阴县中华路与永通路交叉口向南300m路东，为规划承接南水北调水配套水厂，设计日供水3.0万m³，汤阴二水厂于2019年5月17日正式通水；内黄县第四水厂为新建水厂，设计日供水8.3万m³，日供水能力4万m³的一期工程于2017年8月建成通水，向内黄县城区及周边部分村庄供水，受益人口12万；市区新增第八水厂向安阳市产业集聚区（马投涧）、安汤新城、高新区及安阳东区供水，并可辐射至老城区，设计日供水近期为10万m³，远期为20万m³，受益人口达

100万；安阳市第六水厂向安阳市北关区、文峰区、城乡一体化示范区供水，水厂位于京港澳高速与人民大道交叉口东南侧，为规划承接南水北调水配套水厂，设计近期日供水规模10万 m³，总供水规模30万 m³/d，一期工程于2018年12月25日通水；安阳市第四水厂二期工程向安阳市铁路以西区域供水，并向老城区辐射供水，水厂位于梅东路中段，原为地下水厂，第四水厂二期工程改造为承接南水北调水的地表水厂，二期工程建设规模10万 m³/d，2018年12月25日通水。

【用水总量控制】

南水北调配套工程在安阳共向8座水厂供水（6座水厂投入使用），每年向安阳分配水量28320万 m³，其中安阳市区13260万 m³、汤阴县3600万 m³、内黄县3000万 m³、林州市4000万 m³、龙安区1000万 m³、殷都区2000万 m³、安钢水厂1460万 m³。

2018—2019供水年度，批复安阳市用水总量11622万 m³，实际完成7441.69万 m³（不含生态补水276.1万 m³），占全年计划的64.03%。截至2019年底，累计供水25330.67万 m³。截至2019年12月31日安阳市应缴纳南水北调水费67195.4万元，已缴纳南水北调水费30951.32万元，欠缴南水北调水费36244.08万元。

【线路巡查防护】

按照省南水北调建管局下发的"配套工程巡视检查管理办法"，2019年细化制定"配套工程巡视检查方案"和"巡视检查路线图表"，巡查人员对输水管线每周进行2次巡查，特殊情况，加密巡查频次，发现问题，及时报告。明确阀井、现地管理房、调流调压室的管护标准及管线巡查记录、巡视检查发现问题报告单，规范运管巡查工作程序。2019年汛前修订完善配套工程"防汛方案"和"防汛应急预案"，报安阳市防办审批，同时报省南水北调建管局备案。

【管理执法】

2019年依法查处各类违法事件6起，下发督查通知7期，告知书3期。北关区前崇义村南38号线62号阀井上方村民私建大棚已拆除，周边进行绿化。公交驾校在38号线39号阀井管理范围内施工，已停并在制定整改方案。南林高速南侧38号线管理范围内财政局下属苗圃公司在工程保护范围内修建化粪池，经协调移出保护范围。小营村文元街于1号路交叉口处，文峰区住建局电力施工拟穿越38号管线，现场查处后停工，经协调施工方案由地下穿越变更为保护区外架空穿越。安钢集团冷轧有限责任公司在38号线安钢支线管理范围内施工建设，建筑设施已拆除恢复原状。38号管线55号阀井至56号阀井管道上方保护范围内，白壁镇南务村建设集体坟墓，9月3日以水利局文件向安阳县政府发函后，保护区范围内未发现施工建设。

5月组织各相关县区开展南水北调配套工程违建项目排查整治活动，下发《关于开展配套工程违建项目排查整治工作的通知》，召开违建项目排查整治工作会议，对各县区违建项目排查整治工作进行督导检查。共排查违建16处，完成整改8处。其中安阳县违建3处，尚未整改到位；汤阴县违建2处，完成1处，未整改到位1处；内黄县违建4处，全部整改到位；文峰区违建7处，完成3处，其余4处未整改到位。对未完成整改的8处，市水利局下发整改通知，对配套工程安全运行影响较大的5处已上报市政府安全委员会。

（任　辉　董世玉）

邓州市配套工程运行管理

【概述】

2019年，邓州市配套工程运行管理建立"周检查、月例会、半年考评"的工作制度，参加省、南阳市举办的运行管理培训，举办邓州市全体运行管理人员培训班。开展配套工程管理执法，全年依法制止20余次在配套工程管理范围内违规施工事件。组织对配套工程三支线进行彻底维修，7月向三水厂供水开始试运行。协调相关单位开展生态补水，3月13日从湍河渡槽退水闸向湍河退水，进行生态补水2869.2万m³。配合相关部门研究水权交易事宜，促进邓州市未能用完的水指标进行交易。

（司占录 石 帅）

滑县配套工程运行管理

【概述】

滑县南水北调配套工程从鹤壁三里屯35号分水口门供水线路取水，涉及滑县支管线和濮阳支管线（滑县段）两部分，总长29.21km，全部采用PCCP输水管道地下埋设，沿线共有各类阀井47个，管理所1处，现地管理站3处，设计第三、第四水厂2座。滑县南水北调配套工程两个管理站进入运行管理程序，通过1号管理站向第三水厂（县城城区）供水，通过2号站向两个企业供水及第四水厂供水（在建）。

【运管机构】

滑县管理所2019年有工作人员9人，设主任1名，副主任1名，聘用人员4名，设综合科、运行管理科、财务科。委托两个管养公司对全县南水北调配套工程巡查和值守19人。滑县永通水电安装维修工程有限公司负责1号管理站、2号管理站及滑县支管线的值守和巡查，1号站值守人员6人，3号站值守1人，城区段巡查4人；河南腾越水电安装工程有限公司负责2号站及濮阳支管线（滑县段）的值守和巡查，2号站值守人员6人，濮阳支管线（滑县段）巡查2人。

【工程管理】

管理站值守人员每天24小时不间断值守，每2个小时做1次记录，按时按指令进行调度供水。全线47个阀井安装电子巡更系统，随时掌握巡线人员下井巡查工作动态。对穿越邻接工程加强施工监督。2019年，完成郑济高铁邻接南水北调濮阳线路（滑县境内）和新增国道穿越濮阳供水配套工程35号口门供水管线（滑县境内）的施工监管，通水以来滑县南水北调配套工程运行平稳，未出现突发事件和断水现象。

【工程效益】

截至2019年12月底，滑县县城规划区使用南水北调水3883.03万m³，日均用水量3万余m³，受益人口24万。2017—2019年，滑县累计封闭自备井260眼，压采地下水1700万m³，有效遏制地下水水位下降和水生态环境恶化的趋势。

（刘俊玲）

陆 水质保护

南 阳 市 水 质 保 护

【"十三五"规划实施】

《丹江口库区及上游水污染防治和水土保持"十三五"规划》范围涉及河南、湖北、陕西3省的14市、46县（市、区），以及四川省万源市、重庆市城口县、甘肃省两当县部分乡镇，面积9.52万km²。规划基准年为2015年，规划期至2020年。2019年"十三五"水土保持和水污染防治规划纳入项目南阳市基本完成。

【申请生态补偿资金】

2019年南阳市水源地及干渠两侧共申请到生态补偿资金18.24亿元（其中市本级8.45亿元、淅川县4.16亿元、西峡县2.28亿元、内乡县1.8亿元、镇平县4537万、卧龙区3100万、宛城区3000万、方城县4000万）。

【水源区水保与环保】

2019年组建专业管护队伍，县乡村成立三级护林小组，分包路段、地块，明确管护责任，定期巡查看护。开展专项整治活动。市政府组织森林公安、林业稽查等执法部门，开展林业严打专项整治。加强病虫害防治，人工防治与机械防治相结合，重点对新造幼林进行病虫害防治。截至2019年，完成水源涵养林营造25.7万亩，中幼林抚育123万亩，低质低效林改造17万亩，申报批建水源区淅川丹阳湖国家湿地公园、淅川凤凰山省级森林公园、淅川猴山省级森林公园。

【干线生态带建设】

中线干渠生态带高标准率先建成，2019年完善提升干渠生态廊道绿化水平，干渠两侧按照100m宽的标准，对干渠缺株断带的地方，查漏补缺，补植补造，开展浇水施肥和林木病虫害防治工作。

（王　磊）

平 顶 山 市 水 质 保 护

【概述】

2019年，按照省水利厅督查文件精神，会同宝丰、郏县干线运管处和县征迁部门逐一排查台账风险点，协调地方政府对台账风险点逐一落实整改措施和时间节点，完成宝丰县和叶县干渠沿线水污染风险点的整改销号7项，正在整改1项。

（张伟伟）

许 昌 市 水 质 保 护

【干渠保护区标识标志设置】

2019年按照许昌市污染防治攻坚战领导小组办公室关于在南水北调干渠两侧饮用水水源保护区建设水源保护标志牌工作的安排部署，责成禹州市和长葛市南水北调办启动标志牌建设工作，定期进行专项督导，加快标识标志牌建设进度。10月31日提前完成干渠保护区标志牌49处、98个界牌和9处36个交通警示牌安装任务，并通过市污染防治攻坚战领导小组办公室验收。

【风险点处置】

按照《许昌市污染防治攻坚战领导小组办公室关于印发许昌市2019年水污染防治攻坚战实施方案的通知》（许环攻坚办〔2019〕41号）要

求与责任分工，配合许昌市环保单位对南水北调干渠两侧饮用水水源保护区内水环境风险点进行全面排查，并在职责范围内采取防控措施。

按照许昌市政府副市长楚雷关于《河南省水利厅关于对南水北调中线干线工程保护范围管理专项检查发现问题进行整改的函》（豫水调函〔2019〕10号）做出的"市南水北调工程运行保障中心根据交办问题，立即整改，安排专人督导督查"批示精神，10月11日，许昌运行中心主任张建民带领相关部门和人员对影响干渠安全运行的7处隐患问题逐个到现场实地调研，制定整改方案，建立台账，限期整改，12月31日，干渠保护范围内历次检查发现问题全部整改完毕。

【防汛度汛】

2019年许昌运行中心4次与禹州管理处、长葛管理处对接，全程查看干渠沿线左岸排水情况，摸排18处防汛风险点，排除禹州段河西沟渡槽防汛隐患。现场制定方案，与市县南水北调部门和干渠管理处三方联动，合力开展防汛工作。

（盛弘宇）

焦 作 市 水 质 保 护

【概述】

焦作市运行中心制订《焦作市2019年水污染防治攻坚战实施方案》，依据《南水北调中线一期工程总干渠（焦作市段）两侧饮用水水源保护区图册》《南水北调中线一期工程总干渠（河南段）两侧饮用水水源保护区标志、标牌设计方案》，会同沿线县区开展界牌和交通警示牌的安装，11月完成90个界牌及96个交通警示牌。落实省委省政府环境保护督查反馈意见，根据《焦作市人民政府关于印发焦作市贯彻落实省委省政府环境保护督查反馈意见整改方案的通知》，制定整改方案，按时上报《督察整改任务进展情况汇总表》，及时反馈相关信息。配合水污染防治相关工作。配合水利部南水北调司，对中站区村民紧邻南水北调工程围网建房问题处理情况进行复查，参与水污染应急演练，9月参加干线焦作管理处举办的交通事故水污染事件应急演练。

【水污染风险点综合整治】

2019年，配合市水污染防治攻坚办开展整治工作，协调干线穿黄管理处、温博管理处、焦作管理处对干渠保护区内的22个污染风险点进行排查，拍摄现场照片，标注位置桩号，汇总报市水污染防治攻坚办。10月焦作境内的22个污染风险点全部整治结束。根据机构改革职能转变，南水北调干渠两侧水源保护区内新扩建项目专项审批工作由市生态环境局负责，2019年完成工作移交。

【地下水压采】

2019年，焦作市南水北调受水区共封闭自备井184眼，压采地下水2800万 m^3。2015年至2019年12月底，焦作市南水北调受水区共封闭自备井713眼，地下水累计压采量1.03亿 m^3。

【干渠绿化带建设】

焦作市将2019年定位为南水北调绿化带天河公园项目"出规模、出形象、出成效"的关键一年，采用政府与社会资本合作的PPP建设模式，按照"全冠栽植、原冠移植、一次成景、一步到位"工作要求，融入南水北调文化元素，建立"五个一""三级联动""四方到位"工作机制，全力推进绿化带工程建设。2019年7月20日，"锦绣四季""枫林晚秋""玉花承泽""临山印水"4处节点公园开园，绿化带开放的节点公园达到5个，开放面积达50万 m^2。同时，"踏雪寻梅""丹水善流""千里云梦""槐荫山阳"4个节点公园具备开园条件，开放面积将达到105万㎡。

（樊国亮）

新 乡 市 水 质 保 护

【干渠保护区管理】

2019年，根据新乡市环境污染攻坚办的工作安排，配合市环保局、凤泉区水利局、国土局等相关单位，对干渠两侧水源保护区范围内违章别墅进行排查，共确定4座违章别墅，1座疑似违章别墅；按照省水利厅工作安排，配合水利部南水北调司对干渠进行工程保护范围专项检查，督促有关县市区严格按照有关规定按期整改。严格审核干渠保护区内新建、改建、扩建项目，2019年审核县级立项建设项目1个。

【防汛度汛】

按照市防指安排，汛期前制定度汛方案，完善应急预案，召开防汛专项会议进行安排部署，开展风险点排查处理，加强值班值守，2019年新乡市南水北调工程安全度汛。配合水利部门完成6月20日在南水北调干渠十里河倒虹吸进行大规模防汛应急演练。

（新乡运行中心）

鹤 壁 市 水 质 保 护

【概述】

南水北调中线工程在鹤壁市境内全长29.22km，涉及淇县、淇滨区、开发区3个县（区），9个乡（镇、办事处），其中淇县23.74km、淇滨区4.4km、开发区1.08km。调整后划定干渠鹤壁段两侧一级保护区宽50m、二级保护区宽150m，一级水源保护区面积2.84km^2、二级水源保护区面积9.59km^2。

2019年配合市生态环境局督促各县区做好南水北调中线工程干渠保护区水污染风险点整治；对市自然资源和规划局《关于鹤壁市生态红线征求意见的通知》和《鹤壁市国土空间总体规划（2019-2035）》征求意见的函（涉及南水北调）进行回复；协助市生态环境局调研南水北调保护区水污染风险点整改情况和标识标牌安装情况。南水北调干渠鹤壁段水源保护区标志标牌设置全部完成。

（姚林海　冯　飞　王志国）

安 阳 市 水 质 保 护

【概述】

2019年，按照市委市政府和市环境攻坚办的安排部署，加强南水北调总干渠水源保护区规范化建设，市财政出资100余万元，设置南水北调总干渠水源保护区标志标牌207套，其中界牌108套、交通警示牌44套、宣传牌55套。排查整治南水北调总干渠水源保护区水污染风险源，会同市环境攻坚办，组织沿线县（区）政府对水污染风险源进行集中整治，共整治水污染风险源21处。对南水北调总干渠水源保护区进行常态化督导检查，保持高压态势，发现问题及时处理。

（任　辉　董世玉）

邓 州 市 水 质 保 护

【概述】

2019年，干渠保护范围内严格执行审查准入制度，否决对干渠有环境影响的项目3个。开展干渠保护区范围划定工作，向市政府申请资金130余万元，在干渠沿线设置标识牌、界桩125个。联合环保部门对干渠保护区范围进行排查，处理2处污染风险点。配合检察部门在干渠沿线开展"清三违，保送水"活动，彻底清除干渠赵集镇彭家违规堆土场，消除干渠防汛安全的一大隐患。

（石　帅）

栾 川 县 水 质 保 护

【概述】

栾川是洛阳市唯一的南水北调中线工程水源区，水源区位于丹江口库区上游栾川县淯河流域，包括三川、冷水、叫河3个乡镇，流域面积320.3m²，区域辖33个行政村，370个居民组，总人口6.5万，耕地3.5万亩，森林覆盖率82.7%。

【"十三五"规划实施】

栾川县"十三五"规划项目13个，截至2019年12月，栾川县众鑫矿业有限公司庄沟尾矿库、栾川县瑞宝选矿厂、栾川县诚志公司石窑沟3个尾矿库综合治理项目，叫河镇、冷水镇、三川镇3个乡镇污水管网项目，栾川县丹江口库区农业粪污资源化利用工程，叫河镇、冷水镇、三川镇3个乡镇农村环境综合整治项目，三川镇生态清洁小流域项目，叫河镇生态清洁小流域项目全部完工。冷水镇人工湿地建设项目正在实施。

【对口协作资金】

2019年栾川县南水北调对口协作服务中心申请到南水北调相关资金合计3546.4万元。其中对口协作项目资金3146.4万元，北京市昌平区对口帮扶资金400万元。

【协作对接】

2019年3月16日~5月12日，栾川县代表团参加第七届北京农业嘉年华活动，布置"奇境栾川·自然不同"为主题的栾川展厅，展出"栾川印象"品牌的无核柿子、栾川槲包、玉米糁、蛹虫草等6大系列81款特色农产品。5月22日，北京市昌平区发展改革委、农业农村局、昌平职业学校、十三陵镇、南口镇、阳坊镇、北七家镇等10余家单位负责人到栾川县考察指导对口协作工作。

6月11日，栾川县挂职副县长苗广生一行到昌平区进行项目考察对接。8月14日，南阳电视台摄制组来栾川座谈了解对口协作5周年项目开展情况。11月6日，南阳电视台摄制组来栾川拍摄对口协作5周年成果纪录片，取景昌平旅游小镇项目、美丽乡村工程、淯水福地养老院、栾川印象旗舰店。12月13日，北京市与河南省开展"中线通水五周年、京豫携手共发展"大型媒体集中采访活动，20余家平面媒体到栾川采访叫河镇美丽乡村建设+幼儿园民生项目、栾川县陶湾镇西沟村昌平小镇特色建设项目。12月25日，洛阳市发展改革委副主任余爱国一行到昌平区开展对口协作交流活动，分别参观考察昌平职业学校及未来科学城。

【协作项目进展】

2019年实施对口协作项目9个，使用协作资金3146.4万元。其中精准扶贫类项目2个，协作资金1550万元；生态环保类项目1个，协作资金1500万元；交流合作类项目6个，协作资金96.4万元。2019年栾川县北京昌平旅游小镇建设项目、栾川县水源区乡村环境治理工程、栾川县伊源玉产业带贫示范项目正在实施。

【产品进京展销】

栾川县"栾川印象"品牌农产品获北京市民认可。栾川县川宇农业开发有限公司、洛阳市柿王醋业有限公司等7家公司2019年1月入驻双创中心，60余种产品——栾川印象系列农产品上架，带动建档立卡贫困户150余家。栾川县通过线上、线下、社会动员3种营销模式，形成"电商+龙头企业+扶贫品牌"的全新扶贫生态。

（栾川县南水北调对口协作服务中心）

卢 氏 县 水 质 保 护

【流域污水治理工程】

卢氏县累计投资超5000万余元，完善五里川镇、汤河乡、双槐树乡、瓦窑沟乡、狮子坪乡、朱阳关镇等6个乡镇污水处理厂及支管网建设，2018年5月项目通过竣工验收投入使用，2018年6月对各个污水处理厂水量收集情况进行统计，6个乡镇污水收集总量提高到日3000m³，项目运行情况良好。2018年10月开始，对试运行出现的问题组织专家现场查找原因，同时委托第三方环保企业编制技改方案，并通过专家论证评审。截至2019年9月底，技改工程结束，6个厂陆续进水添加活性污泥调试，运行基本稳定。

【农业面源污染综合治理】

申请3750万元政策性资金用于卢氏县丹江口库区及上游农业面源污染综合治理项目，建设1处农业废弃物收储利用中心，利用畜禽粪污、废弃菌棒、农作物秸秆加工有机肥；建设水肥一体化工程430亩，节水节肥；设置太阳能杀虫灯740盏，进行物理防治，减少农药使用；建设粪便堆放棚＋污水收集池44处；建设13处生活污水处理终端。2019年除污水处理工程外其余完工。

【农村环境综合整治】

改善农村人居环境与脱贫攻坚、乡村振兴、环境治理攻坚结合，投资80余万元，编制《农村生活垃圾处理专项规划》和《农村生活污水处理专项规划》并经县政府批复，正在组织实施。投资1682万元，完成水源地安全保障区乡镇城乡环卫一体化政府购买服务工作，实现"农村垃圾有处倒，环境卫生有人管"，截至2019年，累计完成农村环境综合整治村庄105个（原计划32个）。

【对口协作项目资金】

2019年，卢氏县与省市发展改革委对接，带领项目单位到省发展改革委和北京市支援合作办汇报工作，申请到对口协作项目9个，总资金3745.8万元，比2018年增加近1000万元。项目为卢氏县五里川镇南峪沟美丽乡村示范工程，协作资金600万元；卢氏县朱阳关镇壮子沟特色民宿村建设项目，协作资金1000万元；卢氏县潘河乡生态改造示范项目，协作资金1500万元；卢氏县中国农科院蜜蜂所蜂产业培育工程，协作资金500万元；合作类项目，使用协作资金145.8万元。

【对口协作项目进展】

2019年全面完成2017-2018年度对口协作项目投资计划年度审计，及时发现项目建设过程中存在的问题，督促项目单位整改落实，全年下达项目督办通知21份，实地督导10余次，建设项目稳步推进。2019年9个对口协作项目中，交流合作类项目5个，使用协作资金145.8万元，全部完成。保水质项目3个，使用协作资金3100万元，助扶贫项目1个，使用协作资金500万元，全部开工建设。建设蜜蜂现代养殖技术推广学校1所、标准化蜜蜂健康养殖示范基地5个、蜂种场2个、蜂旅结合示范点2个，种植蜜源植物2万亩，打造卢氏蜂产业品牌。实施生态河道水涵养、生态水系涵养、生态环境整治提升，配套排水管道、污水管网及污水处理站工程，保护水质和民生改善，增强水源区自我发展能力。实施乡村民宿改造、民宿农家乐及相关附属设施建设，完善乡村基础设施，带动旅游产业发展，实现生态、经济良性循环发展。

【协作交流培训】

2019年，推动北京市怀柔区和卢氏县两地乡镇部门多层次全方位协作交流，水源地区干部群众思维方式和发展理念有质的飞跃。怀柔专家对卢氏县教育、旅游、农用技术、人才管理等方面培训700余人。19个乡镇的农村致富带头人、合作社创办人共120人参加贫困村创业致富带头人培训，其中24人成功创业，并带动300余名贫困户脱贫增收。2019年怀柔区怀柔镇和怀北镇共援助25万元产业发展基金，并资助8名贫困学生。

（赵小慧　马兆飞）

京豫对口协作

【概述】

2019年，河南省围绕"助扶贫、保水质、强民生、促转型"中心任务，开展南水北调对口协作各项工作，在北京市的大力支持和帮助下，水源区内生发展动力持续增强，人民生活日益改善，经济社会发展取得显著成效。

【对口协作项目】

聚焦保水质、强民生、促转型、助扶贫，共实施对口协作项目47个，其中建设类项目22个，合作交流类项目25个。截至2019年，22个建设类项目中，15个项目开工，7个项目正在推进前期工作；25个合作交流类项目中，8个完成，17个项目正在实施。

【生态型特色产业】

将生态优先、绿色发展作为推动水源区发展的主攻方向，促进水源区生态产业化、产业生态化，推动产业结构变"轻"、经济形态变"绿"、发展质量变"优"。2019年持续支持淅川县渠首北京小镇、西峡县丁河猕猴桃小镇、栾川县北京昌平旅游小镇、内乡县延庆月季小镇、邓州市生态旅游小镇等特色小镇建设，将水源区美丽资源转化为美丽经济。西峡香菇、淅川软籽石榴等一批特色农业种植基地建成投用，打造"栾川印象""渠首印象"等一批绿色农产品品牌。

【京豫产业合作】

2019年河南省将产业合作交流作为京豫对口协作的重点，产业合作领域不断拓展。南阳市政府与中国光大集团签订战略合作协议，在环保、金融、文旅、康养、美丽乡村建设等领域开展合作。邓州市与北京市联合开展产业对接，双方就汽车产业开展深层次调研，并达成初步合作意向。洛阳市栾川县在北京市昌平区多次举办对外经济技术合作推介会，全面展示和推介栾川旅游、健康养老、钨钼新材料、特色农业等重点产业领域。北京园霖昌顺农业有限责任公司与栾川县达成意向，发展药用及观赏百合基地500亩。推动卢氏县与中国农科院蜜蜂研究所开展合作，促成双方发挥优势落地科技成果转化项目，建设卢氏"槐蜜"特色品牌，助推卢氏县产业结构调整。

【区县结对协作】

水源区6县市与北京朝阳、顺义等结对区县联系日趋密切，主要领导带队开展互访对接，形成齐抓共建、务实协作的工作机制。2019年，水源区6县（市）与北京市朝阳区、顺义区等结对区县开展交流互访45次，开展经贸交流17次，签订合作协议14项。

【人才交流合作】

2019年北京选派12名干部、河南选派20名干部开展交流挂职。举办专业人才培训班6个，为水源区培养教育、医疗、科技、旅游等领域的专业技术人才550人；举办致富带头人培训班6个，为水源区培养贫困村致富带头人270人。组织南阳理工学院、河南科技大学、三门峡职业技术学院等11所高校与北京市属11所高校开展"一对一"结对交流合作。北京市教委选派20名优秀教师到水源区市、县进行巡回讲学，水源区240名中小学教师到北京参加短训或跟岗研修，水源区360名医生到北京参加集中培训、短期培训或岗位培训。组织第二届北京院士专家南阳行活动，共开展各类专场讲座47场，受众2489人，达成合作意向176个，签订合作协议12个，搭建南阳与北京常态化、制度化人才智力合作交流的平台。

【通水5周年宣传】

2019年南水北调中线通水5周年，摄制京豫南水北调对口协作5周年成效宣传片，组织实施南水北调中线工程通水5周年大型采访活动，邀请中央、北京市媒体到南阳开展新闻采访报道，邀请全国网络媒体开展"水到渠成共发展"大型主题宣传推介活动。组织水源地县市在南阳市召开通水5周年经贸洽谈会，推进产业转移承接和对外经济合作项目对接洽谈展。

【豫京战略合作】

2019年推动河南省政府与中国人民大学在教育、科研、人才、产业领域开展全面合作，拟设立中国人民大学国家发展与战略研究院（国发院）中原（南阳）分院、老龄产业研究中心（南阳）、水资源安全（产业发展）研究中心，成立南阳智慧康养协同创新联盟。南阳理工学院与中国知识产权运营联盟、派成国际技术转移中心和教育部相关机构合作，建立仲景智慧康养学院，培养高端实用型养老健康管理专业人才，推动健康产学研成果转化。

【扶贫协作】

2019年实施特色产业扶持、公共服务设施建设等精准扶贫项目13个，安排对口协作资金12612.458万元，助推2400余户贫困户、14000余名贫困人口脱贫。与卢氏县开展京豫协作党支部共建，会同北京市扶贫支援办一处党支部、中国农科院蜜蜂研究所七党支部、卢氏县发改委第一党支部与卢氏县瓦窑沟乡耿家店村党支部建立结对关系，围绕蜂产业发展困境，借助对口协作及科研力量，为贫困村脱贫致富贡献力量。推动栾川县水源区三川、叫河、冷水、陶湾4个乡镇分别与昌平区十三陵镇、南口镇、阳坊镇、北七家镇结成友好合作单位，昌平区霍营街道办事处与冷水镇结对。北京市八十中等16所学校分别与淅川县一高等学校开展结对协作。北京市顺义区支援资金300万元用于西峡县贫困村脱贫。延庆区政府捐赠帮扶资金200万元用于内乡扶贫特色产业发展和贫困村基础设施改善。北京市怀柔区怀北镇提供25万元用于卢氏县产业发展和公益性就业岗位开发。

（孙向鹏）

柒 配套工程建设管理

南阳市配套工程建设管理

【资金筹措与使用管理】

截至2019年12月，省南水北调建管局拨付工程建设资金共1172293396.97元，其中管理费9174900元，奖金4370000元。截至2019年12月底，南阳中心拨付参建单位共1088375548.95元，其中拨付管材制造单位495364211.11元，拨付施工单位508398932.64元，拨付监理单位11003705元，拨付阀件单位73608700.2元。截至2019年12月底，省南水北调建管局拨付征迁资金483270497.64元，其中其他费15478800元，征迁资金467791697.64元。南阳中心下拨476363454.22元。

（张少波）

【工程验收】

南阳段供水配套工程划分为1个设计单元工程，配套工程输水线路部分划分为18个合同项目，18个单位工程，251个分部工程；管理处、所工程划分为7个合同项目，7个单位工程，63个分部工程。截至2019年底，累计完成输水线路合同项目验收17个，占输水线路合同项目总数的94.4%，完成单位工程验收17个，占输水线路单位工程总数的94.4%，251个分部工程验收全部完成。管理处、所共7个单位工程，63个分部工程验收全部完成。

（贾德岭 赵 锐）

【内乡县供水配套工程建设】

2019年内乡县供水工程可研及初步设计经南阳市发展改革委批准。内乡供水工程年分配水量2000万m³，从干渠3号分水口门供水，项目途径邓州市赵集镇、罗庄镇和内乡县灌张镇、王店镇，新修泵站1座，穿越干渠、宁西铁路、沪陕高速各一次，输水线路总长27.16km，管径1m，项目概算总金额2.66亿元。

南阳中心与内乡县南水北调建管局签订《建设管理委托合同》，南阳中心对内乡县供水配套工程负总责，履行重大事项审批义务，内乡县履行建设管理单位职责。1月、12月两次召开内乡项目专题推进会并现场办公。

12月内乡供水配套工程建管局成立人员到位。内乡县发行债券融资8000万元。协调省南水北调建管局同意中央预算内投资南阳部分主要用于南阳市新增供水工程前期工作及内乡县配套工程建设。监理施工标段12月17日完成招标，12月25日公示结束，12月31日举行开工仪式。

（王文青）

平顶山市配套工程建设管理

【水资源专项规划编制】

按照省南水北调建管局南水北调水资源综合利用专项规划的要求，从消纳水量指标，扩大供水规模，新建城区供水配套工程，规划新建2处调蓄并利用现有蓄水工程，提高南水北调供水保证率及充分利用南水北调生态补水进行规划，2019年7月组织召开《平顶山市南水北调水资源综合利用专项规划》评审会并通过专项规划。

【干渠征迁遗留问题处理】

南水北调干渠征迁存在鲁山县白庙取土场、二号弃渣场、叶县小集取土场、宝丰县下丁料场等未及时退还，群众反映意见大，并存在多次到省市上访的问题。面对面沟通，直面问题，一事一议，分类处理，采取措施整改，最终均得到解决。

白庙取土场涉及544亩临时用地，对群众反映的腐殖土缺失问题，采取购置有机肥熟化改善土壤，并由乡政府征得群众同意，在土地退还到群众手中后将白庙取土场整体流转。

二号弃渣场的水保措施不到位（应由原施工单位实施）问题，鲁山县移民局采取科学措施完成边坡处理，并对表层土进行熟化而后分地到户。排查已退还临时用地作物长势情况，对存在问题的楼长取土场和李家村取土场减产等问题，联系农科所取土化验，有针对性地增施有机肥改良土壤。

叶县小集取土场未及时退还问题。叶县小集取土场因原施工单位使用土地不规范造成淹渍不渗水问题，市运行中心会同叶县县政府、县移民局、乡政府现场办公，邀请省南水北调建管局专家参与，多方论证，制定合理方案，由叶县县政府主动担负责任主体，叶县移民局

采取措施整改完成，10月完成退还。

宝丰下丁料场、大营料场问题。下丁料场主要涉及李庄乡下丁村，因村内基础薄弱，组织涣散，导致补偿资金迟迟无法发放，引起下丁料场退还不力。运行中心和县移民局邀请检察院进驻，村内矛盾在法律的框架下得到处理，补偿资金及时到位，完成土地退还。

大营料场作为一直以来的难题，特别是后期复垦施工单位和群众的矛盾，导致工作无法推进，邀请专业律师和公证处专业人员，和原施工单位解除合同，在公证下进行已完成工程的资金结算。并和群众签订协议，将补偿资金及复垦费一次性发放给群众自行复垦，并及时完善退还手续。

（李海军　张伟伟）

漯河市配套工程建设管理

【概述】

河南省南水北调受水区漯河供水配套工程分水口门为10号和17号口门，年均分配水量1.06亿 m³，供水方式均为有压重力流。其中10号口门位于叶县保安镇辛庄西北总干渠右岸，中心桩号195+473.000处，供漯河市、舞阳县、周口市、商水县2市2县用水，设计流量为9 m³/s，主干输水管道设计流量8.5 m³/s，支线设计流量0.5~1.8 m³/s；17号口门位于禹州市郭连乡孟坡村，干渠桩号98+817.137处，供许昌市和临颍县用水，口门设计流量8.0 m³/s，临颍支线输水管道设计流量2.0 m³/s。

漯河市境内配套工程建设管线总长120km，分10号线和17号线两条线路。10号线境内管道长100km，其中输水干管长76km，舞阳水厂支线长6.64km，市区4座水厂支线长18.37km。17号线漯河市境内干支线路长17km。

工程建设共需完成总工程量1692.87万

m³，其中土石方开挖704.59万 m³，土石方回填629.38万 m³，混凝土及钢筋混凝土4.83万 m³，砂石垫层10.52万 m³，砌石0.14万 m³，钢筋3361t。截至2017年12月31日，累计完成土石方开挖704.6万 m³，占总量的99.7%；土方回填629万 m³，占总量的99.7%；混凝土浇筑4.81万 m³，占总量的99.2%；管道铺设119.1km，占总量的99.6%。工程永久用地5.73公顷，其中工程用地4.06公顷，管理用地1.67公顷。漯河南水北调配套工程总投资212229万元。静态总投资207248万元，建设期贷款利息4945万元。

2019年组织开展《漯河市南水北调水资源综合利用专项规划》编制11月完成，经市水利局修订和专家组审核上报市政府审批。

【合同管理】

2019年，漯河维护中心对照变更工作台账加快变更处理，组织召开合同变更专题会，督促上报变更材料按程序组织初审，具备条件的上报省南水北调建管局组织评审。2019年度上

报省南水北调建管局联合审查变更5项，其中变更增加金额200万以下变更1项，变更增加金额200万以上变更4项；共完成合同变更6项，进入审批程序的变更及索赔13项，其中有4项变更已批复。截至2019年完成变更项目共计125项，占全部变更台账的88%。

【穿越邻接项目】

2019年，完成漯河市澧河饮用水源地取水口上移综合项目取水口上移工程输水管线邻接穿越及穿越漯河供水配套工程10号口门供水管线《专题设计报告》和《安全影响评价报告》的审批；完成周口—漯河天然气输气管道工程漯河段穿越漯河供水配套工程10号口门线路《专题设计报告》和《安全影响评价报告》的审批。

【资金筹措与使用管理】

资金筹措　南水北调配套工程建设资金由省市财政、南水北调基金（资金）及银行贷款按4∶4∶2的比例筹措。其中省市财政性资金按照省市1∶1比例筹措。省水利投资有限公司负责银行贷款及还本付息。

资金到位及使用　2019年，省南水北调建管局拨入配套工程建设资金4295.15万元，漯河维护中心支出配套工程建设资金1856.85万元，征迁安置资金43.47万元；省南水北调建管局下达运行管理费500万元，漯河维护中心支出运管费370.23万元；征收水费11057.55万元，上交水费11057.55万元。

资金监管　2019年，漯河维护中心将工程付款资料报省南水北调建管局，由其审核后直接支付给施工单位，部分工程建设资金及监理费由省南水北调建管局按预算和计划拨付漯河维护中心，由漯河维护中心直接拨付参建单位；建设单位管理费及征地拆迁资金由漯河维护中心向省南水北调建管局提出申请，经批复后拨付漯河维护中心使用。征迁资金实行计划管理，省、市、县（区）三级根据实施规划和工作进度下达资金计划，财务部门依据计划拨付资金。

【工程及征迁验收】

工程验收　按照省南水北调建管局工程验收计划制定工作台账，推进工程验收。漯河市配套工程管理处所于2019年3月开工，8月1日主体框架结构全部封顶结束，11月8日主体工程完成验收。对施工8标、施工9标13个分部工程、单位工程进行验收。累计完成单元工程验收11239个，占单元工程总数的99.5%；分部工程验收累计完成66个，占分部工程总数的88%；单位工程验收累计完成9个，占单位工程总数的81.8%；合同项目完成验收累计完成9个，占合同项目总数的81.8%。

征迁验收　2019年加强对县区征迁验收的督导检查和培训，加快验收进度，组织召开征迁遗留问题协调会。截至2019年12月，全市南水北调征迁遗留问题解决90%以上。组织开展对各县区的征迁资金梳理复核。

（董志刚　陈扬）

周口市配套工程建设管理

【新增供水工程】

2019年，经周口市政府同意，将淮阳区、项城市、沈丘县纳入南水北调供水范围。规划淮阳区南水北调供水工程：淮阳区南水北调供水工程在10号口门主管线末端（周口市东区水厂）设置取水口，铺设输水管道供水，沿庆丰东路向东至武盛大道，沿武盛大道西侧幸福河生态廊道向北，穿越周淮路至贾东干渠，沿南侧向东到现有水厂，线路总长25.44km，年供水量1120万m³。工程总投资约3.0亿元，2019年10月31日举行开工仪式，计划工期10个月。规划项城市南水北调供水工程：项城市南水北调供水工程在10号口门主管线桩号122+505.711处设置取水口引水至项城南水北调水厂，线路总长41.42km，工程由输水管道工程、水厂及配水管网工程组成，概算投资11.1亿元。规划沈丘县南水北调供水工程：沈丘县南水北调供水工程输水管线起点位于项城市南水北调供水管线沈丘分岔口向南至沈丘泵站前池，经沈丘泵站加压后沿项城规划道路北侧向东，到宁洛高速后沿南侧至沈丘南水北调水厂，线路总长21.6km，工程由输水管道工程、泵站工程、水厂及配水管网工程组成，概算投资10.04亿元，资金来源由地方财政资金筹措。周口市水利局成立新增供水工程建设工作领导小组，建立周报告制度，协调推进新增供水工程建设。

（孙玉萍　朱子奇）

许昌市配套工程建设管理

【现地管理设施建设】

许昌运行中心加快鄢陵供水工程建设，组织鄢陵县南水北调办，进行鄢陵供水工程进口现地管理站设施施工，对机电设备进行安装和调试，包括管理房、围墙、大门、室外地坪及绿化建设，机电设备的组合箱变、低压配电柜、EPS应急电源柜、智能控制柜、照明配电箱、电力电缆及控制电缆。2019年10月20日完工，同月完成验收。

（程晓亚）

郑州市配套工程建设管理

【概述】

2019年重点工作是完善管理处办公楼的基础设施和室外配套各项功能配置和郑州运行中心整体搬迁。与省南水北调建管局和省水利厅质量监督站沟通协调，理顺各方验收主体关系，截至12月底，共85个分部工程验收全部完成。登封市南水北调引水工程6月29日正式通水。新郑市通过老观寨水库向龙湖镇供水项目已经省南水北调建管局批准。高新区从24号口门取水方案由省水利设计公司完成编制，上报省南水北调建管局待审查批复。

【配套征迁遗留问题处理】

2019年郑州市征迁工作还有少部分变更地段和自动化安装用地征迁及前期遗留问题需解决。郑州运行中心专门召开会议进行梳理，建立征迁遗留问题台账，明确责任单位和责任人，规定时限。截至年底完成中原泵站、二七泵站、管城泵站、荥阳泵站、上街管理所5处自动化安装和港区管理所电力线路用地征迁，解决管城泵站边角地、中牟县管理所出行道路等遗留问题8起。

【穿越邻接项目】

2019年，完成9处与南水北调配套工程交叉的自来水、等级公路、河道治理和电力工程方案审核上报、协调批复、施工监督工作。完成航空港因轨道交通建设引起的一水厂输水管线迁改报批、协调；完成高新区水系升级引起的白庙水厂输水线路迁改方案报批、协调和调整线路的审查上报；完成港区中水管线与中牟水厂管线邻接问题及郑港三路引发的输水管线迁改方案初审，按照省南水北调建管局授权完成3处小型穿越工程方案评审。

（刘素娟　周　健）

焦作市配套工程建设管理

【投资计划】

按照省南水北调建管局对"焦作供水配套工程27号分水口门输水线路设计变更报告"的批复，府城输水线路共需增加投资6525.41万元。2019年在市控工程建设投资使用完成后，调剂焦作配套工程征迁资金2000万元用于府城输水线路工程建设；同时焦作市南水北调建管局向省南水北调建管局申请使用配套工程概算预备费，"豫调建投〔2019〕73号"文对焦作供水配套工程预备费进行批复，同意使用预备费1687.08万元，用于27号分水口门输水线路设计变更工程建设。2019年，省南水北调建管局共增加焦作配套工程建设资金3687.08万元。

【招标投标】

2019年7月，焦作市运行中心组织开展《焦作市南水北调水资源综合利用专项规划》编制服务招标，通过焦作市公共交易中心平台，选择河南省水利勘测设计研究有限公司为规划编制单位，并签订设计服务合同。

【设计施工变更】

2019年，焦作供水配套工程进行27号分水口门府城输水线路建设，建设过程中发生设计变更3项，有府城泵站管理房变更、输水管线沿焦武路施工方案变更、输水管线沿丰收路施工方案变更。府城泵站管理房原设计为砖混结构，两层建筑面积总计1112m²，设计单位下发施工图变更为框架结构。输水管线沿焦武路、丰收路原设计均为明挖施工铺设输水管道，由于受市区道路沿线商户经营影响，施工方案变更为泥水平衡顶管施工，减少征迁难度、加快工程施工进度。

【南水北调水资源规划编制】

按照省水利厅《河南省南水北调水资源综合利用专项规划》的要求，2019年7月，焦作市运行中心启动《焦作市南水北调水资源综合利用专项规划》编制工作。12月，省水利设计公司基本完成《焦作市南水北调水资源综合利用专项规划》，规划报告对焦作市域进行需水预测，开展供需水平衡及水资源配置，对分配焦作市的2.69亿m³水指标进行合理分配。编制城乡供水一体化工程，增加修武县、武陟县、温县、博爱县供水，新增沁阳市、孟州市南水北调受水区。初步规划灵泉湖调蓄工程、马村调蓄工程、温县太极湖调蓄工程。规划生态补水布置，使用南水北调中线干渠的3个退水闸、5个分水口门及拟建调蓄工程，与当地河流水系连通工程。

（董保军）

【穿越邻接项目】

2019年完成2项穿越邻接工程审批。8月23日，完成焦作市东海大道与南水北调配套工程28号修武输水线路（S4＋860.626—S5＋092.646）交叉管线迁改工程专题设计方案及安全影响评价审查。8月29日，完成日照—濮阳—洛阳原油管道穿越焦作供水配套工程26号口门（WZ17＋495.488）专题设计报告及安全影响评价报告审查。9月，完成项目施工方案审批并按照穿越（邻接）要求签订监管协议。

（张海涛）

【合同管理】

2019年合同管理有未进行验收的3个单位工程的参建单位合同管理与泵站委托运行合同管理。完成监理1标、2标，博爱线路监理标的监理合同变更，明确监理延期服务费用的计算方法、费用组成，签订延期监理服务补充协议。焦作配套工程泵站均由原施工安装单位开展运行管理工作，按照委托合同对初期投入运行的博爱线北石涧泵站、府城线加压泵站水泵机组开展调试、运行、记录，形成泵机运行参数。

（董保军）

【现地管理设施建设】

2019年，27号分水口门府城输水线路设计变更项目主体工程建设完成。府城泵站、管线末端现地管理站建筑面积总计2131m²，其中府城泵站完成主厂房636m²、副厂房305m²、管理用房1112m²，末端现地管理站完成现地管理房78m²。

（张海涛）

【调蓄工程】

2019年，焦作市启动灵泉湖与马村调蓄工程设计与招标工作。灵泉湖调蓄工程位于南水北调中线干渠右岸200m处的大沙河南北两岸，由大沙河分成南、北两个湖区，湖区之间通过下穿大沙河的倒虹吸连通。总库容8060万m³，平均水深17.0m。灵泉湖调蓄工程引水管线利用南水北调27号府城分水口门900m的管道，向南至规划灵泉湖，引水管线总长3km。马村调蓄工程位于焦作市马村区冯营村的塌陷区，拟建南北两个调蓄水库，北库正常蓄水量5338万m³，南库正常蓄水量4351万m³，两库最大蓄水量11000万m³；工程利用南水北调聩城寨段河道两侧的塌陷区，建设过渡调蓄池，再通过提水泵站及输水管线，将水提至马村塌陷区，输水管线总长3.5km。

【水厂建设】

2019年，焦作市推进"南水北调供水城乡一体化建设"工作，修武县七贤镇中心水厂、周庄镇中心水厂、武陟县沁北水厂启动前期可研工作，其中修武县七贤镇中心水厂和周庄镇中心水厂前期勘察设计招标工作完成，并通过政府专项债募集到1.5亿元水厂建设资金。焦作市区府城水厂一期工程7月建成供水，日供水规模13万m³；市城建部门组织实施旧城区管网改造、新建泵站建设，进一步扩大焦作市区南水北调受水面积。

【工程验收】

2019年，焦作供水配套工程施工合同完成15项分部工程验收，均为27号分水口门府城输水线路工程。开展6项政府主管部门组织的验收工作：27号分水口门输水线路府城泵站机组启动验收，25号分水口门温县输水线路、26号分水口门武陟输水线路、26号分水口门博爱输水线路、27号分水口门府城输水线路、28号分水口门苏蔺输水线路的通水验收。

（董保军）

焦作市城区办配套工程建设管理

【征迁安置】

安置房建设 2019年焦作市南水北调城区办协调有关单位实行手续办理快捷程序，将手续办理所需资料清单印发相关城区、办事处、村，并采用集中办公、联审联批的形式，开展手续办理工作。组织解放、山阳两城区制定安置房建设推进方案，建立台账，明确时限。解放、山阳两城区绿化带安置房共需137.08万m²，其中105.19万m²建成交付；27.39万m²主体工程完工，进入装饰装修阶段；4.5万m²正在施工，完成主体工程的70%。

征迁后续工作 2019年初向两城区下发通知，在春节、端午、中秋等传统重大节日，对南水北调绿化带征迁临时过渡群众开展走访慰问活动，直至临时过渡群众搬入新居。完成平光南厂生活区征迁工作。2月完成平光南厂生活区拆除和建筑垃圾清运，拆除面积4668.69m²，清运建筑垃圾1867.47m³。完成山阳区错登、漏登项目的实物指标变更和停产损失补助的调查，解决山阳区城镇居民过渡费、商业门面房生产经营恢复期补助费共488万余元。完成解放区新庄小学和环卫处土地资金补偿。

（彭潜）

【变更工程征迁】

2019年2月，省水利勘测设计公司完成《河南省南水北调受水区焦作配套工程27号分水口门供水工程建设征地拆迁安置实施规划变更报告》。变更后的府城线路总长3488.8m，工程用地107.88亩，其中永久用地21.49亩（包括泵站征地19.64亩和阀井征地1.85亩），临时用地86.39亩；占压影响房屋面积1857.1m²，其中影响零星树木3043棵、坟墓69座，影响个体工商户2户、城集镇绿化带3处，影响专项设施7条，27号分水口门供水工程实施规划阶段建设征地拆迁安置补偿静态投资947.34万元。府城输水线路紧邻焦作城区，征迁工作困难，施工单位进场几个月无法施工。市委市政府派出工作组长期进驻施工现场与中站区联合办公及时解决阻工问题。4月30日征迁工作基本完成。

（王　惠）

新乡市配套工程建设管理

【概述】

2019年，新乡市南水北调受水区供水配套工程继续加快推进管理处所尾工建设，加快推进合同变更处理及各类验收，推动"四县一区"配套工程前期工作。

【"四县一区"配套工程建设】

新乡市"四县一区"南水北调配套工程是市委市政府重大民生工程，建成后可实现南水北调水源新乡市域全覆盖，工程分为南线项目和东线项目两部分。

南线项目　2019年完成项目财政承受能力论证报告、物有所值评价报告、PPP项目实施方案等"两评一案"审批工作，完成项目水土保持、环境保护、穿越河道防洪影响评价等专项设计方案审批，完成PPP项目社会资本方招标，签订PPP合同，进入实质性实施阶段，新乡运行中心协调市发展改革委对项目《初步设计报告》进行审查。

东线项目　2019年完成《项目建议书》审批，完成《可行性研究报告》编制，报市发展改革委，完成项目取水口开口方案编制，上报省水利厅。正在开展土地预审、建设项目选址意见书、社会稳定风险评估报告、移民规划大纲等编制工作。

【合同管理】

2019年新乡运行中心召集参建单位召开合同变更推进会，成立合同变更推进小组，小组下设专班，分管副主任作为专班负责人。截至2019年底，完成各参建单位全部合同变更审查，全年批复合同变更65项，累计完成合同变更审批152项，占变更总数的94%。2019年批复65项变更共增加投资5812万元，审减投资1321万元。

【征迁安置验收】

根据省南水北调建管局下发的《新乡市南水北调受水区供水配套工程征迁安置资金专家审核意见》，2019年4月召开配套工程征迁资金计划审核整改工作会，完成《河南省南水北调受水区供水配套工程新乡市征地拆迁安置资金调整报告（送审稿）》并上报省南水北调建管局，待批复后启动配套工程征迁验收工作。

【工程验收】

新乡市配套工程共有20个单位工程，122个分部工程，其中14个通信管道工程并入自动化验收单元。2019年，108个分部工程验收合格105个，完成97.2%；单位工程验收完成16个，完成80%；合同工程16个全部完成。卫辉管理所、获嘉管理所2019年建设完成，市区管理处所合建项目设计方案报市规划局。

（新乡运行中心）

濮阳市配套工程建设管理

【管理所建设】

清丰县南水北调管理所位于南水北调清丰中州水厂东南角，占地面积5亩，总投资218万元，主要建有业务楼、调流调压室。管理所于2018年4月开工建设，2019年上半年完成全部室内外配套设施建设，6月6日正式投入使用。

【变更索赔】

濮阳市南水北调配套工程共有变更索赔129项，2019年5月完成剩余两项。变更台账所列129项全部完成批复，全省首家完成台账任务。

【工程验收】

2019年濮阳市南水北调征迁安置工作继续进行。濮阳市本级、濮阳县、清丰县、示范区完成征迁安置资金梳理复核整改，并重新修改征迁安置资金梳理复核报告。清丰县完成征迁安置档案验收，其他县区具备验收条件。征迁安置资金财务决算工作正在推进。

清丰县南水北调单位工程验收和分部验收全部完成。清丰县南水北调配套工程共划分单位工程3个，分部工程20个。其中，施工1标6个分部工程，由448个单元工程组成；施工2标6个分部工程，由433个单元工程组成；施工3标8个分部工程，由560个单元工程组成。2019年11月12~15日，在清丰县南水北调配套工程建设管理局进行分部验收，20个分部工程全部合格，分部验收遗留问题全部处理完毕。3个单位工程于12月完成验收且全部合格。

（王道明　孙建军）

鹤壁市配套工程建设管理

【概述】

2019年，鹤壁市继续进行黄河北维护中心、黄河北物资仓储中心、鹤壁管理处、鹤壁市区管理所、浚县管理所、淇县管理所建设及手续办理，推进配套工程征迁安置验收。完成配套工程施工标段工程量核查、配套工程建设资金财政评审计划编报、投资控制报告编制。推进合同变更项目审查批复。协调配合穿跨配套工程项目的审批。开展配套工程自动化建设。

【资金筹措与使用管理】

建设资金　截至2019年12月底，省南水北调建管局累计拨入建设资金6.99亿元，累计支付在建工程款6.74亿元。其中：建筑安装工程款5.71亿元，设备投资6368.89万元，待摊投资3879.22万元，工程建设账面资金余额5311.79万元，余额主要是省局拨付的建设计划资金工程款。

征迁资金　截至2019年12月底，累计收到省南水北调建管局拨入征迁资金2.95亿元，累计拨出移民征迁资金2.25亿元，征地移民资金支出3523.09万元，征地移民账面资金余额945.18万元（含利息收入0.3万元），余额是拨付的征迁计划资金。

【设计变更与合同变更】

鹤壁市配套工程合同变更索赔（包括配套管线和管理机构）共计273个，截至2019年12月底，完成合同变更批复238个（其中2019年全年共批复销号合同变更22个），审查合同变更23个（移交设计公司5个，其余18个正在完善变更资料），未审查正在编制合同变更索赔资料的12个。召开两次合同变更审查会，共审查合同变更21个，并出具专家审查意见17个，其他4个销号。管理机构项目新增海绵城市的设计内容，设计单位编制完成设计变更报告上报省南水北调建管局，12月27日组织专家审查，设计单位修改完善后报省南水北调建管局批复。

【配套工程外接电源】

协调推进配套工程外接电源项目工作，截至2019年12月底，8处现地管理站、34号泵站、黄河北物资仓储中心、黄河北维护中心合建项目外接电源完成施工。36号泵站、淇县管理所、浚县管理所外接电源方案与施工图预算已审批。

【穿越邻接项目】

2019年，完成郑济铁路郑州至濮阳段穿越配套工程35号供水管线滑县支线（桩号Kb3+177.5至Kb+252.5）专题设计报告、安全影响评价报告的审查，上报省南水北调建管局待批复。完成《鹤壁市淇滨区钜桥南污水处理厂进厂主干管工程穿越河南省南水北调受水区鹤壁供水配套工程35号口门线路专题设计报告和安全影响评价报告》的上报、审查、批复，并签订建设监管协议书。组织专家审查建设单位施工图及施工方案，同时派驻人员现场监管。完成《鹤壁市金山工业园区污水处理厂工程污水管道穿越河南省南水北调受水区鹤壁供水配套工程36号口门金山水厂支线（JS3+013.183）专题设计报告及安全影响评价报告》的上报、审查、批复等工作，准备签订建设监管协议书。

【工程验收】

2019年11月5～8日，组织完成配套工程施工8标、10标、11标单位工程及合同项目完成验收。截至2019年12月底，鹤壁市配套工程输水线路累计完成单元工程评定5922个，占单元工程总数的99.4%；分部工程验收累计完成122个，占分部工程总数的99.2%；单位工程验收累计完成14个，占单位工程总数的100%；合同项目验收累计完成12个，占合同项目总数的100%；泵站机组启动验收累计完成2个，占总数的66.6%；单项工程通水验收累计完成7个，占总数的87.5%。除金山支线因管理房及水厂未建影响部分验收外，其余全部完成。

鹤壁市配套工程管理处所分项工程验收累计完成96个，占分项工程总数的89%；分部工程验收累计完成23个，占分部工程总数的92%。除黄河北维护中心合建项目外，其余3处均在准备竣工验收相关资料。配套工程水土保持、环境保护等专项验收，按照《关于开展南水北调配套工程水土保持验收和环境保护验收的通知》（豫调建移〔2019〕9号）要求，配合省南水北调建管局开展工作。

（石洁羽　郭雪婷　王志国）

安阳市配套工程建设管理

【设计变更】

2019年组织豫北水利设计院完成内黄管理所、汤阴管理所的室外工程施工图设计和预算编制并上报省南水北调建管局进行专家审查。加快安阳市管理处外挂石材和室外工程设计变更。对管理处外墙由外挂石材调整为真石漆方案，组织设计单位进行设计变更。组织开展增加大门、围墙、路面硬化、绿化等室外工程设计变更。开展阀井增加安全护笼设计，增加阀井护笼267处，增高阀井井圈22座，增加外把手25座，增加外爬梯3座。

【合同变更】

2019年审查变更34项，审批变更16项。安阳配套工程合同变更310项，累计组织专家审查310项，占全部变更的100%，累计审批292项，占全部变更的94.2%。对已批复的合同变更及索赔进行复核、报备、归档。累计复核合同变更310项，向省南水北调建管局备案276项。

【穿越邻接项目】

2019年，组织专家对光明路穿越邻接38号口门线路和改建6+197.5—6+343.437段施工图、汤阴新横三路穿越配套工程37号线施工图进行技术审查。参加安阳市西部天然气工程项目规划方案研讨会，配合安阳市域高压次高压天然气管网穿越干渠项目的实施。配合规划部门对邻接38号供水线路的文峰区小营村万邦物流园进行规划审查。

【调蓄工程】

2019年5月8日，安阳市政府印发《关于成立全市重点工程重点项目重大项目重要工作推进专班的通知》，成立宝莲湖调蓄工程建设工作专班。根据专班工作要求，建立例会制度，组织市发展改革委、市财政局、市自然资源和规划局、文峰区、豫北水利勘测设计院连续召开三次例会，组织各成员单位到宝莲湖现场进行查勘。同时建立工作台账，完善工作联系机制，明确工作任务及时间节点，协调豫北水利设计院加快规划方案设计。

【电气与自动化设备安装】

2019年协调完成38号线进水池、小营分水口、末端、39号线末端4处压力变送器和6个水厂末端流量计安装。协调开封仪表厂完成37号末端压力变送器安装。配合省南水北调建管局开展自动化设备安装，累计安装安全监测3台、通信系统31套、UPS电源20套、网络系统39套、视频安防系统28套，共计121台套。

【工程验收】

2019年1月10～11日，安阳中心完成滑县管理所、汤阴管理所、内黄管理所单位工程验收；4月16日，完成安阳市南水北调配套工程施工10标4个分部验收；8月20日，完成安阳市南水北调配套工程施工10标单位工程及合同项目验收；8月20～21日，37号分水口门供水线路工程施工3标、38号分水口门供水线路工程、39号分水口门供水线路工程完成通水验收。

（任　辉　董世玉）

邓州市配套工程建设管理

【概述】

2019年，开展南水北调配套工程管理设施完善工作。邓州市境内南水北调配套工程铺设输水管道60.3km，管理所1处，泵站1座，现地管理站6处，供水水厂4座。配套工程涉及线路长、乡镇多、任务大。在运行管理过程中发现管理房屋不够用、管理站绿化需要提升等问题。根据省南水北调建管局意见，聘请设计单位现场勘察设计，2019年8月进行管理设施完善项目招标，11月开工建设。

（石　帅）

南水北调

捌 政府信息

政府信息选录

淅川县设置移民管理机构

来源：淅川县移民局

2019年1月31日，淅川县南水北调中线工程领导小组办公室在淅川县移民局揭牌，县政府副县长邵书燕出席揭牌仪式并揭牌。

按照《中共南阳市委办公室、南阳市人民政府办公室关于印发〈淅川县机构改革方案〉的通知》（宛办〔2019〕7号）文件要求，淅川县"组建县移民局。划入原县移民局、县南水北调中线工程领导小组办公室的行政职能，以及县库区资产资源管理开发局等部门的相关职责，组建县移民局，作为县政府工作部门，挂县南水北调中线工程领导小组办公室牌子"。

淅川县是南水北调中线工程的核心水源区和渠首所在地，水源区面积占国土面积的93%，水域面积506平方公里，占丹江口水库总面积的48.2%。一级水源保护区全部在淅川，二级保护区96%、准保护区99%在淅川。

淅川县服从服务于南水北调工作大局，把"确保一库清水永续北送"作为首要政治任务和重大使命担当，牢固树立"绿水青山就是金山银山"的发展理念，以生态文明建设为统揽，以水质安全为底线，不断强化三类治理，推进四个建设，实施五大工程，采取八项措施，举全县之力、集全民之智，综合施策，持续发力，库区水质常年稳定保持在Ⅱ类以上标准，丹江、灌河、淇河等主要入库河流水质达到水功能区水质标准。截至目前，南水北调中线工程已向北方安全供水197亿多立方米。

淅川县因地制宜设置县移民局（县南水北调中线工程领导小组办公室），作为县政府工作部门。主要是考虑淅川县作为全国移民大县和南水北调中线工程水源地的特殊区位和政治意义，以及为方便开展移民安置后续工作，将县移民局和县南水北调中线工程领导小组办公室合并，纳入县政府工作部门。

（刘学献）

长葛市确定五个重点大力提升南水北调移民后扶项目

2019年2月1日

来源：长葛市南水北调移民安置办

一是旅游产业抓提档升级。充分利用佛耳湖的区位优势和水源优势，对下集村农业观光园、农家乐等进行基础配套设施完善，打造以乡村采摘、河塘观光等为主的旅游产业，并与佛耳湖风景区和双洎河湿地公园旅游融合。

二是饮食服务业抓品牌提升。充分利用淅川丹江鱼和酸菜的原产地特色，进一步发展壮大移民村饮食业，在特色上进一步体现丹江风情，打造一批质量上乘的农家乐饭店，叫响以丹江鱼为主的饮食品牌，拉动移民就地务工，就地增收。

三是生产加工项目抓链条延伸。进一步扩大雪羽布厂的生产规模，投资建设二期箱包加工项目，以生产旅游手提袋等产品为主，实施深加工，拉动产业链条延伸，由布料生产向产品加工转型。

四是养殖业抓规模扩张。对原有的养殖场进行设施改造扩大养殖规模，在石固丹阳村新建年出栏4500头规模养殖场一处，大力发展养殖业，扩大集体收入，安置移民就业。

五是生产发展项目抓民生保障。对农用灌溉薄弱的地块进行打井配套，改善农业灌溉条件，对田间道路进行维修，排涝沟河进行疏浚治理，提高农业生产抗灾减灾能力，保障粮食稳产增收。

（蔡利杰 林梦歌）

国新办举行"坚持节水优先 强化水资源管理"有关情况发布会

来源：水利部

2019年3月22日，正值第二十七届"世界水日"和第三十二届"中国水周"第一天，国务院新闻办公室举行新闻发布会，水利部副部长魏山忠介绍我国水资源节约、保护和管理方面有关情况，并就相关问题回答记者提问。国新办新闻局局长、新闻发言人胡凯红主持发布会。

魏山忠指出，近年来，水利部门认真贯彻习近平总书记生态文明思想和"节水优先、空间均衡、系统治理、两手发力"治水方针，推动水资源节约、保护和管理取得了积极进展和显著成效。一是深入贯彻落实最严格水资源管理制度，实施水资源消耗总量和强度双控行动，水资源各项管控目标顺利实现。"十三五"以来，全国用水总量基本保持平稳，每年控制在6100亿立方米以内；2017年全国万元国内生产总值用水量、万元工业增加值用水量比2012年分别降低了30%和32.9%，农田灌溉水有效利用系数、重要江河湖泊水功能区水质达标率显著提升。二是实施大中型灌区续建配套节水改造，推动东北节水增粮、西北节水增效、华北节水压采、南方节水减排，扩大非常规水源利用，开展100个国家级节水型社会试点建设和节水型企业、单位、居民小区建设，加强节水宣传教育，节水型社会建设全面推进。三是充分发挥南水北调东中线工程效益，有力提升北京、天津、河北、河南、山东、江苏等省市供水安全保障能力，强化水资源统一调度，黄河干流实现连续19年不断流，黑河下游东居延海连续14年不干涸，水资源配置管理水平明显提升。四是划定全国重要江河湖泊水功能区，组织开展水源地达标建设和检查评估，支持地方实施江河湖库水系连通项目，推进105个城市水生态文明建设试点，水资源保护得到加强。五是利用南水北调水置换受水区地下水，年压采地下水达15亿立方米，实施河北地下水回补试点，联合有关部门印发《华北地区地下水超采综合治理行动方案》，地下水超采综合治理加快实施。六是在宁夏、内蒙古、河南等7省区开展水权试点，组建中国水权交易所，推进农业水价综合改革，积极开展水资源税改革试点，水资源重点领域改革稳步推进。

魏山忠强调，随着经济社会发展，我国的水资源形势依然严峻，水资源短缺、水生态损害、水环境污染问题十分突出，治水主要矛盾已经从人民群众对除水害兴水利的需求与水利工程能力不足的矛盾，转变为人民群众对水资源水生态水环境的需求与水利行业监管能力不足的矛盾。水利部在深入学习习近平总书记治水重要论述，深刻分析我国治水矛盾变化基础上，提出了"水利工程补短板、水利行业强监管"的工作总基调，明确了今后一个时期水利改革发展的着力点。

魏山忠指出，水利部今年将全面加强水资源节约、保护和管理，重点开展四项工作。一要打好节约用水攻坚战，制定完善节水标准定额体系，建立节水评价机制，推动高校合同节水管理，开展水利行业节水型机关建设。二要夯实水资源监管基础，加快推进跨省和跨地市重要江河流域水量分配，明确区域用水总量控制指标、江河流域水量分配指标、生态流量管控指标、水资源开发利用和地下水监管指标。三要严格取用水监督管理，开展重点取水口监督管理，做好取水工程核查登记，加强取用水总量控制，抓好最严格水资源管理考核，严控水资源开发利用强度。四要着力推进地下水超采治理，充分利用南水北调水置换超采的地下水和被挤占的生态用水，以京津冀地区为重点，综合采取水源置换、调整种植结构等措施，加快推进华北地区地下水超采综合治理。

发布会上，魏山忠就《华北地区地下水超采综合治理行动方案》、加强水资源监管、坚持以水定产、县域节水型社会建设达标等问题回答了记者提问。水利部水资源管理司司长杨得瑞、全国节约用水办公室主任许文海分别就华北地区生态补水、高校合同节水等问题回答记者提问。

来自人民日报、新华社、中央广播电视总台、经济日报、中国日报、中国水利报等多家媒体记者参加发布会。中国网、国新网等媒体对新闻发布会进行现场直播。

两大指标进展明显
南水北调入汴工程进展顺利

2019年4月30日

来源：开封市人民政府

作为全市人民群众经济生活中的一件大事，南水北调入汴工程备受关注和期待。记者昨日从市水利局获悉，目前该项工程准备工作进展顺利，我市正抓住当前有利时机，采取顶层推动、加强协调、科学谋划、落实责任等措施，加快推进南水北调入汴工程前期工作，确保取得实质性进展。

据悉，在省政府、省水利厅的大力支持下，南水北调入汴工程已先后列入河南省"十三五"水利规划和"十三五"南水北调专项规划，并纳入河南省南水北调一期供水配套工程进行统筹管理。2018年，省政府在《关于实施四水同治加快推进新时代水利现代化的意见》中明确提出，将推进开封纳入南水北调供水范围的前期工作，作为充分发挥南水北调中线工程综合效益、合理扩大供水范围的其中一项重点工作。同时，水利部也将该项工作提上议事日程。

据介绍，当前，南水北调入汴工程有两个关键指标，是工程推进的"龙头"。一是用水指标。作为该项目两个审批要件之一的用水指标问题已基本落实，省水利厅明确通过水权交易形式解决开封市新增2亿立方米南水北调用水需求，受让的用水指标从黄河以北的受水区结余指标中统筹解决。二是取水口门审批情况。按照国家南水北调办的要求，我市委托省水利勘测设计有限公司编制完成了《南水北调开封供水配套工程利用十八里河退水闸分水专题设计及安全评价报告》，委托长江水利委员会规划设计院编制完成了《总干渠水面线影响分析报告》，并由南水北调中线局组织专家对报告进行初审和复审。目前，我市已对专家在初审和复审中提出的意见进行了全面修改、完善和补充，已报至中线局，中线局审核后提出，南水北调中线开封供水工程前期工作是十分必要的，需系统研究南水北调中线向开封市供水的必要性、可行性、可靠性。

另外，南水北调入汴工程全长94.6公里，规划供水线路外业勘探已于2017年3月底完成，新老水厂线路对接和路由选定工作已经完成。工程初步设计正在编制当中。

市水利局局长许东升表示，为早日让全市人民吃上南水北调的"甜水"，南水北调入汴工程一直在紧锣密鼓推进中。下一步，我市将积极与省水利厅、省发改委和相关市、县对接，积极推进以下几个方面的工作：一是借助该项目纳入河南省实施四水同治的机遇，争取省发改委在项目立项、可研审批上的支持，尽快将南水北调入汴工程纳入省管项目；二是协调省水利厅尽快对中线干线工程十八里河退水闸开展竣工验收工作，为改造取水口门赢取时间；三是与郑州市、中牟县深入对接，积极推进项目涉及地选址规划意见、用地预审意见、环境影响评价报告、水土保持方案、防洪影响评价等可研审批要件的编制和批复工作以及管线路由的确定；四是积极与省水利厅对接，争取在最短时间内使南水北调入汴工程在省内获批。

河南省人民政府门户网站　责任编辑：陈静

南水北调中线通水4年多来
郑州680万人畅饮丹江水

2019年5月16日

来源：郑州市人民政府

5月15日，记者从郑州市南水北调办获悉，南水北调中线工程通水4年多来，累计向郑州市供水18.2亿立方米，全市受水人口继续扩大，郑州市超过680万人畅饮丹江水，近3/5郑州人喝上丹江水。

据介绍，截至5月15日，南水北调中线工程郑州段通过7个口门及5个退水闸向郑州市开闸分水，向10座水厂供水，为4个水库充库，为沿线地区进行生态补水，4年多来累计向郑州市供水18.2亿立方米。4年多来，南水北调中线工程向我省输水约67亿立方米，郑州市用水占比超过1/4。

近年来，郑州市积极提高南水北调供水能力。新密市供水线路建成已供水；登封市已完成水权交易，正在施工，今年可通水；经开区已签订水权交易协议，项目启动工作正有序进行；新郑与南阳签订水权交易后，提出先期从老观寨水库取水供龙湖水厂的方案，省南水北调办已正式批复，前期工作已启动。

据统计，2018调水年度，南水北调中线工程向郑州市供水总量5.5亿立方米，是首个调水年度供水量的3倍，较上个调水年度增长40%，供水能力明显提高。

通过对丹江口库区及总干渠河南段水质监测显示，4年多来，丹江水水质一直优于或保持在Ⅱ类水质，满足调水要求。碧波荡漾的丹江水，给郑州市提供甘甜饮用水的同时，也为郑州市生态改善带来了勃勃生机。2018年以来，南水北调中线总干渠向郑州市进行生态补水8500万立方米，清清的丹江水通过退水闸涌入双洎河、沂水河、十八里河、贾鲁河、索河等河流，改善了河流生态，补充了郑州市地下水源。

据悉，郑州市将持续扩大南水北调中线工程供水范围，加快南水北调受水水厂和供水管网等配套工程建设，推进登封市、新密市南水北调引水和配套工程实施。做好郑州高新区、郑州经济开发区、白沙组团和龙湖镇等新增供水工程前期工作，逐步扩大供水范围，积极推动新郑观音寺南水北调调蓄工程建设等。随着供水面积逐步增加，郑州市将有更多居民喝上丹江水。

河南省人民政府门户网站　责任编辑：赵檬

河南省水利厅厅长孙运锋
谈"四水同治"有关情况

2019年5月30日

来源：河南政府网

5月30日，河南省水利厅厅长孙运锋做客河南政府网《在线访谈》栏目，就我省"实施'四水同治'，加快水利现代化步伐"相关情况接受专访。

到2020年　全面解决贫困人口饮水安全问题

我省"四水同治"的总体目标是什么？孙运锋说，"四水同治"的总体目标，分近期、中期和远期三个阶段。

近期到2020年，水资源利用效率和效益明显提升，地下水超采得到进一步控制，河湖保护和监管明显加强，综合防灾减灾救灾能力显著提高。全省供水能力达到290亿立方米，高效节水灌溉面积达到2600万亩，水质优良比例总体达到70%，农村居民集中供水率达到90%，全面解决贫困人口饮水安全问题。

中期到2025年，节水型社会基本建立，地下水开发利用基本实现采补平衡，水质优良比例持续提升，美丽河湖目标基本实现，现代化水治理体系和治理能力显著提升，水安全保障能力进一步增强。年供水能力达到300亿立方米，高效节水灌溉面积达到4000万亩，农村集中供水率达到92%。

远期到2035年，全省水资源、水生态、水环境、水灾害问题得到系统解决，节水型社会全面建立，城乡供水得到可靠保障，水生态得到有效保护，水环境质量持续优良，防灾减灾救灾体系科学完备，基本形成系统完善、丰枯调剂、循环畅通、多源互补、安全高效、清水绿岸的现代水利基础设施网络，水治理体系和治理能力现代化基本实现。

提出10项重点任务　采取6个方面保障措施

孙运锋说，"四水同治"的总体思路是：坚持节水优先，扎实推进河长制湖长制，以雨水洪水中水资源化、南水北调配水科学化、黄河引水调蓄系统化、水库供水最优化、水资源配置均衡化为重点，加快河湖水系连通、蓄引调提工程、智慧水利建设，基本形成四大流域调水、全省配水、分市供水的复合型供配水格局和水资源、水生态、水环境、水灾害统筹治理新局面。

按照这一思路，主要提出了10项重点任务。一是实施国家节水行动；二是扎实推进河湖管理与保护；三是充分发挥南水北调中线工程综合效益；四是全面提升引黄供配水能力；五是加快推进重大水利工程建设；六是加强水灾害防治；七是加快地下水超采区综合治理；八是强化乡村水利基础设施建设；九是科学调配水资源；十是加快智慧水

利建设。

为确保目标任务实现，采取加强领导、协调联动，依法治水、强化监督，深化改革、促进发展，科技创新、规划引领，创新融资、加大投入，加强督导、严格考核等6个方面的保障措施。

水环境持续改善　十项重大水利工程进展顺利

我省实施"四水同治"取得了哪些实效？孙运锋说，我省"实施'四水同治'，加快水利现代化步伐"这一典型经验受到了国务院通报表扬，还被国务院确定为地方水利建设投资落实好、中央水利建设投资计划完成率高的五个督查激励省（区）之一。去年以来，全省各地紧紧围绕省委、省政府决策部署，积极做好水文章，全力打造人水和谐的美丽河南，取得了初步成效，支撑和保障了河南高质量发展。

一是高效利用水资源成效显著。持续开展节水型社会建设和水效领跑者引领活动；供用水结构进一步优化，地下水超采现象得到初步治理。

二是水环境持续改善。全面开展入河排污口规范整治专项行动，排查登记入河排污口2940个，封堵排污口532个。持续开展河湖"清四乱"、河流清洁百日行动、非法侵占水域岸线综合整治等专项治理，对农村塘堰坝进行清淤疏浚和整修治理，累计治理河塘2080座，垃圾下河、垃圾围河、乱搭乱建等突出问题得到初步遏制，全省河湖环境持续改善。

三是水生态修复扎实推进。通过闸坝联合调度，为16条主要河流调度生态水量14.2亿立方米，相关河流水生态得到明显改善。洛阳、焦作、南阳等第二批国家级水生态文明城市建设试点，顺利通过国家验收。全省各地竞相构建流域生态，如郑州的贾鲁河流域综合治理，洛阳的四河同治、三渠联动，许昌的生态水系建设，焦作的大沙河生态修

复，南阳的千村万塘综合整治等。

四是十项重大水利工程进展顺利。目前，卫河共产主义渠治理、宿鸭湖水库清淤扩容、小浪底南岸灌区等3项工程已开工建设，其余7项工程也将在年内陆续开工。

今年计划实施"四水同治"项目539个总投资2096亿元

谈及今年"四水同治"工作的重点，孙运锋说，全省各级各部门将实施"四水同治"作为一项政治任务来抓，相继召开了动员会，成立了由市、县党政主要负责同志任组长的领导小组，健全了机构，明确了任务，夯实了责任，强化了措施，形成了高位推动的工作格局。今年4月3日，省政府印发了《河南省四水同治2019年度工作方案》，方案明确了4类目标，部署了12项重点任务，计划实施"四水同治"项目539个，总投资2096亿元，今年计划完成投资658亿元。

孙运锋表示，为了深入推进"四水同治"，我们重点抓好规划编制，将规划图变成施工图；抓好十大工程，将时间表变成计程表；抓好项目建设，将任务书变成成绩单；抓好生态试点，将样本点变成示范点；抓好督导考核，将压力变动力，确保圆满完成年度建设任务。

（李瑞/文图 牧堃 祝萍/摄像 王乙卜/主持）

河南省南水北调对口协作项目获8426万元协作资金

2019年6月26日

来源：河南日报

6月25日，记者从省发展改革委获悉，2019年南水北调对口协作项目投资计划（第一批）已下达，我省23个项目获得8426万元协作资金。

据介绍，自2011年9月我省与北京市签订《京豫战略合作框架协议》以来，双方连续8年以南水北调中线工程为纽带，不断加大合作力度，拓展合作领域，提升合作层次，取得了显著成效。协议中的南水北调对口协作项目旨在实现"保水质、助扶贫、促合作"，有效促进水源区经济社会发展。

2019年河南省南水北调对口协作项目计划已经北京市扶贫协作和支援合作工作领导小组同意。本次计划下达南水北调对口协作项目共23个，涵盖栾川县水源区乡村环境治理工程等5个保水质类项目，卢氏县中国农科院蜜蜂所蜂产业培育工程等2个助扶贫类项目，北京市消费扶贫产业双创中心河南特色农产品展销项目等16个交流合作类项目，计划投资约1.1亿元，其中使用协作资金8426万元。

省发展改革委相关负责人表示，对列入计划的项目，项目所在地发展改革部门要会同财政、审计等部门严格落实资金管理办法，加强资金拨付和使用的监督检查，做到专户管理、专款专用，严禁截留、挤占、挪用。

（记者 栾姗）

河南省人民政府门户网站 责任编辑：陈静

河南省举行南水北调防汛抢险演练副省长武国定出席

2019年7月3日

来源：河南政府网

7月1日，省政府在焦作市南水北调沁河倒虹吸工程附近举行防汛抢险演练。副省长武国定现场观摩演练。

参加演练的队伍就险工段冲刷破坏抢险、河堤管涌抢险、河堤加高防护、河堤滑塌抢险、群众避险转移等5个科目进行了实战演练。

武国定指出，抓好南水北调工程防汛工作，事关首都和沿线人民饮水安全，意义十分重大。这次演练既是实战练兵，也是战前动员，有效提升了大家的防汛意识和实战能力。下一步，要以对人民群众高度负责的态度，以临战的姿态抓好防汛工作。要强化风险意识，对南水北调工程沿线全面排查，防患于未然；要强化重点防范，做好病险水库、河道险工险段、城市内涝以及山洪地质灾害、重要基础设施所在部位的防汛工作；要强化各项准备，备足防汛料物，加强队伍建设，提高应急反应能力；要强化责任落实，建立以首长负责制为核心的责任体系，层层夯实责任，努力实现"一个确保、三个不发生"的目标。

（记者　高长岭）

河南省人民政府门户网站　责任编辑：银新玉

南水北调禹州登封供水工程通水

2019年7月1日

来源：河南日报

登封城区数十万群众告别"吃水难"。6月29日，南水北调禹州登封供水工程通水仪式在白沙水库通水处隆重举行，近万名登封群众自发前往观看一泓清水开阀入登。

登封"十年九旱"，年均降水量仅600毫米左右，是全省唯一没有过境水源和外来水源的县（市），人均水资源占有量170立方米，约为全省平均水平的1/3、全国的1/12，水资源匮乏问题是制约登封经济社会发展的主要瓶颈。2016年3月9日，登封市与河南水利投资集团有限公司签订《合作框架协议》，同年12月29日，登封市与南阳市签署南水北调2000万立方米用水指标交易协议。

据介绍，南水北调禹州登封供水工程总长28.5公里，总投资7.18亿元，输水线路涉及5个乡镇办事处、24个行政村，沿线施工环境极其复杂，在各方密切协作及共同努力下，沿线共布置各类阀井99座、各类镇墩187座，历时14个月工程完工，比原计划提前10个月。

省水利厅南水北调工程管理处处长雷淮平认为，工程正式通水，实现了南水北调水向白沙水库调蓄，解决了沿线群众吃水难问题。据介绍，工程采用全省一流的水处理工艺，是省内第一个跨地市引水工程，登封有史以来第一次有了外来水源。

（记者　徐建勋　何可　通讯员　韩心泽　宋跃伟）

河南省人民政府门户网站　责任编辑：陈静

河南省再获南水北调投资

2019年7月10日

来源：河南日报

7月9日，记者从省发展改革委获悉，2019年南水北调对口协作项目投资计划（第二批）已下达我省，27个项目累计获得投资计划4.8亿元。

据介绍，河南省南水北调对口协作资金是北京市按照国务院部署安排，用于支援我省南水北调水源区经济社会发展和水源保护的专项资金。此次下达的第二批投资计划主要支持西峡县五里桥镇前营村生态治理项目等3个"保水质"项目，淅川县渠首北京小镇特色民俗街建设项目等11个"助扶贫"项目，淅川县第一高级中学智能化校园系统建设项目1个"公共服务"项目，南水北调水源区宣传推介项目等12个"交流合作"项目，这些项目的实施，将进一步提高水源区经济社会发展水平，强化水质保护和民生改善，增强水源区自我发展能力。

今年以来，我省50个项目已累计获得南水北调对口协作项目投资计划5.9亿元，其中使用协作资金达到 2.5 亿元，市县投资和单位自筹 3.4 亿元。省发展改革委有关负责人表示，项目实施单位要加快实施，确保项目投资计划下达 3 个月之内开工建设，尽快发挥投资效益。

（记者 栾姗）

河南省人民政府门户网站 责任编辑：李瑞

省水利厅厅长孙运锋莅焦检查指导南水北调中线沁河倒虹吸工程防汛抢险应急演练准备工作

2019 年 7 月 10 日

来源：焦作市人民政府

为提升沁河堤防和南水北调工程应急抢险能力，检验将在焦作市举行的南水北调中线沁河倒虹吸工程防汛抢险应急演练准备成效，6 月 30 日上午，省水利厅厅长孙运锋，南水北调中线监管局局长于合群，副局长戴占强、李开杰，省水利厅党组成员申季维等莅临焦作市，检查指导应急演练准备工作。市委副书记、市长徐衣显，副市长武磊一同检查。

孙运锋一行逐一检查观摩了白马沟险工段冲刷破坏抢险演练、沁河左岸河堤管涌抢险演练、沁河左岸河堤加高防护演练、沁河左岸河堤滑塌抢险演练、群众避险转移演练等五个科目，就预演中存在的问题给予指导。

孙运锋强调，此次演练是为贯彻全国防汛抗旱电视电话会议和河南省防汛抗旱视频会议部署，检验沁河及南水北调防汛抢险应急能力举行的一次综合性实战演练，较之往年标准更高、要求更严。要一切从实战出发，紧扣主题，真演真练，为可能发生的险情作好实战准备，确保万无一失。要对照全流程各环节全面演练的标准，逐科目查找问题不足，修订演练方案，抓紧完善提升。要保持良好的精神面貌，激发不怕牺牲、勇往直前的斗志，充分展现河南防汛抢险队伍的良好形象。要加强协调对接，做细人员、设备、物资调配和服务保障等工作，确保正式演练效果更加出彩。

徐衣显指出，此次防汛抢险的精彩预演，是对南水北调中线工程防汛抢险工作的一次有力检验，是对包括焦作防汛队伍在内的应急力量抗洪抢险技术、协同作战水平和快速反应能力的一次全面检阅，展示了广大防汛抢险队员一心为民、不怕牺牲的精神面貌，展现了能吃苦、能战斗、能奉献的顽强作风。他要求，各参演单位、参演队员要进一步发扬好作风、提振精气神，增强责任感、使命感，演出实战气势，演出样板水平。焦作各县（市）区、各相关部门要强化服务意识、保障意识、学习意识，精心组织、落实责任，确保演练活动圆满成功。全市上下要以演练为契机，认真学习，总结改进，加大防汛抢险技术知识和技能培训力度，规范科目、细化流程，打造一支召之即来、来之能战、战之能胜的过硬防汛抢险队伍，全面提升焦作市应急抢险能力，为经济社会持续健康发展提供坚强保障。

河南省人民政府门户网站 责任编辑：陈静

焦作市南水北调府城水厂试通水王小平徐衣显出席试通水仪式

2019 年 7 月 24 日

来源：焦作市人民政府

这又是一个值得广大焦作市民铭记的日子，也是一个载入焦作史册的日子！继去年 4 月 28 日焦作市南水北调苏蔺水厂试通水之后，今年 7 月 20 日上午，焦作市南水北调府城水厂举行试通水仪式。市委书记、市人大常委会主任王小平宣布"焦作市南水北调府城水厂试通水"，市委副书记、市长徐衣显在仪式上致辞，市领导刘涛、王建修、葛探宇、武磊、闫小杏、范涛出席仪式。

府城水厂项目是国家南水北调配套工程，是焦作市十大基础设施重点建设项目之一，也是关系焦作市千家万户的民生工程、政治工程和生态工程，市委、市政府高度重视，广大市民翘首企盼。该项目自今年4月份开工建设以来，市住建局、解放区委区政府、中站区委区政府和相关部门通力协作、相互配合，为府城水厂建设创造了良好的施工环境。焦作水务公司和承建单位顶严寒、战酷暑，克难攻坚、不懈努力，确保了项目建设按时间节点顺利推进。

徐衣显代表焦作市委、市人大常委会、市政府、市政协，对府城水厂试通水表示祝贺，向参与项目建设的深圳水务集团和为项目试通水付出辛勤努力的全体建设者、参与者表示衷心的感谢。

徐衣显说，近年来，焦作市抢抓新型城镇化建设有利机遇，围绕建设全面体现新发展理念示范城市，致力打造"精致城市、品质焦作"，实施"四城联创"，加快"百城提质"，强力推进府城水厂等十大基础设施重点项目建设，一大批事关焦作长远发展的重大工程相继建成投用，城市承载力、吸引力、带动力不断增强，城市建设步入全面提质加速的新阶段。府城水厂的试通水，标志着焦作市两座南水北调配套水厂的全面建成投用，对于构建完善焦作市地表水为主、地下水为辅的供水新格局，促进水资源利用，推动水环境改善，加快国家水生态文明城市建设等具有重要意义。希望焦作水务公司切实抓好后续运营工作，健全完善制度措施，稳妥扩大供水区域，确保水质安全，提升保障能力，让更多甘甜纯净、优质安全的丹江水从这里源源不断地送往千家万户，更好地造福焦作人民。

试通水仪式结束后，王小平、徐衣显等领导参观了府城水厂建设运行情况，并在第一时间品尝了经过净化的南水北调水。

记者了解到，府城水厂并网运行后，焦作市南水北调干渠以南、塔南路以西的新区用户可用上南水北调水。待配套加压站和管网全面建成，取代现有峰林水厂、新城水厂、中站水厂后，可向群英河以西、塔南路以西的中心城区和中站区供水。

河南省人民政府门户网站　责任编辑：陈静

南水北调焦作城区段绿化带四个节点公园焦作市大沙河生态治理项目五个节点公园集中开园

2019年7月26日

来源：焦作市人民政府

备受焦作市广大干部群众关注的南水北调焦作城区段绿化带建设和焦作市大沙河生态治理项目给大家报喜：7月20日，南水北调焦作城区段绿化带四个节点公园、大沙河生态治理项目五个节点公园集中开园，市民休闲健身又添好去处！市领导王小平、徐衣显、刘涛、胡小平、王建修、李民生、路红卫、汪习武、葛探宇、武磊、闫小杏、范涛出席开园仪式。

市委书记、市人大常委会主任王小平分别为参与南水北调焦作城区段绿化带建设的15名建设标兵和参与大沙河生态治理的15名建设标兵颁发荣誉证书，市委副书记、市长徐衣显分别为南水北调焦作城区段绿化带建设先进单位中建七局和大沙河生态治理项目建设先进单位福建路港集团、中铁十局、中水电六局发放奖金。

此次开园的南水北调焦作城区段绿化带"锦绣四季"月季文化园位于政一街至政二街区域，"枫林晚秋"位于南水北调总干渠南侧南通路与民主路跨桥区间，"玉花承泽"位于总干渠北侧友谊路至南通路之间，"临山印水"位于总干渠南侧"诗画太行"山体和民主路桥之间。这四个节点公园乔灌木密植，花卉草坪遍布，既整体协调，又各有特色，是继去年12月29日"水袖流云"示范段开园后，焦作市可供市民休闲赏景健身的又一些好去处。

大沙河生态治理项目自去年3月份开工以来，已完成投资14.5亿元，实施大沙河生态治理城区核心段建设、五座景观拦河坝建设、大沙河上游郊野公园七个生态停车场等工程，完成地形整理3800亩，绿化种植面积3300亩，种植乔木8万余株，在焦武路与中原路之间形成了连续10公里长、220~260米宽的景观水面，生态水面达到2500亩。大沙河已逐渐成为焦作市城市发展的新引擎、连接南北的新纽带、转型升级的新地标。

此次大沙河生态治理项目开放的五个节点公园分别为大沙河城区核心段南北两侧的南张果园、迎宾体育广场、北张滨河园、沙河七星园和沙河秋色园。

开园仪式后，与会领导实地察看了南水北调焦作城区段绿化带"锦绣四季"月季文化园、"临山印水"、青少年活动中心、"同心绿苑"广场、"枫林晚秋"、银杏广场建设成果，观摩了沙河七星园、南张果园、花海、迎宾体育广场、白皮松植物园、沙河秋色园和中原路节点治理工程进展情况。

河南省人民政府门户网站 责任编辑：陈静

省自然资源厅举办南水北调移民精神报告会

2019年8月28日

来源：河南省自然资源厅

按照"不忘初心、牢记使命"主题教育工作安排，8月22日上午，省自然资源厅举办南水北调移民精神报告会。厅党组成员、省纪委监委驻厅纪检监察组组长朱俊峰，厅党组成员、副厅长杜清华，厅副巡视员王建民同全厅近200名党员干部聆听报告。

报告会上，淅川县南水北调移民精神报告团紧紧围绕"忠诚担当、大爱报国"的移民精神，采取专题片、先进事迹报告、情景剧等多种形式，全景呈现了淅川县几代人的移民搬迁史。为了这一渠清水，几代淅川人，历经半个多世纪，累计40余万乡亲背井离乡、多次外迁，淅川人民用热血和汗水、甚至生命谱写了舍己为人、无私奉献的壮丽凯歌。淅川人感天动地、无私奉献、大爱无疆、可歌可泣的故事让在场的党员干部为之震撼、心潮澎湃、热泪盈眶、感人至深。

杜清华指出，南水北调工程是中国跨区域调配水资源、节约水资源、保护生态环境、促进经济发展、资源优化配置的一个典范，也是向世界展示的一个伟大创举，更是中国党和政府执政魄力与执政智慧的体现。报告会内容丰富具体、形象生动，是一场感人至深、催人泪下的精神盛宴，也是一场陶冶情操、震撼灵魂的思想洗礼，更是一场激励斗志、催人奋进的加油鼓劲。下一步，自然资源厅广大党员干部将大力弘扬移民精神，以更加积极的态度、更加满怀的激情、更加昂扬的斗志，振奋精神，攻坚克难，干事创业，担当有为，为民造福，持续抓好"四个着力"，打好"四张牌"，打赢"四场硬仗"，以党的建设高质量推动自然资源高质量发展，全身心投入到河南改革发展大局中，谱写新时代自然资源助力中原更加出彩的新篇章，以优异成绩向中华人民共和国成立70周年献礼。

杜清华强调，省自然资源厅自去年组建以来，坚持深入贯彻落实习近平总书记两个"统一"的指示精神，坚持山水林田湖草生命共同体理念，围绕"一张蓝图保发展、一体共治建生态"的总体目标，以党的建设高质量推动自然资源工作高质量，各项工作取得了显著成效。对于淅川的发展我们给予了高度关注和特殊政策，不到一年时间，支持淅川各类项目用地10480亩，安排林业专项资金1.28亿元，造林17.8万亩，森林抚育7万亩，发展经济林10.5万亩。目前淅川仍是国家贫困县、河南省四个深度贫困县之一，自然资源厅要以更多特殊政策倾斜淅川、更多的真金白银投向淅川，为淅川的"三大攻坚""四大战略"助力加油。

河南省人民政府门户网站　责任编辑：杨柳

驻马店市南水北调中线四县引水工程正式开工

2019年8月29日

来源：驻马店市人民政府

8月28日，驻马店市南水北调中线工程开工动员会在西平县隆重举行。来自河南水利投资集团，市水利局主要负责人，南水北调中线四县引水工程西平县、上蔡县、汝南县、平舆县相关负责人及中州水务控股有限公司、驻马店中州水务有限公司、河南省水利工程一局、河南水利建筑工程有限公司等参建单位100余人参加动员会。

据了解，驻马店市南水北调中线工程是驻马店市"四水同治"十大工程之一。工程全线采用地埋敷设管道方式引水，取水量为8400万立方米/年，工程分两期实施，一期工程取水4000万立方米/年，建设期2年，运营期13年，主管线起点位于西平县分水口，终点为平舆县调蓄池，全长99.208公里，共布置西平县、上蔡县、汝南县三条支线，新建高位水池一座，各支线分别新建一座调蓄池，总库容71.44万立方米，新建管理房7座，工程总投资为12.05亿元。

驻马店市水利局主要负责人介绍，喝上甘甜的丹江水是驻马店市人民的热切期盼，经过市政府多方努力，省政府批转省南水北调办、省水利厅，同意在南水北调中线一期

工程分配我省的水量中统筹解决，通过水权交易将四县纳入河南省南水北调供水受水区，对于解决四县用水矛盾、破解缺水难题、保障经济社会协调发展、提升群众的幸福感具有十分重要的意义。

驻马店市水利局主要负责人表示，驻马店市南水北调中线四县引水工程的开工，标志着驻马店市重点项目建设又取得了重大突破。在市委、市政府的正确领导下，在相关部门的支持指导下，在四县政府的大力配合下，在工程建设者的共同努力下，驻马店市南水北调中线工程一定能够顺利实施，充分发挥巨大的社会效益和经济效益，为驻马店高质量跨越发展提供坚实的水利支撑和保障。

河南省人民政府门户网站　责任编辑：王靖

南水北调中线工程已安全运行1764天引"南水"超247亿立方米

2019年10月14日

来源：河南日报

自2018年陶岔渠首枢纽工程电站机组启动以来，累计发电超1.45亿千瓦时

10月11日，南水北调中线建管局渠首分局举行开放日活动，人大代表、社会知名人士、专家学者和南水北调工程参建者来到渠首，感受工程运行管理5年来取得的伟大成就。截至当天，南水北调中线工程累计引水超过247亿立方米。

据介绍，自2014年12月12日正式通水以来，南水北调中线工程已安全运行1764天，调水量超247亿立方米，供水量超233亿立方米，其中生态补水20.86亿立方米，不仅保障

了沿线城市居民生活用水，还让沿线河流充满了生机，受水地区生态环境得到明显改善，产生了巨大的经济效益、社会效益、生态效益。

南水北调中线建管局渠首分局守护着中线工程的"水龙头"。除了供水外，陶岔渠首枢纽工程还兼具发电功能，作为中线工程的唯一水电站，自2018年机组启动以来，已累计发电超1.45亿千瓦时。

（记者　高长岭）

河南省人民政府门户网站　责任编辑：陈静

南阳市召开中心城区自备井封停暨南水北调水源置换工作会议

2019年11月4日

来源：南阳市人民政府

11月1日，南阳市召开中心城区自备井封停暨南水北调水源置换工作会议，安排部署2019年中心城区南水北调水源置换暨自备井封停工作。

按照《2019年南阳市中心城区南水北调水源置换暨自备井封停及工作实施方案》的要求，今年南水北调水源置换和自备井封停工作于2020年4月底前完成50家取用水户和56眼自备井的水源置换和封井工作。具体是三大节点：明年2月底完成管网建设；3月底前完成水源置换；4月底前完成自备井封停。

置换南水北调水封停自备井，是南阳发展史上一件举足轻重的大事件，各级各有关部门表示一定要按照市领导小组的安排部署，全力以赴打通南水北调水源置换和自备井封停的最后"一公里"，确保如期让广大市民喝上安全放心的南水北调水。

河南省人民政府门户网站　责任编辑：王靖

周口市南水北调淮阳供水工程开工计划工期8个月

2019年11月5日

来源：周口市人民政府

10月31日上午，周口市南水北调淮阳供水工程开工仪式在淮阳县郑集乡项目工地举行。市县领导王少青、王毅、张凌君、齐长军出席开工仪式，市、县有关单位负责人和项目合作方负责人、工程指挥部全体人员和部分村干部参加了开工仪式。

仪式上，淮阳县县长王毅为仪式作了致辞，中国水务集团、施工单位、郑集乡相继作了表态发言。

9时20分副市长王少青宣布工程开工。

工程的正式开工，不仅拉开了周淮融合发展重点项目建设的帷幕，而且标志着淮阳已经正式驶入撤县设区后加速发展的快车道。南水北调淮阳供水工程，既是淮阳的重大民生工程，也是全市的重点建设项目。工程总投资约3亿元，近期供水能力3万立方米/日，远期供水能力6万立方米/日。项目建成后，淮阳居民用水将实现和中心城区"同城、同质、同价"，对缓解淮阳水资源短缺、优化城区供水布局、促进城市经济社会发展、造福全县人民，具有深远的历史意义和重大的现实意义。工程投资3亿元，计划工期8个月。

河南省人民政府门户网站　责任编辑：赵檬

李克强：以历史视野全局眼光谋划和推进南水北调后续工程

2019年11月18日

来源：中国政府网

11月18日，中共中央政治局常委、国务院总理李克强主持召开南水北调后续工程工作会议，研究部署后续工程和水利建设等工作。

李克强指出，水资源短缺且时空分布不均是我国经济社会发展主要瓶颈之一，华北、西北尤为突出。华北地下水严重超采和亏空，水生态修复任务很重，随着人口承载量增加，水资源供需矛盾将进一步加剧。今年南方部分省份持续干旱，也对加强水利建设、解决工程性缺水提出了紧迫要求。水资源格局决定着发展格局。必须坚持以习近平新时代中国特色社会主义思想为指导，遵循规律，以历史视野、全局眼光谋划和推进南水北调后续工程等具有战略意义的补短板重大工程。这功在当代、利在千秋，也有利于应对当前经济下行压力、拉动有效投资，稳定经济增长和增加就业。

责任编辑：黄颀

南水北调工程今年已为平顶山市补水2亿立方米

2019年12月2日

来源：平顶山市人民政府

11月30日，从平顶山市南水北调工程运行保障中心传来消息，截至当天8时许，南水北调工程今年已向平顶山市补水2亿立方米。

根据南水北调中线工程建设管理局年度供水调度计划，市南水北调工程运行保障中心协调省南水北调中线工程建设管理局，通过南水北调干渠分两次向平顶山市补水，其中8月、9月累计补水量为6450万立方米，10月至今累计补水1.355亿立方米。"此次补水效益明显，对地下水补充、生态环境改善、下游城市生态环境水平提升都起到了积极作用。"市南水北调工程运行保障中心计划建设科科长张伟伟说。

综合补水及降水、上游来水等因素，白龟山水库水位由补水前最低98.82米上涨至101.55米，水位上涨2.73米。水库库容水量从1.0193亿立方米增长至2.1493亿立方米，水库蓄水量增长111%。水面面积由32.36平方公里扩大至52.32平方公里，增长62%。

目前，通过南水北调总干渠向白龟山水库的补水仍在继续，补水流量为每秒25立方米，白龟山水库在满足防汛要求的前提下，保持高水位运行，补水区沿线地下水位明显回升，方便了群众生产生活用水。同时，平顶山市沿线生态景观明显改善。

河南省人民政府门户网站　责任编辑：赵檬

南水北调通水五周年京宛合作"新礼包"干货满满7个重大合作项目集中签约

2019年12月9日

来源：河南日报

北京市委党校与南水北调干部学院签署战略合作协议、北京理工大学与南阳共建光电技术研发应用基地……12月6日，记者在南水北调中线工程通水五周年暨京宛协作项目签约仪式上获悉，7个京宛合作重大项目进行集中签约。

当天，南阳市政府与北京市扶贫支援办等有关部门，围绕生态建设和绿色产业发展等主题，组织两地政府部门、企业和院校签署合作协议。签约的7个合作项目中，涵盖了人才协作、金融、文旅等领域，北京市委党校、北京理工大学、中关村光电产业协会等将与南阳相关企业单位开展"精准协作"。

"我们将把高光谱视频成像等前沿技术用于南水北调中线源头水质监测，并借助南阳光电产业基础开展成果转化。"北京理工大学"光电成像技术与系统"教育部重点实验室副主任许廷发表示，高光谱视频成像是当前在军工、航天领域广泛应用的高新技术，作为承担国家光电成像技术研发的重点院校，北京理工大学将在南阳建立技术研发与转化应用基地。

以高光谱技术研发落地为契机，京宛两地在光电产业方面的协作还将继续深化。北京赴河南挂职干部总领队孙昊哲告诉记者，在此次项目签约活动上，北京理工大学、中关村光电产业协会作为牵头单位，联合南阳理工学院等数十家单位，发起成立京宛光电产业协同育教融合发展联盟。该联盟将依托南阳国内领先的光电产业集群等产业基础，开展高光谱视频成像技术研发、成果转化和产品制造，推动两地共建全国光电产业发展新高地。

（记者 孟向东 河南报业全媒体 记者 司马连竹）

河南省人民政府门户网站 责任编辑：王靖

润泽三千里 惠及亿万人
——写在南水北调中线工程通水5周年之际

2019年12月12日

来源：河南日报

到今年12月12日，南水北调中线工程正式通水正好5周年。

5年来，260亿立方米的清水，沿着总干渠向北方蜿蜒前行，滋润着京津冀豫四省市亿万群众。

南水北调中线工程，是共和国铸造的国之重器，是世界上规模最大的跨流域调水工程，被誉为"人间天河"。

宏伟的世纪工程，缓解了华北地区极度缺水之痛，极大地改善了受水区生态环境，给沿线城市和人民带来了巨大福祉。

南水，让1亿人受益

我国水资源分布规律是"北少南多"，随着经济快速发展，京津冀地区人水矛盾更加突出，华北大地饱受缺水之苦。

"南方水多，北方水少，如有可能，借点水来也是可以的。"1952年10月底，毛泽东在河南视察黄河时说。

历经半个多世纪的波折，2003年12月30日，南水北调中线工程开工建设，2014年12月12日，南水北调中线工程正式通水，一渠清水从此开始滋润北中国，共和国60余年的梦想终于变为现实。

南水北调中线总干渠长1432公里，这条人工建造的水脉，长度超过了淮河；引水260亿立方米，约为黄河多年平均径流量的一半。

5年来，南水所到之处，受到群众热烈追捧。本来规划作为"补充"水源的南水，现在已经成为众多城市的"主力"水源。

在北京，城区居民生活用水的73%来自丹江口水库，人均水资源量从100立方米增至150立方米。在天津，14个区的居民用水全部来自丹江口水库，南水已成为城市供水的"生命线"。南水北调中线工程向白洋淀生态补水2.22亿立方米，为雄安新区注入了发展活力。在河北，80个市县区用上南水，400万人告别高氟水、苦碱水。在河南，11个省辖市市区和40个县（市）城区全部通水，郑州中心城区自来水八成以上为南水，鹤壁、许昌、漯河、周口主城区用水全部为南水。

南水北调中线工程成为24座大中城市的主力水源，直接受益人口5859万人，受益人数达到了1亿人。

补水，让河湖充满生机

丰盈的丹江口水库，为实施生态补水提供了充足水源。生态补水为北方河湖注入了勃勃生机，水生态环境大为改善。

北京将南水反向输送到密云水库，目前密云水库蓄水量已超过26亿立方米。重要水源地由南水北调中线工程生态补水后，北京市应急水源地地下水位最大升幅达18.2米。

5年来，河南省通过总干渠向受水地区河湖水系累计生态补水16.29亿立方米。全省累计压采地下水5.04亿立方米，通过压采地下水，总干渠沿线地下水位平均提升1.1米。

悠悠碧水南方来，岸绿景美好生态。

总干渠两侧耸立起绿色屏障。郑州市境内干渠长达129公里，渠道水面面积达1.5万亩，相当于增加了百亩水面的湖泊150个。郑州在市区段高标准规划建设南水北调生态文化公园，总面积近25平方公里，相当于82个郑州人民公园。

曾以缺水闻名的许昌市，抓住南水北调的历史机遇，在中心城区打造了"五湖四海畔三川、两环一水润莲城"的水系格局，建成了"北方水城"，河道生态功能得到恢复，浅层地下水位回升3.1米，良好生态成为新优势，城市品位得到极大提升。

护水，让清流永续北送

为了保障"一渠清水永续北送"，丹江口库区和总干渠沿线人民主动调整产业结构，确保南水水质优良。

丹江口库区周边，绿水青山相映生辉。巡逻队员随时清理打捞水面杂物，监控探头守护着水库，水质变化尽在掌握。

在总干渠两侧，百米宽的绿化带不仅隔离了污染风险，也构筑起千里绿色屏障。山坡上，猕猴桃、茶叶、金银花种植基地遍布；严控化肥农药，农业面源污染越来越小。5年来，各级南水北调管理部门受理新建、扩建项目1100多个，其中因存在污染风险否决了700多个。

严管细查，南水水质持续向好。5年来，丹江口水库以及入渠水质，始终稳定达到或者优于地表水Ⅱ类标准，其中流入干渠的Ⅰ类水水质比重，从5年前的21.6%提升至82.2%。

流水汤汤，折射出共产党的为民初心。通水5年，南水北调中线工程把甘甜和幸福送进了千家万户，这条"人工天河"也成为连接亿万群众的民心河、幸福河。

（记者　方化祎　高长岭）
河南省人民政府门户网站　责任编辑：王靖

丹江口水库移民安置通过国家终验

2019年12月12日

来源：河南日报

12月10日，记者从省水利厅获悉，我省南水北调中线工程丹江口水库移民安置工作通过完工阶段国家总体验收的行政验收，也就是国家终验。

据介绍，此次行政验收内容包括农村移民安置、城（集）镇和工业企业迁建、资金使用管理、文物保护和档案管理等8个方面。12月6日至7日，水利部验收委员会3个专项验收小组在南阳市现场查看了部分移民安置、文物保护项目和档案管理情况，观看音像资料，听取相关情况汇报。

验收委员会认为，河南省丹江口水库移民安置规划任务已完成，移民生产生活条件得到显著改善，后续发展初具规模，社会治理稳步推进，确定的安置规划目标基本实现；库区文物保护项目全面完成，文化遗产得到保护和利用；移民档案管理措施得力，整理规范，能够满足查询利用要求。

我省南水北调中线工程丹江口水库移民工作于2008年11月启动，2011年8月完成外迁移民集中搬迁，2012年3月完成淅川县内移民搬迁扫尾，实际搬迁16.6万人，顺利实现"四年任务两年完成"的搬迁安置目标。

2017年8月和2018年11月，我省丹江口水库移民安置先后通过省级初验和国家总体验收的技术性验收。

（记者　高长岭　通讯员　郭安强）
河南省人民政府门户网站　责任编辑：王靖

南水北调工程通水五年来郑州累计受水21亿立方米

2019年12月12日

来源：郑州市人民政府

12月12日是南水北调中线一期工程正式通水五周年纪念日。记者12月11日从郑州市南水北调工程运行保障中心获悉，通水五年以来，南水北调中线工程已累计实现向郑州市供水21亿立方米，全市受益人口达到680万人。

据悉，南水北调中线工程郑州境内总干渠共设置7座分水口门，规划向新郑市、中牟县、郑州航空港区、郑州市区、荥阳市和上街区供水，年分配总水量为5.4亿立方米，建设7座提水泵站、4座调蓄工程，分别向10座受水水厂供水。配套工程于2014年12月底与主体工程同步达效，实现通水。

自通水以来，郑州7座口门泵站及线路已先后全部投入运行，4座调蓄水库已全部实现充库，10座受水水厂已全部用上南水北调水，新密和登封也已经实现供水，全市受益人口达到680万人。自工程通水以来，已累计向郑州市供水21亿立方米，其中累计生活供水19亿立方米，生态供水2亿立方米。

在南水北调中线工程实现稳定供水的同时，落户郑州的丹江口库区移民也在郑州市实现了稳定发展。郑州市通过移民村项目扶持、实用技能培训、创业就业指导、招商引资等措施，促进移民发展融入。今年，郑州市安排下达移民后扶资金4000多万元，实施移民后扶项目80多个。如今，移民人均收入由2011年搬迁时的4300元，增长到2018年的17000元，2019年有望突破18000元，年增幅30%以上。

河南省人民政府门户网站　责任编辑：赵楼

南水北调平顶山焦庄水厂供配水工程荣获鲁班奖

2019年12月13日

来源：平顶山市人民政府

12月10日，建筑业科技创新暨2018—2019年度中国建设工程鲁班奖（国家优质工程）表彰大会在北京举行，由平煤神马建工集团承建的南水北调平顶山焦庄水厂供配水工程荣获鲁班奖。这是该集团自2010年以来第四次获此殊荣。

中国建设工程鲁班奖（国家优质工程）简称鲁班奖，创办于1987年，是一项由住建部指导、中国建筑业协会实施评选的奖项，是中国建设工程质量的最高奖。

南水北调平顶山焦庄水厂供配水工程是提升平顶山市城市供水能力的重点民生工程。在建设过程中，施工单位强化技术创新，获得了3项国家实用新型专利和1项国家发明专利，并重点实施5大项24小项绿色施工措施及技术，实现了保护环境、节约能源材料的目的。此前，该工程还获得了河南省建设工程"中州杯"奖、河南省结构"中州杯"奖等12项荣誉。

2010年，该集团承建的平顶山市行政服务综合楼首次荣获鲁班奖，这是平顶山市建筑行业第一个国家级最高奖。2015年，该集团承建的平煤神马集团工人劳模小区问鼎鲁班奖，成为河南省十年来获此殊荣的第一个住宅小区。2016年，该集团承建的新郑机场二期空管塔台工程获得全国机场塔台项目第一个鲁班奖，在郑州航空港区立起一座地标性建筑，为平顶山市及河南省建筑业争了光。

河南省人民政府门户网站　责任编辑：张琳

南水北调安阳市西部调水工程举行开工动员会

2019 年 12 月 30 日

来源：安阳市人民政府

12月24日，南水北调安阳市西部调水工程开工动员会在林州市横水镇小庙凹村举行。安阳市委副书记、市委统战部部长徐家平，市人大常委会副主任张善飞，副市长刘建发，市政协副主席高用文参加动员。徐家平宣布工程开工。

南水北调安阳市西部调水工程项目总投资15.95亿元，引水管线总长49.6公里，年调水量7000万立方米，从南水北调干渠39号口门取水，通过加压泵站和输水管道将南水北调优质水源输送至林州市第三水厂、殷都区及龙安区水厂，每年向林州市调水4000万立方米，向殷都区调水2000万立方米，向龙安区调水1000万立方米。项目建成后，将在保障安阳市西部地区群众饮水安全、提升饮水品质中担当重要角色。

刘建发在致辞中指出，林州市、殷都区及龙安区等安阳市西部地区相对缺水，社会各界对引入优质水源愿望强烈。市委、市政府高度重视，抢抓机遇，迎难而上，实施了南水北调安阳市西部调水工程，主要解决林州市、殷都区和龙安区供水不足的问题。工程建成投入运行后，不仅能够有效改善城市水源结构，为广大市民提供安全优质的生活用水，也将为城市生态环境提升、经济社会可持续发展提供强有力的水资源保障。刘建发强调，南水北调安阳市西部调水工程是我省重点建设项目，也是我市重大民生工程，各建管单位、参建者要优质、高效地推进工程建设，确保2022年年底实现通水目标。

现场，中州水务控股有限公司董事长，施工单位代表，林州市、殷都区和龙安区政府代表先后表态发言。

据悉，本次共设三个开工动员会场，林州市为主会场，殷都区、龙安区为分会场，三地同时开工。

河南省人民政府门户网站　责任编辑：王喆

政 府 信 息 篇 目 辑 览

焦作市举行南水北调焦作城区段绿化带"水袖流云"示范段开园仪式　2019-01-03　来源：焦作市人民政府

焦作市委书记王小平调研督导大沙河生态治理和南水北调城区段绿化带项目　2019-02-22　来源：焦作市人民政府

焦作市召开世行项目截洪沟和南水北调水厂建设协调会　2019-03-11　来源：焦作市人民政府

截至目前南水北调工程向鹤壁市供水超1.31亿立方米　2019-03-14　来源：鹤壁市人民政府

安阳市副市长刘建发调研南水北调安阳市西部调水工程　2019-04-03　来源：安阳市人民政府

两大指标进展明显　南水北调入汴工程进展顺利　2019-04-30　来源：开封市人民政府

南水北调中线通水4年多来　郑州680万人畅饮丹江水　2019-05-16　来源：郑州市人民政府

全力推进焦作市城区河道综合整治和南水北调城区段左岸防洪影响处理工程　2019-06-14　来源：焦作市人民政府

南阳市南水北调和移民工作会议召开 2019-06-24 来源：南阳市人民政府

河南省举行南水北调防汛抢险演练 副省长武国定出席 2019-07-10 来源：河南政府网

省水利厅厅长孙运锋莅焦检查指导南水北调中线沁河倒虹吸工程防汛抢险应急演练准备工作 2019-07-10 来源：焦作市人民政府

安阳市副市长刘建发调研南水北调工程防汛工作 2019-07-10 来源：安阳市人民政府

驻马店市南水北调中线工程PPP项目签约仪式举行 2019-07-15 来源：驻马店市人民政府

焦作市南水北调府城水厂试通水王小平徐衣显出席试通水仪式 2019-07-24 来源：焦作市人民政府

南水北调焦作城区段绿化带四个节点公园焦作市大沙河生态治理项目五个节点公园集中开园 2019-07-26 来源：焦作市人民政府

焦作市棚户区（城中村）和南水北调城区段安置房建设质量安全工作会议召开 2019-07-31 来源：焦作市人民政府

省人防办组织南水北调移民报告会 2019-08-23 来源：河南省人民防空办公室

省财政厅举办南水北调移民精神报告会 2019-08-26 来源：河南省财政厅

省教育厅机关干部组织学习南水北调淅川移民精神 2019-08-26 来源：河南省教育厅

省交通运输厅举行南水北调移民精神报告会 2019-08-26 来源：河南省交通运输厅

省自然资源厅举办南水北调移民精神报告会 2019-08-28 来源：河南省自然资源厅

驻马店市南水北调中线四县引水工程正式开工 2019-08-29 来源：驻马店市人民政府

水利部启动对我省南水北调丹江口库区移民安置项目完工财务决算审计工作 2019-08-30 来源：河南省水利厅

省人力资源社会保障厅举办南水北调移民精神报告会 2019-08-31 来源：河南省人力资源和社会保障厅

南阳市南水北调中线工程开放日活动举行 2019-10-12 来源：南阳市人民政府

南阳市召开中心城区自备井封停暨南水北调水源置换工作会议 2019-11-04 来源：南阳市人民政府

周口市南水北调淮阳供水工程开工 计划工期8个月 2019-11-05 来源：周口市人民政府

南水北调焦作城区段建设指挥部第四十五次工作例会召开 2019-11-23 来源：焦作市人民政府

南水北调中线工程通水5周年纪念活动筹备工作会召开 2019-11-25 来源：南阳市人民政府

南水北调工程今年已为平顶山市补水2亿立方米 2019-12-02 来源：平顶山市人民政府

河南省人防办组织干部职工到南水北调干部学院学习 2019-12-09 来源：河南省人民防空办公室

南阳市：举办南水北调中线工程通水5周年系列纪念活动 2019-12-12 来源：南阳市人民政府

南水北调工程通水五年来 郑州累计受水21亿立方米 2019-12-12 来源：郑州市人民政府

南水北调平顶山焦庄水厂供配水工程荣获鲁班奖 2019-12-13 来源：平顶山市人民政府

焦作市举行南水北调中线工程通水五周年成就宣传展览 2019-12-13 来源：焦作市人民政府

南水北调安阳市西部调水工程举行开工动员会 2019-12-30 来源：安阳市人民政府

南水北调

玖 传媒信息

传 媒 信 息 选 录

这是2019南水北调人
最不舍得删的照片，哪一张最触动你？

2019-12-30

来源：澎湃新闻·澎湃号·政务中国南水北调

2019年就要过去了
我很怀念Ta
打开手机相册才发现
原来在这一年
不知不觉积攒下那么多照片
但有些照片不管放的多久
都舍不得按下那个删除键
你是否也一样？

时间总是不经意从指缝间溜走
总有一些难忘的瞬间
在岁月的长河中闪闪发光
我无法让时光停止流转
却能用照片留住此刻的你
这一年，我们的故事被照片定格
对于南水北调人来说

每一张照片的背后深藏着
感动、喜悦和悲伤
那么，2019年
我们最不舍得删除的照片是什么？

1

河南分局焦作管理处
NSBD

2019年12月12日，南水北调中线工程迎来通水五周年生日。"咔嚓"记录下了焦作管理处的小伙伴们激动一跃的一幕。

by 刘洋

2

河北分局磁县管理处
NSBD

母亲担心第一次参加工作的我不适应，执意要送我到距家1400公里的单位。良好的工作环境和热情的同事们让母亲打消了疑虑，图为母亲参观渠道时的背影。

by 魏凌云

儿行千里母担忧

你走的越远，就越知道

世界再大，总有牵挂

在外工作的你

也要好好的

3

河南分局禹州管理处

NSBD

今年过生日，我家的小宝贝主动用存钱罐的"积蓄"，给我买了生日礼物。在那暖心的时刻，让我觉得每天往返百十公里回家后的短暂陪伴，得到了最好的回报。

by 娄利芳

亲爱的小宝贝

你要快快长大

原谅妈妈在你成长过程中的短暂陪伴

但她不会缺席

因为你是她独一无二的存在

4

河南分局航空港区管理处

NSBD

雨季防汛工作重如山，忙于工作的我和

家人的交流自然少了许多。有一天他娘俩突然出现在我面前，儿子对我说"老爸我想你，但我支持你"，我忽然热泪盈眶了，此生遇到你们是我人生最大的幸福。

by 庄 超

5

河南分局航空港区管理处

NSBD

工作原因我对家庭付出少了点，但南水北调大讲堂"走出去、请进来"的形式却让我和我家宝贝有了感情真谛的盟约，让女儿真正了解爸爸从事的工作，宝贝你永远是老爸的骄傲。

by 王敬鹏

幸福其实很简单

就是来自家人的理解和支持

而最好的教育

大概就是我陪你长大

你促进我成长

6

河北分局邢台管理处

NSBD

也许是对我们的到来感到好奇，或是对关爱山区小学生防溺水活动充满期待，这两个可爱的小男孩悄悄地说着什么，他们纯真质朴的脸颊不由让我们心头一软。

by 李萌、路超

7

河北分局邢台管理处

NSBD

在山区助学活动接近尾声时，孩子们小心翼翼地将自己的书本文具放进我们送上的崭新书包中，并露出了开心又羞涩的笑容，这笑容质朴而美丽，非常打动我的心。

by 李萌、路超

到了一定的年龄
我们的内心好像强大到
没有什么事情能够轻易触动
而这一张张质朴纯真的笑脸
却让心上又开出了一朵花

8

河北分局邢台管理处

NSBD

八月的"桑拿天"是闷热的，任凭汗水打透了衣裳，这位渠道的守护者也不曾停下歇一歇。

by 李萌、路超

汗水浸湿背后的"中国南水北调"
在阳光的映照下熠熠生辉
照亮的是每一个南水北调人
闪闪发亮的青春

9

河南分局穿黄管理处

NSBD

2019年7月2日，穿黄管理处两名巡查人员冒雨巡渠，疾风骤雨挡不住她们坚定的脚步，她们是真正的雨中彩虹。

10

河南分局长葛管理处

NSBD

园区保洁阿姨的手布满干纹裂口，指甲缝里都是泥土，但就是这双辛勤的手，园区的环境才变得更加整洁，愿每位劳动者都能被生活温柔以待。

by 鲁霄菡

11

河南分局新郑管理处

NSBD

8月9日，台风"利奇马"登陆，汛情就是命令，李起飞披上雨衣，拿起工具奔赴梅河值守点。他忘记了，他已经三周没有回家，他也忘记了和三岁儿子的约定，尽管家就在几十公里外。

by 李起飞

12

河南分局宝丰管理处

NSBD

夏季巡视的日常。

by 张晓亮

13

河北分局邢台管理处

NSBD

逆光中，结束一天辛劳工作的闸站值守人员目光专注地望向"中国南水北调"的标志，仿佛透过这六个大字，望向身为南水北

调人的梦想。

by 李萌、路超

14

河南分局宝丰管理处

NSBD

在得到大雨天气预警的消息后，宝丰管理处工程科麻会欣半个身体扎进渠道，检查横向排水沟是否淤堵。

by 张晓亮

15

河北分局顺平管理处

NSBD

2019年8月5日，一场突如其来的暴雨使顺平县弥漫在水雾之中，在发现截流沟被树叶等杂物堵住的第一时间，大家徒手将杂物清理干净。

by 胡志成

16

渠首分局方城管理处

NSBD

春节期间，方城管理处草墩河闸站值守人员，舍小家为大家，不舍昼夜，一丝不苟地开展闸站设备巡查，只为一渠碧水安全北送。

by 李强胜

17

河南分局长葛管理处

NSBD

大年三十到处洋溢着节日的氛围，零星的鞭炮声催促着每个人回家的脚步，但我们选择了坚守。

by 权凤光

哪有什么岁月静好

不过是有人始终在默默坚守

一渠清水永续北上

离不开守护者的日夜坚守

18

河南分局穿黄管理处

NSBD

今年十月，我参加了人生中第一个半程马拉松比赛，并在母校前留影。从学生到丹江水的守护者，一转眼十年已经过去了，与水结缘，为水而跑！

by 苏万强

我知道，你做的最勇敢的决定

就是加入了南水北调

你把青春奉献给了南水北调

同时也奉献给了成长中的自己

19

河南分局郑州管理处

NSBD

我和爱人还有宝宝一家三口，用自己的方式，用我是南水北调人的方式，为伟大的祖国欢呼祝福，愿祖国繁荣昌盛，愿南水北调越来越好。

by 赵鑫海

20

河南分局郑州管理处

NSBD

趁着周末，我和同事赶赴北京，专程去看新中国成立70周年大型成就展。参观过程中大屏上播放的南水北调工程宣传片，让我的内心久久不能平静，我为祖国辉煌感到自豪，为身为南水北调人而自豪！

by 李新宇

21

河南分局焦作管理处

NSBD

10月我们迎来了伟大祖国70周岁生日，在这个特殊的日子里，我们的小伙伴坚守一线，护一渠清水安澜北上，用我们的方式为祖国母亲送上生日祝福！

by 刘洋

22

河南分局郑州管理处

NSBD

今年九月，在中线建管局举办的歌唱祖国活动现场，我和队友与南水北调同框，如今翻看这张照片，当时的画面仍历历在目，

我要为祖国的强大点赞，为南水北调点赞！

by 徐超

爱国
是人世间最深层、最持久的情感
南水北调人用坚毅的回答
表达出炽热而浓烈的爱国情怀

23

河南分局安阳管理处（穿漳管理处）

NSBD

公民大讲堂活动结束后，洹宾小学的孩子们被路旁有趣的展板吸引，一位小朋友腼腆地竖起了大拇指，这是对我们工作最好的肯定。

24

河北分局邢台管理处

NSBD

在开放日活动圆满结束后，两位工作人员会心一笑，他们灿烂的笑容里带着对活动圆满成功的喜悦和工作辛劳一天的满足。

by 李萌、路超

假如说，成长是有颜色的
那一定就是"南水蓝"
你一定很自豪

你的青春和南水北调有关

25

河北分局高邑元氏管理处

NSBD

2019 年 4 月 25 日在槐一进口倒虹吸闸站场区，闸站保洁人员对右岸沥青路面进行打扫，人物与建筑物构成一道美丽的风景线。

26

河北分局磁县管理处

NSBD

作为一个"新手"妈妈，参加"恒爱行动"后更能体会到贫困山区孩子们被爱的渴望，希望我的一针一线能够温暖他们，让他们拥有美好的童年。

by 连丽沙

27

河南分局安阳管理处（穿漳管理处）

NSBD

谁说绣花针只有娇娥娘才能用？守护南水的"糙汉子"早在工作中练就了"十八般武艺"，大男人照样能拿起绣花针。

28

河北分局磁县管理处

NSBD

开车去闸站的途中，经过渠道时，偶遇群鸟低飞戏水。

by 郑广鑫

29

河南分局鲁山管理处

NSBD

走吧，我带着你，沿着南水北调去北京

绿水青山，幸福一对

南水这么甜，我想尝尝
左右滑动查看更多
历史以来北方蜗牛第一次喝上丹江水。

by 李满满

30
河南分局郏县管理处

NSBD

在寒冷的冬季，偶遇一群野鸭在渠道中栖息、觅食，成为这寒冬中一抹亮丽的风景，也增添了我巡渠过程的一丝乐趣。

by 孙沙

总有一些画面让人动容
总有一些瞬间自带光芒
一张张普通的照片
诉说着难以忘却的故事

不舍得删除的不仅是那张照片
更是南水北调人深刻的回忆
#2019最不想删的那张照片#
你会怎么选呢
不妨在下方留言
与我们一起分享你和南水北调的独家记忆吧

共饮一江水　携手奔小康
北京投入32亿元支持南水北调水源区发展

2019年12月16日

本报北京12月15日电　（记者贺勇）记者从北京市政府新闻办、北京市扶贫支援办联合召开的南水北调通水5周年新闻发布会获悉：自2014年开展对口协作工作以来，北京市区两级安排资金32亿元，实施项目900多个；北京16区与河南、湖北两省水源区16个县市区扎实开展结对帮扶工作。此外，一批北京地区企业到水源区投资兴业，促进了当地的经济社会发展。其中仅湖北十堰市就引入签约项目近百个，投资总额近300亿元，为当地生态环境保护和经济社会发展注入了强大动力。

河南南阳是南水北调中线工程的渠首所在地，是丹江口水库的主要淹没区和移民搬迁安置区。为了更好地保水质，南阳引进北京的大型专业化企业，建设污水处理厂26个、垃圾处理场29个、垃圾焚烧发电厂一座，走出一条践行"绿水青山就是金山银山"的绿色发展之路。

湖北十堰是南水北调中线工程核心水源区，汇入丹江口水库的16条主要支流有12条在十堰境内，被称为"华北水井"。在这里，北京市累计投入协作资金13.5亿元，实施项目442个。为助力库区打好脱贫攻坚战，北京帮助20多个贫困村发展茶叶、食用菌等特色产业，辐射带动贫困人口2万多人。

（《人民日报》10版）

社会主义制度优越性的生动实践

——南水北调东中线工程
全面通水五周年述评

2019年12月13日

□许安强

11月18日，在国务院召开的南水北调后续工程工作会议上，李克强总理说，东中线一期工程建成通水以来，工程质量和水质都经受住了检验，实现了供水安全，经济、社会、生态效益显著，充分证明党中央、国务院的决策是完全正确的。

作为大国重器，南水北调工程不仅推进了我国生态文明和美丽中国建设步伐，成为实现中华民族伟大复兴的中国梦有力的水资源支撑与保障，更是我国社会主义制度优越性的生动实践。

战略工程集中力量办大事

南水北调工程总体规划涉及15个省市，近5亿人口受益。自2002年国务院批复工程总体规划17年后，南水北调东中线一期工程用成功建设的实践和巨大的综合效益，诠释了缓解我国北方水资源严重短缺局面的重大战略性基础设施这一定义。战略工程的实施，集中体现了社会主义制度集中力量办大事的优势。

国家集中了人才、智力和资金优势。60多年来，工程经历了50年充分民主论证，近百次国家层面会议，50多个方案科学比选，24个国家科研设计单位和沿线44个地方跨学科、跨部门、跨地区联合研究，110多名院士献计献策。

东中线一期工程面临许多世界级技术难题。国务院专门成立了南水北调工程建设委员会和专家委员会，专家委员会全程参与工程技术难题的指导与决策。还集中了全国高校院所和科研单位的力量，把工程建设施工技术难题列为国家重点科研攻关项目，合力攻关，扫平了障碍。

丹江口库区涉及搬迁移民34.5万人。党和国家领导人多次作出批示，国务院南水北调办从维护移民根本利益出发制定政策，及时研究协调重大问题。河南、湖北两省充分发挥党的领导优势、政治体制优势、政策集成优势和思想政治工作优势。广大移民群众发扬牺牲奉献精神，各级移民干部用汗水、泪水甚至生命打赢了这场搬迁安置攻坚仗。

南水北调工程是线性工程，如何监管工程质量，社会高度关注。国务院南水北调办创新构建起查、认、罚"三位一体"和飞检、稽查、站点监督、有奖举报的"三查一举"工程监管机制，领导带头飞检，始终保持质量监管高压态势，将存在问题的施工单位纳入失信名单，起到了极大的震慑作用。

通水5年来，东中线工程项目法人广泛而深入地开展了工程管理制度化、规范化、标准化和信息化建设，逐步形成一套完整的制度体系，可以及时、快速、有效应对各种突发应急事件，确保了东中线一期工程安全、水质安全和供水安全。

民生工程以人民为中心

东中线一期工程建成通水，初步构筑起我国南北调配、东西互济的水网格局，工程累计调水近300亿立方米，直接受益人口超1.2亿人。坚持以人民为中心，保障和改善民生，增强人民福祉，南水北调是名副其实的民生工程。

南水北调工程从根本上改变了受水区供水格局，提高了受水区40多座大中城市供水保证率，逐步成为沿线城市生活用水的主力水源，有力保障了京津冀协同发展、雄安新区建设等重大国家战略的实施。北京、天津、石家庄等北方大中城市基本摆脱缺水制约。

按照"三先三后"原则，工程沿线地方政府加强用水定额管理，淘汰限制高耗水、高污染行业，提高了用水效率和效益。关停并转一大批污染企业，加快了产业结构调整。实行"两部制"水价，有力推动受水区水价改革。建立合理的水价机制，提升了人们节约用水意识。

东线工程建成了世界上规模最大的泵站群，不仅调水，还在地方航运、灌溉排涝、抗旱调度等方面发挥了重要作用，打通了周边地区在经济、社会发展中面临的自然瓶颈。

生态工程凝聚生态文明思想

建设生态文明，是关系人民福祉、关乎民族未来的长远大计。南水北调工程在修复生态环境，促进沿线生态文明建设中功不可没。

通水五年来，受水区生产生活供水量增加，大大缓解了城市生产生活用水挤占农业用水、超采地下水的局面，地下水水位逐步上升。其中，河南省受水区地下水水位平均回升0.95米，受水区中最为明显。

北京密云水库蓄水量自2000年以来首次突破26亿立方米，河北省12条天然河道得以阶段性恢复，向白洋淀补水约2.5亿立方米。河湖水量明显增加的背后，是党中央、国务院以南水北调工程治污为样本，大力推进生态文明建设，持续推进国家治理体系和治理能力现代化的意志体现。

南四湖治理之前被称为"酱油湖"，天津市明确提出不要东线水。说白了，是对国家治污没有信心。在这场没有硝烟的战争中，苏鲁两省演绎了"壮士断腕""铁腕治污"的佳话，将水质达标纳入县区考核，瞄准重点，精准治污，倒逼产业结构转型。

中线工程水源地鄂豫陕三省联动协作，制定水污染治理和水土保持规划，推进高污染产业转型升级，探索生态补偿机制，夯实了水源地水质保护基础。东中线一期工程带动了沿线生态带建设，中线工程沿线相继划定总干渠两侧水源保护区，形成了一条1200多公里长的生态景观带，宛如一条绿色走廊。

（来源：中国南水北调）

CCTV-13新闻频道《焦点访谈》20191212南水北调：益民生 润民心

2019年12月12日

来源：央视网

央视网消息（焦点访谈）：南水北调工程是缓解我国北方地区水资源短缺的国家战略性工程。今年的12月12日是南水北调东、中线一期工程全面通水五周年的日子。通水五年来，不仅缓解了北方水资源紧张的状况，也给沿线省市带来了各种附加效益，同时为北方奉献了一汪碧水的水源区也有了不错的发展。今天我们就来看看，这个国家战略性工程为地区和民众带来了哪些利好？

2002年12月，南水北调工程正式开工，历经十几年建设，东、中线一期工程先后于2013年11月15日、2014年12月12日通水。习近平总书记对工程通水作出重要指示，他强调南水北调工程是实现我国水资源优化配置、促进经济社会可持续发展、保障和改善民生的重大战略性基础设施，是我国改革开放和社会主义现代化建设的一件大事，成果来之不易。

据统计，截至2019年11月29日，南水北调工程东线累计调水39.11亿立方米，中线累计向京津冀豫四省（市）调水258.07亿立方米。工程提高了受水区40多座城市的供水保证率，改善了城市用水水质，直接受益人口超过1.2亿人。

南水北调工程建设专家委员会副主任汪易森说："通水五年成绩很大，这五年来除了向北方供水将近300亿立方米以外，另外还有40多亿立方米是作为生态补水。生态补水对于华北地区、京津冀、河南、山东地下水的回升、生态改善起了很大作用。"

南水北调中线一期工程是从汉江中上游

的丹江口水库调水，一路向北，穿越河南、河北、北京、天津四省市，水流干线总长度超过1400公里。通水五年来，已经向北京输送了52亿立方米的优质水资源，天津14个城区全部用上了南水。

北京市水务局副局长蒋春芹说："南水北调的水，对首都用水安全保障进一步加强，战略水源地密云水库蓄水量在今年夏天达到了26.8亿立方米，是本世纪最高的。南水北调以后地下水在逐步回升，经过这么多年，现在地下水总的回升量达到3米左右。"

如今北京市主城区自来水供应有70%以上都来自南水，南水已经成为北京城区自来水主力水源。家住北京丰台区的赵飞艳真切地感受到了5年前后，生活用水从水压到水质都有了变化。

赵飞艳说："以前用自备井的水，水压不稳定，现在特别冲。原来烧水用不了多久壶底就厚厚一层水垢，现在特别清澈，水碱少多了。"

除了润泽京津，甘甜的长江水从丹江口水库也流入干渴多年的冀中南地区，让1200万人喝上了长江水。特别是在黑龙港流域，500多万人告别了长期饮用高氟水、苦咸水的历史。

枣强县大营镇普路屯村村民高英春由于长期饮用含氟超标的地下水关节变形，严重时生活不能自理。饮用长江水一年多后，现在高英春可以自己做饭了。

在南水北调工程的推动下，枣强县关停农村水厂地下水水源深井55眼，控制地下水开采量，实现农村生活饮用水源由地下水切换为长江水，彻底解决饮水安全问题。

河北枣强县南水北调地表水厂负责人屈红卫说："在保证农村人口安全饮水的同时，我们用一部分水来进行生态补水，大大压缩了地下水开采，实现了饮用和生态双赢。"

修复生态正是南水北调工程重要的功能之一。河北省的滹沱河常年干涸，严重缺

水。南水北调工程中线一期工程通水后，河北省利用南水对滹沱河进行了大量的生态补水，从2015年的8月到今年的10月31日，共补水5.1亿立方米。滹沱河时隔20年重现生机，成为市民休闲游玩的好去处。

周家庄村的变化，正是源于南水北调工程对当地生态环境的恢复。南水北调工程中线一期工程通水后，河北省利用南水对滹沱河进行了大量的生态补水，从2015年的8月到今年的10月31日，共补水5.1亿立方米。

南水北调工程建设专家委员会副主任汪易森说："主要大的河流我们都留有退水闸，利用退水闸可以把丹江口水库洪水和汛期多余的水放到河道里面去，补充河道生态用水。这个工程是和山水林田湖草生态系统紧密融合在一起的一个工程，总书记讲的叫'生命共同体'。"

南水北调工程对于自然生态的修复和保障功能，同样也体现在东线工程中。南水北调东线工程从江苏扬州江都水利枢纽提水，途经江苏、山东、河北三省，向华北地区输送生产生活用水。不同于中线，东线工程面临更多治污的压力，"先治污后通水"是南水北调工程严格执行的原则之一。

在南水北调东线治污之初，山东省内造纸厂有700多家，排污量占了全省排污量的70%。治污工作开展以来，通过实行严格的排放标准，对治污不达标企业坚决关停，投巨资加快清洁生产。

济宁最大的一家造纸企业多年来环保治理累计投入60多亿元，在产量提高近10倍、利税增加近7倍的情况下，主要污染物的排放量减少了90%多，实现了经济与环保的双赢。除了企业自身购置环保治理设备之外，济宁还在全市修建了多个大型污水处理厂，并且结合当地实际，通过湿地对处理后的水进行二次净化。

通过一系列治污的举措，在济宁昔日污染严重、臭气熏天的臭水沟变成了生态廊

道，尤其是被称为"酱油湖"的南四湖，脱胎换骨跻身全国水质优良湖泊行列，曾经绝迹多年的鱼类也再度现身。

南水北调工程倒逼沿线产业结构调整和转型升级，沿线地区在加大污染治理的同时，加快产业结构调整步伐。

俗话说饮水思源。受水区百姓受益，水源地百姓的发展也不能落下。由于工程原因，水源区一些百姓虽说离开了家乡，但在国家强有力政策的支持和省市的帮扶下，不少库区移民找到了更好的发展路子。

武汉市郊黄陂区六指街新博村是新建起来的库区移民村，村民来自丹江口库区，今年30岁的村民陈健峰开办的农家乐最吸引人的是正是一些移民文化元素。不过起初，常在外打工的陈健峰搬到移民村后没多久又继续出门务工。

后来，黄陂区移民局组织的一场移民创业培训，让四处打工的陈健峰萌生了创业的想法。在村里的支持下，2013年，陈健峰在村里开起了第一家农家乐，此后生意越做越好，不仅扩大了门面，还开了分店。陈健峰一家人在新博村安居乐业。

水利部水库移民司副司长谭文说："我们坚持以人为中心的发展理念，发挥社会主义集中力量办大事的制度性优势，从政策上、资金上、社会动员上、组织上以及地方党委政府组织实施下，上下统一，凝心聚力，共同把移民工作圆满地完成。"

同样为南水北调移民搬迁做出巨大贡献的淅川县是南水北调中线工程渠首所在地和核心水源区，守着"大水缸"，握着"水龙头"，因此也戴上"紧箍咒"，为了保护流向北方的水质，库区周围有铁律：有树不能伐、有鱼不能捕、有矿不能开、有畜不能养，但在渠首边却长出了甜蜜的石榴。除了南阳独有的水土外，原来更有通过对口协作，北京给石榴基地带来的除草布和水肥一体化技术。

通过水肥一体化技术，节水节肥，既保护了水质，又达到了良好的生态效果。南水北调中线一期工程通水五年间，北京市累计向南阳投入协作资金7亿元，实施产业项目近200个。

南水北调让沿途群众真正实现了"共饮一江水"，这个造福当代、泽被后人的民生民心工程还将继续推进后续工程建设，进一步打通由南方向北方调水的通道，让工程效益继续开枝散叶。

水利部南水北调司司长李鹏程说："南水北调全面践行习总书记'节水优先、空间均衡、系统治理、两手发力'的十六字治水思想，实现了水清、岸绿、景美、人水和谐的新型生态文明景象。"

习近平总书记指出，南水北调工程功在当代、利在千秋。要继续坚持先节水后调水、先治污后通水、先环保后用水的原则，加强运行管理，深化水质保护，强抓节约用水，保障移民发展，做好后续工程筹划，不断造福民族、造福人民。有了良好效益的一期工程让我们有理由相信，南水北调二期工程也将继续秉承这些原则，能够把这件功在当代、利在千秋的民心工程做下去而且做得更好。

今年底前我国力争完成南水北调东线二期和中线引江补汉工程规划

2019年12月12日

新华网客户端　新华网官方帐号

新华社北京12月12日电（记者胡璐）水利部规划计划司司长石春先12日表示，我国加快南水北调后续工程建设规划进度，力争今年底前完成南水北调东线二期、中线引江补汉工程规划，以及中线干线调蓄水库的布局方案。

他是12日在国务院新闻办公室召开的新闻发布会上作出上述表示的。

石春先介绍，2002年国家批复了南水北

调工程总体规划，明确了我国"四横三纵"的水资源配置格局，也提出东、中、西三条调水线路要分期实施。"目前南水北调东、中线一期工程已经建成并发挥了效益，西线工程还在论证。总体规划确定的水资源格局还没有完全实现，需要做相应的后续工作。"

他说，东线二期工程主要是在一期工程的基础上增加向北京、天津、河北供水，同时进一步扩大向山东和安徽供水。规划将充分考虑生态问题，利用现有河道输水，最大限度地减少占地和对生态环境影响。

中线则将实施引江补汉工程，通过从长江向汉江调水，增加向北的调水水量，也进一步保障汉江中下游的生态用水。另外，目前南水北调中线工程还没有调蓄水库，运行中的工程检修等都可能带来断水风险，影响对受水区城市供水。为了提高中线供水的保证率，能够及时检修工程，南水北调后续工程将谋划在中线干线布局一些调蓄水库。

石春先强调，按照部署，今年底前将完成东线二期、中线引江补汉工程规划，以及中线干线调蓄水库的布局方案。明年底前要完成可行性研究报告，争取一些工程局部段或局部工程尽早开工建设。

清水南来润民心
—— 写在南水北调东中线一期工程
全面通水五周年之际

2019年12月12日

位于北京市房山区大石窝镇惠南庄泵站上游2公里处的北拒马河暗渠节制闸，是南水北调工程进京"明渠转暗渠"的分界点。在冬日暖阳的照耀下，千里奔腾而来的南水，清澈透亮。

据水利部南水北调司消息，截至11月19日，东、中线一期工程累计调水297.18亿立方米，其中东线累计调水到山东39.11亿立方

米，中线累计向河南、河北、天津、北京调水258.07亿立方米。南水北调在保障工程沿线居民用水，治理地下水超采、修复和改善生态环境等方面发挥了重要作用，有力支撑了受水区经济社会发展，沿线老百姓在水安全、水生态、水环境等方面的幸福感和获得感大幅提升。

南水北调东线一期工程

调水主干线全长1467千米，从长江干流三江营取水，利用京杭大运河及与其平行的河道逐级提水北送，调水到山东半岛和鲁北地区，补充山东、江苏等输水沿线地区的城市生活、工业和环境用水，兼顾农业、航运和其他用水。2013年11月15日，东线一期工程正式通水。

南水北调中线一期工程

输水干线全长1432千米，从加坝扩容后的丹江口水库陶岔渠首闸引水，经唐白河流域西部过长江流域与淮河流域的分水岭方城垭口，在郑州以西李村附近穿过黄河，可基本自流到北京、天津。主要向华北平原北京、天津、河北、河南四省市提供生活、工业用水，兼顾农业用水。2014年12月12日，中线一期工程正式通水。

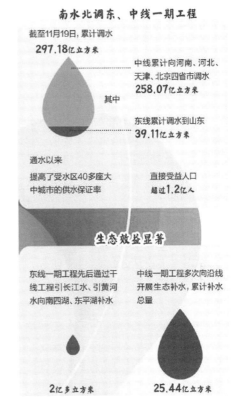

百姓幸福感大幅提升

每天早上起床后，北京丰台区星河苑小区居民梁怡就会拧开水龙头，麻利地把电水壶接满，开始烧水。"南水进京前，我们这里水浑、碱性大，水壶两三天就会结一层厚厚的水垢。"梁怡说，现在的自来水不仅水碱少了，口感也变甜了。

喝好水关系百姓的幸福感。南水北调东、中线一期工程通水以来，提高了受水区40多座大中城市的供水保证率，改善了供水水质，成为工程沿线城市的"主力"水源，直接受益人口超过1.2亿人。

在北京，南水占主城区自来水供水量的73%，自来水的硬度从每升380毫克下降到每升120毫克至130毫克，中心城区供水安全系数由1.0提升至1.2；在天津，14个行政区居民供水100%为南水，南水已成为天津供水的"生命线"；在河南，受水区37个市县全部通水，郑州中心城区自来水8成以上为南水，夏季用水高峰期群众告别了半夜接水；在河北的石家庄、廊坊等80个市县区用上南水，特别是黑龙港地区500多万人告别了高氟水、苦咸水……

有专家表示，南水北调工程不是一般意义的水利工程，它承担了供水与探索解决生态问题的双重责任。

阳光下，南水北调中线河南省焦作市区段流水潺潺，河段旁的人行跑道上不少居民在锻炼身体。南水北调中线干线焦作管理处安全科负责人王守明介绍，南水北调焦作段未建之前，这里"环境脏乱差，环境配套措施不完善"，通水之后，总干渠为焦作增加了50万平方米的水面，给焦作人民送来了水的灵性，也改变了焦作市区的"小气候"。

南水给沿线百姓生活带来了实实在在的改变。汩汩清水就是最好的见证：东、中线一期工程通水后，东线一期工程输水干线水质全部达标，并持续稳定保持在地表水水质Ⅲ类以上；中线水源区水质总体向好，输水水质一直优于Ⅱ类。

南水北调东、中线一期工程

截至11月19日，累计调水
297.18亿立方米

中线累计向河南、河北、天津、北京四省市调水
258.07亿立方米

其中

东线累计调水到山东
39.11亿立方米

通水以来

提高了受水区40多座大中城市的供水保证率

直接受益人口
超过1.2亿人

生态效益显著

东线一期工程先后通过干线工程引长江水、引黄河水向南四湖、东平湖补水

中线一期工程多次向沿线开展生态补水，累计补水总量

2亿多立方米

25.44亿立方米

生态效益逐步扩大

我国北方缺水问题由来已久，制约着华北地区经济社会发展。

东、中线一期工程全面通水5年来，水利部综合考虑防洪安全、水源区和受水区供水等因素，在补充河湖水源、回补地下水方面进行了有效探索。

干涸了几十年的滹沱河重现碧波荡漾，是南水北调工程生态补水效益的最好例证。河北省水利厅防汛办公室副主任于清涛告诉记者："20多年来，滹沱河几乎常年无水。自从南水流入后，水清、岸绿、景美，生态效益非常明显。"

随着南水北调工程不断推进，工程生态环境效益正逐步扩大。在东线，先后通过干线工程引长江水、引黄河水向南四湖、东平湖补水2亿多立方米，极大改善了当地生产、生活和生态环境。

在中线，从2018年起，中线一期工程累计补水总量25.44亿立方米。其中，通过向白

河、清河等30余条河流实施生态补水，使河北省12条天然河道得以阶段性恢复，区域水环境大幅改善。

南水来之不易，平衡好南水北调工程生活供水和生态补水的关系，是水利人不可回避的课题。以北京为例，南水抵达北京后不仅进入市政管网进行日常的城市供水，还有一个重要的作用就是对水源地进行"反向回补"。

北京市水资源调度中心副主任王俊文解释，所谓"反向回补"，是指一部分南水将被输送至北京的水源地密云水库和回补地下水，将这部分水蓄存起来。监测数据显示，北京市地下水水位从2016年止跌回升，平原地区地下水水位3年累计回升2.88米。

地下水位回升，对一个水资源极度缺乏的城市而言意义非凡。这是南水北调给北京供水格局和用水方式带来的深刻变化。正如中国工程院院士、长江勘测规划设计研究院院长钮新强所说，"南水北调工程生态补水的显著效益，让我们有理由期待未来更多北上的南水"。

运管水平持续向好

南水北调，关键在水质，成败也在水质。"东线工程最大的问题是如何保证水质，从长江边抽到的水到北方还能保证水质，必须先治污。"南水北调工程专家委员会副主任汪易森认为。

治污是南水北调工程的重点，也是难点。基于"先治污后调水"的原则，在东线一期工程通水前，全线氨氮入河量须削减2.8万吨，削减率为84%，这在世界治污史上也没有先例。"要让'酱油湖'变清等于重新换水，难度可想而知。"汪易森说。

为保障南水北调一湖清水永续北上，水质达标成了南水北调工程沿线各地的"硬约束"。据山东省东平湖八里湾站站长李庆义介绍，为优化水质，他们在建站时就采取清理网箱养殖、退渔还湖、清理周边的采矿产业等一系列措施，让湖水流动起来，发挥水的自净能力。

整条干线的水质安全离不开自动监测站的"火眼金睛"。全面通水5年来，东线一期工程设置了9个人工监测断面和8个水质自动监测站；中线一期工程在渠首、河南、河北、天津分别建设了设备先进的水质监测实验室，持续跟踪总干渠输水水质。

近年来，自动监测系统在设备上进一步优化。南水北调中线一期工程陶岔管理处安全科负责人井菲介绍："原先的监测系统只是对数据进行简单的校核和分析，现在系统的模块还可以预测哪里的水质有污染、分析存疑数据等。"

南水北调东、中线一期工程全面通水以来，工程质量和水质均经受住了检验，已经成为生态文明建设的示范工程。

正如汪易森所说："未来，如果我们南水北调总体东中西三线工程都能完成的话，我们最终可以基本上实现黄淮海河流域和西北内陆河流地区水资源的承载能力，与经济社会持续发展相适应。"

（经济日报·中国经济网记者　吉蕾蕾
责任编辑：冯虎）

一渠"南水"送京城

2019年12月12日

手机中国网　中国网官方帐号

这是11月26日拍摄的丹江口水库大坝。新华社发

今天，南水北调东中线一期工程迎来全面通水五周年。南水北调工程是"国之重器"，是缓解我国北方水资源严重短缺局面的重大战略性基础设施，是世界上覆盖区域最广、调水量最大、工程实施难度最高的调水工程之一。五年来，南水北调东中线一期工程累计调水超过290亿立方米，南水成为京津冀鲁豫地区40余座大中型城市的主力水源，超过1亿人直接受益。从今天起，本报推出系列报道，挖掘生动鲜活的南水北调故事，展现沿线人民在水资源、水生态、水环境方面的获得感和幸福感。

2014年12月12日，被誉为"人间天河"的"南水北调"工程中线全面通水，清澈甘洌的汉江水从丹江口水库一路北上，蜿蜒1432公里，从湖北经河南、河北，流入北京千家万户，不仅1200万人喝上了甘甜"南水"，还极大地改善了北京缺水状态和生态环境。

密云水库储水量突破26亿方

坐落于燕山南麓的密云水库，是首都北京重要的地表饮用水水源地，被首都人民称为"生命之水"。总库容43.75亿立方米的密云水库，宛若一颗镶嵌在群山之中的明珠，滋养着京城大地。

谁曾想到，由于连年超量采水，北京地下水位曾连续16年下降，2004年，密云水库蓄水量一度下降至6.8亿立方米。今年10月1日，北京市平原区地下水深平均为22.81米，与上年同期相比，水位回升0.63米。今年北京降水量整体偏少，地下水位不降反升，这是40年来首次出现的回升。

北京市水文总站总工程师黄振芳表示，这与南水北调和北京市有针对性地开展地下水回补工作有直接关系。

自"南水北调"中线通水5年来，北京累计接收丹江口水库来水58亿立方米，占中线工程调水量的1/3，直接受益人口1200万，居民饮水水质得到了明显改善。

今年，密云水库的蓄水量20年来首次突破26亿立方米，水质保持在国家地表水Ⅱ类标准以上。密云水库也开始"休养生息"，通过生态补水，水库下游干涸多年的潮白河再现碧波荡漾的美景。周围百姓感慨："多年没见到这么宽阔、壮观的水面了。"

向北京供水的心脏

随着北京大兴国际机场的正式通航，充足的"南水"使这个超级机场的超大供水需求得到了保障。新机场供水干线工程全长约38公里，日供水3万至5万吨，为新机场及大兴北部地区供水。

新机场能够顺利供水，得益于惠南庄泵站，这是"南水北调"工程中线干渠上唯一一座加压泵站，是北京段实现小流量自流、大流量加压输水的关键控制性建筑物，被形容为"向北京供水的心脏"。

惠南庄泵站位于北京市房山区大石窝镇惠南庄村东，与河北省涿州市相邻。由于环境协调艰难，工程结构复杂，涉及专业广泛，施工难度很大。作为南水北调中线建管局北京分局和渠首分局的局长，蔡建平一肩挑两头，同时兼任惠南庄建管部与南阳项目部部长，掌管中线千里长渠的一头一尾。

十余年间，他从中线的最北端干到了最南端。当中线正式通水的那一天，看着汩汩清水从陶岔渠首涌入长渠，蔡建平泪流满面地说："幸不辱命！"

为保证顺利通水，像惠南庄泵站这样的急难险重任务有很多，像蔡建平这样为"南水北调"工程贡献岁月年华的有很多。正是成千上万个蔡建华们的奉献，南水北调中线沿线的24座城市的上亿百姓，才能喝上清澈的"南水"。

如今，惠南庄泵站实现日供水量3万立方米，最大供水量达每小时2600立方米。北京城区共有9座水厂接纳"南水"，总量约35亿立方米，"南水"占城区自来水供水量的75%，中心城区供水安全系数也由1.0提升到

1.2，自来水硬度由过去的380毫克/升降低至120毫克/升。

5年来，"南水"成为京城的供水主力。北京市非常珍惜用好珍贵的"南水"，确立了"节、喝、存、补"的用水方针：节约用水，提高用水效率，优先保障居民用（喝）水；通过密云水库调蓄工程，增加首都水资源战略储备；地下水进入了快速恢复期，干涸的洼、淀、河、渠、湿地得到补水，因缺水而萎缩的部分湖泊、水库、湿地重现生机。

吃水不忘源头人

一渠清水，来之不易，水源地的人民为南水北上作出了巨大的牺牲和奉献。北京饮水思源，情系水源区，用实际行动反哺水源地，守护绿水青山。

自2014年北京对口协作工作以来，每年安排对口协作资金5亿元，累计投入30亿元，实施项目900个，重点用于水质保护、精准扶贫、产业转型、民生事业、交流合作等领域，支持水源区河南南阳、湖北十堰的发展建设，促进当地经济社会发展，也有力地保障了源头活水持续北上。目前北京16区分别与河南、湖北16个县、市、区建立对口协作关系，结对开展交流合作活动。

几年来，结合水源区实际情况，北京加大帮扶水源区发展生态型特色产业，助力当地群众脱贫致富。如推进水源区高效种养业和绿色食品业发展，支持建设特色产业基地，并打造"栾川印象""渠首印象"等一批绿色农产品品牌。

12月6日，南水北调中线通水五周年成果展在河南省南阳市举办。北京有针对性地开启了立体式多元化的对口协作模式，一大批项目、技术和资金落户南阳，创建了京宛两地合作共赢、共同发展的新局面，为南阳经济社会发展注入了强大动力。

北京市西城区、朝阳区、顺义区、延庆区分别与南阳水源区邓州市、淅川县、西峡县、内乡县结对协作，形成了齐抓共建、务实协作的工作机制。北京首创集团、北汽集团等企业在南阳支持建成一批特色农业种植基地和一批特色小镇，带动2万多贫困人口稳定增收。

南水北调工程，功在当代，利在千秋。

（本报记者　张景华）

中国水利报：

江水北上佑华夏 天河筑梦利千秋

——写在南水北调东中线一期工程全面通水五周年之际

2019年12月12日

南水北调中线陶岔渠首　记者　刘铁军　摄

□记者　陈萌

历史必将铭记这一天——

2014年12月12日14时32分，南水北调中线陶岔渠首缓缓开启闸门，清澈的汉江水奔流北上……南水北调中线一期工程正式通水，东、中线一期工程建设目标全面实现！

毛泽东主席提出伟大设想，历届党和国家领导人高度重视、全力推进，几代人接续奋斗、攻坚克难，这一跨越半个多世纪、10余万大军奋战10余年、40多万移民舍家为国的重大战略性工程迈入新的征途。习近平总书记、李克强总理分别作出重要指示和批示，庆贺这一来之不易的重大成果。

人民不会忘记这五年——

南水北调东中线建成通水并平稳运行，打开了全时空供水局面，改善了供水水质和区域生态环境，带来了巨大的社会、经济、生态效益，成为受水区经济社会良性发展的命脉和血脉。

江水北上，天河筑梦。她用令世人瞩目的辉煌成就，感人至深的奋斗历程，兴水惠民的沧桑巨变，充分证明党中央、国务院的决策是完全正确的，彰显了中国特色社会主义制度优势，展现了中国共产党领导下的中国智慧、中国速度和中国力量！

彰显中国之制显著优势的共和国工程

波澜壮阔的70年，诞生了一个个令世界惊叹的"中国奇迹"，南水北调工程堪称代表。

"南方水多，北方水少，如有可能，借点水来也是可以的。"1952年10月，毛泽东主席在视察黄河时，首次提出这一宏伟设想。

伟大构想的提出，是基于对我国国情、水情的深入分析、科学认知和宏观判断，也是运用历史、全局视野做出的长远谋划。

我国水资源不仅稀缺，而且时空分布不均。流域总人口、地区生产总值均占全国35%的黄淮海流域，水资源量仅占全国总量的7.2%。大量超采地下水，持续挤占农业及生态用水，水资源承载能力严重告急！即使充分发挥节水、治污、挖潜的可能性，黄淮海流域仅靠当地水资源也已不能支撑经济社会可持续发展。

河川之危、水源之危是生存环境之危、民族存续之危。南水北调工程正是通过工程措施改变我国水资源分布格局、有效解决水安全问题的重要战略举措。

50年科学论证，50多个方案比选，110多名院士献计献策，千百名水利科技人员接续奋斗……2002年12月，国务院正式批复同意《南水北调工程总体规划》。

"整个工程工期长、投入大、牵涉面广，需要动员和协调的力量和资源超出常规，必须进行统筹。我们的制度优势得到了充分发挥。"水利部南水北调司司长李鹏程说。

党揽全局，举旗定向——

依靠崇高的政治理想、政治信念，坚持党的集中统一领导，建立一整套科学严密、协同高效的组织体系，各项工作顺利推进。无论是征地移民、生态保护，还是施工建设、水污染防治，我们党始终坚持以群众的利益为出发点和落脚点，得到了群众的坚定拥护和支持。

集中优势，同向发力——

在党的坚强领导下，坚持全国一盘棋，调动各方面积极性，集中力量办大事，既合理分工，又密切配合。党中央、国务院牵头成立建设委员会及其办公室，全面统筹协调，相关单位和沿线各省市纳入联动机制，有效解决问题。

"积力之所举，则无不胜也"。南水北调东、中线一期工程全面通水，这一改天换地的宏伟工程取得重大阶段性胜利！

坚持以人民为中心的民生工程

"为中国人民谋幸福，为中华民族谋复兴"的价值追求，印刻在建设管理的点滴历程中，体现在全面通水的综合效益中。

水量足了，口感甜了，河流美了，生态好了，百姓乐了……通水5年来，南水北调工程竭力满足着人民群众对优质水资源、优美水环境、良好水生态的需求。

从用上"南水"到离不开"南水"，南水北调水已成为受水区主力水源——

北京市民饮用的水中，七成以上是"南水"；天津全部城区、河南59个县市区、河北92个县市区用上"南水"；胶东四市"南水"全覆盖……

南水北调水，悄然融入受水区百姓的血脉里。目前，工程累计调水量近300亿立方米，成为北京、天津、河北、河南、江苏、山东等沿线40多座大中城市重要水源，直接受益人口超1.2亿人。

从苦咸水、高氟水到甘甜水、安全水，受水区供水水质明显提高——

北京市自来水硬度值由380降至130，住在丰台区的齐惠楠感叹："这几年明显发现水的口感好了，水垢也明显少了！"

南水北调东线江苏水源有限责任公司宿迁分公司总经理白传贞说："以前洗澡不一会儿莲蓬头就堵住了，现在用上了长江水，水量充足水质也好。"

5年来，丹江口水库和中线干线供水水质稳定在Ⅱ类标准及以上，东线工程水质稳定在Ⅲ类标准。

从地下水水位持续下降到水生态修复涵养，受水区水生态环境显著改善——

中线工程连续3年向沿线30余条河道开展生态补水，累计补水量超26亿立方米；东线工程向南四湖、东平湖生态补水2.95亿立方米……

新时代赋予南水北调新的光荣使命。2018年水利部首次实施华北地下水超采综合治理河湖地下水回补试点，利用南水北调中线等水源，对河北三条河段进行生态补水近10亿立方米。今年4—6月，东线一期北延应急试通水圆满完成，向河北、天津输送水量6868万立方米。

绝迹多年的鱼虾重现河流，消失已久的白鹭飞回湖畔……北京市平原地区地下水水位回升2.88米；天津市地下水水位平均回升0.17米。

"没有南水就没有我们的今天。""水一来，整个生态就变了。"……补水沿线，群众纷纷点赞！

重塑水网格局服务高质量发展的战略工程

南水北调，使我国水资源利用和调配不再局限于一地一域。丰水的长江流域与缺水的黄淮海流域连通互补，构建起"四横三纵、南北调配、东西互济"的中华水网。

"南水北调不是一条简单的调水线，更是一条践行'节水优先'、诠释'生态文明'的发展线。"水利部党组书记、部长，时任国务院南水北调办主任鄂竟平曾这样强调，"只有落实好'节水、治污、环保'这'三先'，才有'调水、通水、用水'这'三后'的最大效益。"

"三先三后"阐释了这样的发展逻辑：改变粗放不合理的用水方式，把水资源承载能力作为刚性约束，以水定城，以水定地，以水定产，以水定人，加速产业转型升级，实现高质量发展。

南水北调东线开工建设，使山东省沿线治污提前了15年。山东、江苏两省探索出了一条经济快速发展过程中解决治污难题的样本道路。

保护中线"一库清水"，丹江口库区及其上游水污染防治和水土保持持续加力，水源区县级及库周重点乡镇污水、垃圾处理设施建设基本全覆盖。

与此同时，各地掀起了节水革命，淘汰限制高耗水、高污染行业，加强用水定额管理，推进节水型社会建设。目前，受水区万元GDP用水量、灌溉水利用系数、万元工业增加值用水量等节水指标全国领先。

水至福来，水兴城兴。水资源调配和承载能力的改变，带来发展格局和方式的转变，国家重大战略实施有了强劲水动力。

跋涉北上的"南水"，助力京津冀协同发展。北京、天津、石家庄等北方大中城市基本摆脱缺水制约，绘制发展新画卷……

蜿蜒而来的"南水"，润泽黄河流域高质量发展。山东、河南等地使用南水北调水量逐年攀升，减少对黄河水的过度依赖……

活力奔流的"南水"，服务雄安新区"千年大计"。中线工程近年持续向白洋淀及其上游河道补水，调蓄水库即将开工建设……

南来之水，让沿线工业经济发展聚集区、能源基地和粮食主产区，更充分地发挥区位优势、资源优势。以2016—2018年全国万元GDP平均需水量计算，南水北调工程为受水区近4万亿元GDP的增长提供了优质水资源支撑。

重大工程，还成为经济稳增长的"压舱石"。工程建设加大了对建筑材料等产品的需求，带动相关产业发展，直接吸纳大量劳动力就业，发挥了扩大内需、增加就业、促进区域协调发展的重要作用。

创造众多"世界之最"的标杆工程

"南水北调中线一期工程正式通水，沿线40多万人移民搬迁，为这个工程作出了无私奉献，我们要向他们表示敬意。"习近平总书记曾深情寄语。

在应对丹江口库区移民搬迁这一世界水利移民史上最大强度的移民搬迁过程中，南水北调实现了"四年任务、两年完成"，做到了"不伤、不亡、不漏、不掉"一人，创造了世界工程建设移民安置奇迹！

攻克一项项世界性难题，创造一项项技术奇迹，南水北调工程成为提升我国基础工业、制造业等领域创新能力的标杆工程。

世界上规模最大的泵站群——东线泵站群工程；世界首次大管径输水隧洞近距离穿越地铁下部——中线北京段西四环暗涵工程；世界规模最大的U形输水渡槽工程——中线湍河渡槽工程……

国内最深的调水竖井——中线穿黄工程竖井；国内穿越大江大河直径最大的输水隧洞——中线穿黄工程隧洞；国内规模最大的大坝加高工程——丹江口大坝加高工程……

这背后，凝聚着南水北调人的智慧和辛劳，应对了种种无经验可循的严峻挑战。

质量是工程的"生命"。在工程建设阶段，时任国务院南水北调办主任鄂竟平率领飞检大队直插现场，突击检查，严格查验质量，用绝不网开一面的"严苛"，打造"经得起时代检验的工程"。

安全运行是效益发挥的前提。在各个管理处，水利部部长鄂竟平带队检查防汛准备情况，水利部副部长蒋旭光带队检查运行管理情况……

"我们有视频系统、监控系统等自动化系统，通过声音、振动、电机数据等信息发现细小问题并及时上报。"南水北调东线淮安四站站长朱晓元说。

"惠南庄泵站是南水北调中线之水进京的最后一道关口，必须时刻绷紧'责任'弦。"南水北调中线建设管理局北京分局副局长唐文富说。

……

千千万万个南水北调人坚守岗位，推进工程运行管理制度化、规范化、标准化建设，经受住了特大暴雨、台风、寒潮等极端天气考验，未发生任何安全事故和断水事件，实现了工程运行安全平稳。

"必须坚持以习近平新时代中国特色社会主义思想为指导，遵循规律，以历史视野、全局眼光谋划和推进南水北调后续工程等具有战略意义的补短板重大工程。"李克强总理在南水北调后续工程工作会议上强调。

国家大计，民族伟业。两条输水线，越平原，穿江河，跨山岭，过城市村庄，铺展在现代文明的腹地。今非昔比的种种变迁，沿线城市的蓬勃发展，彰显了中国之制的显著优势，诠释了南水北调的巨大价值。我们坚信，在中国共产党的坚强领导下，在南水北调人的不懈努力下，一渠清水将长久造福人民、造福民族！

（来源：中国水利网站）

新华网：

俯瞰南水北调中线工程渠首

一渠清水润京津

2019年12月11日

这是12月9日无人机拍摄的位于河南省南阳市淅川县的南水北调中线工程渠首。南水北调中线工程从位于河南省南阳市淅川县的丹江口水库陶岔渠首闸引水，沿线开挖渠道，途经河南、河北、天津、北京四省市。

县的丹江口水库陶岔渠首闸引水，沿线开挖渠道，途经河南、河北、天津、北京四省市。自2014年12月南水北调中线一期工程全面通水以来，工程运行平稳，供水量逐年增加。

新华社记者 冯大鹏 摄

自2014年12月南水北调中线一期工程全面通水以来，工程运行平稳，供水量逐年增加。

新华社记者 冯大鹏 摄

新华网：南水浩荡润天下
——写在南水北调东中线一期工程
全面通水五周年之际

2019年12月11日

这是12月9日无人机拍摄的位于河南省南阳市淅川县的南水北调中线工程渠首美景。南水北调中线工程从位于河南省南阳市淅川县的丹江口水库陶岔渠首闸引水，沿线开挖渠道，途经河南、河北、天津、北京四省市。自2014年12月南水北调中线一期工程全面通水以来，工程运行平稳，供水量逐年增加。

新华社记者 冯大鹏 摄

南水浩荡润天下 新华全媒头条

跨越半个多世纪的梦想已经成真——新中国成立之初，毛泽东视察黄河时提出南水北调伟大设想。如今，通过这一世界规模最大的调水工程，长江之水源源不断汇入淮河、黄河和海河流域，在中国版图上勾画出南北调配、东西互济的水网格局。

清泉奔流，南北情长。南水北调惠泽京津冀鲁豫，甘甜的长江水滋润着黄淮海流域40多座大中城市、超过1.2亿群众。这两条绿色水路所到之处，一度干涸的河湖重焕生机，绿色发展的实践光彩夺目。

千里通渠贯南北：一江清水解华北缺水之渴

"以前村里人都是吃井水。水很浑，水垢堆积得太多，隔三岔五就得换壶换锅。"在河南焦作市的南水北调中线干渠旁，67岁的王褚乡东于村村民张钦虎，望着滚滚江水感慨地说，"自从用上了南水，自来水管拧开就是清水，这日子也过得一天比一天好。"

这是12月9日无人机拍摄的位于河南省南阳市淅川县的南水北调中线工程渠首。南水北调中线工程从位于河南省南阳市淅川

这是12月5日无人机拍摄的江苏省扬州市江都水利枢纽工程。

新华社记者　李博　摄

这是12月5日无人机拍摄的江苏省扬州市江都水利枢纽工程。

新华社记者　李博　摄

水垢少了，水好喝了……自5年前南水北调东中线一期工程全面通水以来，沿线群众饮水质量显著改善，幸福感和获得感随之增强。来自水利部的数据显示，北京市自来水硬度由过去的每升380毫克降低至130毫克，河北黑龙港区域500多万人告别了长期饮用高氟水、苦咸水的历史。

工作人员在江苏省扬州市江都水利枢纽

第三抽水机站巡检（12月5日摄）。

新华社记者　李博　摄

按照总体规划，这项世纪工程分东、中、西三条线路，分别从长江下游、中游和上游向北方调水。东线一期工程从长江下游扬州江都抽引长江水北送，经过京杭大运河及其平行的输水航道，最终向北可输水到天津，向东可输水到烟台、威海。中线一期工程从丹江口水库引水，全程自流到河南、河北、北京、天津。东、中线一期工程分别于2013年11月、2014年12月通水。

在陶岔渠首大坝，清澈的江水滔滔奔流。长期奋战在工程一线的南水北调中线建管局渠首分局局长尹延飞难掩激动与自豪。

"那一年，河南省遭遇了63年来最严重的夏旱，平顶山市则是建市以来最严重的旱情，城区百万居民用水困难。市里很多洗车场、理发店、浴池都关掉了。"

陶岔渠首枢纽工程位于丹江口水库东岸的河南淅川县九重镇陶岔村，既是南水北调中线输水总干渠的引水渠首，也是丹江口水库副坝。南水北调中线一期工程建成后，这个枢纽担负着向河南、河北、北京、天津等省市输水的重要任务，是向我国北方送水的"总阀门"。

尹延飞记忆最深刻的是2014年。当时总干渠刚竣工，还处于试通水试运行阶段。在国家防汛抗旱总指挥部办公室的调度下，这项工程从丹江口水库通过总干渠向平顶山市应急调水，提前发挥公益效能，有效缓解了平顶山市上百万人口用水困难。

"汗水没有白流！我们建设的这项工程，是一条造福人民的幸福渠，更是新时代制度自信的幸福渠。"

这是11月26日无人机拍摄的丹江口水库大坝。

新华社记者　熊　琦　摄

水利部南水北调工程管理司有关负责人说，全面通水5年来，南水北调工程供水量逐年增加，受水区水资源短缺状况得到明显改善。南来之水提高了受水区40多座大中城市的供水保证率，从原来的补充水源逐步成为沿线城市不可或缺的重要水源，直接受益人口超过1.2亿人。

如今，北京城市用水量7成以上为南水，密云水库蓄水量自2000年以来首次突破26亿立方米；天津14个区的居民供水全部为南水；河南受水区37个市县全部通水，郑州中心城区自来水八成以上为南水，鹤壁、许昌、漯河、平顶山主城区用水全部是南水；河北石家庄、保定、沧州等市90余个市县区也都用上了南水……

在改变沿线供水格局的同时，南水也改善了水质。南水北调工程建设委员会专家委员会副主任汪易森说，中线工程的源头丹江口水库水质一般都是Ⅰ类水到Ⅱ类水，沿途采用立体方式封闭输水，对可能的污染源、危险源进行定期监测排查，较好地保障了优良水质。东线工程在通水前对河道湖泊污染等方面进行了综合治理，水质持续稳定保持在地表水水质Ⅲ类以上。

为确保清水北流，南水北调工程提前对冰期输水等特殊情况进行了专门研究，克服复杂地质、移民搬迁等困难，最终团结协作的巨力让梦想照进现实。

"这么短的时间内建成如此大规模、涉及面如此之广的工程，在世界上任何一个国家都是不可能做到的。"中国工程院院士、中国水科院水资源所名誉所长王浩说。

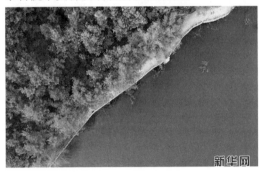

这是河南省南阳市淅川县境内的丹江口库区景色（11月23日无人机拍摄）。

新华社记者　冯大鹏　摄

沿线生态重现生机：在造福当代的同时泽被后人

河北省石家庄市冀之光广场附近，滹沱河水波光粼粼，丛丛芦苇随风摇曳，水鸟不时掠过河面。

附近的居民说，以前河里一年到头都没水，全是垃圾、乱砖头。近两年有了水，能看见小鱼小虾，野鸭子也来了，老人和小孩都喜欢到这里玩。

滹沱河是石家庄的母亲河。干涸几十年的滹沱河重现生机，正是南水北调工程生态补水的结果。南水北调中线建管局河北分局石家庄管理处副处长曹铭泽介绍说，中线全线通水以来，通过开展华北地下水超采综合治理河湖地下水回补，向滹沱河补水超7亿立方米，沿河两侧10公里范围内地下水水位显著回升，最大升幅达1.91米。

通过以水带绿、以绿养水，干涸多年的老河道，如今重现清水绿岸、鱼翔浅底的美景。碧水、林荫、花海构成的水生态走廊，成为石家庄市民的后花园。

在绿色发展理念指引下，东线工程通过运河清淤、堤防加固、进行严格排污管理等措施，完善并提高了大运河的排涝、防洪、航运、输水功能，加强了大运河与东线沿线湖泊的沟通联系。中线工程则采用有坝引水，全程自流，在修建过程中充分利用我国黄淮海平原独特的地形，避免了对山体的破坏。

"南水北调工程在努力减少对水源区生态环境影响的同时，力争使工程对受水区输水效益最大化，工程本身也与周围的山水林田湖草生命共同体高度融合，有效促进了沿线地区生态环境向好发展。"汪易森说。

这是12月9日无人机拍摄的位于河南省南阳市淅川县的南水北调中线工程渠首干渠。

新华社记者 冯大鹏 摄

这是位于河南省鲁山县境内的南水北调中线总干渠沙河渡槽工程（12月9日无人机拍摄）。

新华社记者 冯大鹏 摄

位于江苏省扬州市的江都水利枢纽站，一块刻有"源头"字样的石碑静静矗立。2013年以来，扬州沿南水北调东线输水廊道规划建设了1800平方公里的生态走廊，将沿江岸线的82.4%划为岸线保护区和控制利用区，沿江纵深一公里范围内3.86万亩土地列入限制和禁止建设区，实现了水源地生态保护从"一条线"到涵养"一大片"。

扬州工业职业技术学院江豚保护协会工作人员陈粲说，过去难得一见的江豚如今频频"曝光"。绿水长流的景致与邵伯船闸、运河文化生态公园等一起，形成国家4A级景区邵伯古镇景区，每年吸引数十万游客。

同样的变化也发生在中部省份。南水北调东中线一期工程通水以来，沿线城市大量使用南水，减少或停止了受水区城区地下水开采，地下水得以置换，优化了水资源配置格局。

在北京，2014年底南水进京成为地下水止跌回升的重要转折。此前，北京市地下水位连续16年下降。如今，南水成为京城的供水主力，怀柔、平谷等应急水源地得以休养生息。今年10月底，北京市平原区地下水埋深平均为22.78米。与南水北调进京前相比，地下水位回升2.88米，地下水资源储量增加14.8亿立方米。

这是河北省邯郸市境内的南水北调干渠（11月14日无人机拍摄）。

新华社记者 牟宇 摄

绿色发展新实践：实现经济和环保双赢

造纸厂、化肥厂、水泥厂、煤矿等重污染企业林立，湖水水质严重超标，鱼类、鸟类和水生植物种类不断减少……我国北方最大淡水湖南四湖，一度被称作"酱油湖"。2013年11月通水前，南水北调东线工程成败曾被认为是"一线命悬南四湖"。

南四湖是微山湖、昭阳湖、独山湖、南阳湖等四个相连湖的总称，承接了鲁苏豫皖4省53条河流的汇水，也是南水北调东线的输水通道和调蓄湖泊。山东省济宁市微山县高庄煤业有限公司就建在距南四湖畔仅2公里的地方。

"地方发展需要能源，南水北调工程需要清水，煤矿企业该如何作为，我们曾经也困惑。"该公司科技环保中心副主任邢洪魁说。

解决好水质问题就抓住了"牛鼻子"。高煤公司投资了日处理能力7000立方米的生活废水处理站，废水达到南四湖排放标准。他们还把处理后的矿井水大部分回用于井下防尘、注浆，以及洗煤补充用水、冲车用水、煤场防尘用水等。

"加大废水回用后，每天能节约用水成本1.26万元。把这些钱用来买治理设备，大概5年半就能收回成本。"邢洪魁说，公司已编制了绿色矿山建设方案，全部改造完成后矿井水中水回用率将从现在的60%提升至80%。

微山县还通过大力清退煤矿企业、养殖水域，增加"湿地滤污"等综合措施，提高了水生态环境自净能力。几年工夫，南四湖跻身全国14个水质良好湖泊行列，湖区鱼类恢复至近100种、鸟类205种、水生植物78种。

这一渠清水，也浇灌出微山县迈向高质量发展的一串串"果实"。在减少废水入湖和地下水开采的同时推动了企业转型升级和地方经济发展，2018年实现地区生产总值483.39亿元，同比增长5%，连续两年在全市新旧动能转换现场观摩评比中实现位次前移。

在河北省廊坊市地表水厂，技术人员在进行水质检测（3月21日摄）。

新华社记者　王晓　摄

这是河北省石家庄市境内的南水北调干渠（11月26日无人机拍摄）。

新华社记者　杨世尧　摄

在不断探索恢复生态、保护环境的绿色发展新路中，南水北调工程不仅倒逼传统企业升级、地方经济提挡，还努力助力区域经济社会协调发展。

初冬暖阳中的汉江兴隆水利枢纽，仍然一片风光秀丽的水乡景象。引江济汉，这条人工运河水道犹如江汉平原的一条玉带，让滚滚长江水流向汉江。从长江干流中开挖一条人工运河向其第一大支流汉江补水，是南水北调中线一期汉江中下游四项治理工程之一，2014年9月建成通水，主要任务是向汉江兴隆以下河段补充因南水北调中线一期工程调水而减少的水量。

这是一条兼具改善生态、灌溉、航运等功能的人工河道。往返荆州和武汉的船舶，如今可经河道直入汉江，航程缩短了200多公里。北方的煤炭通过铁路运至襄阳后，则可通过汉江、经引江济汉航道转运至长江沿线地区，成为"北煤南运"的重要通道。

从陕西省安康市穿城而过的汉江（4月7

日无人机拍摄）。 新华社记者 邵瑞 摄

"南北一家亲 携手护水行"主题公益活动在全国中小学生研学实践教育基地、位于北京市房山区的南水北调中线干线惠南庄管理处举行。这是参加活动的学生在南水北调中线北拒马河暗渠节制闸附近参观（7月9日摄）。 新华社记者 鲁鹏 摄

作为国家跨流域、跨省区的重大水利基础设施，南水北调正在为京津冀协同发展和雄安新区建设等重大战略提供可靠的水资源保障，也将为长江经济带、黄河流域生态保护和高质量发展等作出积极贡献。

"我们对于长江水的利用率还不到20%，80%以上的长江水最终汇入了大海。经科学规划合理推进南水北调后续工程建设，是对长江水更有效率的利用。"王浩说，未来，应在优先节水的同时，合理扩大调水规模和范围，让更多的人受益，更好推动经济高质量发展。

"南水北调工程功在当代，利在千秋。"梦想变成现实，南水北调，这项伟大奇迹注定将是人类治水史上的一座丰碑！

（记者 董峻、胡璐、魏梦佳、魏圣曜、李伟 责任编辑：周楚）

新华社：北京累计投入30亿元"反哺"南水北调中线水源区
2019年12月10日

记者从北京市扶贫协作和支援合作工作领导小组办公室获悉，2014年北京开展南水北调对口协作工作以来，已累计安排资金30亿元，实施对口协作项目900个，用于支持南水北调中线水源区河南、湖北两省发展建设，促进当地经济社会发展。

根据北京市南水北调对口协作工作实施方案，2014年至2020年，北京每年安排南水北调对口协作资金5亿元，用于支持水源区建设发展。北京16区分别与河南、湖北16个县（市、区）建立对口协作关系，结对开展交流合作活动。

北京市扶贫协作和支援合作工作领导小组办公室介绍，6年来，北京围绕"保水质、强民生、促转型"的工作主线，与河南、湖北两地共计开展900个对口协作项目，协助水源区在水质保护、精准脱贫、民生保障、产业转型等多方面取得积极成效。北京各区还累计额外支持资金2亿元，用于结对的县（市、区）发展。

据悉，几年来，结合水源区实际情况，北京加大帮扶水源区发展生态型特色产业，助力当地群众脱贫致富。如推进水源区高效种养业和绿色食品业发展，支持建设特色产业基地，并打造"栾川印象""渠首印象"等一批绿色农产品品牌。

（来源：新华社 记者 魏梦佳）

河南日报：
南水北调中线工程通水五周年 5年调水近260亿立方米

2019年12月11日

本报讯（记者高长岭）12月10日，在南水北调中线工程通水5周年之际，记者从河南省水利厅召开的座谈会上获悉，截至当天，南水北调中线工程5年来累计从丹江口水库引水259.83亿立方米，其中为河南省供水89.46亿立方米，极大地缓解了京津冀豫等地用水紧张局面。

南水北调中线工程2014年12月12日正式通水。5年来，南水北调中线工程为河南省供水接近90亿立方米，供水范围覆盖我省11个省辖市40个县（市）的81座水厂、引丹灌区、6座调蓄水库以及20条河流，受益人口2300万人，农业有效灌溉面积115.4万亩。该工程不仅缓解了我省水资源短缺的状况，提升了居民用水品质，也明显改善了沿线城市生态环境，有力促进了产业结构优化调整，推动了我省城镇化发展。我省水资源严重短缺，水资源总量不足全国的1.42%，人均水资源量不及全国平均水平的1/5，南水北调工程通水5年来成为我省较为充足可靠的重要水源，受水地区用水紧张状况得到极大缓解，原来规划的"补充"水源成为沿线城市不可或缺的"主力"水源。

"南水"的优良品质，提升了居民的生活幸福指数。南水北调工程通水后，输水水质优良，始终稳定达到或者优于地表水Ⅱ类标准。"丹江水味道甜，口感就是好。原来烧水壶里会有好多水垢，用上丹江水后，几个月了，水壶里边还是干干净净的，没有水垢。"在焦作市龙源湖广场上散步的市民李永忠说。

生态环境因"南水"而改善。5年来，通过总干渠向受水地区河湖水系累计生态补水16.29亿立方米。截至今年6月底，全省累计压采地下水5.04亿立方米，受水地区地下水位普遍回升，其中许昌市地下水位回升3.1米。

为了保证"一渠清水永续北上"，渠首和沿线地区积极推进产业结构优化调整，水源保护区内的污染企业被关停，生态循环农业遍地开花。渠首淅川县大力发展金银花等中草药种植，既保持了水土，也带富了一方群众。

"南水北调中线工程共搬迁安置丹江口库区移民16.54万人。我省积极开展移民后续帮扶工作，移民生活水平得到大幅提高。目前我省移民人均年收入达到12393元，是搬迁前的近3倍。"河南省水利厅副厅长王国栋说。

央广网：南水北调中线工程五年累计调水258亿方

2019年12月10日

记者今天从水利部南水北调中线建管局获悉，截至12月3日，南水北调中线工程已累计向河南、河北、天津、北京四省市调水超258亿立方米，惠及沿线24个大中城市，直接受益人口5859万人。

在北京，城区"南水"占自来水供应量的73%。如今，南水占北京市主城区自来水供水量的73%。北京采取水资源战略储备措施，将南水反向输送到密云水库，目前密云水库蓄水量已超26亿立方米；在天津，14个区居民全部喝上"南水"，"南水"已成为天津供水的"生命线"；在河南，受水区37个市县全部通水，郑州中心城区自来水八成以上为南水，鹤壁、许昌、漯河、平顶山主城区用水全部为南水。河北石家庄、保定、沧州、衡水、邢台、邯郸等市80个市县区用上南水。

记者了解到，南水北调中线工程通水入京以来，北京市地下水位曾经连续16年下降。2014年底中线通水以来，北京市地下水进入了快速恢复期。四年来，南水北调来水成为京城的供水主力，怀柔、平谷等应急水源地得以休养生息，2018年，北京市还在中心城区完成了近300眼自备井置换工作，相当于每天减采地下水8万立方米。截至目前，北京市应急水源地地下水位最大升幅达18.2米，平原地区地下水位回升2.88米。此外，天津市地下水位平均累计回升0.17米，河北省浅层地下水位回升0.58米，河南省受水区浅层地下水位平均升幅达1.1米。

在水质方面，通水后，南水北调中线建管局建立了健全水质安全风险防范体系，建设水质监测实验室，设置水质自动监测站开展常规监测，同时建立水质科技创新体系；从源头治理防治水源污染，开展干渠绿化，成立水上清漂和岸上护水队伍等等。自2014年12月通水以来，中线总干渠水质稳定达到或优于地表水Ⅱ类标准，满足供水要求。

（来源：央广网　记者　李凡）

人民网：
南水北调中线工程丹江口水库移民安置通过国家终验

2019年12月10日

12月7日，南水北调中线工程丹江口水库移民安置行政验收会议在武汉召开，验收委员会一致同意我省南水北调中线工程丹江口水库移民安置通过国家总体验收（终验）。

我省南水北调中线工程丹江口水库移民工作于2008年开展试点，2012年全面完成18.2万人的迁建安置任务。2017年和2018年，丹江口水库移民安置先后通过省级初验和国家技术性验收。

此次行政验收以现行移民政策法规、经批准的移民安置规划和下达的投资计划等为依据，验收内容包括农村移民安置、城镇和工业企业迁建、资金使用管理、文物保护和档案管理等八个方面。12月6日至7日，验收委员会现场查看了部分移民安置、文物保护项目和档案管理情况，听取了我省移民安置实施、国家技术性验收存在的问题整改等相关情况的汇报。经充分讨论，形成总体验收报告。

验收委员会认为，我省丹江口水库移民安置规划任务已经完成，移民生产生活条件得到显著改善，后续发展初具规模，确定的安置规划目标基本实现；库区文物保护项目全面完成，文化遗产得到保护和利用；移民档案管理措施得力，整理规范，能够满足查询利用要求。

（来源：人民网　记者　祝华　通讯员曹德权　郝毅）

Xinhua: View of canal of China´s south-to-north water diversion project in Jiaozuo, C China´s Henan

2019.12.9

Aerial photo taken on Dec. 5, 2019 shows the view of a canal of China's south-to-north water diversion project in Jiaozuo, central China's Henan Province.

(Xinhua/Feng Dapeng)

Aerial photo taken on Dec. 5, 2019 shows the view of a canal of China's south-to-north water diversion project in Jiaozuo, central China's Henan Province.

(Xinhua/Feng Dapeng)

Aerial photo taken on Dec. 5, 2019 shows the view of a canal of China's south-to-north water diversion project in Jiaozuo, central China's Henan Province.

(Xinhua/Feng Dapeng)

Aerial photo taken on Dec. 5, 2019 shows the view of a canal of China's south-to-north water diversion project in Jiaozuo, central China's Henan Province.　　（Xinhua/Feng Dapeng）

Aerial photo taken on Dec. 5, 2019 shows the view of a canal of China's south-to-north water diversion project in Jiaozuo, central China's Henan Province.

（Xinhua/Feng Dapeng）

Aerial photo taken on Dec. 5, 2019 shows the view of a canal of China's south-to-north water diversion project in Jiaozuo, central China's Henan Province.

（Xinhua/Feng Dapeng）

Aerial photo taken on Dec. 5, 2019 shows the view of a canal of China's south-to-north water diversion project in Jiaozuo, central China's Henan Province.

（Xinhua/Feng Dapeng）

Aerial photo taken on Dec. 5, 2019 shows the view of a canal of China's south-to-north water diversion project in Jiaozuo, central China's Henan Province.

（Xinhua/Feng Dapeng）

Aerial photo taken on Dec. 5, 2019 shows the view of a canal of China's south-to-north water diversion project in Jiaozuo, central China's Henan Province.

（Xinhua/Feng Dapeng）

Aerial photo taken on Dec. 5, 2019 shows the view of a canal of China's south-to-north water diversion project in Jiaozuo, central China's Henan Province.

(by：Xinhua Feng Dapeng)

新华网：

"一江清水永续北上"彰显陕西担当
——南水北调中线工程通水五周年

2019年12月3日

一江清水，波光粼粼。穿山越岭，奔涌北上。南水北调是缓解中国北方水资源严重短缺局面的重大战略性工程，分为东、中、西三条线路。通过三条调水线路与长江、黄河、淮河和海河四大江河的联系，构成以"四横三纵"为主体的总体布局，实现中国水资源南北调配、东西互济的合理配置格局。

2014年12月12日，历时11年建设，长1432公里的南水北调中线一期工程正式通水，至今已近5年。中线工程主要向河南、河北、天津、北京4个省市沿线的20余座大中城市供水，通水至今已累计调水超过255亿立方米，水质始终稳定在地表水环境质量标准Ⅱ类以上，Ⅰ类水质断面比例达到80%左右，沿线直接受益人口超过5859万。

陕西省陕南地区地处丹江口水库上游，是南水北调中线工程的主要水源地，流域面积为6.27万平方公里，占丹江口水库控制面积9.52万平方公里的65.9%。境内丹江和汉江年均入库水量284.7亿立方米，占丹江口水库多年平均入库水量408.5亿立方米的70%。监测数据显示，近5年来，南水北调中线工程对河南、河北、天津、北京四地的供水量连年上升，效益超过预期。

为保证汉丹江水质清澈，陕西省划出一条出境水质标准的"红线"——汉江水质不低于Ⅱ类，汇入丹江口水库的各主要支流水质不低于Ⅲ类。目前，汉江达到国家Ⅱ类标准占98.41%，达到国家Ⅰ类标准占1.59%。丹江汉江达到国家Ⅱ类标准占81.10%，达到国家Ⅰ类标准占12.42%。据近三年监测显示，汉丹江流域10个水质监测断面中2个优于目标水质，达到Ⅰ-Ⅱ类，8个断面符合达标水质。

同时，陕西省在坚定不移贯彻五大发展理念的新形势下推行河长制，维护河湖健康生命、实现河湖功能永续利用。目前汉中、安康、商洛3市已经建立市级河长26名、县级河长244名、乡级河长1337名、村级河长6444名，全面落实了河道管护责任。

问渠哪得清如许，为有源头活水来。作为南水北调中线工程核心水源地，近年来，陕西紧抓南水北调水源保护水利工作，以河长湖长制工作为契机，以实行最严格水资源管理制度为抓手，以水土保持、小流域治理和汉丹江综合整治为重点，全面加强南水北调水源地保护，确保一江清水永续北上。全民护水的生态理念已深入人心，陕西人民与政府一同担起历史使命，用行动书写陕西责任和担当。

(来源：新华网 记者 汪艳)

人民网：南水北调中线工程通水五周年京堰政协委员话对口协作

2019年12月3日

11月27日，在南水北调中线工程通水五周年即将到来之际，北京市政协委员与十堰市政协委员通过网络视频连线、互动交流方式共话京堰南水北调对口协作和水源保护利用，了解南水北调中线工程发挥的重大作用，展示京堰对口协作丰硕成果，加深两地人民的情谊。北京市委市政府高度重视，蔡奇书记作出重要批示。北京市政协主席吉林和湖北省政协副主席、十堰市委书记张维国共同主持。

视频连线北京主会场，政协委员通过视频查看了入库主要河流犟河污水处理厂项目、房县黄酒民俗文化村精准扶贫项目、京能热电产业合作项目、北京消费扶贫双创中心十堰馆现场，一一展示了京堰两地在生态治理、民生改善、产业转型、精准扶贫等领域的协作成果。同时，现场也了解到，自2014年开展对口协作工作以来，京堰两地紧紧围绕"保水质、助扶贫、强民生、促转型"工作主线，采取"市级统筹、区县结对、社会参与"协作方式，开展了全方位协作，不断深化教育、医疗、干部人才交流、生态保护、园区建设、文旅产业培育、消费扶贫等领域合作，取得了务实可喜成效。6年来，北京安排了协作资金16亿元，实施项目400多个，互派挂职干部140多人次，培训干部人才6000多人次，连续6年开展院士专家十堰行，结对区县高层互访交往密切，累计开展各类政务、商务对接交流活动数百次，京能集团、首创集团、京城机电公司、北排集团、华彬集团等一批北京企业到十堰投资，实现了互利双赢的目标。

政协委员围绕水源保护利用进行了深入交流，通过视频看到千里之外碧波荡漾的丹江口水库，看到水库边水质自动监测站的检测数据，各项指标均达到 II 类水质标准，90%以上指标达到 I 类标准，大家心里是一百个放心。在北京居民家里，居民深情地讲述着南水进京后的种种感受，水碱少了，水变甜了，连连称赞党和国家为百姓办实事、

办好事，感谢库区人民的无私奉献。在十堰市犟河污水处理厂，了解了十堰市委市政府为实现一库清水永续北送的坚定决心和十堰人民所做的巨大努力和奉献。在北京郭公庄水厂，了解到南水送京超52亿立方米，北京市珍惜用好珍贵的南来之水，采取"节、喝、存、补"原则，地下水位逐步回升、极大缓解了北京水资源紧张的局面，城市供水安全有保障、水生态环境有改善，水变多了、变清了，南水北调工程发挥了巨大的生态、社会、经济效益。

短短的两个小时，京堰两地政协委员结合各自实际，围绕水资源保护利用和对口协作工作广泛深入地开展协商议政，对下一步工作提出了很好的思路想法，表示要发挥好政协专门协商机构的独特作用，认真贯彻蔡奇书记和蒋超良书记的批示精神，进一步深化京堰对口协作工作，加强交流，在资金、技术、人才等方面全力支持水源区十堰市的发展，特别是在生态治理、水质保护、产业转型、绿色发展、民生改善、动员社会力量、完善协作体制机制等领域加大力度，为十堰市绿色高质量发展贡献智慧和力量，不断谱写京堰对口协作新篇章。

央广网：
新中国成立70周年特辑《共和国脊梁》广告片央视重磅播映

2019 年 10 月 3 日

从 9 月 28 日开始，在央视各频道、各时段出现了落版为"共和国脊梁，为国家增光"的系列主题公益广告，配以 70 周年国庆的统一 LOGO，该系列广告一经推出，即引起广泛关注，令观众网友耳目一新。

2019 年是中华人民共和国成立 70 周年，为深入贯彻落实习近平总书记关于"广告宣传也要讲导向"等重要指示精神，中央广播电视总台"国家重大工程公益传播"项目特别策划了国庆 70 周年特辑——《共和国脊梁》系列主题宣传公益广告，旨在通过公益传播形式，大力宣传 70 年来对国家经济、社会、科技、国防、民生做出过重大贡献的重大工程和大科学家群体，以恢宏大气的立意、润物无声的细节展示、触动心灵的人文情怀，反映共和国 70 年的山河巨变和辉煌成就，折射我国在科技创新领域的巨大进步，起到振奋人心、凝心聚力、鼓舞干劲的效果，激发起亿万国人的民族自豪感和继续攻坚克难的斗志，最终能够激励中国人民更加努力、更加拼搏、继续奋斗，助力中华民族的伟大复兴。

为了创作和制作这一系列重大公益广告，中央电视台广告中心项目组一年前开始联系国家各部委，共同筛选和确认已经完成和正在建设的国家级重大项目，努力选择"能够体现科技创新和国家荣誉"的项目；同时，项目实施团队还与国家科学技术进步奖委员会举行了多次会议，选择获得最高国家科学技术进步奖的科学家或科学家群体，了解这些"人"的精神实质，实施高质量的规划和生产。

该系列公益广告共制作了 12 个题材、80多个版本，题材涵盖了中国探月工程、青藏铁路工程、南水北调工程、港珠澳大桥工程、大藤峡水利工程、煤炭清洁高效利用等国家重大工程，主要以人物故事和人文情怀来带动工程的伟大现实意义；科学家群体涵盖"两弹一星"英雄群体，以及在共和国粮食安全、国防安全、医疗保健、化工、能源、环保、基础物理化学研究、超级计算、建设海洋强国等领域做出过伟大贡献并取得辉煌成就的科研团队，通过细腻的情节和朴实无华的语言折射科学家们孜孜不倦的勤奋精神，展示他们浓烈的报国激情和默默的奉献精神。

看完这部电影后，水利部和国家铁路集团的领导强烈赞扬了这部电影，并对中央电视台广告中心表示感谢。"专业团队就是不一样，创意角度独特，拍出来的视觉画面太有水准了，谢谢你们把水利、铁路工程呈现得这么好！"

河南人民广播电台：
构建循环畅通多源互补
河南现代水利基础设施网络

2019 年 11 月 13 日

大象新闻记者　朱圣宇

从"平地行舟""赤地千里"到丰枯调剂、沃野千里，河南省推进水资源、水生态、水环境、水灾害"四水同治"，陆续实施十项重大水利工程，着力构建循环畅通、多源互补、清水绿岸的河南现代水利基础设施网络，为河南高质量发展提供战略支撑。

许昌市鄢陵县南水北调蓄水供水工程从南水北调中线干渠引水，一部分引入城市供水水厂，另一部分引入调蓄湖。鄢陵县县长李东岭说，去年以来实现了供水和补源双重效益。"其中，供水厂日处理水 5 万吨，可以满足城区和周边 25 万人的用水问题。我们的南水北调蓄水供水工程，一方面解决了我们城区的用水问题，也弥补了鄢陵县的水源。"

推进实施水资源、水生态、水环境、水灾害"四水同治"，加快水利现代化建设，是河南省委、省政府的重要决策部署。河南省水利厅厅长孙运锋介绍，去年以来，全省"四水同治"开局良好，建设规划已经完成。"着力构建系统完善、丰枯调剂、循环畅通、多源互补、安全高效、清水绿岸的'一纵三横六区'河南现代水利基础设施网络，努力为河南高质量发展提供强有力的战略支撑。"

引江济淮、宿鸭湖水库清淤扩容、卫河治理等十大重点水利工程，是"四水同治"的基础工程、构建水网的骨干工程，目前正陆续开工建设。在此基础上，黑臭水体整治、人工湿地建设、水环境综合整治……"四水同治"项目将在全省各县市区遍地开花。年底部分地区有望初步实现"河畅、水清、湖净、岸绿、景美"的水生态环境建设目标。

如在水生态系统修复方面，孙运锋告诉记者，一些重点工程正抓紧推进。"重点抓好郑州贾鲁河综合治理、洛阳四河同治、周口沙颍河生态改造等工程，加大卫河共产主义渠、安阳河、郑州龙湖生态补水力度，确保河湖生态进一步改善。"

践行"忠诚、干净、担当，科学、求实、创新"的新时代水利精神，河南省水利厅党组书记刘正才说，近期河南将尽快解决河流不畅、水量不足、水质不优等问题，为恢复河流生态功能创造条件，为加快推进新时代水利现代化打出"组合拳"。

"重点要扩大供水，抓好南水北调工程效益的进一步发挥，我们今年计划增加100万人口的受益范围，同时要加大生态补水。"刘正才表示，"通过我们提出来的'洪水资源化、中水资源化、雨水资源化'这么一个思路来对'生态补水、农业供水、置换地下水'进一步加强。"

（大象新闻编辑　刘佳）

中国南水北调：
一项伟大的民生工程生态工程
——兼对网上有关南水北调不实之词的回应

2019-04-15

中线工程河北定州段。　　赵柱军　摄

汪易森，国务院南水北调工程建设委员会专家委员会副主任，水利部科学技术委员会委员，教授级高级工程师，享受国务院特殊津贴专家。先后任华东勘测设计研究院设计监理总工、主管生产副院长、水利部水利水电规划设计总院总工程师、国务院南水北调工程建设委员会办公室总工程师等职。

■原国务院南水北调办总工程师　汪易森

南水北调工程是实现我国水资源优化配置、促进经济社会可持续发展、保障和改善民生的重大战略性基础设施。东、中线一期工程正式通水以来的运行实践证明，工程运行安全平稳，输水水质全面达标，在保障受水区居民生活用水、修复改善生态环境、促进库区和沿线治污环保、应急抗旱排涝等方面，均已取得实实在在的社会、经济、生态综合效益。工程沿线受益人口超过一亿，工程基础性、战略性地位与作用日益显现。

2014年，署名马可安的人在美国物理学博士网上发表题为《南水北调通水即失败》《南水北调工程已然完全失败》两篇文章。其后上述文章每年翻新发表一次，虽然文章题目先后改为："知识分子失声与南水北调工程失败""南水北调工程为啥不见庆功"等，署名作者名字也不同，但内容几乎都是马文的翻版。作为南水北调一期工程建设的实际参与者，有必要将南水北调工程建设的真实情况告诉大家，并对网络上一些人文章中的错误观点进行回应。

南水北调工程正式开工前经过了长达50年的研究论证，决策严谨、科学、民主。

首先提出南水北调工程设想的是毛泽东主席。1952年10月30日，他在视察黄河时向陪同考察的人员说："南方水多，北方水少，如有可能，借点水来也是可以的。"毛泽东主席一生对于江河治理和水利工程做出过许多气势宏伟的批示，如"一定要根治海河""一定要把淮河修好""为广大人民的利益，争取荆江分洪工程的胜利"和"要把黄河的事情办好"等，但对于南水北调这一设想，却很严谨地说"如有可能"和"借点水来"。

根据我国资源分布实际情况，从50年代开始，国家有关部门组织各方面专家对南水北调进行了近50年的勘察、调研和可行性研究，在科学论证的基础上民主决策。论证阶段包括1952至1961年的南水北调探索阶段、1972至1979年以东线为重点的规划阶段、1980至1994年东中西线规划阶段和1995至2002年全面论证及总体规划阶段。1995年国务院71次总理办公会指出，"南水北调是跨世纪的工程，要慎重研究，充分论证，科学决策。"2002年8月，国务院137次总理办公会

审议并通过《南水北调工程总体规划》，重点调整增加了节水治污、环境保护、工程分期、水价分析、建管体制等要求。

《南水北调工程总体规划》是一项巨大而复杂的系统工程，采取跨部门、跨地区、跨学科联合协作编制，其内容涉及计划、财政、水利、农业、国土、物价、建设、环保等专业和部门，参与工作工程技术人员多达2000余人。总体规划成果包含1项总报告、4项分报告、12项附件、45项专题，可以说是凝聚了新中国上上下下几代人的心血和智慧。2002年12月27日，南水北调工程正式开工，标志着南水北调这一跨世纪的构想开始变为现实。

网上有人说："南水北调是个典型的先拍脑袋决策上马，再请专家论证其可行性的颠倒过来的决策过程，犯错误是必然的。"完全忽视了几十年来的研究论证过程，是个别人的恶意中伤。

南水北调工程既是民生工程，也是一项伟大的生态环境工程

众所周知，始于春秋、形成于隋代、发展于唐宋、完善于元明清的京杭大运河是中华民族的宝贵历史文化遗产。大运河北起北京，南到杭州，途经京津两市及河北、山东、江苏、浙江四省，贯通海河、黄河、淮河、长江、钱塘江五大水系，全长约1794公里。大运河的开通，改变了中国不同地理环境的区域联系，形成了一个南北方位的水网，直接带动了运河沿岸经济的发展和城市的崛起。京杭大运河系人工开挖，虽然是对原有自然环境做出改变，但是经过漫长的历史演变，改变的自然环境逐渐形成一种独特的、相对稳定的、有着广泛影响的半自然的生态系统。

南水北调东线充分利用了京杭运河及淮河、海河流域现有河道和建筑物，黄河以南沿线利用洪泽湖、骆马湖、南四湖、东平湖4个湖泊进行调蓄，湖泊与湖泊之间的水位差

都在10米左右，形成4大段输水工程。各湖之间设3级提水泵站，南四湖上、下级湖之间设1级泵站，从长江至东平湖共设13个抽水梯级，地面高差40米，泵站总扬程65米，过黄河后全线自流输水。南水北调东线工程对江苏、山东省内原有运河河道和湖泊进行了扩宽、疏浚，通过新建船闸扩大了原有的运河航运能力。同时开展环保治污，有力地促进了运河沿线生态环境建设。截至目前，东线治污规划确定的426个治污项目已全部建成运行，沿输水干线排污口已全部关闭，江苏山东两省在规划外增加了京杭运河垃圾污水处理等治污项目，自2012年底以来，36个水质考核断面持续实现全达标。污染得到控制，水质逐步改善。据环保部门监测，东线工程输水干线水质达标。输水沿线水质情况总体满足通水需要。

南水北调中线一期工程全长1432公里，从长江支流汉江丹江口水库陶岔渠首引水，沿线开挖渠道，经唐白河流域西部，过长江流域与淮河流域的分水岭方城垭口，沿黄淮海平原西部边缘，在郑州以西孤柏嘴处穿过黄河，沿京广铁路西侧北上，基本自流到北京、天津。整个输水线路从丹江口水库引水北上，利用伏牛山和桐柏山间的方城垭口是工程布局的一大亮点。方城垭口位于方城县东北部，垭口地势平坦，两侧地面高程达200米以上，垭口处仅为145米，被形象地比喻为南阳盆地"水盆"边沿上的天然"缺口"，正是这种独特的地形，才使南水北调中线工程顺利"流出"南阳盆地，从长江流域进入淮河流域，实现全程碧水自流到京津。中线工程没有在高山中开挖大隧洞，保存了原有的山、水、林、田布局。可以说"方城垭口"就是南水北调中线自流输水线上的"鱼嘴"，中线布局充分地利用了南阳盆地周围难得的"鱼嘴"地形，顺势建渠，工程布置和地理环境达到了高度的统一，形成了浑然一体的工程体系。

南水北调工程科学合理确定调水规模和调水布局，在保证调水区可持续发展的基础上，高度重视调水区的生态建设与环境保护。这样的工程既是实现我国水资源优化配置、促进经济社会可持续发展、保障和改善民生的重大战略性基础设施，也是一项伟大的生态环境工程。

南水北调东线一期工程自2013年底正式通水运行以来，运行平稳、生态环境效益显著

南水北调东线一期工程的供水目标主要是补充苏北、鲁南、鲁北、胶东半岛及安徽省部分地区的城市生活、工业和环境用水，兼顾农业、航运和其他用水。水量调配原则规定，供水区各种水源的利用次序依次是当地水、淮河水和江水。根据黄河以北和山东半岛输水河道的防洪除涝要求，东线一期工程向胶东和鲁北的输水时间为10月至翌年5月。东线一期北调水量多年平均比现状增抽江水39亿立方米，向山东多年平均供水量为13.5亿立方米。

东线一期工程自2013年底通水以来，江苏段5年内完成19次调水任务，向山东调水量从2013年的0.8亿立方米逐步增加至2018年10.88亿立方米。截至2018年12月，累计向山东调水相当于2600多个大明湖水量。其中2013至2014年度完成台儿庄泵站调水量0.79亿立方米；2014至2015年度完成台儿庄泵站的调水量为3.27亿立方米；2015至2016年度完成台儿庄泵站的调水量为6.02亿立方米；2016至2017年度完成台儿庄泵站调水量8.89亿立方米；2017至2018年度完成台儿庄泵站调水量为10.88亿立方米。

随着山东省配套工程建设日趋完善，东线工程运行平稳、供水量逐年稳定增长。2014年7月14日南四湖水位降至低于最低生态水位0.24米（最低生态水位31.05米），湖区水面较兴利水位时水面缩减60%以上，蔺家坝泵站于2014年8月5日启动机组向南四湖下级湖应急调水0.81亿立方米，顺利完成应急

调水任务。2017年胶东地区大旱半岛严重缺水，南水北调东线及时调水，确保了青岛、烟台等用水需求，维持了济南泉水继续喷涌。

东线调水成败在于治污，15年前人们质疑条条"酱油河湖"能否变清？15年后，人们肯定东线成了流域治理的范例，2003年至2013年，COD平均浓度下降85%以上，氨氮平均浓度下降92%，水质达标率从3%到100%。水清了，岸绿了，南水北调东线一期工程有力地促进了沿线各地经济发展和生态保护迈向双赢。

南水北调中线工程正成为沿线受水区城市的主要保障性水源，并正在发挥重要的生态环境效益

中线工程的供水目标主要是城市的生活和工业用水，兼顾农业和生态用水。在充分考虑节水、治污和挖潜基础上，本着适度偏紧精神，合理配置受水区用水，根据汉江来水条件，实施多水多调、少水少调。也就是说，中线一期工程多年平均调水95亿立方米，这是基于丹江口水库多年平均入库径流量和受水区设计水平年需水过程得出的，并不意味每年都应调水95亿立方米。

自2014年底正常通水以来，截至2019年3月20日，中线已累计入渠水205亿立方米，分水量192.66亿立方米。其中北京44.04亿立方米，天津36.82亿立方米，河北42.38亿立方米，河南69.42亿立方米。2014至2015年度，输水20.20亿立方米；2015至2016年度，输水38.43亿立方米；2016至2017年度，输水48.48亿立方米；2017至2018年度，输水74.50亿立方米；2018至2019年3月19日，已输水24.10亿立方米。随着配套工程完善，年度输水量在逐年增加。其中2018年入渠最大输水流量已到352.13立方米/秒，略超设计输水流量，说明南水北调中线一期工程在正式通水四年后已验证了设计输水能力。据了解，美国加州北水南调工程主干线长约1060公里，1973年竣工，1990年达到设计输水能

力，年调水量近50亿立方米。

中线工程供水水质优良，已达到国家饮用水Ⅰ至Ⅱ类水质要求。北京按照"喝、存、补"的用水原则，用于自来水厂供水、存入密云等大中型水库和回补应急水源地。包括向密云、十三陵、怀柔等地表水库引水。全市人均水资源量由原来100立方米提升到150立方米，城区自来水日供水量近七成来自南水。供水范围基本覆盖中心城区和大兴、门头沟、昌平和通州部分地区，自来水硬度由原来的380毫克/升降至130毫克/升。天津市2016至2017年度受水10.29亿立方米，水质24项指标全年在地表水Ⅱ类以上，全市14个行政区、910多万居民受益。石家庄市南水占供水比例73%，南水已成居民主力水源。河北省黑龙港地区1300万人长期饮用高氟水、苦咸水现状有望彻底改变。

中线一期工程通水有效地缓解了受水区地下水超采局面，使地区水生态恶化的趋势得到遏制，并逐步恢复和改善生态环境。此外，2017年、2018年连续两年，中线工程通过优化调度，利用汛期弃水累计向河北、河南、天津等地补水11.6亿立方米，生态环境效益十分显著。2018年9月起向河北省滹沱河、滏阳河、南拒马河试点生态补水4.7亿立方米，补水水流均已到达河流终点，形成水面40平方公里，滹沱河时隔20年重现大面积水面，滏阳河、南拒马重现生机。

南水北调东中线工程实施最严格的工程建设招标管理和质量管理

南水北调工程招投标监督管理中有几项措施是其他工程少有的。其一是由国务院南水北调办统一建立了中东线工程评标专家库，库内包含南水北调工程建设所需专业人员，六省二市所有南水北调一期工程招标项目均在招标前从南水北调办专家库随机抽取专家名单。二是对业主的招标投标监督管理、招标工作程序、分标方案核准、招标公告发布、评标专家培训、评标结果公示等进

行全过程监督。三是对施工建设主体实施季度、年度信用评价，评价结果实施网络公示。该办法在"东线要通水、中线要收尾"的决战阶段对推动南水北调工程信用与奖惩建设发挥了重要作用，同时为招标投标活动的开展提供了强大的助力。四是与最高人民检察院联合发布了《最高人民检察院国务院南水北调办关于在南水北调工程建设中共同做好专项惩治和预防职务犯罪工作的通知》，明确了对投标人行贿犯罪查询条件、方式及内容，建立健全了南水北调工程惩治和预防行贿犯罪工作机制，防止行贿犯罪的发生。

南水北调一期工程实施严格的质量管理。建设期初，采用的质量监管措施主要包括监督、稽查和巡查等，对保证工程质量起到了一定的作用。2011年以来，南水北调工程建设进入高峰期、关键期后，建设工期紧、任务重、技术难度大，工程质量风险进一步加大。国务院南水北调办采取了新的质量监管措施，以适应高压质量监管的需要，包括质量问题的集中整治、质量问题有奖举报、质量飞行检验、关键工序考核、站点监督、专项稽查、质量问题会商、信用管理等，形成了南水北调工程"查、认、改、罚"的质量监管措施体系。为增强参建单位和人员的质量意识，国务院南水北调办通过不断强化领导飞检、派驻监管、特派监管、挂牌督办、"311"监理专项整治行动、再加高压"167"亮剑行动、充水前质量问题排查行动、中线穿黄工程质量监管专项行动、天津暗涵工程质量监管专项行动、中线工程通水前质量监管联合行动和五部联席会议等20多项监管措施，开展质量全面排查、专项检查和集中整治，保持对参建方的质量高压态势，形成了良好的质量氛围。国务院南水北调办在紧盯问题整改的同时，根据质量问题性质实施严格责任追究，采取通报批评、留用察看、解除合同、清退出场等方式从重处理，促使各参建单位增强质量责任意识。这些质量监管工作增强了全系统质量意识、规范了各方的质量行为，为保证工程建设质量奠定了坚实基础。

自南水北调东中线一期工程通水运行以来，工程建设质量经受了汛期运行、冰期输水等考验，机电设备运转正常、调度协调通畅、工程运行安全平稳，效益显著。

关于中线工程规模、渠道输水能力问题

南水北调工程总体规划确定受水区范围并选择丹江口水库作为最合适的水源后，设计将水源区、受水区作为一个整体进行一系列的来水过程和用水过程配置，通过北调水和当地水的联合调度，对70个供水片区和1956—1997年42年长系列逐旬调度计算，考虑不同地区渠道渗漏和蒸发损失，得出了满足用水部门供水保证率的取水口和各分水口的流量过程，南水北调工程输水建筑物和输水渠道的工程规模则根据最大输水流量来决定。

中线一期工程与多年平均调水量为95亿立方米相对应的陶岔渠首闸设计引水流量为350立方米/秒，加大引水流量为420立方米/秒。各渠段设计特征参数，如过水流量、渠道纵坡、底宽、边坡和水深等，则根据各段用水高峰期的最大输水流量并考虑输水损失确定。所以南水北调中线工程规模和渠道输水能力均满足向北方供水多年平均95亿立方米的要求。

网上有说法一：曼宁公式是用于恒定流假定下进行渠道参数设计的水力学公式，这个曼宁系数，实际是曼宁公式中的糙率系数，他们臆断南水北调中线总干渠取用0.013，且由于施工质量差，"工程建成通水的第一天，糙率就会显著高于0.013的设计要求"，导致低输水流速，"仅仅几年工程效益已经几近报废。"实际上南水北调工程并不存在他们所说的情况，一是中线工程所有输水渠道混凝土衬砌施工采用先进的机械滑模工法，混凝土表面平整度远高于人工混凝土模面；二是考虑到各种影响因素，包括长时间输水后混凝土面的粗糙度增加，南水北调工程设计中曼宁公式中的糙率取值为0.015，已留有足够的余度。

网上有说法二："南水北调中线京石段的四次输水远未达到设计要求。第四次通水平均流量为每秒11.2立方米，水流速度仅有每秒0.19米，极端缓慢。第一次输水，按照杨开林、汪易森的论文中实测数据，流量为每秒19立方米，水速约每秒0.32米。相比之下，第四次输水的水速、流量和第一次比都要低很多，仅仅几年，工程效益已经几近报废。"他们引用了杨、汪的论文中实测数据，但未了解这些实测数据的背景，杨、汪的确曾发表过题目为《南水北调中线工程渠道糙率的系统辨识》等数篇论文，但这些文章发表在2011年，文中数据为河北四座小型水库向北京应急供水时的实测资料，当时北京市只有一、两座自来水厂能直接接受河北四库的来水，必须采取限制流速的小流量供水，不代表中线工程通水后的总干渠流速。

网上有说法三："施工完成时，水源地丹江口水库的水位仅有140米，离渠首147.33米的渠底还差好几米呢，连一滴水也流不进取水渠里，如何调水。""在枯水季节水库水位够不着取水渠底部，无水可调，只有在丰水季节，水库水位足够高，才有水可调，一年有那么两个月可以调水。"这里的几个数字均有错误，渠首闸底板顶高程应为140米，与下游渠道相接，而不是147.33米。关于中线陶岔渠首从丹江口水库的引水水位，丹江口水库在死水位150米时，陶岔引水闸能满足一期工程设计流量350立方米/秒的过流要求。丹江口水库水位156米时，陶岔引水闸能满足一期工程加大流量420立方米/秒的过流要求；丹江口水库水位146.5米时，陶岔引水闸引水流量能满足135立方米/秒的要求；当库水位低于146.5米时，引水流量由过闸引流能力控制。设计已对南水北调中线工程渠首引水高

程进行了充分论证，从而保证在水库低水位时保证相应的引水能力。

关于南水北调中线工程的泥沙淤积问题

网上还有人说："泥沙沉积将很快毁掉南水北调工程。每年一百亿吨的水，携带0.01%的泥沙，就是100万吨，分布到1300公里的输水渠，每米长度的渠道可以分配到770公斤的泥沙。京石段第一次输水时，水流速度仅有每秒0.32米，现在更是慢到每秒0.20米。这样缓慢的水流，泥沙沉淀无可避免，工程因此被摧毁报废，是几年内无可避免的结果。"

丹江口水库泥沙以悬移质为主，来源于汉江干流、堵河及丹江。1975年堵河黄龙滩水库建成后，拦截堵河来沙，使堵河输沙量大幅度减小，95%以上泥沙被拦在黄龙滩水库库内。汉江干流安康水库1990年正式建成，亦将大量拦截干流泥沙，白河站年平均悬移质输沙量由1952年至1990年的0.515亿吨/年，减少到1990年以后的0.099亿吨/年，因而丹江口入库泥沙大幅度减少。

丹江口水库建成运行后，水库多年平均含沙量仅为0.03千克/立方米，大部分来沙截于丹江口水库以内，沉入水库死库容，出库泥沙更少。由于取水口在丹江口水库死水位以上，加之丹江口水库库容很大（相应于正常蓄水位170米时的库容达290.5亿立方米），根据中线工程水质中心常年监测，陶岔取水口水质浊度常年稳定在国家饮用水Ⅰ至Ⅱ类标准内。

关于中线工程运行安全问题

网上一些人说："沙河渡槽的箱式槽是两箱并行，输水截面加起来195平方米，渡槽的跨距是30米。也就是说每一跨，光是算水的重量，就有5850吨，加上渡槽本身重量，有一万吨。那么一个每段达一万吨的渡槽，会不会压垮？谁敢打保票？我认为没有人能够保证其质量不出事。""水中含有腐蚀性的无机盐分，在巨大重力压迫下，水泥是不抗拉的，必然开裂起缝，纯靠钢筋支持。而钢筋暴露在空气，水和无机盐中，日久腐蚀，无

法耐久。"

沙河渡槽是南水北调中线输水线上一座大型建筑物，从设计、施工和运行管理，整个建设过程均引起有关方面的高度重视。正式通水前，中线建管局委托中国水利水电科学院进行全面安全鉴定，结论是工程防洪、土建工程、金属结构与机电设计合理，各主要水工建筑物的施工质量合格。主要监测成果表明，各建筑物在施工期及充水过程中工作性态正常，沙河渡槽工程的工程安全和运行安全均满足要求。工程顺利通过了国务院南水北调办组织的正式通水验收。

南水北调东中线一期工程通水后，原国务院南水北调办申拨专项资金进行了南水北调中线一期工程安全风险评估研究，其目的是全面系统地分析一期工程总干渠可能存在的工程风险、洪水风险、调度运行风险及突发公共安全事件等风险，对风险因子进行识别和梳理，提出消除、防范、规避、减免风险的工程与非工程措施建议，为制定应对各种事件工况的运行调度预案及风险处置管理措施、完善工程运行维护制度提供技术支撑。

在相关部门严格监督下，在项目法人的规范化、标准化管理下，南水北调一期工程正处于安全、正常运行中。

（来源：中国南水北调　2019年4月15日）

经济日报：千里水脉润泽北方大地

2019年3月27日

2月15日，在南水北调中线惠南庄水质固定监测站点，工作人员正在取水样监测水质。　　　　　　　　　本报记者　吉蕾蕾摄

2月19日，在河北易县南水北调北易水倒虹吸出口节制闸，机电设备管理人员对主油箱进行例行巡检。　　　本报记者　吉蕾蕾摄

图为南水北调工程北京段北拒马河暗渠节制闸，由南方来的水从这里进入北京市。　　　　　　　　　　本报记者　吉蕾蕾摄

2月15日，南水北调中线干线惠南庄泵站工作人员在巡检。为保障北京市用水，工作人员24小时巡视设备运行情况。

本报记者　吉蕾蕾摄

2011年11月份，南水北调中线工程穿黄隧洞二次衬砌开始施工。　　（资料图片）

翻看中国地图，南水北调的一泓清水过江都、出陶岔、穿黄河，一路奔涌向北，编织着四横三纵、南北调配、东西互济的中国大水网。作为中国跨区域调配水资源、缓解北方水资源严重短缺的战略性设施，南水北调工程也是世界上覆盖区域最广、调水量最大、工程实施难度最高的调水工程之一。可以说，南水北调工程建成通水，向中国乃至全世界展示了中国水利工程的辉煌成就。

构建供水新格局

我国北方缺水问题由来已久。为解北方之渴，经过半个世纪的周密论证，我国决定将南水北调的伟大构想付诸实践，构建水资源"南北调配、东西互济"的新格局。南水北调规划为东、中、西三线，分别从长江下游、中游、上游向北方地区调水。这三条干线，就像三条巨大的"水脉"，把长江、黄河、海河、淮河相连互通，形成了"四横三纵、南北调配、东西互济"的供水新格局。

——东线，从长江下游江苏扬州市江都区抽引长江水，沿京杭大运河一路北上，到达黄河岸边的东平湖后分成两路，一路过黄河向北到天津，全长1156公里，一路向东给胶东半岛供水，干线全长701公里。

——中线，从湖北丹江口水库自流引水，沿中线主干渠向沿线河南、河北、北京、天津4省市供水，干线全长1432公里。

——西线，规划从长江上游调水入黄河，主要解决黄河上中游地区缺水问题。

进入新世纪，南水北调工程进入全面规划论证。2002年12月27日，南水北调工程开工典礼在北京人民大会堂举行，江苏、山东施工现场同时启动，这标志着南水北调工程正式进入实施阶段。一年后，南水北调中线工程正式开工，并迅速进入全面建设阶段。

长江水如何克服重重困难来到北京？又怎么会千里奔腾，自流进京？南水如何跨越河流和道路？来自丹江口的清泉又是如何从黄河的滚滚浊流之下穿过？千里送水又怎样保证水质安全？

一连串的疑问，让人们的目光再次聚焦到南水北调工程建设上。据水利部相关负责人介绍，世界最大输水渡槽、第一次隧洞穿越黄河、世界首次大管径输水隧洞近距离穿越地铁……南水北调工程创造了一个又一个世界之最；63项新材料、新工艺，110项国内专利，南水北调人用中国智慧一次又一次刷新着水利工程建设的新纪录。以中线穿黄工程为例，穿黄工程是南水北调总干渠穿越黄河的交叉建筑物，不仅规模大，其建筑物的布置、形式等直接与黄河河势相关，工程难度之大可想而知。最终，耗时5年之久，穿黄工程才得以贯通，长江水与黄河水才得以实现有史以来首次"擦肩而过"。

南水北调中线总干渠和天津干渠全长1432公里，沿途地域气候差别很大，安阳以北渠段存在冬季渠道结冰问题，因此冰期输水也是南水北调工程必须面临的挑战。作为南水北调中线工程总干渠上唯一一座大型加压泵站，北京市惠南庄泵站的作用重大。"从丹江口水库到北京惠南庄泵站，南水一路都是靠自然落差，全线自流，但到惠南庄泵站的自流过流能力为20立方米/秒，遇到北京城区用水量大的时候，就必须靠水泵机组加压供水。"南水北调中线建管局北京分局惠南庄管理处处长唐文富介绍，泵站主厂房内共安装了8台卧式单级双吸离心泵，这也是目前国内最大的单级双吸离心泵，"泵站就如人体的心脏，为远来的江水提供源源不断的动力"。

如今，一座座枢纽、一道道堤防，不仅守卫了江河安澜，在保障工程沿线居民用水、治理地下水超采、修复和改善生态环境等方面发挥了重要作用，还有力支撑了受水区经济社会发展。

直接受益人过亿

家住河南平顶山市石龙区的沈君振回忆，年轻时，每天下班后第一件事就是要到离家几里地的水井去挑水。如今，在家打开水龙头，就能喝上千里之外清甜的南水，这是当年做梦都不敢想的事情。

如今，南水北调东、中线一期工程相继建成通水，连通长江、淮河、黄河、海河，构建起东西互济、南北调配的大水网，经受住了各种工况的考验。

5年多来，南水北调东线一期工程通过大运河连接起江苏、安徽、山东3省份，实现了稳定调水，做到了旱能保，涝能排。同时，完善了江苏省原有江水北调工程体系，增强了受水区的供水保障能力，提高了扬州、淮安、徐州等7市50个区县共计4500多万亩农田的灌溉保证率。

同样，中线工程自通水以来，已成为北京、天津等多地主力水源和社会经济发展的生命线。据南水北调中线建管局党组副书记刘杰介绍，我国水资源时空分布严重不均，加之华北地区水资源过度开发、水污染严重、地下水开采过度，供水安全形势严峻。

心细的"煮妇"们发现了自来水的变化。"以前我们这儿水浑、碱性大、水垢多，水壶两三天就会结一层厚厚的水垢，喝水都得买桶装水。"北京市丰台区星河苑小区居民梁怡说，现在家里的水质明显改善了，家里之前安装的净水器也拆了。

保障供水安全是南水北调工程的首要任务。东、中线通水以来，在京津冀豫鲁40多个大中型城市，南水已成为不少北方城市的"主力"水源。在北京，南水北调水占城区日供水量的73%，全市人均水资源量由原来的100立方米提升至150立方米；在天津，14个行政区居民都喝上了南水，从单一"引滦"水源变双水源保障，供水保证率大大提高；在河南，郑州、新乡、焦作、安阳、周口等11个省辖市全部通水，夏季用水高峰期群众再也不用半夜接水了；在河北，石家庄、廊坊、保定、沧州等7座城市1510万人受益，特别是黑龙港地区的400万人告别了高氟水、苦咸水，居民幸福指数明显提升……

治污先行水质升

南水北调，关键在水质，成败也在水质。南水北调东、中线工程水网密布，水系相连，污染情况复杂，治理难度大。数据显示，2000年，苏、鲁两省主要污染物（COD）入河总量35.3万吨，氨氮入河总量3.3万吨，分别超出要求COD、氨氮入河控制量6.3万吨和0.53万吨的4.6倍和5.6倍。

业内专家都知道，东线一期工程治污最难点在南四湖。这里是苏、鲁两省交界处，是我国北方最大的内陆淡水湖，总面积1780平方公里，是南水北调东线工程重要的调蓄水库，承接苏、鲁、豫、皖4省32个县市区的客水，入湖河流53条。然而，南四湖地区的污染，集中了发达国家上百年工业化、城镇化进程中分阶段出现的环境问题，入南四湖山东各控制断面主要指标超标倍数在10倍至80倍。

要实现水质达标，化学需氧量削减率需达82%、氨氮入河量削减率需达84%。对此，业内专家忧心忡忡。

为了保证南水北调的水质安全，在2000年南水北调工程进入总体规划论证阶段时，国务院就定下了"先节水后调水、先治污后通水、先环保后用水"的原则。工程重点就是加强污水处理，实施清水廊道建设，完成苏、鲁两省治污及截污导流项目。

"先治污后通水"，水质达标成了沿线各地"硬约束"。江苏省融节水、治污、生态为一体，关停沿线化工企业800多家。山东省在全国率先实施最严格的地方性标准，取消行业排放"特权"，建立了治理、截污、导流、回用、整治一体化治污体系；主要污染物入河总量比规划前减少85%以上，提前实现了输水干线水质全部达标的承诺。

如今，在山东微山湖地区，水质的改善使周边生态环境重现生机；在江苏徐州，这个昔日的煤城，如今颇有江南水乡的柔美风韵。南水北调东线总公司相关负责人表示，东线工程治污成功，不仅探索出了一条适合南水北调东线实际的治污道路，还辐射带动了国家重点流域的水污染防治工作。有专家坦言，南水北调东线工程的开工建设，使山东省沿线治污提前了15年。

同时，为保护中线丹江口"一库清水"，国务院先后批复多个规划。通过规划实施，建成了大批工业点源污染治理、污水垃圾处理等项目，基本实现了水源区县级及库周重点乡镇污水、垃圾处理设施建设的全覆盖，使入库河流水质改善明显，水源涵养能力不断增强。

如今，汩汩清水就是最好的见证：东、中线一期工程通水后，东线一期工程输水干线水质全部达标，并稳定达到地表水III类标准；中线水源区水质总体向好，中线工程输水水质一直保持在II类或优于II类。比如，进津的南水水质常规监测24项指标保持在地表水II类标准及以上；北京市自来水硬度由原来的每升380毫克降到120毫克至130毫克；河北黑龙港地区告别饮用苦咸水、高氟水历史。

水清岸绿景更美

阳光下，河北滹沱河汊河河段，流水潺潺，宽阔水面中丛生的芦苇随着清风摇曳，不时有水鸟飞过。难以想象这里曾是常年干涸、垃圾遍地的河道。

面对水流哗哗作响的汊河，河北水利厅防汛办公室副主任于清涛向记者讲述了这些年的变化。"20多年来，滹沱河几乎常年无

水，河道里全是沙坑丘陵，杂草丛生。自从南水北调东中线工程通水以来，水清、岸绿、景美，生态效果非常明显。"于清涛介绍说，记得滹沱河第一次通水时，附近居民纷纷来到岸边，十分兴奋。

干涸了几十年的滹沱河重现生机，是南水北调工程生态补水的一个缩影。2018年9月份，水利部、河北省联合开展华北地下水超采综合治理河湖地下水回补试点，向河北省滹沱河、滏阳河、南拒马河三条重点试点河段实施补水，截至2019年2月15日，累计补水5.8亿立方米，形成水面约40平方公里。

曾有专家表示，南水北调工程不是一般意义的水利工程，它承担了供水与探索解决生态问题的双重责任。生活在北京丰台区的朱莉坦言，自从北京通上了南水，不仅家里水质有了很大改善，周边环境也有了很大变化，如今一有空就带着孩子来到大宁调蓄水库边玩耍，"以前这边飞沙走石，环境很差，现在有了水库，碧波荡漾、群鸟嬉戏，到了夏天，周边绿树成荫，成了周边居民纳凉散步的好地方"。

南水的到来不仅提高了首都的供水保障率，也增加了首都水资源战略储备，密云水库水量已经突破25亿立方米，城区新增550公顷水面，显著改善了周边生态环境，促进水资源涵养恢复，改善重点区域城市河湖水质，提升了美丽北京形象。

"东中线一期工程全面通水以来，通过限制地下水开采、直接补水、置换挤占的生态用水等措施，不仅有效遏制了黄淮海平原地下水位快速下降的趋势，沿线的河湖水量也明显增加、水质明显提升。"水利部南水北调司副司长袁其田告诉记者，如今北京市、天津市、河北省、河南省、山东省的地下水水位均有所上升，水生态环境明显改善。在白洋淀上游，干涸了36年的瀑河水库近年来重现水波荡漾。保定市徐水区德山村62岁的村民代克山说："现在的河道，又变回了我们小

时候的模样。"

南水来之不易，如何平衡南水北调工程生活供水和生态补水的关系？据南水北调中线建管局总调度中心副主任韩黎明介绍，在不影响供水需求的情况下，统筹考虑长江、汉江流域来水情况，制定专项计划，相机补水。比如，2018年4月份至6月份，利用丹江口水库汛期腾库的情况，启动对河南、河北、天津等地的生态补水。

同时，坚持"节水优先"。记者了解到，南水北调工程沿线各地坚持"先节水、后调水"，以水定城、以水定产，用水不再"任性"。比如，天津精打细算用水，把水细分为5种：地表水、地下水、外调水、再生水和淡化海水，实现差别定价、优水优用；河北则在全国率先启动水资源税改革，"三高"行业用水税率从高设定，以税收杠杆促节水。

南水北调工程作为我国重大战略性基础设施，正在发挥着水资源优化配置、促进经济社会可持续发展、保障和改善民生的重大作用，已经成为生态文明建设的示范工程。水利部南水北调司司长李鹏程表示，2019年南水北调工程管理工作将牢牢把握"水利工程补短板、水利行业强监管"的总基调，贯彻落实2019年全国水利工作会议的安排部署，坚持问题导向，不断改革创新，完善体制机制，强化工程建设和运行监管，保障工程安全运行，提升工程综合效益，提升南水北调品牌，服务国家战略，保障水安全，不断开拓南水北调工作新局面。

2019年2月15日，南水北调中线干线工程建设管理局实时监测数据显示，南水北调中线工程已累计输水200亿立方米，惠及沿线河南、河北、北京、天津4省市5300多万人，500多万人告别了高氟水、苦咸水，大大提升了沿线百姓在水安全、水生态、水环境方面的幸福感和获得感。

（来源：经济日报　记者　吉蕾蕾）

3月22是什么日子？
南水北调大讲堂告诉你！

2019年3月25日

"同学们，你们谁知道南水北调渠是怎样穿越黄河的吗？南水千里迢迢来到我们身边，我们想要节约用水，小朋友有什么好办法吗？"3月22日，在郑州市二七西路小学大礼堂内，一堂为实施国家节水行动，打好节约用水攻坚战，南水北调中线建管局河南分局2019年"世界水日""中国水周"南水北调公民大讲堂活动走进郑州市二七区长江西路小学和华北水利水电大学，向小学生和大学生讲解工程知识，宣传依法护水。让同学们与南水北调来了一场亲密"邂逅"。

22日上午，郑州市二七西路小学大礼堂内，一位"特殊"的老师，正在给长江西路小学230多名师生、40余名家长志愿者通过倒虹吸的原理，演示南水北调渠是怎么穿越黄河的，学生们不时发出"哇""厉害啊"的惊叹。

亲切的交流，温暖的笑容，激发了学生们求知的热情，同学们积极踊跃地与"老师"互动，对南水北调工程有了更多的了解，对水污染危害有了更加深刻的认识，大家争做护水小卫士、节水小能手。

"通过大课堂，我了解到我们喝的水都是从南方来的，是费了很大力气的，我们要珍惜每一滴水。"一年级四班学生杨贺麟说，通过学习，我知道了地球上能让人们喝的水很少，我们要爱惜水，可以把洗澡水用来拖厕所，空调水积攒起来洗抹布，淘米水可以留下来浇花。

一年级二班学生华墁鑫说，通过今天的上课她学到了很多防溺水的知识，不在无成人的带领下私自下水游泳，不到无安全保障的水域游泳，不擅自与同学结伴游泳……

学校操场上，学生及家长和教师，纷纷在"节约用水你我同行"留言墙上进行留言。写上自己的收获，写上自己的愿望，写上自己的节水行为……

3月22日下午，在华北水利水电大学龙子湖校区第一报告厅，"世界水日 中国水周"系列活动启动。南水北调中线建管局职工代表，水利学院师生代表等500余人参加了启动仪式。

启动仪式结束后与会领导和师生代表一行来到宣传展板前参观学习，了解水资源保护相关知识。南水北调水质监测人员通过水质监测车，现场向师生展示了"水的密度"、"水的酸碱度"、"水质净化"等趣味实验，使用浊度仪、便携式多参数测定仪进行水质比对实验展示中线水质，紧贴"强化水资源管理"主题，上了一堂生动的水质科普课。30名志愿者走进南水北调中线穿黄工程现场，领略工程雄风。

据了解，2019年3月22日是第二十七届"世界水日"，3月22~28日是第三十二届"中国水周"。联合国确定2019年"世界水日"的宣传主题为"Leaving no one behind"（不让任何一个人掉队）。经研究确定，我国纪念2019年"世界水日"和"中国水周"活动的宣传主题为"坚持节水优先，强化水资源管理"。

（来源：央广网 记者 胡晓辉 赵勇生）

中国水利报：
南水北调中线工程冰期输水平稳过冬

2019年2月27日

南水北调冰期输水 通讯员 张存有/摄

冬天河水结冰很常见。但对于"国之重器"南水北调来说，冬季往寒冷的北方送水，如果半路结冰，还能否正常调水，一直备受社会关注。笔者近日从南水北调中线建管局获悉，中线工程自2018年12月1日进入冰期输水，截至2019年2月27日，已平稳输水12.29亿立方米。2月28日，冰期输水将正式结束，"平稳过冬"。

从湖北丹江口水库引水，再送达京津冀豫四省市，南水北调中线工程总干渠全长1432公里，沿途气候变化很大。"冬季南水北上，天气寒冷，总干渠结冰十分正常。关键在于我们是否采取有效措施，防止冰冻灾害影响参与全线调度的控制闸门，以保障冰期输水工程的安全调度与平稳运行。"南水北调中线建管局副局长戴占强告诉笔者。

2月26日上午，笔者走访中线京石段应急供水工程（河北境内）漕河出口到岗头隧洞的745米总干渠，只见渠道内一点儿冰也没有。漕河渡槽地处岗头山区，夜里气温低至零下8摄氏度左右，在过去是比较容易结冰的地段。据中线建管局保定管理处副处长郭爱兵介绍，2008—2014年，由于中线京石段应急供水工程输水流量小、流速缓，且多数闸门不参与调度，冬季输水总干渠内往往会形成厚厚的冰盖。

为什么今冬输水总干渠没有结冰？原来是2014年中线工程全线正式通水后，总干渠流量加大，最大流量可达380立方米每秒，目前京石段应急供水工程岗头隧洞流量为53.5立方米每秒，平均流速为0.49米每秒，是过去通水时的四五倍，不容易结冰；而且总干渠结冰还需要一个气温持续降低的过程，外部环境至少保持零下15摄氏度一个星期左右，才能形成冰盖，目前漕河渡槽夜间最低气温为零下8摄氏度。

但仍有例外，那就是出现了极端天气。据了解，2016年冬天，保定山区气温突然骤降至零下18摄氏度，短时间内造成大部分工程调度闸门部位的结冰。

冰期输水，要打好准备仗，在极端天气出现时才能从容应对。

据介绍，南水北调中线建管局制定了中线工程冰期输水调度方案，通过科学调度保持总干渠高水位运行，一旦形成冰盖，就实施小流量输水；加强冰期输水水温、流速和流量的观测以及工程巡查巡视工作，一有险情，提前预警。全线增加了28条拦冰索、拦冰桶，在重要控制闸前还安装了喷淋式、水下吹气式扰冰装置，并添置了应急抢险车，可以及时切割冰块。在容易冰冻的闸门槽内部，把原来的油加热融冰改为电加热融冰，效率更高。

在天津段西黑山分水闸，闸尾出水段被大棚覆盖得严严实实。自2016年出现极端天气后，中线建管局天津分局西黑山管理处就采取给闸尾出水段穿"太空服"的办法，降

低极端天气下流水结冰的概率。2018年入冬以来，涉及冰期输水运行的保定、西黑山、北拒马河等管理处，针对有可能出现的冰期险情，开展科学预判，采取多种形式，将险情扼杀在萌芽状态。

"相比没有冰期输水任务的管理处，我们更加辛苦一些。"西黑山管理处处长朱耘志向笔者介绍，冰期输水期间要加密沿线巡查频次，严密监控岸冰、浮冰的形成、融化时间及区域，及时报送冰情信息；要强化设备巡查与调度工作，早在2018年10月管理处就开始对机电金结、柴油发电机、融冰设备等进行巡检维护；还要强化应急保障，在倒虹吸、渡槽等建筑进出口增设拦冰索，防止流冰进入建筑物内，在容易出险的区域配备破冰、排冰机械设备，确保工程安全。

"我们每个管理处都举办了冰期输水专业培训班。"河北分局局长田勇说，主要是有针对性地讲解工程应对冰期时的重点、难点，让调度人员了解可能影响安全生产的危险源和安全隐患，提前做出计划和安排。

除了做好前期准备工作，更重要的是冰期输水期间加强现场管理。据中线建管局维护中心主任傅又群介绍，中线全线列出了冰期输水的三个重要部位：岗头、西黑山和北拒马三个控制闸，三地现场管理处加强运行设备设施的检查维护，保证完好率，确保随时能用；应急抢险队伍每日开展应急抢险课目训练，并参与冰期输水巡查巡视，做到心中有数。

（来源：中国水利报 通讯员 许安强）

定了！新时代水利精神！

2019年2月22日

新时代水利精神表述语：忠诚、干净、担当、科学、求实、创新

新时代水利精神内涵诠释

在中华民族悠久治水史中，孕育了大禹精神、都江堰精神、红旗渠精神、九八抗洪精神等优秀治水传统和宝贵精神财富。党的十八大以来，在习近平总书记治水重要论述指引下的生动实践中，催生了具有新时代特征的水利精神品质。五千年精神传承、新时代实践创新，彰显了水利人"忠诚、干净、担当"的可贵品质，厚植了水利行业"科学、求实、创新"的价值取向。在治水矛盾发生深刻变化、治水思路需要相应调整转变的新形势下，迫切需要进一步传承和弘扬"忠诚、干净、担当，科学、求实、创新"的新时代水利精神，为不断把中国特色水利现代化事业推向前进提供精神支撑。

新时代水利精神在做人层面倡导"忠诚、干净、担当"。

忠诚——水利人的政治品格。水利关系国计民生。在新时代，倡导水利人忠于党、忠于祖国、忠于人民、忠于水利事业，胸怀天下、情系民生，致力于人民对优质水资源、健康水生态、宜居水环境的美好生活向往，承担起新时代水利事业的光荣使命。

干净——水利人的道德底线。上善若水。在新时代，倡导水利人追求至清的品质，从小事做起，从自身做起，自觉抵制各种不正之风，不逾越党纪国法底线，始终保持清白做人、干净做事的形象。

担当——水利人的职责所系。水利是艰苦行业，坚守与担当是水利人特有的品质。在新时代，倡导水利人积极投身水利改革发展主战场，立足本职岗位，履职尽责，攻坚克难，在平凡的岗位上创造不平凡的业绩。

新时代水利精神在做事层面倡导"科学、求实、创新"。

科学——水利事业发展的本质特征。水利是一门古老的科学，治水要有科学的态度。在新时代，倡导水利工作坚持一切从实际出发，尊重经济规律、自然规律、生态规律，坚持按规律办事，不断提高水利工作的科学化、现代化水平。

求实——水利事业发展的作风要求。水利事业不是空谈出来的，是实实在在干出来的。在新时代，倡导水利工作求水利实际之真、务破解难题之实，发扬脚踏实地、真抓实干的作风，察实情、办实事、求实效，以抓铁有痕、踏石留印的韧劲抓落实，一步一个脚印把水利事业推向前进。

创新——水利事业发展的动力源泉。水利实践无止境，水利创新无止境。在新时代，倡导水利工作解放思想、开拓进取，全面推进理念思路创新、体制机制创新、内容形式创新，统筹解决好水灾害频发、水资源短缺、水生态损害、水环境污染的问题，走出一条有中国特色的水利现代化道路。

（水利部南水北调工程管理司）

新华社：

千里水脉润北方
——南水北调中线输水成效综述

2019年2月18日

冬日的京冀郊外，瑞雪覆盖着大地。在南水北调中线干线工程北拒马河暗渠，南水在阳光照耀下更显清澈。

据南水北调中线建管局消息，截至15日，中线工程累计输水达到200亿立方米。沿线河南、河北、北京、天津四省市的百姓在水安全、水生态和水环境方面的幸福感大大提升。

5300多万人喝上甘甜南水

2月15日上午，在位于北京市房山区大石窝镇的惠南庄泵站，国内最大的单级双吸离心泵正在向北京输水。惠南庄泵站是南水北调中线工程总干渠上唯一的一座大型加压泵站，正如人体的心脏，为千里水脉提供源源不断的动力。

南水送来清凉。南水北调中线建管局有关负责人表示，截至目前，河南、河北、北京、天津四省市5300多万人已喝上甘甜的南水，500多万人告别了高氟水、苦咸水。

据了解，河南受水区37个市县全部通水，郑州中心城区自来水八成以上为南水；河北石家庄、邯郸、保定、衡水主城区的南水供水量占75%以上，沧州达到100%；南水占北京主城区自来水供水量的73%，密云水库蓄水量自2000年以来首次突破25亿立方米；天津市14个区居民全部喝上南水，南水成为新的供水"生命线"。

喝好水直接关系百姓的幸福感。监测显示，通水以来，中线水源区水质总体向好，输水水质保持在优于Ⅱ类，其中Ⅰ类水质断面比例占82%以上。北京市自来水硬度明显下降，公众普遍感到水碱减少，饮水口感更好了。

河湖地下水重现生机

冬日暖阳下，河北滹沱河畔的冀之光广场附近流水潺潺，不时有水鸟飞过。难以想象这里曾是四季无水、到处垃圾。

干涸了几十年的滹沱河重现生机，是南水北调工程生态补水的一个缩影。记者从中线建管局了解到，中线一期工程连续两年利用汛期弃水向受水区30条河流实施生态补水，已累计补水8.65亿立方米。自2018年9月开始，水利部、河北省人民政府开展华北地下水超采综合治理河湖地下水回补试点。生态补水使河湖水量增加、水质提升。

监测显示，天津市中心城区4个河道断面水质改善到Ⅱ类至Ⅲ类；河北省白洋淀监测断面入淀水质提升为Ⅱ类；河南郑州市补水河道基本消除了黑臭水体；北京城区新增550公顷水面，生态环境显著改善。

工程通水以来，通过限制地下水开采、直接补水、置换挤占的环境用水等措施，遏制了黄淮海平原地下水位快速下降的趋势。据监测，截至2018年5月底，北京市平原区地下水位与上年同期相比回升了0.91米；天津市地下水位38%有所上升，54%基本保持稳定；河北省深层地下水位由每年下降0.45米转为上升0.52米；河南省受水区地下水位平均回升0.95米。

提前部署保障冰期输水

"冬季输水因为天气寒冷，总干渠结冰很正常，关键是采取有效措施，防止控制闸门受到冰冻影响，保障冰期输水的安全调度和运行平稳。"中线建管局有关负责人对记者说。

据了解，为了应对极寒天气，中线建管局采取了一系列举措：制定冰期输水调度方案，保持总干渠高水位运行，一旦形成冰盖，实施小流量输水；加强对水温、流速和流量的观测，加强工程巡查巡视；在全线增加28条拦冰索、拦冰桶，在重要的控制闸前安装扰冰装置；增加应急抢险车等。

工程全线列出了冰期输水三个重要部位：岗头、西黑山和北拒马河三个控制闸。现场管理处提前准备，弧形闸门槽两侧的电融冰装置已实现智能化，检测温度低于5摄氏度时，电融冰装置自动启动，控制设备温度在0到5摄氏度之间，确保不结冰。同时，抢险队伍配备了专业工具，可以迅速投入破冰、捞冰、运冰作业。在经历了2016年的极端天气后，有关部门在冰期输水方面已经积累了相当经验。

（来源：新华社　记者　于文静）

光明日报：
南水北调中线累计输水200亿立方米

2019年2月18日

2月15日，刚刚落过雪的北京寒意正浓。位于房山区的南水北调中线干线惠南庄泵站，厂房外，白雪寂静；厂房内，机器轰鸣。这座南水北调中线工程总干渠上唯一的一座大型加压泵站犹如一颗心脏，为千里水脉提供着不竭动力。在这里，奔流1000多公里的南水经过加压后将继续一路向北流入总干渠终点颐和园团城湖。在这里，南水北调中线建管局北京分局惠南庄管理处处长唐文富和他的同事们正对运转着的两台国内最大单级双吸离心泵进行日常检查。

这一天，似乎和往常没有什么不同。

但从1000多公里之外的陶岔渠首传来的消息，又注定了这一天的不寻常——2月15日，南水北调中线工程累计输水200亿立方米。这200亿立方米水调出了沉甸甸的幸福感——沿线河南、河北、北京、天津四省市5300多万人喝上了甘甜的南水，500多万人告别了高氟水、苦咸水；河湖环境得到改善；地下水位明显回升。

受水区供水格局优化

"2015年之前，我一般不敢穿白衬衣。因为我们这儿煤尘大，白衬衣很容易脏；供水又难，衣服不能洗得那么勤，水质也差，白衬衣洗完很容易发黄。但现在不一样了，用水有保障了，水质也更好了。"家住河南省平顶山市石龙区的高广伟告诉记者。

高广伟的幸福感源自南水北调中线工程——2015年5月，南水北调中线工程向平顶山市石龙区正式分水。南来之水经配套工程进入石龙区自来水管网，在河南省实现了供水全覆盖、城乡一体化。而这只是南水北调中线工程通水效益的一个缩影。

在河南，受水区37个市县全部通水，郑州中心城区自来水八成以上为南水，鹤壁、许昌、漯河、平顶山主城区用水100%为南水。

在河北，中线一期工程与廊涿、保沧、石津、邢清四条大型输水干渠构建起河北省京津以南可靠的供水网络体系，石家庄、邯郸、保定、衡水主城区南水供水量占75%以上，沧州达到了100%。

在北京，一纵一环的输水大动脉已经形成，南水占主城区自来水供水量的73%，平均每年的供水量相当于500个颐和园昆明湖的蓄水量，密云水库蓄水量自2000年以来首次突破25亿立方米，中心城区供水安全系数由1.0提升到1.2。

在天津，一横一纵、引滦引江双水源保障的新供水格局得以构建，形成了引江、引滦相互连接、联合调度、互为补充、优化配置、统筹运用的城市供水体系，14个区居民全部喝上南水，成为天津供水新的"生命线"。

百姓喝上甘甜的长江水

惠南庄泵站几公里之外，一渠清水缓缓流进北拒马河暗渠节制闸。在阳光的照耀下，渠中的南水尤为清澈。两名工作人员正蹲在横跨输水渠的一座浮桥上对南水进行取样，之后，这些南水将被送进仪器进行分析检测。除此之外，更日常的，是对南水水质的24小时自动监测。

南水北调，成败在水质。监测结果显示，通水以来，南水北调中线工程输水水质一直保持在Ⅱ类或优于Ⅱ类，其中Ⅰ类水质断面比例由2015—2016年的30%提升至目前的82%以上。

优质的南水显著改善了沿线群众的饮水质量。河北省泊头市灌河村村民赵志轩说起当地饮用水的变化十分感慨："过去我们喝的水又苦又咸，而且很涩很硬，煮粥总是结块，在外的人都不愿意回来。现在可好了，水很甜。"

像赵志轩这样对水质变化有深切感触的村民在河北还有506万人。南水北调中线工程通水以后，河北省对包括灌河村在内的黑龙港地区的37个县实施农村生活用水置换工程，这506万人因此喝上了甘甜的长江水，彻底告别高氟水、苦咸水。

而在北京，喝上南水的人们也普遍感觉水碱少了，水变甜了。数据表明，北京市自来水的硬度从通水前的每升380毫克下降到目前的每升120~130毫克，水质明显改善。

河湖和地下水重现生机

冬日，阳光洒在河北石家庄滹沱河上，水面波光粼粼。支流汊河的河水通过一座两米多高的橡胶坝源源不断流向滹沱河，一条长长的小瀑布就此形成，水声隆隆。很难想象，这里曾经河床裸露、沙坑相连、杂草丛生。

滹沱河重现生机，得益于南水北调的生态补水效益——去年9月，水利部和河北省政府联合启动华北地下水超采综合治理河湖地下水回补试点，利用南水北调中线工程向河北省滹沱河、滏阳河、南拒马河三条重点试点河段实施补水，目前已累计补水5亿立方米，形成水面约40平方公里，三条河流重现生机。据中线建管局有关负责人介绍，根据119眼地下水监测井动态监测情况，与补水前相比，监测井水位呈上升趋势的占45%，呈稳定态势的占8%。

此外，记者了解到，南水北调中线工程通水以来，通过限制地下水开采、直接补水、置换挤占的环境用水等措施，有效遏制了黄淮海平原地下水位快速下降的趋势，北京、天津等省市压减地下水开采量15.23亿立方米，平原区地下水位明显回升。截至去年5月底，北京市平原区地下水位与上年同期相比回升了0.91米；天津市地下水位38%有所上升，54%基本保持稳定；河北省深层地下水位由每年下降0.45米转为上升0.52米；河南省受水区地下水位平均回升0.95米。

（来源：光明日报 记者 陈 晨）

河南工人日报：

今年我省水利发展着力补短板强监管

2019年1月25日

本报讯（记者彭爱华）水是生命之源、生产之要、生态之基。新年伊始，我省水利改革发展将有哪些新变化？治水都有哪些新举措？在昨日召开的全省水利工作会议上，省水利厅党组书记刘正才表示，今年我省水利发展从水利工程补短板、水利行业强监管两个方面着力。

我省地跨长江、淮河、黄河、海河四大流域，地处南北气候和从山区到平原两个过渡地带，水时空分布不均加之我省水利基础设施网络不完善，水资源统筹调配能力不强，水资源总量不足已严重制约着我省经济社会发展。水资源短缺、水生态损害、水环境污染、水旱灾害频发已成为当前我省治水的主要矛盾。

据介绍，水利工程补短板主要抓好四大工程：一是防洪工程。集中力量建成一批战略性、全局性重大水利工程，加强防洪薄弱环节建设，有序推进病险水库除险加固、中小河流治理和山洪灾害防治，开展堤防加固、河道治理、控制性工程、蓄滞洪区等建设，提升水文监测预警能力，完善城市防洪排涝基础设施，全面提升水旱灾害综合防治能力。二是供水工程。加快构建现代水网体系，按照"一纵三横六区"的水资源配置总体布局，建设一批水系连通工程；加大引黄力度，实施调蓄工程和引黄灌区建设，打造"一轴两翼"引黄清水走廊；加强南水北调供水能力建设，充分发挥工程供水效益；加快灌区续建配套改造，补齐灌排设施短板；大力推进城乡供水一体化、农村供水规模化标准化建设，进一步提高农村地区集中供水率、自来水普及率。三是生态修复工程。开展河流湖泊湿地水生态修复和河流沿线天然湿地保护；建设南水北调中线工程、明清黄河故道、淮河、黄河等沿河游园湿地和沿岸生态廊道；科学确定重要河湖生态流量水量，完善江河湖库联合调度机制，保障河湖生态流量水量；全面推进水源涵养和水土保持，做好生态清洁小流域治理、小型蓄水保土等工作；大力实施地下水超采区综合治理，稳步压减地下水开采总量。四是水利信息化工程。加快智慧水利建设，利用现代科技手段，持续完善监测网络，逐步构建水文水资源、水工程、水生态、水环境等涉水信息全要素动态感知的监测监控体系；利用互联网、云计算、大数据等先进技术，整合各类涉水信息管理平台，建设高速、泛在的水利信息网络，用水利信息化驱动水利现代化。

在强监管方面，我省将根据新老水问题并存、相互交织现状，突出抓好以下六个方面的监管：一是加强江河湖泊监管，压实河长湖长主体责任，以河长制湖长制为抓手，管好河道湖泊空间及其水域岸线；以"清四乱"为重点，切实解决河湖管理范围内乱占、乱采、乱堆、乱建等问题；加快河湖划界确权，严格河湖岸线管理保护和河道采砂。二是加强水资源、水生态、水环境监管，制定节水标准和定额指标，强化节水评价和激励问责，健全节水奖励机制，全面推进工业节水、农业节水和生活节水；坚持以

水定需，建立规划水资源论证制度和水资源承载能力预警机制，明确区域用水总量控制指标，强化水资源"三条红线"约束；加快跨区域主要河湖水量分配，严格落实生态流量。三是加强水利工程监管，着力解决重建轻管问题，用强监管确保充分发挥工程效益。四是加强水土保持监管。完善监管体系和相关技术标准，充分利用高新技术手段开展监测，实现年度水土流失动态监测和人为水土流失监管全覆盖，及时发现并查处水土保持违法违规行为，坚决遏制人为水土流失。五是加强水利资金监管，完善监管机制，实现以资金流向为主线的分配、拨付、使用全过程监管；加大财务专项督察检查力度，跟踪掌握资金拨付使用情况，及时纠正解决问题，确保水利资金得到安全高效利用。六是加强行政事务工作监管，将水利改革发展中的重点任务等全面纳入监管范围，完善约束激励机制，强化追责问责，确保各项工作落地落实。

媒 体 报 道 篇 目 摘 要

这是2019南水北调人最不舍得删的照片，哪一张最触动你？ 2019-12-30 来源：澎湃新闻·澎湃号·政务

搬得出稳得住能致富——探访湖北南水北调移民的新生活 2019-12-29 新华网

南水北调东中线一期工程通水五年：一渠清水甜两头 2019-12-26 光明日报

"庄稼保住了，农民满意了"——南水北调安徽明光工程见闻 2019-12-25 新华网

西安网评：南水北调每一滴清水都背负着重任 2019-12-19 西安网

守好"大水缸"端起"金饭碗"——南水北调中线工程水源地绿色发展转型记 2019-12-18 新华网

北京投入32亿元支持南水北调水源区发

展 2019-12-16 人民日报

千里"南水"润燕赵 2019-12-15 新华网

南水北调中线水源地以"绿水青山"保"清水北上" 2019-12-14 新华网

水变甜了！南水经过8道工艺，才能调出"北京味儿" 2019-12-14 北京日报客户端

南水北调通水五年 四横三纵工程1.2亿人直接受益 2019-12-13 光明网

南水北调后续工程加紧谋划 年底完成两规划一方案 2019-12-13 经济参考报

清水南来润民心——写在南水北调东中线一期工程全面通水五周年之际 2019-12-12 中国经济网-《经济日报》

特稿｜江水北上佑华夏 天河筑梦利千

秋 2019-12-12 中国水利网

南水浩荡润天下——写在南水北调东中线一期工程全面通水五周年之际 2019-12-11 新华网

千里长渠润燕赵 壶变干净水变甜——南水北调中线工程受水区见闻 2019-12-11 新华网

12月1日开跑！东风天龙2019南水北调马拉松湖北站来啦！ 2019-11-12 商用车日报

一渠清水向北流 南水北调中线工程渠首段效益明显 2019-11-22 央广网

南水北调东线一期北延应急工程开工可增加向京津冀供水能力4.9亿立方米 2019-11-29 新华网

南水北调中线建管局渠首分局成功举办2019年工程开放日活动 2019-10-12 来源：央广网河南分网

"南水北调 利国利民"南水北调中线工程摄影展亮相2019北京国际摄影周 2019-10-24 千龙网

《新中国70年·影像辞典》：南水北调工程 2019-09-25 来源：人民网-中国共产党新闻网

2019北京世园会南水北调中线源头淅川县主题日活动在京举行 2019-09-14 新华社客户端官方账号

南水北调来水，今晚预计破50亿方！ 2019-09-05 北京日报

庆祝新中国成立70周年特别报道 南水北调工程：绘就四大流域联通的宏伟蓝图 2019-07-11 中国经济导报

南水北调水源地汉丹江水质稳定保持优 2019-07-30 央广网

汉江畔崛起生态城——来自南水北调中线核心水源地的调查报告 2019-07-02 新华网

山东：延长南水北调东线北延应急试通水时间 增加供水量 2019-06-25 央广网

南水北调东线北延应急试通水成功 首次把长江水输向天津、河北 2019-06-22 央视新闻客户端

南水北调2018-2019年度向山东调水逾8.4亿立方米 2019-05-29 新华网

《中国南水北调工程》丛书出版发行 2019-05-28 新华网

南水北调东线启动北延应急试通水 首次供水冀津 2019-04-29 新华网

南水北调——一项伟大的民生工程生态工程——兼对网上有关南水北调不实之词的回应 2019-04-15 中国南水北调

全面认识南水北调工程讲好南水北调故事——专访水利部离退休老干部局局长凌先有 2019-04-15 中国南水北调

南水北调东线源头江都：确保"一江清水向北流" 2019-04-10 中国新闻网

天津加快海绵城市建设持续改善水生态环境质量 2019-03-27 北方网

节水优先南水北调大讲堂进校园 2019-03-27 新京报

世界水日，来一场与南水北调的亲密接触 2019-03-23 大河网

南水北调中线建管局河北分局高邑元氏管理处开展"世界水日"宣传活动 2019-03-25 长城网

水资源时空调控应综合施策——写在"世界水日"来临之际 2019-03-25 科技日报

南水北调中线工程冰期输水平稳过冬 2019-02-27 中国水利报

湖北襄阳引丹渠生命渠变生态渠 2019-02-27 中国新闻网

淅川——一库清水的守护者 2019-02-27 大河网

千里水脉润北方——南水北调中线输水成效综述 2019-02-19 新华社

淮委研究部署南水北调东线二期工程规划有关工作 2019-01-02 中国水利网

学术研究篇目摘要

浅谈南水北调中线工程施工管理中存在的问题及对策 王志 建材与装饰 2019-12-15 期刊

加强南水北调中线工程运行管理 保障供水安全 提高供水效益于合群 中国水利 2019-12-12 期刊

南水北调中线工程河南段社会经济效益研究 赵晶；毕彦杰；韩宇平；于靖；左萍 西北大学学报（自然科学版） 2019-11-21 期刊

南水北调中线工程穿黄隧洞盾构施工始发关键技术及风险控制措施 王振凡；柯明星；国际碾压混凝土坝技术新进展与水库大坝高质量建设管理——中国大坝工程学会 2019 学术年会论文集 2019-11-11 国际会议

Human Activity Intensity Assessment by Remote Sensing in the Water Source Area of the Middle Route of the South-to-North Water Diversion Project in China Wenwen Gao；Yuan Zeng；Yu Liu Sustainability 2019

南水北调中线工程丹江口水库蒸发站建设与运行 杨鑫；吴竞博；龙翔 科技资讯 2019-10-13 期刊

Water-energy nexus of the Eastern Route of China's South-to-North Water Transfer Project Dan Chen；Di Zhang；Zhaohui Luo Water Policy 2019-10-04 外文期刊

纤维混凝土在南水北调中线工程总干渠的应用 毛敏飞 陕西水利 2019-09-20 期刊

南水北调中线工程抽排泵站自动控制系统的应用 谢广东；管世珍 水利水电快报 2019-09-15 期刊

焦作市南水北调中线工程配套工程苏蔺水厂净水工艺设计要点及运行效果 葛继光；郭乙霏；凌艳芬；郭二旺 城镇供水 2019-09-15 期刊

共享发展理念下充分发挥南水北调中线工程效益研究 吴海峰 经济研究参考 2019-09-11 期刊

Automatic Control of the Middle Route Project for South-to-North Water Transfer Based on Linear Model Predictive Control Algorithm Lingzhong Kong；Jin Quan；Qian Yang Water 2019-09-09 外文期刊

Algae Growth Distribution and Key Prevention and Control Positions for the Middle Route of the South-to-North Water Diversion Project Jie Zhu；Xiaohui Lei；Jin Quan Water 2019-09-05 外文期刊

南水北调中线工程运行管理规范化建设探索与实践 王峰；李舜才；刘梅 中国水利 2019-08-30 期刊

南水北调中线工程运行的环境问题及风险分析 黄绳；农翕智；梁建奎；邵东国；钟华 人民长江 2019-08-28 期刊

南水北调中线工程的大国工匠精神探析 黄耀丽 河南农业 2019-08-25 期刊

A multi-objective water trading optimization model for Henan Province's water-receiving area in the Middle Route of China's South-to-North Water Diversion Project M. Dou；J. Zhang；G. Li Water Policy 2019-08-25 外文期刊

南水北调中线工程总干渠冰期输水调控仿真研究 刘孟凯 农业工程学报 2019-08-23 期刊

南水北调中线工程移民创伤后成长及影响因素作用机制 陈端颖；向梦琪；贺露；陈子月；蒋思洁 中国社会医学杂志 2019-08-19 期刊

基于B/S结构的南水北调中线工程安全监测自动化应用系统设计与实现　郝泽嘉；姜云辉；聂鼎　中国水利　2019-08-12　期刊

南水北调中线工程水源区内外迁移民慢性病疾病谱及影响因素　贾佳；刘冰；吕翻翻；姜峰波；柯丽　中华疾病控制杂志　2019-07-25　期刊

南水北调中线工程膨胀土渠段边坡变形研究　张文峰　人民黄河　2019-07-10　期刊

南水北调中线工程专网供电系统无功补偿方式　陈辉；闫新；吴思宇　人民黄河　2019-06-10　期刊

当前我国农村基层党组织组织力提升研究——以南水北调中线工程移民村为例　李鹏飞　河南财经政法大学　2019-06-01　硕士

乡村道德治理路径研究——以南水北调中线工程淅川县移民村为例　林雪莹　河南财经政法大学　2019-06-01　硕士

GIS-Based Subsidence Prediction of Yuzhou Goaf Area at the Middle Route of the South-to-North Water Diversion Project Renwei Ding；Handong Liu；Jinyu Dong Geotechnical and Geological Engineering 2019-06-01　外文期刊

Assessment and Management of Pressure on Water Quality Protection along the Middle Route of the South-to-North Water Diversion Project Baolong Han；Nan Meng；Jiatian Zhang Sustainability 2019-05-31　外文期刊

南水北调中线工程典型冷冬年冰情分析及防控措施　韦耀国；温世亿；杨金波　中国水利　2019-05-30　期刊

南水北调中线工程典型受水区地表水稳定同位素特征及其影响研究　陈毅良　云南大学　2019-05-01　硕士

翻译转换理论视角下的汉英翻译实践报告——以《世纪大迁徙：南水北调中线工程

丹江口库区移民纪实》部分章节英译为例　李子月　江西师范大学　2019-05-01　硕士

南水北调中线工程引水渠保定段地质灾害危险性评价研究　王雪冰　中国地质科学院　2019-05-01　硕士

南水北调中线工程档案管理实践及分析　李静　郑州大学　2019-05-01　硕士

南水北调中线工程保护区生态敏感性评价　林荣清　中国矿业大学　2019-05-01　硕士

南水北调中线工程某大型渡槽支承结构动力特性分析　康永鹏　华北水利水电大学　2019-05-01　硕士

Assessment and Management of Pressure on Water Quality Protection along the Middle Route of the South-to-North Water Diversion Project Baolong Han；Nan Meng；Jiatian Zhang Sustainability 2019-05-01　外文期刊

南水北调中线工程核心水源区土地利用空间格局动态变化研究　刘克；甘宇航；张涛；罗征宇；肖晓　测绘与空间地理信息　2019-04-25　期刊

南水北调中线工程渠堤变形安全监控指标研究　程德虎；孙一清；杜智浩　水利信息化　2019-04-25　期刊

南水北调中线工程潜在水生态风险分析　赵楠楠；李垒　北京水务　2019-04-15　期刊

南水北调中线工程安全监测预警机制研究　范哲；黎利兵；商玉洁　水利水电快报　2019-04-15　期刊

物联网技术在南水北调中线工程消防系统中的应用　胡方田；章程　水电站机电技术　2019-04-15　期刊

浅谈POL方案在南水北调中线工程的应用前景　朱子龙；李斌；李成；高璐；李超　水电站机电技术　2019-04-15　期刊

南水北调中线工程计算机网络安全现状

及防范措施　赵化众；刘芳浩；康正　水电站机电技术　2019-04-15　期刊

浅谈南水北调中线工程闸控系统安全问题及建议　于广杰　水电站机电技术　2019-04-15　期刊

南水北调中线工程渠坡植草护坡问题　马志林；李杰君；李虎星；杨秋贵；张丽娅　中国水利　2019-03-30　期刊

浅谈南水北调中线工程地理信息管理系统建设构想　郗红　城市建设理论研究（电子版）　2019-03-25　期刊

Science-Geoscience；New Findings from J. Y. Dong and Co-Researchers in the Area of Geoscience Described (Deformation and Subsidence Prediction On Surface of Yuzhou Mined-out Areas Along Middle Route Project of South-to-north Water Diversion，China)　Science Letter　2019-03-15　外文期刊

南水北调中线工程冰期输水平稳过冬　张存有　中国水利　2019-03-12　期刊

南水北调中线工程典型渠堤数值模拟分析　韦耀国；赵毅恒；杜智浩　水利信息化　2019-02-25　期刊

南水北调中线工程典型渠段一维水动力水质模拟与预测　易雨君；唐彩红；张尚弘　水利水电技术　2019-02-20　期刊

Temporal and Spatial Changes of Non-Point Source N and P and Its Decoupling from Agricultural Development in Water Source Area of Middle Route of the South-to-North Water Diversion Project Liguo Zhang；Zhanqi Wang；Ji Chai Sustainability　2019-02-09　外文期刊

南水北调中线工程水源地降水变化分析　白景锋；柳海洋；李欢；郭晓乐；刘梦鸽　黄河水利职业技术学院学报　2019-01-15　期刊

南水北调中线工程保护区生态敏感性评价　林荣清　中国矿业大学　2019-05-01　硕士

南水北调中线工程引水渠保定段地质灾害危险性评价研究　王雪冰　中国地质科学院　2019-05-01　硕士

河南省跨区域水权交易潜力评估及交易模型研究　张建岭　郑州大学　2019-05-01　硕士

南水北调中线干渠植草护坡现状与思考　马志林；李杰君；李虎星；杨秋贵；张丽娅　人民长江　2019-08-28　期刊

南水北调精神研究　王心悦　河南大学　2019-06-01　硕士

南水北调中线工程河南段社会经济效益研究　赵晶；毕彦杰；韩宇平；于靖；左萍　西北大学学报（自然科学版）　2019-11-21　期刊

南水北调中线工程运行的环境问题及风险分析　黄绳；农翕智；梁建奎；邵东国；钟华　人民长江　2019-08-28　期刊

南水北调中线渠坡不同季节不同盖度草地土壤氮素和有机质变化　张丽娅；马志林　江苏农业科学　2019-03-08　14:40　期刊

土壤特性对渠道护坡植草生长状况的影响　马志林；张丽娅；杨秋贵；李虎星；陈芳　水土保持通报　2019-10-15　期刊

南水北调河南水权交易市场法律规制研究　许小凡　河南工业大学　2019-05-01　硕士

基于DEM空间分布的淅川县石质荒漠化规律研究　陈子韶　华北水利水电大学　2019-05-01　硕士

基于RSEI的生态质量动态变化分析——以丹江流域（河南段）为例　王勇；王世东　中国水土保持科学　2019-06-15　期刊

南水北调中线渠道边坡防护的植物适应性研究——以河南新郑段为例　张丽娅　华北水利水电大学　2019-05-01　硕士

南水北调穿黄隧洞水质安全保障措施及应

用 祝亚平；杨育红 人民黄河 2019-09-10
期刊

南水北调中线水源区河南区域水体氮素动态变化及其营养状态评价 李冰 南阳师范学院 2018-12-01 硕士

关于加强南水北调中线水源地保护和管理的思考 王新才；吴敏 长江科学院院报 2019-09-15 期刊

南水北调中线防洪影响工程初步方案分析 田晓龙 河南水利与南水北调 2019-01-30 期刊

南水北调工程突发水污染事件分级体系研究 龙岩；雷晓辉；杨艺琳；李有明 水力发电学报 2018-10-15 10:42 期刊

弘扬南水北调移民精神 践行社会主义核心价值观 黄荣杰 南都学坛 2019-07-10 期刊

南水北调精神的红色基因浅析 黄耀丽 江汉石油职工大学学报 2019-07-20 期刊

南水北调中线水源现状和水质管理对策 宋盼 化工设计通讯 2019-08-28 期刊

丹江口水库微生物群落特征及其与水质的关系研究 阴星望 南阳师范学院 2019-05-01 硕士

推进河南省生态廊道建设之我见 汪万森 国土绿化 2019-09-20 期刊

淅川徐家岭楚墓考古发掘纪实 乔保同 大众考古 2019-03-20 期刊

南水北调倒虹吸工程水保措施配置及效果 康玲玲；孔凡霞；吴国权；董飞飞；孙娟 水土保持通报 2019-06-15 期刊

南水北调中线工程专网供电系统无功补偿方式 陈辉；闫新；吴思宇 人民黄河 2019-06-10 期刊

丹江口库区表层浮游细菌群落组成与PICRUSt功能预测分析 张菲；田伟；孙峰；陈彦；丁传雨 环境科学 2018-10-15 16:

46 期刊

挤塑聚苯板在混凝土衬砌渠道冻胀防治中的应用研究 鹿翔宇 山东农业大学 2019-03-27 硕士

高锰酸盐、高铁酸盐和臭氧预氧化处理饮用水 许正荣；郑龙；安冬 水处理技术 2019-06-10 期刊

丹江干流（河南段）生态流量研究 张国辉；郭晓丽；吴沛 中国农村水利水电 2019-09-15 期刊

针对淡水养殖排放水体污染的防治方法研究 段云岭；马金林；王晓奕；黄晓晨；冯金铭 华北水利水电大学学报（自然科学版） 2019-04-25 期刊

推动南阳农业产业结构调整的对策与建议 夏书贞；江建荣 农业科技通讯 2019-06-17 期刊

某管线穿越南水北调供水配套管线安全影响评价 余培松 河南水利与南水北调 2019-10-30 期刊

南水北调中线工程开放发展路径研究 安晓明 水利经济 2019-09-30 期刊

共享发展理念下充分发挥南水北调中线工程效益研究 吴海峰 经济研究参考 2019-09-11 期刊

河南省跨区域水权交易潜力评估及交易模型研究 张建岭 郑州大学 2019-05-01 硕士

南水北调河南水权交易市场法律规制研究 许小凡 河南工业大学 2019-05-01 硕士

南水北调中线工程河南段社会经济效益研究 赵晶；毕彦杰；韩宇平；于靖；左萍 西北大学学报（自然科学版） 2019-11-21 期刊

南水北调配套水厂建设之水厂建筑设计 孟珂；王笑飞；冯钰 河南水利与南水北调 2019-07-30 期刊

大洞径土质隧洞开挖衬砌技术 陶伊

洛；周怡平；于光辉　张帆　河南水利与南水北调　2019-10-30　期刊

豫北地区水利发展现状及存在问题探究　杨万祯　工程技术研究　2019-08-27 10:09　期刊

南水北调配套工程阀井内环境初探　诸葛梅君；李留军；王贺；周睿；李金龙　河南水利与南水北调　2019-12-30　期刊

禹州市沙陀南水北调调蓄工程项目探讨　傅钧亚　河南水利与南水北调　2019-01-30　期刊

周口市南水北调东区水厂工艺设计探究　邓小聪；王川　工程技术研究　2019-08-10　期刊

南水北调防洪工程箱涵基坑开挖支护方案　张帆　河南水利与南水北调　2019-06-30　期刊

严寒及寒冷地区长距离输水明渠冬季运行安全评价　吴梦娟　兰州交通大学　2019-04-01　硕士

长距离调水工程组织复杂性评价研究　傅强　华北水利水电大学　2019-05-01　硕士

南水北调集中供水项目PPP模式的实践　李灿　河南水利与南水北调　2019-10-30　期刊

某泄洪闸闸室结构静动力分析　徐华冰　华北水利水电大学　2019-05-01　硕士

气候变化对南水北调中线可调水量及供水风险影响研究　孟猛　郑州大学　2019-05-01　硕士

南水北调中线工程引水渠保定段地质灾害危险性评价研究　王雪冰　中国地质科学院　2019-05-01　硕士

南水北调中线水源地农业面源污染特征及农户环境行为研究　王彦东　西北农林科技大学　2019-05-01　博士

南水北调是优化我国水资源配置格局的重大战略工程——访中国工程院院士王浩　王慧；韦凤年　中国水利　2019-12-12　期刊

考虑温升及水压作用的冬季输水渠道冰盖的热力耦合分析　朱景胜　西北农林科技大学　2019-05-01　硕士

南水北调关键技术突破对推动我国水利技术进步具有重要意义——访中国工程院院士钮新强　王慧；韦凤年　中国水利　2019-12-12　期刊

南水北调中线工程总干渠冰期输水调控仿真研究　刘孟凯　农业工程学报　2019-08-23　期刊

丹江口水利枢纽综合调度研究　张睿；张利升；饶光辉　人民长江　2019-09-28　期刊

对南水北调中线干线工程生态补水的初步思考　刘远书；冯晓波；杨柠　水利发展研究　2019-11-10　期刊

略论南水北调精神中的中原人文精神特质　黄耀丽　济源职业技术学院学报　2019-09-15　期刊

南水北调中线工程典型渠段一维水动力水质模拟与预测　易雨君；唐彩红；张尚弘　水利水电技术　2019-02-20　期刊

基于时间序列挖掘技术的南水北调工程安全监测数据异常检测刘彩云　华北水利水电大学　2019-05-01　硕士

乡村道德治理路径研究——以南水北调中线工程淅川县移民村为例　林雪莹　河南财经政法大学　2019-06-01　硕士

长距离输水工程突发污染事故风险分析　唐彩红；易雨君；张尚弘　水利水电技术　2019-02-20　期刊

南水北调中线工程水源地降水变化分析白景锋；柳海洋；李欢；郭晓乐；刘梦鸽　黄河水利职业技术学院学报　2019-01-15　期刊

基于IOWA-云模型的长距离引水工程运行安全风险评价研究　聂相田；范天雨；董

浩；王博　水利水电技术　2019-02-01　11：38　期刊

南水北调中线调蓄工程建设资产证券化融资　李发鹏；孙嘉；王建平　人民黄河　2019-12-30　期刊

南水北调中线干线工程应急管理短板及对策研究　槐先锋；陈晓璐；于洋　中国水利　2019-12-12　期刊

南水北调中线水源区河南区域水体氮素动态变化及其营养状态评价　李冰　南阳师范学院　2018-12-01　硕士

基于B/S结构的南水北调中线工程安全监测自动化应用系统设计与实现　郝泽嘉；姜云辉；聂鼎　中国水利　2019-08-12　期刊

南水北调中线一期工程对生态环境的影响分析　楼晨笛；方晓；王东　陕西水利　2019-09-20　期刊

南水北调中线工程水源区生态环境综合评价　刘伯涛；李崇贵　科技通报　2019-10-31　期刊

南水北调中线调水对汉江中下游水文情势的影响　朱烨；李杰；潘红忠　人民长江　2019-01-25　期刊

商洛丹江流域生态环境保护调查　杜尚儒　新西部　2019-11-10　期刊

基于多特征融合的高填方渠道水泥坡面破损识别方法研究　王丽　华北水利水电大学　2019-05-01　硕士

南水北调中线工程膨胀土渠段边坡变形研究　张文峰　人民黄河　2019-07-10　期刊

南水北调中线渠道边坡防护的植物适应性研究——以河南新郑段为例　张丽娅　华北水利水电大学　2019-05-01　硕士

后移民时代南水北调中线移民社会融入调查　李晓晴　西北农林科技大学　2019-04-01　硕士

南水北调中线工程典型受水区地表水稳

定同位素特征及其影响研究　陈毅良　云南大学　2019-05-01　硕士

南水北调生态补偿机制亟待建立　陈小玮　新西部　2019-11-10　期刊

南水北调中线渠坡不同季节不同盖度草地土壤氮素和有机质变化　张丽娅；马志林　江苏农业科学　2019-03-08　期刊

南水北调穿黄隧洞水质安全保障措施及应用　祝亚平；杨育红　人民黄河　2019-09-10　期刊

关于加强南水北调中线水源地保护和管理的思考　王新才；吴敏　长江科学院院报　2019-09-15　期刊

基于灰色关联分析的长距离引水工程运行安全风险评价及关键风险源诊断　吴瀚　华北水利水电大学　2019-03-01　硕士

基于可变云模型的南水北调中线供水效益综合评价探析　陈晓楠；段春青；崔晓峰；冯晓波；靳燕国　华北水利水电大学学报（自然科学版）　2019-06-25　期刊

严寒及寒冷地区长距离输水明渠冬季运行安全评价　吴梦娟　兰州交通大学　2019-04-01　硕士

南水北调中线征迁安置风险后果模糊综合评价　葛巍；李定斌；李冀；张西辰；潘旖鹏　人民长江　2019-01-25　期刊

南水北调中线输供水水质管理协作机制探讨　梁建奎；常志兵；辛小康；王树磊；张爱静　中国水利　2019-06-30　期刊

南水北调中线工程运行管理规范化建设探索与实践　王峰；李舜才；刘梅　中国水利　2019-08-30　期刊

南水北调中线干线工程突发事件应急预案体系研究　王晓蕾；槐先锋　水利发展研究　2019-04-10　期刊

南水北调工程突发水污染事件分级体系研究　龙岩；雷晓辉；杨艺琳；李有明　水力发电学报　2018-10-15　10：42　期刊

闸门及启闭设备的运行维护　王昆仑

河南水利与南水北调 2019-05-30 期刊

基于景观格局分析的南水北调中线水源地库区面源污染特征研究 梁济平 西北农林科技大学 2019-04-01 硕士

"南水北调"对农业生产的损益分析——基于湖北、河南两省14个村庄1222位农民的调查 杨富茂 绿色科技 2019-04-30 期刊

土壤特性对渠道护坡植草生长状况的影响 马志林；张丽娅；杨秋贵；李虎星；陈芳 水土保持通报 2019-10-15 期刊

南水北调中线水源区降水量时空特征分析 赵美静；吴冬雨；谭云燕；郭暄；赵潘飞 南阳师范学院学报 2019-11-10 期刊

长距离调水工程组织复杂性评价研究 傅强 华北水利水电大学 2019-05-01 硕士

南水北调中线工程核心水源区土地利用空间格局动态变化研究 刘克；甘宇航；张涛；罗征宇；肖晓 测绘与空间地理信息 2019-04-25 期刊

基于"N-E-S"模型的丹江口库区人类活动干扰评价研究 冯珍珍 郑州大学 2019-05-01 硕士

丹江口水库微生物群落特征及其与水质的关系研究 阴星望 南阳师范学院 2019-05-01 硕士

输水系统糙率率定方法研究 陈文学；崔巍；何胜男；穆祥鹏 水利水电技术 2019-07-01 10:01 期刊

南水北调焦作城区段绿化设计方案探索 卢天喜 焦作大学学报 2019-03-05 期刊

禹州市沙陀南水北调调蓄工程项目探讨 傅钧亚 河南水利与南水北调 2019-01-30 期刊

外调水对受水区水资源配置效果影响的系统分析 马怀森 南方农机 2019-03-15 期刊

南水北调中线工程计算机网络安全现状及防范措施 赵化众；刘芳浩；康正 水电站机电技术 2019-04-15 期刊

南水北调中线水源区2000—2015年森林动态变化遥感监测 高文文；曾源；刘宇；衣海燕；吴炳方 林业科学 2019-04-15 期刊

大直径盾构隧道下穿南水北调中线总干渠设计研究 张延 铁道标准设计 2019-05-09 16:45 期刊

高填方渠道坡面破损的多尺度特征提取 刘明堂；王丽；张来胜；秦泽宁；刘佳琪 中国图像图形学报 2019-09-16 期刊

南水北调中线陶岔渠首段流速分布规律研究 刘东生；左建；林云发；连雷雷；吴竟博 水利水电快报 2019-01-15 期刊

基于SWOT-AHP法的南阳市旅游发展战略研究 肖拥军；万芸；唐嘉耀 国土资源科技管理 2019-02-15 期刊

城际铁路下穿南水北调干渠设计方案研究 晏成 铁道标准设计 2018-08-31 17:22 期刊

南水北调中线工程除藻拦污技术研究 吴林峰；李昊；张佩纶；李成 人民黄河 2018-11-29 13:37 期刊

跨流域调水工程水源区生态补偿分摊DEA模型 谭佳音；蒋大奎 统计与决策 2019-05-10 13:17 期刊

南水北调中线工程安全监测预警机制研究 范哲；黎利兵；商玉洁 水利水电快报 2019-04-15 期刊

南水北调工程对血吸虫病传播影响研究进展 黄殷殷；张世清；操治国；王毓洁；汪天平 热带病与寄生虫学 2019-09-10 期刊

移民史视阈下南水北调精神的历史地位——兼论精神形态的生成标准、类型归属 焦金波 南阳师范学院学报 2019-09-10

期刊

南水北调中线河南水源区生态清洁型小流域建设研究——以贾营小流域为例　赵喜鹏　华北水利水电大学　2019-05-01　硕士

南水北调中线工程渠堤变形安全监控指标研究　程德虎；孙一清；杜智浩　水利信息化　2019-04-25　期刊

南水北调工程运行管理研究　崔浩朋　低碳世界　2019-02-25　期刊

南水北调中线水源现状和水质管理对策　宋盼；化工设计通讯　2019-08-28　期刊

关于进一步完善南水北调（中线）生态补偿机制的几点建议　黎祖交　绿色中国　2019-11-01　期刊

浅谈POL方案在南水北调中线工程的应用前景　朱子龙；李斌；李成；高璐；李超　水电站机电技术　2019-04-15　期刊

大型线型工程征迁安置风险的突变评价法评估　葛巍；李定斌；张西辰；李冀；王建有　人民黄河　2019-04-10　期刊

浅谈南水北调中线工程闸控系统安全问题及建议　于广杰　水电站机电技术　2019-04-15　期刊

丹江流域不同类型湿地的氮截留能力研究　潘永泰　中国科学院大学（中国科学院武汉植物园）　2019-06-01　硕士

推进河南省生态廊道建设之我见　汪万森　国土绿化　2019-09-20　期刊

南水北调中线渠首库区矿山弃渣问题分析及治理方案　刘小二；张春生；杨鲁玉；来亚芳；王林峰　中国非金属矿工业导刊　2019-09-20　期刊

浅谈南水北调中线工程地理信息管理系统建设构想　郏红伟　城市建设理论研究（电子版）　2019-03-25　期刊

南水北调中线干渠藻类增殖潜势的数学分析方法与建议　张志浩；杜兆林；雷晓

辉；权锦；曹慧哲　南水北调与水利科技　2019-05-13　期刊

南水北调中线防洪影响工程初步方案分析　田晓龙　河南水利与南水北调　2019-01-30　期刊

南水北调中线工程典型渠堤数值模拟分析　韦耀国；赵毅恒；杜智浩　水利信息化　2019-02-25　期刊

南水北调中线水源地县域生态红线划定与产业布局研究　赵瑞；吴克宁；宋文；宋恒飞　江西农业大学学报　2019-02-20　期刊

河南淅川坑南遗址北区2016～2017年度发掘简报　宋国定；赵清坡；赵静芳；李京亚　华夏考古　2019-06-25　期刊

河南省生态保护补偿机制建设情况及建议——以丹江口水库库区生态保护补偿建设情况为例　赵德友；常冬梅；杨琳　市场研究　2019-11-25　期刊

闸门热管融冰设备的运行维护分析　邢志友；马金全；苏义明　水电站机电技术　2019-04-15　期刊

南水北调中线干线鱼类资源调查研究　周梦；唐涛；杨明哲；尚宇鸣　中国水利　2019-07-30　期刊

基于冲突证据融合的南水北调渠道工程健康诊断　程德虎；伞兵；敖圣锋；何金平　中国水利　2019-04-30　期刊

南水北调中线干线节制闸过流公式率定及曲线绘制　李景刚；乔雨；陈晓楠；黄诗峰；高林　人民长江　2019-08-28　期刊

新媒体语境下南水北调工程的品牌定位研究　王志文；朱文君　中国水利　2019-01-30　期刊

国家南水北调水源区老年移民健康状况及卫生服务利用研究　姜峰波　锦州医科大学　2019-05-01　硕士

变箱变截面连续刚构渡槽技术要点　汤洪浩；徐江；向国兴；雷盼；罗亚松　水利

水电技术 2019-02-20 期刊

冬季输水混凝土衬砌渠道防冻胀措施研究 魏鹏 石河子大学 2019-05-01 硕士

基于虚拟现实的渡槽灾变仿真 王海龙 华北水利水电大学 2019-05-01 硕士

静磁栅闸门行程传感器在南水北调中线工程中的应用 甘露；王青；朱俊杰；雷文 四川水力发电 2019-12-15 期刊

南水北调中线控制闸在渠道蓄水平压中的运用研究 李景刚；张学寰；陈晓楠；李斌 中国水利 2019-08-30 期刊

冰水二相流输水渠道流冰输移演变机理研究及其应用 陈云飞 中国水利水电科学研究院 2019-05-01 硕士

流域生态补偿多元主体责任分担及其协同效应研究 郑云辰 山东农业大学 2019-10-30 博士

典型长距离调水工程冬季冰凌危害调查及分析 黄国兵；杨金波；段文刚 南水北调与水利科技 2018-12-27 15:12 期刊

南水北调中线总干渠叶绿素a与藻密度相关性研究 田勇 人民长江 2019-02-28 期刊

南水北调中线PCCP管道镇墩、包封结构混凝土应力应变分析 普薇如 江西水利科技 2019-04-15 期刊

南水北调中线总干渠水质状况综合评价 孙甲；韩品磊；王超；辛小康；雷俊山 南水北调与水利科技 2019-07-08 14:55 期刊

南水北调渠道膨胀土复核勘察与防治措施研究 柳东亮；兰景岩 水科学与工程技术 2019-08-25 期刊

渠道边坡土壤裂隙网络的CT扫描与分形特征研究 刘风华；高悦；苏永军；孔淑芹 节水灌溉 2019-06-05 期刊

丹江口库区及上游水土保持工程实施效果评估指标体系研究 王国振；卜崇峰；冯

伟 中国水土保持 2019-07-05 期刊

丹江口库区神定河水质污染成因分析 胡玉；帅钰；杜永；任良锁；吴承明 人民长江 2019-11-28 期刊

基于遗传程序的南水北调中线水面线计算 陈晖；陈海涛；关莹；陈晓楠；田竞 人民黄河 2019-01-10 期刊

南水北调中线干线中控室输水调度模式优化研究 田勇 中国水利 2019-12-12 期刊

中原城市群水资源综合调控方案与效果评价 王慧亮；陈开放；李云飞；吴泽宁 人民黄河 2019-06-10 期刊

丹江口水库老灌河流域地下水水化学特征 代贞伟；王磊；伏永朋；章昱；张方亮 中国地质调查 2019-10-23 17:01 期刊

浅谈卷扬式启闭机的防腐施工技术 付长旺；孙文举 水电站机电技术 2019-04-15 期刊

南水北调中线工程抽排泵站自动控制系统的应用 谢广东；管世珍 水利水电快报 2019-09-15 期刊

斜拉式漂浮物拦捞装置的设计与应用 杨小东；尚力阳；范素香；于鹏辉 华电技术 2019-09-25 期刊

丹江口库区农业地质灾害形成机制研究 高园园 南阳师范学院学报 2019-11-10 期刊

丹江口库区生态安全的时空演变规律及其调控措施 彭哲；郭宇；郝仕龙；侯梅芳 水土保持通报 2019-02-15 期刊

物联网技术在南水北调中线工程消防系统中的应用 胡方田；章程 水电站机电技术 2019-04-15 期刊

南水北调中线一期工程向白龟山水库生态调水的实践 杜玉娟 水利建设与管理 2019-06-23 期刊

输水工程的水力过渡过程及运行控制研究 梁娜娜 大连理工大学 2019-05-01

硕士

南水北调大跨度渠坡割草机械结构与动力学特性研究　潘家伟　华北水利水电大学　2019-03-01　硕士

南水北调倒虹吸工程水保措施配置及效果　康玲玲；孔凡霞；吴国权；董飞飞；孙娟　水土保持通报　2019-06-15　期刊

应用遥感技术监测丹江口水库氨氮分布研究　王鑫；肖彩；薛泽宇；蒲前超；蒋婷　水资源研究　2019-10-15　期刊

电动蝶阀传动机构故障分析　李斌；韦春；李成；朱子龙；李超　水电站机电技术　2019-04-15　期刊

基于GIS与RS的南阳市人居环境综合评价　申真　绿色科技　2019-09-30　期刊

乡镇污水厂提标改造工程中AAO/MBR工艺的设计要点　郑立安；杨涛　净水技术　2019-12-25　期刊

基于Copula函数的郑州市外调水供水补偿特性　张倩；吴泽宁；吕翠美；郭溪；高申　人民黄河　2019-04-10　期刊

河南省防汛抗旱存在的问题及对策　徐争　河南水利与南水北调　2019-11-30　期刊

基于RSEI的生态质量动态变化分析——以丹江流域（河南段）为例　王勇；王世东　中国水土保持科学　2019-06-15　期刊

2017年丹江口水库精细化调度实践与探讨　穆青青；何晓东；丁洪亮；董付强　人民长江　2019-03-28　期刊

南水北调中线工程冰期输水平稳过冬　张存有　中国水利　2019-03-12　期刊

浅议南水北调中线干线土建工程维修技术要点　肖文素；李舜才；余梦雪　中国水利　2019-10-30　期刊

压力式水位计在长距离暗渠输水工程中的应用　薛宏磊；陈岱　水电站机电技术　2019-04-15　期刊

丹江口水库入库流量变化分析　李欢；柳海洋；张明芳；钱钰鑫；白景锋　河南水利与南水北调　2019-01-30　期刊

南水北调陕南水源地生态报告　杨旭民　新西部　2019-11-10期刊

水利水电建设利益共享土地补偿研究　孙海兵　中国农村水利水电　2019-07-15期刊

弧形闸门开度指示装置的设计与应用　尚力阳；胡畔；贾诚儒；耿志彪；何勇　技术与市场　2019-08-15　期刊

不同膨胀潜势等级的膨胀土特性试验研究　李小磊；吴云刚；覃振华　中国水运（下半月）　2019-06-15　期刊

丹江口库区大气湿沉降特征及其对库区水质的影响　贺晨皓　西北农林科技大学　2019-05-01　硕士

丹江口水库核心水源区典型流域农业面源污染特征　龚世飞；丁武汉；肖能武；郭元平；叶青松　农业环境科学学报　2019-12-20　期刊

南水北调中线渠首段鸟类多样性分析　李楠；孙甲；孙金标；刘斌；赵海鹏　中国水利　2019-10-30　期刊

南水北调中线工程专网供电系统无功补偿方式　陈辉；闫新；吴思宇　人民黄河　2019-06-10　期刊

模袋混凝土水下快速修复输水渠道技术及应用　曹会彬；申黎平；张文峰；冯瑞军　人民黄河　2019-11-10　期刊

浅谈视频监控系统维护工作　杨杰；雷江波　水电站机电技术　2019-04-15　期刊

南水北调中线"两个所有"现场运行管理实施模式初探　李耀忠　中国水利　2019-12-12　期刊

辉县路固汉墓出土变形四叶羽人纹铜镜简论　苗霞　南方文物　2019-02-28　期刊

丹江口库区消落带淹水期沉积物氮素空

间分布及影响因素分析 韩宇平；潘礼德；陈莹；王寒 华北水利水电大学学报（自然科学版） 2019-12-25 期刊

基于SD-EF模型的郑州市水资源承载力研究 黄佳 华北水利水电大学 2019-05-01 硕士

如何加强南水北调运行期问题检查的监管 王国平 河南水利与南水北调 2019-12-30 期刊

南水北调中线干线工程建设管理与实践 李舜才；倪升；王伟 中国水利 2019-07-30 期刊

南阳膨胀土冻融循环后的土水特征试验研究 王也；王建磊；鲁洋；梁妍 长江科学院院报 2019-02-15 期刊

基于SBKF-PNN融合的高填方渠道渗漏监测模型研究 刘明堂；王丽；秦泽宁；司孝平；刘雪梅 应用基础与工程科学学报 2019-04-15 期刊

风场对明渠输水工程水位的影响及快速预测研究 郭维维；龙岩 水利水电快报 2019-12-15 期刊

南水北调渠道衬砌关键点施工方法及质量控制 陈希明 安徽建筑 2019-07-25 期刊

南水北调黏性土渠堤裂缝成因分析及处理 宋义东；罗保才；韩桃明 水利规划与设计 2019-12-15 期刊

郑万高铁跨南水北调大桥拱肋竖向转体施工分析 李杰；高清炎；梁岩；陈代海 公路 2019-01-22 13:54 期刊

丹江口水库水资源调度管理系统设计与实现 成良歌 华中科技大学 2019-06-01 硕士

南水北调中线某城区段植物种类调查分析 赵慧芳；樊炜 山西建筑 2019-12-20 期刊

淅川徐家岭楚墓考古发掘纪实 乔保同 大众考古 2019-03-20 期刊

不确定环境下基于水期权的水资源优化配置模型研究 高志超 河北大学 2019-06-01 博士

基于多场耦合非饱和膨胀土边坡渐进破坏研究 张良以 北京交通大学 2019-06-01 博士

丹江口水库汛期水位动态控制关键技术研究与实践 张俊；闫要武；段唯鑫 长江技术经济 2019-06-15 期刊

河南省南水北调工程供水效益分析 李佳；张荣；毛豪林；韩磊 河南水利与南水北调 2019-12-30 期刊

南水北调渠坡膨胀土胀缩特性及变形模型研究 刘祖强；罗红明；郑敏；施云江 岩土力学 2019-06-18 11:45 期刊

丹江口库区表层浮游细菌群落组成与PICRUSt功能预测分析 张菲；田伟；孙峰；陈彦；丁传雨 环境科学 2018-10-15 16:46 期刊

水源切换供水管网水质变化分析及应对策略研究 张垚 郑州大学 2019-05-01 硕士

大型水利水电工程活动中的社会正义问题研究 董原旭 昆明理工大学 2019-05-01 硕士

混凝土重力坝加高新老混凝土黏结有限元分析 金宇松 郑州大学 2019-05-01 硕士

抗滑桩+坡面梁新型支护型式在膨胀土处理中的应用 高建新；赵东城；王珊珊 河南水利与南水北调 2019-05-30 期刊

飞蛾捕焰优化算法在引水工程安全监测模型中的应用研究 魏晋晋 合肥工业大学 2019-05-01 硕士

丹江口库区小流域汇水区景观特征对径流水质的影响 丁飞霞 华中农业大学 2019-06-01 硕士

桥墩墩型对冰塞演变影响的试验研究 黄宁静 合肥工业大学 2019-05-01 硕

士

丹江湿地国家级自然保护区及其内外区域2000—2015年土地覆被变化分析　靳川平；王超；闻瑞红；侯鹏　环境监控与预警　2019-11-30　期刊

挤塑聚苯板在混凝土衬砌渠道冻胀防治中的应用研究　鹿翔宇　山东农业大学　2019-03-27　硕士

基于SBAS-InSAR技术的丹江口坝区地表形变监测与分析　闵林；侯巍；郭拯危；王博；王宁　河南大学学报（自然科学版）　2019-11-16　期刊

大型输水渠道渗透破坏问题分析　周嵩；熊焰；倪锦初　人民长江　2019-12-28　期刊

河南淅川县沟湾遗址汉代遗存发掘简报　靳松安；韩子超；张建；李鹏飞　华夏考古　2019-12-25　期刊

丹江流域水沙变化特征分析　徐金鑫；丁文峰；林庆明　长江流域资源与环境　2019-08-15　期刊

南水北调中线水源区儿童肺吸虫病临床特征分析　卢晓琴；胡波；李芳；李金科；杨靖　医学动物防制　2019-02-21　期刊

工程补短板　行业强监管　奋力开创新时代水利事业新局面——在2019年全国水利工作会议上的讲话（摘要）　鄂竟平　中国水利　2019-01-30　期刊

南阳水科技产业园的水生态保护规划与实施策略　刘航航；建材与装饰　2019-08-19　期刊

纤维混凝土在南水北调中线工程总干渠的应用　毛敏飞　陕西水利　2019-09-20　期刊

南水北调配套水厂建设之水厂建筑设计　孟珂；王笑飞；冯钰　河南水利与南水北调　2019-07-30　期刊

南水北调中线干线工程业务外网网络安全体系　苑金勇；吴继东；王青　信息记录

材料　2019-02-01　期刊

水平定向钻施工穿越膨胀土渠堤环境影响安全监测　张文胜；尹延飞；裴灼炎；李双平；张灏　西北水电　2019-05-31　16:01　期刊

南水北调中线穿黄工程勘察关键技术　唐湘茜　水利水电快报　2019-10-15　期刊

渠道季节性冻土冻胀问题及预防措施探讨　兰景岩　黑龙江水利科技　2019-06-30　期刊

关于南水北调工程与丹江口生态环境的关系分析与研究　孙斌　中国地名　2019-12-28　期刊

基于CiteSpace中国生态补偿研究的知识图谱分析　赵晶晶；葛颜祥；接玉梅　中国环境管理　2019-08-25　期刊

突发水污染事件应急预案综合评价方法研究　郭维维；龙岩　中国农村水利水电　2019-12-15　期刊

柴油发电机控制器在南水北调中线容雄管理处的应用　员飞；赵浩　水电站机电技术　2019-04-15　期刊

环保型超疏水混凝土制备及在寒区长距离输水渠道应用　刘少军　西北农林科技大学　2019-05-01　硕士

河南省供水结构分析　罗小朋　陕西水利　2019-11-20　期刊

丹江口库区农业面源污染综合防治现状及生态农业发展探讨　王清；杨冰；陈焰红；成洪；李敏　湖北植保　2019-02-15　期刊

丹江口库区移民慢性病患病状况及心理社会应激研究　贾佳　锦州医科大学　2019-03-01　硕士

河道糙率和桥墩壅水对宽浅河道行洪能力影响的研究　王涛；郭新蕾；李甲振；郭永鑫；周志刚　水利学报　2019-01-24　17:20　期刊

基于MATLAB方法南水北调受水县城水资源优化配置方案探讨——以固安为例 张校玮 内蒙古水利 2019-01-25 期刊

南水北调中线渠道工程地质及固坡措施 袁浩；王雪雯 水科学与工程技术 2019-12-25 期刊

南水北调代建投资控制及合同管理案例分析 王建民；孙金萍 人民黄河 2019-12-30 期刊

某市南水北调配套水厂处理工艺介绍 张博丰 供水技术 2019-02-10 期刊

南水北调集中供水项目PPP模式的实践 李灿 河南水利与南水北调 2019-10-30 期刊

南水北调输水渠河倒虹吸进口与出口供电共享电源设计方法 闫新；卢家涛；鞠向楠 中国设备工程 2019-02-10 期刊

串联输水明渠PID多指标自适应算法及仿真研究 叶雯雯；管光华；李一鸣；钟乐 中国农村水利水电 2019-01-15 期刊

基于MATLAB模型的南水北调受水县城地下水开采量预测与评价 丁玎；智秀平；周建华；张同辉 北华航天工业学院学报 2019-10-25 期刊

南水北调水源区移民心理健康与政策满意度的相关性研究 柯攀；贾佳；姜峰波；陈雪琴；张帅 中国社会医学杂志 2019-12-26 期刊

丹江口库区湖北水源区不同密度马尾松人工林水源涵养能力 丁霞；程昌锦；漆良华；张建；雷刚 生态学杂志 2019-08-15 期刊

水制度量化研究进展:对象、方法与框架 谢慧明；吴应龙；沈满洪 城市与环境研究 2019-12-24 14:56 期刊

丹江流域河流表层沉积物粒度分析与重金属污染评价 李晓刚；白巧慧；庞奖励；宋利；黎恬 江西农业学报 2019-04-15 期刊

不同分散剂对膨胀土颗粒分析试验的影响 刘娉慧；张培培；刘会平；袁海英 华北水利水电大学学报（自然科学版）2019-06-25 期刊

丹江口水源涵养区退耕还草土壤微生物和线虫群落变化特征 周广帆 沈阳农业大学 2019-06-01 硕士

浅地震剖面揭露南秦岭隐伏断裂特征——以丹江断裂为例 林松；王薇；李媛；周欣；廖武林 大地测量与地球动力学 2019-03-15 期刊

丹江口水库以上流域夏秋汛期来水及相关性分析 尹志杰；王容；赵兰兰；李磊 水文 2019-08-25 期刊

南水北调配套工程阀井内环境初探 诸葛梅君；李留军；王贺；周睿；李金龙 河南水利与南水北调 2019-12-30 期刊

丹江口库区典型湿地塘系统污染阻控效果研究 汪涛 华中农业大学 2019-06-01 硕士

丹江口水利枢纽工程蓄水对其上游各水文（位）站的综合影响分析与评估 徐利永；张海波；徐新雪 陕西水利 2019-11-20 期刊

河南淅川县丹江淹没区葛家沟战国墓发掘简报 李宏庆；曾庆硕；乔保同 中原文物 2019-06-20 期刊

南水北调中线工程穿黄隧洞盾构施工始发关键技术及风险控制措施 王振凡；柯明星；国际碾压混凝土坝技术新进展与水库大坝高质量建设管理——中国大坝工程学会2019学术年会论文集 2019-11-11 国际会议

河南邓州王营M125战国墓发掘简报 李长周；魏晓东；翟京襄；乔保同 中原文物 2019-10-20 期刊

化学灌浆法在南水北调工程混凝土渠道倒虹吸管身裂缝处理中的应用 毛敏飞 陕西水利 2019-10-20 期刊

FPGA控制的光纤环形腔衰荡光谱技术在

静冰压力检测中的应用研究 潘丽鹏 太原理工大学 2019-06-01 硕士

基于 InSAR 技术的丹江口坝区地表形变监测研究 侯巍 河南大学 2019-06-01 硕士

基于模型修正的多跨渡槽动力仿真研究 温嘉琦 华北水利水电大学 2019-05-01 硕士

水泥改性膨胀土渠道施工研究 孙玉齐；张宏；杜旭斌 当代化工 2019-06-28 期刊

碱激发粉煤灰改良膨胀土强度特性试验研究 董景铨 合肥工业大学 2019-05-01 硕士

丹江口水库库周景观格局动态变化分析 秦钰莉；文力；魏鹏飞；李权国；李学敏 人民黄河 2019-04-10 期刊

南水北调倒虹吸平线管体应力状态有限元分析 姚婧婧 陕西水利 2019-06-20 期刊

膨胀土边坡抗滑桩数值模拟分析 夏伟；赵跃；谭周婷；杨立功 水道港口 2019-06-28 期刊

大型倒虹吸进口渐变段结构三维动力响应分析 张炜超；孙昱；郭安宁；任浩 人民长江 2019-12-28 期刊

焦作市南水北调中线工程配套工程苏蔺水厂净水工艺设计要点及运行效果 葛继光；郭乙霏；凌艳芬；郭二旺 城镇供水 2019-09-15 期刊

拾 组织机构

河南省南水北调建管局

【机构设置】

依据国务院南水北调工程建设委员会有关文件精神，2003年11月，河南省成立南水北调中线工程建设领导小组办公室（豫编〔2003〕31号），作为省南水北调中线工程建设领导小组的日常办事机构。2004年10月成立河南省南水北调中线工程建设管理局（豫编〔2004〕86号），与省南水北调办为一个机构、两块牌子。省南水北调办与省水利厅一个党组，主任任省水利厅党组副书记，副主任任省水利厅党组成员。省南水北调办行政编制40名，工勤编制12名。设主任1名，副主任3名。设7个处室，机关处级领导职数10名（含总经济师、总工程师、总会计师），调研员3名，副处级领导职数10名，副调研员4名。

省南水北调办主要职责是贯彻落实国家和河南省南水北调工程建设及运行管理的法律、法规和政策，参与研究制定河南省南水北调工程供用水政策及法规；负责领导小组的日常工作；负责配套工程运行管理、水量调度计划；负责配套工程水费收缴、管理和使用；负责河南省南水北调工程建设与运行管理的行政监督；负责领导小组交办的其他事项。经2018年机构改革后，省南水北调办编制、人员、职能划归省水利厅，环保职能划归省生态环境厅。

省南水北调建管局为财政全供事业单位，编制100名，设总工程师1名，并根据省编委〔2008〕13号文件精神，先后成立南阳、平顶山、郑州、新乡、安阳5个建设管理处（各建管处处级领导职数为1正2副），为省南水北调建管局派驻现场管理机构。

河南省南水北调建管局主要职责是贯彻执行国家南水北调工程建设管理的法律、法规和政策；参与河南省境内南水北调干线及配套工程前期工作；依法负责省内南水北调配套工程的建设管理工作；受国家有关部门和单位委托，承担河南省境内部分南水北调干线工程的建设管理工作；负责河南省管理或委托管理的南水北调工程项目部的组建与管理工作；执行和实施有关部门下达的南水北调工程建设投资计划；配合有关方面开展南水北调工程的征地、拆迁安置、环境保护和文物保护工作；协调配合有关方面保障河南省境内南水北调工程建设环境；组织协调解决河南省境内南水北调工程的重大技术问题；根据有关规定，组织或参与河南省境内南水北调工程的验收工作。

2019年，机构改革期间，经省水利厅党组研究决定，原省南水北调办（建管局）承担的事业性职能暂由5个建管处接续负责，配套工程运行管理工作正常开展。

（樊桦楠）

【后勤管理改革】

2019年后勤管理改革取得显著成效，办公经费比2018年节省约30%。完成机关固定资产的盘点、办公设施设备的日常维护管理、机关新老物业交接。所有固定资产统一在政府网上商城采购。办公用品的领取改革后，需经领导审核批准，机关办公大楼卫生间加装声控设置，对办公大楼的13台有线电视设备进行全面排查和清理，取消5台机顶盒。取消常年闲置的电话号码。

（王　振　马君丽）

【党建与廉政建设】

2019年，省南水北调建管局各党支部学习贯彻习近平新时代中国特色社会主义思想和党的十九大四中全会精神，组织党员学习《习近平关于"不忘初心、牢记使命"重要论述选编》《习近平新时代中国特色社会主义思想学习纲要》，学习贯彻习近平总书记在河南就经济社会发展和"不忘初心、牢记使命"主题教育情况进行考察调研时的重要讲话，开展"不忘初心、牢记使命"主题教育，持续推进"两学一做"常态长效化。落实党建工作责任制，党建工作和业务工作一起谋划、一起部署、一起检查、一起考核。各支部书记带头履行党建"第一责任人"职责，支部班子成员落实"一岗双责"。

郑州段建管处党支部于6月14日召开党员大会，按照党支部换届选举工作流程，选举产生新一届支部委员会。2名预备党员转为正式党员。对十八大以来发展的党员进行全面排查，符合党章和《细则》规定的各项标准。根据人员岗位变化情况，及时调整理顺党员组织隶属关系。按照省水利厅机关党委要求，对2016年至2019年党费缴纳使用管理情况进行自查，经自查党费严格按照上级规定的用途和范围使用，账目清楚，票据凭证齐全，资金无截留，无挤占或挪用。按照水利厅机关党委安排参加基层党组织观摩交流、"学习强国"河南学习平台答题挑战赛、"我和我的祖国"微型党课系列活动。

按照水利厅党组印发的"不忘初心、牢记使命"主题教育实施方案要求，开展学习教育活动，组织召开主题教育动员会。开展学习周活动，集中学习5次、学习研讨1次，组织集中观看专题视频讲座3部、教育纪录片2部、警示教育片2部。按要求报送主题教育工作阶段性总结，汇报、文件材料等共计3万余字。根据厅党组关于开展省委第四巡视组反馈意见整改落实工作安排部署，进行对照检视，梳理出4项共性问题并形成整改台账，每2周向水利厅纪检组反馈落实整改工作情况。

2019年在机构改革过渡期，单位部门职责分工暂未理顺，工作量倍增，任务繁重、事务繁杂。综合部门"协调业务、参与政务、管理事务、提供服务"，围绕全局重点工作任务，提高公文运转效率，提升文字服务

质量，加大重点工作督查力度，完成省级文明单位创建工作等。

组织党员干部学习贯彻执行《中国共产党纪律处分条例》《关于新形势下党内政治生活的若干准则》《中国共产党党内监督条例》，加强日常警示教育，"把教育挺在纪律前面"，定期组织党员干部开展党风廉政建设警示教育，党员签订《不信仰宗教承诺书》。学习贯彻《中国共产党廉洁自律准则》，全面贯彻执行中央八项规定及实施细则精神和省委省政府20条意见。在支委会委员中明确一名纪检委员，按照岗位职责，履行监督责任。开展"以案促改"工作，以案说理、以案明纪，选取《偃师市水利局非法采砂监管失职案》和《信阳新县水利局河道管理站站长、水政监察大队大队长柯四虎违纪案》作为开展以案促改的典型案例，规范权力运行，加强党性教育。

在省水利厅"作风建设年"活动中，开展"天价烟"背后"四风"问题排查整治工作，党员干部利用名贵特产类特殊资源谋取私利问题集中整治工作。在后勤管理、会务接待和综合保障中，严格各项管理，不违规不超标，服务热情周到。

学习习近平总书记关于意识形态工作的重要批示精神，以及省委省政府关于意识形态工作的决策部署。党员活动日和周五集体学习明确学习内容和要求，旗帜鲜明地反对错误观点。对意识形态工作进行整改，党支部书记带头讲党课，普通党员谈体会，加强正面引导和理想信念教育，从国家历史、现实成就、国际比较中汲取真理和道义的力量。进行网络舆情监测，定期研判形势，加强网络信息管控，对苗头性倾向性问题及时引导纠偏，及时回应热点问题，加强南水北调精神宣传，发挥先进典型的示范引领作用。

（崔 堃）

【精神文明建设】

2019年，省南水北调建管局精神文明建

设以习近平新时代中国特色社会主义思想为指导，围绕南水北调中心工作，贯彻落实省直精神文明建设工作会议精神，培育和践行社会主义核心价值观、弘扬中华传统美德，开展"不忘初心、牢记使命"主题教育和精神文明创建活动，提升干部职工文明素质，进一步提升南水北调的软实力和公信力。

思想道德建设 开展道德讲堂活动、爱国主义教育活动。在清明、五四等重要传统节日和庆祝新中国成立70周年纪念日期间，组织党员干部参观中原英烈纪念馆、竹沟革命烈士纪念馆、二七纪念塔，参观南水北调精神教育基地，重温入党誓词。组织开展"我和我的祖国"诗歌朗诵活动，组织观看《厉害了，我的国》《建国大业》爱国主义电影，开展评先选树活动，开展"省直好人"和学雷锋志愿服务先进典型网上投票活动；持续开展文明处室文明职工评选活动。

诚信守法建设 开展"诚信，让河南更加出彩"主题活动。用宣传展板、发送短信、"两微一端"推送等形式，宣传《河南省文明单位诚信公约》，组织干部职工观看公益宣传片和专题教育片。制定完善南水北调人员考核和奖励制度、文明创建奖惩暂行办法，进一步完善干部职工诚信考核评价制度。开展《网络安全法》《南水北调供用水管理条例》《保密法》学习与宣传，进社区宣传普及法律知识，组织观看廉政警示教育片。

"六文明"系列活动 制作文明有礼提示牌60余块，修订完善员工行为规范和工作服务准则，在单位明显位置公示六项优质服务承诺；在门岗设立志愿服务站，提供急救药箱、雨伞、打气筒、针线包、开水服务。印发文明出行倡议书，组织志愿者开展文明交通志愿活动，开展文明旅游承诺签名、观看文明旅游公益宣传片、文明旅游寄语，倡导"让文明与旅游同行"。印发通知、制作展板、监督检查，倡导文明用餐、节俭消费的传统美德。

家庭家教家风 贯彻落实习近平总书记提出的"三个注重"，推进家庭文明建设。持续举办以"传承好家规、涵养好家风"为主题的道德讲堂，组织干部职工集体学习古代杰出人物和老一辈革命家的优良家风。连续三年开展文明家庭评选活动，对表现突出的29个文明家庭进行表彰。

志愿服务和社会公益活动 组织党员志愿者到社区报到，定期参加社区组织开展的"全城大清洁"行动、党员进社区政策宣讲等活动；组织开展义务植树、义务献血、维护市容市貌志愿服务活动；组织志愿者到帮扶村小学开展夏季防溺水宣传和慰问活动，开展以"清洁家园"为主题的文明乡风活动；持续开展"微爱环卫"公益活动等。持续开展志愿服务活动35次，参加人员350余人次。完成志愿者注册工作，2019年在职干部职工实名注册人员占在职职工总人数的92.4%，在职党员注册人员占在职党员总人数的97.3%。

文明社会风尚行动 进社区开展"移风易俗树新风"和低碳环保宣传活动。倡导科学、文明、绿色、健康的生活方式，破除陈规陋习。开展文明上网行动，修订完善文明上网制度和规范要求，成立网络文明传播志愿小组，定期开展网络正能量传播活动。开展文明观赛倡议活动，协助进行第十一届全国少数民族传统体育运动会宣传，开展网上火炬传递活动、文明观赛承诺活动。

凝聚健康向上正能量 持续推进"我们的节日"主题活动。在春节、元宵节、清明节、端午节、中秋节开展传统民俗特色活动。参加全民健身运动，举办"迎通水五周年"全民健身活动，组建乒乓球、羽毛球、篮球爱好者微信群，定期开展乒乓球、羽毛球、篮球友谊赛。三八妇女节和五一劳动节组织开展健步走、演讲比赛、书画展、观影活动，丰富业余文化生活凝聚正能量。

（龚莉丽）

【宣传信息】

2019年，省南水北调建管局处机构改革期。宣传工作加强意识形态教育，与业务工作同部署同落实。集中学习与自学相结合，读原文学原著，领会党中央、国务院和省委省政府的政策、方针和路线，贯彻落实国家各项决策部署，与党中央保持一致。开展对外宣传，编写宣传工作要点，以实施四水同治，充分发挥南水北调综合效益为要点，宣传南水北调工作重大进展和典型人物先进事迹。中线工程通水5周年之际，在河南日报第七版以《天河出中原　千里润北国》为题进行整版报道，宣传南水北调工程供水效益、生态效益和社会效益，为工程运行管理营造良好的社会舆论氛围。

（薛雅琳）

省辖市省直管县市南水北调管理机构

南阳市南水北调工程运行保障中心

【机构改革】

根据南阳市委机构编制委员会2019年12月31日下发的宛编〔2019〕87号文，整合南阳市南水北调中线工程领导小组办公室（南阳市南水北调中线工程建设管理局）、南阳市移民局（南阳市人民政府移民工作领导小组办公室）、南阳市南水北调配套工程建设管理中心3个事业单位的机构和人员编制，组建南阳市南水北调工程运行保障中心（南阳市移民服务中心），为市水利局所属事业单位，机构规格相当于正处级。

【主要职责】

承担全市南水北调配套工程建设和运行保障管理中的事务性工作；承担全市南水北调征迁安置中的事务性工作；承担全市水利水电工程移民具体工作；承担全市南水北调和库区移民资金管理任务；承办涉及全市南水北调和移民工作的信访事项；负责全市移民培训和新技术推广工作，开展移民经济技术合作与交流；完成市委、市政府和市水利局交办的其他工作任务。

【内设机构】

设12个内设机构。

综合科　综合协调管理中心政务工作。负责文电、会务、机要、信息、档案、保密、政务公开、机关后勤等工作。

人事科　负责中心干部人事和机构编制、劳动工资、教育培训、老干部等工作。

党务办公室　负责中心党的建设各项工作。承办党风廉政建设、综合治理和平安建设、法制建设、精神文明建设、工会、共青团、妇联等工作。

财务科　负责中心财务管理工作，负责债权、债务和资产的管理核查工作，负责编制中心财务收支计划和年度预算并组织实施。承担全市水利水电工程征地移民资金、南水北调总干渠和配套工程征迁安置资金、配套工程建设和运行资金监督使用管理的具体工作，承担南水北调工程竣工财务决算和审计有关工作，承担南水北调配套工程水费收缴的具体工作。

规划计划科　承担南水北调受水区年度水量调度计划的拟定、申报和实施工作，组织协调有关南水北调新增供水工程的规划设计、报批、实施等工作，承担配套工程变更索赔处理等合同管理工作。参与全市在建和拟建水利水电工程移民安置规划编制工作。承担移民安置年度投资计划的制订和下达工作，承担南水北调丹江口库区移民安置后续问题处理工作。

工程管理科　承担配套工程穿越邻接工程手续的办理工作，承担配套工程建设进度、质量及验收工作。负责配套工程保护管理工作。承担配套工程突发事件应急预案编制、演练和组织实施工作。参与对辖区内水质安全及工程安全等突发事件及事故进行调查处理。负责配套工程的防汛工作。

运行保障科 承担水量调度、现地操作、安全管理、设施维护等南水北调配套工程运行工作，承担南水北调受水区供水量计量和调度工作，承担南水北调配套工程水质检测工作。负责辖区内运行管理机构及人员监督管理中的事务性工作。

安置科 承担南水北调工程用地征迁安置的事务性工作，承担全市水利水电工程移民安置实施的具体工作，承担已建水库移民后续问题处理工作。负责南水北调总干渠和配套工程征迁安置资金管理的事务性工作，负责总干渠和配套工程征迁安置遗留问题协调处理工作，负责总干渠和配套工程用地手续办理工作，负责大中型水库移民人口年度核定工作，负责大中型水库移民后期扶持直补资金发放管理工作。参与总干渠和配套工程征迁安置验收工作，参与水利水电工程征地移民安置验收工作。配合总干渠跨渠桥梁竣工验收和移交工作。

扶持发展科 承担大中型水库移民后期扶持项目建设管理中的事务性工作，承担小型水库移民后期扶持的具体工作，承担大中型水库移民避险解困有关事务性工作。参与组织对全市移民后期扶持政策执行情况的督促、检查和指导工作，参与拟订全市水利水电工程移民项目建设与管理政策措施，参与编制大中型水库库区和移民安置区基础设施建设和经济发展规划。

信访科 负责南水北调和移民信访信息收集，负责对县区南水北调和移民信访案件的督促与协调。承担南水北调和移民工作舆情研判、来信处理、来访接待，承办有关信访事项。

培训科 负责全市移民、南水北调征迁干

部群众和配套工程运行管理人员的培训工作。

技术服务科 负责南水北调配套工程计算机监控及自动化运行维护管理工作，负责计算机监控及自动化运行、信息系统远程运行及信息统计、整理工作，负责南水北调配套工程安全监测信息收集、整理工作，负责水质安全信息收集、整理上报工作，负责配套工程智能巡检系统的管理和维护工作。

【人员编制】

南阳市南水北调工程运行保障中心（南阳市移民服务中心）核定事业编制65名，其中设主任1名、副主任3名；核定中层正科级领导职数14名（含总工程师1名、总会计师1名），副科级领导职数6名；经费实行财政全额拨款。为公益一类事业单位。

人员来源为原南阳市南水北调中线工程领导小组办公室（南阳市南水北调中线工程建设管理局）实有人员26名、原南阳市移民局（南阳市人民政府移民工作领导小组办公室）实有人员30名、原南阳市南水北调配套工程建设管理中心实有人员6名，共计62人。

【党建与廉政建设】

2019年，党风廉政建设落实主体责任，与业务工作同部署、同检查、同落实。成立党风廉政建设责任制领导小组，中心党委与班子成员、各科室负责人签订廉政目标责任书，建立领导干部个人廉政档案，加强党性党风党纪和廉政学习宣传教育。落实党委书记上党课制度，日常教育和专题教育相结合，正面宣传与反面警示相结合。每月安排一次专题廉政教育，通过授廉政课，组织干部群众参观邓州编外雷锋团展览馆、冯友兰纪念馆、唐河革命纪念馆、桐柏革命英雄纪念馆，观看优秀党员事迹电影《黄大年》、专题纪录片《初心永恒》、扶贫电影《一个不落》，组织廉政知识测试等多种形式，加强权力观、人生观教育。全年共开展警示教育10次，其中实地警示教育4次。修订完善机关财务、车辆管理、公务接待等一系列规章制度，严格执行党政主要领导"五不直接分管"和"末位发言制度"，中心党委每季度对办公室及各科室责任制工作落实情况进行督导，并将考核结果作为科室绩效考评、年终评先和干部提拔使用的依据。

开展"不忘初心、牢记使命"主题教育，成立领导机构，制定实施方案，组建学习教育、调查研究、检视问题、整改落实四个专项小组。全年组织中心组学习12次，班子成员集中学习3次，研讨交流3次，讲党课14次。中心党委邀请省南水北调建管局、组织各县区南水北调和移民机构召开座谈会2次，发放征求意见表200余份，开展谈心谈话200余人次，征求各类意见60余条。召开主题教育民主生活会全面查摆问题。共列领导班子问题清单29条，领导干部问题清单88条。对移民后扶账面沉淀资金核销、配套工程合同变更、内乡新增供水线路建设等老大难问题，集体研究，制定措施，成立专班，实现重大突破。班子问题29条整改26条，班子成员问题88条整改83条，属于长期性问题持续整改。班子成员撰写调研报告13篇，助理决策9个，为民办实事16件。

成立以案促改工作领导小组，对配套工程招投标、征迁资金管理等廉政风险点，明确风险等级和主要责任人，制订具体防控措施。2019年排查各类风险点4处，制订防范措施19项。按照市委市政府"作风建设提升年"活动方案，提升工作效率，实现干部作风大转变，弛而不息整治"四风"。每月开展纪律作风抽查3次，全年下发通报20期。排查涉及征迁安置等方面的矛盾纠纷，建立工作台账，明确包案领导，包案科室，明确措施，限期化解。组织党员干部一对一帮扶，每月的7号、17号、27号，分批组织帮扶人进村入户。精准扶贫中问题易发多发的重要领域和关键环节，建立侵害群众利益腐败问题线索收集、汇总、移交工作机制。

【宣传信息】

2019年，南阳中心宣传工作与业务工作同部署，成立宣传工作领导小组，建立新闻发言人制度，制订《全市南水北调宣传工作方案》。开展学习培训，聘请专家讲课、组织参加上级部门业务培训、外出考察培训、以干代训。协调组织南阳日报、南阳电视台指定专人参与南水北调宣传工作。为各业务科室配备同规格宣传设备，业务工作随时有图像，件件有记录，精选发布。

以"南水北调、源起南阳"主题，在中央电视台黄金时段插播宣传标语，在北京、郑州的机场、地铁、车站设置公益广告，在南阳市高速、机场出口及南阳宾馆大型LED显示屏全天滚动播出宣传视频，打造南阳渠首品牌，彰显"南水北调南阳担当"。全程参与"南水北调南阳展览馆"的前期策划和布展，参与省委组织部批准的南水北调精神教育基地的筹建，编写南阳市初中课外读本《南水北调知识教学读本》初稿，完成南阳市南水北调大事记上卷初稿编纂，按时完成省市级年鉴和史料征集编写。

2019年，实施"三个一"工程，印发保水质护运行"一封信""一张卡""一本书"82万份，组建市级保水质护运行宣讲团开展巡回宣讲活动。在国家、省、市新闻媒体时政新闻、新闻发布会发刊播报60余次。在保水质护运行手机短信平台，发布有关信息356条。举办全市南水北调保水质护运行"五员"（市级督查员、县区级巡查员、乡镇级检查员、村级管理员、组级信息员）培训班历时两个月，巡回12个县区，完成年度3000人的培训任务。

（张轶钦 宋迪）

平顶山市南水北调工程运行保障中心

【机构改革】

2019年5月，中共平顶山市委机构编制委员会下发《关于市移民安置局机构编制事项调整的通知》（平编〔2019〕13号），平顶山市移民安置局（市南水北调中线工程建设领导小组办公室、市南水北调配套工程建设管理局）更名为平顶山市南水北调工程运行保障中心，机构规格仍相当于正处级，隶属关系不变。

【人事管理】

2019年9月11日，中共平顶山市委组织部下发《关于曹宝柱等同志职务任免的通知》（平组干〔2019〕311号），曹宝柱任平顶山市南水北调工程运行保障中心主任，王铁周、王海超任平顶山市南水北调工程运行保障中心副主任。四级调研员刘嘉淳。

【党建与廉政建设】

2019年，加强学习教育和政治引领，运行中心领导班子组织集中学习研讨8次，参加支部党员学习22次，学习党的十九大精神、三中、四中全会精神，习近平新时代中国特色社会主义思想、《习近平关于"不忘初心、牢记使命"重要论述选编》、习近平总书记系列重要讲话精神、党章党规等书籍篇目。创新学习方式，在"学习强国"学习平台扩大学习外延，阅读文章、观看视频、智能答题，提高学习积分和学习质量。开展学分评比、竞赛答题，"学习强国"单位成绩位居全市第一。通过党员微信群，实行"智能式"教育。开展主题教育。第二批"不忘初心、牢记使命"主题教育启动以来，按照"四个全程贯穿"和"四个到位"要求，制定专题学习计划，集中辅导与个人自学相结合，理论学习与调查研究相贯通，爱国主义教育与思想教育相一致，理论指导与实践创作相融合。

严格落实《中共平顶山市委宣传部关于加强意识形态工作机制建设的意见》，成立意识形态工作领导小组，加强正确引导和教育监管，增强舆论传播力、引导力、影响力和公信力，加强系统内部微信网络舆情监控，排查意识形态管理漏洞，查找风险隐患和薄弱环节，保障意识形态工作落实到位。贯彻执行民主集中制原则和《"三重一大"制度实施办法》，规范议事决策程序。按照《关于加强改进领导班子及党员领导干部民主生活会的实施意见》，开展经常性谈话谈心活动，开展批评与自我批评，自觉接受上级部门和干部职工、基层单位、移民群众各方监督。严格执行党风廉政建设"一岗双责"，落实责任主体，制定党建重点和工作计划，实现党建责任全覆盖，凝聚党建工作合力。

制订《2019年度党风廉政建设工作要点》，签订党风廉政建设责任书，按照市纪委部署，查找制度漏洞和廉政风险点，构建风险防控体系。开展以案促改，贯彻落实市委以案促改和警示教育会议精神，制定实施方案，建立问题清单和整改台账，与"三会一课"结合，组织党员干部剖析身边严重违纪违法典型案例，观看《歧路之毁》《一抓到底正风纪——秦岭北麓违建别墅整治始末》《能吏的拒腐蜕变》《掩耳盗铃难逃法网》警示教育纪录片和《往事如烟》反腐教育影片等。落实八项规定精神，对财务管理制度进一步修订完善，严格招待费、燃油费、差旅费、会议费、维修费报销标准和程序，"三公经费"、会议费、培训费支出明显下降。推进依法行政，学习贯彻宪法和南水北调工程、配套运管、水质保护、移民后扶、信访维稳相关法规，以法治思维推进移民和南水北调各项工作。2019年，依据市政府出台的《南水北调供水水费收缴办法》收缴供水水费1.78亿元。按照国务院南水北调工程管理条例和省配套工程管理办法，依法开展干渠水污染防治和工程安全保卫工作，在工程沿线村庄、学校、交通要道、重要建筑张贴公告、标语、悬挂条幅，发放宣传彩页，举办集中宣传教育等活动。依法打击破坏工程设施、污染水质行为，境内未发生安全责任事故。全年接待来访群众55批次、320余人，处理来电、来信60余件，我们加强引导，规范渠道，落实"依法逐级走访"制度，逐一解决群众的合理合法诉求，保持大局和谐稳定。

组织运行中心机关干部和县市区移民机构负责人到西安交大进行集中培训，选调人员参加市和水利系统组织的各种业务技能培训，落实《干部选拔任用条例》规定要求，按照条件和程序，公开选拔副县级干部2人、正科级干部4人。

【精准扶贫】

2019开展结对帮扶鲁山县库区乡脱贫攻坚工作，投入专项资金55万元，解决贫困户危房改造、六改一增的突出问题。先后在库区乡许庄村蓝莓基地投资325万元建冷库1座，打机井2眼，建提灌站2座，停车场2处，蓝莓展厅10间；投资397万元在婆娑街栗村发展蓝莓基地90亩，建设日光温室大棚21座，打深水井一眼，修建200立方米蓄水池一座，铺设供水管道1309m。通过引入最新大棚设施种植技术、高效利用生物资源，使每亩蓝莓收入增加4万多元。

（李海军 张伟伟）

漯河市南水北调中线工程维护中心

【机构改革】

2019年1月24日，漯河市机构编制委员会以漯编〔2019〕25号文，将漯河市南水北调中线配套工程建设领导小组办公室（漯河市南水北调配套工程建设管理局）更名为漯河市南水北调中线工程维护中心，内设综合科、计划财务科、建设管理科、运行管理科。实有在编人员15人，90%以上为大专以上学历，具有高级职称人员2人，中级职称人员4人。

【党建与廉政建设】

2019年落实党建与廉政建设工作要求，开展"不忘初心、牢记使命"主题教育，建立主题教育学习台账，组织集中学习、专题党课、爱心扶贫活动。履行"一岗双责"，印发领导班子及成员党风廉政建设主体责任清单，加强对重点岗位和关键权力的制约和监督。严守政治纪律和政治规矩，严格执行

"三会一课"、领导干部双重组织生活、民主评议党员制度。漯河维护中心与郾城区特殊教育学校建立共建关系，与舞阳县辛安镇刘庄村张凤州和源汇区大刘镇闫魏村贫困户结对帮扶，组织开展送温暖献爱心活动，募捐1100余元。漯河市第八届运动会暨全民健身大会获机关企事业组单位总分排名二等奖、拔河比赛团体一等奖、跳绳比赛团体二等奖、乒乓球比赛团体三等奖、一个单项个人二等奖。

【宣传信息】

2019年，漯河维护中心的南水北调宣传工作纳入年度考核，明确信息宣传的重点和要求，加大信息工作人员的培训力度，参加省南水北调系统宣传培训班学习，提高信息员写作能力和会议活动拍照技巧。2019年编发简报24期，向省南水北调网站发布信息24条。漯河维护中心于8月23日在《漯河晚报》整版刊发《丹江碧水润沙澧——丹江口水库首次对我市生态补水5000万立方米》，并于12月12日在《漯河日报》刊发《丹江碧水润沙澧——写在南水北调中线工程正式通水五周年之际》。

（董志刚 陈 扬）

周口市南水北调办

【机构设置】

2019年周口市南水北调办增加人员、增设机构、完善职能，按照处、所、站三级管理体系进行机构建设。设置周口市南水北调办管理处、周口管理所、商水县管理所、淮阳区管理所及各现地管理站。11月，委托人事代理公司公开招聘43名运行管理人员。2019年周口市办运行管理人员编制共26名，现任主任（局长）何东华，副主任（副局长）张丽娜、贺洪波。

【"不忘初心、牢记使命"主题教育】

周口市南水北调办"不忘初心、牢记使命"主题教育从2019年9月开始。根据"不

忘初心、牢记使命"主题教育实施方案要求，市南水北调办结合工作实际，确定《关于周口市南水北调西区现地管理站需增加院内绿化面积的问题》《关于周口市南水北调现地管理站值班、巡线人员不足的问题》《关于市中心城区南水北调阀井安全维护的问题》三个题目，采取实地查看、学习考察、召开座谈会相结合的方式进行调研。开展"不忘初心、牢记使命"演讲活动、知识测试、技能比武大赛、到李之龙纪念馆开展红色教育活动。党风廉政建设落实主体责任，落实党支部主体责任和纪检专干的监督责任，严格执行公务接待、公务用车、办公用房管理制度，压缩"三公经费"。开展精神文明建设，弘扬南水北调精神，运用各种活动载体教育干部、检验成果，提升创建品位。

【宣传信息】

2019年周口市南水北调办开展全方位、多层次、大规模的宣传工作。与周口广播电台、周口电视台、周口网、周口日报等媒体合作，进行南水北调集中宣传。开辟专栏、制作专题，在微信公众号、专题网页及电子屏幕及时发布南水北调配套工程信息及新闻稿件。在省内外媒体发表稿件16篇，在河南南水北调网发表信息48条，在市级媒体发表稿件8篇。出动宣传车到南水北调管道沿线市区乡镇进行巡回宣传，发放宣传手册10000余本，宣传彩页15000余张，悬挂宣传横幅50余条。

（孙玉萍　朱子奇）

许昌市南水北调工程运行保障中心

【机构改革】

根据《中共许昌市委机构编制委员会关于调整规范部分处级事业单位名称的通知》（许编〔2019〕7号），许昌市南水北调中线工程领导小组办公室（许昌市南水北调配套工程管理局）更名为许昌市南水北调工程运行保障中心，机构规格仍相当于正处级。内设办公室、计划与财务科、运行管理科、移民

安置科、工程保障科5个科室。下属单位许昌市南水北调配套工程管理处。

【人事管理】

许昌市南水北调工程运行保障中心为参照公务员管理事业（财政全供）单位，编制人数21人。2019年5月，许昌市人民政府任命张建民为许昌市南水北调工程运行保障中心主任（许政任〔2019〕4号）。2019年10月，许昌市人民政府任命方森林为许昌市南水北调工程运行保障中心副主任（许政任〔2019〕6号）。根据《中共许昌市委机构编制委员会办公室关于调整许昌市南水北调工程运行保障中心及所属事业机构编制事项的通知》（许编办〔2019〕64号），增核副科级领导职数3名，调整后中心正科级领导职数5名，副科级领导职数3名。

许昌市南水北调工程运行保障中心主任张建民，三级调研员李国林、李禄轩，副主任方森林，四级调研员孙卫东、陈国智。

【党建与廉政建设】

开展主题教育，2019年组织3次班子成员集中学习研讨，学习理论篇目70余篇。建立两批领导班子和班子成员的检视问题清单，并立行立改。开展"党员初心使命四问"活动，牢记"安全供水、服务移民"的使命担当，解决干渠遗留弃渣场返还复垦、干渠占压煤矿损失补偿、上寨村移民村饮用水井抢修费用等8个民生实事。党总支每月召开一次专题会议，为党务干部配备电脑、打印机，购买图书资料，建立党员活动室。制订《许昌市南水北调工程运行保障中心"三会一课"制度》，开通"许昌南水北调"微信公众号。组织党员为帮扶村困难群众送米、面、油，开展志愿服务活动。12月17日，运行中心党总支赴十里庙社区进行党建帮扶，捐赠电视1台。

围绕南水北调移民村基层党组织建设进行调查研究，提出加强移民村党支部建设对策。到南水北调配套工程的4个分水口门线路

13个管理站（所）进行查看，对发现问题建立台账，对移民生产发展及信访稳定问题进村入户进行调查研究。形成综合调研报告6篇，组织开展专题党课5次。征集各科室、服务对象、基层党员群众的意见和建议，收集班子及班子成员问题12条。召开2次检视问题专题会议。梳理建立2批问题清单，其中班子查摆出问题9个，班子成员共查摆问题41个。对存在问题逐一检视分析，分类制定推进计划，列出清单，责任到人，实施挂图作战，对账销号。召开专题会议按照"四个对照""四个找一找"的要求，查摆班子及班子成员问题19个。研究制定"6+4+2"美好移民村建设总体规划，推进南水北调干渠冀村东弃渣场用地返还，与属地政府签订复垦用地目标责任书。9月下旬，襄城县双庙乡上寨移民村饮用水出现浑浊情况，筹资5.5万元为上寨村饮用水井进行抢修，投资19.4万元对建安区蒋李集镇下寨移民村下水管网进行维修。12月上旬召开专题会议，解决南水北调干渠占压煤矿损失补偿问题。

加强廉政教育，开展"读文章、思廉政、树形象"的"读书思廉"活动，开辟"廉政专栏"，党总支全年集中学习12次，开展理论宣讲、党课辅导3场，学习座谈会4场。在全体党员干部中倡导勤俭节约，反对骄奢淫逸，树立勤俭工作的思想。严格执行财务"收支两条线"规定，落实"两个责任"，开展廉政"大约谈""标本兼治、以案促案"活动。

【文明单位建设】

2019年，许昌运行中心落实许昌市文明办和许昌市水利系统精神文明建设工作部署，精神文明建设取得显著成果，被评为"河南省文明单位"。5月调整创建文明单位领导小组，制订《许昌市南水北调办公室2019年精神文明建设工作实施方案》。对创建测评项目及具体测评要求进行细化量化。组织学习《公民道德建设实施纲要》《许昌市水利系统文明礼仪守则》。季度考评时组织文明知识测试。研究制定4项管理制度方案，探索配套工程运行管理机制。印发《许昌市南水北调工程运行保障中心机关会务管理制度》《许昌市南水北调运保中心公务接待制度》《许昌市南水北调工程运行保障中心公务用车使用管理规定》。

【精准扶贫】

2019年，许昌运行中心按照市委市政府部署开展派驻村扶贫工作，定点扶贫村襄城县颍阳镇洪村寺辖洪村寺、张庄、邵庄、库庄4个自然村，13个村民组，1074户，3741人，党员76名。2014年识别为贫困村，2016年底贫困村脱贫退出。累计共有建档立卡贫困户21户65人，致贫原因主要为因病、因残。截至2019年11月累计脱贫20户63人（其中2019年脱贫6户24人）。

许昌运行中心对全年扶贫工作进行专门研究和部署，明确1名分管领导专门负责帮扶事宜，主要负责人3次到帮扶村开展扶贫调研，班子成员轮流每个月不少于2天驻村。组织开展走访慰问，帮助重树致富的信心。指导村党支部开展"两学一做"学习教育和"不忘初心、牢记使命"主题教育，开展"主题党日"和"一编三定"活动，落实"三会一课""四议两公开"、组织生活会、民主评议党员，提升村"两委"干部能力素质。制定三年脱贫规划（2018—2020年）和分年度工作计划，协同村脱贫攻坚责任组按照"一达标、两不愁、三保障"标准，开展精准识别、精准帮扶、精准脱贫工作。整合村集体经济发展壮大基金50万元入股业绩信誉良好的企业，年收益5万元；联系襄城县中和燃气公司，对接天然气进村入户约400户；正在协助申请资金30万元建设文化舞台。举行"好婆婆""好媳妇""优秀党员""脱贫光荣户"及高龄老寿星表彰大会。组织村内舞狮、书法、绘画、戏曲、舞蹈、腰鼓队、快板书等文化活动；制定村规民约，健全村民议事会、道德评议会、红白理事会、禁毒禁赌会"四会"组织，推进自治、德治、法治"三治融合"。

【宣传信息】

2019年，许昌市南水北调工程运行保障中心围绕南水北调转型发展、运行管理、水源保护、水费征收、移民生产发展、发挥南水北调综合效益等方面进行重点宣传。共收集上报信息50余条，在新闻媒体发表报道3篇，省南水北调网站发表信息5篇，许昌市政务信息26篇。5月开通"许昌南水北调"微信公众号，发布各类信息21篇；12月12日在大河报发表《碧水南来 宜居许昌美如画》、在许昌日报2个专版刊发《一渠"南水"碧 幸福一座城》《南水北调：功在当代，利在千秋》，系统报道许昌市南水北调通水五年的效益和运行情况。组织宣传人员参加各类新闻培训班，回应社会关切，及时高效协调处理舆情信息。

（徐 展 程晓亚）

郑州市南水北调工程运行保障中心

【机构改革】

2019年6月，根据《中共郑州市委机构编制委员会关于调整市水利局所属部分事业单位的通知》（郑编〔2019〕41号）要求，郑州市南水北调办更名为郑州市南水北调工程运行保障中心（郑州市水利工程移民服务中心）。编制61人，单位实际在编61人。内设机构6个处：综合处、财务处、建设管理处（环境保护处）、计划处、移民处、质量安全监督管理处。中层职数6正6副。市财政一级预算单位，财务独立核算。

【宣传信息】

2019年，郑州市南水北调工程运行保障中心确定南水北调宣传工作重点，在各泵站悬挂横幅、印制宣传手册，对《河南省南水北调配套工程供用水和设施保护管理办法》和节约用水进行全面宣传；汛期在中小学生暑假期间，通过郑州市教育局中小学教育信息平台发送防

溺水宣传知识，在重要跨渠路口和人员密集区，制作宣传栏、张贴宣传标语。在保障第十一届全国少数民族传统体育运动会中获省集体嘉奖和个人奖励。在《水利郑州》发文3篇，政府工作快报发文1篇。

（刘素娟 周 健）

焦作市南水北调工程运行保障中心

【机构改革】

2019年10月，焦作市机构编制委员会将焦作市南水北调中线工程建设领导小组办公室（焦作市南水北调中线工程移民办公室、焦作市南水北调工程建设管理局）承担的行政职能划归焦作市水利局，更名为焦作市南水北调工程运行保障中心（焦作市南水北调工程建设中心），隶属焦作市水利局管理（焦编〔2019〕61号）。焦作市南水北调工程运行保障中心规格相当于正处级，属参照公务员管理事业单位，内设综合科、财务科、供水运行科、工程科4个科室。截至2019年12月，全供事业编制17名，领导职数3名，中层职数6名，在职在编人员12名。现任焦作市南水北调工程运行保障中心主任刘少民。

【干部任免】

2019年1月提拔1名正县级干部；6月完成4名非领导职务干部职级套转；12月按照机构改革新划分内设科室情况，对5名科级干部岗位进行调整，并按规定程序启动职级晋升工作。

【党建与廉政建设】

"不忘初心、牢记使命"主题教育 贯彻落实习近平总书记"四个注重"与"四个到位"相结合精神，理论学习分类指导，党组学习与研讨、调研相结合，到沁阳、孟州、武陟、修武、马村调研，撰写调研报告，为市政府水生态文明城市建设决策提供依据。党支部学习把党性教育与庆祝建国70周年相结合，与驻村帮扶、楼院帮扶、文明单位创

建相结合。把减轻基层负担，纳入专项整治台账，限期整改完毕。征求意见、谈心谈话、微信公众号公开公示、召开民主生活会、组织生活会，以群众力量检视矫正自身。主题教育期间，组织集体学习共34次、170余人次，收集意见建议97条，制定班子检视问题清单、专项整治台账等各类清单和台账6个，发现问题28项，制定整改措施并落实到位56条，民生实事方面列入4大项实事，包括驻村帮扶、帮扶楼院、府城输水线路建设、南水北调生态补水，制定措施14项，全部实施到位。其中南水北调生态补水多次受到市长肯定，被收录进《全市主题教育中解决民生实事典型案例》，取得良好的社会效果。

党建工作 2019年1月16日，焦作运行中心原党支部书记和支委被派驻第一书记村，党组织关系转出，即召开支部党员大会，对支部委员进行届中增选。开展基层党支部标准化规范化建设。制订《发展党员工作制度》《党务公开制度》《党支部定期分析党员思想状况制度和谈心制度》等8项制度，编印成册分发至每位党员。按照标准化规范化工作手册，按时开展各项活动，共开展集体学习21次，组织召开党员大会4次，支委会11次，党课6次，党员主题党日活动12次，"以案促改"组织生活会1次，"不忘初心、牢记使命"主题教育学习组织生活会1次，"评组织、评书记、评党员"活动1次，党支部书记及支部委员参加市直机关基层党务干部能力素质提升培训班3次。加强服务型党组织建设，开展党员进社区服务活动，与学生路社区党委、南水北调河南分局焦作管理处党支部进行手拉手帮扶楼院志愿服务，与驻村新李庄党支部共同举办"庆国庆70周年手拉手"主题教育交流活动。按照中央"八项规定"查找解决工作纪律、政治意识、责任落实、廉洁自律存在的问题，加强作风整顿，开展"党内政治生活规范月活动""强

党性、正作风宣传教育活动""党的创新理论千场宣讲进基层活动"。

廉政建设 2019年，焦作运行中心落实廉政建设主体责任和"两个责任"，纳入目标管理，制定年度廉政建设工作实施意见，落实责任制清单，签订廉政建设责任书。市管干部定期如实报告个人和家庭重大事项，提高党组民主生活会和党支部组织生活会质量，实行意识形态"一岗双责"，研究制定意识形态工作实施方案，邀请市委党校教授专题讲授意识形态责任制。推进以案促改制度化常态化。讲《用延安精神强化机关作风建设》党课，组织观看警示教育视频、参观党校廉政教育基地。建立科以上干部廉政档案、科室风险台账、风险项目运行流程框图。召开两次以案促改专题组织生活会，剖析王晓生、韦庆雨违纪违法典型案例。执行民主集中制、"三重一大""五个不直接分管"和"末位表态"制度。按照《焦作市市直单位干部选拔任用工作"一报告两评议办法"》和领导干部报告个人有关事项工作要求，接受干部职工监督。根据机构改革方案，开展公务员职务与职级并行工作。严格按照职务与职级并行的条件范围、原则程序、纪律要求，界定符合职级晋升对象，对符合条件的人员及时上报审核。不断提升选人用人工作规范化水平。组织党组中心组、科级以上干部集中学习新修订的《党政领导干部选拔任用工作条例》《干部选拔任用工作监督检查和责任追究办法》，人手一册。按市委组织部部署，1月提拔1位正县级干部，6月完成非领导职务职级套转，12月底将科级干部职务任命及职级套转请示报市委组织部，并按市委组织部规定程序进行备案。进行干部人事档案再审核收尾工作，按照干部管理权限，对7卷档案的再审核，重新认定学历3人，补充完善材料68份，无档案造假情况。开展重要节假日前后监督检查工作，严格贯彻中央八项规定精神，杜绝"节日病"

的发生。开展"廉洁从家出发"家风教育工作，签订《廉洁家风承诺书》，举办"读经典家训，扬廉洁家风"读书活动。严格执行"四大纪律八项要求"、省委廉洁从政十二条规定。

（张　琳　孙高阳　樊国亮）

【文明单位建设】

2019年，焦作运行中心对标《河南省文明单位（标兵）测评体系操作手册》开展文明单位创建。开展理想信念教育，组织党员干部到大别山干部学院、寨卜昌红色教育基地、太行八英纪念馆现场学习教育，举办国庆70周年诗歌朗诵会，开展诚信交流，举办宪法宣传日、世界水日普法宣传，开展争当优秀共产党员、文明职工，争创文明科室、"五好"家庭的"双争双创"活动。端午节到帮扶小区开展"浓浓帮扶情，悠悠粽子香"活动。八一建军节到某部驻焦通讯连慰问，九九重阳节全体党员到帮扶村举办敬老孝老饺子宴。文明上网全年发布信息60余条。开展志愿服务活动。到帮扶村义务理发、义诊，为孤寡老人家政服务。到帮扶楼院打扫卫生、到交通路口义务执勤，疏导交通。参加慈善总会的义务植树等社会志愿服务。2019年焦作运行中心被焦作市文明办评为"市级文明单位（标兵）单位"。

（王　妍）

【驻村帮扶】

焦作运行中心驻村帮扶对象为武陟县小董乡新李庄村，经3年帮扶，2019年彻底改变村两委软弱涣散落后局面，村党支部被评为小董乡"先进基层党组织"。

焦作运行中心党组选定驻村"第一书记"，投资5万余元为村两委配齐办公和生活设施，解决多年不办公、不开展活动的状况。党组每半月听取一次驻村工作队和第一书记工作汇报，主要领导和班子成员带队定期蹲点调研、不定期回访。新李庄村共有贫困户4户2019年全部脱贫。2019年开展"支

部心连心"活动，联合开展两次党员主题日活动。3次组织全体党员到博爱于庄、商丘永城和引沁灌区学习。投资10余万元，建设健身游园，对全村主要街道进行绿化、墙面粉刷，张贴社会主义核心价值观、传统文化教育等文明宣传版面等。2月邀请焦作"爱心服务队"为村民免费理发、检查身体。开展"孝道文化"活动，举办饺子宴，邀请"焦作歌舞团"到村开展文艺演出，凝聚民心树立良好的村风村貌。

【楼院帮扶】

焦作运行中心开展焦作市委市政府部署的2019年中心工作"四城联创"，对老旧楼院对口帮扶，帮扶对象为解放区民生办事处学生路社区。筹集2万元资金，为小区安装自动识别大门、硬化地面，对小区两条干道两侧墙体进行粉刷、购买垃圾桶，对私搭乱建进行清理、建设文化墙，彻底改变帮扶小区原貌。组织党员和青年志愿者开展志愿服务，联合社区举办端午节包粽子活动。2019年焦作运行中心被评为"四城联创分包楼院"先进单位。

（樊国亮）

焦作市南水北调城区办

【机构设置】

2006年6月9日，焦作市政府成立南水北调中线工程焦作城区段建设领导小组办公室，领导班子成员6名，设综合组、项目开发组、拆迁安置组、工程协调组。2009年2月24日，焦作市委市政府成立南水北调中线工程焦作城区段建设指挥部办公室，领导成员3名，设综合科、项目开发科、拆迁安置科、工程协调科。2009年6月26日，指挥部办公室内设科室调整为办公室、综合科、安置房建设科、征迁安置科、市政管线路桥科、财务科、土地储备科、绿化带道路建设科、企事业单位征迁科。2011年，领导班子成员7名（含兼职），内设科室调整为综合科、财务

科、征迁科、安置房建设科、市政管线科、道路桥梁工程建设科、绿化带工程建设科。2012年，领导班子成员7名（含兼职），内设科室调整为综合科、财务科、征迁科、安置房建设科、市政管线科、工程协调科。2013年10月14日，领导班子成员6名（含兼职）。2014年，领导班子成员5名。2015年，领导班子成员4名。2016年，领导班子成员7名。2018年，领导班子成员6名。2019年1~4月，常务副主任吴玉岭；2019年4月，常务副主任范杰；2019年9~12月，负责人马雨生，领导班子成员3名。

【主要职责】

2019年主要职责为落实南水北调焦作城区段绿化带征迁安置政策；按照指挥部的要求，协调解决绿化带征迁安置建设中遇到的困难和问题；协调市属以上企事业单位和市政专项设施迁建；制定工作程序，完善奖惩机制；信息沟通，上传下达，开展综合性事务联络工作；协调干渠征迁安置后续工作，配合、服务城区段干渠运行管理。

【党建与廉政建设】

2019年，焦作城区办党支部学习贯彻习近平新时代中国特色社会主义思想和党的十九大精神，加强机关党建和党风廉政建设。组织开展"不忘初心、牢记使命"主题教育，落实党建主体责任，制订《党支部主体责任及党支部书记第一责任清单》，加强集体领导，完善个人分工，明确"一岗双责"制度。领导班子成员与科室负责人谈心谈话4次。党员领导干部到基层调研、做群众工作、搞现场督导。修订《三会一课制度》《党费收缴管理制度》《主题党日活动制度》制度。学习领会习近平总书记指导兰考县委常委班子民主生活会标准，增强"红脸""出汗"的勇气，克服"老好人"思想，查摆问题20余个并及时整改。

学习《中国共产党廉洁自律准则》，开展党风廉政警示教育，组织观看警示教育片《红色通缉》《被贪欲冲垮的水利局长》，参观红色教育基地十二会（焦作老市委市政府旧址），到南水北调干部培训学院、愚公移山党员培训教育基地接受党风、作风和廉政教育。修订《党风廉政建设主体责任清单》，完善党风廉政建设领导小组机制，落实八项规定及省委省政府20条意见等规定，建立"提前防范、主动防范"的长效机制，完善《廉政约谈制度》。领导班子研究"三重一大"事项均邀请纪检监察组参加，主动接受监督。组织开展"以案促改"活动，查摆问题，分析原因，制定措施，落实整改。

【获得荣誉】

集体荣誉

2019年4月17日，南水北调焦作城区办被焦作市委市政府授予"2018年度焦作市十大基础设施重点项目建设先进单位"（焦文〔2019〕162号）。

2019年6月9日，南水北调焦作城区办被焦作市政府授予"2018年度重点工作先进单位"（焦政〔2019〕14号）。

个人荣誉

2019年4月17日，李新梅、李小双被焦作市委市政府授予"2018年度焦作市十大基础设施重点项目建设先进个人"（焦文〔2019〕162号）。

2019年6月1日，李小双、李海龙被焦作市政府授予"焦作市2018年度污染防尘攻坚工作先进个人"（焦文〔2019〕13号）。

2019年6月9日，范杰被焦作市政府授予"2018年度重点工作先进个人"（焦政〔2019〕14号）。

（李新梅 彭潜）

新乡市南水北调工程运行保障中心

【机构改革】

新乡市南水北调中线工程领导小组办公室（市南水北调配套工程建设管理局）机构规格相当于正处级；核定事业编制24名，其中领导职数 1 正 2 副，总工程师 1 名（正科级），内设机构领导职数 8 名，工勤人员 1 名；经费实行财政全额拨款。根据新乡市委办公室新乡市政府办公室印发的《市直承担行政职能事业单位改革实施方案》（新办文〔2019〕80 号），市南水北调办（建管局）与市移民办整合组建市南水北调工程运行保障中心。2019 年 12 月 31 日新乡市委机构编制委员会下发新编〔2019〕69 号文《中共新乡市委机构编制委员会关于新乡市南水北调工程运行保障中心机构设置相关问题的通知》，通知规定，市南水北调工程运行保障中心核定事业编制 31 名，其中领导职数 1 正 2 副，内设机构领导职数 10 名（含正科级总工程师 1 名），任命人大 1 人（工资关系还在新乡运行中心）。经费实行财政全额拨款。

新乡市南水北调工程运行保障中心党组书记、主任孙传勇，党组成员、副主任杨晓飞，副主任洪全成，党组成员、四级调研员司大勇，四级调研员陈刚。

【党建与廉政建设】

落实党建工作责任制，把党建工作同各项业务工作相结合，党组履行机关党建主体责任，及时研究解决机关党建重大问题，定期听取支部关于党建工作开展情况的汇报，定期研究解决党建工作中遇到的困难和问题，部署阶段性工作任务。以"两个准则"和"四个条例"等党内各项纪律、规定和习近平新时代中国特色社会主义思想为学习重点，加强学习型党组织建设，落实"三会一课"制度。2019 年组织召开支部大会 2 次，专题民主生活会 1 次，组织生活会 1 次、民主评议党员 1 次。主题教育中共查找出问题 15 项，整改到位 14 项，1 项正在整改落实。配合市委第四巡查组开展巡察，查摆问题、剖析原因、主动整改。开展以案促改警示教育。组织党员干部学习市纪委印发的各类典型案例通报 9 次 77 例，到新乡监狱开展警示教育 2 次。召开党组会、主任办公会、全体职

工大会，及时传达、学习中央、省、市重要会议精神，警钟长鸣。严格执行民主集中制、一把手"五不直接分管"、"三重一大"和议事决策"末位表态"制度。依法规范进行合同变更处理，严格按照程序审核。

2019 年 9 月开展"不忘初心牢记使命"主题教育。党组中心组集中学习习近平总书记视察指导河南工作重要讲话，领会习近平新时代中国特色社会主义思想的核心要义、精神实质、丰富内涵、实践要求，掌握习近平总书记对河南工作重要讲话和指示批示、对本领域重要讲话中提出的工作目标、理念、原则、思路、举措。就近到"郭兴"纪念馆、"好人馆"参观学习。9 月 27 日党组书记在烈士陵园进行一次特殊的讲党课活动。与获嘉县照镜镇方台村党支部结对共建"手拉手"。党员干部们每天一小时自学，在"学习强国 APP"学习平台，看视频、听讲话、读文字、答试题。"三会一课"、主题党日开展精读好书、道德讲堂、红色教育、重温入党誓词等活动。建设阅览室、文化长廊、宣传走廊，不断增强机关政治文化氛围，学习教育向普通群众拓展、延伸。

【文明单位建设】

2019 年新乡运行中心把文明建设工作与配套工程运行管理、"四县一区"建设等重点工作同计划、同部署、同检查并纳入单位年度目标考核。根据机构改革、人事调整等情况及时调整文明建设工作领导小组。印发《关于实行诚信"红黑名单"制度的通知》，开展"法律进机关"活动，加强勤俭节约教育，倡导绿色生活，成立网络文明传播志愿者工作小组，开展网络文明活动，宣传新乡市南水北调最新动态、思想文化、精神文明建设。成立学雷锋志愿服务队，并在全国志愿服务系统上登记，24 名正式在编人员全部注册成为志愿者，制定年度学雷锋志愿服务活动实施方案。开展员工权益保障活动，全部运管人员加入南水北调工会。开展文体

活动。安排干部职工定期组织职工体检。累计帮助19户贫困户增收超过12万元，进行基础设施建设对全村贫困户及边缘户进行房屋安全现状评定，为贫困户办理残疾证、帮助贫困户学生申请教育资助、组织节日慰问、配合开展厕所革命。

【精准扶贫】

2019年，新乡运行保障中心党组推进精准扶贫"三个清零"行动，落实"四个不摘"和"两不愁三保障方面"工作。对所帮扶的19户建档立卡贫困户的家庭和人口，一户一策。19户实行产业扶贫每户增收1990元；13户农业产业化流转土地享受每亩200元奖补；7户实行光伏发电项目每户增收1000元；4人签订公益性岗位协议；7人签订弱劳力就业协议，每人每月增收超过400元；两个扶贫点建设，蔬畅家庭农场吸纳4名贫困人口就业，每户每年可稳定增收10000元；获嘉县承启服装厂带动贫困户15人，每人每年可增加收入10000元；对12户22人实行教育救助，其中学前教育7人，享受保教费300元/学期，生活补助300元/学期，义务教育11人其中享受营养餐补助400元/学期，住校补助500元/学期，非住校补助250元/学期，中职教育4人助学金1000元/学期，大专1人助学金1250/学期，研究生1人助学金600元/月，另有1人2019年夏季中职毕业助学金1000元/学期，雨露计划1500元/学期；全村19户78人，慢性病患者34人，办理慢性病卡34个，19户全部与家庭医生签约，办理优诊卡78个，每年为贫困户免费体检。全村低保户共16户，其中贫困户1户，脱贫户11户，非贫困户4户；分散供养的五保户1户1人，集中供养五保户6人。对2户危房评定并进行修缮加固。在县委和镇政府领导下为全村270户免费改造厕所。村内保洁日常化，7名保洁员每天两次对各自区域进行清扫清理；村内垃圾实现垃圾日产日清；对保洁员的监督管理常态化。开展"清洁庭院"活动，引导群众自

觉参与庭院卫生整治，组织党员对贫困户户容户貌进行整治，运行中心11名帮扶责任人，每月定期入户开展帮扶，在保证各自贫困户政策知晓率的前提下，开展帮扶户环境卫生整治。

为贫困户办理残疾证5个，其中2人每月领取60元补助。帮助贫困户申请办理各项教育资助手续；组织车辆带领贫困户参加电商培训，学习技能。组织节日慰问，逢年过节组织单位党员干部、帮扶责任人进村入户，开展党员义工活动，为贫困户赠送米面油、现金、衣物等，并按要求进行户容户貌整治。设定公益性岗位，让有劳动能力但年龄较大和无法外出务工的贫困户得到工资收益。配合村"两委"开展基础建设。协助办理村道路硬化相关手续；协助修建排水沟；协助修建道路两侧花墙；协助修建光伏发电及太阳能路灯。

幸福积分全面启动，按照积分奖励，让群众有获得感。开展冬季提升活动。为方台村委会申请到打印机、党刊党报、树苗1万余元。运行中心为方台村两委提供党报党刊资金4000余元。召开全体党员大会，全票表决通过村入党积极分子孟荣芹成为预备党员。

【宣传信息】

2019年，新乡市南水北调工程运行保障中心共编写、印发各类简报信息59期，及时上传至省南水北调建管局网站、市委市政府信息科。与新乡日报、新乡电视台联系，对生态补水、干渠通水五周年进行报道，刊发《生态补水初见成效》《南水北调中线工程通水五周年180万新乡人畅饮丹江水》。3月22日"世界水日"为市民宣讲《中华人民共和国水法》《南水北调工程供用水管理条例》《河南省南水北调配套工程供用水和设施保护管理办法》，讲解南水北调工程建设、运行管理历程及保护工程安全、水质安全和人身安全的重要意义，现场发放《新乡市南水北调配套工程宣传明白纸》1000余份。持续加强干渠红线外安保宣

传,暑假前夕对沿线80余个村庄、上万名中小学生进行防溺水安全教育,共开展"安全宣传进校园"活动4次,累计发放宣传页6000份、书包400个、扇子3000把、作业本1500套,张贴宣传海报250份,悬挂条幅60条,播放宣传教育视频4次。协同开展干渠红线内安保工作,落实人防、物防、技防,构建一体化防护体系,干渠沿线常驻4名干警,6名辅警,共安装安防摄像头177个,实行24小时监控,每天开展机动巡逻3遍。

(新乡运行中心)

濮阳市南水北调办

【机构设置】

濮阳市南水北调中线工程建设领导小组办公室(濮阳市南水北调配套工程建设管理局),事业性质参照公务员管理单位,机构规格相当于副处级,隶属市水利局领导,财政全额拨款。事业编制14名,实有14人,其中主任1名,副主任2名。内设机构正科级领导职数4名。人员编制结构:管理人员11名,专业技术人员3名,工勤人员(驾驶员)1名。2019年6月,原濮阳市南水北调办公室主任张作斌调任濮阳市水利局副局长,同月韩秀成任濮阳市南水北调办公室主任。

【党建与廉政建设】

2019年,濮阳市南水北调办党支部以政治建设为统领,落实全面从严治党主体责任,规范党内政治生活,创新党建工作方法,全面提升党建工作水平。

制订《濮阳市南水北调办公室2019年度学习教育活动实施方案》,明确学习的方法和形式,制定学习计划,组织集中学习52次,领导带头讲党课5次,组织干部职工参观廉政教育基地、革命旧址等80人次,举办"庆十一"诗歌朗诵比赛1次、同时参加市水利局组织的"五一、五四"、庆"七一"读书比赛、"我和我的祖国"等主题活动。

加强廉洁教育,推动廉政建设。开展违规经商办企业问题专项治理、排查整治"天价烟"背后"四风"问题、整治领导干部利用地方名贵特产特殊资源谋取私利等一系列活动。组织党员干部学习《中国共产党党员领导干部廉洁从政若干准则》《中国共产党党员教育管理工作条例》,观看《作风建设永远在路上》专题片,用典型案例警示教育全体工作人员,全年无违纪现象发生。

2019年9月下旬,濮阳市南水北调办党支部参加第二批"不忘初心、牢记使命"主题教育。在主题教育活动中,组织集中学习24次、专题学习研讨5次、开展专题调研3次、理论知识测试3次、专题党课3次。按照"四个对照"的要求查摆问题,班子和班子成员共检视出问题33条,列出问题清单,设立整改台账,全部整改完毕。

【文明单位建设】

2019年开展省级文明单位创建工作。制订《濮阳市南水北调办公室2019年精神文明建设工作方案》,调整精神文明建设工作领导小组,成立精神文明创建办公室。围绕创建目标将任务层层分解人人参与。理论学习与道德建设相结合,共安排学习25次,开展"世界水日·中国水周"宣传、"庆七一朗诵比赛""文明交通"、党员志愿者进社区等各类创建活动20余次,形成创建资料9本。逐步对管理处及各管理站进行升级改造,创造整洁优美的工作生活环境,2019年成功创建省级文明单位。

【精准扶贫】

濮阳市南水北调办负责帮扶范县张庄乡王英村,派驻第一书记和驻村工作队,2019年贫困发生率由原来的15%下降到0.77%,实现整村脱贫。

开展支部共建活动 2019年,以党建促脱贫攻坚,促乡村振兴,以"给钱给物,不如给个好支部"的工作理念开展支部共建,全面加强我濮阳市南水北调办党员与王英村全体党员的交流学习互帮互助,重温入党誓词，接受红色教育，锤炼党性修养，展望脱贫前景，坚定初心使命。

落实各项帮扶政策 建设光伏发电项目覆盖全村贫困户，每户年增收2000元；为11户申请木业园资产受益项目，每户年增收2000元；8户入社牧原5+项目，每户年增收3000元。教育扶贫，涉及10户13人，受益资金24550元，新增小龙虾养殖12户受益资金3084元。协调推进老村庄整体土地平整，制定发展构树种植项目规划，发展集体经济。

开展结对帮扶活动 开展重要节假日和国家扶贫日慰问活动、六一慰问留守儿童，联合市县两级医院开展大型免费义诊活动，邀请电影公司进社区放映电影。开展结对帮扶工作，到贫困户家中，为村民发放生活用品和卫生用具。活动的开展使帮扶村群众树立脱贫信心，坚定脱贫意志。

【宣传信息】

2019年，濮阳市南水北调办进一步加强信息宣传工作，共编写印发各类简报信息39期。其中向河南省南水北调网发布信息20条，向市水利局网站投稿12条。依托"丹江水润濮阳"项目，配合省市主流媒体开展工程供水效益报道。12月4日，在河南日报刊发《濮阳：村村吃好水 溯源是丹江》。3月22日在"世界水日""中国水周"宣传活动中设置咨询台、悬挂条幅、摆放展板，向过往市民发放宣传页和宣传品，讲解南水北调配套工程知识。开展南水北调中线工程通水5周年宣传，出动宣传车辆沿配套工程输水管线播放有关法律法规，向沿线群众发放宣传画和宣传品600余份。

（王道明 孙建军）

鹤壁市南水北调办

【机构设置】

2019年，鹤壁市南水北调办尚未更改名称及机构设置调整。鹤壁市南水北调办（鹤壁市南水北调建管局、鹤壁市南水北调中线

工程移民办）内设综合科、投资计划科、工程建设监督科、财务审计科。事业编制15名，其中主任1名，副主任2名；内设机构科级领导职数6名（正科级领导职数4名，副科级领导职数2名）。经费实行财政全额预算管理。1月3日，市委决定杜长明任鹤壁市水利局党组成员。现任鹤壁市南水北调办主任杜长明，二级调研员常江林，副主任郑涛，副主任赵峰。人事工作由鹤壁市水利局管理。

【党建与廉政建设】

鹤壁市南水北调办隶属鹤壁市水利局党组领导，党建工作由市水利局党组统一安排部署。学习贯彻习近平新时代中国特色社会主义思想和习近平总书记系列重要讲话，"两学一做"学习教育常态化制度化，开展"不忘初心、牢记使命"主题教育。党员干部参加集中学习研讨、组织生活会、主题党日活动、实地参观活动、情暖百姓活动及查摆问题整改。推进"每天一小时，月读（周读）一本书"读书活动。在"学习强国"、干部网络学院学习平台，弘扬焦裕禄精神、红旗渠精神、愚公移山精神、大别山精神、水利行业精神、南水北调精神。

2019年配备机关党委专职副书记，完成各支部的换届选举，并将原机关党支部分设为机关第一、第二党支部，加强对基层支部书记的教育管理。落实"三会一课"，佩戴党徽常态化。严格执行党内组织生活、议事决策、请示报告制度。作风建设持续整治形式主义、官僚主义，开展"不作为、慢作为、假作为、乱作为"专项治理。

学习教育8个方面：从严治党、理想信念、宗旨性质、担当作为、政治纪律和政治规矩、党性修养、廉洁自律。分三次集中学习研讨，时间8天。组织全体党员到浚县屯子镇裴庄村红色革命教育基地常仙甫故居、中共卫西工委旧址参观学习。

贯彻中央和省市决策部署，围绕"三大攻坚战"、乡村振兴战略、"四水同治"以及

本部门存在的突出问题和群众反映强烈的热点难点问题确定调研课题，提出建议7条，办好惠民实事8条，开展结对共建"手拉手"活动12次。成立5个由县级干部任组长的调研组，对各县区30%的建档立卡贫困村和部分非贫困村实地调研，走访16个乡46个村，入户抽查复核饮水安全情况。开展淇河水生态保护调研，召开专题研讨会，成立工作专班，用两个月时间到淇河沿线进行资料收集与实地勘察，提出加强淇河水生态保护的可行性措施和合理化建议。水利局党组落实"四到四访"大走访活动，组织党员干部捐赠5100余元为帮扶村石门村购置安装路灯、条椅。

按照对标对表找差距要求，聚集党的政治建设、思想建设、作风建设突出问题进行检视。开展专项整治自查，制定专项整治方案，列出专项整治台账，召开对照党章党规找差距专题会议，聚焦"18个是否"，逐条逐项查摆问题、剖析根源，并制定整改措施。收集各类意见建议26条，对标对表查找问题74条，对照党章党规找差距查找问题118条，发现河湖"清四乱"专项问题37处，梳理"机关党的建设'灯下黑'问题"8条，梳理巡察整改未完成问题4个。

开展专项整治自查，把中央部署的8个专项整治同省委市委部署的1+2+2专项整治、调研发现的问题整改、群众反映强烈问题整改、巡视巡察反馈问题整改和20项上下联动重点整改事项结合梳理汇总，分类建立整改台账，实行项目化方式，逐条落实整改措施，明确责任科室、整改时限，坚持立查立改即知即改。

持续加强党风廉政建设，落实主体责任、严格履行"一岗双责"，坚持部门工作与党风廉政建设工作一起抓。2019年先后研究布置14次党风廉政建设工作，完成廉洁过节提醒、监察对象统计、领导干部遵规守纪档案报告、领导干部信息统计、舆情分析报告、预防腐败教育、监督执纪问责、回答廉

政微信答题。编发党的十九大内容、习近平新时代中国特色社会主义思想理论知识、"两学一做"学习教育常态化制度化知识、党章党规知识、党建知识、保密知识、廉政法规知识、南水北调水政法规答题及知识测试。开展以案促改活动。配合九届市委第七轮第四巡察组对市水利局、市南水北调办开展巡察。开展"天价烟"排查整治，组织填报党员干部承诺书。参加市纪委监委派驻纪检监察组举办的"七一"守纪律讲规矩做省心有戒的合格党员廉政教育大会，参观市反腐倡廉警示教育基地，按照派驻纪检监察组要求加入纪检监察微信工作群。参观"石林会议"旧址学习革命精神；观看宣传教育电影《邹碧华》《红旗漫卷西风》《黄大年》《一个不落》，观看宣传教育大型豫剧现代戏《头雁归来》。2019年未发生违规违纪问题和不廉洁现象。

【文明单位创建】

2019年，开展学法用法、普法教育、法治宣传教育和咨询服务活动，实行"一线工作法""实事工作法"，制定联系群众制度，在市政府网站、水利局网站和大厅公布办事指南，公开服务承诺、走访用水单位、张贴服务热线电话，加强服务型机关建设。开展倡导绿色生活反对铺张浪费行动。对机关办公楼内外环境进行亮化绿化美化。在单位设置固定宣传版面60多块。组织志愿者参加义务植树、义务劳动、交通服务、周末卫生日活动，开展向困难群众送温暖献爱心捐款活动。开展水利扶贫。帮扶村石门村累计脱贫97户277人，被命名为市级文明村镇，取得阶段性成效。

【宣传信息】

2019年，鹤壁市南水北调办利用工作简报、门户网站、微信公众号，对重要部署、重要节点、重大活动、先进经验、典型事迹进行宣传报道和信息交流。在省南水北调网刊发13篇，在鹤壁日报刊发8篇，在鹤壁电视台播发5篇。为"世界水日""中国水周"提供宣传资料图片，制作展板、条幅，联合中线鹤壁管理

处在鹤壁世纪广场开展"坚持节水优先，强化水资源管理"暨安全宣传教育公益活动。参与2019年节能宣传月和低碳日活动，响应并体验"135"出行方式，开展南水北调中线工程通水五周年宣传工作，在鹤壁日报组织专题报道。编发鹤壁市南水北调工作简报13期；编发主题教育工作简报12期；向省市编报工作信息38条；完成市委办公室信息科关于鹤壁市南水北调供水效益情况约稿。

（姚林海　王淑芬）

安阳市南水北调工程运行保障中心

【机构改革】

按照省机构改革要求和安阳市委编委《关于调整市直部分事业单位有关事项的通知》（安编〔2019〕7号）、市编办《关于调整市南水北调工程运行保障中心机构编制事项的批复》（安编办〔2019〕117号），安阳市南水北调办公室更名为安阳市南水北调工程运行保障中心。

安阳中心相当于正县级规格，隶属市水利局领导。编制20名，其中主任1名，副主任2名。内设机构正科级领导职数7名（含机关党支部专职副书记1名）、副科级领导职数2名，经费实行全额预算管理。根据市委组织部《关于安阳市水利局职级职数设置的批复》设置二级调研员1名，三、四级调研员2名；一级至四级主任科员11名，其中一、二级主任科员5名，三、四级主任科员6名。现任安阳中心主任马荣洲。

2019年安阳中心实有人数75人，其中在职在编15人、借调16人、劳务派遣44人（受省南水北调建管局委托招聘的市区运行管理人员，代为省南水北调建管局管理，包括工资在内的所有费用，均由省南水北调建管局负责）。按照职级并行工作要求，完成2名科级非领导干部的职级晋升工作。

【党建与廉政建设】

2019年，党支部的中心组理论学习采取集中学习、自主学习、专题调研形式。落实重大事项请示报告、民主集中制、"三重一大"事项集体研究决定的制度。落实"三会一课"制度，每季度召开1次支部党员大会，每月召开1次支部委员会和党小组会，党支部委员轮流上党课，特邀水利局纪检组组长讲党课。

每月开展一次主题党日活动，交纳党费、重温入党誓词，到干渠安阳管理处、汤阴管理处党支部开展联学联做主题党日活动，与林州庙荒村党支部开展联合主题党日活动，到仁和社区开展党建共建活动，到魏家营社区、万科社区共同开展清洁家园活动，到高庄乡西崇固村开展帮扶困难党员活动。

2019年共召开领导班子民主生活会4次，普通党员组织生活会3次，民主评议大会1次，其中有以党小组形式召开对照党章党规找差距和"不忘初心、牢记使命"主题教育专题组织生活会。坚持意识形态工作责任制。加强舆论引导，以微信工作群、QQ群、互联网加强舆论引导，开展"主题党日"、专题教育、宣传版面、学习交流开展意识形态学习教育。"学习强国"平台人均学习积分在市直水利系统名列前茅。组织全体党员重走红旗渠、跃进渠，观看《天河》《水脉》《榜样》影片，举办时代楷模先进事迹报告会。领导成员确定四个调研课题，到干渠和管线沿线县区南水北调管理机构、现地管理站、维修养护单位和相关单位调研。

落实贯穿主题教育整改措施，出台《安阳市南水北调办公室关于进一步加强配套工程巡查与值守工作的通知》《安阳市南水北调配套工程巡检智能管理系统巡检仪手持终端使用管理制度（暂行）》《安阳市南水北调工程运行保障中心运行管理人员录用规定》，修订《安阳市南水北调工程运行保障中心主要职责和内设机构职责》《安阳市南水北调办公室车辆管理办法》等制度，管理工作进一步规范化。

落实"一岗双责"制度，向市水利局党

组递交《全面从严治党目标责任书》。组织全体党员干部学习《中国共产党廉洁自律准则》，观看《廉政中国》《脱轨》警示教育片，及时通报典型案例，召开以案促改专题民主生活会。

落实中央"八项规定"，研究制定整改措施，开展漠视侵害群众利益问题、违反中央八项规定精神问题、利用名贵特产谋取私利、评审专家劳务费以及党政纪处分执行情况检查6项专项整治活动。加强对廉政风险点的管控，加强招投标、公务接待、公车使用、干部选拔任用等重点岗位和重要环节的监督管理，严控"三公"经费支出。

【精神文明建设】

2019年安阳市南水北调运行保障中心的精神文明建设开展文明交通、道德建设、《水法》建设专题宣传教育，诚信建设专题宣传教育，开展优质服务、文明志愿者传播、志愿日服务、中秋诗歌朗诵、广播体操比赛、"我们的节日"、帮扶社区活动，举办市直水利系统第三期道德讲堂、设置"讲文明树新风"公益广告、创评文明科室、最美水利人，开展制度文明上网的制度和规范要求。改进管理方式，完善学习、工作、会议制度，形成"工作快节奏、办事高效率、活动积极参与"的优良风气。

【宣传信息】

2019年在"世界水日""中国水周"开展《河南省南水北调配套工程供用水和设施保护管理办法》宣传。与安阳市水利局联系，印制宣传单2000余份，制作宣传版面4块，参加市水利局在东区两馆广场组织的宣传活动，现场设立南水北调咨询台。世界水周期间，组织人员到沿线村庄和企业发放宣传资料。配合进行配套工程向内黄供水停水抢修紧急信息上报。向市委信息科报送的《我市南水北调配套工程运行管理存在的问题及建议》信息被采纳。全年编报信息35篇。

（任　辉　董世玉）

邓州市南水北调和移民服务中心

【机构改革】

2019年3月，根据邓州市委机构改革方案，在邓州市水利局挂南水北调办公室牌子；根据邓州市编委文件（邓编〔2019〕2号），组建邓州市南水北调和移民服务中心，归水利局领导，原南水北调办人员划归南水北调和移民服务中心。

【党建与廉政建设】

2019年，邓州市南水北调和移民服务中心加强主体责任担当，履行"一岗双责"，推进"两学一做"学习教育常态化制度化，定期召开党风廉政建设专题会议，开展网络学习培训，及时下载手机应用《学习强国》《清水先锋》党员学习平台，实现100%下载量、100%会应用、100%有积分的总要求。

根据市委统一安排部署开展"不忘初心、牢记使命"主题教育活动，成立领导小组、印发学习方案，围绕"守初心、担使命、找差距、抓落实"的总体要求和学习贯彻"习近平新时代中国特色社会主义思想，锤炼忠诚干净担当的政治品格"根本任务，完成各项规定动作。组织党员干部学习党的十九大报告和党章，研读《习近平关于"不忘初心、牢记使命"重要论述选编》《习近平新时代中国特色社会主义思想学习纲要》《习近平治国理政》等必读篇目，学习习近平总书记最新重要讲话指示精神，特别是关于河南工作的讲话要求，自觉对标对表，提高思想认识。开展调研检视问题。以问题为导向，聚焦求实提质。确定调研内容，查找工作的薄弱环节、存在问题、掌握第一手资料。通过调研提出建议，推动问题解决。调研检视共排查出南水北调干渠征迁安置问题4个，配套信访问题1个。对问题建立台账，制定方案，逐项解决，做到立行立改，截至11月底，涉及赵集镇、十林镇、张村镇、腰店镇各一个问题均已解决到位。张村洼取土场

复垦问题正在解决。

【文明单位建设】

开展文明单位建设设定更高目标，2019年争创省级标兵文明单位。推进社会主义核心价值观体系建设。按照邓州市文明委的要求和具体安排，开展"六文明"从我做起、学雷锋志愿文明交通、"七一"主题党日强身健体、建国70周年暨通水五周年征文等党员活动。收集整理图片、文字资料9本，在文明单位复查中得到市文明办的充分肯定。

（司占录　石　帅）

拾壹 统计资料

供水配套工程运行管理月报

运行管理月报2019年第1期总第41期

【工程运行调度】

2019年1月1日8时，河南省陶岔渠首引水闸入干渠流量165.83m³/s；穿黄隧洞节制闸过闸流量120.05m³/s；漳河倒虹吸节制闸过闸流量100.24m³/s。截至2018年12月31日，全省累计有36个口门及19个退水闸

（湍河、白河、清河、贾河、澧河、澎河、沙河、北汝河、颍河、双洎河、沂水河、十八里河、贾峪河、索河、闫河、香泉河、淇河、汤河、安阳河）开闸分水，其中，33个口门正常供水，2个口门线路因受水水厂暂不具备接水条件而未供水（11-1、12），1个口门线路因地方不用水暂停供水（11）。

【各市县配套工程线路供水】

序号	市、县	口门编号	分水口门	供水目标	运行情况	备注
1	邓州市	1	肖楼	引丹灌区	正常供水	
2	邓州市	2	望城岗	邓州一水厂	正常供水	
	邓州市			邓州二水厂	正常供水	
	南阳市			新野二水厂	正常供水	
3	南阳市	3-1	谭寨	镇平县五里岗水厂	正常供水	
				镇平县规划水厂	正常供水	
4	南阳市	5	田洼	傅岗（麒麟）水厂	正常供水	
				龙升水厂	正常供水	
5	南阳市	6	大寨	南阳第四水厂	正常供水	
6	南阳市	7	半坡店	唐河县水厂	正常供水	
				社旗水厂	正常供水	
7	方城县	9	十里庙	新裕水厂	正常供水	
8	漯河市	10	辛庄	舞阳水厂	正常供水	
				漯河二水厂	正常供水	
				漯河三水厂	正常供水	
				漯河四水厂	正常供水	
				漯河五水厂	正常供水	
				漯河八水厂	正常供水	
	周口市			商水水厂	正常供水	
				周口东区水厂	正常供水	
				周口二水厂	正常供水	通过西区水厂支线
9	平顶山市	11	澎河	平顶山白龟山水厂	暂停供水	
				平顶山九里山水厂	暂停供水	
				平顶山平煤集团水厂	暂停供水	
				叶县水厂	正常供水	
10	平顶山市	11-1	张村	鲁山水厂	未供水	静水压试验已完成，水厂正在建设
11	平顶山市	12	马庄	平顶山焦庄水厂	未供水	通水前准备阶段

续表

序号	市、县	口门编号	分水口门	供水目标	运行情况	备注
12	平顶山市	13	高庄	平顶山王铁庄水厂	正常供水	
				平顶山石龙区水厂	正常供水	
13	平顶山市	14	赵庄	郏县规划水厂	正常供水	
14	许昌市	15	宴窑	襄城县三水厂	正常供水	
15	许昌市	16	任坡	禹州市二水厂	正常供水	
				神垕镇二水厂	正常供水	
16	许昌市	17	孟坡	许昌市周庄水厂	正常供水	
				北海、石梁河、霸陵河	正常供水	
				许昌市二水厂	正常供水	
	鄢陵县			鄢陵中心水厂	未供水	
	临颍县			临颍县一水厂	正常供水	
				千亩湖	正常供水	通过临颍二水厂支线
17	许昌市	18	洼李	长葛市规划三水厂	正常供水	
				清潩河	正常供水	
				增福湖	暂停供水	
18	郑州市	19	李垌	新郑第一水厂	暂停供水	备用
				新郑第二水厂	正常供水	
				望京楼水库	暂停供水	
				老观寨水库	暂停供水	
19	郑州市	20	小河刘	郑州航空城一水厂	正常供水	
				郑州航空城二水厂	正常供水	
				中牟县第三水厂	正常供水	
20	郑州市	21	刘湾	郑州市刘湾水厂	正常供水	
21	郑州市	22	密垌	尖岗水库	正常供水	充库
22	郑州市	23	中原西路	郑州柿园水厂	正常供水	
				郑州白庙水厂	正常供水	
				郑州常庄水库	暂停供水	
23	郑州市	24	前蒋寨	荥阳市四水厂	正常供水	
24	郑州市	24-1	蒋头	上街区规划水厂	正常供水	
25	温县	25	北冷	温县三水厂	正常供水	
26	焦作市	26	北石涧	武陟县城三水厂	正常供水	
				博爱县水厂	正常供水	
27	焦作市	28	苏蔺	焦作市修武水厂	正常供水	
				焦作市苏蔺水厂	正常供水	
28	新乡市	30	郭屯	获嘉县水厂	正常供水	
29	新乡市	32	老道井	新乡高村水厂	正常供水	
				新乡新区水厂	正常供水	
				新乡孟营水厂	正常供水	
				新乡凤泉水厂	正常供水	
	新乡县			七里营水厂	正常供水	

续表

序号	市、县	口门编号	分水口门	供水目标	运行情况	备注
30	新乡市	33	温寺门	卫辉规划水厂	正常供水	
31	鹤壁市	34	袁庄	淇县铁西区水厂	正常供水	
				赵家渠	暂停供水	
32	濮阳市	35	三里屯	引黄调节池（濮阳第一水厂）	暂停供水	
				濮阳第二水厂	正常供水	
				濮阳第三水厂	正常供水	
				清丰县固城水厂	正常供水	
	南乐县			南乐县水厂	正常供水	
	鹤壁市			浚县水厂	正常供水	
				鹤壁第四水厂	正常供水	
	滑县			滑县三水厂	正常供水	
				安阳中盈化肥有限公司	正常供水	
33	鹤壁市	36	刘庄	鹤壁第三水厂	正常供水	
34	安阳市	37	董庄	汤阴一水厂	正常供水	
				汤阴二水厂	未供水	
				内黄县第四水厂	正常供水	
35	安阳市	38	小营	安阳六水厂	试供水	
				安阳八水厂	正常供水	
36	安阳市	39	南流寺	安阳四水厂	试供水	
37	邓州市		湍河退水闸	湍河	已关闸	
38	南阳市		白河退水闸	白河	已关闸	
39	南阳市		清河退水闸	清河、潘河、唐河	正常供水	
40	南阳市		贾河退水闸	贾河	已关闸	
41	平顶山市		澧河退水闸	澧河	已关闸	
42	平顶山市		澎河退水闸	澎河	已关闸	
43	平顶山市		沙河退水闸	沙河、白龟山水库	已关闸	
44	平顶山市		北汝河退水闸	北汝河	已关闸	
45	禹州市		颍河退水闸	颍河	已关闸	12月1~7日供水500万立方米
46	新郑市		双洎河退水闸	双洎河	正常供水	
47	新郑市		沂水河退水闸	沂水河、唐寨水库	已关闸	
48	郑州市		十八里河退水闸	十八里河	已关闸	
49	郑州市		贾峪河退水闸	贾峪河、西流湖	已关闸	
50	郑州市		索河退水闸	索河	已关闸	
51	焦作市		闫河退水闸	闫河、龙源湖	已关闸	12月11日供水4万立方米
52	新乡市		香泉河退水闸	香泉河	已关闸	
53	鹤壁市		淇河退水闸	淇河	已关闸	
54	汤阴县		汤河退水闸	汤河	已关闸	
55	安阳市		安阳河退水闸	安阳河	已关闸	

【水量调度计划执行】

区分	序号	市、县名称	年度用水计划（万 m³）	月用水计划（万 m³）	月实际供水量（万 m³）	年度累计供水量（万 m³）	年度计划执行情况（%）	累计供水量（万 m³）
农业用水	1	引丹灌区	60000	3500	3463.92	7138.98	11.90	192253.71
城市用水	1	邓州	3540	190	189.49	374.81	10.59	5786.15
	2	南阳	15461	1685.5	1784.78	3498.77	22.63	47353.18
	3	漯河	7954	633.9	631.85	1227.78	15.44	18672.78
	4	周口	4967	424.7	480.87	909.63	18.31	5190.75
	5	平顶山	13584	256.36	260.71	509.10	3.75	37592.27
	6	许昌	14862	1874.7	2003.51	3434.15	23.11	56791.29
	7	郑州	52154	4620.7	4266.75	8775.77	16.83	171760.66
	8	焦作	8980	565	417.62	847.20	9.43	11619.08
	9	新乡	12769	996.6	1164.16	2330.20	18.25	40305.69
	10	鹤壁	5140	339	354.66	788.65	15.34	21184.95
	11	濮阳	6360	507	560.00	1088.60	17.12	22635.41
	12	安阳	11622	762.60	467.81	897.40	7.72	18106.22
	13	滑县	2197	159.34	176.00	325.93	14.84	2803.86
		小计	159590	13015.4	12758.2	25007.99	15.67	459802.29
合计			219590	16515.4	16222.12	32146.97	14.64	652056.00

【水质信息】

序号	断面名称	断面位置	采样时间	水温（℃）	pH值（无量纲）	溶解氧	高锰酸盐指数	化学需氧量（COD）	五日生化需氧量（BOD₅）	氨氮（NH₃-N）	总磷（以P计）
								mg/L			
1	沙河南	河南鲁山县	12月4日	12.3	8.5	9.7	2	＜15	1.1	＜0.025	＜0.01
2	郑湾	河南郑州市	12月4日	14.8	8.2	10	1.9	＜15	1.1	＜0.025	＜0.01

序号	断面名称	总氮（以N计）	铜	锌	氟化物（以F计）	硒	砷	汞	镉	铬（六价）	铅
							mg/L				
1	沙河南	1.21	＜0.01	＜0.05	0.199	＜0.0003	0.0008	＜0.00001	＜0.0005	＜0.004	＜0.0025
2	郑湾	1.1	＜0.01	＜0.05	0.178	＜0.0003	0.0006	＜0.00001	＜0.0005	＜0.004	＜0.0025

序号	断面名称	氰化物	挥发酚	石油类	阴离子表面活性剂	硫化物	粪大肠菌群	水质类别	超标项目及超标倍数		
				mg/L			个/L				
1	沙河南	＜0.002	＜0.002	＜0.01	＜0.05	＜0.01	30	Ⅰ类			
2	郑湾	＜0.002	＜0.002	＜0.01	＜0.05	＜0.01	0	Ⅰ类			

说明：根据南水北调中线水质保护中心1月10日提供数据。

运行管理月报2019年第2期总第42期

【工程运行调度】

2019年2月1日8时，河南省陶岔渠首引水闸入干渠流量168.74m³/s；穿黄隧洞节制闸过闸流量113.85m³/s；漳河倒虹吸节制闸过闸流量99.13m³/s。截至2019年1月31日，全省累计有36个口门及19个退水闸（湍河、白河、清河、贾河、澧河、澎河、沙河、北汝河、颍河、双洎河、沂水河、十八里河、贾峪河、索河、闫河、香泉河、淇河、汤河、安阳河）开闸分水，其中，31个口门正常供水，4个口门线路因受水水厂暂不具备接水条件而未供水（9、11-1、12、39），1个口门线路因地方不用水暂停供水（11）。

【各市县配套工程线路供水】

序号	市、县	口门编号	分水口门	供水目标	运行情况	备注
1	邓州市	1	肖楼	引丹灌区	正常供水	
2	邓州市	2	望城岗	邓州一水厂	正常供水	水厂阀井维修，1月24日9:00~28日15:00暂停供水
	邓州市			邓州二水厂	正常供水	
	南阳市			新野二水厂	正常供水	
3	南阳市	3-1	谭寨	镇平县五里岗水厂	正常供水	因泵站维修，1月5日10:00~22日9:00暂停供水
				镇平县规划水厂	正常供水	备用
4	南阳市	5	田洼	傅岗（麒麟）水厂	正常供水	
				龙升水厂	正常供水	
5	南阳市	6	大寨	南阳第四水厂	正常供水	
6	南阳市	7	半坡店	唐河县水厂	正常供水	
				社旗水厂	正常供水	
7	方城县	9	十里庙	新裕水厂	正常供水	水厂设备维护，1月3日11:00~28日10:00暂停供水
8	漯河市	10	辛庄	舞阳水厂	正常供水	
				漯河二水厂	正常供水	
				漯河三水厂	正常供水	
				漯河四水厂	正常供水	
				漯河五水厂	正常供水	
				漯河八水厂	正常供水	
	周口市			商水水厂	正常供水	
				周口东区水厂	正常供水	
				周口二水厂	正常供水	
9	平顶山市	11	澎河	平顶山白龟山水厂	暂停供水	
				平顶山九里山水厂	暂停供水	
				平顶山平煤集团水厂	暂停供水	
				叶县水厂	暂停供水	
10	平顶山市	11-1	张村	鲁山水厂	未供水	静水压试验已完成，水厂正在建设
11	平顶山市	12	马庄	平顶山焦庄水厂	未供水	通水前准备阶段
12	平顶山市	13	高庄	平顶山王铁庄水厂	正常供水	
				平顶山石龙区水厂	正常供水	
13	平顶山市	14	赵庄	郏县规划水厂	正常供水	

序号	市、县	口门编号	分水口门	供水目标	运行情况	备注
14	许昌市	15	宴窑	襄城县三水厂	正常供水	
15	许昌市	16	任坡	禹州市二水厂	正常供水	
				神垕镇二水厂	正常供水	
16	许昌市	17	孟坡	许昌市周庄水厂	正常供水	
				北海、石梁河、霸陵河	正常供水	
				许昌市二水厂	正常供水	
	鄢陵县			鄢陵中心水厂	暂停供水	水厂已具备供水条件
	临颍县			临颍县一水厂	正常供水	
				千亩湖	正常供水	
17	许昌市	18	洼李	长葛市规划三水厂	正常供水	
				清潩河	正常供水	
				增福湖	暂停供水	
18	郑州市	19	李垌	新郑第一水厂	暂停供水	备用
				新郑第二水厂	正常供水	
				新郑望京楼水库	暂停供水	
				老观寨水库	暂停供水	
19	郑州市	20	小河刘	郑州航空城一水厂	正常供水	
				郑州航空城二水厂	正常供水	
				中牟县第三厂	正常供水	
20	郑州市	21	刘湾	郑州市刘湾水厂	正常供水	泵站供电异常，1月21日12:06~21日21:00降压供水
21	郑州市	22	密垌	尖岗水库	正常供水	1月31日9:00开始充库
22	郑州市	23	中原西路	郑州柿园水厂	正常供水	
				郑州白庙水厂	正常供水	水厂设备维修，1月11日10:20~13日8:00暂停供水
				郑州常庄水库	正常供水	1月26日9:00开始充库
23	郑州市	24	前蒋寨	荥阳市四水厂	正常供水	
24	郑州市	24-1	蒋头	上街区规划水厂	正常供水	
25	温县	25	北冷	温县三水厂	正常供水	
26	焦作市	26	北石涧	武陟县城三水厂	正常供水	
				博爱县水厂	正常供水	
27	焦作市	28	苏蔺	焦作市修武水厂	正常供水	
				焦作市苏蔺水厂	正常供水	
28	新乡市	30	郭屯	获嘉县水厂	正常供水	
29	新乡市	32	老道井	新乡高村水厂	正常供水	
				新乡新区水厂	正常供水	
				新乡孟营水厂	正常供水	
	新乡县			新乡凤泉水厂	正常供水	
				七里营水厂	正常供水	
				卫河	正常供水	
	新乡市			人民胜利渠	正常供水	
				赵定排	正常供水	
30	新乡市	33	温寺门	卫辉规划水厂	正常供水	

续表

序号	市、县	口门编号	分水口门	供水目标	运行情况	备注
31	鹤壁市	34	袁庄	淇县铁西区水厂	正常供水	
				赵家渠	暂停供水	赵家渠改造，暂停供水
32	濮阳市	35	三里屯	引黄调节池（濮阳第一水厂）	暂停供水	
				濮阳第二水厂	正常供水	
				濮阳第三水厂	正常供水	
				清丰县固城水厂	正常供水	
	南乐县			南乐县水厂	正常供水	
				浚县水厂	正常供水	
	鹤壁市			鹤壁第四水厂	正常供水	
	滑县			滑县三水厂	正常供水	
				滑县四水厂	未供水	
				安阳中盈化肥有限公司	已供水	
33	鹤壁市	36	刘庄	鹤壁第三水厂	正常供水	
34	安阳市	37	董庄	汤阴一水厂	正常供水	
				汤阴二水厂	正常供水	
				内黄县第四水厂	正常供水	
35	安阳市	38	小营	安阳六水厂	正常供水	水厂管线维修，1月25日18:00~28日9:00暂停供水
				安阳八水厂	正常供水	
36	安阳市	39	南流寺	安阳四水厂	正常供水	
				安阳七水厂	未供水	水厂未建
37	邓州市		湍河退水闸	湍河	已关闸	
38	南阳市		白河退水闸	白河	已关闸	
39	南阳市		清河退水闸	清河、潘河、唐河	正常供水	
40	南阳市		贾河退水闸	贾河	已关闸	
41	平顶山市		澧河退水闸	澧河	已关闸	
42	平顶山市		澎河退水闸	澎河	已关闸	
43	平顶山市		沙河退水闸	沙河、白龟山水库	已关闸	
44	平顶山市		北汝河退水闸	北汝河	已关闸	
45	禹州市		颍河退水闸	颍河	已关闸	
46	新郑市		双洎河退水闸	双洎河	正常供水	
47	新郑市		沂水河退水闸	唐寨水库	正常供水	
48	郑州市		十八里河退水闸	十八里河	已关闸	
49	郑州市		贾峪河退水闸	贾峪河、西流湖	已关闸	
50	郑州市		索河退水闸	索河	已关闸	
51	焦作市		闫河退水闸	闫河、龙源湖	正常供水	1月24日10:00起生态补水4万m³
52	新乡市		香泉河退水闸	香泉河	已关闸	
53	鹤壁市		淇河退水闸	淇河	已关闸	
54	汤阴县		汤河退水闸	汤河	已关闸	
55	安阳市		安阳河退水闸	安阳河	已关闸	

【水量调度计划执行】

区分	序号	市、县名称	年度用水计划（万 m³）	月用水计划（万 m³）	月实际供水量（万 m³）	年度累计供水量（万 m³）	年度计划执行情况（%）	累计供水量（万 m³）
农业用水	1	引丹灌区	60000	4250	3652.05	10791.03	17.99	195905.76
城市用水	1	邓州	3540	190	185.76	560.57	15.84	5971.91
	2	南阳	15461	1775.5	1689.58	5188.35	33.56	49042.76
	3	漯河	7954	682.4	639.58	1867.36	23.48	19312.36
	4	周口	4967	424.7	485.03	1394.66	28.08	5675.79
	5	平顶山	13584	279.18	257.69	766.79	5.64	37849.96
	6	许昌	14862	1388.6	1507.98	4942.13	33.25	58299.27
	7	郑州	52154	4087.2	4328.54	13104.31	25.13	176089.20
	8	焦作	8980	565	438.79	1285.99	14.32	12057.87
	9	新乡	12769	1009	1074.92	3405.12	26.67	41380.61
	10	鹤壁	5140	333	357.18	1145.83	22.29	21542.13
	11	濮阳	6360	504.53	578.25	1666.85	26.21	23213.66
	12	安阳	11622	744.00	507.49	1404.89	12.09	18613.71
	13	滑县	2197	159.34	182.62	508.55	23.15	2986.48
		小计	159590	12142.45	12233.41	37241.4	23.34	472035.71
合计			219590	16392.45	15885.46	48032.43	21.87	667941.47

【水质信息】

序号	断面名称	断面位置（省、市）	采样时间	水温（℃）	pH 值（无量纲）	溶解氧	高锰酸盐指数	化学需氧量（COD）	五日生化需氧量（BOD₅）	氨氮（NH₃-N）	总磷（以P计）
								mg/L			
1	沙河南	河南鲁山县	1月9日	6.4	8.2	11.4	1.9	<15	1.8	<0.025	<0.01
2	郑湾	河南郑州市	1月9日	5.4	8.2	11.2	1.9	<15	1.1	<0.025	<0.01

序号	断面名称	总氮（以N计）	铜	锌	氟化物（以F⁻计）	硒	砷	汞	镉	铬（六价）	铅
					mg/L						
1	沙河南	1.07	<0.01	<0.05	0.234	<0.0003	0.0003	<0.00001	<0.0005	<0.004	<0.0025
2	郑湾	1.03	<0.01	<0.05	0.223	<0.0003	0.0004	<0.00001	<0.0005	<0.004	<0.0025

序号	断面名称	氰化物	挥发酚	石油类	阴离子表面活性剂	硫化物	粪大肠菌群	水质类别	超标项目及超标倍数		
				mg/L			个/L				
1	沙河南	<0.002	<0.002	<0.01	<0.05	<0.01	0	I 类			
2	郑湾	<0.002	<0.002	<0.01	<0.05	<0.01	0	I 类			

说明：根据南水北调中线水质保护中心2月15日提供数据。

运行管理月报2019年第3期总第43期

【工程运行调度】

2019年3月1日8时，河南省陶岔渠首引水闸入干渠流量206.98m³/s；穿黄隧洞节制闸过闸流量139.78m³/s；漳河倒虹吸节制闸过闸流量134.09m³/s。截至2019年2月28日，全省累计有36个口门及19个退水闸（湍河、白河、清河、贾河、澧河、澎河、沙河、北汝河、颍河、双洎河、沂水河、十八里河、贾峪河、索河、闫河、香泉河、淇河、汤河、安阳河）开闸分水，其中，31个口门正常供水，4个口门线路因受水水厂暂不具备接水条件而未供水（9、11-1、12、39），1个口门线路因地方不用水暂停供水（11）。

【各市县配套工程线路供水】

序号	市、县	口门编号	分水口门	供水目标	运行情况	备注
1	邓州市	1	肖楼	引丹灌区	正常供水	
2	邓州市	2	望城岗	邓州一水厂	正常供水	
				邓州二水厂	正常供水	
	南阳市			新野二水厂	正常供水	
3	南阳市	3-1	谭寨	镇平县五里岗水厂	正常供水	
				镇平县规划水厂	正常供水	备用
4	南阳市	5	田洼	傅岗（麒麟）水厂	正常供水	
				龙升水厂	正常供水	
5	南阳市	6	大寨	南阳第四水厂	正常供水	
6	南阳市	7	半坡店	唐河县水厂	正常供水	
				社旗水厂	正常供水	
7	方城县	9	十里庙	新裕水厂	正常供水	
8	漯河市	10	辛庄	舞阳水厂	正常供水	
				漯河二水厂	正常供水	
				漯河三水厂	正常供水	
				漯河四水厂	正常供水	
				漯河五水厂	正常供水	
				漯河八水厂	正常供水	
	周口市			商水水厂	正常供水	
				周口东区水厂	正常供水	
				周口二水厂	正常供水	
9	平顶山市	11	澎河	平顶山白龟山水厂	暂停供水	
				平顶山九里山水厂	暂停供水	
				平顶山平煤集团水厂	暂停供水	
				叶县水厂	暂停供水	
10	平顶山市	11-1	张村	鲁山水厂	未供水	静水压试验已完成，水厂正在建设
11	平顶山市	12	马庄	平顶山焦庄水厂	未供水	通水前准备阶段
12	平顶山市	13	高庄	平顶山王铁庄水厂	正常供水	
				平顶山石龙区水厂	正常供水	
13	平顶山市	14	赵庄	郏县规划水厂	正常供水	
14	许昌市	15	宴窑	襄城县三水厂	正常供水	

续表

序号	市、县	口门编号	分水口门	供水目标	运行情况	备注
15	许昌市	16	任坡	禹州市二水厂	正常供水	
				神垕镇二水厂	正常供水	
16	许昌市	17	孟坡	许昌市周庄水厂	正常供水	因更换水厂支线压力计，2月21日8:00~22日8:00口门暂停供水
				北海、石梁河、霸陵河	正常供水	
				许昌市二水厂	正常供水	
	鄢陵县			鄢陵中心水厂	暂停供水	水厂已具备供水条件
	临颍县			临颍县一水厂	正常供水	因更换水厂支线压力计，2月21日8:00~22日8:00口门暂停供水
				千亩湖	正常供水	
17	许昌市	18	洼李	长葛市规划三水厂	正常供水	
				清潩河	正常供水	
				增福湖	正常供水	
18	郑州市	19	李垌	新郑第一水厂	暂停供水	备用
				新郑第二水厂	正常供水	
				新郑望京楼水库	暂停供水	
				老观寨水库	暂停供水	
19	郑州市	20	小河刘	郑州航空城一水厂	正常供水	
				郑州航空城二水厂	正常供水	
				中牟县第三水厂	正常供水	
20	郑州市	21	刘湾	郑州市刘湾水厂	正常供水	
21	郑州市	22	密垌	尖岗水库	暂停供水	
22	郑州市	23	中原西路	郑州柿园水厂	正常供水	
				郑州白庙水厂	正常供水	
				郑州常庄水库	正常供水	
23	郑州市	24	前蒋寨	荥阳市四水厂	正常供水	
24	郑州市	24-1	蒋头	上街区规划水厂	正常供水	
25	温县	25	北冷	温县三水厂	正常供水	
26	焦作市	26	北石涧	武陟县城三水厂	正常供水	
				博爱县水厂	正常供水	
27	焦作市	28	苏蔺	焦作市修武水厂	正常供水	
				焦作市苏蔺水厂	正常供水	
28	新乡市	30	郭屯	获嘉县水厂	正常供水	
29	新乡市	32	老道井	新乡高村水厂	正常供水	
	新乡县			新乡新区水厂	正常供水	
				新乡孟营水厂	正常供水	
				新乡凤泉水厂	正常供水	
				七里营水厂	正常供水	
	新乡市			卫河	正常供水	
				人民胜利渠	正常供水	
				赵定排	正常供水	

续表

序号	市、县	口门编号	分水口门	供水目标	运行情况	备注
30	新乡市	33	温寺门	卫辉规划水厂	正常供水	
31	鹤壁市	34	袁庄	淇县铁西区水厂	正常供水	
				赵家渠	暂停供水	赵家渠改造，暂停供水
32	濮阳市	35	三里屯	引黄调节池（濮阳第一水厂）	暂停供水	
				濮阳第二水厂	正常供水	
				濮阳第三水厂	正常供水	
				清丰县固城水厂	正常供水	
	南乐县			南乐县水厂	正常供水	
	鹤壁市			浚县水厂	正常供水	
				鹤壁第四水厂	正常供水	
	滑县			滑县三水厂	正常供水	
				滑县四水厂	未供水	
				安阳中盈化肥有限公司	已供水	
33	鹤壁市	36	刘庄	鹤壁第三水厂	正常供水	
34	安阳市	37	董庄	汤阴一水厂	正常供水	
				汤阴二水厂	正常供水	
				内黄县第四水厂	正常供水	
35	安阳市	38	小营	安阳六水厂	正常供水	
				安阳八水厂	正常供水	
36	安阳市	39	南流寺	安阳四水厂	正常供水	
				安阳七水厂	未供水	水厂未建
37	邓州市		湍河退水闸	湍河	已关闸	
38	南阳市		白河退水闸	白河	已关闸	
39	南阳市		清河退水闸	清河、潘河、唐河	正常供水	
40	南阳市		贾河退水闸	贾河	已关闸	
41	平顶山市		澧河退水闸	澧河	已关闸	
42	平顶山市		澎河退水闸	澎河	已关闸	
43	平顶山市		沙河退水闸	沙河、白龟山水库	已关闸	
44	平顶山市		北汝河退水闸	北汝河	已关闸	
45	禹州市		颍河退水闸	颍河	已关闸	
46	新郑市		双洎河退水闸	双洎河	正常供水	
47	新郑市		沂水河退水闸	唐寨水库	已关闸	
48	郑州市		十八里河退水闸	十八里河	已关闸	
49	郑州市		贾峪河退水闸	贾峪河、西流湖	已关闸	
50	郑州市		索河退水闸	索河	已关闸	
51	焦作市		闫河退水闸	闫河、龙源湖	正常供水	2月20日10:00起生态补水4万m³
52	新乡市		香泉河退水闸	香泉河	已关闸	
53	鹤壁市		淇河退水闸	淇河	已关闸	
54	汤阴县		汤河退水闸	汤河	已关闸	
55	安阳市		安阳河退水闸	安阳河	已关闸	

【水量调度计划执行】

区分	序号	市、县名称	年度用水计划（万m³）	月用水计划（万m³）	月实际供水量（万m³）	年度累计供水量（万m³）	年度计划执行情况（%）	累计供水量（万m³）
农业用水	1	引丹灌区	60000	3850	3968.81	14759.84	24.60	199874.57
城市用水	1	邓州	3540	210	187.75	748.32	21.14	6159.66
	2	南阳	15461	1720	1656.42	6844.77	44.27	50699.18
	3	漯河	7954	652.2	553.30	2420.66	30.43	19865.65
	4	周口	4967	389.2	406.28	1800.94	36.26	6082.07
	5	平顶山	13584	281.20	216.95	983.74	7.24	38066.91
	6	许昌	14862	1306.7	1303.65	6245.78	42.03	59602.92
	7	郑州	52154	3910.2	3710.15	16814.46	32.24	179799.35
	8	焦作	8980	527	373.99	1659.98	18.49	12431.86
	9	新乡	12769	977.6	872.93	4278.05	33.50	42253.54
	10	鹤壁	5140	338.6	322.99	1468.83	28.58	21865.12
	11	濮阳	6360	474.06	501.55	2168.40	34.09	23715.21
	12	安阳	11622	490.00	458.37	1863.26	16.03	19072.08
	13	滑县	2197	143.92	152.27	660.82	30.08	3138.75
		小计	159590	11420.68	10716.60	47958.01	30.05	482752.30
合计			219590	15270.68	14685.41	62717.85	28.56	682626.87

【水质信息】

序号	断面名称	断面位置（省、市）	采样时间	水温（℃）	pH值（无量纲）	溶解氧	高锰酸盐指数	化学需氧量（COD）	五日生化需氧量（BOD₅）	氨氮（NH₃-N）	总磷（以P计）
								mg/L			
1	沙河南	河南鲁山县	2月13日	5.5	8.2	11	1.9	＜15	＜0.5	＜0.047	＜0.01
2	郑湾	河南郑州市	2月13日	4.9	8.2	11.4	1.9	＜15	1.6	＜0.053	＜0.01

序号	断面名称	总氮（以N计）	铜	锌	氟化物（以F计）	硒	砷	汞	镉	铬（六价）	铅
					mg/L						
1	沙河南	1.04	＜0.01	＜0.05	0.269	＜0.0003	0.0007	＜0.00001	＜0.0005	＜0.004	＜0.0025
2	郑湾	1.04	＜0.01	＜0.05	0.203	＜0.0003	0.0009	＜0.00001	＜0.0005	＜0.004	＜0.0025

序号	断面名称	氰化物	挥发酚	石油类	阴离子表面活性剂	硫化物	粪大肠菌群	水质类别	超标项目及超标倍数		
		mg/L					个/L				
1	沙河南	＜0.002	＜0.002	＜0.01	＜0.05	＜0.01	0	I类			
2	郑湾	＜0.002	＜0.002	＜0.01	＜0.05	＜0.01	0	I类			

说明：根据南水北调中线水质保护中心3月8日提供数据。

运行管理月报2019年第4期总第44期

【工程运行调度】

2019年4月1日8时，河南省陶岔渠首引水闸入干渠流量226.82m³/s；穿黄隧洞节制闸过闸流量141.72m³/s；漳河倒虹吸节制闸过闸流量128.43m³/s。截至2019年3月31日，全省累计有36个口门及19个退水闸（湍河、白河、清河、贾河、澧河、澎河、沙河、北汝河、颍河、双泊河、沂水河、十八里河、贾峪河、索河、闫河、香泉河、淇河、汤河、安阳河）开闸分水，其中，32个口门正常供水，3个口门线路因受水水厂暂不具备接水条件而未供水（9、11-1、39），1个口门线路因地方不用水暂停供水（11）。

【各市县配套工程线路供水】

序号	市、县	口门编号	分水口门	供水目标	运行情况	备注
1	邓州市	1	肖楼	引丹灌区	正常供水	
2	邓州市	2	望城岗	邓州一水厂	正常供水	
	邓州市			邓州二水厂	正常供水	
	南阳市			新野二水厂	正常供水	
3	南阳市	3-1	谭寨	镇平县五里岗水厂	正常供水	
				镇平县规划水厂	正常供水	备用
4	南阳市	5	田洼	傅岗（麒麟）水厂	正常供水	
				龙升水厂	正常供水	
5	南阳市	6	大寨	南阳第四水厂	正常供水	
6	南阳市	7	半坡店	唐河县水厂	正常供水	
				社旗水厂	正常供水	
7	方城县	9	十里庙	新裕水厂	正常供水	
8	漯河市	10	辛庄	舞阳水厂	正常供水	
				漯河二水厂	正常供水	
				漯河三水厂	正常供水	
				漯河四水厂	正常供水	
				漯河五水厂	正常供水	
				漯河八水厂	正常供水	
				商水水厂	正常供水	
	周口市			周口东区水厂	正常供水	因水厂更换设备，3月6日0:00~2:00暂停供水两小时
				周口二水厂	正常供水	
9	平顶山市	11	澎河	平顶山白龟山水厂	暂停供水	
				平顶山九里山水厂	暂停供水	
				平顶山平煤集团水厂	暂停供水	
				叶县水厂	暂停供水	
10	平顶山市	11-1	张村	鲁山水厂	未供水	静水压试验已完成，水厂正在建设
11	平顶山市	12	马庄	平顶山焦庄水厂	正常供水	
12	平顶山市	13	高庄	平顶山王铁庄水厂	正常供水	
				平顶山石龙区水厂	正常供水	
13	平顶山市	14	赵庄	郏县规划水厂	正常供水	
14	许昌市	15	宴窑	襄城县三水厂	正常供水	

续表

序号	市、县	口门编号	分水口门	供水目标	运行情况	备注
15	许昌市	16	任坡	禹州市二水厂	正常供水	因支线管道迁建，3月20日18:00~21日18:00口门暂停供水
				神垕镇二水厂	正常供水	因支线管道迁建，3月15日20:00~18日14:00水厂暂停供水，3月20日18:00~21日18:00口门暂停供水
16	许昌市 鄢陵县 临颍县	17	孟坡	许昌市周庄水厂	正常供水	
				北海、石梁河、霸陵河	正常供水	
				许昌市二水厂	正常供水	
				鄢陵中心水厂	暂停供水	水厂已具备供水条件
				临颍县一水厂	正常供水	
				千亩湖	正常供水	
17	许昌市	18	洼李	长葛市规划三水厂	正常供水	
				清潩河	正常供水	
				增福湖	正常供水	
18	郑州市	19	李垌	新郑第一水厂	暂停供水	备用
				新郑第二水厂	正常供水	
				新郑望京楼水库	正常供水	
				老观寨水库	暂停供水	
19	郑州市	20	小河刘	郑州航空城一水厂	正常供水	
				郑州航空城二水厂	正常供水	
				中牟县第三水厂	正常供水	
20	郑州市	21	刘湾	郑州市刘湾水厂	正常供水	
21	郑州市	22	密垌	尖岗水库	暂停供水	
22	郑州市	23	中原西路	郑州柿园水厂	正常供水	
				郑州白庙水厂	正常供水	
				郑州常庄水库	暂停供水	
23	郑州市	24	前蒋寨	荥阳市四水厂	正常供水	
24	郑州市	24–1	蒋头	上街区规划水厂	正常供水	
25	温县	25	北冷	温县三水厂	正常供水	
26	焦作市	26	北石涧	武陟县城三水厂	正常供水	
				博爱县水厂	正常供水	
27	焦作市	28	苏蔺	焦作市修武水厂	正常供水	
				焦作市苏蔺水厂	正常供水	
28	新乡市	30	郭屯	获嘉县水厂	正常供水	
29	新乡市 新乡县 新乡市	32	老道井	新乡高村水厂	正常供水	
				新乡新区水厂	正常供水	
				新乡孟营水厂	正常供水	
				新乡凤泉水厂	正常供水	
				七里营水厂	正常供水	
				卫河	正常供水	
				人民胜利渠	正常供水	
				赵定排	正常供水	
30	新乡市	33	温寺门	卫辉规划水厂	正常供水	

续表

序号	市、县	口门编号	分水口门	供水目标	运行情况	备注
31	鹤壁市	34	袁庄	淇县铁西区水厂	正常供水	
				赵家渠	暂停供水	赵家渠改造，暂停供水
32	濮阳市	35	三里屯	引黄调节池（濮阳第一水厂）	暂停供水	
				濮阳第二水厂	正常供水	
				濮阳第三水厂	正常供水	
				清丰县固城水厂	正常供水	
	南乐县			南乐县水厂	正常供水	
				浚县水厂	正常供水	
	鹤壁市			鹤壁第四水厂	正常供水	
				滑县三水厂	正常供水	
	滑县			滑县四水厂	未供水	
				安阳中盈化肥有限公司	已供水	
33	鹤壁市	36	刘庄	鹤壁第三水厂	正常供水	
34	安阳市	37	董庄	汤阴一水厂	正常供水	
				汤阴二水厂	正常供水	
				内黄县第四水厂	正常供水	
35	安阳市	38	小营	安阳六水厂	正常供水	
				安阳八水厂	正常供水	
36	安阳市	39	南流寺	安阳四水厂	正常供水	
				安阳七水厂	未供水	水厂未建
37	邓州市		湍河退水闸	湍河	已关闸	
38	南阳市		白河退水闸	白河	已关闸	
39	南阳市		清河退水闸	清河、潘河、唐河	正常供水	
40	南阳市		贾河退水闸	贾河	已关闸	
41	平顶山市		澧河退水闸	澧河	已关闸	
42	平顶山市		澎河退水闸	澎河	已关闸	
43	平顶山市		沙河退水闸	沙河、白龟山水库	已关闸	
44	平顶山市		北汝河退水闸	北汝河	已关闸	
45	禹州市		颍河退水闸	颍河	正常供水	
46	新郑市		双洎河退水闸	双洎河	正常供水	
47	新郑市		沂水河退水闸	唐寨水库	已关闸	
48	郑州市		十八里河退水闸	十八里河	已关闸	
49	郑州市		贾峪河退水闸	贾峪河、西流湖	已关闸	
50	郑州市		索河退水闸	索河	已关闸	
51	焦作市		闫河退水闸	闫河、龙源湖	已关闸	3月26日17:00起生态补水26万m³
52	新乡市		香泉河退水闸	香泉河	已关闸	
53	鹤壁市		淇河退水闸	淇河	已关闸	
54	汤阴县		汤河退水闸	汤河	已关闸	
55	安阳市		安阳河退水闸	安阳河	已关闸	

【水量调度计划执行】

区分	序号	市、县名称	年度用水计划（万 m³）	月用水计划（万 m³）	月实际供水量（万 m³）	年度累计供水量（万 m³）	年度计划执行情况（%）	累计供水量（万 m³）
农业用水	1	引丹灌区	60000	5300	4797.66	19557.50	32.60	204672.23
城市用水	1	邓州	3540	230	1020.25	1768.57	49.96	7179.91
	2	南阳	15461	1781.5	1868.62	8713.39	56.36	52567.80
	3	漯河	7954	742.7	673.71	3094.37	38.90	20539.36
	4	周口	4967	434	498.17	2299.12	46.29	6580.24
	5	平顶山	13584	374.14	240.03	1223.77	9.01	38306.94
	6	许昌	14862	1703.6	1869.11	8114.88	54.60	61472.02
	7	郑州	52154	4564.3	4815.00	21629.46	41.47	184614.35
	8	焦作	8980	661	415.72	2075.70	23.11	12847.58
	9	新乡	12769	871.5	1088.95	5367.00	42.03	43342.49
	10	鹤壁	5140	340.9	428.16	1896.98	36.91	22293.28
	11	濮阳	6360	523.53	823.48	2991.88	47.04	24538.69
	12	安阳	11622	589	602.68	2465.94	21.22	19674.76
	13	滑县	2197	159.34	250.63	911.45	41.49	3389.38
		小计	159590	12975.51	14594.51	62552.51	39.20	497346.8
合计			219590	18275.51	19392.17	82110.01	37.39	702019.03

【水质信息】

序号	断面名称	断面位置（省、市）	采样时间	水温（℃）	pH值（无量纲）	溶解氧	高锰酸盐指数	化学需氧量（COD）	五日生化需氧量（BOD₅）	氨氮（NH₃-N）	总磷（以P计）
								mg/L			
1	沙河南	河南鲁山县	3月5日	9.1	8	9.6	1.8	＜15	0.9	＜0.025	＜0.01
2	郑湾	河南郑州市	3月5日	8.9	8.3	9.2	2	＜15	0.7	＜0.025	＜0.01

序号	断面名称	总氮（以N计）	铜	锌	氟化物（以F计）	硒	砷	汞	镉	铬（六价）	铅
						mg/L					
1	沙河南	1.08	＜0.01	＜0.05	0.188	＜0.0003	0.0012	＜0.00001	＜0.0005	＜0.004	＜0.0025
2	郑湾	1.03	＜0.01	＜0.05	0.194	＜0.0003	0.0012	＜0.00001	＜0.0005	＜0.004	＜0.0045

序号	断面名称	氰化物	挥发酚	石油类	阴离子表面活性剂	硫化物	粪大肠菌群	水质类别	超标项目及超标倍数	
				mg/L			个/L			
1	沙河南	＜0.002	＜0.002	＜0.01	＜0.05	＜0.01	0	Ⅰ类		
2	郑湾	＜0.002	＜0.002	＜0.01	＜0.05	＜0.01	0	Ⅰ类		

说明：根据南水北调中线水质保护中心3月29日提供数据。

运行管理月报2019年第5期总第45期

【工程运行调度】

2019年5月1日8时，河南省陶岔渠首引水闸入干渠流量183.78m³/s；穿黄隧洞节制闸过闸流量116.10m³/s；漳河倒虹吸节制闸过闸流量107.31m³/s。截至2019年4月30日，全省累计有37个口门及19个退水闸（湍河、白河、清河、贾河、澧河、澎河、沙河、北汝河、颍河、双洎河、沂水河、十八里河、贾峪河、索河、闫河、香泉河、淇河、汤河、安阳河）开闸分水，其中，33个口门正常供水，3个口门线路因受水水厂暂不具备接水条件而未供水（11-1、12、22），1个口门线路因地方不用水暂停供水（11）。

【各市县配套工程线路供水】

序号	市、县	口门编号	分水口门	供水目标	运行情况	备注
1	邓州市	1	肖楼	引丹灌区	正常供水	
2	邓州市	2	望城岗	邓州一水厂	正常供水	
				邓州二水厂	正常供水	
	南阳市			新野二水厂	正常供水	
3	南阳市	3-1	谭寨	镇平县五里岗水厂	正常供水	
				镇平县规划水厂	正常供水	备用
4	南阳市	5	田洼	傅岗（麒麟）水厂	正常供水	
				龙升水厂	正常供水	
5	南阳市	6	大寨	南阳第四水厂	正常供水	
6	南阳市	7	半坡店	唐河县水厂	正常供水	
				社旗水厂	正常供水	
7	方城县	9	十里庙	新裕水厂	正常供水	
8	漯河市	10	辛庄	舞阳水厂	正常供水	
				漯河二水厂	正常供水	
				漯河三水厂	正常供水	
				漯河四水厂	正常供水	
				漯河五水厂	正常供水	
				漯河八水厂	正常供水	
	周口市			商水水厂	正常供水	
				周口东区水厂	正常供水	
				周口二水厂	正常供水	
9	平顶山市	11	澎河	平顶山白龟山水厂	暂停供水	
				平顶山九里山水厂	暂停供水	
				平顶山平煤集团水厂	暂停供水	
				叶县水厂	暂停供水	
10	平顶山市	11-1	张村	鲁山水厂	未供水	静水压试验已完成，水厂正在建设
11	平顶山市	12	马庄	平顶山焦庄水厂	暂停供水	4月11日暂停供水
12	平顶山市	13	高庄	平顶山王铁庄水厂	正常供水	
				平顶山石龙区水厂	正常供水	
13	平顶山市	14	赵庄	郏县规划水厂	正常供水	
14	许昌市	15	宴窑	襄城县三水厂	正常供水	

续表

序号	市、县	口门编号	分水口门	供水目标	运行情况	备注
15	许昌市	16	任坡	禹州市二水厂	正常供水	
				神垕镇二水厂	正常供水	
16	许昌市	17	孟坡	许昌市周庄水厂	正常供水	
				北海、石梁河、霸陵河	正常供水	
				许昌市二水厂	正常供水	
	鄢陵县			鄢陵中心水厂	暂停供水	水厂已具备供水条件
	临颍县			临颍县一水厂	正常供水	
				千亩湖	正常供水	
17	许昌市	18	洼李	长葛市规划三水厂	正常供水	
				清潩河	正常供水	
				增福湖	正常供水	
18	郑州市	19	李垌	新郑第一水厂	暂停供水	备用
				新郑第二水厂	正常供水	
				新郑望京楼水库	正常供水	
				老观寨水库	暂停供水	
19	郑州市	20	小河刘	郑州航空城一水厂	正常供水	
				郑州航空城二水厂	正常供水	
				中牟县第三水厂	正常供水	
20	郑州市	21	刘湾	郑州市刘湾水厂	正常供水	
21	郑州市	22	密垌	尖岗水库	暂停供水	
22	郑州市	23	中原西路	郑州柿园水厂	正常供水	
				郑州白庙水厂	正常供水	
				郑州常庄水库	暂停供水	
23	郑州市	24	前蒋寨	荥阳市四水厂	正常供水	
24	郑州市	24-1	蒋头	上街区规划水厂	正常供水	
25	温县	25	北冷	温县三水厂	正常供水	
26	焦作市	26	北石涧	武陟县城三水厂	正常供水	
				博爱县水厂	正常供水	
27	焦作市	28	苏蔺	焦作市修武水厂	正常供水	
				焦作市苏蔺水厂	正常供水	
28	新乡市	30	郭屯	获嘉县水厂	正常供水	
29	新乡市	32	老道井	新乡高村水厂	正常供水	
				新乡新区水厂	正常供水	
				新乡孟营水厂	正常供水	
				新乡凤泉水厂	正常供水	
	新乡县			七里营水厂	正常供水	
				卫河	正常供水	
	新乡市			人民胜利渠	正常供水	
				赵定排	正常供水	
30	新乡市	33	温寺门	卫辉规划水厂	正常供水	

续表

序号	市、县	口门编号	分水口门	供水目标	运行情况	备注
31	鹤壁市	34	袁庄	淇县铁西区水厂	正常供水	
				赵家渠	暂停供水	赵家渠改造，暂停供水
32	濮阳市	35	三里屯	引黄调节池（濮阳第一水厂）	暂停供水	
				濮阳第二水厂	正常供水	
				濮阳第三水厂	正常供水	
	南乐县			清丰县固城水厂	正常供水	
				南乐县水厂	正常供水	
	鹤壁市			浚县水厂	正常供水	
				鹤壁第四水厂	正常供水	
	滑县			滑县三水厂	正常供水	
				滑县四水厂	未供水	
				安阳中盈化肥有限公司	已供水	
33	鹤壁市	36	刘庄	鹤壁第三水厂	正常供水	
34	安阳市	37	董庄	汤阴一水厂	正常供水	
				汤阴二水厂	正常供水	
				内黄县第四水厂	正常供水	
35	安阳市	38	小营	安阳六水厂	暂停供水	
				安阳八水厂	正常供水	
36	安阳市	39	南流寺	安阳四水厂	正常供水	
				安阳七水厂	未供水	水厂未建
37	邓州市		湍河退水闸	湍河	已关闸	
38	南阳市		白河退水闸	白河	已关闸	
39	南阳市		清河退水闸	清河、潘河、唐河	正常供水	
40	南阳市		贾河退水闸	贾河	已关闸	
41	平顶山市		澧河退水闸	澧河	已关闸	
42	平顶山市		澎河退水闸	澎河	已关闸	
43	平顶山市		沙河退水闸	沙河、白龟山水库	已关闸	
44	平顶山市		北汝河退水闸	北汝河	已关闸	
45	禹州市		颍河退水闸	颍河	正常供水	
46	新郑市		双洎河退水闸	双洎河	正常供水	
47	新郑市		沂水河退水闸	唐寨水库	已关闸	
48	郑州市		十八里河退水闸	十八里河	已关闸	
49	郑州市		贾峪河退水闸	贾峪河、西流湖	已关闸	
50	郑州市		索河退水闸	索河	已关闸	
51	焦作市		闫河退水闸	闫河、龙源湖	已关闸	
52	新乡市		香泉河退水闸	香泉河	已关闸	
53	鹤壁市		淇河退水闸	淇河	已关闸	
54	汤阴县		汤河退水闸	汤河	已关闸	
55	安阳市		安阳河退水闸	安阳河	已关闸	

【水量调度计划执行】

区分	序号	市、县名称	年度用水计划（万㎥）	月用水计划（万㎥）	月实际供水量（万㎥）	年度累计供水量（万㎥）	年度计划执行情况（%）	累计供水量（万㎥）
农业用水	1	引丹灌区	60000	5100	4994.26	24551.76	40.92	209666.49
城市用水	1	邓州	3540	1230	1490.94	3259.51	92.07	8670.85
	2	南阳	15461	1059	1171.66	9885.05	63.94	53739.46
	3	漯河	7954	696	643.72	3738.09	47.00	21183.08
	4	周口	4967	420	485.78	2784.90	56.07	7066.02
	5	平顶山	13584	355.68	193.63	1417.40	10.43	38500.57
	6	许昌	14862	1472.7	1524.82	9639.71	64.86	62996.85
	7	郑州	52154	4481.2	4535.88	26165.34	50.17	189150.23
	8	焦作	8980	647	510.65	2586.35	28.80	13358.23
	9	新乡	12769	923	1117.92	6484.92	50.79	44460.41
	10	鹤壁	5140	380.2	401.33	2298.31	44.71	22694.61
	11	濮阳	6360	516.95	594.55	3586.43	56.39	25133.24
	12	安阳	11622	630	595.18	3061.12	26.34	20269.94
	13	滑县	2197	160.2	184.25	1095.70	49.87	3573.63
		小计	159590	12971.93	13450.31	76002.82	47.62	510797.12
合计			219590	18071.93	18444.57	100554.58	45.79	720463.61

【水质信息】

序号	断面名称	断面位置（省、市）	采样时间	水温（℃）	pH值（无量纲）	溶解氧	高锰酸盐指数	化学需氧量（COD）	五日生化需氧量（BOD₅）	氨氮（NH₃-N）	总磷（以P计）
								mg/L			
1	沙河南	河南鲁山县	4月2日	13.9	8.3	10.4	2	<15	1.5	<0.032	<0.01
2	郑湾	河南郑州市	4月2日	14	8.2	10	2	<15	0.6	<0.037	<0.01

序号	断面名称	总氮（以N计）	铜	锌	氟化物（以F计）	硒	砷	汞	镉	铬（六价）	铅
					mg/L						
1	沙河南	1.04	<0.01	<0.05	0.117	<0.0004	0.0009	<0.00001	<0.0005	<0.004	<0.0025
2	郑湾	1.04	<0.01	<0.05	0.107	<0.0004	0.0009	<0.00001	<0.0005	<0.004	<0.0025

序号	断面名称	氰化物	挥发酚	石油类	阴离子表面活性剂	硫化物	粪大肠菌群	水质类别	超标项目及超标倍数		
		mg/L					个/L				
1	沙河南	<0.002	<0.002	<0.01	<0.05	<0.01	0	I 类			
2	郑湾	<0.002	<0.002	<0.01	<0.05	<0.01	0	I 类			

说明：根据南水北调中线水质保护中心4月25日提供数据。

运行管理月报2019年第6期总第46期

【工程运行调度】

2019年6月1日8时，河南省陶岔渠首引水闸入总干渠流量195.54m³/s；穿黄隧洞节制闸过闸流量148.43m³/s；漳河倒虹吸节制闸过闸流量116.74m³/s。截至2019年5月31日，全省累计有37个口门及19个退水闸（湍河、白河、清河、贾河、澧河、澎河、沙河、北汝河、颍河、双洎河、沂水河、十八里河、贾峪河、索河、闫河、香泉河、淇河、汤河、安阳河）开闸分水，其中，33个口门正常供水，3个口门线路因受水水厂暂不具备接水条件而未供水（11-1、12、22），1个口门线路因地方不用水暂停供水（11）。

【各市县配套工程线路供水】

序号	市、县	口门编号	分水口门	供水目标	运行情况	备注
1	邓州市	1	肖楼	引丹灌区	正常供水	
2	邓州市	2	望城岗	邓州一水厂	正常供水	
				邓州二水厂	正常供水	
	南阳市			新野二水厂	正常供水	
3	南阳市	3-1	谭寨	镇平县五里岗水厂	正常供水	
				镇平县规划水厂	正常供水	备用
4	南阳市	5	田洼	傅岗（麒麟）水厂	正常供水	
				龙升水厂	正常供水	
5	南阳市	6	大寨	南阳第四水厂	正常供水	
6	南阳市	7	半坡店	唐河县水厂	正常供水	
				社旗水厂	正常供水	
7	方城县	9	十里庙	新裕水厂	正常供水	
8	漯河市	10	辛庄	舞阳水厂	正常供水	
				漯河二水厂	正常供水	
				漯河三水厂	正常供水	
				漯河四水厂	正常供水	
				漯河五水厂	正常供水	
				漯河八水厂	正常供水	
	周口市			商水水厂	正常供水	
				周口东区水厂	正常供水	
				周口二水厂	正常供水	
9	平顶山市	11	澎河	平顶山白龟山水厂	暂停供水	
				平顶山九里山水厂	暂停供水	
				平顶山平煤集团水厂	暂停供水	
				叶县水厂	暂停供水	
10	平顶山市	11-1	张村	鲁山水厂	未供水	静水压试验已完成，水厂正在建设
11	平顶山市	12	马庄	平顶山焦庄水厂	暂停供水	静水压试验已完成，水厂正在建设
12	平顶山市	13	高庄	平顶山王铁庄水厂	正常供水	
				平顶山石龙区水厂	正常供水	
13	平顶山市	14	赵庄	郏县规划水厂	正常供水	
14	许昌市	15	宴窑	襄城县三水厂	正常供水	

续表

序号	市、县	口门编号	分水口门	供水目标	运行情况	备注
15	许昌市	16	任坡	禹州市二水厂	正常供水	
				神垕镇二水厂	正常供水	
16	许昌市 鄢陵县 临颍县	17	孟坡	许昌市周庄水厂	正常供水	
				北海、石梁河、霸陵河	正常供水	
				许昌市二水厂	正常供水	
				鄢陵中心水厂	暂停供水	水厂已具备供水条件
				临颍县一水厂	正常供水	
				千亩湖	正常供水	
17	许昌市	18	洼李	长葛市规划三水厂	正常供水	
				清潩河	正常供水	5月13日15:30~5月28日15:30 暂停支线供水
				增福湖	正常供水	
18	郑州市	19	李垌	新郑第一水厂	暂停供水	备用
				新郑第二水厂	正常供水	
				新郑望京楼水库	正常供水	
				老观寨水库	暂停供水	
19	郑州市	20	小河刘	郑州航空城一水厂	正常供水	
				郑州航空城二水厂	正常供水	
				中牟县第三水厂	正常供水	
20	郑州市	21	刘湾	郑州市刘湾水厂	正常供水	因电力中断，5月1日~5月11日暂停供水十天
21	郑州市	22	密垌	尖岗水库	暂停供水	
22	郑州市	23	中原西路	郑州柿园水厂	正常供水	
				郑州白庙水厂	正常供水	
				郑州常庄水库	暂停供水	
23	郑州市	24	前蒋寨	荥阳市四水厂	正常供水	
24	郑州市	24-1	蒋头	上街区规划水厂	正常供水	
25	温县	25	北冷	温县三水厂	正常供水	
26	焦作市	26	北石涧	武陟县城三水厂	正常供水	
				博爱县水厂	正常供水	
27	焦作市	28	苏蔺	焦作市修武水厂	正常供水	
				焦作市苏蔺水厂	正常供水	
28	新乡市	30	郭屯	获嘉县水厂	正常供水	
29	辉县市	31	路固	辉县三水厂	正常供水	
30	新乡市 新乡县 新乡市	32	老道井	新乡高村水厂	正常供水	
				新乡新区水厂	正常供水	
				新乡孟营水厂	正常供水	
				新乡凤泉水厂	正常供水	
				七里营水厂	正常供水	
				卫河	正常供水	
				人民胜利渠	正常供水	
				赵定排	正常供水	
31	新乡市	33	温寺门	卫辉规划水厂	正常供水	

续表

序号	市、县	口门编号	分水口门	供水目标	运行情况	备注
32	鹤壁市	34	袁庄	淇县铁西区水厂	正常供水	
				赵家渠	暂停供水	赵家渠改造，暂停供水
33	濮阳市	35	三里屯	引黄调节池（濮阳第一水厂）	暂停供水	
				濮阳第二水厂	正常供水	
				濮阳第三水厂	正常供水	
				清丰县固城水厂	正常供水	
	南乐县			南乐县水厂	正常供水	
				浚县水厂	正常供水	
	鹤壁市			鹤壁第四水厂	正常供水	
				滑县三水厂	正常供水	
	滑县			滑县四水厂	未供水	
				安阳中盈化肥有限公司	已供水	
34	鹤壁市	36	刘庄	鹤壁第三水厂	正常供水	
35	安阳市	37	董庄	汤阴一水厂	正常供水	
				汤阴二水厂	正常供水	
				内黄县第四水厂	正常供水	因管道渗漏，4月25日14:00起暂停供水三十小时，5月16日9:00维修完毕恢复正常运行
36	安阳市	38	小营	安阳六水厂	正常供水	因电力中断，5月25日7:00~18:30暂停供水十二小时
				安阳八水厂	正常供水	
37	安阳市	39	南流寺	安阳四水厂	正常供水	
				安阳七水厂	未供水	水厂未建
38	邓州市		湍河退水闸	湍河	已关闸	
39	南阳市		白河退水闸	白河	已关闸	
40	南阳市		清河退水闸	清河、潘河、唐河	正常供水	
41	南阳市		贾河退水闸	贾河	已关闸	
42	平顶山市		澧河退水闸	澧河	已关闸	
43	平顶山市		澎河退水闸	澎河	已关闸	
44	平顶山市		沙河退水闸	沙河、白龟山水库	已关闸	
45	平顶山市		北汝河退水闸	北汝河	已关闸	
46	禹州市		颖河退水闸	颖河	正常供水	
47	新郑市		双洎河退水闸	双洎河	正常供水	
48	新郑市		沂水河退水闸	唐寨水库	已关闸	
49	郑州市		十八里河退水闸	十八里河	已关闸	
50	郑州市		贾峪河退水闸	贾峪河、西流湖	已关闸	
51	郑州市		索河退水闸	索河	正常供水	
52	焦作市		闫河退水闸	闫河、龙源湖	已关闸	
53	新乡市		香泉河退水闸	香泉河	已关闸	
54	鹤壁市		淇河退水闸	淇河	已关闸	
55	汤阴县		汤河退水闸	汤河	已关闸	
56	安阳市		安阳河退水闸	安阳河	已关闸	
57	新郑市		双洎河退水闸	双洎河	正常供水	

【水量调度计划执行】

区分	序号	市、县名称	年度用水计划（万 m³）	月用水计划（万 m³）	月实际供水量（万 m³）	年度累计供水量（万 m³）	年度计划执行情况（%）	累计供水量（万 m³）
农业用水	1	引丹灌区	60000	5300	5104.74	29656.50	49.43	214771.23
城市用水	1	邓州	3540	730	447.68	3707.19	104.72	9118.53
	2	南阳	15461	1411.5	1472.91	11357.96	73.46	55212.37
	3	漯河	7954	726.2	674.51	4412.60	55.48	21857.59
	4	周口	4967	434	525.09	3309.98	66.64	7591.11
	5	平顶山	13584	330.46	221.07	1638.48	12.06	38721.65
	6	许昌	14862	1516.5	1502.84	11142.55	74.97	64499.69
	7	郑州	52154	4586	5193.00	31358.34	60.13	194343.23
	8	焦作	8980	658	540.64	3126.99	34.82	13898.87
	9	新乡	12769	1034.2	1203.61	7688.53	60.21	45664.02
	10	鹤壁	5140	382.1	442.08	2740.39	53.31	23136.69
	11	濮阳	6360	613.8	678.44	4264.87	67.06	25811.68
	12	安阳	11622	660.3	676.73	3737.85	32.16	20946.67
	13	滑县	2197	165.54	182.97	1278.67	58.20	3756.60
		小计	159590	13248.6	13761.57	89764.4	56.25	524558.7
合计			219590	18548.6	18866.31	119420.9	54.38	739329.93

【水质信息】

序号	断面名称	断面位置（省、市）	采样时间	水温（℃）	pH值（无量纲）	溶解氧	高锰酸盐指数	化学需氧量（COD）	五日生化需氧量（BOD₅）	氨氮（NH₃-N）	总磷（以P计）
								mg/L			
1	沙河南	河南鲁山县	5月7日	18.9	8.1	8.3	2	＜15	0.5	0.057	＜0.01
2	郑湾	河南郑州市	5月7日	18	8.2	9	1.9	＜15	0.5	0.051	＜0.01

序号	断面名称	总氮（以N计）	铜	锌	氟化物（以F计）	硒	砷	汞	镉	铬（六价）	铅
					mg/L						
1	沙河南	1.07	＜0.01	＜0.05	0.213	＜0.0003	0.0008	＜0.00001	＜0.0005	＜0.004	＜0.0025
2	郑湾	1.1	＜0.01	＜0.05	0.205	＜0.0003	0.0005	＜0.00001	＜0.0005	＜0.004	＜0.0025

序号	断面名称	氰化物	挥发酚	石油类	阴离子表面活性剂	硫化物	粪大肠菌群	水质类别	超标项目及超标倍数		
		mg/L					个/L				
1	沙河南	＜0.002	＜0.002	＜0.01	＜0.05	＜0.01	60	I 类			
2	郑湾	＜0.002	＜0.002	＜0.01	＜0.05	＜0.01	0	I 类			

说明：根据南水北调中线水质保护中心4月25日提供数据。

运行管理月报2019年第7期总第47期

【工程运行调度】

2019年7月1日8时，河南省陶岔渠首引水闸入干渠流量205.75m³/s；穿黄隧洞节制闸过闸流量146.93m³/s；漳河倒虹吸节制闸过闸流量134.02m³/s。截至2019年6月30日，全省累计有37个口门及19个退水闸（湍河、白河、清河、贾河、澧河、澎河、沙河、北汝河、颍河、双洎河、沂水河、十八里河、贾峪河、索河、闫河、香泉河、淇河、汤河、安阳河）开闸分水，其中，33个口门正常供水，3个口门线路因受水水厂暂不具备接水条件而未供水（11-1、12、22），1个口门线路因地方不用水暂停供水（11）。

【各市县配套工程线路供水】

序号	市、县	口门编号	分水口门	供水目标	运行情况	备注
1	邓州市	1	肖楼	引丹灌区	正常供水	
2	邓州市	2	望城岗	邓州一水厂	正常供水	
				邓州二水厂	正常供水	
	南阳市			新野二水厂	正常供水	
3	南阳市	3-1	谭寨	镇平县五里岗水厂	正常供水	
				镇平县规划水厂	正常供水	备用
4	南阳市	5	田洼	傅岗（麒麟）水厂	正常供水	
				龙升水厂	正常供水	
5	南阳市	6	大寨	南阳第四水厂	正常供水	
6	南阳市	7	半坡店	唐河县水厂	正常供水	
				社旗水厂	正常供水	
7	方城县	9	十里庙	新裕水厂	正常供水	
8	漯河市	10	辛庄	舞阳水厂	正常供水	
				漯河二水厂	正常供水	
				漯河三水厂	正常供水	
				漯河四水厂	正常供水	
				漯河五水厂	正常供水	
				漯河八水厂	正常供水	
				商水水厂	正常供水	
	周口市			周口东区水厂	正常供水	因设备校验，6月12日9:00~11:00暂停供水两小时
				周口二水厂	正常供水	
9	平顶山市	11	澎河	平顶山白龟山水厂	暂停供水	
				平顶山九里山水厂	暂停供水	
				平顶山平煤集团水厂	暂停供水	
				叶县水厂	暂停供水	
10	平顶山市	11-1	张村	鲁山水厂	未供水	泵站已调试
11	平顶山市	12	马庄	平顶山焦庄水厂	暂停供水	静水压试验已完成，水厂正在建设
12	平顶山市	13	高庄	平顶山王铁庄水厂	正常供水	
				平顶山石龙区水厂	正常供水	
13	平顶山市	14	赵庄	郏县规划水厂	正常供水	
14	许昌市	15	宴窑	襄城县三水厂	正常供水	

续表

序号	市、县	口门编号	分水口门	供水目标	运行情况	备注
15	许昌市	16	任坡	禹州市二水厂	正常供水	
				神垕镇二水厂	正常供水	
	登封市			卢店水厂	未供水	静水压试验
16	许昌市	17	孟坡	许昌市周庄水厂	正常供水	
				北海、石梁河、霸陵河	正常供水	
				许昌市二水厂	正常供水	
	鄢陵县			鄢陵中心水厂	暂停供水	水厂已具备供水条件
	临颍县			临颍县一水厂	正常供水	
				千亩湖	正常供水	
17	许昌市	18	洼李	长葛市规划三水厂	正常供水	
				清潩河	正常供水	
				增福湖	正常供水	
18	郑州市	19	李垌	新郑第一水厂	暂停供水	备用
				新郑第二水厂	正常供水	
				新郑望京楼水库	正常供水	
				老观寨水库	暂停供水	
19	郑州市	20	小河刘	郑州航空城一水厂	正常供水	
				郑州航空城二水厂	正常供水	
				中牟县第三水厂	正常供水	
20	郑州市	21	刘湾	郑州市刘湾水厂	正常供水	
21	郑州市	22	密垌	尖岗水库	正常供水	
22	郑州市	23	中原西路	郑州柿园水厂	正常供水	
				郑州白庙水厂	正常供水	
				郑州常庄水库	暂停供水	
23	郑州市	24	前蒋寨	荥阳市四水厂	正常供水	
24	郑州市	24-1	蒋头	上街区规划水厂	正常供水	
25	温县	25	北冷	温县三水厂	正常供水	
26	焦作市	26	北石涧	武陟县城三水厂	正常供水	
				博爱县水厂	正常供水	
27	焦作市	28	苏蔺	焦作市修武水厂	正常供水	
				焦作市苏蔺水厂	正常供水	
28	新乡市	30	郭屯	获嘉县水厂	正常供水	
29	辉县市	31	路固	辉县三水厂	暂停供水	
30	新乡市	32	老道井	新乡高村水厂	正常供水	
				新乡新区水厂	正常供水	
				新乡孟营水厂	正常供水	
				新乡凤泉水厂	正常供水	
	新乡县			七里营水厂	正常供水	
	新乡市			卫河	正常供水	
				人民胜利渠	正常供水	
				赵定排	正常供水	
31	新乡市	33	温寺门	卫辉规划水厂	正常供水	

续表

序号	市、县	口门编号	分水口门	供水目标	运行情况	备注
32	鹤壁市	34	袁庄	淇县铁西区水厂	正常供水	
				赵家渠	暂停供水	赵家渠改造，暂停供水
				淇县城北水厂	正常供水	
33	濮阳市	35	三里屯	引黄调节池（濮阳第一水厂）	暂停供水	
				濮阳第二水厂	正常供水	
				濮阳第三水厂	正常供水	
				清丰县固城水厂	正常供水	
	南乐县			南乐县水厂	正常供水	
	鹤壁市			浚县水厂	正常供水	
				鹤壁第四水厂	正常供水	
	滑县			滑县三水厂	正常供水	
				滑县四水厂（河南易凯针织有限责任公司）	正常供水	因设备调试，6月17日18:00~21日18:00暂停供水四天
				安阳中盈化肥有限公司	已供水	
34	鹤壁市	36	刘庄	鹤壁第三水厂	正常供水	
35	安阳市	37	董庄	汤阴一水厂	正常供水	因水厂更换设备，6月12日23:00~13日6:00暂停供水七小时
				汤阴二水厂	正常供水	
				内黄县第四水厂	正常供水	
36	安阳市	38	小营	安阳六水厂	正常供水	
				安阳八水厂	正常供水	
37	安阳市	39	南流寺	安阳四水厂	正常供水	
				安阳七水厂	未供水	水厂未建
38	邓州市		湍河退水闸	湍河	已关闸	
39	南阳市		白河退水闸	白河	已关闸	
40	南阳市		清河退水闸	清河、潘河、唐河	正常供水	
41	南阳市		贾河退水闸	贾河	已关闸	
42	平顶山市		澧河退水闸	澧河	已关闸	
43	平顶山市		澎河退水闸	澎河	已关闸	
44	平顶山市		沙河退水闸	沙河、白龟山水库	已关闸	
45	平顶山市		北汝河退水闸	北汝河	已关闸	
46	禹州市		颍河退水闸	颍河	正常供水	
47	新郑市		双洎河退水闸	双洎河	正常供水	
48	新郑市		沂水河退水闸	唐寨水库	已关闸	
49	郑州市		十八里河退水闸	十八里河	已关闸	
50	郑州市		贾峪河退水闸	贾峪河、西流湖	已关闸	
51	郑州市		索河退水闸	索河	正常供水	
52	焦作市		闫河退水闸	闫河、龙源湖	正常供水	
53	新乡市		香泉河退水闸	香泉河	已关闸	
54	鹤壁市		淇河退水闸	淇河	已关闸	
55	汤阴县		汤河退水闸	汤河	已关闸	
56	安阳市		安阳河退水闸	安阳河	已关闸	

【水量调度计划执行】

区分	序号	市、县名称	年度用水计划（万m³）	月用水计划（万m³）	月实际供水量（万m³）	年度累计供水量（万m³）	年度计划执行情况（%）	累计供水量（万m³）
农业用水	1	引丹灌区	60000	6500	5924.81	35581.31	59.30	220696.04
城市用水	1	邓州	3540	230	213.30	3920.49	110.75	9331.82
	2	南阳	15461	1545.2	1501.71	12859.67	83.17	56714.09
	3	漯河	7954	715	710.26	5122.86	64.41	22567.85
	4	周口	4967	420	519.83	3829.81	77.11	8110.93
	5	平顶山	13584	366.28	226.27	1864.75	13.73	38947.92
	6	许昌	14862	1592.6	1967.99	13110.54	88.22	66467.68
	7	郑州	52154	4940	5488.81	36847.15	70.65	199832.04
	8	焦作	8980	734	557.48	3684.47	41.03	14456.35
	9	新乡	12769	986	1017.82	8706.35	68.18	46681.84
	10	鹤壁	5140	379.1	424.79	3165.18	61.58	23561.47
	11	濮阳	6360	600	683.34	4948.21	77.80	26495.02
	12	安阳	11622	663	787.36	4525.21	38.94	21734.03
	13	滑县	2197	175.2	199.54	1478.21	67.28	3956.14
		小计	159590	13346.38	14298.50	104062.90	65.21	538857.18
合计			219590	19846.38	20223.31	139644.21	63.59	759553.22

【水质信息】

序号	断面名称	断面位置（省、市）	采样时间	水温（℃）	pH值（无量纲）	溶解氧	高锰酸盐指数	化学需氧量（COD）	五日生化需氧量（BOD$_5$）	氨氮（NH$_3$-N）	总磷（以P计）
								mg/L			
1	沙河南	河南鲁山县	6月4日	24.2	8.2	8	2	<15	1	0.047	<0.01
2	郑湾	河南郑州市	6月4日	22.6	8.1	8	1.9	<15	0.5	0.05	<0.01

序号	断面名称	总氮（以N计）	铜	锌	氟化物（以F⁻计）	硒	砷	汞	镉	铬（六价）	铅
					mg/L						
1	沙河南	0.94	<0.01	<0.05	0.217	<0.0003	0.0003	<0.00001	<0.0005	<0.004	<0.002
2	郑湾	0.99	<0.01	<0.05	0.184	<0.0003	0.0006	<0.00001	<0.0005	<0.004	<0.002

序号	断面名称	氰化物	挥发酚	石油类	阴离子表面活性剂	硫化物	粪大肠菌群	水质类别	超标项目及超标倍数		
		mg/L					个/L				
1	沙河南	<0.002	<0.002	<0.01	<0.05	<0.01	30	I 类			
2	郑湾	<0.002	<0.002	<0.01	<0.05	<0.01	20	I 类			

说明：根据南水北调中线水质保护中心7月2日提供数据。

运行管理月报2019年第8期总第48期

【工程运行调度】

2019年8月1日8时，河南省陶岔渠首引水闸入干渠流量205.17m³/s；穿黄隧洞节制闸过闸流量146.96m³/s；漳河倒虹吸节制闸过闸流量139.76m³/s。截至2019年7月31日，全省累计有38个口门及19个退水闸（湍河、白河、清河、贾河、澧河、澎河、沙河、北汝河、颍河、双洎河、沂水河、十八里河、贾峪河、索河、闫河、香泉河、淇河、汤河、安阳河）开闸分水，其中，34个口门正常供水，3个口门线路因受水水厂暂不具备接水条件而未供水（11-1、12、22），1个口门线路因地方不用水暂停供水（11）。

【各市县配套工程线路供水】

序号	市、县	口门编号	分水口门	供水目标	运行情况	备注
1	邓州市	1	肖楼	引丹灌区	正常供水	
2	邓州市	2	望城岗	邓州一水厂	正常供水	
	邓州市			邓州二水厂	正常供水	
	南阳市			新野二水厂	正常供水	
3	南阳市	3-1	谭寨	镇平县五里岗水厂	正常供水	
				镇平县规划水厂	正常供水	
4	南阳市	5	田洼	傅岗（麒麟）水厂	正常供水	
				龙升水厂	正常供水	
5	南阳市	6	大寨	南阳第四水厂	正常供水	
6	南阳市	7	半坡店	唐河县水厂	正常供水	
				社旗水厂	正常供水	
7	方城县	9	十里庙	新裕水厂	正常供水	
8	漯河市	10	辛庄	舞阳水厂	正常供水	
				漯河二水厂	正常供水	
				漯河三水厂	正常供水	
				漯河四水厂	正常供水	
				漯河五水厂	正常供水	
				漯河八水厂	正常供水	
				商水水厂	正常供水	
	周口市			周口东区水厂	正常供水	
				周口二水厂	正常供水	
9	平顶山市	11	澎河	平顶山白龟山水厂	暂停供水	
				平顶山九里山水厂	暂停供水	
				平顶山平煤集团水厂	暂停供水	
				叶县水厂	正常供水	
10	平顶山市	11-1	张村	鲁山水厂	未供水	泵站已调试
11	平顶山市	12	马庄	平顶山焦庄水厂	暂停供水	
12	平顶山市	13	高庄	平顶山王铁庄水厂	正常供水	
				平顶山石龙区水厂	正常供水	
13	平顶山市	14	赵庄	郏县规划水厂	正常供水	
14	许昌市	15	宴窑	襄城县三水厂	正常供水	
15	许昌市	16	任坡	禹州市二水厂	正常供水	
				神垕镇二水厂	正常供水	
	登封市			卢店水厂	正常供水	

续表

序号	市、县	口门编号	分水口门	供水目标	运行情况	备注
16	许昌市	17	孟坡	许昌市周庄水厂	正常供水	
				北海、石梁河、霸陵河	正常供水	
				许昌市二水厂	正常供水	
	鄢陵县			鄢陵中心水厂	未供水	水厂已具备供水条件
	临颍县			临颍县一水厂	正常供水	水厂未建，利用临颍二水厂支线向千亩湖供水
				千亩湖	正常供水	
17	许昌市	18	洼李	长葛市规划三水厂	正常供水	
				清潩河	正常供水	
				增福湖	正常供水	
18	郑州市	19	李垌	新郑第一水厂	暂停供水	备用
				新郑二水厂	正常供水	
				望京楼水库	正常供水	
				老观寨水库	暂停供水	
19	郑州市	20	小河刘	郑州航空城一水厂	正常供水	
				郑州航空城二水厂	正常供水	
				中牟县第三水厂	正常供水	
20	郑州市	21	刘湾	郑州市刘湾水厂	正常供水	
21	郑州市	22	密垌	尖岗水库	正常供水	
22	郑州市	23	中原西路	郑州柿园水厂	正常供水	
				郑州白庙水厂	正常供水	
				郑州常庄水库	暂停供水	
23	郑州市	24	前蒋寨	荥阳市四水厂	正常供水	
24	郑州市	24-1	蒋头	上街区规划水厂	正常供水	
25	温县	25	北冷	温县三水厂	正常供水	
26	焦作市	26	北石涧	武陟县城三水厂	正常供水	
				博爱县水厂	正常供水	
27	焦作市	28	苏蔺	焦作市修武水厂	正常供水	
				焦作市苏蔺水厂	正常供水	
28	新乡市	30	郭屯	获嘉县水厂	正常供水	
29	辉县市	31	路固	辉县三水厂	正常供水	
30	新乡市	32	老道井	新乡高村水厂	正常供水	
				新乡新区水厂	正常供水	
				新乡孟营水厂	正常供水	
				新乡凤泉水厂	正常供水	
	新乡县			七里营水厂	正常供水	
31	新乡市	33	温寺门	卫辉规划水厂	正常供水	
32	鹤壁市	34	袁庄	淇县铁西区水厂	正常供水	
				赵家渠	暂停供水	赵家渠改造，暂停供水
				淇县城北水厂	正常供水	

续表

序号	市、县	口门编号	分水口门	供水目标	运行情况	备注
33	濮阳市	35	三里屯	引黄调节池（濮阳第一水厂）	暂停供水	
				濮阳第二水厂	正常供水	
				濮阳第三水厂	正常供水	
				清丰县固城水厂	正常供水	
	南乐县			南乐县水厂	正常供水	
	鹤壁市			浚县水厂	正常供水	
				鹤壁第四水厂	正常供水	
	滑县			滑县第三水厂	正常供水	
				滑县四水厂线路（安阳中盈化肥有限公司、河南易凯针织有限责任公司）	正常供水	
34	鹤壁市	36	刘庄	鹤壁第三水厂	正常供水	
35	安阳市	37	董庄	汤阴一水厂	正常供水	
				汤阴二水厂	正常供水	
				内黄县第四水厂	正常供水	
36	安阳市	38	小营	安阳六水厂	正常供水	
				安阳八水厂	正常供水	
37	安阳市	39	南流寺	安阳四水厂	正常供水	
38	邓州市		湍河退水闸	湍河	已关闸	
39	南阳市		白河退水闸	白河	已关闸	
40	南阳市		清河退水闸	清河、潘河、唐河	正常供水	
41	南阳市		贾河退水闸	贾河	已关闸	
42	平顶山市		澧河退水闸	澧河	已关闸	
43	平顶山市		澎河退水闸	澎河	已关闸	
44	平顶山市		沙河退水闸	沙河、白龟山水库	已关闸	
45	平顶山市		北汝河退水闸	北汝河	已关闸	
46	禹州市		颍河退水闸	颍河	已关闸	7月1~12日退水608.60万立方米
47	新郑市		双洎河退水闸	双洎河	正常供水	
48	新郑市		沂水河退水闸	唐寨水库	已关闸	
49	郑州市		十八里河退水闸	十八里河	已关闸	
50	郑州市		贾峪河退水闸	贾峪河、西流湖	已关闸	
51	郑州市		索河退水闸	索河	已关闸	
52	焦作市		闫河退水闸	闫河、龙源湖	已关闸	7月1~3日退水24.93万立方米
53	新乡市		香泉河退水闸	香泉河	已关闸	
54	鹤壁市		淇河退水闸	淇河	已关闸	
55	汤阴县		汤河退水闸	汤河	已关闸	
56	安阳市		安阳河退水闸	安阳河	已关闸	

【水量调度计划执行】

区分	序号	市、县名称	年度用水计划（万m³）	月用水计划（万m³）	月实际供水量（万m³）	年度累计供水量（万m³）	年度计划执行情况（%）	累计供水量（万m³）
农业用水	1	引丹灌区	60000	6700	6284.81	41866.12	69.78	226980.85
城市用水	1	邓州	3540	230	212.93	4133.42	116.76	9544.76
	2	南阳	15461	1525.8	1595.89	14455.56	93.50	58309.97
	3	漯河	7954	754.6	746.25	5869.11	73.79	23314.10
	4	周口	4967	434	532.16	4361.97	87.82	8643.10
	5	平顶山	13584	356.07	221.45	2086.20	15.36	39169.37
	6	许昌	14862	2121.5	2088.88	15199.41	102.27	68556.55
	7	郑州	52154	5521	5242.29	42089.44	80.70	205074.33
	8	焦作	8980	827	587.27	4271.74	47.57	15043.62
	9	新乡	12769	1004	1111.33	9817.68	76.89	47793.17
	10	鹤壁	5140	386	534.25	3699.42	71.97	24095.72
	11	濮阳	6360	641.55	764.49	5712.70	89.82	27259.51
	12	安阳	11622	700.6	763.31	5288.52	45.50	22497.34
	13	滑县	2197	178.6	212.82	1691.03	76.97	4168.96
		小计	159590	14680.72	14613.32	118696.2	74.38	553470.5
合计			219590	21380.72	20898.13	160542.32	73.11	780451.35

【水质信息】

序号	断面名称	断面位置（省、市）	采样时间	水温（℃）	pH值（无量纲）	溶解氧	高锰酸盐指数	化学需氧量（COD）	五日生化需氧量（BOD₅）	氨氮（NH₃-N）	总磷（以P计）
								mg/L			
1	沙河南	河南鲁山县	7月3日	26.9	8.4	7.7	1.8	＜15	＜0.5	0.025	＜0.01
2	郑湾	河南郑州市	7月3日	28	8.5	7.7	1.8	＜15	＜0.5	0.025	＜0.01

序号	断面名称	总氮（以N计）	铜	锌	氟化物（以F⁻计）	硒	砷	汞	镉	铬（六价）	铅
					mg/L						
1	沙河南	1.06	＜0.01	＜0.05	0.188	＜0.0003	0.0002	＜0.00001	＜0.0005	＜0.004	＜0.002
2	郑湾	1.01	＜0.01	＜0.05	0.171	＜0.0003	0.0002	＜0.00001	＜0.0005	＜0.004	＜0.002

序号	断面名称	氰化物	挥发酚	石油类	阴离子表面活性剂	硫化物	粪大肠菌群	水质类别	超标项目及超标倍数
		mg/L					个/L		
1	沙河南	＜0.002	＜0.002	＜0.01	＜0.05	＜0.01	100	Ⅰ类	
2	郑湾	＜0.002	＜0.002	＜0.01	＜0.05	＜0.01	10	Ⅰ类	

说明：根据南水北调中线水质保护中心7月25日提供数据。

运行管理月报2019年第9期总第49期

【工程运行调度】

2019年9月1日8时，河南省陶岔渠首引水闸入干渠流量250.21m³/s；穿黄隧洞节制闸过闸流量177.97m³/s；漳河倒虹吸节制闸过闸流量169.72m³/s。截至2019年8月31日，全省累计有39个口门及20个退水闸（湍河、严陵河、白河、清河、贾河、澧河、澎河、沙河、北汝河、颍河、双洎河、沂水河、十八里河、贾峪河、索河、闫河、香泉河、淇河、汤河、安阳河）开闸分水，其中，36个口门正常供水，2个口门线路因受水水厂暂不具备接水条件而未供水（11-1、22），1个口门线路因地方不用水暂停供水（11）。

【各市县配套工程线路供水】

序号	市、县	口门编号	分水口门	供水目标	运行情况	备注
1	邓州市	1	肖楼	引丹灌区	正常供水	
2	邓州市	2	望城岗	邓州一水厂	正常供水	因水厂管道维修，8月12日11:00~8月15日17:00暂停供水七十八小时
				邓州二水厂	正常供水	
	南阳市			新野二水厂	正常供水	
3	南阳市	3-1	谭寨	镇平县五里岗水厂	正常供水	因泵站电路故障，8月23日6:20~13:00暂停供水
				镇平县规划水厂	正常供水	
4	南阳市	5	田洼	傅岗（麒麟）水厂	正常供水	
				龙升水厂	正常供水	
5	南阳市	6	大寨	南阳第四水厂	正常供水	
6	南阳市	7	半坡店	唐河县水厂	正常供水	
				社旗水厂	正常供水	
7	方城县	9	十里庙	新裕水厂	正常供水	
8	漯河市	10	辛庄	舞阳水厂	正常供水	
				漯河二水厂	正常供水	
				漯河三水厂	正常供水	
				漯河四水厂	正常供水	
				漯河五水厂	正常供水	
				漯河八水厂	正常供水	
	周口市			商水水厂	正常供水	
				周口东区水厂	正常供水	
				周口二水厂	正常供水	
9	平顶山市	11	澎河	平顶山白龟山水厂	暂停供水	
				平顶山九里山水厂	暂停供水	
				平顶山平煤集团水厂	暂停供水	
				叶县水厂	正常供水	
10	平顶山市	11-1	张村	鲁山水厂	未供水	泵站已调试
11	平顶山市	12	马庄	平顶山焦庄水厂	正常供水	
12	平顶山市	13	高庄	平顶山王铁庄水厂	正常供水	
				平顶山石龙区水厂	正常供水	
13	平顶山市	14	赵庄	郏县规划水厂	正常供水	
14	许昌市	15	宴窑	襄城县三水厂	正常供水	

续表

序号	市、县	口门编号	分水口门	供水目标	运行情况	备注
15	许昌市	16	任坡	禹州市二水厂	正常供水	
				神垕镇二水厂	正常供水	
	登封市			卢店水厂	正常供水	
16	许昌市	17	孟坡	许昌市周庄水厂	正常供水	
				北海、石梁河、霸陵河	正常供水	
				许昌市二水厂	正常供水	
	鄢陵县			鄢陵中心水厂	未供水	水厂已具备供水条件
	临颍县			临颍县一水厂	正常供水	水厂未建，利用临颍二水厂支线向千亩湖供水
				千亩湖	正常供水	
17	许昌市	18	洼李	长葛市规划三水厂	正常供水	
				清潩河	正常供水	
				增福湖	正常供水	
18	郑州市	19	李垌	新郑第一水厂	暂停供水	备用
				新郑第二水厂	正常供水	
				望京楼水库	正常供水	
				老观寨水库	暂停供水	
19	郑州市	20	小河刘	郑州航空城一水厂	正常供水	
				郑州航空城二水厂	正常供水	
				中牟县第三水厂	正常供水	
20	郑州市	21	刘湾	郑州市刘湾水厂	正常供水	
21	郑州市	22	密垌	尖岗水库	正常供水	
22	郑州市	23	中原西路	郑州柿园水厂	正常供水	
				郑州白庙水厂	正常供水	
				郑州常庄水库	暂停供水	
23	郑州市	24	前蒋寨	荥阳市四水厂	正常供水	
24	郑州市	24-1	蒋头	上街区规划水厂	正常供水	
25	温县	25	北冷	温县三厂	正常供水	
26	焦作市	26	北石涧	武陟县城三水厂	正常供水	
				博爱县水厂	正常供水	
27	焦作市	27	府城	府城水厂	暂停供水	因支线设备检修，8月27日~9月5日暂停供水九天
28	焦作市	28	苏蔺	焦作市修武水厂	正常供水	
				焦作市苏蔺水厂	正常供水	
29	新乡市	30	郭屯	获嘉县水厂	正常供水	
30	辉县市	31	路固	辉县三厂	正常供水	
31	新乡市	32	老道井	新乡高村水厂	正常供水	
				新乡新区水厂	正常供水	因水厂管道对接，8月25日0:00~10:00暂停供水十小时
				新乡孟营水厂	正常供水	
				新乡凤泉水厂	正常供水	
	新乡县			七里营水厂	正常供水	

续表

序号	市、县	口门编号	分水口门	供水目标	运行情况	备注
32	新乡市	33	温寺门	卫辉规划水厂	正常供水	
33	鹤壁市	34	袁庄	淇县铁西区水厂	正常供水	
				赵家渠	暂停供水	赵家渠改造，暂停供水
				淇县城北水厂	正常供水	
34	濮阳市	35	三里屯	引黄调节池（濮阳第一水厂）	暂停供水	
				濮阳第二水厂	正常供水	
				濮阳第三水厂	正常供水	
				清丰县固城水厂	正常供水	
	南乐县			南乐县水厂	正常供水	
	鹤壁市			浚县水厂	正常供水	
				鹤壁四水厂	正常供水	
	滑县			滑县三水厂	正常供水	
				滑县四水厂线路（安阳中盈化肥有限公司、河南易凯针织有限责任公司）	正常供水	
35	鹤壁市	36	刘庄	鹤壁第三水厂	正常供水	
36	安阳市	37	董庄	汤阴一水厂	正常供水	
				汤阴二水厂	正常供水	
				内黄县第四水厂	正常供水	
37	安阳市	38	小营	安阳六水厂	正常供水	
				安阳八水厂	正常供水	
38	安阳市	39	南流寺	安阳四水厂	正常供水	
39	邓州市		湍河退水闸	湍河	已关闸	
40	邓州市		严陵河退水闸	严陵河	已关闸	
41	南阳市		白河退水闸	白河	已关闸	
42	南阳市		清河退水闸	清河、潘河、唐河	正常供水	
43	南阳市		贾河退水闸	贾河	正常供水	
44	平顶山市		澧河退水闸	澧河	已关闸	
45	平顶山市		澎河退水闸	澎河	已关闸	
46	平顶山市		沙河退水闸	沙河、白龟山水库	已关闸	
47	平顶山市		北汝河退水闸	北汝河	已关闸	
48	禹州市		颍河退水闸	颍河	已关闸	
49	新郑市		双洎河退水闸	双洎河	正常供水	
50	新郑市		沂水河退水闸	唐寨水库	已关闸	
51	郑州市		十八里河退水闸	十八里河	已关闸	
52	郑州市		贾峪河退水闸	贾峪河、西流湖	已关闸	
53	郑州市		索河退水闸	索河	已关闸	
54	焦作市		闫河退水闸	闫河、龙源湖	正常供水	
55	新乡市		香泉河退水闸	香泉河	已关闸	
56	鹤壁市		淇河退水闸	淇河	已关闸	
57	汤阴县		汤河退水闸	汤河	已关闸	
58	安阳市		安阳河退水闸	安阳河	已关闸	

【水量调度计划执行】

区分	序号	市、县名称	年度用水计划（万 m³）	月用水计划（万 m³）	月实际供水量（万 m³）	年度累计供水量（万 m³）	年度计划执行情况（%）	累计供水量（万 m³）
农业用水	1	引丹灌区	60000	6700	7493.17	49359.29	82.27	234474.02
城市用水	1	邓州	3540	230	533.96	4667.37	131.85	10078.71
	2	南阳	15461	1535.8	3504.47	17960.04	116.16	61814.45
	3	漯河	7954	775.1	761.45	6630.56	83.36	24075.55
	4	周口	4967	449.5	544.33	4906.30	98.78	9187.43
	5	平顶山	13584	304.1	1897.49	3983.69	29.33	41066.86
	6	许昌	14862	1521	2219.16	17418.57	117.20	70775.71
	7	郑州	52154	5964.5	7052.87	49142.31	94.23	212127.20
	8	焦作	8980	812	650.76	4922.50	54.82	15694.38
	9	新乡	12769	987.4	1063.72	10881.40	85.22	48856.89
	10	鹤壁	5140	417.1	479.12	4178.55	81.29	24574.84
	11	濮阳	6360	649.3	693.33	6406.02	100.72	27952.83
	12	安阳	11622	731.6	898.80	6187.32	53.24	23396.14
	13	滑县	2197	185.69	198.28	1889.31	85.99	4367.24
	小计		159590	14563.09	20497.74	139173.94	87.21	85.86%
合计			219590	21263.09	27990.91	188533.23	85.86	808442.25

【水质信息】

序号	断面名称	断面位置（省、市）	采样时间	水温（℃）	pH值（无量纲）	溶解氧	高锰酸盐指数	化学需氧量（COD）	五日生化需氧量（BOD₅）	氨氮（NH₃-N）	总磷（以P计）
								mg/L			
1	沙河南	河南鲁山县	8月14日	26.8	8	8.2	1.8	<15	<0.5	0.033	0.01
2	郑湾	河南郑州市	8月14日	29	8.1	8.4	1.8	<15	<0.5	0.033	<0.01

序号	断面名称	总氮（以N计）	铜	锌	氟化物（以F⁻计）	硒	砷	汞	镉	铬（六价）	铅
		mg/L									
1	沙河南	0.94	<0.01	<0.05	0.159	<0.0003	0.0013	<0.00001	<0.0005	<0.004	<0.0025
2	郑湾	0.93	<0.01	<0.05	0.153	<0.0003	0.0016	<0.00001	<0.0005	<0.004	<0.0025

序号	断面名称	氰化物	挥发酚	石油类	阴离子表面活性剂	硫化物	粪大肠菌群	水质类别	超标项目及超标倍数
		mg/L					个/L		
1	沙河南	<0.002	<0.002	<0.01	<0.05	<0.01	30	Ⅰ类	
2	郑湾	<0.002	<0.002	<0.01	<0.05	<0.01	140	Ⅰ类	

说明：根据南水北调中线水质保护中心9月9日提供数据。

运行管理月报2019年第10期总第50期

【工程运行调度】

2019年10月1日8时，河南省陶岔渠首引水闸入干渠流量267.01m³/s；穿黄隧洞节制闸过闸流量214.73m³/s；漳河倒虹吸节制闸过闸流量198.13m³/s。截至2019年9月30日，全省累计有39个口门及21个退水闸（湍河、严陵河、白河、清河、贾河、潦河、澧河、澎河、沙河、北汝河、颍河、双洎河、沂水河、十八里河、贾峪河、索河、闫河、香泉河、淇河、汤河、安阳河）开闸分水，其中，36个口门正常供水，2个口门线路因受水水厂暂不具备接水条件而未供水（11-1、22），1个口门线路因地方不用水暂停供水（11）。

【各市县配套工程线路供水】

序号	市、县	口门编号	分水口门	供水目标	运行情况	备注
1	邓州市	1	肖楼	引丹灌区	正常供水	
2	邓州市	2	望城岗	邓州一水厂	正常供水	
				邓州二水厂	正常供水	
				邓州三水厂	正常供水	因水厂线路维修，9月25日12:00~10月4日14:00暂停供水
	南阳市			新野二水厂	正常供水	
3	南阳市	3-1	谭寨	镇平县五里岗水厂	正常供水	
				镇平县规划水厂	正常供水	
4	南阳市	5	田洼	傅岗（麒麟）水厂	正常供水	
				龙升水厂	正常供水	
5	南阳市	6	大寨	南阳第四水厂	正常供水	
6	南阳市	7	半坡店	唐河县水厂	正常供水	
				社旗水厂	正常供水	
7	方城县	9	十里庙	新裕水厂	正常供水	
8	漯河市	10	辛庄	舞阳水厂	正常供水	
				漯河二水厂	正常供水	
				漯河三水厂	正常供水	
				漯河四水厂	正常供水	
				漯河五水厂	正常供水	
				漯河八水厂	正常供水	
	周口市			商水水厂	正常供水	
				周口东区水厂	正常供水	
				周口二水厂	正常供水	
9	平顶山市	11	澎河	平顶山白龟山水厂	暂停供水	
				平顶山九里山水厂	暂停供水	
				平顶山平煤集团水厂	暂停供水	
				叶县水厂	正常供水	
10	平顶山市	11-1	张村	鲁山水厂	未供水	泵站已调试
11	平顶山市	12	马庄	平顶山焦庄水厂	正常供水	
12	平顶山市	13	高庄	平顶山王铁庄水厂	正常供水	
				平顶山石龙区水厂	正常供水	
13	平顶山市	14	赵庄	郏县规划水厂	正常供水	

续表

序号	市、县	口门编号	分水口门	供水目标	运行情况	备注
14	许昌市	15	宴窑	襄城县三水厂	正常供水	
15	许昌市	16	任坡	禹州市二水厂	正常供水	
				神垕镇二水厂	正常供水	
	登封市			卢店水厂	正常供水	
16	许昌市	17	孟坡	许昌市周庄水厂	正常供水	
				北海、石梁河、霸陵河	正常供水	
				许昌市二水厂	正常供水	
	鄢陵县			鄢陵中心水厂	未供水	水厂已具备供水条件
	临颍县			临颍县一水厂	正常供水	水厂未建，利用临颍二水厂支线向千亩湖供水
				千亩湖	正常供水	
17	许昌市	18	洼李	长葛市规划三水厂	正常供水	
				清潩河	正常供水	
				增福湖	正常供水	
18	郑州市	19	李垌	新郑第一水厂	暂停供水	备用
				新郑第二水厂	正常供水	
				望京楼水库	暂停供水	
				老观寨水库	暂停供水	
19	郑州市	20	小河刘	郑州航空城一水厂	正常供水	
				郑州航空城二水厂	正常供水	
				中牟县第三水厂	正常供水	
20	郑州市	21	刘湾	郑州市刘湾水厂	正常供水	
21	郑州市	22	密垌	尖岗水库	正常供水	
22	郑州市	23	中原西路	郑州柿园水厂	正常供水	
				郑州白庙水厂	正常供水	
				郑州常庄水库	暂停供水	
23	郑州市	24	前蒋寨	荥阳市四水厂	正常供水	
24	郑州市	24-1	蒋头	上街区规划水厂	正常供水	
25	温县	25	北冷	温县三水厂	正常供水	
26	焦作市	26	北石涧	武陟县城三水厂	正常供水	
				博爱县水厂	正常供水	
27	焦作市	27	府城	府城水厂	正常供水	
28	焦作市	28	苏蔺	焦作市修武水厂	正常供水	
				焦作市苏蔺水厂	正常供水	
29	新乡市	30	郭屯	获嘉县水厂	正常供水	
30	辉县市	31	路固	辉县三水厂	正常供水	
31	新乡市	32	老道井	新乡高村水厂	正常供水	
				新乡新区水厂	正常供水	
				新乡孟营水厂	正常供水	
				新乡凤泉水厂	正常供水	
	新乡县			七里营水厂	正常供水	

续表

序号	市、县	口门编号	分水口门	供水目标	运行情况	备注
32	新乡市	33	温寺门	卫辉规划水厂	正常供水	
33	鹤壁市	34	袁庄	淇县铁西区水厂	正常供水	
				赵家渠	暂停供水	赵家渠改造，暂停供水
				淇县城北水厂	正常供水	
34	濮阳市	35	三里屯	引黄调节池（濮阳第一水厂）	暂停供水	
				濮阳第二水厂	正常供水	
				濮阳第三水厂	正常供水	
				清丰县固城水厂	正常供水	
	南乐县			南乐县水厂	正常供水	
	鹤壁市			浚县水厂	正常供水	
				鹤壁第四水厂	正常供水	
	滑县			滑县三水厂	正常供水	
				滑县四水厂线路（安阳中盈化肥有限公司、河南易凯针织有限责任公司）	正常供水	
35	鹤壁市	36	刘庄	鹤壁三水厂	正常供水	
36	安阳市	37	董庄	汤阴一水厂	正常供水	
				汤阴二水厂	正常供水	
				内黄县第四水厂	正常供水	
37	安阳市	38	小营	安阳六水厂	正常供水	
				安阳八水厂	正常供水	
38	安阳市	39	南流寺	安阳四水厂	正常供水	
39	邓州市		湍河退水闸	湍河	已关闸	9月17日~9月30日生态补水285.48m^3
40	邓州市		严陵河退水闸	严陵河	已关闸	
41	南阳市		白河退水闸	白河	已关闸	9月13日~9月30日生态补水444.06m^3
42	南阳市		清河退水闸	清河、潘河、唐河	正常供水	9月13日~10月1日生态补水325.98m^3
43	南阳市		贾河退水闸	贾河	已关闸	9月13日~9月30日生态补水1438.35m^3
44	南阳市		潦河退水闸	潦河	已关闸	9月17日~9月30日生态补水224.88m^3
45	平顶山市		澧河退水闸	澧河	已关闸	
46	平顶山市		澎河退水闸	澎河	已关闸	
47	平顶山市		沙河退水闸	沙河、白龟山水库	正常供水	9月13日~10月1日生态补水4795.25m^3
48	平顶山市		北汝河退水闸	北汝河	已关闸	
49	禹州市		颍河退水闸	颍河	已关闸	9月19日~9月30日生态补水95.58m^3
50	新郑市		双洎河退水闸	双洎河	正常供水	9月13日~10月1日生态补水200.74m^3
51	新郑市		沂水河退水闸	唐寨水库	已关闸	
52	郑州市		十八里河退水闸	十八里河	已关闸	
53	郑州市		贾峪河退水闸	贾峪河、西流湖	已关闸	9月13日~9月30日生态补水146.99m^3
54	郑州市		索河退水闸	索河	已关闸	
55	焦作市		闫河退水闸	闫河、龙源湖	已关闸	9月13日~9月30日生态补水147.06m^3
56	新乡市		香泉河退水闸	香泉河	已关闸	9月13日~9月30日生态补水258.33m^3
57	鹤壁市		淇河退水闸	淇河	已关闸	9月13日~9月30日生态补水147.42m^3
58	汤阴县		汤河退水闸	汤河	正常供水	9月25日~10月1日生态补水116.64m^3
59	安阳市		安阳河退水闸	安阳河	已关闸	9月13日~9月30日生态补水146.91m^3

【水量调度计划执行】

区分	序号	市、县名称	年度用水计划（万 m³）	月用水计划（万 m³）	月实际供水量（万 m³）	年度累计供水量（万 m³）	年度计划执行情况（%）	累计供水量（万 m³）
农业用水	1	引丹灌区	60000	5100	6219.03	55578.32	92.63	240693.05
城市用水	1	邓州	3540	230	515.33	5182.70	146.40	10594.04
	2	南阳	15461	1709	3600.26	21560.30	139.45	65414.71
	3	漯河	7954	752	779.80	7410.35	93.17	24855.35
	4	周口	4967	441	462.66	5368.96	108.09	9650.08
	5	平顶山	13584	322	5018.50	9002.19	66.27	46085.36
	6	许昌	14862	1779	1774.79	19193.36	129.14	72550.50
	7	郑州	52154	5768	5634.16	54776.47	105.03	217761.36
	8	焦作	8980	800	778.39	5700.89	63.48	16472.77
	9	新乡	12769	1011.2	1343.18	12224.58	95.74	50200.07
	10	鹤壁	5140	411	598.92	4777.46	92.95	25173.76
	11	濮阳	6360	612.2	665.22	7071.24	111.18	28618.05
	12	安阳	11622	675	1184.98	7372.30	63.43	24581.12
	13	滑县	2197	184.2	200.15	2089.46	95.11	4567.40
	小计		159590	14694.6	22556.34	161730.26	101.34	596524.57
合计			219590	19794.6	28775.37	217308.58	98.96	837217.62

【水质信息】

序号	断面名称	断面位置（省、市）	采样时间	水温（℃）	pH值（无量纲）	溶解氧	高锰酸盐指数	化学需氧量（COD）	五日生化需氧量（BOD₅）	氨氮（NH₃-N）	总磷（以P计）
									mg/L		
1	沙河南	河南鲁山县	9月16日	24.6	8.1	8.4	1.9	<15	<0.5	0.037	<0.01
2	郑湾	河南郑州市	9月16日	24.4	8.2	8.5	1.9	<15	<0.5	0.034	<0.01

序号	断面名称	总氮（以N计）	铜	锌	氟化物（以F计）	硒	砷	汞	镉	铬（六价）	铅
								mg/L			
1	沙河南	3.08	<0.01	<0.05	0.165	<0.0003	0.0005	<0.00001	<0.0005	<0.004	<0.0025
2	郑湾	3.00	<0.01	<0.05	0.163	<0.0003	0.0005	<0.00001	<0.0005	<0.004	<0.0025

序号	断面名称	氰化物	挥发酚	石油类	阴离子表面活性剂	硫化物	粪大肠菌群	水质类别	超标项目及超标倍数
		mg/L					个/L		
1	沙河南	<0.002	<0.002	<0.01	<0.05	<0.01	80	Ⅰ类	
2	郑湾	<0.002	<0.002	<0.01	<0.05	<0.01	70	Ⅰ类	

说明：根据南水北调中线水质保护中心10月9日提供数据。

运行管理月报2019年第11期总第51期

【工程运行调度】

2019年11月1日8时，河南省陶岔渠首引水闸入干渠流量229.95m³/s；穿黄隧洞节制闸过闸流量132.37m³/s；漳河倒虹吸节制闸过闸流量128.05m³/s。截至2019年10月31日，全省累计有39个口门及21个退水闸（湍河、严陵河、白河、清河、贾河、潦河、澧河、澎河、沙河、北汝河、颍河、双泊河、沂水河、十八里河、贾峪河、索河、闫河、香泉河、淇河、汤河、安阳河）开闸分水，其中，36个口门正常供水，2个口门线路因受水水厂暂不具备接水条件而未供水（11-1、22），1个口门线路因地方不用水暂停供水（11）。

【各市县配套工程线路供水】

序号	市、县	口门编号	分水口门	供水目标	运行情况	备注
1	邓州市	1	肖楼	引丹灌区	正常供水	
2	邓州市	2	望城岗	邓州一水厂	正常供水	因水厂线路维修，10月6日7:00~10月23日14:00暂停供水
				邓州二水厂	正常供水	
				邓州三水厂	正常供水	
	南阳市			新野二水厂	正常供水	
3	南阳市	3-1	谭寨	镇平县五里岗水厂	正常供水	
				镇平县规划水厂	正常供水	
4	南阳市	5	田洼	傅岗（麒麟）水厂	正常供水	
				龙升水厂	正常供水	
5	南阳市	6	大寨	南阳第四水厂	正常供水	
6	南阳市	7	半坡店	唐河县水厂	正常供水	
				社旗水厂	正常供水	
7	方城县	9	十里庙	新裕水厂	正常供水	
8	漯河市	10	辛庄	舞阳水厂	正常供水	
				漯河二水厂	正常供水	
				漯河三水厂	正常供水	
				漯河四水厂	正常供水	
				漯河五水厂	正常供水	
				漯河八水厂	正常供水	
	周口市			商水水厂	正常供水	
				周口东区水厂	正常供水	
				周口二水厂	正常供水	
9	平顶山市	11	澎河	平顶山白龟山水厂	暂停供水	
				平顶山九里山水厂	暂停供水	
				平顶山平煤集团水厂	暂停供水	
				叶县水厂	正常供水	
10	平顶山市	11-1	张村	鲁山水厂	未供水	泵站已调试
11	平顶山市	12	马庄	平顶山焦庄水厂	正常供水	
12	平顶山市	13	高庄	平顶山王铁庄水厂	正常供水	
				平顶山石龙区水厂	正常供水	
13	平顶山市	14	赵庄	郏县规划水厂	正常供水	
14	许昌市	15	宴窑	襄城县三水厂	正常供水	

续表

序号	市、县	口门编号	分水口门	供水目标	运行情况	备注
15	许昌市	16	任坡	禹州市二水厂	正常供水	
				神垕镇二水厂	正常供水	
	登封市			卢店水厂	正常供水	
16	许昌市	17	孟坡	许昌市周庄水厂	正常供水	
				曹寨水厂	正常供水	
				北海、石梁河、霸陵河	正常供水	
				许昌市二水厂	正常供水	
	鄢陵县			鄢陵中心水厂	未供水	水厂已具备供水条件
	临颍县			临颍县一水厂	正常供水	水厂未建，利用临颍二水厂支线向千亩湖供水
				千亩湖	正常供水	
17	许昌市	18	洼李	长葛市规划三水厂	正常供水	
				清潩河	正常供水	
				增福湖	正常供水	
18	郑州市	19	李垌	新郑第一水厂	暂停供水	备用
				新郑第二水厂	正常供水	
				望京楼水库	暂停供水	
				老观寨水库	暂停供水	
19	郑州市	20	小河刘	郑州航空城一水厂	正常供水	
				郑州航空城二水厂	正常供水	
				中牟县第三水厂	正常供水	
20	郑州市	21	刘湾	郑州市刘湾水厂	正常供水	
21	郑州市	22	密垌	尖岗水库	正常供水	
22	郑州市	23	中原西路	郑州柿园水厂	正常供水	
				郑州白庙水厂	正常供水	
				郑州常庄水库	暂停供水	
23	郑州市	24	前蒋寨	荥阳市四水厂	正常供水	
24	郑州市	24-1	蒋头	上街区规划水厂	正常供水	
25	温县	25	北冷	温县三水厂	正常供水	
26	焦作市	26	北石涧	武陟县城三水厂	正常供水	
				博爱县水厂	正常供水	
27	焦作市	27	府城	府城水厂	正常供水	
28	焦作市	28	苏蔺	焦作市修武水厂	正常供水	
				焦作市苏蔺水厂	正常供水	
29	新乡市	30	郭屯	获嘉县水厂	正常供水	
30	辉县市	31	路固	辉县三水厂	正常供水	
31	新乡市	32	老道井	新乡高村水厂	正常供水	
				新乡新区水厂	正常供水	
				新乡孟营水厂	正常供水	
				新乡凤泉水厂	正常供水	
	新乡县			七里营水厂	正常供水	
32	新乡市	33	温寺门	卫辉规划水厂	正常供水	

续表

序号	市、县	口门编号	分水口门	供水目标	运行情况	备注
33	鹤壁市	34	袁庄	淇县铁西区水厂	正常供水	
				赵家渠	暂停供水	赵家渠改造，暂停供水
				淇县城北水厂	正常供水	
34	濮阳市	35	三里屯	引黄调节池（濮阳第一水厂）	暂停供水	
				濮阳第二水厂	正常供水	
				濮阳第三水厂	正常供水	
				清丰县固城水厂	正常供水	
	南乐县			南乐县水厂	正常供水	
	鹤壁市			浚县水厂	正常供水	
				鹤壁第四水厂	正常供水	
	滑县			滑县三水厂	正常供水	
				滑县四水厂线路（安阳中盈化肥有限公司、河南易凯针织有限责任公司）	正常供水	
35	鹤壁市	36	刘庄	鹤壁第三水厂	正常供水	
36	安阳市	37	董庄	汤阴一水厂	正常供水	因水厂线路维修，10月9日5:00~11:00暂停供水
				汤阴二水厂	正常供水	
				内黄县第四水厂	正常供水	
37	安阳市	38	小营	安阳六水厂	正常供水	
				安阳八水厂	正常供水	
38	安阳市	39	南流寺	安阳四水厂	正常供水	
39	邓州市		湍河退水闸	湍河	已关闸	
40	邓州市		严陵河退水闸	严陵河	已关闸	
41	南阳市		白河退水闸	白河	已关闸	
42	南阳市		清河退水闸	清河、潘河、唐河	正常供水	
43	南阳市		贾河退水闸	贾河	已关闸	
44	南阳市		潦河退水闸	潦河	已关闸	
45	平顶山市		澧河退水闸	澧河	已关闸	
46	平顶山市		澎河退水闸	澎河	已关闸	
47	平顶山市		沙河退水闸	沙河、白龟山水库	正常供水	
48	平顶山市		北汝河退水闸	北汝河	已关闸	
49	禹州市		颍河退水闸	颍河	已关闸	
50	新郑市		双洎河退水闸	双洎河	正常供水	
51	新郑市		沂水河退水闸	唐寨水库	已关闸	
52	郑州市		十八里河退水闸	十八里河	已关闸	
53	郑州市		贾峪河退水闸	贾峪河、西流湖	已关闸	
54	郑州市		索河退水闸	索河	已关闸	
55	焦作市		闫河退水闸	闫河、龙源湖	已关闸	10月25日向闫河生态补水5万 m³
56	新乡市		香泉河退水闸	香泉河	已关闸	
57	鹤壁市		淇河退水闸	淇河	已关闸	
58	汤阴县		汤河退水闸	汤河	已关闸	10月16~21向汤河生态补水43.2万 m³
59	安阳市		安阳河退水闸	安阳河	已关闸	

【水量调度计划执行】

区分	序号	市、县名称	年度用水计划（万m³）	月用水计划（万m³）	月实际供水量（万m³）	年度累计供水量（万m³）	年度计划执行情况（%）	累计供水量（万m³）
农业用水	1	引丹灌区	60000	4800	4077.79	59656.11	99.43	244770.84
城市用水	1	邓州	3540	280	204.38	5387.08	152.18	10798.42
	2	南阳	15461	1606	1466.35	20573.85	133.07	64428.26
	3	漯河	7954	764.4	773.26	10636.41	133.72	28081.40
	4	周口	4967	452.6	462.61	5831.57	117.41	10112.69
	5	平顶山	13584	312	7065.86	16068.05	118.29	53151.22
	6	许昌	14862	1508.9	1425.44	20618.80	138.74	73975.94
	7	郑州	52154	5506	5306.54	60083.02	115.20	223067.91
	8	焦作	8980	829	587.45	6288.34	70.03	17060.22
	9	新乡	12769	1011.9	1157.85	13382.43	104.80	51357.92
	10	鹤壁	5140	443	443.88	5221.34	101.58	25617.64
	11	濮阳	6360	638.6	647.89	7719.13	121.37	29265.94
	12	安阳	11622	832.5	1182.37	8554.67	73.61	25763.49
	13	滑县	2197	194.11	196.93	2286.40	104.07	4764.33
		小计	159590	14379.01	20920.81	182651.09	114.45	617445.38
合计			219590	19179.01	24998.6	242307.2	110.35	862216.22

【水质信息】

序号	断面名称	断面位置（省、市）	采样时间	水温（℃）	pH值（无量纲）	溶解氧	高锰酸盐指数	化学需氧量（COD）	五日生化需氧量（BOD₅）	氨氮（NH₃-N）	总磷（以P计）
								mg/L			
1	沙河南	河南鲁山县	10月	18.9	7.8	8.7	1.9	<15	<0.5	0.033	<0.01
2	郑湾	河南郑州市	10月	21	8.1	8.7	1.9	<15	<0.5	<0.025	<0.01

序号	断面名称	总氮（以N计）	铜	锌	氟化物（以F计）	硒	砷	汞	镉	铬（六价）	铅
						mg/L					
1	沙河南	0.97	<0.01	<0.05	0.157	<0.0003	0.0009	<0.00001	<0.0005	<0.004	<0.0025
2	郑湾	1.02	<0.01	<0.05	0.161	<0.0003	0.0008	<0.00001	<0.0005	<0.004	<0.0025

序号	断面名称	氰化物	挥发酚	石油类	阴离子表面活性剂	硫化物	粪大肠菌群	水质类别	超标项目及超标倍数		
				mg/L			个/L				
1	沙河南	<0.002	<0.002	<0.01	<0.05	<0.01	180	I类			
2	郑湾	<0.002	<0.002	<0.01	<0.05	<0.01	90	I类			

说明：根据南水北调中线水质保护中心11月6日提供数据。

运行管理月报2019年第12期总第52期

【工程运行调度】

2019年12月1日8时，河南省陶岔渠首引水闸入干渠流量208.50m³/s；穿黄隧洞节制闸过闸流量135.61m³/s；漳河倒虹吸节制闸过闸流量118.45m³/s。截至2019年11月30日，全省累计有39个口门及21个退水闸（湍河、严陵河、白河、清河、贾河、潦河、澧河、澎河、沙河、北汝河、颍河、双洎河、沂水河、十八里河、贾峪河、索河、闫河、香泉河、淇河、汤河、安阳河）开闸分水，其中，36个口门正常供水，2个口门线路因受水水厂暂不具备接水条件而未供水（11-1、22），1个口门线路因地方不用水暂停供水（11）。

【各市县配套工程线路供水】

序号	市、县	口门编号	分水口门	供水目标	运行情况	备注
1	邓州市	1	肖楼	引丹灌区	正常供水	
2	邓州市	2	望城岗	邓州一水厂	正常供水	
	邓州市			邓州二水厂	正常供水	
				邓州三水厂	正常供水	
	南阳市			新野二水厂	正常供水	
3	南阳市	3-1	谭寨	镇平县五里岗水厂	正常供水	
				镇平县规划水厂	正常供水	
4	南阳市	5	田洼	傅岗（麒麟）水厂	正常供水	
				龙升水厂	正常供水	
5	南阳市	6	大寨	南阳第四水厂	正常供水	
6	南阳市	7	半坡店	唐河县水厂	正常供水	
				社旗水厂	正常供水	
7	方城县	9	十里庙	新裕水厂	正常供水	
8	漯河市	10	辛庄	舞阳水厂	正常供水	
				漯河二水厂	正常供水	
				漯河三水厂	正常供水	
				漯河四水厂	正常供水	
				漯河五水厂	正常供水	
				漯河八水厂	正常供水	
	周口市			商水水厂	正常供水	
				周口东区水厂	正常供水	
				周口二水厂	正常供水	
9	平顶山市	11	澎河	平顶山白龟山水厂	正常供水	
				平顶山九里山水厂	暂停供水	
				平顶山平煤集团水厂	暂停供水	
				叶县水厂	正常供水	
10	平顶山市	11-1	张村	鲁山水厂	未供水	泵站已调试
11	平顶山市	12	马庄	平顶山焦庄水厂	正常供水	
12	平顶山市	13	高庄	平顶山王铁庄水厂	正常供水	
				平顶山石龙区水厂	正常供水	
13	平顶山市	14	赵庄	郏县规划水厂	正常供水	
14	许昌市	15	宴窑	襄城县三水厂	正常供水	

续表

序号	市、县	口门编号	分水口门	供水目标	运行情况	备注
15	许昌市	16	任坡	禹州市二水厂	正常供水	
				神垕镇二水厂	正常供水	
	登封市			卢店水厂	正常供水	
16	许昌市	17	孟坡	许昌市周庄水厂	正常供水	
				曹寨水厂	正常供水	因地方管网维修，11月1日8:00起暂停供水四十八小时
				北海、石梁河、霸陵河	正常供水	
				许昌市二水厂	正常供水	
	鄢陵县			鄢陵中心水厂	未供水	水厂已具备供水条件
	临颍县			临颍县一水厂	正常供水	水厂未建，利用临颍二水厂支线向千亩湖供水
				千亩湖	正常供水	
17	许昌市	18	洼李	长葛市规划三水厂	正常供水	
				清潩河	正常供水	
				增福湖	正常供水	
18	郑州市	19	李垌	新郑第一水厂	暂停供水	备用
				新郑第二水厂	正常供水	
				望京楼水库	暂停供水	
				老观寨水库	暂停供水	
19	郑州市	20	小河刘	郑州航空城一水厂	正常供水	
				郑州航空城二水厂	正常供水	
				中牟县第三水厂	正常供水	
20	郑州市	21	刘湾	郑州市刘湾水厂	正常供水	
21	郑州市	22	密垌	尖岗水库	暂停供水	
				新密水厂	正常供水	
22	郑州市	23	中原西路	郑州柿园水厂	正常供水	
				郑州白庙水厂	正常供水	
				郑州常庄水库	暂停供水	
23	郑州市	24	前蒋寨	荥阳市四水厂	正常供水	
24	郑州市	24-1	蒋头	上街区规划水厂	正常供水	
25	温县	25	北冷	温县三水厂	正常供水	
26	焦作市	26	北石涧	武陟县城三水厂	正常供水	
				博爱县水厂	正常供水	
27	焦作市	27	府城	府城水厂	正常供水	
28	焦作市	28	苏蔺	焦作市修武水厂	正常供水	
				焦作市苏蔺水厂	正常供水	
29	新乡市	30	郭屯	获嘉县水厂	正常供水	
30	辉县市	31	路固	辉县三水厂	正常供水	因泵站检修，11月30日8:00起暂停供水五小时
31	新乡市	32	老道井	新乡高村水厂	正常供水	
				新乡新区水厂	正常供水	
				新乡孟营水厂	正常供水	
	新乡县			新乡凤泉水厂	正常供水	
				七里营水厂	正常供水	

续表

序号	市、县	口门编号	分水口门	供水目标	运行情况	备注
32	新乡市	33	温寺门	卫辉规划水厂	正常供水	
33	鹤壁市	34	袁庄	淇县铁西区水厂	正常供水	
				赵家渠	暂停供水	赵家渠改造，暂停供水
				淇县城北水厂	正常供水	
34	濮阳市	35	三里屯	引黄调节池（濮阳第一水厂）	暂停供水	
				濮阳第二水厂	正常供水	
				濮阳第三水厂	正常供水	
				清丰县固城水厂	正常供水	
	南乐县			南乐县水厂	正常供水	
	鹤壁市			浚县水厂	正常供水	
				鹤壁第四水厂	正常供水	
				滑县三水厂	正常供水	
	滑县			滑县四水厂线路（安阳中盈化肥有限公司、河南易凯针织有限责任公司）	正常供水	
35	鹤壁市	36	刘庄	鹤壁第三水厂	正常供水	
36	安阳市	37	董庄	汤阴一水厂	正常供水	
				汤阴二水厂	正常供水	
				内黄县第四水厂	正常供水	
37	安阳市	38	小营	安阳六水厂	正常供水	
				安阳八水厂	正常供水	
38	安阳市	39	南流寺	安阳四水厂	正常供水	
39	邓州市		湍河退水闸	湍河	已关闸	
40	邓州市		严陵河退水闸	严陵河	已关闸	
41	南阳市		白河退水闸	白河	已关闸	
42	南阳市		清河退水闸	清河、潘河、唐河	正常供水	
43	南阳市		贾河退水闸	贾河	已关闸	
44	南阳市		潦河退水闸	潦河	已关闸	
45	平顶山市		澧河退水闸	澧河	已关闸	
46	平顶山市		澎河退水闸	澎河	已关闸	
47	平顶山市		沙河退水闸	沙河、白龟山水库	正常供水	
48	平顶山市		北汝河退水闸	北汝河	已关闸	
49	禹州市		颍河退水闸	颍河	已关闸	11月8~22日向颍河生态补水1000万 m³
50	新郑市		双洎河退水闸	双洎河	正常供水	
51	新郑市		沂水河退水闸	唐寨水库	已关闸	
52	郑州市		十八里河退水闸	十八里河	已关闸	
53	郑州市		贾峪河退水闸	贾峪河、西流湖	已关闸	
54	郑州市		索河退水闸	索河	已关闸	
55	焦作市		闫河退水闸	闫河、龙源湖	正常供水	11月29日10:00向闫河补水10万 m³
56	新乡市		香泉河退水闸	香泉河	已关闸	
57	鹤壁市		淇河退水闸	淇河	已关闸	
58	汤阴县		汤河退水闸	汤河	已关闸	
59	安阳市		安阳河退水闸	安阳河	已关闸	

【水量调度计划执行】

区分	序号	市、县名称	年度用水计划（万 m³）	月用水计划（万 m³）	月实际供水量（万 m³）	年度累计供水量（万 m³）	年度计划执行情况（%）	累计供水量（万 m³）
农业用水	1	引丹灌区	60000	3900	3571.77	3571.77	5.95	248342.61
城市用水	1	邓州	4080	280	216.58	216.58	5.31	11015.00
	2	南阳	19501	1561	1453.23	1453.23	7.45	65881.49
	3	漯河	9003	724	727.84	727.84	8.08	28809.24
	4	周口	5563	438	446.59	446.59	8.03	10559.28
	5	平顶山	28852	4194	7163.48	7163.48	24.83	60314.70
	6	许昌	20440	1768.9	2349.12	2349.12	11.49	76325.05
	7	郑州	71911	5706.3	5284.48	5284.48	7.35	228352.39
	8	焦作	11544	825	602.14	602.14	5.22	17662.36
	9	新乡	13268	930	1199.13	1199.13	9.04	52557.05
	10	鹤壁	6079	397	403.37	403.37	6.64	26021.01
	11	濮阳	8363	660	718.54	718.54	8.59	29984.48
	12	安阳	9162	624	865.69	865.69	9.45	26629.18
	13	滑县	2657	170.1	185.19	185.19	6.97	4949.52
		小计	210423	18278.3	21615.38	21615.38	10.27	639060.75
合计			270423	22178.3	25187.15	25187.15	9.31	887403.36

【水质信息】

序号	断面名称	断面位置（省、市）	采样时间	水温（℃）	pH值（无量纲）	溶解氧	高锰酸盐指数	化学需氧量（COD）	五日生化需氧量（BOD₅）	氨氮（NH₃-N）	总磷（以P计）
								mg/L			
1	沙河南	河南鲁山县	11月5日	20.6	8.3	9	2	<15	<0.5	0.047	<0.01
2	郑湾	河南郑州市	11月5日	19	8.4	9.5	1.9	<15	<0.5	<0.045	<0.01

序号	断面名称	总氮（以N计）	铜	锌	氟化物（以F计）	硒	砷	汞	镉	铬（六价）	铅
					mg/L						
1	沙河南	1.03	<0.01	<0.05	0.167	<0.0003	0.0006	<0.00001	<0.0005	<0.004	<0.0025
2	郑湾	0.85	<0.01	<0.05	0.165	<0.0003	0.0006	<0.00001	<0.0005	<0.004	<0.0025

序号	断面名称	氰化物	挥发酚	石油类	阴离子表面活性剂	硫化物	粪大肠菌群	水质类别	超标项目及超标倍数
		mg/L					个/L		
1	沙河南	<0.002	<0.002	<0.01	<0.05	<0.01	70	I 类	
2	郑湾	<0.002	<0.002	<0.01	<0.05	<0.01	<10	I 类	

说明：根据南水北调中线水质保护中心12月4日提供数据。

（李光阳）

供水配套工程验收月报

【验收月报2019年第1期总第23期】

河南省南水北调受水区供水配套工程施工合同验收2018年12月完成情况统计表

序号	单位	单元工程				分部工程				单位工程				合同项目完成			
		总数	本月完成数量	累计完成		总数	本月完成数量	累计完成		总数	本月完成数量	累计完成		总数	本月完成数量	累计完成	
				实际完成量	%			实际完成量	%			实际完成量	%			实际完成量	%
1	南阳(含邓州)	18281	16	18257	99.9	252	0	243	96.4	18	0	16	88.9	18	4	14	77.8
2	平顶山	7521	0	7371	98.0	117	0	116	99.1	10	0	9	90.0	10	0	9	90.0
3	漯河	11291	0	11239	99.5	75	0	57	76.0	11	0	8	72.7	11	0	8	72.7
4	周口	5099	0	5089	99.8	72	13	55	76.4	11	0	5	45.5	11	0	5	45.5
5	许昌	14774	22	14774	100.0	196	3	195	99.5	17	1	16	94.1	17	1	16	94.1
6	郑州	13454	0	12390	92.1	141	0	84	59.6	20	0	0	0.0	14	0	0	0.0
7	焦作	9736	0	9027	92.7	101	0	87	86.1	13	0	10	76.9	13	0	10	76.9
8	新乡	9370	0	9109	97.2	122	0	99	81.1	20	0	10	50.0	20	1	6	30.0
9	鹤壁	5956	0	5922	99.4	123	0	121	98.4	14	0	11	78.6	12	0	9	75.0
10	濮阳	2497	0	2497	100.0	37	0	37	100.0	5	0	5	100.0	5	0	5	100.0
11	安阳(含滑县)	14552	0	14552	100.0	157	0	153	97.5	17	0	16	94.1	16	0	15	93.8
12	清丰	1518	0	1498	98.7	21	0	0	0.0	3	0	0	0.0	3	0	0	0.0
	全省统计	114049	38	111725	98.0	1414	16	1247	88.2	159	1	106	66.7	150	2	97	64.7

河南省南水北调受水区供水配套工程政府验收2018年12月完成情况统计表

序号	单位	专项验收				泵站机组启动验收				单项工程通水验收			
		总数	本月完成数量	累计完成		总数(座)	本月完成数量	累计完成		总数	本月完成数量	累计完成	
				实际完成量	%			实际完成量	%			实际完成量	%
1	南阳(含邓州)	5	0	0	0.0	5	0	0	0.0	8	0	4	50.0
2	平顶山	5	0	0	0.0	3	0	0	0.0	7	0	1	14.3
3	漯河	5	0	0	0.0	0	0	0	0.0	2	0	1	50.0
4	周口	5	0	0	0.0	0	0	0	0.0	1	0	0	0.0
5	许昌	5	0	0	0.0	1	0	1	100.0	4	0	1	25.0
6	郑州	5	0	0	0.0	0	0	0	0.0	16	0	2	12.5
7	焦作	5	0	0	0.0	2	0	1	50.0	6	0	1	16.7
8	新乡	5	0	0	0.0	1	0	0	0.0	4	0	0	0.0
9	鹤壁	5	0	0	0.0	3	0	2	66.6	8	0	7	87.5
10	濮阳	5	0	0	0.0	0	0	0	0.0	1	0	1	100.0
11	安阳(含滑县)	5	0	0	0.0	0	0	0	0.0	4	0	3	75.0
12	清丰	5	0	0	0.0	0	0	0	0.0	1	0	0	0.0
	全省统计	60	0	0	0.0	23	0	4	17.4	62	0	21	33.9

河南省南水北调受水区供水配套工程管理处（所）验收2018年12月完成情况统计表

序号	管理处（所）名称	分项工程					分部工程					单位工程				
		总数	上月计划数量	实际完成数量	累计完成		总数	上月计划数量	实际完成数量	累计完成		总数	上月计划数量	实际完成数量	累计完成	
					实际完成量	%				实际完成量	%				实际完成量	%
1	南阳管理处	68	0	0	68	100.0	9	0	0	9	100.0	1	0	0	1	100.0
2	南阳市区管理所	52	0	0	52	100.0	9	0	0	9	100.0	1	0	0	1	100.0
3	镇平管理所	53	0	0	53	100.0	9	0	0	9	100.0	1	0	0	1	100.0
4	新野管理所	52	0	0	52	100.0	9	0	0	9	100.0	1	0	0	1	100.0
5	社旗管理所	49	0	0	49	100.0	9	0	0	9	100.0	1	0	0	1	100.0
6	唐河管理所	52	0	0	52	100.0	9	0	0	9	100.0	1	0	0	1	100.0
7	方城管理所	56	0	0	56	100.0	9	0	0	9	100.0	1	0	0	1	100.0
8	邓州管理所	49	0	0	49	100.0	6	0	0	6	100.0	1	0	0	1	100.0
9	叶县管理所	45	0	0	45	100.0	7	0	0	7	100.0	1	0	0	0	0.0
10	鲁山管理所	45	0	0	45	100.0	7	0	0	7	100.0	1	0	0	0	0.0
11	郏县管理所	45	0	0	45	100.0	7	0	0	7	100.0	1	0	0	0	0.0
12	宝丰管理所	45	0	0	45	100.0	7	0	0	7	100.0	1	0	0	0	0.0
13	周口管理处、市区管理所、东区管理房合建项目	83	0	0	24	28.9	10	0	0	2	20.0	1	0	0	0	0.0
14	许昌管理处、市区管理所合建项目	70	0	0	70	100.0	16	0	0	16	100.0	2	0	0	2	100.0
15	长葛管理所	73	0	0	73	100.0	16	0	0	16	100.0	2	0	0	2	100.0
16	禹州管理所	72	0	0	72	100.0	16	0	0	16	100.0	2	0	0	2	100.0
17	襄县管理所	72	0	0	72	100.0	16	0	0	16	100.0	2	0	0	2	100.0
18	鄢陵管理所	51	0	0	51	100.0	12	0	0	12	100.0	2	2	2	2	100.0
19	郑州管理处、市区管理所合建	122	5	0	117	95.9	6	2	0	4	66.7	2	0	0	0	0.0
20	新郑管理所	61	0	0	61	100.0	9	0	0	9	100.0	3	0	0	3	100.0
21	港区管理所	54	8	0	46	85.2	6	2	0	4	66.7	2	0	0	0	0.0
22	中牟管理处	51	0	0	51	100.0	3	1	0	2	66.7	1	0	0	0	0.0
23	荥阳管理处	56	6	0	50	89.3	6	2	0	4	66.7	2	0	0	0	0.0
24	上街管理所	58	8	0	50	86.2	6	1	0	4	66.7	1	0	0	0	0.0
25	焦作管理处	110	30	3	83	75.5	9	2	0	4	44.4	1	0	0	0	0.0
26	修武管理所	60	0	7	15	25.0	8	0	1	2	25.0	1	0	0	0	0.0
27	温县管理所	60	0	2	7	11.7	8	0	0	1	12.5	1	0	0	0	0.0
28	武陟管理所	60	0	0	60	100.0	8	0	0	8	100.0	1	0	0	1	100.0
29	辉县管理所	22	0	0	22	100.0	7	0	0	7	100.0	1	0	0	0	0.0
30	黄河北维护中心、鹤壁管理处、市区管理所合建项目	35	0	0	10	28.6	7	0	0	2	28.6	1	0	0	0	0.0
31	黄河北受水区仓储中心门卫房	24	1	1	24	100.0	6	1	1	6	100.0	1	0	0	0	0.0
32	淇县管理所	26	1	1	26	100.0	6	1	1	6	100.0	1	0	0	0	0.0
33	浚县管理所	26	1	1	26	100.0	6	1	1	6	100.0	1	0	0	0	0.0

续表

序号	管理处（所）名称	分项工程					分部工程					单位工程				
		总数	上月计划数量	实际完成数量	累计完成		总数	上月计划数量	实际完成数量	累计完成		总数	上月计划数量	实际完成数量	累计完成	
					实际完成量	%				实际完成量	%				实际完成量	%
34	濮阳管理处	46	0	0	46	100.0	8	0	0	8	100.0	1	0	0	0	0.0
35	安阳管理处、市区管理所合建项目	52	0	0	12	23.1	7	0	0	1	14.3	1	0	0	0	0.0
36	汤阴管理所	33	0	0	33	100.0	7	6	6	7	100.0	1	0	0	0	0.0
37	内黄管理所	41	0	0	41	100.0	7	0	7	7	100.0	1	0	0	0	0.0
38	滑县管理所	54	0	0	54	100.0	7	0	0	7	100.0	1	0	0	0	0.0
39	清丰管理所	81	0	0	81	100.0	7	0	0	7	100.0	1	1	0	0	0.0
	合计	2164	60	15	1888	87.2	325	19	17	280	86.1	49	3	2	22	44.9

【验收月报2019年第2期总第24期】

河南省南水北调受水区供水配套工程施工合同验收2019年1月完成情况统计表

序号	单位	单元工程					分部工程					单位工程					合同项目完成				
		总数	本月完成数量	累计完成			总数	本月完成数量	累计完成			总数	本月完成数量	累计完成			总数	本月完成数量	累计完成		
				实际完成量	%				实际完成量	%				实际完成量	%				实际完成量	%	
1	南阳（含邓州）	18281	0	18257	99.9		252	0	243	96.4		18	0	16	88.9		18	0	14	77.8	
2	平顶山	7521	0	7371	98.0		117	0	116	99.1		10	0	9	90.0		10	0	9	90.0	
3	漯河	11291	0	11239	99.5		75	0	57	76.0		11	0	8	72.7		11	0	8	72.7	
4	周口	5099	0	5089	99.8		72	0	55	76.4		11	0	5	45.5		11	0	5	45.5	
5	许昌	14774	0	14774	100.0		196	0	195	99.5		17	0	16	94.1		17	0	16	94.1	
6	郑州	13454	0	12390	92.1		141	0	84	59.6		20	1	1	5.0		14	1	1	7.1	
7	焦作	9736	3	9030	92.7		101	0	87	86.1		13	0	10	76.9		13	0	10	76.9	
8	新乡	9370	0	9109	97.2		122	0	99	81.1		20	0	10	50.0		20	0	6	30.0	
9	鹤壁	5956	0	5922	99.4		123	0	121	98.4		14	0	11	78.6		12	0	9	75.0	
10	濮阳	2497	0	2497	100.0		37	0	37	100.0		5	0	5	100.0		5	0	5	100.0	
11	安阳（含滑县）	14552	0	14552	100.0		157	0	153	97.5		17	0	16	94.1		16	0	15	93.8	
12	清丰	1518	0	1498	98.7		21	0	0	0.0		3	0	0	0.0		3	0	0	0.0	
	全省统计	114049	3	111728	98.0		1414	0	1247	88.2		159	1	107	67.3		150	1	98	65.3	

河南省配套工程政府验收2019年1月完成情况统计表

序号	单位	专项验收				泵站机组启动验收				单项工程通水验收			
		总数	本月完成数量	累计完成		总数(座)	本月完成数量	累计完成		总数	本月完成数量	累计完成	
				实际完成量	%			实际完成量	%			实际完成量	%
1	南阳(含邓州)	5	0	0	0.0	5	0	0	0.0	8	0	3	50.0
2	平顶山	5	0	0	0.0	3	0	0	0.0	7	0	1	14.3
3	漯河	5	0	0	0.0	0	0	0	0.0	2	0	0	0.0
4	周口	5	0	0	0.0	0	0	0	0.0	1	0	0	0.0
5	许昌	5	0	0	0.0	1	0	1	100.0	4	0	1	25.0
6	郑州	5	0	0	0.0	8	0	0	0.0	16	0	2	12.5
7	焦作	5	0	0	0.0	2	0	1	50.0	6	0	1	16.7
8	新乡	5	0	0	0.0	1	0	0	0.0	4	0	0	0.0
9	鹤壁	5	0	0	0.0	3	0	2	66.6	8	0	7	87.5
10	濮阳	5	0	0	0.0	0	0	0	0.0	1	0	1	100.0
11	安阳(含滑县)	5	0	0	0.0	0	0	0	0.0	4	0	3	75.0
12	清丰	5	0	0	0.0	0	0	0	0.0	1	0	0	0.0
	全省统计	60	0	0	0.0	23	0	4	17.4	62	0	19	21.0

河南省配套工程管理处(所)验收2019年1月完成情况统计表

序号	管理处(所)名称	分项工程					分部工程					单位工程				
		总数	上月计划数量	实际完成数量	累计完成		总数	上月计划数量	实际完成数量	累计完成		总数	上月计划数量	实际完成数量	累计完成	
					实际完成量	%				实际完成量	%				实际完成量	%
1	南阳管理处	68	0	0	68	100.0	9	0	0	9	100.0	1	0	0	1	100.0
2	南阳市区管理所	52	0	0	52	100.0	9	0	0	9	100.0	1	0	0	1	100.0
3	镇平管理所	53	0	0	53	100.0	9	0	0	9	100.0	1	0	0	1	100.0
4	新野管理所	52	0	0	52	100.0	9	0	0	9	100.0	1	0	0	1	100.0
5	社旗管理所	49	0	0	49	100.0	9	0	0	9	100.0	1	0	0	1	100.0
6	唐河管理所	52	0	0	52	100.0	9	0	0	9	100.0	1	0	0	1	100.0
7	方城管理所	56	0	0	56	100.0	9	0	0	9	100.0	1	0	0	1	100.0
8	邓州管理所	49	0	0	49	100.0	6	0	0	6	100.0	1	0	0	1	100.0
9	叶县管理所	45	0	0	45	100.0	7	0	0	7	100.0	1	0	0	0	0.0
10	鲁山管理所	45	0	0	45	100.0	7	0	0	7	100.0	1	0	0	0	0.0
11	郏县管理所	45	0	0	45	100.0	7	0	0	7	100.0	1	0	0	0	0.0
12	宝丰管理所	45	0	0	45	100.0	7	0	0	7	100.0	1	0	0	0	0.0
13	周口管理处、市区管理所、东区管理房合建项目	83	0	0	24	28.9	10	0	0	2	20.0	1	0	0	0	0.0

续表

序号	管理处（所）名称	分项工程					分部工程					单位工程				
		总数	上月计划数量	实际完成数量	累计完成		总数	上月计划数量	实际完成数量	累计完成		总数	上月计划数量	实际完成数量	累计完成	
					实际完成量	%				实际完成量	%				实际完成量	%
14	许昌管理处、市区管理所合建项目	70	0	0	70	100.0	16	0	0	16	100.0	2	0	0	2	100.0
15	长葛管理所	73	0	0	73	100.0	16	0	0	16	100.0	2	0	0	2	100.0
16	禹州管理所	72	0	0	72	100.0	16	0	0	16	100.0	2	0	0	2	100.0
17	襄县管理所	72	0	0	72	100.0	16	0	0	16	100.0	2	0	0	2	100.0
18	鄢陵管理所	55	0	0	55	100.0	13	0	0	13	100.0	2	0	0	2	100.0
19	郑州管理处、市区管理所合建	122	5	0	117	95.9	6	2	0	4	66.7	2	0	0	0	0.0
20	新郑管理所	61	0	0	61	100.0	9	0	0	9	100.0	3	0	0	3	100.0
21	港区管理所	54	8	0	46	85.2	6	2	0	4	66.7	2	0	0	0	0.0
22	中牟管理处	51	0	0	51	100.0	3	1	0	2	66.7	1	0	0	0	0.0
23	荥阳管理处	56	6	0	50	89.3	6	2	0	4	66.7	2	0	0	0	0.0
24	上街管理所	58	8	0	50	86.2	3	1	0	2	66.7	1	0	0	0	0.0
25	焦作管理处、市区管理所合建项目	110	3	3	86	78.2	9	1	1	5	55.6	1	0	0	0	0.0
26	修武管理所	60	9	0	15	25.0	8	0	0	2	25.0	1	0	0	0	0.0
27	温县管理所	60	0	8	15	25.0	8	0	1	2	25.0	1	0	0	0	0.0
28	武陟管理所	60	0	0	60	100.0	8	0	0	8	100.0	1	0	0	1	100.0
29	辉县管理所	22	0	0	22	100.0	7	0	0	7	100.0	1	0	0	0	0.0
30	获嘉管理所						6	0	0	0	0.0	1	0	0	0	0.0
31	卫辉管理所						6	0	0	0	0.0	1	0	0	0	0.0
32	黄河北维护中心、鹤壁管理处、市区管理所合建项目	35	0	0	10	28.6	7	0	0	2	28.6	1	0	0	0	0.0
33	黄河北受水区仓储中心门卫房	24	0	0	24	100.0	6	0	0	6	100.0	1	0	0	0	0.0
34	淇县管理所	26	0	0	26	100.0	6	0	0	6	100.0	1	0	0	0	0.0
35	浚县管理所	26	0	0	26	100.0	6	0	0	6	100.0	1	0	0	0	0.0
36	濮阳管理处	46	0	0	46	100.0	8	0	0	8	100.0	1	0	0	0	0.0
37	安阳管理处、市区管理所合建项目	52	0	0	12	23.1	7	0	0	1	14.3	1	0	0	0	0.0
38	汤阴管理所	33	0	0	33	100.0	7	0	0	7	100.0	1	1	1	1	100.0
39	内黄管理所	41	0	0	41	100.0	7	0	0	7	100.0	1	1	1	1	100.0
40	滑县管理所	54	0	0	54	100.0	7	0	0	7	100.0	1	1	1	1	100.0
41	清丰管理所	81	0	0	81	100.0	7	0	0	7	100.0	1	1	0	0	0.0
	合计	2168	39	11	1903	87.8	337	9	2	281	83.4	51	4	3	25	49.0

【验收月报2019年第3期总第25期】

河南省配套工程供水线路施工合同验收2019年2月完成情况统计表

序号	单位	单元工程				分部工程				单位工程				合同项目完成			
		总数	本月完成数量	累计完成		总数	本月完成数量	累计完成		总数	本月完成数量	累计完成		总数	本月完成数量	累计完成	
				实际完成量	%			实际完成量	%			实际完成量	%			实际完成量	%
1	南阳（含邓州）	18281	0	18257	99.9	252	0	243	96.4	18	0	16	88.9	18	0	14	77.8
2	平顶山	7521	0	7371	98.0	117	0	116	99.1	10	0	9	90.0	10	0	9	90.0
3	漯河	11291	0	11239	99.5	75	0	57	76.0	11	0	8	72.7	11	0	8	72.7
4	周口	5099	0	5089	99.8	72	0	55	76.4	11	0	5	45.5	11	0	5	45.5
5	许昌	14774	0	14774	100.0	196	0	195	99.5	17	0	16	94.1	17	0	16	94.1
6	郑州	13454	0	12390	92.1	141	0	84	59.6	20	0	1	5.0	14	0	1	7.1
7	焦作	9736	0	9030	92.7	101	0	87	86.1	13	0	10	76.9	13	0	10	76.9
8	新乡	9370	0	9109	97.2	122	0	99	81.1	20	0	10	50.0	20	0	6	30.0
9	鹤壁	5956	0	5922	99.4	123	0	121	98.4	14	0	11	78.6	12	0	9	75.0
10	濮阳	2497	0	2497	100.0	37	0	37	100.0	5	0	5	100.0	5	0	5	100.0
11	安阳（含滑县）	14552	0	14552	100.0	157	0	153	97.5	17	0	16	94.1	16	0	15	93.8
12	清丰	1518	0	1498	98.7	21	0	0	0.0	3	0	0	0.0	3	0	0	0.0
	全省统计	114049	0	111728	98.0	1414	0	1247	88.2	159	0	107	67.3	150	0	98	65.3

河南省配套工程政府验收2019年2月完成情况统计表

序号	单位	专项验收				泵站机组启动验收				单项工程通水验收			
		总数	本月完成数量	累计完成		总数(座)	本月完成数量	累计完成		总数	本月完成数量	累计完成	
				实际完成量	%			实际完成量	%			实际完成量	%
1	南阳（含邓州）	5	0	0	0.0	5	0	0	0.0	8	0	3	50.0
2	平顶山	5	0	0	0.0	3	0	0	0.0	7	0	1	14.3
3	漯河	5	0	0	0.0	0	0	0	0.0	2	0	0	0.0
4	周口	5	0	0	0.0	0	0	0	0.0	1	0	0	0.0
5	许昌	5	0	0	0.0	1	0	1	100.0	4	0	1	25.0
6	郑州	5	0	0	0.0	8	0	0	0.0	16	0	2	12.5
7	焦作	5	0	0	0.0	2	0	1	50.0	6	0	1	16.7
8	新乡	5	0	0	0.0	1	0	0	0.0	4	0	0	0.0
9	鹤壁	5	0	0	0.0	3	0	2	66.6	8	0	7	87.5
10	濮阳	5	0	0	0.0	0	0	0	0.0	1	0	1	100.0
11	安阳（含滑县）	5	0	0	0.0	0	0	0	0.0	4	0	3	75.0
12	清丰	5	0	0	0.0	0	0	0	0.0	0	0	0	0.0
	全省统计	60	0	0	0.0	23	0	4	17.4	62	0	19	21.0

河南省配套工程管理处（所）验收2019年2月完成情况统计表

序号	管理处（所）名称	分项工程					分部工程					单位工程				
		总数	上月计划数量	实际完成数量	累计完成实际完成量	%	总数	上月计划数量	实际完成数量	累计完成实际完成量	%	总数	上月计划数量	实际完成数量	累计完成实际完成量	%
1	南阳管理处	68	0	0	68	100.0	9	0	0	9	100.0	1	0	0	1	100.0
2	南阳市区管理所	52	0	0	52	100.0	9	0	0	9	100.0	1	0	0	1	100.0
3	镇平管理所	53	0	0	53	100.0	9	0	0	9	100.0	1	0	0	1	100.0
4	新野管理所	52	0	0	52	100.0	9	0	0	9	100.0	1	0	0	1	100.0
5	社旗管理所	49	0	0	49	100.0	9	0	0	9	100.0	1	0	0	1	100.0
6	唐河管理所	52	0	0	52	100.0	9	0	0	9	100.0	1	0	0	1	100.0
7	方城管理所	56	0	0	56	100.0	9	0	0	9	100.0	1	0	0	1	100.0
8	邓州管理所	49	0	0	49	100.0	6	0	0	6	100.0	1	0	0	1	100.0
9	叶县管理所	45	0	0	45	100.0	7	0	0	7	100.0	1	0	0	0	0.0
10	鲁山管理所	45	0	0	45	100.0	7	0	0	7	100.0	1	0	0	0	0.0
11	郏县管理所	45	0	0	45	100.0	7	0	0	7	100.0	1	0	0	0	0.0
12	宝丰管理所	45	0	0	45	100.0	7	0	0	7	100.0	1	0	0	0	0.0
13	周口管理处、市区管理所、东区管理房合建项目	83	0	0	24	28.9	10	0	0	2	20.0	1	0	0	0	0.0
14	许昌管理处、市区管理所合建项目	70	0	0	70	100.0	16	0	0	16	100.0	2	0	0	2	100.0
15	长葛管理所	73	0	0	73	100.0	16	0	0	16	100.0	2	0	0	2	100.0
16	禹州管理所	72	0	0	72	100.0	16	0	0	16	100.0	2	0	0	2	100.0
17	襄县管理所	72	0	0	72	100.0	16	0	0	16	100.0	2	0	0	2	100.0
18	鄢陵管理所	55	0	0	55	100.0	13	0	0	13	100.0	2	0	0	2	100.0
19	郑州管理处、市区管理所合建	122	5	0	117	95.9	6	0	0	4	66.7	2	0	0	0	0.0
20	新郑管理所	61	0	0	61	100.0	9	0	0	9	100.0	3	0	0	3	100.0
21	港区管理所	54	8	0	46	85.2	6	0	0	4	66.7	2	0	0	0	0.0
22	中牟管理处	51	0	0	51	100.0	3	0	0	2	66.7	1	0	0	0	0.0
23	荥阳管理处	56	6	0	50	89.3	6	0	0	4	66.7	2	0	0	0	0.0
24	上街管理所	58	8	0	50	86.2	3	0	0	2	66.7	1	0	0	0	0.0
25	焦作管理处、市区管理所合建项目	110	3	3	86	78.2	9	1	1	5	55.6	1	0	0	0	0.0
26	修武管理所	60	4	0	15	25.0	8	1	0	2	25.0	1	0	0	0	0.0
27	温县管理所	60	4	8	15	25.0	8	0	1	2	25.0	1	0	0	0	0.0
28	武陟管理所	60	0	0	60	100.0	8	0	0	8	100.0	1	0	0	1	100.0
29	辉县管理所	22	0	0	22	100.0	7	0	0	7	100.0	1	0	0	0	0.0
30	获嘉管理所						6	0	0	0	0.0	1	0	0	0	0.0
31	卫辉管理所						6	0	0	0	0.0	1	0	0	0	0.0

续表

序号	管理处（所）名称	分项工程					分部工程					单位工程				
		总数	上月计划数量	实际完成数量	累计完成		总数	上月计划数量	实际完成数量	累计完成		总数	上月计划数量	实际完成数量	累计完成	
					实际完成量	%				实际完成量	%				实际完成量	%
32	黄河北维护中心、鹤壁管理处、市区管理所合建项目	35	0	0	10	28.6	7	0	0	2	28.6	1	0	0	0	0.0
33	黄河北受水区仓储中心门卫房	24	0	0	24	100.0	6	0	0	6	100.0	1	0	0	0	0.0
34	淇县管理所	26	0	0	26	100.0	6	0	0	6	100.0	1	0	0	0	0.0
35	浚县管理所	26	0	0	26	100.0	6	0	0	6	100.0	1	0	0	0	0.0
36	濮阳管理处	46	0	0	46	100.0	8	0	0	8	100.0	1	0	0	0	0.0
37	安阳管理处、市区管理所合建项目	52	0	0	12	23.1	7	0	0	1	14.3	1	0	0	0	0.0
38	汤阴管理所	33	0	0	33	100.0	7	0	0	7	100.0	1	0	0	1	100.0
39	内黄管理所	41	0	0	41	100.0	7	0	0	7	100.0	1	0	0	1	100.0
40	滑县管理所	54	0	0	54	100.0	7	0	0	7	100.0	1	0	0	1	100.0
41	清丰管理所	81	0	0	81	100.0	7	0	0	7	100.0	1	0	0	0	0.0
	合计	2168	38	0	1903	87.8	337	2	0	281	83.4	51	0	0	25	49.0

【验收月报2019年第4期总第26期】

河南省配套工程供水线路施工合同验收2019年3月完成情况统计表

序号	单位	单元工程				分部工程				单位工程				合同项目完成			
		总数	本月完成数量	累计完成		总数	本月完成数量	累计完成		总数	本月完成数量	累计完成		总数	本月完成数量	累计完成	
				实际完成量	%			实际完成量	%			实际完成量	%			实际完成量	%
1	南阳（含邓州）	18281	0	18257	99.9	252	0	243	96.4	18	0	16	88.9	18	0	14	77.8
2	平顶山	7521	0	7371	98.0	117	0	116	99.1	10	0	9	90.0	10	0	9	90.0
3	漯河	11291	0	11239	99.5	75	0	57	76.0	11	0	8	72.7	11	0	8	72.7
4	周口	5099	0	5089	99.8	72	0	55	76.4	11	0	5	45.5	11	0	5	45.5
5	许昌	14774	–	14774	100.0	196	0	195	99.5	17	0	16	94.1	17	0	16	94.1
6	郑州	13454	0	12390	92.1	141	0	84	59.6	20	0	1	5.0	14	0	1	7.1
7	焦作	9736	0	9030	92.7	101	0	87	86.1	13	0	10	76.9	13	0	10	76.9
8	新乡	9370	0	9109	97.2	122	0	99	81.1	20	2	12	60.0	20	2	8	40.0
9	鹤壁	5956	0	5922	99.4	123	0	121	98.4	14	0	11	78.6	12	0	9	75.0
10	濮阳	2497	–	2497	100.0	37	–	37	100.0	5	–	5	100.0	5	–	5	100.0
11	安阳（含滑县）	14552	–	14552	100.0	157	0	153	97.5	17	0	16	94.1	16	0	15	93.8
12	清丰	1518	0	1498	98.7	21	0	0	0.0	3	0	0	0.0	3	0	0	0.0
	全省统计	114049	0	111728	98.0	1414	0	1247	88.2	159	2	109	68.6	150	2	100	66.7

河南省配套工程政府验收2019年3月完成情况统计表

序号	单位	专项验收				泵站机组启动验收				单项工程通水验收			
		总数	本月完成数量	累计完成		总数（座）	本月完成数量	累计完成		总数	本月完成数量	累计完成	
				实际完成量	%			实际完成量	%			实际完成量	%
1	南阳（含邓州）	5	0	0	0.0	5	0	0	0.0	8	0	3	50.0
2	平顶山	5	0	0	0.0	3	0	0	0.0	7	0	1	14.3
3	漯河	5	0	0	0.0	0	0	0	0.0	2	0	0	0.0
4	周口	5	0	0	0.0	0	0	0	0.0	1	0	0	0.0
5	许昌	5	0	0	0.0	1	–	1	100.0	4	0	1	25.0
6	郑州	5	0	0	0.0	8	0	0	0.0	16	0	2	12.5
7	焦作	5	0	0	0.0	2	0	1	50.0	6	0	1	16.7
8	新乡	5	0	0	0.0	1	0	0	0.0	4	0	0	0.0
9	鹤壁	5	0	0	0.0	3	0	2	66.6	8	0	7	87.5
10	濮阳	5	0	0	0.0	0	0	0	0.0	1	–	1	100.0
11	安阳（含滑县）	5	0	0	0.0	0	0	0	0.0	4	0	3	75.0
12	清丰	5	0	0	0.0	0	0	0	0.0	1	0	0	0.0
	全省统计	60	0	0	0.0	23	0	4	17.4	62	0	19	21.0

河南省配套工程管理处（所）验收2019年3月完成情况统计表

序号	管理处（所）名称	分项工程					分部工程					单位工程				
		总数	上月计划数量	实际完成数量	累计完成		总数	上月计划数量	实际完成数量	累计完成		总数	上月计划数量	实际完成数量	累计完成	
					实际完成量	%				实际完成量	%				实际完成量	%
1	南阳管理处	68	–	–	68	100.0	9	–	–	9	100.0	1	–	–	1	100.0
2	南阳市区管理所	52	–	–	52	100.0	9	–	–	9	100.0	1	–	–	1	100.0
3	镇平管理所	53	–	–	53	100.0	9	–	–	9	100.0	1	–	–	1	100.0
4	新野管理所	52	–	–	52	100.0	9	–	–	9	100.0	1	–	–	1	100.0
5	社旗管理所	49	–	–	49	100.0	9	–	–	9	100.0	1	–	–	1	100.0
6	唐河管理所	52	–	–	52	100.0	9	–	–	9	100.0	1	–	–	1	100.0
7	方城管理所	56	–	–	56	100.0	9	–	–	9	100.0	1	–	–	1	100.0
8	邓州管理所	49	–	–	49	100.0	6	–	–	6	100.0	1	–	–	1	100.0
9	叶县管理所	45	–	–	45	100.0	7	–	–	7	100.0	1	0	0	0	0.0
10	鲁山管理所	45	–	–	45	100.0	7	–	–	7	100.0	1	0	0	0	0.0
11	郏县管理所	45	–	–	45	100.0	7	–	–	7	100.0	1	0	0	0	0.0
12	宝丰管理所	45	–	–	45	100.0	7	–	–	7	100.0	1	0	0	0	0.0
13	周口管理处、市区管理所、东区管理房合建项目	83	0	0	24	28.9	10	0	0	2	20.0	1	0	0	0	0.0

续表

序号	管理处（所）名称	分项工程					分部工程					单位工程				
		总数	上月计划数量	实际完成数量	累计完成		总数	上月计划数量	实际完成数量	累计完成		总数	上月计划数量	实际完成数量	累计完成	
					实际完成量	%				实际完成量	%				实际完成量	%
14	许昌管理处、市区管理所合建项目	70	–	–	70	100.0	16	–	–	16	100.0	2	–	–	2	100.0
15	长葛管理所	73	–	–	73	100.0	16	–	–	16	100.0	2	–	–	2	100.0
16	禹州管理所	72	–	–	72	100.0	16	–	–	16	100.0	2	–	–	2	100.0
17	襄县管理所	72	–	–	72	100.0	16	–	–	16	100.0	2	–	–	2	100.0
18	鄢陵管理所	55	–	–	55	100.0	13	–	–	13	100.0	2	–	–	2	100.0
19	郑州管理处、市区管理所合建	122	5	0	117	95.9	6	2	0	4	66.7	2	0	0	0	0.0
20	新郑管理所	61	–	–	61	100.0	9	–	–	9	100.0	3	–	–	3	100.0
21	港区管理所	54	8	0	46	85.2	6	0	0	4	66.7	2	0	0	0	0.0
22	中牟管理处	51			51	100.0	3	0	0	2	66.7	1	0	0	0	0.0
23	荥阳管理处	56	6	0	50	89.3	6	0	0	4	66.7	2	0	0	0	0.0
24	上街管理所	58	8	0	50	86.2	3	0	0	2	66.7	1	0	0	0	0.0
25	焦作管理处、市区管理所合建项目	110	3	3	86	78.2	9	1	1	5	55.6	1	0	0	0	0.0
26	修武管理所	60	4	0	15	25.0	8	1	0	2	25.0	1	0	0	0	0.0
27	温县管理所	60	4	8	15	25.0	8	0	1	2	25.0	1	0	0	0	0.0
28	武陟管理所	60	–	–	60	100.0	8	–	–	8	100.0	1	–	–	1	100.0
29	辉县管理所	22	–	–	22	100.0	7	–	–	7	100.0	1	–	–	1	100.0
30	获嘉管理所						6	0	0	0	0.0	1	0	0	0	0.0
31	卫辉管理所						6	0	0	0	0.0	1	0	0	0	0.0
32	黄河北维护中心、鹤壁管理处、市区管理所合建项目	35	0	0	10	28.6	7	0	0	2	28.6	1	0	0	0	0.0
33	黄河北受水区仓储中心门卫房	24	–	–	24	100.0	6	–	–	6	100.0	1	0	0	0	0.0
34	淇县管理所	26	–	–	26	100.0	6	–	–	6	100.0	1	0	0	0	0.0
35	浚县管理所	26	–	–	26	100.0	6	–	–	6	100.0	1	0	0	0	0.0
36	濮阳管理处	46	–	–	46	100.0	8	–	–	8	100.0	1	0	0	0	0.0
37	安阳管理处、市区管理所合建项目	52	0	0	12	23.1	7	0	0	1	14.3	1	0	0	0	0.0
38	汤阴管理所	33	–	–	33	100.0	7	–	–	7	100.0	1	–	–	1	100.0
39	内黄管理所	41	–	–	41	100.0	7	–	–	7	100.0	1	–	–	1	100.0
40	滑县管理所	54	–	–	54	100.0	7	–	–	7	100.0	1	–	–	1	100.0
41	清丰管理所	81	–	–	81	100.0	7	–	–	7	100.0	1	0	0	0	0.0
	合计	2168	38	0	1903	87.8	337	4	0	281	83.4	51	0	0	25	49.0

（齐　浩）

【验收月报2019年第5期总第27期】

河南省配套工程供水线路施工合同验收完2019年4月成情况统计表

序号	单位	单元工程				分部工程				单位工程				合同项目完成			
		总数	本月完成数量	累计完成		总数	本月完成数量	累计完成		总数	本月完成数量	累计完成		总数	本月完成数量	累计完成	
				实际完成量	%			实际完成量	%			实际完成量	%			实际完成量	%
1	南阳（含邓州）	18281	0	18257	99.9	252	3	246	97.6	18	0	16	88.9	18	0	14	77.8
2	平顶山	7521	150	7521	100	117	1	117	100	10	0	9	90.0	10	0	9	90.0
3	漯河	11291	0	11239	99.5	75	0	57	76.0	11	0	8	72.7	11	0	8	72.7
4	周口	5099	0	5089	99.8	72	0	55	76.4	11	0	5	45.5	11	0	5	45.5
5	许昌	14774	–	14774	100	196	0	195	99.5	17	0	16	94.1	17	0	16	94.1
6	郑州	13454	0	12390	92.1	141	0	84	59.6	20	2	3	15.0	14	1	2	14.3
7	焦作	9736	11	9041	92.9	101	0	87	86.1	13	0	10	76.9	13	0	10	76.9
8	新乡	9370	0	9109	97.2	122	0	99	81.1	20	0	12	60.0	20	0	8	40.0
9	鹤壁	5956	0	5922	99.4	123	0	121	98.4	14	0	11	78.6	12	0	9	75.0
10	濮阳	2497		2497	100.0	37	–	37	100.0	5	–	5	100.0	5	–	5	100.0
11	安阳（含滑县）	14552	–	14552	100.0	157	4	157	100.0	17	0	16	94.1	16	0	15	93.8
12	清丰	1518	20	1518	100.0	21	0	0	0.0	3	0	0	0.0	3	0	0	0.0
	全省统计	114049	181	111909	98.1	1414	8	1255	88.8	159	2	111	69.8	150	1	101	67.3

河南省配套工程政府验收2019年4月完成情况统计表

序号	单位	专项验收				泵站机组启动验收				单项工程通水验收			
		总数	本月完成数量	累计完成		总数（座）	本月完成数量	累计完成		总数	本月完成数量	累计完成	
				实际完成量	%			实际完成量	%			实际完成量	%
1	南阳（含邓州）	5	0	0	0.0	5	0	0	0.0	8	0	3	50.0
2	平顶山	5	0	0	0.0	3	0	0	0.0	7	0	1	14.3
3	漯河	5	0	0	0.0	0	0	0	0.0	2	0	0	0.0
4	周口	5	0	0	0.0	0	0	0	0.0	1	0	0	0.0
5	许昌	5	0	0	0.0	1	–	1	100.0	4	0	1	25.0
6	郑州	5	0	0	0.0	8	0	0	0.0	16	0	2	12.5
7	焦作	5	0	0	0.0	2	0	1	50.0	6	0	1	16.7
8	新乡	5	0	0	0.0	1	0	0	0.0	4	0	0	0.0
9	鹤壁	5	0	0	0.0	3	0	2	66.6	8	0	7	87.5
10	濮阳	5	0	0	0.0	0	0	0	0.0	1	–	1	100.0
11	安阳（含滑县）	5	0	0	0.0	0	0	0	0.0	4	0	3	75.0
12	清丰	5	0	0	0.0	0	0	0	0.0	1	0	0	0.0
	全省统计	60	0	0	0.0	23	0	4	17.4	62	0	19	21.0

河南省配套工程管理处（所）验收2019年4月完成情况统计表

序号	管理处（所）名称	分项工程					分部工程					单位工程				
		总数	上月计划数量	实际完成数量	累计完成		总数	上月计划数量	实际完成数量	累计完成		总数	上月计划数量	实际完成数量	累计完成	
					实际完成量	%				实际完成量	%				实际完成量	%
1	南阳管理处	68	–	–	68	100.0	9	–	–	9	100.0	1	–	–	1	100.0
2	南阳市区管理所	52	–	–	52	100.0	9	–	–	9	100.0	1	–	–	1	100.0
3	镇平管理所	53	–	–	53	100.0	9	–	–	9	100.0	1	–	–	1	100.0
4	新野管理所	52	–	–	52	100.0	9	–	–	9	100.0	1	–	–	1	100.0
5	社旗管理所	49	–	–	49	100.0	9	–	–	9	100.0	1	–	–	1	100.0
6	唐河管理所	52	–	–	52	100.0	9	–	–	9	100.0	1	–	–	1	100.0
7	方城管理所	56	–	–	56	100.0	9	–	–	9	100.0	1	–	–	1	100.0
8	邓州管理所	49	–	–	49	100.0	6	–	–	6	100.0	1	–	–	1	100.0
9	叶县管理所	45	–	–	45	100.0	7	–	–	7	100.0	1	0	0	0	0.0
10	鲁山管理所	45	–	–	45	100.0	7	–	–	7	100.0	1	0	0	0	0.0
11	郏县管理所	45	–	–	45	100.0	7	–	–	7	100.0	1	0	0	0	0.0
12	宝丰管理所	45	–	–	45	100.0	7	–	–	7	100.0	1	0	0	0	0.0
13	周口管理处、市区管理所、东区管理房合建项目	83	0	0	24	28.9	10	8	0	2	20.0	1	0	0	0	0.0
14	许昌管理处、市区管理所合建项目	70	–	–	70	100.0	16	–	–	16	100.0	2	–	–	2	100.0
15	长葛管理所	73	–	–	73	100.0	16	–	–	16	100.0	2	–	–	2	100.0
16	禹州管理所	72	–	–	72	100.0	16	–	–	16	100.0	2	–	–	2	100.0
17	襄县管理所	72	–	–	72	100.0	16	–	–	16	100.0	2	–	–	2	100.0
18	鄢陵管理所	55	–	–	55	100.0	13	–	–	13	100.0	2	–	–	2	100.0
19	郑州管理处、市区管理所合建	122	0	0	117	95.9	6	2	0	4	66.7	2	0	0	0	0.0
20	新郑管理所	61	–	–	61	100.0	9	–	–	9	100.0	3	–	–	3	100.0
21	港区管理所	54	0	0	46	85.2	6	0	0	4	66.7	2	0	0	0	0.0
22	中牟管理处	51	–	–	51	100.0	3	0	0	2	66.7	1	2	0	0	0.0
23	荥阳管理处	56	0	0	50	89.3	6	0	0	4	66.7	2	0	0	0	0.0
24	上街管理所	58	0	0	50	86.2	3	0	0	2	66.7	1	0	0	0	0.0
25	焦作管理处、市区管理所合建项目	110	0	0	86	78.2	9	1	1	6	66.7	1	0	0	0	0.0
26	修武管理所	60	0	0	15	25.0	8	3	0	2	25.0	1	0	0	0	0.0
27	温县管理所	60	0	0	15	25.0	8	3	0	2	25.0	1	0	0	0	0.0
28	武陟管理所	60	–	–	60	100.0	8	–	–	8	100.0	1	–	–	1	100.0
29	辉县管理所	22	–	–	22	100.0	7	–	–	7	100.0	1	0	0	0	0.0
30	获嘉管理所						6	6	0	0	0.0	1	1	0	0	0.0
31	卫辉管理所						6	6	0	0	0.0	1	1	0	0	0.0

续表

序号	管理处（所）名称	分项工程					分部工程					单位工程				
		总数	上月计划数量	实际完成数量	累计完成		总数	上月计划数量	实际完成数量	累计完成		总数	上月计划数量	实际完成数量	累计完成	
					实际完成量	%				实际完成量	%				实际完成量	%
32	黄河北维护中心、鹤壁管理处、市区管理所合建项目	35	0	0	10	28.6	7	0	0	2	28.6	1	0	0	0	0.0
33	黄河北受水区仓储中心门卫房	24	–	–	24	100.0	6	–	–	6	100.0	1	0	0	0	0.0
34	淇县管理所	26	–	–	26	100.0	6	–	–	6	100.0	1	0	0	0	0.0
35	浚县管理所	26	–	–	26	100.0	6	–	–	6	100.0	1	1	1	1	100.0
36	濮阳管理处	46	–	–	46	100.0	8	–	–	8	100.0	1	0	0	0	0.0
37	安阳管理处、市区管理所合建项目	52	0	0	12	23.1	7	0	0	1	14.3	1	0	0	0	0.0
38	汤阴管理所	33	–	–	33	100.0	7	–	–	7	100.0	1	–	–	1	100.0
39	内黄管理所	41	–	–	41	100.0	7	–	–	7	100.0	1	–	–	1	100.0
40	滑县管理所	54	–	–	54	100.0	7	–	–	7	100.0	1	–	–	1	100.0
41	清丰管理所	81	–	–	81	100.0	7	–	–	7	100.0	1	1	0	0	0.0
	合计	2168	0	0	1903	87.8	337	29	1	283	84.0	51	6	1	26	51.0

【验收月报2019年第6期总第28期】

河南省配套工程供水线路施工合同验收2019年5月完成情况统计表

序号	单位	单元工程					分部工程					单位工程					合同项目完成				
		总数	本月完成数量	累计完成			总数	本月完成数量	累计完成			总数	本月完成数量	累计完成			总数	本月完成数量	累计完成		
				实际完成量	%				实际完成量	%				实际完成量	%				实际完成量	%	
1	南阳（含邓州）	18281	0	18257	99.9		252	0	246	97.6		18	0	16	88.9		18	0	14	77.8	
2	平顶山	7521	0	7521	100		117	0	117	100.0		10	0	9	90.0		10	0	9	90.0	
3	漯河	11291	0	11239	99.5		75	1	58	77.3		11	1	9	81.8		11	0	8	72.7	
4	周口	5099	0	5089	99.8		72	0	55	76.4		11	0	5	45.5		11	0	5	45.5	
5	许昌	14774	–	14774	100		196	0	195	99.5		17	0	16	94.1		17	0	16	94.1	
6	郑州	13454	0	12390	92.1		141	0	84	59.6		20	0	3	15.0		14	0	2	14.3	
7	焦作	9736	59	9100	93.5		101	0	87	86.1		13	0	10	76.9		13	0	10	76.9	
8	新乡	9370	0	9109	97.2		122	0	99	81.1		20	0	12	60.0		20	0	8	40.0	
9	鹤壁	5956	0	5922	99.4		123	0	121	98.4		14	0	11	78.6		12	0	9	75.0	
10	濮阳	2497	–	2497	100.0		37	–	37	100.0		5	–	5	100.0		5	–	5	100.0	
11	安阳（含滑县）	14552	0	14552	100.0		157	0	157	100.0		17	0	16	94.1		16	0	15	93.8	
12	清丰	1518	0	1518	100.0		21	0	0	0.0		3	0	0	0.0		3	0	0	0.0	
	全省统计	114049	59	111968	98.2		1414	1	1256	88.8		159	1	112	70.4		150	1	101	67.3	

河南省配套工程政府验收2019年5月完成情况统计表

序号	单位	专项验收				泵站机组启动验收				单项工程通水验收			
		总数	本月完成数量	累计完成		总数（座）	本月完成数量	累计完成		总数	本月完成数量	累计完成	
				实际完成量	%			实际完成量	%			实际完成量	%
1	南阳（含邓州）	5	0	0	0.0	5	0	0	0.0	8	0	3	50.0
2	平顶山	5	0	0	0.0	3	0	0	0.0	7	0	1	14.3
3	漯河	5	0	0	0.0	0	0	0	0.0	2	0	0	0.0
4	周口	5	0	0	0.0	0	0	0	0.0	1	0	0	0.0
5	许昌	5	0	0	0.0	1	–	1	100.0	4	0	1	25.0
6	郑州	5	0	0	0.0	8	0	0	0.0	16	0	2	12.5
7	焦作	5	0	0	0.0	2	0	1	50.0	6	0	1	16.7
8	新乡	5	0	0	0.0	1	0	0	0.0	4	0	0	0.0
9	鹤壁	5	0	0	0.0	3	0	2	66.6	8	0	7	87.5
10	濮阳	5	0	0	0.0	0	0	0	0.0	1	–	1	100.0
11	安阳（含滑县）	5	0	0	0.0	0	0	0	0.0	4	0	3	75.0
12	清丰	5	0	0	0.0	0	0	0	0.0	1	0	0	0.0
	全省统计	60	0	0	0.0	23	0	4	17.4	62	0	19	21.0

河南省配套工程管理处（所）验收2019年5月完成情况统计表

序号	管理处（所）名称	分项工程					分部工程					单位工程				
		总数	上月计划数量	实际完成数量	累计完成		总数	上月计划数量	实际完成数量	累计完成		总数	上月计划数量	实际完成数量	累计完成	
					实际完成量	%				实际完成量	%				实际完成量	%
1	南阳管理处	68	–	–	68	100.0	9	–	–	9	100.0	1	–	–	1	100.0
2	南阳市区管理所	52	–	–	52	100.0	9	–	–	9	100.0	1	–	–	1	100.0
3	镇平管理所	53	–	–	53	100.0	9	–	–	9	100.0	1	–	–	1	100.0
4	新野管理所	52	–	–	52	100.0	9	–	–	9	100.0	1	–	–	1	100.0
5	社旗管理所	49	–	–	49	100.0	9	–	–	9	100.0	1	–	–	1	100.0
6	唐河管理所	52	–	–	52	100.0	9	–	–	9	100.0	1	–	–	1	100.0
7	方城管理所	56	–	–	56	100.0	9	–	–	9	100.0	1	–	–	1	100.0
8	邓州管理所	49	–	–	49	100.0	6	–	–	6	100.0	1	–	–	1	100.0
9	叶县管理所	45	–	–	45	100.0	7	–	–	7	100.0	1	0	0	0	0.0
10	鲁山管理所	45	–	–	45	100.0	7	–	–	7	100.0	1	0	0	0	0.0
11	郏县管理所	45	–	–	45	100.0	7	–	–	7	100.0	1	0	0	0	0.0
12	宝丰管理所	45	–	–	45	100.0	7	–	–	7	100.0	1	0	0	0	0.0
13	周口管理处、市区管理所、东区管理房合建项目	83	0	0	24	28.9	10	8	0	2	20.0	1	1	0	0	0.0

续表

序号	管理处（所）名称	分项工程					分部工程					单位工程				
		总数	上月计划数量	实际完成数量	累计完成		总数	上月计划数量	实际完成数量	累计完成		总数	上月计划数量	实际完成数量	累计完成	
					实际完成量	%				实际完成量	%				实际完成量	%
14	许昌管理处、市区管理所合建项目	70	–	–	70	100.0	16	–	–	16	100.0	2	–	–	2	100.0
15	长葛管理所	73	–	–	73	100.0	16	–	–	16	100.0	2	–	–	2	100.0
16	禹州管理所	72	–	–	72	100.0	16	–	–	16	100.0	2	–	–	2	100.0
17	襄县管理所	72	–	–	72	100.0	16	–	–	16	100.0	2	–	–	2	100.0
18	鄢陵管理所	55	–	–	55	100.0	13	–	–	13	100.0	2	–	–	2	100.0
19	郑州管理处、市区管理所合建	122	5	0	117	95.9	6	2	0	4	66.7	2	0	0	0	0.0
20	新郑管理所	61	–	–	61	100.0	9	–	–	9	100.0	3	–	–	3	100.0
21	港区管理所	54	8	0	46	85.2	6	2	0	4	66.7	2	0	0	0	0.0
22	中牟管理处	51	–	–	51	100.0	3	1	0	2	66.7	1	0	0	0	0.0
23	荥阳管理处	56	6	0	50	89.3	6	2	0	4	66.7	2	2	0	0	0.0
24	上街管理所	58	8	0	50	86.2	3	1	0	2	66.7	1	0	0	0	0.0
25	焦作管理处、市区管理所合建项目	110	3	2	88	78.2	9	0	0	6	66.7	1	0	0	0	0.0
26	修武管理所	60	4	5	20	33.3	8	7	0	2	25.0	1	0	0	0	0.0
27	温县管理所	60	4	6	21	35.0	8	7	0	2	25.0	1	0	0	0	0.0
28	武陟管理所	60	–	–	60	100.0	8	–	–	8	100.0	1	–	–	1	100.0
29	辉县管理所	22	–	–	22	100.0	7	–	–	7	100.0	1	0	0	0	0.0
30	获嘉管理所						6	6	0	0	0.0	1	1	0	0	0.0
31	卫辉管理所						6	6	0	0	0.0	1	1	0	0	0.0
32	黄河北维护中心、鹤壁管理处、市区管理所合建项目	35	0	0	10	28.6	7	1	0	2	28.6	1	0	0	0	0.0
33	黄河北受水区仓储中心门卫房	24	–	–	24	100.0	6	–	–	6	100.0	1	0	0	0	0.0
34	淇县管理所	26	–	–	26	100.0	6	–	–	6	100.0	1	1	0	0	0.0
35	浚县管理所	26	–	–	26	100.0	6	–	–	6	100.0	1	0	0	1	100.0
36	濮阳管理处	46	–	–	46	100.0	8	–	–	8	100.0	1	0	0	0	0.0
37	安阳管理处、市区管理所合建项目	52	0	0	12	23.1	7	0	0	1	14.3	1	0	0	0	0.0
38	汤阴管理所	33	–	–	33	100.0	7	–	–	7	100.0	1	–	–	1	100.0
39	内黄管理所	41	–	–	41	100.0	7	–	–	7	100.0	1	–	–	1	100.0
40	滑县管理所	54	–	–	54	100.0	7	–	–	7	100.0	1	–	–	1	100.0
41	清丰管理所	81	–	–	81	100.0	7	–	–	7	100.0	1	1	0	0	0.0
	合计	2168	38	13	1916	88.4	337	43	0	283	84.0	51	6	1	26	51.0

【验收月报2019年第7期总第29期】

河南省配套工程供水线路施工合同验收2019年6月完成情况统计表

序号	单位	单元工程				分部工程				单位工程				合同项目完成			
		总数	本月完成数量	累计完成		总数	本月完成数量	累计完成		总数	本月完成数量	累计完成		总数	本月完成数量	累计完成	
				实际完成量	%			实际完成量	%			实际完成量	%			实际完成量	%
1	南阳（含邓州）	18281	0	18257	99.9	252	0	246	97.6	18	0	16	88.9	18	0	14	77.8
2	平顶山	7521	0	7521	100.0	117	0	117	100.0	10	0	9	90.0	10	0	9	90.0
3	漯河	11291	0	11239	99.5	75	0	58	77.3	11	0	9	81.8	11	0	8	72.7
4	周口	5099	0	5089	99.8	72	0	55	76.4	11	3	8	72.7	11	3	8	72.7
5	许昌	14774	—	14774	100.0	196	0	195	99.5	17	0	16	94.1	17	0	16	94.1
6	郑州	13454	0	12390	92.1	141	0	84	59.6	20	0	3	15.0	14	0	2	14.3
7	焦作	9736	117	9217	94.7	101	0	87	86.1	13	0	10	76.9	13	0	10	76.9
8	新乡	9370	0	9109	97.2	122	0	99	81.1	20	1	13	65.0	20	1	9	45.0
9	鹤壁	5956	0	5922	99.4	123	0	121	98.4	14	0	11	78.6	12	0	9	75.0
10	濮阳	2497	—	2497	100.0	37	—	37	100.0	5	—	5	100.0	5	—	5	100.0
11	安阳（含滑县）	14552	—	14552	100.0	157	0	157	100.0	17	0	16	94.1	16	0	15	93.8
12	清丰	1518	0	1518	100.0	21	0	0	0.0	3	0	0	0.0	3	0	0	0.0
	全省统计	114049	117	112085	98.3	1414	0	1256	88.8	159	4	116	73.0	150	4	105	70.0

河南省配套工程政府验收2019年6月完成情况统计表

序号	单位	专项验收				泵站机组启动验收				单项工程通水验收			
		总数	本月完成数量	累计完成		总数(座)	本月完成数量	累计完成		总数	本月完成数量	累计完成	
				实际完成量	%			实际完成量	%			实际完成量	%
1	南阳（含邓州）	5	0	0	0.0	5	0	0	0.0	8	0	3	50.0
2	平顶山	5	0	0	0.0	3	0	0	0.0	7	0	1	14.3
3	漯河	5	0	0	0.0	0	0	0	0.0	2	0	0	0.0
4	周口	5	0	0	0.0	0	0	0	0.0	1	0	0	0.0
5	许昌	5	0	0	0.0	1	—	1	100.0	4	0	1	25.0
6	郑州	5	0	0	0.0	8	0	0	0.0	16	0	2	12.5
7	焦作	5	0	0	0.0	2	0	1	50.0	6	0	1	16.7
8	新乡	5	0	0	0.0	1	0	0	0.0	4	0	0	0.0
9	鹤壁	5	0	0	0.0	3	0	2	66.6	8	0	7	87.5
10	濮阳	5	0	0	0.0	0	0	0	0.0	1	—	1	100.0
11	安阳（含滑县）	5	0	0	0.0	0	0	0	0.0	4	0	3	75.0
12	清丰	5	0	0	0.0	0	0	0	0.0	1	0	0	0.0
	全省统计	60	0	0	0.0	23	0	4	17.4	62	0	19	21.0

河南省配套工程供水线路施工合同验收2019年6月完成情况统计表

序号	管理处（所）名称	分项工程					分部工程					单位工程				
		总数	上月计划数量	实际完成数量	累计完成实际完成量	%	总数	上月计划数量	实际完成数量	累计完成实际完成量	%	总数	上月计划数量	实际完成数量	累计完成实际完成量	%
1	南阳管理处	68	–	–	68	100.0	9	–	–	9	100.0	1	–	–	1	100.0
2	南阳市区管理所	52	–	–	52	100.0	9	–	–	9	100.0	1	–	–	1	100.0
3	镇平管理所	53	–	–	53	100.0	9	–	–	9	100.0	1	–	–	1	100.0
4	新野管理所	52	–	–	52	100.0	9	–	–	9	100.0	1	–	–	1	100.0
5	社旗管理所	49	–	–	49	100.0	9	–	–	9	100.0	1	–	–	1	100.0
6	唐河管理所	52	–	–	52	100.0	9	–	–	9	100.0	1	–	–	1	100.0
7	方城管理所	56	–	–	56	100.0	9	–	–	9	100.0	1	–	–	1	100.0
8	邓州管理所	49	–	–	49	100.0	6	–	–	6	100.0	1	–	–	1	100.0
9	叶县管理所	45	–	–	45	100.0	7	–	–	7	100.0	1	1	0	0	0.0
10	鲁山管理所	45	–	–	45	100.0	7	–	–	7	100.0	1	1	0	0	0.0
11	郏县管理所	45	–	–	45	100.0	7	–	–	7	100.0	1	1	0	0	0.0
12	宝丰管理所	45	–	–	45	100.0	7	–	–	7	100.0	1	1	0	0	0.0
13	周口管理处、市区管理所、东区管理房合建项目	83	0	0	24	28.9	10	8	0	2	20.0	1	1	0	0	0.0
14	许昌管理处、市区管理所合建项目	70	–	–	70	100.0	16	–	–	16	100.0	2	–	–	2	100.0
15	长葛管理所	73	–	–	73	100.0	16	–	–	16	100.0	2	–	–	2	100.0
16	禹州管理所	72	–	–	72	100.0	16	–	–	16	100.0	2	–	–	2	100.0
17	襄县管理所	72	–	–	72	100.0	16	–	–	16	100.0	2	–	–	2	100.0
18	鄢陵管理所	55	–	–	55	100.0	13	–	–	13	100.0	2	–	–	2	100.0
19	郑州管理处、市区管理所合建	122	5	5	122	100.0	6	2	0	4	66.7	2	2	0	0	0.0
20	新郑管理所	61	–	–	61	100.0	9	–	–	9	100.0	3	0	0	0	0.0
21	港区管理所	54	8	0	46	85.2	6	2	0	4	66.7	2	2	0	0	0.0
22	中牟管理处	51	–		51	100.0	3	1	0	2	66.7	1	1	0	0	0.0
23	荥阳管理处	56	6	0	50	89.3	6	2	0	4	66.7	2	2	0	0	0.0
24	上街管理所	58	8	0	50	86.2	3	1	0	2	66.7	1	1	0	0	0.0
25	焦作管理处、市区管理所合建项目	110	1		88	78.2	9	0	0	6	66.7	1	0	0	0	0.0
26	修武管理所	60	5	6	26	43.3	8	8	1	3	37.5	1	1	0	0	0.0
27	温县管理所	60	6	9	30	50.0	8	8	1	3	37.5	1	1	0	0	0.0
28	武陟管理所	60	–		60	100.0	8	–	–	8	100.0	1	–	–	1	100.0
29	辉县管理所	22	–		22	100.0	7	–	–	7	100.0	1	1	0	0	0.0
30	获嘉管理所						6	6	0	0	0.0	1	1	0	0	0.0
31	卫辉管理所						6	6	0	0	0.0	1	1	0	0	0.0

序号	管理处（所）名称	分项工程					分部工程					单位工程				
		总数	上月计划数量	实际完成数量	累计完成		总数	上月计划数量	实际完成数量	累计完成		总数	上月计划数量	实际完成数量	累计完成	
					实际完成量	%				实际完成量	%				实际完成量	%
32	黄河北维护中心、鹤壁管理处、市区管理所合建项目	35	0	13	23	65.7	7	2	3	5	71.4	1	0	0	0	0.0
33	黄河北受水区仓储中心门卫房	24	–	–	24	100.0	6	–	–	6	100.0	1	1	0	0	0.0
34	淇县管理所	26	–	–	26	100.0	6	–	–	6	100.0	1	–	0	0	0.0
35	浚县管理所	26	–	–	26	100.0	6	–	–	6	100.0	1	–	0	1	100.0
36	濮阳管理处	46	–	–	46	100.0	8	–	–	8	100.0	1	0	0	0	0.0
37	安阳管理处、市区管理所合建项目	52	0	4	16	30.8	7	0	0	1	14.3	1	0	0	0	0.0
38	汤阴管理所	33	–	–	33	100.0	7	–	–	7	100.0	1	–	–	1	100.0
39	内黄管理所	41	–	–	41	100.0	7	–	–	7	100.0	1	–	–	1	100.0
40	滑县管理所	54	–	–	54	100.0	7	–	–	7	100.0	1	–	–	1	100.0
41	清丰管理所	81	–	–	81	100.0	7	–	–	7	100.0	1	1	0	0	0.0
	合计	2168	39	37	1953	90.1	337	46	5	288	85.5	51	20	0	23	45.1

【验收月报2019年第8期总第30期】

河南省配套工程供水线路施工合同验收2019年7月完成情况统计表

序号	单位	单元工程				分部工程				单位工程				合同项目完成			
		总数	本月完成数量	累计完成		总数	本月完成数量	累计完成		总数	本月完成数量	累计完成		总数	本月完成数量	累计完成	
				实际完成量	%			实际完成量	%			实际完成量	%			实际完成量	%
1	南阳（含邓州）	18281	0	18257	99.9	252	0	246	97.6	18	0	16	88.9	18	0	14	77.8
2	平顶山	7521	0	7521	100.0	117	0	117	100.0	10	0	9	90.0	10	0	9	90.0
3	漯河	11291	0	11239	99.5	75	0	58	77.3	11	0	9	81.8	11	0	8	72.7
4	周口	5099	0	5089	99.8	72	0	55	76.4	11	0	8	72.7	11	0	8	72.7
5	许昌	14774	–	14774	100.0	196	0	195	99.5	17	0	16	94.1	17	0	16	94.1
6	郑州	13454	901	13291	98.8	141	12	96	68.1	21	3	6	28.6	14	3	5	35.7
7	焦作	9736	117	9334	95.9	101	0	87	86.1	13	0	10	76.9	13	0	10	76.9
8	新乡	9370	0	9109	97.2	122	0	99	81.1	20	0	13	65.0	20	0	9	45.0
9	鹤壁	5956	0	5922	99.4	123	0	121	98.4	14	0	11	78.6	12	0	9	75.0
10	濮阳	2497	–	2497	100.0	37	–	37	100.0	5	–	5	100.0	5	–	5	100.0
11	安阳（含滑县）	14552	–	14552	100.0	157	0	157	100.0	17	0	16	94.1	16	0	15	93.8
12	清丰	1518	0	1518	100.0	21	0	0	0.0	3	0	0	0.0	3	0	0	0.0
	全省统计	114049	1018	113103	99.2	1414	12	1268	89.7	160	3	119	74.4	150	3	108	72.0

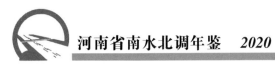
河南省配套工程政府验收2019年7月完成情况统计表

序号	单位	专项验收				泵站机组启动验收				单项工程通水验收			
		总数	本月完成数量	累计完成		总数(座)	本月完成数量	累计完成		总数	本月完成数量	累计完成	
				实际完成量	%			实际完成量	%			实际完成量	%
1	南阳（含邓州）	5	0	0	0.0	5	0	0	0.0	8	0	3	50.0
2	平顶山	5	0	0	0.0	3	2	0	66.6	7	0	1	14.3
3	漯河	5	0	0	0.0	0	0	0	0.0	2	0	0	0.0
4	周口	5	0	0	0.0	0	0	0	0.0	1	0	0	0.0
5	许昌	5	0	0	0.0	1	—	1	100.0	4	0	1	25.0
6	郑州	5	0	0	0.0	8	0	0	0.0	16	0	2	12.5
7	焦作	5	0	0	0.0	2	0	1	50.0	6	0	1	16.7
8	新乡	5	0	0	0.0	1	0	0	0.0	4	0	0	0.0
9	鹤壁	5	0	0	0.0	3	0	2	66.6	8	0	7	87.5
10	濮阳	5	0	0	0.0	0	0	0	0.0	1	—	1	100.0
11	安阳（含滑县）	5	0	0	0.0	0	0	0	0.0	4	0	3	75.0
12	清丰	5	0	0	0.0	0	0	0	0.0	1	0	0	0.0
	全省统计	60	0	0		23	2	6	26.1	62	0	19	21.0

河南省配套工程管理处（所）验收2019年7月完成情况统计表

序号	管理处（所）名称	分项工程					分部工程					单位工程				
		总数	上月计划数量	实际完成数量	累计完成		总数	上月计划数量	实际完成数量	累计完成		总数	上月计划数量	实际完成数量	累计完成	
					实际完成量	%				实际完成量	%				实际完成量	%
1	南阳管理处	68	—	—	68	100.0	9	—	—	9	100.0	1	—	—	1	100.0
2	南阳市区管理所	52	—	—	52	100.0	9	—	—	9	100.0	1	—	—	1	100.0
3	镇平管理所	53	—	—	53	100.0	9	—	—	9	100.0	1	—	—	1	100.0
4	新野管理所	52	—	—	52	100.0	9	—	—	9	100.0	1	—	—	1	100.0
5	社旗管理所	49	—	—	49	100.0	9	—	—	9	100.0	1	—	—	1	100.0
6	唐河管理所	52	—	—	52	100.0	9	—	—	9	100.0	1	—	—	1	100.0
7	方城管理所	56	—	—	56	100.0	9	—	—	9	100.0	1	—	—	1	100.0
8	邓州管理所	49	—	—	49	100.0	6	—	—	6	100.0	1	—	—	1	100.0
9	叶县管理所	45	—	—	45	100.0	7	—	—	7	100.0	1	1	0		0.0
10	鲁山管理所	45	—	—	45	100.0	7	—	—	7	100.0	1	1	0		0.0
11	郏县管理所	45	—	—	45	100.0	7	—	—	7	100.0	1	1	0		0.0
12	宝丰管理所	45	—	—	45	100.0	7	—	—	7	100.0	1	1	0		0.0
13	周口管理处、市区管理所、东区管理房合建项目	83	0	0	24	28.9	10	8	0	2	20.0	1	1	0		0.0
14	许昌管理处、市区管理所合建项目	70	—	—	70	100.0	16	—	—	16	100.0	2	—	—	2	100.0

续表

序号	管理处（所）名称	分项工程					分部工程					单位工程				
		总数	上月计划数量	实际完成数量	累计完成实际完成量	%	总数	上月计划数量	实际完成数量	累计完成实际完成量	%	总数	上月计划数量	实际完成数量	累计完成实际完成量	%
15	长葛管理所	73	–	–	73	100.0	16	–	–	16	100.0	2	–	–	2	100.0
16	禹州管理所	72	–	–	72	100.0	16	–	–	16	100.0	2	–	–	2	100.0
17	襄县管理所	72	–	–	72	100.0	16	–	–	16	100.0	2	–	–	2	100.0
18	鄢陵管理所	55	–	–	55	100.0	13	–	–	13	100.0	2	–	–	2	100.0
19	郑州管理处、市区管理所合建	122	5	0	122	100.0	6	2	0	4	66.7	2	2	0	0	0.0
20	新郑管理所	61	–	–	61	100.0	9	–	–	9	100.0	3	3	0	0	0.0
21	港区管理所	54	8	0	46	85.2	6	2	0	4	66.7	2	2	0	0	0.0
22	中牟管理处	51	–	–	51	100.0	3	1	0	2	66.7	1	1	0	0	0.0
23	荥阳管理处	56	6	0	50	89.3	6	2	0	4	66.7	2	2	0	0	0.0
24	上街管理所	58	8	0	50	86.2	3	1	0	2	66.7	1	1	0	0	0.0
25	焦作管理处、市区管理所合建项目	110	22	0	88	78.2	9	3	0	6	66.7	1	1	0	0	0.0
26	修武管理所	60	34	0	26	43.3	8	5	1	3	37.5	1	1	0	0	0.0
27	温县管理所	60	30	0	30	50.0	8	5	1	3	37.5	1	1	0	0	0.0
28	武陟管理所	60	–	–	60	100.0	8	–	–	8	100.0	1	–	–	1	100.0
29	辉县管理所	22	–	–	22	100.0	7	–	–	7	100.0	1	1	0	0	0.0
30	获嘉管理所						15	6	0	0	0.0	1	1	0	0	0.0
31	卫辉管理所						15	6	0	0	0.0	1	1	0	0	0.0
32	黄河北维护中心、鹤壁管理处、市区管理所合建项目	35	12	0	23	65.7	7	2	0	5	71.4	1	0	0	0	0.0
33	黄河北受水区仓储中心门卫房	24	–	–	24	100.0	6	–	–	6	100.0	1	1	0	0	0.0
34	淇县管理所	26	–	–	26	100.0	6	–	–	6	100.0	1	1	0	0	0.0
35	浚县管理所	26	–	–	26	100.0	6	–	–	6	100.0	1	0	0	1	100.0
36	濮阳管理处	46	–	–	46	100.0	8	–	–	8	100.0	1	0	0	0	0.0
37	安阳管理处、市区管理所合建项目	52	0	4	16	30.8	7	0	0	1	14.3	1	0	0	0	0.0
38	汤阴管理所	33	–	–	33	100.0	7	–	–	7	100.0	1	–	–	1	100.0
39	内黄管理所	41	–	–	41	100.0	7	–	–	7	100.0	1	–	–	1	100.0
40	滑县管理所	54	–	–	54	100.0	7	–	–	7	100.0	1	–	–	1	100.0
41	清丰管理所	81	–	–	81	100.0	7	–	–	7	100.0	1	1	0	0	0.0
	合计	2168	125	0	1953	90.1	355	43	0	288	85.5	51	25	0	23	45.1

【验收月报2019年第9期总第31期】

河南省配套工程供水线路施工合同验收2019年8月完成情况统计表

序号	单位	单元工程				分部工程				单位工程				合同项目完成			
		总数	本月完成数量	累计完成		总数	本月完成数量	累计完成		总数	本月完成数量	累计完成		总数	本月完成数量	累计完成	
				实际完成量	%			实际完成量	%			实际完成量	%			实际完成量	%
1	南阳（含邓州）	18281	0	18257	99.9	251	0	246	98.0	18	0	16	88.9	18	0	14	77.8
2	平顶山	7521	0	7521	100.0	117	0	117	100.0	10	0	9	90.0	10	0	9	90.0
3	漯河	11291	0	11239	99.5	75	0	58	77.3	11	0	9	81.8	11	0	8	72.7
4	周口	5099	0	5089	99.8	69	0	55	79.7	11	0	8	72.7	11	0	8	72.7
5	许昌	14774	–	14774	100.0	196	0	195	99.5	17	0	16	94.1	17	0	16	94.1
6	郑州	13454	0	13291	98.8	136	18	114	83.8	21	6	12	57.1	14	3	8	57.1
7	焦作	9736	115	9449	97.1	101	0	87	86.1	13	0	10	76.9	13	0	10	76.9
8	新乡	9370	261	9370	100.0	108	0	99	91.7	20	2	15	75.0	20	3	12	60.0
9	鹤壁	5956	0	5922	99.4	123	0	121	98.4	14	0	11	78.6	12	0	9	75.0
10	濮阳	2497	–	2497	100.0	37	–	37	100.0	5	–	5	100.0	5	–	5	100.0
11	安阳（含滑县）	14552	–	14552	100.0	157	0	157	100.0	17	1	17	100.0	16	1	16	100.0
12	清丰	1518	0	1518	100.0	21	0	0	0.0	3	0	0	0.0	3	0	0	0.0
	全省统计	114049	376	113479	99.5	1391	18	1286	92.5	160	9	128	80.0	150	7	115	76.7

河南省配套工程政府验收2019年8月完成情况统计表

序号	单位	专项验收				泵站机组启动验收				单项工程通水验收			
		总数	本月完成数量	累计完成		总数(座)	本月完成数量	累计完成		总数	本月完成数量	累计完成	
				实际完成量	%			实际完成量	%			实际完成量	%
1	南阳（含邓州）	5	0	0	0.0	5	0	0	0.0	8	0	3	37.5
2	平顶山	5	0	0	0.0	3	2	0	66.6	7	0	1	14.3
3	漯河	5	0	0	0.0	0	0	0	0.0	2	0	0	0.0
4	周口	5	0	0	0.0	0	0	0	0.0	1	0	0	0.0
5	许昌	5	0	0	0.0	1	–	1	100.0	4	0	1	25.0
6	郑州	5	0	0	0.0	8	0	0	0.0	16	0	2	12.5
7	焦作	5	0	0	0.0	2	0	1	50.0	6	0	1	16.7
8	新乡	5	0	0	0.0	1	0	0	0.0	4	0	0	0.0
9	鹤壁	5	0	0	0.0	3	0	2	66.6	8	0	7	87.5
10	濮阳	5	0	0	0.0	0	0	0	0.0	1	–	1	100.0
11	安阳（含滑县）	5	0	0	0.0	0	0	0	0.0	4	1	4	100.0
12	清丰	5	0	0	0.0	0	0	0	0.0	1	0	0	0.0
	全省统计	60	0	0	0.0	23	2	6	26.1	62	0	19	21.0

河南省配套工程管理处（所）验收2019年8月完成情况统计表

序号	管理处（所）名称	分项工程					分部工程					单位工程				
		总数	上月计划数量	实际完成数量	累计完成实际完成量	%	总数	上月计划数量	实际完成数量	累计完成实际完成量	%	总数	上月计划数量	实际完成数量	累计完成实际完成量	%
1	南阳管理处	68	–	–	68	100.0	9	–	–	9	100.0	1	–	–	1	100.0
2	南阳市区管理所	52	–	–	52	100.0	9	–	–	9	100.0	1	–	–	1	100.0
3	镇平管理所	53	–	–	53	100.0	9	–	–	9	100.0	1	–	–	1	100.0
4	新野管理所	52	–	–	52	100.0	9	–	–	9	100.0	1	–	–	1	100.0
5	社旗管理所	49	–	–	49	100.0	9	–	–	9	100.0	1	–	–	1	100.0
6	唐河管理所	52	–	–	52	100.0	9	–	–	9	100.0	1	–	–	1	100.0
7	方城管理所	56	–	–	56	100.0	9	–	–	9	100.0	1	–	–	1	100.0
8	邓州管理所	49	–	–	49	100.0	6	–	–	6	100.0	1	–	–	1	100.0
9	叶县管理所	45	–	–	45	100.0	7	–	–	7	100.0	1	1	0	0	0.0
10	鲁山管理所	45	–	–	45	100.0	7	–	–	7	100.0	1	1	0	0	0.0
11	郏县管理所	45	–	–	45	100.0	7	–	–	7	100.0	1	1	0	0	0.0
12	宝丰管理所	45	–	–	45	100.0	7	–	–	7	100.0	1	1	0	0	0.0
13	周口管理处、市区管理所、东区管理房合建项目	83	0	0	24	28.9	10	8	0	2	20.0	1	1	0	0	0.0
14	许昌管理处、市区管理所合建项目	70	–	–	70	100.0	16	–	–	16	100.0	2	–	–	2	100.0
15	长葛管理所	73	–	–	73	100.0	16	–	–	16	100.0	2	–	–	2	100.0
16	禹州管理所	72	–	–	72	100.0	16	–	–	16	100.0	2	–	–	2	100.0
17	襄县管理所	72	–	–	72	100.0	16	–	–	16	100.0	2	–	–	2	100.0
18	鄢陵管理所	55	–	–	55	100.0	13	–	–	13	100.0	2	–	–	2	100.0
19	郑州管理处、市区管理所合建	122	–	–	122	100.0	16	0	0	0	0	1	0	0	0	0.0
20	新郑管理所	61	–	–	61	100.0	21	0	0	0	0	1	0	0	0	0.0
21	港区管理所	54	–	–	54	100.0	15	0	0	0	0.0	1	0	0	0	0.0
22	中牟管理处	51	–	–	51	100.0	9	0	0	0	0.0	1	0	0	0	0.0
23	荥阳管理处	56	–	–	56	100.0	15	0	0	0	0.0	1	0	0	0	0.0
24	上街管理所	58	–	–	58	100.0	9	0	0	0	0.0	1	0	0	0	0.0
25	焦作管理处、市区管理所合建项目	110	22	0	88	78.2	9	3	0	6	66.7	1	1	0	0	0.0
26	修武管理所	60	34	0	26	43.3	8	5	1	3	37.5	1	1	0	0	0.0
27	温县管理所	60	30	0	30	50.0	8	5	1	3	37.5	1	1	0	0	0.0
28	武陟管理所	60	–	–	60	100.0	8	–	–	8	100.0	1	–	–	1	100.0
29	辉县管理所	22	–	–	22	100.0	7	–	–	7	100.0	1	–	–	1	100.0
30	获嘉管理所						15	6	0	0	0.0	1	0	0	0	0.0
31	卫辉管理所						15	6	0	0	0.0	1	0	0	0	0.0

续表

序号	管理处（所）名称	分项工程					分部工程					单位工程				
		总数	上月计划数量	实际完成数量	累计完成		总数	上月计划数量	实际完成数量	累计完成		总数	上月计划数量	实际完成数量	累计完成	
					实际完成量	%				实际完成量	%				实际完成量	%
32	黄河北维护中心、鹤壁管理处、市区管理所合建项目	35	12	0	23	65.7	7	2	0	5	71.4	1	0	0	0	0.0
33	黄河北受水区仓储中心门卫房	24	–	–	24	100.0	6	–	–	6	100.0	1	1	0	0	0.0
34	淇县管理所	26	–	–	26	100.0	6	–	–	6	100.0	1	1	0	0	0.0
35	浚县管理所	26	–	–	26	100.0	6	–	–	6	100.0	1	–	–	1	100.0
36	濮阳管理处	46	–	–	46	100.0	8	–	–	8	100.0	1	–	–	1	100.0
37	安阳管理处、市区管理所合建项目	52	0	4	16	30.8	7	0	0	1	14.3	1	0	0	0	0.0
38	汤阴管理所	33	–	–	33	100.0	7	–	–	7	100.0	1	–	–	1	100.0
39	内黄管理所	41	–	–	41	100.0	7	–	–	7	100.0	1	–	–	1	100.0
40	滑县管理所	54	–	–	54	100.0	7	–	–	7	100.0	1	–	–	1	100.0
41	清丰管理所	81	–	–	81	100.0	7	–	–	7	100.0	1	1	0	0	0.0
42	漯河管理处、市区管理所合建项目	25	0	0	4	16.0	9	–	–	1	11.1	1	0	0	0	0.0
	合计	2193	98	0	1979	90.2	416	35	0	264	63.5	47	14	0	23	48.9

【验收月报2019年第10期总第32期】

河南省配套工程供水线路施工合同验收2019年9月完成情况统计表

序号	单位	单元工程				分部工程				单位工程				合同项目完成			
		总数	本月完成数量	累计完成		总数	本月完成数量	累计完成		总数	本月完成数量	累计完成		总数	本月完成数量	累计完成	
				实际完成量	%			实际完成量	%			实际完成量	%			实际完成量	%
1	南阳（含邓州）	18281	0	18257	99.9	251	0	246	98.0	18	0	16	88.9	18	0	14	77.8
2	平顶山	7521	–	7521	100.0	117	–	117	100.0	10	0	9	90.0	10	0	9	90.0
3	漯河	11291	0	11239	99.5	75	0	58	77.3	11	0	9	81.8	11	0	8	72.7
4	周口	5099	0	5089	99.8	69	0	55	79.7	11	0	8	72.7	11	0	8	72.7
5	许昌	14774	–	14774	100.0	196	0	195	99.5	17	0	16	94.1	17	0	16	94.1
6	郑州	13454	0	13291	98.8	136	0	114	83.8	21	2	14	66.7	14	1	9	64.3
7	焦作	9772	49	9498	97.2	101	0	87	86.1	13	0	10	76.9	13	0	10	76.9
8	新乡	9370	–	9370	100.0	108	0	99	91.7	20	0	15	75.0	20	0	12	60.0
9	鹤壁	5956	0	5922	99.4	123	0	121	98.4	14	0	11	78.6	12	0	9	75.0
10	濮阳	2497	–	2497	100.0	37	–	37	100.0	5	–	5	100.0	5	–	5	100.0
11	安阳（含滑县）	14552	–	14552	100.0	157	–	157	100.0	17	–	17	100.0	16	–	16	100.0
12	清丰	1518	0	1518	100.0	21	0	0	0.0	3	0	0	0.0	3	0	0	0.0
	全省统计	114085	49	113479	99.5	1391	0	1286	92.5	160	2	130	81.3	150	1	116	77.3

河南省配套工程政府验收2019年9月完成情况统计表

序号	单位	专项验收				泵站机组启动验收				单项工程通水验收			
		总数	本月完成数量	累计完成		总数（座）	本月完成数量	累计完成		总数	本月完成数量	累计完成	
				实际完成量	%			实际完成量	%			实际完成量	%
1	南阳（含邓州）	5	0	0	0.0	5	0	0	0.0	8	0	3	37.5
2	平顶山	5	0	0	0.0	3	0	2	66.6	7	0	1	14.3
3	漯河	5	0	0	0.0	0	0	0	0.0	2	0	0	0.0
4	周口	5	0	0	0.0	0	0	0	0.0	1	0	0	0.0
5	许昌	5	0	0	0.0	1	–	1	100.0	4	0	1	25.0
6	郑州	5	0	0	0.0	8	0	0	0.0	16	0	2	12.5
7	焦作	5	0	0	0.0	2	0	1	50.0	6	0	1	16.7
8	新乡	5	0	0	0.0	1	0	0	0.0	4	0	0	0.0
9	鹤壁	5	0	0	0.0	3	0	2	66.6	8	0	7	87.5
10	濮阳	5	0	0	0.0	0	0	0	0.0	1	–	1	100.0
11	安阳（含滑县）	5	0	0	0.0	0	0	0	0.0	4	0	4	100.0
12	清丰	5	0	0	0.0	0	0	0	0.0	1	0	0	0.0
	全省统计	60	0	0	0.0	23	0	6	26.1	62	0	19	21.0

河南省配套工程管理处（所）验收2019年9月完成情况统计表

序号	管理处（所）名称	分项工程					分部工程					单位工程				
		总数	上月计划数量	实际完成数量	累计完成		总数	上月计划数量	实际完成数量	累计完成		总数	上月计划数量	实际完成数量	累计完成	
					实际完成量	%				实际完成量	%				实际完成量	%
1	南阳管理处	68	–	–	68	100.0	9	–	–	9	100.0	1	–	–	1	100.0
2	南阳市区管理所	52	–	–	52	100.0	9	–	–	9	100.0	1	–	–	1	100.0
3	镇平管理所	53	–	–	53	100.0	9	–	–	9	100.0	1	–	–	1	100.0
4	新野管理所	52	–	–	52	100.0	9	–	–	9	100.0	1	–	–	1	100.0
5	社旗管理所	49	–	–	49	100.0	9	–	–	9	100.0	1	–	–	1	100.0
6	唐河管理所	52	–	–	52	100.0	9	–	–	9	100.0	1	–	–	1	100.0
7	方城管理所	56	–	–	56	100.0	9	–	–	9	100.0	1	–	–	1	100.0
8	邓州管理所	49	–	–	49	100.0	6	–	–	6	100.0	1	–	–	1	100.0
9	叶县管理所	45	–	–	45	100.0	7	–	–	7	100.0	1	1	0	0	0.0
10	鲁山管理所	45	–	–	45	100.0	7	–	–	7	100.0	1	1	0	0	0.0
11	郏县管理所	45	–	–	45	100.0	7	–	–	7	100.0	1	1	0	0	0.0
12	宝丰管理所	45	–	–	45	100.0	7	–	–	7	100.0	1	1	0	0	0.0
13	周口管理处、市区管理所、东区管理房合建项目	83	0	0	24	28.9	10	8	0	2	20.0	1	1	0	0	0.0
14	许昌管理处、市区管理所合建项目	70	–	–	70	100.0	16	–	–	16	100.0	2	–	–	2	100.0

续表

序号	管理处（所）名称	分项工程					分部工程					单位工程				
		总数	上月计划数量	实际完成数量	累计完成实际完成量	%	总数	上月计划数量	实际完成数量	累计完成实际完成量	%	总数	上月计划数量	实际完成数量	累计完成实际完成量	%
15	长葛管理所	73	–	–	73	100.0	16	–	–	16	100.0	2	–	–	2	100.0
16	禹州管理所	72	–	–	72	100.0	16	–	–	16	100.0	2	–	–	2	100.0
17	襄县管理所	72	–	–	72	100.0	16	–	–	16	100.0	2	–	–	2	100.0
18	鄢陵管理所	55	–	–	55	100.0	13	–	–	13	100.0	2	–	–	2	100.0
19	郑州管理处、市区管理所合建	122	–	–	122	100.0	16	0	10	10	62.5	1	0	0	0	0.0
20	新郑管理所	61	–	–	61	100.0	21	21	21	21	100.0	1	0	0	0	0.0
21	港区管理所	54	–	–	54	100.0	15	15	9	9	60.0	1	0	0	0	0.0
22	中牟管理处	51	–	–	51	100.0	9	9	6	6	66.7	1	0	0	0	0.0
23	荥阳管理处	56	–	–	56	100.0	15	15	15	15	100.0	1	0	0	0	0.0
24	上街管理所	58	–	–	58	100.0	9	9	6	6	66.7	1	0	0	0	0.0
25	焦作管理处、市区管理所合建项目	110	22	4	92	83.6	9	3	0	6	66.7	1	1	0	0	0.0
26	修武管理所	60	34	20	46	76.7	8	5	3	6	75.0	1	1	0	0	0.0
27	温县管理所	60	30	30	60	100.0	8	5	5	8	100.0	1	1	0	0	0.0
28	武陟管理所	60	–	–	60	100.0	8	–	–	8	100.0	1	–	–	1	100.0
29	辉县管理所	22	–	–	22	100.0	7	–	–	7	100.0	1	–	–	1	100.0
30	获嘉管理所						6	6	6	6	100.0	1	1	0	0	0.0
31	卫辉管理所						6	6	6	6	100.0	1	1	0	0	0.0
32	黄河北维护中心、鹤壁管理处、市区管理所合建项目	35	12	0	23	65.7	7	2	0	5	71.4	1	0	0	0	0.0
33	黄河北受水区仓储中心门卫房	24	–	–	24	100.0	6	–	–	6	100.0	1	1	0	0	0.0
34	淇县管理所	26	–	–	26	100.0	6	–	–	6	100.0	1	1	0	0	0.0
35	浚县管理所	26	–	–	26	100.0	6	–	–	6	100.0	1	0	0	1	100.0
36	濮阳管理处	46	–	–	46	100.0	8	–	–	8	100.0	1	0	0	0	0.0
37	安阳管理处、市区管理所合建项目	52	0	3	19	36.5	7	0	0	1	14.3	1	0	0	0	0.0
38	汤阴管理所	33	–	–	33	100.0	7	–	–	7	100.0	1	–	–	1	100.0
39	内黄管理所	41	–	–	41	100.0	7	–	–	7	100.0	1	–	–	1	100.0
40	滑县管理所	54	–	–	54	100.0	7	–	–	7	100.0	1	–	–	1	100.0
41	清丰管理所	81	–	–	81	100.0	7	–	–	7	100.0	1	1	0	0	0.0
42	漯河管理处、市区管理所合建项目	25	0	0	2	8.0	9	–	–	2	22.2	1	0	0	0	0.0
	合计	2193	98	57	2034	92.7	398	104	87	352	88.4	47	14	0	23	48.9

【验收月报2019年第11期总第33期】

河南省配套工程供水线路施工合同验收2019年10月完成情况统计表

序号	单位	单元工程				分部工程				单位工程				合同项目完成			
		总数	本月完成数量	累计完成		总数	本月完成数量	累计完成		总数	本月完成数量	累计完成		总数	本月完成数量	累计完成	
				实际完成量	%			实际完成量	%			实际完成量	%			实际完成量	%
1	南阳（含邓州）	18281	0	18257	99.9	251	0	246	98.0	18	1	17	88.9	18	2	16	77.8
2	平顶山	7521	–	7521	100.0	117	–	117	100.0	10	0	9	90.0	10	0	9	90.0
3	漯河	11291	0	11239	99.5	75	8	66	88.0	11	0	9	81.8	11	1	9	81.8
4	周口	5099	10	5099	100.0	69	0	55	79.7	11	0	8	72.7	11	0	8	72.7
5	许昌	14774	–	14774	100.0	196	1	196	100.0	17	1	17	100.0	17	1	17	100.0
6	郑州	13454	0	13291	98.8	136	0	114	83.8	21	0	14	66.7	14	0	9	64.3
7	焦作	9772	10	9508	97.3	101	0	87	86.1	13	0	10	76.9	13	0	10	76.9
8	新乡	9370	–	9370	100.0	108	0	99	91.7	20	0	15	75.0	20	0	12	60.0
9	鹤壁	5956	0	5922	99.4	123	0	121	98.4	14	0	11	78.6	12	0	9	75.0
10	濮阳	2497	–	2497	100.0	37	–	37	100.0	5	–	5	100.0	5	–	5	100.0
11	安阳（含滑县）	14552	–	14552	100.0	157	–	157	100.0	17	–	17	100.0	16	–	16	100.0
12	清丰	1518	0	1518	100.0	21	0	0	0.0	3	0	0	0.0	3	0	0	0.0
	全省统计	114085	20	113548	99.5	1391	9	1295	93.1	160	2	132	82.5	150	4	120	80.0

河南省配套工程政府验收2019年10月完成情况统计表

序号	单位	专项验收				泵站机组启动验收				单项工程通水验收			
		总数	本月完成数量	累计完成		总数(座)	本月完成数量	累计完成		总数	本月完成数量	累计完成	
				实际完成量	%			实际完成量	%			实际完成量	%
1	南阳（含邓州）	5	0	0	0.0	5	0	0	0.0	8	0	3	37.5
2	平顶山	5	0	0	0.0	3	0	2	66.6	7	0	1	14.3
3	漯河	5	0	0	0.0	0	0	0	0.0	2	0	0	0.0
4	周口	5	0	0	0.0	0	0	0	0.0	1	0	0	0.0
5	许昌	5	0	0	0.0	1	–	1	100.0	4	0	1	25.0
6	郑州	5	0	0	0.0	8	0	0	0.0	16	0	2	12.5
7	焦作	5	0	0	0.0	2	0	1	50.0	6	0	1	16.7
8	新乡	5	0	0	0.0	1	0	0	0.0	4	0	0	0.0
9	鹤壁	5	0	0	0.0	3	0	2	66.6	8	0	7	87.5
10	濮阳	5	0	0	0.0	0	0	0	0.0	1	–	1	100.0
11	安阳（含滑县）	5	0	0	0.0	0	0	0	0.0	4	0	4	100.0
12	清丰	5	0	0	0.0	0	0	0	0.0	1	0	0	0.0
	全省统计	60	0	0	0.0	23	0	6	26.1	62	0	20	32.3

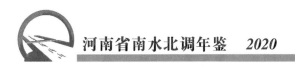

河南省配套工程管理处（所）验收2019年10月完成情况统计表

序号	管理处（所）名称	分项工程					分部工程					单位工程				
		总数	上月计划数量	实际完成数量	累计完成		总数	上月计划数量	实际完成数量	累计完成		总数	上月计划数量	实际完成数量	累计完成	
					实际完成量	%				实际完成量	%				实际完成量	%
1	南阳管理处	68	–	–	68	100.0	9	–	–	9	100.0	1	–	–	1	100.0
2	南阳市区管理所	52	–	–	52	100.0	9	–	–	9	100.0	1	–	–	1	100.0
3	镇平管理所	53	–	–	53	100.0	9	–	–	9	100.0	1	–	–	1	100.0
4	新野管理所	52	–	–	52	100.0	9	–	–	9	100.0	1	–	–	1	100.0
5	社旗管理所	49	–	–	49	100.0	9	–	–	9	100.0	1	–	–	1	100.0
6	唐河管理所	52	–	–	52	100.0	9	–	–	9	100.0	1	–	–	1	100.0
7	方城管理所	56	–	–	56	100.0	9	–	–	9	100.0	1	–	–	1	100.0
8	邓州管理所	49	–	–	49	100.0	6	–	–	6	100.0	1	–	–	1	100.0
9	叶县管理所	45	–	–	45	100.0	7	–	–	7	100.0	1	1	0	0	0.0
10	鲁山管理所	45	–	–	45	100.0	7	–	–	7	100.0	1	1	0	0	0.0
11	郏县管理所	45	–	–	45	100.0	7	–	–	7	100.0	1	1	0	0	0.0
12	宝丰管理所	45	–	–	45	100.0	7	–	–	7	100.0	1	1	0	0	0.0
13	周口管理处、市区管理所、东区管理房合建项目	83	0	0	24	28.9	10	8	0	2	20.0	1	1	0	0	0.0
14	许昌管理处、市区管理所合建项目	70	–	–	70	100.0	16	–	–	16	100.0	2	–	–	2	100.0
15	长葛管理所	73	–	–	73	100.0	16	–	–	16	100.0	2	–	–	2	100.0
16	禹州管理所	72	–	–	72	100.0	16	–	–	16	100.0	2	–	–	2	100.0
17	襄县管理所	72	–	–	72	100.0	16	–	–	16	100.0	2	–	–	2	100.0
18	鄢陵管理所	55	–	–	55	100.0	13	–	–	13	100.0	2	–	–	2	100.0
19	郑州管理处、市区管理所合建	122	–	–	122	100.0	16	6	6	16	100.0	1	0	0	0	0.0
20	新郑管理所	61	–	–	61	100.0	21	0	0	21	100.0	1	0	0	0	0.0
21	港区管理所	54	–	–	54	100.0	15	6	0	9	60.0	1	0	0	0	0.0
22	中牟管理处	51	–	–	51	100.0	9	3	3	9	100.0	1	0	0	0	0.0
23	荥阳管理处	56	–	–	56	100.0	15	0	0	15	100.0	1	0	0	0	0.0
24	上街管理所	58	–	–	58	100.0	9	3	3	9	100.0	1	0	0	0	0.0
25	焦作管理处、市区管理所合建项目	110	2	4	96	87.3	9	0	1	7	77.8	1	1	0	0	0.0
26	修武管理所	60	4	13	59	98.3	8	1	1	7	87.5	1	1	0	0	0.0
27	温县管理所	60	5	0	60	100.0	8	–	–	8	100.0	1	1	0	0	0.0
28	武陟管理所	60	–	–	60	100.0	8	–	–	8	100.0	1	–	–	1	100.0
29	辉县管理所	22	–	–	22	100.0	7	–	–	7	100.0	1	1	0	0	0.0
30	获嘉管理所						6	6	6	6	100.0	1	1	0	0	0.0
31	卫辉管理所						6	6	6	6	100.0	1	1	0	0	0.0
32	黄河北维护中心、鹤壁管理处、市区管理所合建项目	35	12	0	23	65.7	7	2	0	5	71.4	1	0	0	0	0.0

序号	管理处（所）名称	分项工程					分部工程					单位工程				
		总数	上月计划数量	实际完成数量	累计完成		总数	上月计划数量	实际完成数量	累计完成		总数	上月计划数量	实际完成数量	累计完成	
					实际完成量	%				实际完成量	%				实际完成量	%
33	黄河北受水区仓储中心门卫房	24	–	–	24	100.0	6	–	–	6	100.0	1	1	0	0	0.0
34	淇县管理所	26	–	–	26	100.0	6	–	–	6	100.0	1	1	0	0	0.0
35	浚县管理所	26	–	–	26	100.0	6	–	–	6	100.0	1	0	0	1	100.0
36	濮阳管理处	46	–	–	46	100.0	8	–	–	8	100.0	1	0	0	0	0.0
37	安阳管理处、市区管理所合建项目	52	0	3	19	36.5	7	0	0	1	14.3	1	0	0	0	0.0
38	汤阴管理所	33	–	–	33	100.0	7	–	–	7	100.0	1	–	–	1	100.0
39	内黄管理所	41	–	–	41	100.0	7	–	–	7	100.0	1	–	–	1	100.0
40	滑县管理所	54	–	–	54	100.0	7	–	–	7	100.0	1	–	–	1	100.0
41	清丰管理所	81	–	–	81	100.0	7	–	–	7	100.0	1	–	–	1	100.0
42	漯河管理处、市区管理所合建项目	25	0	0	2	8.0	9	–	–	2	22.2	1	0	0	0	0.0
43	黄河南仓储中心及维护中心	132	0	0	8	6.1	22	0	0	1	4.5	3	0	0	0	0.0
	合计	2325	23	17	2059	88.6	420	29	14	367	87.4	50	14	0	23	46.0

【验收月报2019年第12期总第34期】

河南省配套工程供水线路施工合同验收2019年11月完成情况统计表

序号	单位	单元工程				分部工程				单位工程				合同项目完成			
		总数	本月完成数量	累计完成		总数	本月完成数量	累计完成		总数	本月完成数量	累计完成		总数	本月完成数量	累计完成	
				实际完成量	%			实际完成量	%			实际完成量	%			实际完成量	%
1	南阳（含邓州）	18281	0	18257	99.9	251	0	246	98.0	18	0	17	88.9	18	0	16	77.8
2	平顶山	7521	–	7521	100.0	117	–	117	100.0	10	0	9	90.0	10	0	9	90.0
3	漯河	11291	0	11239	99.5	75	0	66	88.0	11	0	9	81.8	11	0	9	81.8
4	周口	5099	0	5099	100.0	68	0	55	80.9	11	0	8	72.7	11	0	8	72.7
5	许昌	14774	–	14774	100.0	196	0	196	100.0	17	0	17	100.0	17	0	17	100.0
6	郑州	13454	0	13291	98.8	136	0	114	83.8	21	2	16	76.2	14	2	11	78.6
7	焦作	9772	30	9538	97.6	101	0	87	86.1	13	0	10	76.9	13	0	10	76.9
8	新乡	9370	–	9370	100.0	108	0	99	91.7	20	1	16	80.0	20	3	15	75.0
9	鹤壁	5956	0	5922	99.4	123	1	122	99.2	14	3	14	100.0	12	3	12	100.0
10	濮阳	2497	–	2497	100.0	37	–	37	100.0	5	–	5	100.0	5	–	5	100.0
11	安阳（含滑县）	14552	–	14552	100.0	157	–	157	100.0	17	–	17	100.0	16	–	16	100.0
12	清丰	1518	0	1518	100.0	20	20	20	95.2	3	0	0	0.0	3	0	0	0.0
	全省统计	114085	30	113578	99.6	1389	21	1316	94.7	160	6	138	86.3	150	8	128	85.3

河南省配套工程政府验收2019年11月完成情况统计表

序号	单位	专项验收				泵站机组启动验收				单项工程通水验收			
		总数	本月完成数量	累计完成		总数(座)	本月完成数量	累计完成		总数	本月完成数量	累计完成	
				实际完成量	%			实际完成量	%			实际完成量	%
1	南阳（含邓州）	5	0	0	0.0	5	1	1	20.0	8	0	3	37.5
2	平顶山	5	0	0	0.0	3	0	2	66.6	7	0	1	14.3
3	漯河	5	0	0	0.0	0	0	0	0.0	2	0	0	0.0
4	周口	5	0	0	0.0	0	0	0	0.0	1	0	0	0.0
5	许昌	5	0	0	0.0	1	–	1	100.0	4	0	1	25.0
6	郑州	5	0	0	0.0	8	0	0	0.0	16	0	2	12.5
7	焦作	5	0	0	0.0	2	0	1	50.0	6	0	1	16.7
8	新乡	5	0	0	0.0	1	0	0	0.0	4	0	0	0.0
9	鹤壁	5	0	0	0.0	3	0	2	66.6	8	0	7	87.5
10	濮阳	5	0	0	0.0	0	0	0	0.0	1	–	1	100.0
11	安阳（含滑县）	5	0	0	0.0	0	0	0	0.0	4	0	4	100.0
12	清丰	5	0	0	0.0	0	0	0	0.0	1	0	0	0.0
	全省统计	60	0	0	0.0	23	1	7	30.4	62	0	20	32.3

河南省配套工程管理处（所）验收2019年11月完成情况统计表

序号	管理处（所）名称	分项工程					分部工程					单位工程				
		总数	上月计划数量	实际完成数量	累计完成		总数	上月计划数量	实际完成数量	累计完成		总数	上月计划数量	实际完成数量	累计完成	
					实际完成量	%				实际完成量	%				实际完成量	%
1	南阳管理处	68	–	–	68	100.0	9	–	–	9	100.0	1	–	–	1	100.0
2	南阳市区管理所	52	–	–	52	100.0	9	–	–	9	100.0	1	–	–	1	100.0
3	镇平管理所	53	–	–	53	100.0	9	–	–	9	100.0	1	–	–	1	100.0
4	新野管理所	52	–	–	52	100.0	9	–	–	9	100.0	1	–	–	1	100.0
5	社旗管理所	49	–	–	49	100.0	9	–	–	9	100.0	1	–	–	1	100.0
6	唐河管理所	52	–	–	52	100.0	9	–	–	9	100.0	1	–	–	1	100.0
7	方城管理所	56	–	–	56	100.0	9	–	–	9	100.0	1	–	–	1	100.0
8	邓州管理所	49	–	–	49	100.0	6	–	–	6	100.0	1	–	–	1	100.0
9	叶县管理所	45	–	–	45	100.0	7	–	–	7	100.0	1	1	0	0	0.0
10	鲁山管理所	45	–	–	45	100.0	7	–	–	7	100.0	1	1	0	0	0.0
11	郏县管理所	45	–	–	45	100.0	7	–	–	7	100.0	1	1	0	0	0.0
12	宝丰管理所	45	–	–	45	100.0	7	–	–	7	100.0	1	1	0	0	0.0
13	周口管理处、市区管理所、东区管理房合建项目	83	0	0	24	28.9	10	8	0	2	20.0	1	1	0	0	0.0
14	许昌管理处、市区管理所合建项目	70	–	–	70	100.0	16	–	–	16	100.0	2	–	–	2	100.0
15	长葛管理所	73	–	–	73	100.0	16	–	–	16	100.0	2	–	–	2	100.0

续表

序号	管理处（所）名称	分项工程					分部工程					单位工程				
		总数	上月计划数量	实际完成数量	累计完成实际完成量	%	总数	上月计划数量	实际完成数量	累计完成实际完成量	%	总数	上月计划数量	实际完成数量	累计完成实际完成量	%
16	禹州管理所	72	–	–	72	100.0	16	–	–	16	100.0	2	–	–	2	100.0
17	襄县管理所	72	–	–	72	100.0	16	–	–	16	100.0	2	–	–	2	100.0
18	鄢陵管理所	55	–	–	55	100.0	13	–	–	13	100.0	2	–	–	2	100.0
19	郑州管理处、市区管理所合建	122	–	–	122	100.0	16	–	–	16	100.0	1	0	0	0	0.0
20	新郑管理所	61	–	–	61	100.0	21	–	–	21	100.0	1	0	0	0	0.0
21	港区管理所	54	–	–	54	100.0	15	6	6	15	100.0	1	0	0	0	0.0
22	中牟管理处	51	–	–	51	100.0	9	–	–	9	100.0	1	0	0	0	0.0
23	荥阳管理处	56	–	–	56	100.0	15	–	–	15	100.0	1	0	0	0	0.0
24	上街管理所	58	–	–	58	100.0	9	–	–	9	100.0	1	0	0	0	0.0
25	焦作管理处、市区管理所合建项目	110	14	0	96	87.3	9	2	0	7	77.8	1	1	0	0	0.0
26	修武管理所	60	1	1	60	100.0	8	1	1	7	87.5	1	1	0	0	0.0
27	温县管理所	60	5	0	60	100.0	8	–	–	8	100.0	1	1	1	1	100.0
28	武陟管理所	60	–	–	60	100.0	8	–	–	8	100.0	1	–	–	1	100.0
29	辉县管理所	22	–	–	22	100.0	7	–	–	7	100.0	1	1	0	0	0.0
30	获嘉管理所						6	6	6	6	100.0	1	1	0	0	0.0
31	卫辉管理所						6	6	6	6	100.0	1	1	0	0	0.0
32	黄河北维护中心、鹤壁管理处、市区管理所合建项目	35	12	0	23	65.7	7	2	0	5	71.4	1	0	0	0	0.0
33	黄河北受水区仓储中心门卫房	24	–	–	24	100.0	6	–	–	6	100.0	1	1	0	0	0.0
34	淇县管理所	26	–	–	26	100.0	6	–	–	6	100.0	1	0	0	0	0.0
35	浚县管理所	26	–	–	26	100.0	6	–	–	6	100.0	1	0	0	1	100.0
36	濮阳管理处	46	–	–	46	100.0	8	–	–	8	100.0	1	0	0	0	0.0
37	安阳管理处、市区管理所合建项目	52	0	4	23	44.2	7	0	1	2	28.6	1	0	0	0	0.0
38	汤阴管理所	33	–	–	33	100.0	7	–	–	7	100.0	1	–	–	1	100.0
39	内黄管理所	41	–	–	41	100.0	7	–	–	7	100.0	1	–	–	1	100.0
40	滑县管理所	54	–	–	54	100.0	7	–	–	7	100.0	1	–	–	1	100.0
41	清丰管理所	81	–	–	81	100.0	7	–	–	7	100.0	1	1	0	0	0.0
42	漯河管理处、市区管理所合建项目	25	0	0	2	8.0	9	–	–	2	22.2	1	0	0	0	0.0
43	黄河南仓储中心及维护中心	132	5	0	8	6.1	22	1	0	1	4.5	3	0	0	0	0.0
	合计	2325	32	5	2064	88.8	420	20	8	375	89.3	50	14	1	24	48.0

（齐　浩）

供 水 配 套 工 程 剩 余 工 程 建 设 月 报

【建设月报2019年第1期总第22期】

输水管道建设进展情况统计表　2019年1月

序号	建管局	线路长度（km）	按管材分（km）						利用既有河渠、暗涵（km）	管道铺设剩余尾工
			PCCP	PCP	钢管	球墨铸铁管	玻璃钢夹砂管	其他管材		
1	南阳	179.05	133.70	0.00	7.18	27.02	8.08	3.07		
2	平顶山	93.80	50.39	1.38	27.83				14.20	11–1号口门鲁山输水线路静水压试验已完成，调流调压阀室主体结构已建成，现地管理房正在建设
3	漯河	119.60	93.68		22.65	2.77		0.50		穿沙工程已通水。剩余沉井盖板、路面恢复和绿化
4	周口	56.12	42.48		10.02	3.62				新增西区水厂支线向二水厂的供水管道已通水，末端现地管理房已建成，剩余道路路面恢复和电气设备安装。商水支线进口管理房未完工
5	许昌	146.40	104.11			42.29				鄢陵支线已试通水。剩余进口现地管理房1座未完成
6	郑州	97.69	45.29	27.18	21.10			0.77	3.35	穿越南四环工程，剩余隧洞衬砌72m、顶管477m、明挖管道铺设60m；尖岗水库出库工程，剩余引水口护坡浆砌石380m³
7	焦作	57.89	28.44		12.72	12.54		4.19		剩余工程内容：加压泵站1座、输水管线3.606km、阀门井（室）19座、镇墩43个、现地管理房1座。泵站基础正在施工
8	新乡	75.57	49.23	25.29	1.05					
9	鹤壁	58.94	43.60	5.03	7.36	0.00	2.95	0.00		剩余36–1管理房及三水厂泵站进场路
10	濮阳	24.45	24.45							
	清丰	18.65	17.14		1.51					剩余进口现地管理房1座
11	安阳	119.54	115.09	0.06	4.39					
	合计	1047.70	747.60	58.94	115.81	88.24	11.03	8.53	17.55	

管理处（所）建设进度情况统计表　2019年1月

序号	建管局	管理处（所）建设（座）				管理处（所）名称	备注
		总数	已建成	正在建设	前期阶段		
1	南阳	8	8	0	0	南阳管理处、南阳市区管理所、新野县管理所、镇平县管理所、社旗县管理所、唐河县管理所、方城县管理所、邓州管理所，全部建成	
2	平顶山	7	4	0	3	叶县管理所、鲁山管理所、宝丰管理所、郏县管理所已建成；平顶山管理处、石龙区管理所、新城区管理所3处合建，已签订施工合同。本月无进展	
3	漯河	4	0	2	2	漯河市管理处（市区管理所）合建项目5月开工建设；舞阳管理所及临颍管理所均处于前期阶段	
4	周口	3	1	2	0	商水县管理所已建成；周口市管理处、市区管理所与东区水厂现地管理房合建主体完工，正在内部装饰	
5	许昌	5	5	0	0	许昌市管理处、市区管理所、襄城县管理所、禹州市管理所、长葛市管理所，全部建成	
6	鄢陵	1	1	0	0	鄢陵县管理所，已建成	
7	郑州	7	0	7	0	郑州市管理处（市区管理所）、新郑管理所、港区管理所、中牟管理所、荥阳管理所、上街管理所正在建设	
8	焦作	5	1	4	0	武陟管理所，已建成；焦作管理处（市区管理所）合建项目、温县管理所、修武管理所正在建设	
9	博爱	1	0	0	1	博爱管理所处于前期阶段	
10	新乡	5	1	2	2	辉县管理所已建成；卫辉市管理所、获嘉县管理所正在建设；新乡市管理处（市区管理所）合建处于前期阶段	
11	鹤壁	6	0	6	0	黄河北维护中心及鹤壁市管理处、市区管理所合建、黄河北物资仓储中心、淇县管理所、浚县管理所，正在建设	
12	濮阳	1	1	0	0	濮阳管理处，已建成	
12	清丰	1	1	0	0	清丰县管理所，已建成	
13	安阳	5	3	2	0	滑县管理所、内黄县管理所、汤阴县管理所已建成；安阳管理处（所），正在建设	
14	郑州建管处	2	0	2	0	黄河南维护中心及黄河南仓储中心正在建设	
	合计	61	26	27	8		

【建设月报2019年第2期总第23期】

输水管道建设进展情况统计表 2019年2月

序号	建管局	线路长度（km）	按管材分（km）						利用既有河渠、暗涵（km）	管道铺设剩余尾工
			PCCP	PCP	钢管	球墨铸铁管	玻璃钢夹砂管	其他管材		
1	南阳	179.05	133.70	0.00	7.18	27.02	8.08	3.07		
2	平顶山	93.80	50.39	1.38	27.83				14.20	11-1号口门鲁山输水线路静水压试验已完成，调流调压阀室主体结构已建成，现地管理房正在建设
3	漯河	119.60	93.68		22.65	2.77		0.50		穿沙工程已通水。剩余沉井盖板、路面恢复和绿化
4	周口	56.12	42.48		10.02	3.62				新增西区水厂支线向二水厂的供水管道已通水，末端现地管理房已建成，剩余道路路面恢复和电气设备调试。商水支线进口管理房未完工
5	许昌	146.40	104.11			42.29				鄢陵支线已试通水。剩余进口现地管理房1座未完成
6	郑州	97.69	45.29	27.18	21.10			0.77	3.35	穿越南四环工程，剩余隧洞衬砌72m、顶管477m、明挖管道铺设60m；尖岗水库出库工程，剩余引水口护坡浆砌石380m³
7	焦作	57.89	28.44		12.72	12.54		4.19		剩余工程内容：加压泵站1座、输水管线3.606km、阀门井（室）19座、镇墩43个、现地管理房1座。泵站基础正在施工
8	新乡	75.57	49.23	25.29	1.05					
9	鹤壁	58.94	43.60	5.03	7.36	0.00	2.95	0.00		剩余36-1管理房及三水厂泵站进场路
10	濮阳	24.45	24.45							剩余进口现地管理房1座
	清丰	18.65	17.14		1.51					
11	安阳	119.54	115.09	0.06	4.39					
	合计	1047.70	747.60	58.94	115.81	88.24	11.03	8.53	17.55	

管理处（所）建设进度情况统计表　2019年2月

序号	建管局	管理处（所）建设（座）				管理处（所）名称	备注
		总数	已建成	正在建设	前期阶段		
1	南阳	8	8	0	0	南阳管理处、南阳市区管理所、新野县管理所、镇平县管理所、社旗县管理所、唐河县管理所、方城县管理所、邓州管理所，全部建成	
2	平顶山	7	4	0	3	叶县管理所、鲁山管理所、宝丰管理所、郏县管理所已建成；平顶山管理处、石龙区管理所、新城区管理所3处合建，已签订施工合同。本月无进展	
3	漯河	4	0	2	2	漯河市管理处（市区管理所）合建项目5月开工建设；舞阳管理所及临颍管理所均处于前期阶段	
4	周口	3	1	2	0	商水县管理所已建成；周口市管理处、市区管理所与东区水厂现地管理房合建主体完工，正在内部装饰	
5	许昌	5	5	0	0	许昌市管理处、市区管理所、襄城县管理所、禹州市管理所、长葛市管理所，全部建成	
6	鄢陵	1	1	0	0	鄢陵县管理所，已建成	
7	郑州	7	0	7	0	郑州市管理处（市区管理所）、新郑管理所、港区管理所、中牟管理所、荥阳管理所、上街管理所正在建设	
8	焦作	5	1	4	0	武陟管理所，已建成；焦作管理处（市区管理所）合建项目、温县管理所、修武管理所正在建设	
9	博爱	1	0	0	1	博爱管理所处于前期阶段	
10	新乡	5	1	2	2	辉县管理所已建成；卫辉市管理所、获嘉县管理所正在建设；新乡市管理处（市区管理所）合建处于前期阶段	
11	鹤壁	6	0	6	0	黄河北维护中心及鹤壁市管理处、市区管理所合建、黄河北物资仓储中心、淇县管理所、浚县管理所，正在建设	
12	濮阳	1	1	0	0	濮阳管理处，已建成	
12	清丰	1	1	0	0	清丰县管理所，已建成	
13	安阳	5	3	2	0	滑县管理所、内黄县管理所、汤阴县管理所已建成；安阳管理处（所），正在建设	
14	郑州建管处	2	0	2	0	黄河南维护中心及黄河南仓储中心正在建设	
	合计	61	26	27	8		

【建设月报2019年第3期总第24期】

输水管道建设进展情况统计表 2019年3月

序号	建管局	线路长度（km）	按管材分（km）						利用既有河渠、暗涵（km）	管道铺设剩余尾工
			PCCP	PCP	钢管	球墨铸铁管	玻璃钢夹砂管	其他管材		
1	南阳	179.05	133.70	0.00	7.18	27.02	8.08	3.07		
2	平顶山	93.80	50.39	1.38	27.83				14.20	11-1号口门鲁山输水线路静水压试验已完成，调流调压阀室主体结构已建成，现地管理房正在建设
3	漯河	119.60	93.68		22.65	2.77		0.50		穿沙工程已通水。剩余沉井盖板、路面恢复和绿化
4	周口	56.12	42.48		10.02	3.62				新增西区水厂支线向二水厂的供水管道已通水，末端现地管理房已建成，剩余道路路面恢复和电气设备调试。商水支线进口管理房未完工
5	许昌	146.40	104.11			42.29				鄢陵支线已试通水。剩余进口现地管理房1座未完成
6	郑州	97.69	45.29	27.18	21.10			0.77	3.35	穿越南四环工程，剩余隧洞衬砌72m、顶管477m、明挖管道铺设60m；尖岗水库出库工程，剩余引水口护坡浆砌石380m³
7	焦作	57.89	28.44		12.72	12.54		4.19		剩余工程内容：加压泵站1座、输水管线3.606km、阀门井（室）19座、镇墩43个、现地管理房1座。泵站基础正在施工
8	新乡	75.57	49.23	25.29	1.05					
9	鹤壁	58.94	43.60	5.03	7.36	0.00	2.95	0.00		剩余36-1现地管理房及三水厂泵站进场路
10	濮阳	24.45	24.45							
	清丰	18.65	17.14		1.51					剩余进口现地管理房1座
11	安阳	119.54	115.09	0.06	4.39					
合计		1047.70	747.60	58.94	115.81	88.24	11.03	8.53	17.55	

管理处（所）建设进度情况统计表　2019年3月

序号	建管局	管理处（所）建设（座）				管理处（所）名称	备注
		总数	已建成	正在建设	前期阶段		
1	南阳	8	8	0	0	南阳管理处、南阳市区管理所、新野县管理所、镇平县管理所、社旗县管理所、唐河县管理所、方城县管理所、邓州管理所，全部建成	
2	平顶山	7	4	0	3	叶县管理所、鲁山管理所、宝丰管理所、郏县管理所已建成；平顶山管理处、石龙区管理所、新城区管理所3处合建，已签订施工合同。本月无进展	
3	漯河	4	0	2	2	漯河市管理处（市区管理所）合建项目5月开工建设；舞阳管理所及临颍管理所均处于前期阶段	
4	周口	3	1	2	0	商水县管理所已建成；周口市管理处、市区管理所与东区水厂现地管理房合建主体完工，正在内部装饰	
5	许昌	5	5	0	0	许昌市管理处、市区管理所、襄城县管理所、禹州市管理所、长葛市管理所，全部建成	
6	鄢陵	1	1	0	0	鄢陵县管理所，已建成	
7	郑州	7	0	7	0	郑州市管理处（市区管理所）、新郑管理所、港区管理所、中牟管理所、荥阳管理所、上街管理所正在建设	
8	焦作	5	1	4	0	武陟管理所，已建成；焦作管理处（市区管理所）合建项目、温县管理所、修武管理所正在建设	
9	博爱	1	0	0	1	博爱管理所处于前期阶段	
10	新乡	5	1	2	2	辉县管理所已建成；卫辉市管理所、获嘉县管理所正在建设；新乡市管理处（市区管理所）合建处于前期阶段	
11	鹤壁	6	0	6	0	黄河北维护中心及鹤壁市管理处、市区管理所合建、黄河北物资仓储中心、淇县管理所、浚县管理所，正在建设	
12	濮阳	1	1	0	0	濮阳管理处，已建成	
12	清丰	1	1	0	0	清丰县管理所，已建成	
13	安阳	5	3	2	0	滑县管理所、内黄县管理所、汤阴县管理所已建成；安阳管理处（所），正在建设	
14	郑州建管处	2	0	2	0	黄河南维护中心及黄河南仓储中心正在建设	
合计		61	26	27	8		

【建设月报2019年第4期总第25期】

输水管道建设进展情况统计表　2019年4月

序号	建管局	线路长度（km）	按管材分（km）						利用既有河渠、暗涵（km）	管道铺设剩余尾工
			PCCP	PCP	钢管	球墨铸铁管	玻璃钢夹砂管	其他管材		
1	南阳	179.05	133.70	0.00	7.18	27.02	8.08	3.07		
2	平顶山	93.80	50.39	1.38	27.83				14.20	11-1号口门鲁山输水线路静水压试验已完成，目前现地管理房内电气设备尚未进行安装
3	漯河	119.60	93.68		22.65	2.77		0.50		穿沙工程已通水。剩余路面恢复尚未完成
4	周口	56.12	42.48		10.02	3.62				新增西区水厂支线向二水厂的供水管道已通水，目前末端现地管理房内电气设备调试尚在进行中 商水支线进口管理房未完工
5	许昌	146.40	104.11			42.29				鄢陵支线已试通水。目前进口现地管理房未完成
6	郑州	97.69	45.29	27.18	21.10			0.77	3.35	穿越南四环工程，剩余隧洞衬砌72m、顶管477m、明挖管道铺设60m，2"空气阀井；尖岗水库出库工程，剩余引水口护坡浆砌石380m³
7	焦作	57.89	28.44		12.72	12.54		4.19		剩余工程内容：加压泵站1座、输水管线3.606km、阀门井（室）19座、镇墩43个、现地管理房1座。泵站基础及输水线路正在施工
8	新乡	75.57	49.23	25.29	1.05					
9	鹤壁	58.94	43.60	5.03	7.36	0.00	2.95	0.00		剩余36-1现地管理房及三水厂泵站进场路
10	濮阳	24.45	24.45							剩余进口现地管理房1座
	清丰	18.65	17.14		1.51					
11	安阳	119.54	115.09	0.06	4.39					
	合计	1047.70	747.60	58.94	115.81	88.24	11.03	8.53	17.55	

管理处（所）建设进度情况统计表　　2019年4月

序号	建管局	管理处（所）建设（座）				管理处（所）名称	备注
		总数	已建成	正在建设	前期阶段		
1	南阳	8	8	0	0	南阳管理处、南阳市区管理所、新野县管理所、镇平县管理所、社旗县管理所、唐河县管理所、方城县管理所、邓州管理所，全部建成	
2	平顶山	7	4	0	3	叶县管理所、鲁山管理所、宝丰管理所、郏县管理所已建成；平顶山管理处、石龙区管理所、新城区管理所3处合建，已签订施工合同。本月无进展	
3	漯河	4	0	2	2	漯河市管理处（市区管理所）合建项目正在建设；舞阳管理所及临颍管理所均处于前期阶段	
4	周口	3	1	2	0	商水县管理所已建成；周口市管理处、市区管理所与东区水厂现地管理房合建项目主体完工，剩余室外扫尾工程	
5	许昌	5	5	0	0	许昌市管理处、市区管理所、襄城县管理所、禹州市管理所、长葛市管理所，全部建成	
6	鄢陵	1	1	0	0	鄢陵县管理所，已建成	
7	郑州	7	0	7	0	郑州市管理处（市区管理所）、新郑管理所、港区管理所、中牟管理所、荥阳管理所、上街管理所正在建设	
8	焦作	5	1	4	0	武陟管理所，已建成；焦作管理处（市区管理所）合建项目、温县管理所、修武管理所正在建设	
9	博爱	1	0	0	1	博爱管理所处于前期阶段	
10	新乡	5	1	2	2	辉县管理所已建成；卫辉市管理所、获嘉县管理所正在建设；新乡市管理处（市区管理所）合建处于前期阶段	
11	鹤壁	6	0	6	0	黄河北维护中心及鹤壁市管理处、市区管理所合建、黄河北物资仓储中心、淇县管理所、浚县管理所，正在建设	
12	濮阳	1	1	0	0	濮阳管理处，已建成	
12	清丰	1	1	0	0	清丰县管理所，已建成	
13	安阳	5	3	2	0	滑县管理所、内黄县管理所、汤阴县管理所已建成；安阳管理处（市区管理所），正在建设	
14	郑州建管处	2	0	2	0	黄河南维护中心及黄河南仓储中心正在建设	
	合计	61	26	27	8		

（齐　浩）

拾贰 大事记

1 月

1月3日，水利厅党组书记刘正才率领暗访组到新乡、鹤壁、安阳实地调研河道采砂整治、生态修复和河湖长巡河工作。暗访组一行先后到辉县市峪河口大桥、辉县市石门河南水北调倒虹吸、沧河卫辉市与淇县交界处、林州市露水河等地，实地查看河道采砂整治和生态修复进展情况，了解卫辉市共产主义渠右堤双河街居民区违建房屋情况。

1月10日～8月21日，安阳市1月11日完成南水北调配套工程滑县管理所、汤阴管理所、内黄管理所单位工程验收；4月16日完成施工10标4个分部验收，8月20日完成10标单位工程及合同项目验收；8月21日完成37号分水口门供水线路工程施工3标、38号分水口门供水线路工程、39号分水口门供水线路工程通水验收。

1月14日，南阳市委常委副市长孙昊哲主持召开会议，宣布市委任免决定，靳铁拴任南阳市南水北调和移民服务中心党组书记、主任，免去南阳市南水北调办党组书记、主任职务。

1月15～16日，2019年全国水利工作会议在北京召开。国务院总理李克强作出重要批示。水利部党组书记、部长鄂竟平出席会议并讲话。水利部副部长田学斌作总结讲话。部领导蒋旭光、田野、陆桂华、叶建春、魏山忠出席会议。

1月15～17日，河南省南水北调工程第二巡查大队、黄河水利委员会基本建设工程质量检测中心一行4人对周口市南水北调办运行管理进行巡视检查。

1月15～18日，南水北调工程设计管理中心工程档案检查评定组对南水北调中线工程干渠郑州1段设计单元工程档案进行专项验收前的检查评定，共检查郑州1段工程建设档案3191卷，其中竣工图127卷4063张，照片6册328张。

1月16日，省南水北调建管局会同周口市南水北调建管局组织有关专家召开施工13标合同变更审查会。

1月18日，水利部副部长蒋旭光一行到南水北调干线航空港区管理处检查指导工作。查看丈八沟节制闸高压配电室、自动化机房、防汛应急仓库、中控室值班情况和视频监控。水利部南水北调司副司长袁其田、监督司巡视员皮军随同检查。

1月18日，省南水北调建管局财务处处长胡国岭一行到周口市检查运行管理费收支情况及核销工作。

1月21日，按照《许昌市市直机构改革办公用房调整方案》要求，许昌市南水北调办搬迁至许昌市水利大厦办公。

1月23～24日，淅川县移民局组成两个督查组，对2018年移民后扶项目和南水北调九重镇移民村产业试点发展项目建设进度进行督查。督查组实地查看上集镇梁洼村扶贫加工车间项目、马蹬镇寇楼村香菇种植基地配套项目、桐柏村杂粮深加工基地建设项目、九重镇农场移民安置点秸秆食用菌车间项目、福森集团九重镇周岗村中药材种植基地及老城镇下湾村美丽乡村项目和大石桥郭家渠村项目工地。

1月24日，全省水利工作会议在郑州召开，水利厅党组书记刘正才作主题讲话，厅长孙运锋作总结讲话，厅党组副书记、副厅长（正厅级）王国栋主持会议。郑州市水务局等8个单位作交流发言，与会代表分6个组进行讨论。

1月24日，南阳运行中心组织消防安全专项培训并进行实地消防演练。

1月28～29日，省南水北调建管局有关处室主要负责人受省水利厅党组副书记、副厅长（正厅级）王国栋委托，到定点扶贫村肖庄村走访慰问困难群众，河南水建集团负责人随行。

1月31日，淅川县南水北调中线工程领导小组办公室在淅川县移民局揭牌。

2 月

2月2日，水利部副部长蒋旭光一行近日检查南水北调中线河南段工程运行管理并慰问职工。蒋旭光先后对河南分局分调中心、水质监测中心、梅河倒虹吸、丈八沟倒虹吸、坟庄河倒虹吸，中易水中心开关站、岗头隧洞、漕河渡槽等工程运行管理情况进行检查。

2月12日，水利部副部长陆桂华到南水北调中线建管局调研指导工作，在总调中心大厅慰问运行调度人员，考察输水调度工作。中线建管局局长于合群、党组书记刘春生，副局长刘宪亮、戴占强、李开杰，总工程师程德虎，总会计师陈新忠参加座谈。

2月15日，淅川县九重镇南水北调移民村产业发展试点2019年项目设计方案评审座谈会召开。九重镇移民村产业发展试点项目涉及九重镇桦栎扒、邹庄等8个南水北调移民村（点）。项目总投资1.2亿元，建设周期4年（2016～2019年）。2019年项目投资1500万元，共有东王岗村塑料大棚、东王岗村葡萄园大棚、邹庄村绿色果蔬生态观光园农旅服务设施配套、小张冲村2019年蔬菜大棚4个项目。

2月18日，截至2019年2月15日南水北调中线工程累计向北方输水200亿 m^3。北京市自来水硬度从每升380毫克，下降到每升120～130毫克。南水北调中线工程输水水质一直保持并优于Ⅱ类。

2月19日，省南水北调建管局组织志愿者，对所属商都路普惠社区的40多名环卫工人开展"元宵佳节送温暖"活动。

2月19日，平顶山市宝丰县杨庄镇马山根南水北调移民村广场举行移民新村2019年元宵大联欢活动。演出节目有广场舞、豫剧表演、歌曲演唱、唢呐演奏、萨克斯演奏、传统民俗表演划旱船。

2月20日，漯河维护中心组织干部职工到沙澧河公园红枫广场开展"2019年春节文体活动"。

2月23日，河南省水利学会会同中国水利水电勘测设计协会、黄河勘测规划设计研究院有限公司、新兴铸管股份有限公司共同举办水利水电工程球墨铸铁管道技术高级论坛。

2月28日，省绿化办、省直绿化办和省直文明办在郑州黄河湿地联合组织开展有6千余人参加的全民义务植树活动，省南水北调建管局组成17人的志愿服务队参加。

2月28日，长葛市南水北调移民安置办公室在全国第41个植树节来临之际，组织志愿者服务队到石象镇新107国道国家储备林项目建设区开展义务植树活动。

3 月

3月4～6日，水利厅党组成员李定斌到安阳、焦作、济源三市调研四水同治工作，实地察看安阳市南水北调西部调水工程、珠泉河生态水系工程、安阳县（示范区）水系连通生态走廊工程，焦作市大沙河城区段生态治理工程、南水北调城区生态走廊和左岸防洪影响处理工程，济源市小浪底北岸灌区渠首工程、引黄调蓄工程、解放河和盘溪河治理工程，询问南水北调供水配套工程建设进展情况，分别与当地政府和有关部门负责人进行座谈。

3月5日，漯河维护中心举办运行管理安全知识培训班，邀请中州水务平顶山基站专业人员对电气化操作及管线安全巡查进行安全知识培训。

3月5日，周口市南水北调办约谈山东菏泽黄河工程局、开封黄河工程开发有限公司法人代表及有关监理人员。

3月6～8日，许昌运行中心副主任范晓鹏一行到长葛市官亭镇上集村、襄城县王洛镇张庄村、建安区北海管理站专题调研丹江口库区移民稳定发展工作。

3月7日，南阳运行中心30余人到邓州"忧乐"廉政文化基地参观，学习范仲淹"先天下之忧而忧，后天下之乐而乐"的精神。

3月13日9时，湍河渡槽退水闸向湍河生态补水，流量5m³/s，持续时间两个月。

3月14日，水利部副部长、部南水北调东中一期工程验收工作领导小组组长蒋旭光主持召开领导小组2019年第一次全体会议。

3月17~18日，由海南热带雨林国家公园领导小组办公室、海南省发展改革委、财政厅、住建厅、人社厅、自然资源和规划厅、海南省农垦控股集团组成的海南热带雨林国家公园生态搬迁调研组，到淅川县考察南水北调移民搬迁工作。南阳运行中心（移民服务中心）相关领导及淅川县移民局局长张光东陪同考察。

3月18日，漯河维护中心组织全体干部职工开展义务植树活动，栽植黄山栾树苗200棵。

3月18日，许昌市襄城县南水北调办召开运行管理会议，重新对运行管理人员进行岗位分工，定人、定岗、定责；要求运行管理值班人员24小时不断岗；要求所有运行管理人员实行钉钉打卡；加强线路安全巡查和管护，对穿越占压工程重点巡察，必要时24小时看护。继续开展安全大排查。

3月20日，周口市南水北调办邀请平顶山基站运行维护专家组织为期一天的培训45人参加。

3月22日，南阳运行中心在"世界水日"参加渠首分局组织的澎湃新闻"节水优先、水质达标，南水北调中线工程实地再探访"直播宣传活动。副调研员杨青春接受记者访问。

3月22日，漯河维护中心在"世界水日"、第32届"中国水周"到红枫广场参与市水利局开展的世界水日和关爱山川河流公益活动。

3月22日，濮阳市南水北调办在"世界水日""中国水周"宣传活动中设置咨询台，悬挂条幅、摆放展板，向过往市民发放宣传页和宣传品，讲解南水北调配套工程知识。共发放宣传彩页600多份，宣传购物袋200多个，宣传纸杯600多个，出动宣传车8台次。

3月22日，安阳运行中心在东区两馆广场参加市水利局组织的"世界水日""中国水周"宣传活动启动仪式，现场设立咨询台，摆放宣传版面4块、发放《南水北调工程供用水管理条例》《河南省南水北调配套工程供用水和设施保护管理办法》，制作"依法保护，平安供水，你我有责"主题宣传漫画1000余张，知识手册、宣传袋等宣传物品500余份。

3月25日~4月1日，省水利厅检查组对南阳、平顶山、许昌、郑州、焦作、新乡、鹤壁、安阳等市南水北调工程34处防汛风险项目、5个弃渣场稳定加固项目及南水北调防洪影响处理工程6个未完工项目进行防汛检查。

3月26日，省水利厅副巡视员郭伟到南水北调中线工程叶县管理处督查防汛工作。

3月27日，水利部党组书记、部长鄂竟平一行到河南省调研指导"四水同治"工作。副省长武国定，省水利厅、郑州市、焦作市领导陪同调研。鄂竟平一行到人民胜利渠渠首工程、武陟县龙泽湖中水回用工程、大沙河焦作城区段水生态治理工程、南水北调焦作城区段生态保护工程和郑州市贾鲁河综合治理生态修复工程、北龙湖湿地工程调研，实地察看黄河水水质、含沙量，了解"四水同治"工作实施情况。

3月28日，省南水北调建管局召开唐河县桐河(北辰)万亩湿地公园项目占压南阳配套工程7号口门输水管道专题设计报告及安全影响评价报告审查会。

3月29日，周口市南水北调办召开7、8、9、10、11、13标段单位工程验收第三方质量检测询价会，邀请市监察委派驻周口市水利局监察人员进行全程监督。

4 月

4月2日，中国－欧盟水政策对话机制第一次会议在京召开，旨在启动中国与欧盟在水政策领域的对话机制，落实第十九次中国－欧盟领导人会晤成果。水利部部长鄂竟平出席会议并作《提升政策对话水平，共创中欧水资源合作美好未来》主旨报告。欧盟环境海洋事务和渔业委员卡尔梅努·维拉出席会议并作主旨报告，欧盟驻华大使郁白出席会议。水利部副部长田学斌主持会议。

4月2～4日，中线建管局局长于合群到渠首分局五个现地管理处工程现场检查指导运行管理工作，副局长刘宪亮参加部分管理处的检查。

4月8日，省南水北调建管局在郑州组织召开河南省南水北调工程运行管理第39次例会，省水利厅副厅长（正厅级）王国栋出席会议并讲话。省水利厅副巡视员郭伟、南水北调工程管理处主要负责人，南水北调中线建管局河南分局、渠首分局负责人，省南水北调建管局总工程师、各项目建管处主要负责人，各省辖市省直管县市南水北调中心（办）主要领导、分管领导，黄河设计公司、省水利设计公司、自动化代建单位、中州水务控股有限公司（联合体）、河南华北水电工程监理有限公司、省水利勘测有限公司负责人以及有关人员参加会议。

4月8～11日，水利部工程档案验收组通过对南水北调中线一期工程干渠辉县段设计单元工程档案专项验收。辉县段共形成工程建设档案10898卷，其中竣工图451卷8758张，照片15册760张。

4月8～19日，周口市南水北调办组织全体干部职工分两批到韶山开展"讲忠诚、严纪律、立正德"主题教育活动。

4月10日，水利部南水北调司副司长袁其田检查南水北调中线工程叶县段防汛准备工作。

4月11～19日，按照省南水北调建管局第39次例会要求，漯河维护中心对全市现地管理房及在建项目工地的防汛物资配备情况、汛期排水、用电安全、设备使用与维护、责任区卫生等进行为期一周的汛前安全大检查。

4月14～21日，平顶山运行中心在西安交通大学组织举办全市南水北调及移民系统干部综合素能提升培训班，50余人参加培训。

4月16日，水利部副部长、部南水北调验收工作领导小组组长蒋旭光出席南水北调工程验收工作推进会并讲话。部总工程师、验收领导小组副组长刘伟平作会议总结，部总经济师、验收领导小组副组长张忠义主持会议。

4月16日，中国南水北调工程建设年鉴编纂工作会议在扬州召开，水利部南水北调司副司长袁其田、南水北调工程政策及技术研究中心、年鉴编委会办公室主任井书光、中国水利水电出版社社长营幼峰出席会议并讲话。水利部有关司局、直属单位，工程沿线省（直辖市）水利厅（局），以及项目法人等单位的年鉴编纂工作负责人、特约编辑50余人参加会议。

4月16日，省南水北调建管局到周口市调研施工8标周商路顶管施工过程中造成光缆损毁问题。

4月16日，山西省漳河水利工程建设管理局到焦作市考察南水北调配套工程运行管理工作。

4月19日，水利厅厅长孙运锋、副厅长（正厅级）王国栋约谈欠缴南水北调水费较多的平顶山、安阳、新乡、焦作、周口、鹤壁、濮阳7个省辖市水利局主要负责人，督办水费收缴。

4月19日，省南水北调建管局邀请河南天基律师事务所律师为干部职工进行网络安全法律知识专题讲座，全体干部职工参加活动。

4月22日，中国南水北调工程网站域名变更通知，按照政府网站管理工作有关要求，中国南水北调工程网站将于2019年4月30日起正式启用 nsbd.mwr.gov.cn 域名。原域名 www.nsbd.gov.cn 同时停止使用。

4月22~23日，南水北调宣传通联业务第八期培训班在山东省青岛市举办，南水北调工程管理单位近120人参加。水利部南水北调司副司长袁其田出席并讲话。邀请专家讲授新媒体创意制作、新闻摄影技巧、新闻写作知识和技巧，表彰2018年度宣传工作先进单位和个人，先进单位代表作经验交流。

4月22~24日，南水北调工程设计管理中心总工程师孙庆国专项检查南水北调中线河南段工程风险部位。

4月22~25日，省南水北调工程第二巡检大队到周口市对运行管理巡查发现问题的整改情况进行现场复查。

4月23~25日，水利部南水北调司在河南省许昌市举办南水北调验收工作培训班。培训内容是工程验收和财务决算，共设7个课程24个学时。国务院南水北调建委会专家委副主任汪易森、验收标准撰写人唐涛授课；南水北调司、设管中心和中线建管局负责编制计划、组织验收和决算的管理人员讲解工作要点、标准方法和注意事项。

4月25日，中线建管局局长于合群检查南水北调中线工程叶县段沿线土建绿化及高填方加固情况。

4月25日，汤阴县林业局在绿化施工中，擅自在南水北调37号口门供水管线上方打井，发生管道严重漏水，造成内黄县城区供水中断。事故发生后，安阳市副市长刘建发主持召开抢险协调会议，市运行中心组织施工昼夜不停抢修，比计划提前5天恢复向内黄县城供水。

4月26日，河南易凯针织有限公司供水工程连接南水北调35号供水管线滑县第四水厂支线开工，6月1日正式通水。

4月27~29日，水利部组织北京、天津、河北、山东、河南5省（市）受水区相关专家技术人员，在许昌举办南水北调东中线一期工程受水区压采评估考核技术培训班70余人参加培训。培训班学员现场观摩许昌职业技术学院关井点、建安区北海公园、三达污水处理厂人工湿地、长葛市增福湖引黄入长工程。

4月29日，水利厅副厅长（正厅级）王国栋主持召开郑汴一体化供水工程推进会，提出要求并建立工作台账。

4月29日，水利厅南水北调工程管理处调研组到新乡调研南水北调配套工程进水池清污和水量计量工作，新乡运行中心总工司大勇随同调研。调研组到配套工程32号输水管线老道井口门进水前池实地考察，在中线卫辉管理处召开座谈。

5 月

5月1日8时，经水利部批准，桩号1+300监测断面作为干渠入渠水量的计量监测断面正式启用。

5月1日，南水北调中线工程累计向鹤壁市供水18624万 m^3，其中向城市水厂供水13789万 m^3，淇河生态补水4835万 m^3。

5月1日，叶县重点项目指挥部副指挥长、石院墙河县级河长赵三林带领县公安局、水利局、河长办、治超办及南水北调干渠叶县管理处、常村镇政府、夏李乡政府等有关单位工作人员100多人，对常村镇、夏李乡境内的石院墙河开展河湖清洁集中执法专项行动，行洪安全、违法占用水域空间整治、水生态环境修复取得明显成效。

5月6~8日，新乡市举办南水北调配套工程运行管理2019年第一期培训班。

5月6日，邓州服务中心对全体南水北调配套工程运行管理人员进行为期3天的业务培训。

5月9日，水利部副部长蒋旭光到南水北调中线工程河南段现场查看防汛备汛工作，南水北调司司长李鹏程、河湖司副司长刘冬顺（正司级）、监督司巡视员皮军参加。

5月9日，鹤壁市水利局市南水北调办到淇滨区牟山一区广场开展《鹤壁市地下水保护条例》宣传活动。

5月10日，水利部在郑州召开南水北调工程防汛工作座谈会，水利部副部长蒋旭光出席会议并讲话。

5月10日下午4点15分，在安林高速南水北调桥处，一辆货车撞破护栏卡在桥上，车头机油发生外漏流入南水北调干渠。安阳运行中心工作人员立即赶到现场，事故车辆于5点17分拖走，5点40分桥面残留的机油清除干净。据估算有10L机油流入南水北调水体。市南水北调办与干线安阳管理处及时进行处置，对干渠边坡上机油进行清除，在渠道水面布置4道拦油设施。在不同位置抽取6组水样检测，水质无异常。省环保厅、河南分局领导及专家经现场查看，认为事故处置得当，没有影响水质。

5月16日，南阳运行中心纪念五四运动100周年组织干部职工参观冯友兰纪念馆和省级爱国主义教育基地——唐河革命纪念馆。

5月20日，成立"河南省水利厅南水北调工程验收工作领导小组"。

5月20日，海河水利委员会副主任田友率海河防总防汛抗旱检查组到南水北调中线鹤壁段检查防汛工作。

5月20日，周口市南水北调办组织召开配套工程竣工图编制及验收工作促进会。

5月21日，水利厅组织开展水利科技周参观活动，厅机关各处室、有关二级机构干部职工20余人，到南水北调中线建管局河南分局、省水利勘测设计公司参观学习。在河南分局调度中心现场观看南水北调中线工程干渠实时巡查画面。

5月21～24日，水利部办公厅、设管中心、河南省水利厅及特邀专家对南水北调中线一期工程郑州1段设计单元工程档案进行专项验收。验收工作组同意通过工程档案专项验收。

5月23日，省南水北调建管局总工程师冯光亮带领各处负责人，对鹤壁市南水北调配套工程尾工、验收、运行管理、投资控制、财务管理、移民征迁及档案管理工作进行调研。调研组到省南水北调供水配套工程黄河北维护中心合建项目、省南水北调供水配套工程黄河北仓储中心项目工地实地查看项目建设进展情况。

5月23日，省南水北调建管局调研组一行9人，到安阳市调研南水北调配套工程，市运行中心主任马荣洲随同调研。调研组到南水北调配套工程市区管理处、汤阴管理所、38-3管理站等处实地察看，了解配套工程管理设施提升完善、尾工建设、水费收缴、工程运行情况；就安阳市提出的配套工程保护区划定、阀井低于周边地面影响通水安全运行，以及汤阴、内黄管理所设计方案报批、市区管理处所设计变更、穿越项目审查、资金复核等问题进行交流，初步明确解决办法和途径。

5月23日，焦作市总河长徐衣显带领有关部门负责人，到南水北调城区段、黄沁河武陟、博爱段开展巡河并检查防汛准备工作。

5月28日，水利部在京召开《中国南水北调工程》丛书出版座谈会。受水利部部长、丛书编委会主任鄂竟平委托，水利部副部长、丛书主编蒋旭光出席会议并讲话。中宣部出版局、国家文物局负责人出席会议并讲话。700余人参与编纂的《中国南水北调工程》丛书共九卷历时7年完成，由中国水利水电出版社出版发行。

5月28日，省南水北调建管局响应省委省直工委号召，组织11名志愿者前往紫荆山义务献血采集点开展献血活动。

5月29日，水利厅党组副书记、副厅长王

国栋（正厅级）到郑州市南水北调配套工程刘湾泵站及21号口门线路尾工现场调研，厅南水北调工程管理处处长雷淮平、省南水北调建管局建管处处长徐庆河随同调研。

5月30日，荥阳市开展"三污一净"专项整治行动，豫龙镇对索河支流与南水北调交叉处存在乱堆乱排问题进行排查，对南水北调渡槽上下游自然沟道进行整治，封堵排污口、清淤、堆砌护坡，治理南水北调渡槽周边环境脏乱差。

5月31日~6月5日，水利部南水北调规划设计管理局副局长尹宏伟带队对河南省南水北调受水区地下水压采和地下水超采区综合治理试点工作进行调研。调研组分压采组和试点组分别到南水北调受水区鹤壁市、焦作市和地下水超采区综合治理试点兰考县、滑县、内黄县调研。省水利厅党组副书记、副厅长（正厅级）王国栋、厅总规划师李建顺出席座谈会，厅水文水资源处相关负责人参加调研。

5月31日，焦作市委常委、焦作军分区政委刘新旺督导南水北调配套工程府城泵站建设。

6 月

6月4~5日，水利部在河南郑州召开南水北调工程管理工作会议。水利部副部长蒋旭光出席会议并讲话。水利部总工程师刘伟平主持会议，总经济师张忠义出席。蒋旭光指出，当前供水需求发生明显变化，生态效益提升任重道远，水价政策完善水费收缴还需努力，尾工建设和配套工程尚未完成，工程验收任务艰巨，工程监管体系仍需完善。

6月5日，许昌市委书记胡五岳到南水北调中线禹州段颍河倒虹吸进口检查防汛工作并召开现场工作会。

6月5日，省南水北调建管局总工程师冯光亮一行对周口市南水北调配套工程尾工、验收、运行管理、投资控制、财务管理、移民征迁及档案管理等工作进行调研。

6月5日，省南水北调建管局组织开展"我们的节日·端午"主题活动，组织干部职工开展包粽子食粽子活动，这是连续开展端午节包粽子活动的第5年。

6月6日，全国政协提案委员会副主任郭庚茂率队到水利部，就"充分发挥南水北调中线工程综合效益"开展重点提案督办座谈。水利部部长鄂竟平出席座谈会。

6月11日，水利厅召开"不忘初心、牢记使命"主题教育动员会，厅党组书记、厅"不忘初心、牢记使命"主题教育领导小组组长刘正才作动员讲话，省委第五巡回指导组与会指导，厅长、厅"不忘初心、牢记使命"主题教育领导小组副组长孙运锋主持会议并作总结讲话。

6月11日，鹤壁市南水北调办组织召开配套工程巡检智能管理系统培训会，邀请河南省水利勘测有限公司到场讲解。

6月12日，省防汛抗旱指挥部副指挥长兼秘书长、水利厅厅长孙运锋到荥阳唐岗水库观摩指导省防汛抗旱物资储备中心应急调运和抢险演练。观摩结束后，孙运锋一行到南水北调中线左岸防洪影响工程调研。

6月12日，受省人大委托，河南省社科院课题组调研焦作市南水北调落实水污染防治一法一条例工作。

6月13日，焦作水文局党支部组织开展"不忘初心、重温入党誓词"主题党日活动，全体在职在岗党员10余人到南水北调穿黄工程管理处参观学习。在穿黄工程纪念台重温入党誓词，学习"南水北调精神"。

6月13日，安阳运行中心举办市直水利系统2019年第二季度道德讲堂活动，主题"传家训、立家规、扬家风"，市直水利系统50余人参加活动。

6月14日，省南水北调建管局郑州建管处党支部召开"不忘初心、牢记使命"主题教育动员会暨集中学习活动，党支部书记余洋作动员讲话。

6月14日，安阳市水利局组织召开南水北调中线安阳宝莲湖调蓄工程建设工作专班第2次例会。市水利局、南水北调办、发展改革委、财政局、自然资源和规划局、文峰区政府、豫北水利勘测设计院的相关负责人参加会议。

6月14日，鹤壁市南水北调办主任杜长明带队检查南水北调中线工程鹤壁段防汛及水源保护工作情况，干线鹤壁管理处处长蔡广智随同检查。

6月17日，水利厅开展"不忘初心、牢记使命"主题教育集中学习，分上午下午两场，以视频会议形式进行。水利厅机关副处级以上干部、厅属单位党政负责同志在主会场参加集中学习，厅属单位有关同志在各分会场参加集中学习。在下午专家辅导结束后，省水利厅"不忘初心、牢记使命"主题教育领导小组组长、党组书记刘正才结合专家讲授对进一步强化水利厅意识形态工作提出明确要求。

6月17日，许昌运行中心主任张建民一行到长葛市调研南水北调移民后期扶持情况。张建民一行观摩南水北调倒虹吸工程、配套工程、供水保障、佛耳湖镇下集养殖场及农家乐配套项目。

6月18日，周口市南水北调办在西区出口管理站开展防汛应急培训和应急演练，平顶山基站工作人员和运管人员参加。

6月18～20日，水利部南水北调司在江苏省扬州市江都水利枢纽举办南水北调工程供用水管理条例培训班，共设8项课程24个学时。关有项目法人及运管单位共53人参加培训。

6月18日，安阳市南水北调防汛工作会议在干线安阳管理处召开。副市长、市南水北调工程防汛分指挥部指挥长刘建发，副指挥长王建军，分防指成员单位负责人、南水北调干渠沿线县区政府分管领导和运行中心负责人出席会议。汤阴管理处、安阳管理处负责人介绍干渠工程防汛准备情况，县区主要负责人递交《南水北调工程防汛安全责任书》。

6月18日，周口市南水北调办组织开展防汛应急培训和应急演练，全体运管人员参加。邀请平顶山基站维护专业技术人员对暴雨来临时现地管理站电气设备如何断电和移动电站如何正确接线进行讲解。现场模拟汛期重点部位、重要阀井突发情况，运管人员分成几个小组，分工协调处置问题。

6月21日，安阳运行中心支部书记马荣洲带领全体党员到林州市庙荒村联合开展主题党日活动。驻庙荒村第一书记陈军带领大家逐街逐巷讲述旧貌换新颜的历程。

6月24日，省南水北调建管局平顶山建管处党支部召开"不忘初心、牢记使命"主题教育集中学习研讨会，支部书记徐庆河主持会议。

6月24～30日，省南水北调建管局郑州建管处党支部组织支部全体党员干部开展为期一周的"不忘初心、牢记使命"主题教育集中学习。

6月25日，漯河市维护中心在"安全生产月"活动中邀请市住建局安监站专家到管理处调度大楼施工现场检查指导。

6月26日，水利部南水北调司在合肥市召开南水北调综合及科技管理工作座谈会。围绕水利改革发展总基调，开展通水五周年宣传，研究南水北调重大科技需求及整体报奖等工作进行座谈。

6月26日，省委常委省委统战部部长、漳河省级河长孙守刚到安阳检查指导防汛抗旱及漳河河长制工作，在南水北调穿漳河倒虹吸工程了解工程设计流量、通水情况和防汛准备情况。

6月26日，鹤壁市水利局、市南水北调办共同开展主题为"读书学习，让人生出彩"的道德讲堂活动，干部职工50余人参加。

6月27～28日，省南水北调建管局在郑州召开河南省南水北调工程运行管理第40次例会，省水利厅党组副书记、副厅长（正厅级）王国栋出席会议并讲话。省水利厅南水北调工程管理处主要负责人，南水北调中线建管局河南分局、渠首分局负责人，省南水北调建管局总工程师、各项目建管处主要负责人，各省辖市运行中心（建管局）主要负责人及相关部门负责人，自动化代建单位负责人以及有关人员参加会议。

6月28日，水利厅党组副书记、副厅长（正厅级）王国栋为水文水资源处（省节水办）、南水北调工程管理处党支部全体党员作"坚守初心、勇担使命，以主题教育实效助力水利改革发展"专题党课。

6月28日~7月3日，南水北调干渠通过闫河退水闸对焦作市生态补水40万 m^3。

6月29日，南水北调禹州登封供水工程通水仪式在登封白沙水库通水处举行，工程总长28.5km，总投资7.18亿元，沿线共布置各类阀井99座、各类镇墩187座，工程比原计划提前10个月完工。2016年3月9日，登封与省水投签订《合作框架协议》，工程列入河南省水利发展"十三五"规划，12月29日登封市与南阳市签署南水北调2000万 m^3 用水指标交易协议。

6月，南水北调中线邓州段两侧饮用水水源保护区范围划定工作全部完成并通过验收。

7 月

7月1日，省防汛抗旱指挥部在南水北调中线沁河倒虹吸工程现场举行防汛抢险应急演练。省防指副指挥长、副省长武国定现场观摩并讲话。演练由省水利厅、省应急管理厅、中线建管局、河南黄河河务局、焦作市政府承办，有关单位参加演练。

7月1日，平顶山运行中心举办"追忆初心 牢记使命"主题党日活动。党总支书记、副局长王海超带领两个支部的党员干部到宝丰县中原军区司令部旧址参观学习重温入党誓词。

7月3~5日，水利部南水北调规划设计管理局及特邀专家组成档案检查评定组，在新郑市对南水北调中线一期工程郑州2段设计单元工程档案进行专项验收前的检查评定。

7月5日，省南水北调建管局新乡建管处党支部召开支部党员大会庆祝建党98周年，支部书记邹根中以"为了坚守初心，中国共产党所经历的磨难"为题为全体党员干部讲党课。

7月6日，南水北调供水配套工程焦作府城线路开始向府城水厂供水。

7月9日，省委常委组织部部长、淇河省级河长孔昌生到鹤壁市调研防汛及河长制工作。孔昌生一行查看淇河河道综合治理工程和防汛重点的准备工作。

7月9日，河南日报记者从省发展改革委获悉，2019年南水北调对口协作项目投资计划（第二批）已下达河南省，27个项目获投资计划4.8亿元。

7月10日，水利厅南水北调工程管理处发布关于河南省南水北调工程验收专家库入库人员名单的公示，河南省南水北调工程验收专家库第一批拟入库专家共164人。

7月12日，许昌运行中心主任张建民一行4人到襄城县颍阳镇洪村寺村调研驻村扶贫工作，走访慰问单位派驻村两委干部。

7月15~16日，水利部南水北调司副司长袁其田带领调研组到郑州、许昌调研南水北调工程供用水管理条例执行情况。调研组察看南水北调干线工程郑州段保护区、郑州市贾鲁河治理、禹王湖及颍河生态补水、河西沟渡槽出口防洪影响处理、沙坨湖调蓄水库设计选址等现场。

7月15~17日，平顶山运行中心组织开展南水北调配套工程高庄泵站启动验收。

7月16日，南阳运行中心机关第二党支部党员到桐柏县开展"庆祝建党98周年"主题党日活动，参观回龙乡榨楼革命根据地、桐柏革命纪念馆。

7月16～17日，南阳运行中心主任靳铁栓一行到淅川县调研移民工作。靳铁栓一行到河南合一公司红豆杉科技园基地、九重镇邹庄丹江绿色果蔬园、仁和康源万亩石榴基地、东王岗葡萄园、香花镇宋岗码头塌岸治理紧急项目、平发农业马蹬食用菌产业脱贫示范基地、丹江口水库地质灾害防治工程监测预警项目-马蹬镇崔湾村贾东组观测点、上集镇丹江孔雀谷、大石桥西岭移民村地质灾害点、老城镇下湾村移民避险解困试点项目、南水北调移民精神教育基地，调研九重镇移民村产业发展试点项目、移民后扶项目、汛期地质灾害防治、移民脱贫攻坚、美丽乡村建设等工作。

7月18日，省委常委省纪委书记、省监委主任任正晓带领省水利厅、省应急管理厅、省农业农村厅及黄河河务局负责人到焦作、济源检查指导防汛抗旱工作，并履行河长职责实地巡察沁河。任正晓一行到大沙河治理工程、沁河白马沟险工、南水北调中线工程、防汛物资仓库、沁河"清四乱"现场、小浪底北岸灌区渠首工程等，了解防汛物资储备、应急预案、工作责任落实、工程进展等情况。

7月18～19日，水利厅移民安置处党支部书记一行到南阳市南水北调移民村开展美好移民村建设调研。调研组到南阳市卧龙区蒲山镇杨营村、邓州市九龙镇陈岗村，了解移民村招商引资企业生产经营和移民村生产发展项目建设运行情况，询问移民群众就业、收入和村集体经济收入等情况，分别在两个移民村召开座谈会。

7月19日，中线建管局局长于合群到南水北调中线工程郑州管理处检查指导工作，并召开全体员工座谈会。

7月19日，鹤壁市南水北调办联合鹤壁市湘江小学到南水北调配套工程36号分水口门

第三水厂泵站共同举办"珍爱生命，关爱为先，切实做好南水北调防溺亡安全教育"活动，50余名师生及家长参加。

7月20日，南水北调焦作城区段绿化带"锦绣四季""枫林晚秋""玉花承泽""诗画太行"四个节点公园举行开园仪式。市委书记王小平为15名建设标兵颁发荣誉证书，市长徐衣显为建设先进单位中建七局发放奖金。

7月21～23日，水利部调水局组织对南水北调中线一期工程干渠膨胀岩（土）试验段（潞王坟段）设计单元工程进行完工验收技术性初步验收，特邀15位专家成立验收组，原国务院南水北调办副主任宁远任验收专家组组长。验收组同意通过技术性初步验收。

7月22日，渠首分局完成膨胀土试验段工程（南阳段）、白河倒虹吸、南阳市段、方城县段4个设计单元工程档案验收移交工作。

7月26日，省南水北调建管局召开南阳市南水北调配套工程完善管理设施新增项目设计审查会。

7月26～27日，焦作市交通运输局在焦作市迎宾馆主持举行焦作2段跨渠桥梁竣工验收移交会议。验收委员会通过焦作2段21座县、乡道跨渠桥梁竣工验收鉴定书（其中公路桥13座，生产桥8座）。

7月29日，南水北调配套工程辉县第三水厂试通水，供水范围为辉县市城市规划区及孟庄镇辖区。标志新乡市配套工程规划受水区全部实现通水，全市累计承接丹江水3.968亿m³，受益人口180万。

7月29～30日，水利厅组织有关专家对石门河倒虹吸工程设计单元工程完工验收技术性初步验收条件进行核查。

7月31日～8月2日，省南水北调建管局郑州建管处党支部按照水利厅"不忘初心、牢记使命"主题教育工作要求，组成调研组对焦作市、安阳市、新乡市南水北调配套工程档案管理情况进行现场调研。掌握各参建单位在档案工作中的进度滞后、人员流动频

繁、收集困难等突出问题，以及工地资料保管条件较差、档案整理不规范等实际情况。调研组在现场给出指导意见并商讨解决办法。

7月，邓州市配套工程输水三支线完成维修，开始向三水厂供水，南水北调配套工程邓州市城区规划的3座水厂全部通水。

8 月

8月1日，省南水北调建管局总工程师冯光亮带队一行4人，到安阳市调研南水北调配套工程档案管理情况。

8月1~2日，副省长何金平带领省政府副秘书长薛云伟、省水利厅副厅级巡视员刘长涛等部门负责人检查督导南阳市防汛工作。何金平一行到邓州市张沟水库、南水北调中线工程刁河渡槽、唐河县桐河河道治理、唐河水系城区段查看防汛及河长制工作情况。

8月1日，省南水北调建管局开展社会公德主题教育活动，集体观看学习四川大学教授阎钢讲授的《现代公共生活与社会公德修养》讲座的第一节和第二节，何谓现代公共生活和公共生活需要秩序两个主题。

8月5~9日，水利厅在郑州举办南水北调工程运行管理培训班。全省南水北调配套工程相关管理人员共60余人参加培训。培训内容：南水北调工程供用水管理条例，河南省南水北调配套工程供用水和设施保护管理办法，南水北调设计单元工程完工验收工作导则，河南省南水北调配套工程验收工作导则，配套工程泵站管理规程，配套工程重力流线路管理规程，配套工程运行调度及维护管理等。

8月6~7日，南阳运行中心党委书记、主任靳铁拴一行3人，到社旗县桥头镇马蹬村、大冯营镇向阳村、苗店镇淅丹村、赵河街道高庄村和唐河县张店镇老人仓村、桐寨铺梁庄东村、古城乡文抗村调研南水北调移民产业发展和美丽移民村建设。

8月7日，省南水北调建管局组织全体干部职工观看《2018年"诚信之星"》发布仪式和"诚信，让河南更加出彩"公益宣传片，学习早餐奶奶、残疾人老总崔万志，信义兄弟和中国石化润滑油研发集体等获奖人物和集体的先进事迹。

8月8日，漯河维护中心通过市水利局向省水利厅申报生态补水计划。8月15日开始通过南水北调干渠澧河渡槽、方城退水闸，经燕山水库向漯河市区生态补水。

8月9日，浙江大学"共筑辉煌七十载，青春奋进新时代"暑期社会实践小分队一行3人到淅川县移民局，召开座谈会，参观南水北调精神展览馆，了解丹江口水库淅川移民为南水北调中线工程建设做出的巨大贡献。

8月10日~9月30日，水利厅组织协调南阳、平顶山、许昌、郑州、焦作新乡、鹤壁、安阳从南水北调干渠对河道进行生态补水，补水量1.49亿 m^3。

8月11~22日，南水北调中线工程沙河渡槽退水闸向沙河及下游白龟山水库生态补水1654万 m^3；9月12日~10月1日，生态补水4800万 m^3；10月1日~12月31日，向白龟山水库充库补水21208万 m^3。

8月13日，南水北调中线渠首工程陶岔电厂累计发电量首次达到1亿（千瓦小时）kW·h。

8月13日，中线建管局局长于合群检查渠首分局陶岔电厂、南阳管理处、方城管理处大流量输水运行管理工作，总调度中心、河南分局、渠首分局相关负责人随同检查。

8月13~16日，水利部南水北调规划设计管理局组织水利部办公厅、河南省水利厅及有关工程档案专家成立验收组，对新乡和卫辉段设计单元工程档案进行专项验收，验收组同意通过档案专项验收。至此南水北调新乡段5个设计单元全部通过工程档案专项验收。

8月14日，水利部副部长蒋旭光一行到南

水北调中线郑州管理处检查防汛工作并现场查看桥梁、渡槽及现地中控室建设。

8月15日，平顶山市新城区焦庄水厂调试结束，正式开始运行，位于干渠宝丰管理处的配套工程12号马庄口门开闸分水。

8月15日，周口市南水北调办组织召开配套工程断水应急工作会议，市城管局、市银龙水务有限公司、商水县南水北调办、平顶山基站负责人以及机关各科室参加会议。

8月16日，省南水北调建管局组织开展"绿城啄木鸟"志愿服务活动。11名志愿者进入对接社区，设置节能减排、垃圾分类、移风易俗活动宣传展板，向居民讲解节能减排、垃圾分类、移风易俗的小知识，沿社区周边清理小广告、白色垃圾、整理乱停乱放自行车。

8月16日，淅川县南水北调建管局组织监理、设计、施工、质监、审计等参建单位对南水北调丹江口水库淅川县宋岗码头塌岸整治紧急项目合同工程进行完工验收并通过验收。

8月16日下午，漯河维护中心巡线人员途径107国道发现一辆面包车因躲避行人避让不及导致车辆侧翻事故，车内3人被困。巡线员张林凯等5人及时停车进行救援，被困人员救出后离开现场。

8月17日，南水北调中线宝丰管理处累计入渠水量186亿 m^3，通过马庄分水口门、高庄分水口门和北汝河退水闸共分水和生态补水8734.58万 m^3，水质各项指标稳定，达到或优于地表水 II 类指标。

8月19日，水利部发展研究中心原副主任王海一行到河南省调研干渠保护区划定、水质安全、执法监管工作，实地查勘并在水利厅召开座谈会。

8月19~22日，省南水北调建管局对安阳市配套工程巡检智能管理系统进行测试。

8月19~22日，南水北调干渠通过闫河退水闸向焦作市生态补水54.08万 m^3。

8月19~23日，周口市南水北调办举办2019年第一阶段运行管理培训班。

8月20日，平顶山市委书记周斌带领有关人员调研"四水同治"工作。周斌一行来到昭平台水库北干渠二分干渠、西外口水库、南水北调沙河退水闸和澎河分水口门等处，实地察看水系连通、水资源利用、北部山体生态修复引水工程、南水北调供水配套工程等规划情况。

8月20日8时，陶岔渠首入渠流量348.8 m^3/s，全线分水流量352.2 m^3/s，生态补水总流量126 m^3/s。这是中线工程通水以来第三次向沿线河流生态补水。

8月20~23日，水利厅在新乡市主持召开南水北调中线一期工程干渠黄河北—姜河北段石门河渠道倒虹吸工程设计单元工程完工验收技术性初步验收会。验收专家组同意通过验收。

8月21~22日，水利部在郑州市对南水北调中线一期工程北汝河渠道倒虹吸工程进行设计单元工程完工验收并通过验收。这是河南省境内第一个通过完工验收的南水北调中线设计单元工程。

8月22日，水利部南水北调工程管理司副司长谢民英一行到河南省调研南水北调丹江口库区移民安置财务决算工作，并主持召开河南省南水北调丹江口库区移民安置项目完工财务决算审计工作进点会。水利部正式启动对河南省南水北调丹江口库区移民安置项目完工财务决算的审计工作。

8月22日，省移民办在郑州组织召开"河南省水库移民后扶管理信息系统南水北调丹江口库区移民管理子系统开发项目"合同验收会并通过验收。

8月23日，河南省水利勘测有限公司对滑县南水北调智能巡检管理人员进行业务培训。

8月28日~9月11日，水利部在京首次举办"补短板、强监管"水利改革发展总基调专题培训班。水利部党组书记、部长鄂竟平审定培训方案，部党组成员、副部长魏山忠出席首期培训班开班式并作动员讲话。水利改革发展总基调专题培训班按业务领域分防汛和信息化、供水和水资源、工程建设和运行管理、生态文明建设、内部监管等五个专题分别实施。共培训部机关、部属单位和地方水利（水务）厅（局）司局级、处级干部300名。

8月29日，漯河维护中心举办以"忠厚传家久·诗书继世长"为题的道德讲堂，漯河市水利、南水北调系统共50余人参加活动。

8月30日，省南水北调建管局新乡建管处党支部召开"不忘初心、牢记使命"专题组织生活会，会议由新乡建管处党支部书记邹根中主持，水利厅主题教育第一巡回指导组到会指导。

8月30日，首届全国节约用水知识大赛在京启动，水利部副部长、大赛组委会主任魏山忠出席启动仪式并讲话。

8月30日，省南水北调建管局平顶山建管处党支部召开"不忘初心、牢记使命"主题教育专题组织生活会，党支部书记徐庆河主持会议，水利厅主题教育第一巡回指导组到会指导。

8月，邓州市检察院在境内南水北调干渠沿线4个乡镇开展"清三违，保送水"活动，排查并完成治理2处污染排放风险点，对连续两年水利部督办未能解决的干渠赵集镇彭家违规堆土场进行彻底清理。

9 月

9月3日，南水北调中线工程新郑南段24座桥梁通过竣工验收，11月13日郑州2段11座桥梁通过竣工验收。

9月3~4日，省南水北调建管局总工和各处主要负责人受省水利厅党组副书记、副厅长（正厅级）王国栋委托，到驻马店肖庄村开展定点帮扶慰问，并为助建的肖庄村小学送300余册图书。

9月3~6日，水利部办公厅组织工程档案专项验收组，在新郑市对南水北调中线一期工程潮河段设计单元工程档案进行专项验收。专项验收组同意通过工程档案专项验收。

9月4日，省发展改革委副主任郭玮一行到淅川县，对九重镇南水北调移民村产业发展试点项目进行专题调研。郭玮一行实地查看仁和康源软籽石榴基地、邹庄丹江绿色果蔬园、桦栎扒村合一红豆杉科技园、东王岗葡萄基地、东王岗蔬菜基地、周岗村福森药业中药材种植基地。

9月5日，水利部党组第六轮巡视派出的3个巡视组分别进驻南水北调规划设计管理局、宣传教育中心、小浪底水利枢纽管理中心、三门峡温泉疗养院和南水北调东线总公司等5家单位开展巡视。

9月5日22时23分，北京市累计接收南水北调水50亿 m^3，直接受益人口超过1200万。北京市人均水资源量由100m^3提高到150m^3，但仍远低于国际公认人均500m^3的极度缺水警戒线。

9月5日，中线建管局渠首分局开展输水调度技术交流与创新微论坛活动。围绕应急调度、调度控制策略、调度信息化建设进行论文征集，共有9篇论文集中汇报展示。

9月11日，省南水北调建管局建管处响应水利厅领导号召，把"作风建设年"活动和"不忘初心，牢记使命"主题教育与业务工作深度融合，选定验收工作最为滞后的郑州运行中心为试点，成立工作组，制定方案，跟踪推进。

9月12日，南水北调中线鹤壁段工程23座农村跨渠桥梁通过竣工验收并完成移交接管。

9月12日，省南水北调建管局联合物业公司在职工食堂举办"我们的节日中秋"DIY活动，干部职工齐聚一堂，揉面、盘馅儿、压制、烘烤，中午就吃到自己亲手制作的中秋月饼，共度一个愉快节日。

9月12日，安阳运行中心组织开展"迎中

秋、颂祖国"诗歌朗诵会，其中以独颂的表演形式朗诵《我和我的祖国》《中秋团圆》《水调歌头·明月几时有》《乡愁》。

9月12~15日，汉江上游出现华西秋雨天气，丹江口水库以上面雨量59mm，其中石泉以上97mm，最大点雨量陕西汉中骆家坝194mm。丹江口水库16日21时入库洪峰流量16000m³/s，出库流量7500m³/s，水库水位涨至163m，低于汛限（163.50m）0.5m。

9月12~30日，南水北调干渠通过闫河退水闸向焦作市生态补水147.06万m³。

9月13日16：06，南水北调干渠卫辉香泉河退水闸开始进行生态补水，初始流量为1m³/s；9月17日10：18，流量调整为2m³/s。截至9月30日12：01结束。生态补水历时18天，实际补水量258.33万m³，香泉河流经的卫辉市安都乡大双村、西南庄及甘庄村的地下漏斗区水位明显提升，附近观测井水深由补水前的30m提高到25m。

9月13~30日，安阳河退水闸向安阳河生态补水138.27万m³。10月1~8日、10月16~21日，汤河退水闸向汤河生态补水176.1万m³。

9月17日，应水利部国际科技与合作司邀请，荷兰基础建设与水管理部水利交通和环境总司长米希拉·布洛姆率代表团共9人到南水北调团城湖明渠参观考察。

9月17日，中线建管局副局长刘宪亮到干渠宝丰管理处应河倒虹吸进口检查水质净化试验实施情况。

9月18日，中共中央总书记、国家主席、中央军委主席习近平在郑州主持召开黄河流域生态保护和高质量发展座谈会并发表重要讲话。中共中央政治局常委、国务院副总理韩正出席座谈会并讲话。

9月18日，省南水北调建管局召开"学习模范精神　聚焦前行力量"座谈会全体干部职工参加。共同学习习近平总书记对第七届全国道德模范表彰活动作出的重要批示和第七届全国道德模范座谈会会议精神，观看《德耀中华

——第七届全国道德模范颁奖仪式》。

9月18日，周口市南水北调办召开"不忘初心　牢记使命"主题教育动员会，副主任张丽娜主持，主任何东华讲话，全体干部职工参加，市水利局科长王艳应邀参加。

9月18~20日，南水北调中线工程沁河渠道倒虹吸工程、膨胀岩（土）试验段工程（潞王坟段）和湍河渡槽工程通过水利部组织的设计单元工程完工验收。

9月19日，中线建管局召开水利安全生产标准化一级达标创建暨标准化规范化强推动员会。

9月20日，渠首分局完成湍河渡槽设计单元工程完工验收。

9月20日，平顶山运行中心召开"不忘初心、牢记使命"主题教育动员会。全体党员及副科级以上干部参加会议。

9月24日，"伟大历程　辉煌成就——庆祝中华人民共和国成立70周年大型成就展"。南水北调东中线工程全面通水被列入"150个新中国第一"。

9月24日，豫水办函〔2019〕44号印发河南省水利厅关于对省政协十二届二次会议第1220976号提案"关于研究弘扬和传承南水北调移民精神"的意见。

9月24日，豫水办函〔2019〕46号印发河南省水利厅关于对省政协十二届二次会议第1221071号提案"关于发展绿色基金推动南水北调生态保护"的意见。

9月24日，省南水北调建管局组织11名志愿者开展"红绿灯"文明交通志愿服务活动，到东风南路与永平路交叉口维护交通秩序，到对接社区门口开展文明交通安全知识普及活动。

9月26日，长葛市新张营村南水北调移民后扶项目企业，长葛市雪羽纺织有限公司生产的环保型帆布手提袋，在日本大阪国际服饰品展参展受到欢迎。

9月26~27日，水利厅在新乡市主持召开

南水北调中线一期工程干渠黄河北—姜河北段石门河渠道倒虹吸工程设计单元工程完工验收会，水利部南水北调司副司长马黔到会指导验收工作。验收委员会同意石门河渠道倒虹吸工程通过设计单元工程完工验收。

9月27日，漯河维护中心开展"不忘初心、牢记使命"主题教育活动，党支部书记于晓冬带领党员干部到施工现场调研并召开座谈会为企业排忧解难。

9月29日，安阳市内黄县开展南水北调配套工程违建项目排查整治工作，沿线排查出4处违建全部整改到位。

9月29日，渠首分局召开方城县农村公路跨渠桥梁竣工验收移交会，完成境内50座农村公路跨渠桥梁工程验收移交工作。

9月29日，城乡供水一体化濮阳现场推进会在清丰县召开，水利厅副厅长吕国范，濮阳市委副书记邵景良、副市长张连才出席会议。濮阳市以"集中化、市场化、水源地表化、城乡一体化"为方向，探索建立"集中供水、产权明晰、合理定价、市场运作、政府补贴"五项农村饮水安全工程建设管理长效机制，为河南省"十四五"农村供水提供有益探索。

9月30日上午，省南水北调建管局全体干部职工在办公楼前隆重集会，举行庄严的升国旗仪式，庆祝中华人民共和国成立70周年。

9月～10月，安阳运行中心组织全市各运管处所开展"2019年互学互督"活动。

10 月

10月10日，漯河维护中心组织开展送温暖献爱心活动。源汇区大刘镇闫魏村贫困户陈俊良患有强直性脊柱炎丧失劳动能力，3个子女上学。全体党员干部捐款1100余元和生活必需品送到他家。

10月10日，鹤壁市南水北调办开展"不忘初心、牢记使命"主题教育组织党员干部

到浚县屯子镇裴庄村红色革命教育基地中共卫西工委旧址参观学习。

10月11日，渠首分局举办2019年度工程开放日活动。邀请人大代表、先进模范、社会知名人士、南水北调工程建设者、南水北调系统工作者、媒体记者走进工程，亲身感受工程运行管理五年来的成果。

10月11日，漯河维护中心举行消防安全知识培训，邀请河南省创安消防防火中心的教官为全体职工讲授消防安全知识。

10月12日，漯河维护中心组织党员干部到市博物馆参观"不忘初心、牢记使命"主题教育档案文献展。

10月15日，水利部副部长蒋旭光一行到渠首分局辖区现场检查指导工作。

10月15～18日，水利部南水北调规划设计管理局专家组对淅川县开展南水北调丹江口库区移民安置国家终验技术验收问题整改核查。专家组一行到厚坡镇柴沟移民安置点、宋岗码头塌岸整治工程、大石桥湿地生态保护林、滔河乡老集镇拆迁现场和库区出土文物保护看管现场实地查看国家终验技术验收问题整改情况。对核查工作发现的塌岸治理工程省级验收、农村外项目资金拨付等部分整改不到位问题提出具体整改意见。南水北调中线水源公司、长江设计公司有关领导和专家全程参加核查工作。

10月16日，渠首分局完成陶岔渠首至沙河南段水土保持设施法人验收。

10月16日，周口市水利局局长邵宏伟、南水北调办主任何东华向常务副市长吉建军汇报南水北调水费收缴及扩大供水目标进展情况。淮阳县、项城市、沈丘县纳入南水北调配套工程供水范围，10月中旬淮阳县完成初步设计报告的编制和评审工作。

10月17日，漯河市水利系统干部职工到市人民会堂参加漯河市"10·17扶贫日暨消费扶贫产销对接会"活动。

10月17日，干渠禹州管理处举行开放日

活动,许昌市和禹州市社会各界代表、南水北调系统及新闻媒体160余人参加。许昌运行中心主任张建民带领市南水北调系统代表参加活动并接受新闻媒体采访。

10月18日,水利部南水北调司副司长袁其田一行就"新时期水利战略发展研究"相关问题到河南省调研,水利厅规计处、水资源处、南水北调处参加座谈并发言。

10月18日,渠首分局完成陶岔渠首至黄河南段竣工环境保护法人验收。

10月18日,许昌运行中心组织党员干部到长葛市"中央河南调查组"旧址参观,领悟党的实事求是精神内涵,追思老一辈无产阶级革命家的光辉革命历程。

10月21~22日,水利部南水北调规划设计管理局处长王宁新带领专家组对淅川县开展南水北调丹江口库区移民档案国家终验技术验收反馈问题整改情况进行现场核查。专家组对问题整改工作给予肯定,对检查中发现的项目档案题名不一致、计划资金拨付归档不规范、编研成果亮点总结不突出等问题提出整改意见。

10月22日,周口市南水北调办在东区管理站举办运行管理技能比赛。

10月22日,许昌运行中心主任张建民一行到建安区专题调研丹江口库区移民生产发展工作,实地查看库区第二批移民村椹涧乡朱山村养殖小区、旅游小区移民生产发展项目。

10月22日,濮阳市南水北调办党支部与帮扶村范县王英村党支部开展"手拉手"支部共建活动,全体党员与帮扶村党员干部到市南水北调配套工程绿城路管理站、华源水务有限公司参观调流调压阀室、配电室、设备间及沉淀池、过滤池、泵房,亲身感受工程建成通水发挥的效益。

10月22日,汤阴县交通运输局组织召开跨渠桥梁竣工验收移交会,境内20座农村公路跨渠桥梁通过竣工验收和移交。

10月23日,水利部党组巡视工作领导小组召开会议,听取第六轮巡视工作情况汇报。部党组书记、部长、部党组巡视工作领导小组组长鄂竟平主持会议并讲话,党组成员、驻部纪检监察组组长、部党组巡视工作领导小组副组长田野出席会议。

10月23日,水利部南水北调司一级巡视员李勇一行6人到河南省调研南水北调中线工程防洪影响处理暨中小河流治理项目情况,并召开座谈会,水利厅副厅长(正厅级)王国栋参加。

10月24~25日,渠首分局与宛城区交通运输局、高新区管委会、南阳市城管局达成一致意见,3座农村公路、5座城市道路跨渠桥梁产权移交工作完成。

10月28日,2018—2019年度南水北调中线工程供水68.04亿m^3,含生态补水10.58亿m^3。其中向北京供水11.41亿m^3,向天津供水10.86亿m^3,向河北供水12.81亿m^3,向河南供水22.57亿m^3。

10月31日,周口市南水北调淮阳供水工程开工仪式在淮阳县郑集乡项目工地举行。工程总投资3亿元,近期日供水能力3万m^3,远期日供水能力6万m^3。

10月31日,濮阳市南水北调办党支部开展"不忘初心、牢记使命"主题教育,组织党员干部到濮阳市博物馆规划展览馆,学习了解濮阳的历史文化,重温入党誓词。

10月31日,鹤壁市南水北调办开展"不忘初心、牢记使命"主题教育,组织全体党员到市委党校参观"不忘初心、牢记使命"主题教育档案文献展。

10月31日,安阳运行中心与干渠汤阴管理处联合开展"不忘初心、牢记使命"主题教育学习50余名同志参加。

11 月

11月1日,第二届河南省治水"新理念、

新技术、新材料"学术论坛在郑州举办。论坛以加强水生态保护，助力高质量发展为主题，围绕"四水同治"与智慧水利建设，以专家报告的形式展示最新水利学术前沿的研究成果。

11月5日，水利厅印发《河南省水利厅关于修订印发河南省南水北调配套工程验收工作导则的通知》（豫水调〔2019〕9号），修订后的《导则》自2019年12月1日起实施。

11月6日，省委统战部副部长梁险峰，省党外知识分子联谊会副会长、省水利厅副厅长、省移民办主任吕国范带领省党外知识分子联谊会有关成员，围绕黄河流域生态保护和高质量发展，以灌区为重点调研水生态文明建设工作。调研组一行查看实现黄河长江"牵手"的南水北调穿黄工程。

11月7～8日，水利部南水北调司副司长袁其田一行到干渠鹤壁管理处调研工程生态补水效益发挥情况，徒步查看淇河生态环境。提出107国道以西河道需进一步治理，淇河进出口连接道路需进一步修整；对干渠鹤壁管理处公民大讲堂活动、开放日活动、研学实践教育活动取得的社会效益表示赞同。

11月8日，水利部党组第六轮巡视工作部署的巡视南水北调规划设计管理局党支部、宣传教育中心党委、小浪底水利枢纽管理中心党委、三门峡温泉疗养院党委、南水北调东线总公司党委情况反馈会议相继召开。

11月15日，渠首分局联合河南省生态环境厅、南阳市有关部门举办南水北调中线方城段突发水污染事件应急演练。

11月18日，中共中央政治局常委、国务院总理李克强主持召开南水北调后续工程工作会议，研究部署后续工程和水利建设等工作。

11月21日，安阳市南水北调系统干部培训班在汤阴县精忠报国培训基地举行，共60余人参加培训。

11月21～23日，河南省法学会南水北调政策法律研究会2019年年会暨论坛在南水北调干部学院召开，80余人参加，增补南水北调政策法律研究会3名副会长、9名常务理事、10名理事，改选秘书长，南水北调政策法律研究会会长李颖作2019年度工作报告。

11月23日，焦作运行中心在市迎宾馆组织召开《焦作市南水北调水资源专项规划》评审会。

11月26日，平顶山市交通运输局农村公路管理处组织评审通过平顶山市境内11座县道跨渠桥梁的竣工验收。

11月26日，省南水北调建管局邀请郑州市消防协会对全体干部职工及物业公司人员开展消防安全讲座培训。

11月28日，省南水北调受水区供水配套工程基础信息管理系统及巡检智能管理系统试运行测试人员到周口市对工作人员进行培训。

11月29日，省南水北调建管局平顶山建管处党支部召开全体党员大会，支部书记徐庆河主持会议，支部全体党员参加，2名发展对象、1名入党积极分子列席会议。

11月，干渠方城管理处在草墩河闸站开展光缆中断应急演练，并进行光缆熔接学习和操作。

11月，邓州市南水北调配套工程管理设施完善项目开工。

12 月

12月1日，南水北调中线工程累计向漯河市供水25962.17万 m^3。其中，舞阳县3657.37万 m^3，临颍县5026.56万 m^3，市区17278.24万 m^3。南水北调供水覆盖全市2县6区，受益人口90万人。

12月2～3日，水利部南水北调司司长李鹏程一行3人到河南调研南水北调设计单元工程完工验收、完工财务决算及南水北调调蓄工程前期工作，并召开座谈会，水利厅副厅长（正厅级）王国栋参加座谈。

12月3日，周口市南水北调办巡线人员在东新区腾飞路南段323号阀井附近例行巡查时发现，ZH142+800号桩（下埋DN1600PCCP管道）周围有大片积水。查明原因是地基不规则下沉造成环向裂缝，沿管身向箱涵方向开裂。经抢修9日19点恢复通水。

12月3～5日，省南水北调建管局开展文体活动，迎接南水北调工程通水五周年，活动项目有跳大绳、定点投篮、乒乓球团体、平板支撑、扑克牌斗地主。

12月3～25日，省南水北调建管局新乡建管处在黄河档案馆组织完成辉县段设计单元工程的档案移交工作，南水北调中线建管局负责接收，河南分局协助承办并组织检查。

12月4日，水利部副部长蒋旭光主持召开南水北调东中线一期工程验收工作领导小组2019年第二次全体会议。

12月4日，水利厅副厅长（正厅级）王国栋组织召开观音寺调蓄工程推进会，副厅长戴艳萍参加。

12月4～5日，安阳市南水北调配套工程运行管理培训班在林州市红旗渠精神培训中心举办，共60余人参加培训。

12月5日，鹤壁市南水北调办召开南水北调供水配套工程结算工程量自查工作培训会，河南省水利勘测有限公司配套工程地质代表、黄河勘测规划设计研究院有限公司配套工程管线和管理机构设计代表、地质代表，监理项目部负责人、施工标段负责人参加。

12月5～9日，南水北调"中线通水五周年，京豫携手共发展"活动在河南省举办，人民日报、新华社、中央广播电视总台、北京日报、北京电视台等28家中央、北京市和河南省主要媒体的记者，实地踏访南水北调中线工程渠首及沿线城市，聚焦"保水质、护运行"工作和各地生态产业发展情况。

12月6日，省南水北调建管局召开南阳市南水北调配套工程3号口门彭家泵站、9号口门十里庙泵站试运行输水管线末端排水方案审查会。

12月6日，濮阳市南水北调办召开"不忘初心、牢记使命"主题教育专题民主生活会，党支部书记韩秀成主持，市水利局副局长田晓炜到会指导。

12月6～9日，中线建管局、南阳市政府、北京市扶贫协作和支援合作工作领导小组办公室共同举办"中线通水五周年"纪念活动。

12月7日，南水北调中线工程丹江口水库移民安置通过验收委员会总体验收，移民搬迁安置涉及河南、湖北两省34.5万人。

12月10日，漯河维护中心参加市水利局召开的"不忘初心 牢记使命 践行新时代水利精神"演讲比赛暨"最美水利人"表彰大会。

12月11日，新乡运行中心举行南水北调中线工程通水5周年座谈会，邀请河南分局副局长吕书广、市人大农工委邵长征，辉县市、卫辉市、凤泉区水利局主要负责人及新乡市承接南水北调水的6个受水水厂主要负责人参加会议。

12月12日，河南省南水北调工程通水五周年，南水北调工程向河南省受水区累计供水89.63亿 m³（其中南阳引丹灌区24.98亿 m³），占中线工程供水总量的36%。供水范围和供水量逐步增加，供水目标有11个省辖市市区及40个县市区的81座水厂、引丹灌区、6座调蓄水库以及20条河流。

12月12日，漯河维护中心在市人民会堂庆祝南水北调通水五周年，维护中心主任雷卫华带领全体干部职工参加宣传活动。

12月12日，焦作运行中心、焦作市南水北调城区办、干渠焦作管理处、焦作市水务公司在龙源湖北广场联合开展南水北调中线工程通水5周年宣传活动。副市长武磊参加宣传活动。

12月14日，干渠鹤壁管理处与鹤壁市南水北调办共同在新世纪广场开展"美丽南水，我是志愿者，我是参与者"水质保护宣传活动。

12月16日，鹤壁市水利局局长徐伟到南水北调配套工程泵站、现地管理站、黄河北维护中心合建项目工地调研，市南水北调办主任杜长明、副主任郑涛参加。

12月16～21日，省南水北调建管局委托河南水利与环境职业学院在郑州举办河南省南水北调配套工程2019年度运行管理培训班，对全省100余名配套工程运行管理人员进行培训。

12月18～19日，水利部在河南省郑州市对南水北调中线一期工程温博段工程、澧河渡槽工程进行设计单元工程完工验收并通过验收。

12月19～20日，引江济淮工程（河南段）项目法人培训班在商丘市柘城县举行，项目实施机构、项目公司全体员工及各参建单位相关人员共70人参加培训。

12月23～27日，鹤壁市南水北调办举办南水北调配套工程运行管理业务培训班50余人参加培训。

12月24日，南水北调安阳市西部调水工程开工动员会在林州市横水镇小庙凹村举行。安阳市委副书记、市委统战部部长徐家平，市人大常委会副主任张善飞，副市长刘建发，市政协副主席高用文参加动员，徐家平宣布工程开工。

12月25日，漯河维护中心组织召开配套工程施工6标验收与合同变更工作推进会。

12月29～31日，周口市南水北调建管局召开配套工程单位工程暨合同项目完成验收会，对配套工程7、9、11标单位工程及合同工程进行验收，验收工作组通过验收。

2019年12月30日～2020年1月3日，南水北调中线一期工程郑州1段设计单元档案通过移交验收。

简称全称原称对照表

简　称	全　称	原　称
水利部南水北调工程管理司		
水利部调水局	水利部南水北调规划设计管理局	
省水利厅南水北调工程管理处		
省南水北调建管局	河南省南水北调建设管理局	
河南省南水北调配套工程调度中心		
河南分局	南水北调中线建管局河南分局	
渠首分局	南水北调中线建管局渠首分局	
南阳运行中心	南阳市南水北调工程运行保障中心（南阳市移民服务中心）	南阳市南水北调办
平顶山运行中心	平顶山市南水北调工程运行保障中心	平顶山市南水北调办
漯河维护中心	漯河市南水北调中线工程维护中心	漯河市南水北调办（漯河市南水北调配套工程建设管理局）
周口市南水北调办	周口市南水北调中线工程建设领导小组办公室（周口市南水北调配套工程建设管理局）	
许昌运行中心	许昌市南水北调工程运行保障中心	许昌市南水北调办
郑州运行中心	郑州市南水北调工程运行保障中心(郑州市水利工程移民服务中心)	郑州市南水北调办
焦作运行中心	焦作市南水北调工程运行保障中心（焦作市南水北调工程建设中心）	焦作市南水北调办
焦作市南水北调城区办	南水北调中线工程焦作城区段建设领导小组办公室（南水北调中线工程焦作城区段建设指挥部办公室）	
新乡运行中心	新乡市南水北调工程运行保障中心	新乡市南水北调办

简　称	全　称	原　称
濮阳市南水北调办	濮阳市南水北调中线工程建设领导小组办公室（濮阳市南水北调配套工程建设管理局）	
鹤壁市南水北调办	鹤壁市南水北调中线工程建设领导小组办公室（鹤壁市南水北调建设管理局）	
安阳运行中心	安阳市南水北调工程运行保障中心	安阳市南水北调办
邓州服务中心	邓州市南水北调和移民服务中心	邓州市南水北调办
滑县南水北调办		
栾川县南水北调办		
卢氏县南水北调办